電気主任技術者試験学習書

JN074347

電験三種

合格ガイド

第4版

早川義晴［著］

SE
SHOEISHA

本書内容に関するお問い合わせについて

このたびは翔泳社の書籍をお買い上げいただき、誠にありがとうございます。弊社では、読者の皆様からのお問い合わせに適切に対応させていただくため、以下のガイドラインへのご協力をお願い致しております。下記項目をお読みいただき、手順に従ってお問い合わせください。

●ご質問される前に

弊社Webサイトの「正誤表」をご参照ください。これまでに判明した正誤や追加情報を掲載しています。

正誤表　https://www.shoeisha.co.jp/book/errata/

●ご質問方法

弊社Webサイトの「書籍に関するお問い合わせ」をご利用ください。

書籍に関するお問い合わせ　https://www.shoeisha.co.jp/book/qa/

インターネットをご利用でない場合は、FAXまたは郵便にて、下記"翔泳社 愛読者サービスセンター"までお問い合わせください。

電話でのご質問は、お受けしておりません。

●回答について

回答は、ご質問いただいた手段によってご返事申し上げます。ご質問の内容によっては、回答に数日ないしはそれ以上の期間を要する場合があります。

●ご質問に際してのご注意

本書の対象を超えるもの、記述個所を特定されないもの、また読者固有の環境に起因するご質問等にはお答えできませんので、予めご了承ください。

●郵便物送付先およびFAX番号

送付先住所　〒160-0006　東京都新宿区舟町5
FAX番号　03-5362-3818
宛先　（株）翔泳社 愛読者サービスセンター

※著者および出版社は、本書の仕様による電気主任技術者試験合格を保証するものではありません。
※本書に記載されたURL等は予告なく変更される場合があります。
※本書の出版にあたっては正確な記述につとめましたが、著者や出版社などのいずれも、本書の内容に対してなんらかの保証をするものではなく、内容やサンプルに基づくいかなる運用結果に関してもいっさいの責任を負いません。
※本書に記載されている会社名、製品名はそれぞれ各社の商標および登録商標です。
※本書ではTM、®、©は割愛させていただいております。

はじめに

電気主任技術者資格は、電気関係の国家資格の中で最も価値のある資格といえます。『電力を供給する設備および電力を利用する需要設備など、事業用電気工作物（一般家庭や小規模の低圧の設備は除く）を設置する者は、「電気主任技術者免状の交付を受けている者」のうちから、工事、維持、運用の監督者である「電気主任技術者」を選任しなければならない』と法律で決められています。

このことから、すべての電力設備は電気主任技術者の力によって守られているわけで、主任技術者の果たすべき役割も、一層重要になっています。また、電気主任技術者の資格を取得すること自体が、技術者としての能力を示すバロメータとなり、高い評価を得られます。

第三種電気主任技術者は、実務経験を積むことで上位の第二種を、第二種があればさらに第一種の資格を取得することも可能です。また、5年の実務経験で第一種電気工事士の免状を取得することもできるなど、電力業界ではとても有用な国家資格です（「電験三種」は、「第三種電気主任技術者試験」の略称です）。

本書は、『電験三種合格ガイド』として、「理論」「機械」「電力」「法規」「電験三種に必要な数学」の順に、次のような点に留意して解説しています。

① はじめて電気技術を学ぶ方も理解できるように、わかりやすく丁寧に解説しています。
② テーマごとに「○○といえば△△」の形に要点をまとめ、必要事項を覚えやすくしています。
③ 内容が難しく合格率の低い科目を先に学習することによって得点力がアップするように、「機械」を「電力」の前に解説しています。
④ 電験三種の問題を解くのに必要な数学の解説をしています。
⑤ テーマごとに練習問題を解き、章末の過去問題で実力が身に付くように工夫しています。
⑥ 覚えるべき内容や単語は赤字になっており、赤いシートで文字が隠れるので、暗記などでは効果的に学習ができます。

合格率は10～15%前後と、電験三種は難関国家試験の1つであり、合格するにはかなりの努力が必要です。合格のポイントは、出題される内容とレベルの把握にあります。出題されない範囲や高度な内容を学習しても、合格できません。

本書は、出題の範囲とポイントがわかるように工夫しています。理解できない箇所が出てきても、そこで足踏みせずに先に進んで科目ごとに重要ポイントを把握し、合格ラインの60点以上が取れる学習をするようにしましょう。

第4版の改訂に当たっては、既刊の内容を全面的に見直し、より効率的に学習できるよう、執筆しました。

本書の活用により、より多くの方々が「電験三種」に合格されることを願っています。

早川 義晴

電験三種試験ガイド

01 電気主任技術者とは
What does "denki-syunin" mean ?

電気主任技術者とは、発電所や変電所及び工場やビルなどの電気設備の工事、維持及び運用に関し保安の確保のために必ず置かなければならない、専門の技術を有する技術者です。

電気主任技術者の免状の種類と監督できる範囲は、表1のように第一種、第二種及び第三種電気主任技術者の3つがあり、電気工作物の電圧によって必要な資格が定められています。

表1 免状の種類と監督できる範囲

第一種電気主任技術者	第二種電気主任技術者	第三種電気主任技術者
すべての事業用電気工作物※	電圧17万V未満の事業用電気工作物	電圧5万V未満の事業用電気工作物

※事業用電気工作物：発電所や変電所など、及び上記電圧で受電する工場、ビルなどの需要設備。

02 試験の実施について
About the exam

受験する際は、電気技術者試験センターのホームページ等で最新情報を必ずご確認ください※1。
(https://www.shiken.or.jp)

申込み方法
インターネット申込み

受験申込期間
(上期) 5月中旬～6月上旬
(下期) 11月中旬～11月下旬

試験実施日
CBT方式
(上期) 7月上旬～7月下旬
(下期) 2月上旬～2月下旬
筆記方式
(上期) 8月中旬の日曜日
(下期) 3月下旬の日曜日

受験手数料
- インターネット申込み：7,700円
- 郵便による書面申込み：8,100円※2

※1 試験日程、受験手数料は年度により変更される場合があります。最新情報は、電気技術者試験センターのホームページ等でご確認ください。
※2 書面申込みを希望の場合は、電気技術者試験センターまでお問い合わせください。

03 受験資格
Qualification

受験資格に制限はありませんので、だれでも受験できます。

04 試験概要
Overview

試験は 表2 の4科目について、科目別に行われます。各科目の解答方式は、マークシートに記入（筆記方式）又はパソコンで解答（CBT方式）※1する五肢択一方式です。

科目ごとの合格ライン

60点。年度によって多少異なります。想定していた合格者数より少ない場合は、合格ラインを下げる傾向があります。

05 科目合格制度
3 years valid

試験は科目ごとに合否が決定され、4科目すべてに合格すれば、第三種電気主任技術者試験に合格したことになります。また、4科目中一部の科目だけ合格した場合は、「科目合格」となって、翌年度及び翌々年度の試験では、申請により当該科目の試験が免除されます。

つまり、3年間で4科目の試験に合格すれば、第三種電気主任技術者試験に合格となります。

表2 試験科目と内容、試験時間

科目名	科目の内容	解答数	試験時間
理論	電気理論、電子理論、電気計測及び電子計測	A問題※2 14題 B問題※2 03題※3	90分
電力	発電所及び変電所の設計及び運転、送電線路及び配電線路（屋内配線を含む）の設計及び運用並びに電気材料	A問題※2 14題 B問題※2 03題	90分
機械	電気機器、パワーエレクトロニクス、電動機応用、照明、電熱、電気化学、電気加工、自動制御、メカトロニクス並びに電力システムに関する情報伝送及び処理	A問題※2 14題 B問題※2 03題※3	90分
法規※4	電気法規（保安に関するものに限る）及び電気施設管理	A問題※2 10題 B問題※2 03題	65分

※1 CBT方式は、所定の期間内に、試験会場、試験日時を選択・変更することが可能です。

※2 A問題は1問につき1つを解答する方式、B問題は1つの問の中に小問を2つ設けて、それぞれの小問に対して1つを解答する方式です。

※3 選択問題を含んだ解答数です。

※4 法規科目には「電気設備の技術基準の解釈について」（経済産業省審査基準）に関するものを含みます。

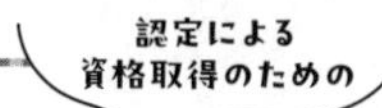

06 単位が不足している場合
Unit shortage

電気主任技術者免状を取得するには、主任技術者試験に合格する以外に、認定校を所定の単位を修得して卒業し、所定の実務経験を得て申請する方法(学歴と実務経験による免状交付申請)があります。

認定校卒業者で所定の単位を修得できていない場合、その不足単位に該当する試験の科目に合格すれば、その単位を修得したものと見なされます。

ただし、単位修得とみなせる試験科目には制限があり、「理論」を除いた2科目まで認められます。また、「電力と法規」及び「機械と法規」の組み合わせは認められますが、「電力と機械」の組み合わせは認められません。

試験会場で

07 使用できる用具
Tools

筆記用具

・HBの鉛筆又はHB(又はB)の芯を用いたシャープペンシル
・プラスチック消しゴム
・30センチ以下の透明な物差し

電卓

電池(太陽電池を含む)内蔵型電卓で音の発しないもの(四則演算、開平計算、百分率計算、税計算、符号変換、数値メモリ、電源入り切り、リセット及び消去の機能以外の機能をもつものを除く)に限る。ただし、開平計算(√‾)機能は必須です。関数電卓は使用できません。

その他使用できる用具

眼鏡、ルーペ、時計(時計機能だけのもの)

第三種電気
主任技術者が

08 実務経験で取得できる資格
Career enhancement

①第三種電気主任技術者免状取得者は、電圧1万ボルト以上の電気施設において5年以上の保安監督の実務を経験することにより、第二種電気主任技術者の資格を得ることができます。
②第三種電気主任技術者免状の取得後5年以上の保安監督の実務を経験することにより、都道府県知事の認定を受け、第一種電気工事士の資格を得ることができます(都道府県知事に申請)。
③第三種電気主任技術者免状の取得後3年以上の保安監督の実務を経験することにより、又は認定電気工事従事者認定講習の課程を修了することにより、経済産業大臣の認定を受け、認定電気工事従事者認定証の交付を受けることができます(産業保安監督部長に申請)。なお、認定証の取得者は、電圧600ボルト以下で使用する自家用電気工作物の簡易電気工事に従事することができます。

09 問合せ先
Contact

一般財団法人　電気技術者試験センター

〒104-8584　東京都中央区八丁堀2-9-1(RBM東八重洲ビル8F)

TEL　03-3552-7691　　FAX　03-3552-7847

mail　info@shiken.or.jp　　URL　https://www.shiken.or.jp

10 試験申込みから資格取得までの流れ
Flow

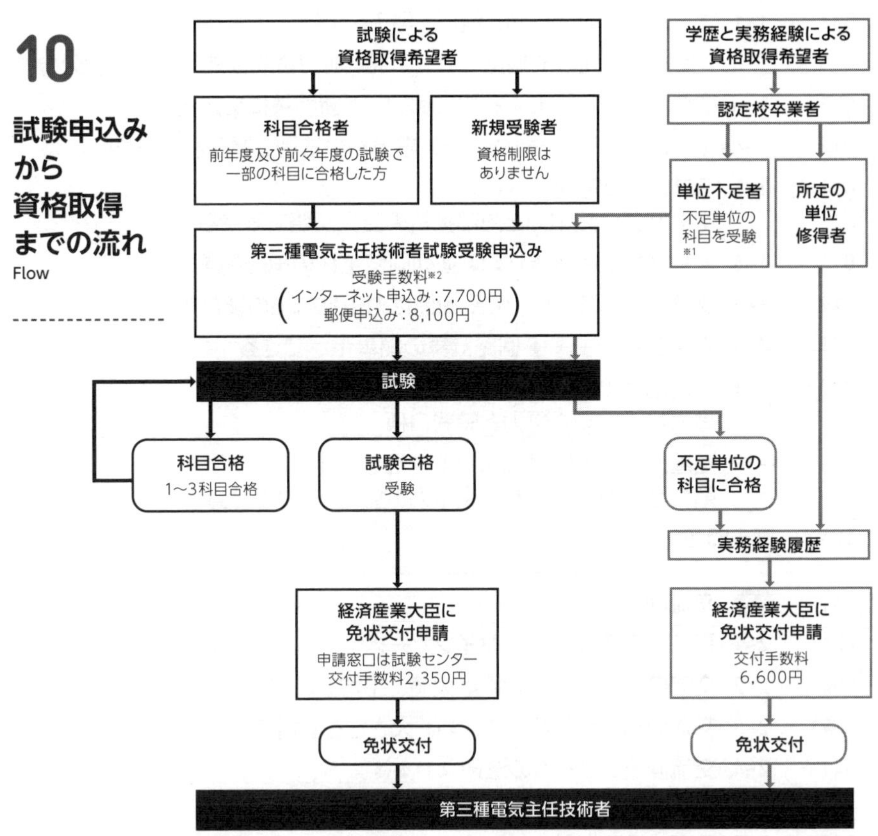

一般財団法人　電気技術者試験センターホームページより

※1 認定校卒業者であっても、所定の単位を修得できていない場合、その不足単位に該当する試験科目に合格すれば、その単位を修得したと見なされます。所定の単位が修得できているかどうか不明の場合は、卒業された学校で発行する履修単位証明書（電験用）によりご確認ください。

※2 郵便受付の場合、郵便振替払込用紙の「払込取扱票」が受験申込書となります。

目次

423 第4部 法規

本書の使い方

節テーマ
「○○といえば△△」と覚えやすい形でまとめています。

節番号・見出し
出題ポイントをおさえたテーマを選んで構成しています。

章タイトル
部を章に分け、出題範囲の内容をわかりやすくしています。

赤い文字
付属の赤いシートを被せると、赤くなっているキーワードや公式および数値、例題の解答を隠せます。

1 2 3 4 5 6 7 直流回路

1-1 オームの法則 といえば 電圧÷電流=抵抗

● 電気回路の例

電気回路

上図のように電池に電球を接続すると、電球が点灯します。電池には電流（電気の流れ）を流すための電気的な圧力、すなわち電圧があり、電圧により電流が流れて電球が点灯します。このように、電流の流れにより仕事を行う回路を電気回路といいます。電気自動車や電車のモータ回路、家電製品の回路など、電気を利用する機器のすべてが電気回路で構成されています。

一方、電池やバッテリーのように電圧を発生し、電流を流す源となるものを電源といい、電流が流れて光を発したりモータを回したりするなど、仕事をするものを負荷といいます。電気を利用して負荷で仕事をするためには、電流が流れる回路、つまり電気回路が必要になるのです。

また、電球のような負荷は電流の流れを妨げており、電流の流れを妨げる大きさ、すなわち電流の通しにくさのことを、　　　または抵抗といいます。

電圧、電流、抵抗（電気抵抗）の量記号[※1]と単位記号は、次のように表します。

POINT

▶電圧、電流、抵抗の量記号
といえば　、　、

表1-1 量記号と単位記号

	量記号	単位記号	単位記号の読み方
電圧	V	V	ボルト
電流	I	A	アンペア
抵抗（電気抵抗）	R	Ω	オーム

※1　量記号：電圧、電流などの物理的な量を表す記号を量記号といい、日本産業規格（JIS）で決められた文字を用います。

2

POINT
テーマごとに「○○といえば△△」の形に要点をまとめ、必要事項を覚えやすくしています。試験前は、ここを集中的に学習することをお勧めします。

オームの法則

図1-1-1のように電球などの負荷に電圧 V〔V〕を加えると、電流 I〔A〕が流れます。このとき、電圧 V〔V〕を電流 I〔A〕で割った値が、抵抗 R〔Ω〕になります。これを、オームの法則といいます。

図1-1-1 電気回路の例

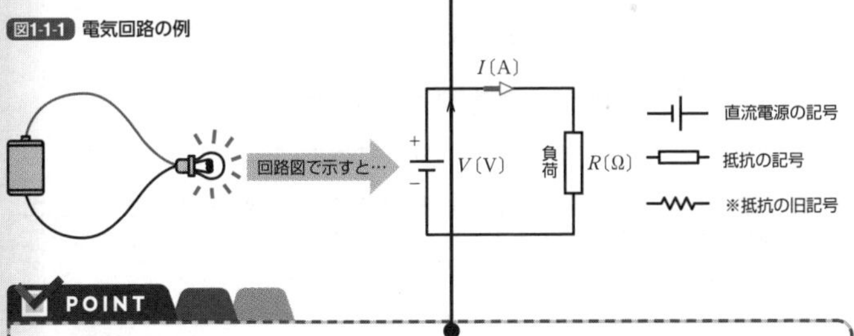

回路図で示すと…
I〔A〕
+
−
V〔V〕
負荷
R〔Ω〕
直流電源の記号
抵抗の記号
※抵抗の旧記号

POINT

▶直流回路のオームの法則 といえば 電圧÷電流＝抵抗

オームの法則　$R=\frac{V}{I}$〔Ω〕　……抵抗 R〔Ω〕は、電圧 V〔V〕を電流 I〔A〕で割った値

$\frac{R}{1} \times \frac{V}{I}$ ＝をはさんだ↘の積（$R \times I$）と、↗の積（$1 \times V$）の値は等しい

<式の変形①>　$I=\frac{V}{R}$〔A〕　……電流〔A〕は、電圧〔V〕を抵抗〔Ω〕で割った値

<式の変形②>　$V=RI$〔V〕　……電圧〔V〕は、抵抗〔Ω〕と電流〔A〕を掛けた値

電位差、電圧、起電力

水は水位の高いところから低いところへ流れます。これは水位差があるためで、水位差により水圧ができて、水が流れるのです。この理屈は回路図にも当てはまります。

図1-1-2の電池（電源）の端子間には、水位差に相当する電位差（でんいさ）があり、水圧に相当する電圧が抵抗に加わり、水流に相当する電流が流れると考えます。

図1-1-2 電位差

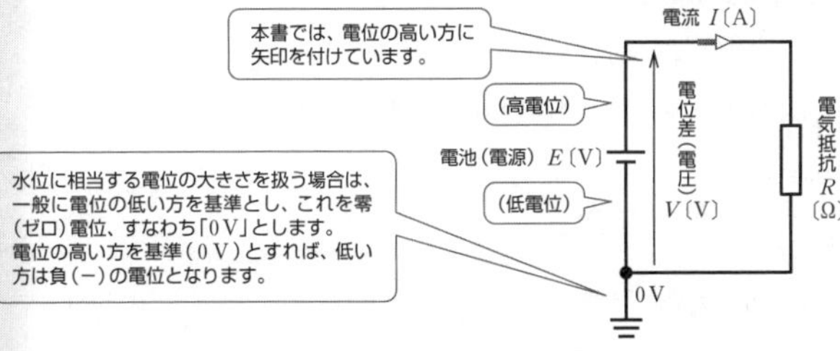

本書では、電位の高い方に矢印を付けています。
（高電位）
（低電位）
電池（電源）E〔V〕
水位に相当する電位の大きさを扱う場合は、一般に電位の低い方を基準とし、これを零（ゼロ）電位、すなわち「0 V」とします。
電位の高い方を基準（0 V）とすれば、低い方は負（−）の電位となります。
電流 I〔A〕
電位差（電圧）V〔V〕
電気抵抗 R〔Ω〕
0 V

第1部 理論
第2部
電力
第4部 法規
第5部 電験三種に必要な数学

3

部タイトル
本書は「部タイトル」＝「電験三種の科目名」に対応しています。どの科目の内容なのかがひと目でわかります。

練習問題

その節で学んだ内容を、問題を解きながらその場で確認できるようになっています。

※ 練習問題のない節もあります。

直流発電機と直流電動機

POINT

▶効率 η といえば 出力と入力の比

$$\eta = \frac{出力}{入力} \times 100〔\%〕$$

$$= \frac{出力}{出力 + 損失} \times 100〔\%〕$$ 発電機の効率

$$= \frac{入力 - 損失}{入力} \times 100〔\%〕$$ 電動機の効率計算に多く用いる

各損失を測定または算出し、上式で計算した効率を規約効率といいます。これに対し、実際に負荷をかけて出力と入力を測定し、出力と入力の比として求めた効率を、実測効率といいます。

練習問題 〉01

電動機の回転速度

図 1 の条件で、直流電動機をある負荷で運転したら回転速度が $N = 1\,480\ \mathrm{min^{-1}}$ であった。
無負荷運転したときの回転速度 N_0〔$\mathrm{min^{-1}}$〕は。ただし、無負荷運転では電機子回路の電圧降下は無視できるものとする。

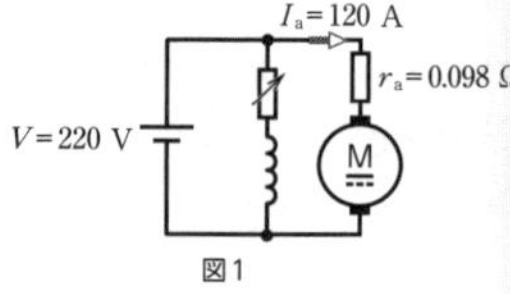

図1

解き方

ある負荷で運転時の逆起電力 E_b は、

$$E_b = V - I_a r_a = 220 - 120 \times 0.098 = 208.24\ \mathrm{V}$$

電源電圧　電機子巻線抵抗の電圧

また、$E_b = k\Phi N$ から

電動機の回転による逆起電力

$$k\Phi = \frac{E_b}{N} = \frac{208.24}{1\,480} \fallingdotseq 0.1407$$

無負荷時の逆起電力 E_{b0} は、電機子巻線の電圧降下を無視すれば、
電源電圧の $V = 220$ V に等しいので、

$$E_{b0} = 220\ \mathrm{V}$$

無負荷時の回転速度を N_0 とすると、

$$E_{b0} = k\Phi N_0 \quad より$$

$$N_0 = \frac{E_{b0}}{k\Phi} = \frac{220}{0.1407} \fallingdotseq 1\,564\ \mathrm{min^{-1}}$$

216

例題

章末には、「例題」として重要なテーマの過去問題（及び著者による改題）を掲載しています。必ず解いて、解答力を身に付けましょう。

※例題のない章もあります。

重要度

問題の（著者による）重要度を、3段階で示しています。試験前は、★★★の問題から優先して復習することをお勧めします。

赤い文字

付属の赤いシートを被せると、練習問題や例題の解答を隠せます。

の公式と同じ形）を利用して求めます。

解答　$N_0 = 1\,564\ \mathrm{min}^{-1}$

例題 1

｜重要度★★｜令和5年度上期｜機械｜問2｜

界磁に永久磁石を用いた小形直流電動機があり、電源電圧は定格の12 V、回転を始める前の静止状態における始動電流は4 A、定格回転数における定格電流は1 Aである。定格運転時の効率の値〔%〕として、最も近いものを次の(1)～(5)のうちから一つ選べ。ただし、ブラシの接触による電圧降下及び電機子反作用は無視できるものとし、損失は電機子巻線による銅損しか存在しないものとする。

(1) 60　(2) 65　(3) 70　(4) 75　(5) 80

解き方

解答

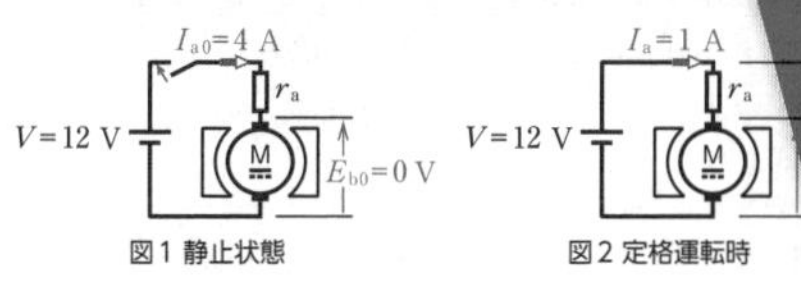

図1 静止状態　　図2 定格運転時

図1の静止状態（回転を始める前）には逆起電力は発生しないので $E_{b0} = 0$ V

r_a に $V = 12$ V が加わるので、

$$r_a = \frac{V}{I_{a0}} = \frac{12}{4} = 3\ \Omega$$

図2の定格運転時の電機子巻線抵抗の電圧降下は、

$I_a r_a = 1 \times 3 = 3$ V　より

逆起電力 E_b は、

$E_b = 12 - 3 = 9$ V

出力 P_{out} は、逆起電力×電機子電流より、

$P_{out} = E_b \times I_a = 9 \times 1 = 9$ W　◀直流電動機の出力は逆起動力×電機子電流

損失は、電機子巻線の銅損 P_c のみなので $I_a{}^2 \times r_a = 1^2 \times 3 = 3$ W

定格運転時の効率 η は、

$$\eta = \frac{P_{out}}{P_{out} + P_c} \times 100 = \frac{9}{9+3} \times 100 = 75\ \%$$

217

第1部　理　機械　第3部　電力　第4部　法規　第5部　電験三種に必要な数学

本書で用いる主な量記号と単位記号

	量記号	単位記号	単位の名称
電圧、電位、電位差	V、v	V	ボルト
起電力	E、e	V	ボルト
電流	I、i	A	アンペア
(電気)抵抗	R、r	Ω	オーム
リアクタンス	X、x	Ω	オーム
インピーダンス	Z、z	Ω	オーム
抵抗率	ρ	Ω・m	オームメートル
導電率	σ	S/m	ジーメンス毎メートル
(有効)電力	P	W	ワット
無効電力	Q	var	バール
皮相電力	S	V・A	ボルトアンペア
電力量	W	W・s、(W・h)	ワット秒、(ワット時)
エネルギー、熱量	W、Q、H	J	ジュール
角度、位相、位相差	θ、α、β	rad、(°)	ラジアン、(度)
角速度、角周波数	ω	rad/s	ラジアン毎秒
速度、速さ	v	m/s、(m/h)	メートル毎秒、(メートル毎時)
周期、時定数、時間	T、t	s	秒
周波数	f	Hz	ヘルツ
回転速度	n、N	s^{-1}、(min^{-1})	毎秒、(毎分)
長さ、波長	ℓ、λ	m	メートル
熱力学温度、温度差	T、t、θ	K	ケルビン
セルシウス温度、温度差	T、t、θ	℃	度(またはセルシウス度)
静電容量、キャパシタンス	C	F	ファラド
自己インダクタンス	L	H	ヘンリー
相互インダクタンス	M	H	ヘンリー
圧力	p	Pa	パスカル
電荷、電気量	Q、q	C	クーロン
磁束	Φ、ϕ	Wb	ウェーバ
磁束密度	B	T	テスラ
質量	m	kg	キログラム
立体角	ω	sr	ステラジアン
面積	A、S	m^2	平方メートル
体積	V	m^3	立方メートル
光束	F	lm	ルーメン
光度	I	cd	カンデラ
照度	E	lx	ルクス

第1部

理論

1
2
3
4
5
6
7

直流回路

1-1 オームの法則 といえば 電圧÷電流=抵抗

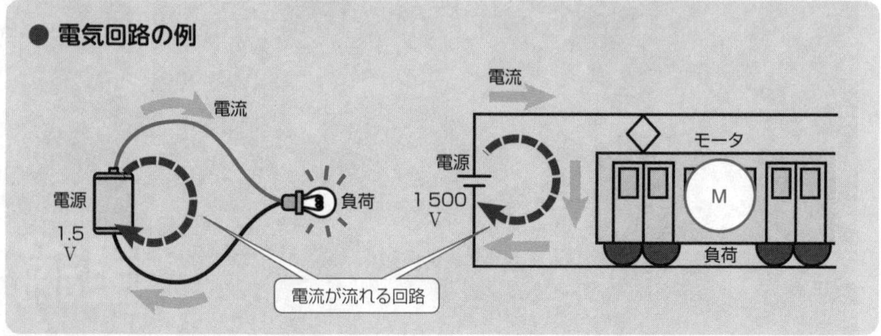

電気回路

上図のように電池に電球を接続すると、電球が点灯します。電池には**電流**（電気の流れ）を流すための電気的な圧力、すなわち**電圧**があり、電圧により電流が流れて電球が点灯します。このように、電流の流れにより仕事を行う回路を**電気回路**といいます。電気自動車や電車のモータ回路、家電製品の回路など、電気を利用する機器のすべてが電気回路で構成されています。

一方、電池やバッテリーのように電圧を発生し、電流を流す源となるものを**電源**といい、電流が流れて光を発したりモータを回したりするなど、仕事をするものを**負荷**（ふか）といいます。電気を利用して負荷で仕事をするためには、電流が流れる回路、つまり電気回路が必要になるのです。

また、電球のような負荷は電流の流れを妨げており、電流の流れを妨げる大きさ、すなわち電流の通しにくさのことを、**電気抵抗**または**抵抗**といいます。

電圧、電流、抵抗（電気抵抗）の量記号（りょうきごう）※1と単位記号は、次のように表します。

POINT

▶**電圧、電流、抵抗の量記号**
といえば V、I、R

表1-1-1 量記号と単位記号

	量記号	単位記号	単位記号の読み方
電圧	V	V	ボルト
電流	I	A	アンペア
抵抗（電気抵抗）	R	Ω	オーム

※1 **量記号**：電圧、電流などの物理的な量を表す記号を量記号といい、日本産業規格（JIS）で決められた文字を用います。

オームの法則

図1-1-1 のように電球などの負荷に電圧 V〔V〕を加えると、電流 I〔A〕が流れます。このとき、電圧 V〔V〕を電流 I〔A〕で割った値が、抵抗 R〔Ω〕になります。これを、**オームの法則**といいます。

図1-1-1 電気回路の例

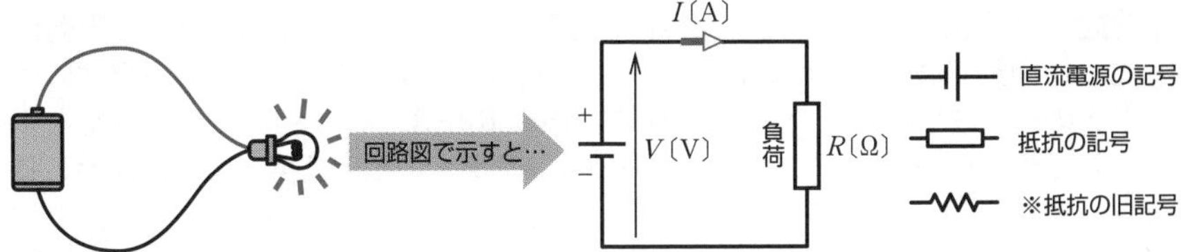

I〔A〕
回路図で示すと…
+
−
V〔V〕
負荷
R〔Ω〕
直流電源の記号
抵抗の記号
※抵抗の旧記号

POINT

▶**直流回路のオームの法則** といえば 電圧÷電流＝抵抗

オームの法則　$R=\dfrac{V}{I}$〔Ω〕　……抵抗 R〔Ω〕は、電圧 V〔V〕を電流 I〔A〕で割った値

$\dfrac{R}{1} \times \dfrac{V}{I}$　＝をはさんだ ↘ の積（$R\times I$）と、↗ の積（$1\times V$）の値は等しい

<式の変形①>　$I=\dfrac{V}{R}$〔A〕　……電流〔A〕は、電圧〔V〕を抵抗〔Ω〕で割った値

<式の変形②>　$V=RI$〔V〕　……電圧〔V〕は、抵抗〔Ω〕と電流〔A〕を掛けた値

電位差、電圧、起電力

水は水位の高いところから低いところへ流れます。これは水位差があるためで、水位差により水圧ができて、水が流れるのです。この理屈は回路図にも当てはまります。

図1-1-2 の電池（電源）の端子間には、水位差に相当する**電位差**（でんいさ）があり、水圧に相当する**電圧**が抵抗に加わり、水流に相当する**電流**が流れると考えます。

図1-1-2 電位差

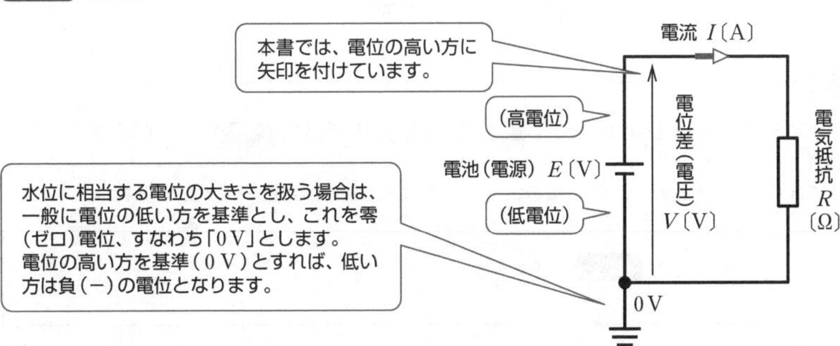

本書では、電位の高い方に矢印を付けています。
電流 I〔A〕
（高電位）
電位差（電圧）
V〔V〕
電気抵抗
R
〔Ω〕
電池（電源） E〔V〕
（低電位）
水位に相当する電位の大きさを扱う場合は、一般に電位の低い方を基準とし、これを零（ゼロ）電位、すなわち「0 V」とします。電位の高い方を基準（0 V）とすれば、低い方は負（−）の電位となります。
0 V

1
2
3
4
5
6
7
直流回路

電流を流そうとする力の強さを、**起電力**（きでんりょく）といいます。起電力のあるところには必ず電位差が生じます。電池は化学作用で起電力をつくり、発電機は電磁誘導作用（第1部第6章を参照）で起電力をつくります。電位、電位差、電圧を表す量記号はいずれも V、起電力を表す量記号は E です。単位は、いずれも**ボルト**〔V〕です。

電源の起電力と内部抵抗

図1-1-3のように、電池のような電源は、**起電力** E〔V〕と**内部抵抗** r〔Ω〕が**直列**に接続された回路で表すことができます。例えば、起電力 E〔V〕が 1.6 V の電池に豆電球などの負荷を接続したとき、豆電球に加わる電圧 V〔V〕が 1.4 V であったとすると、差の電圧 0.2 V（1.6 V − 1.4 V = 0.2 V）が電池の内部抵抗 r〔Ω〕に加わる電圧となります。

図1-1-3 電池と内部抵抗の関係

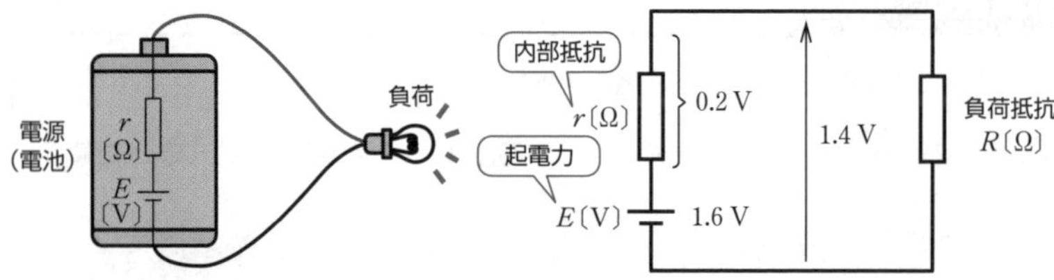

練習問題 > 01

オームの法則

図の電圧 V〔V〕と電源の内部抵抗 r〔Ω〕は。

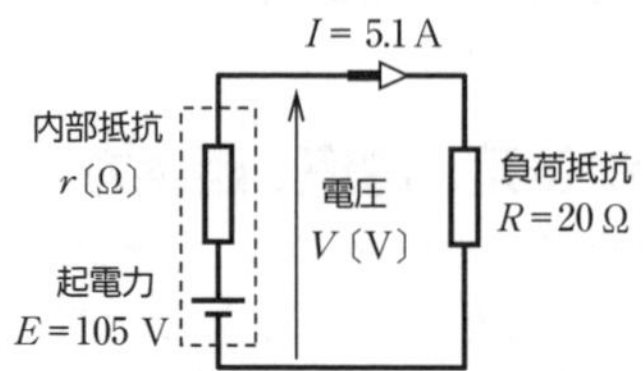

解き方

電圧 V は、$V = RI = 20 \times 5.1 = 102$ V

内部抵抗 r は、$r = \dfrac{E - V}{I} = \dfrac{105 - 102}{5.1} = \dfrac{3.0}{5.1} \fallingdotseq 0.59$ Ω

解説

負荷抵抗の電圧 V は、負荷抵抗 R × 負荷電流 I です。内部抵抗 r は、（起電力 E − 負荷電圧 V）÷ 負荷電流 I です。

※電源の内部抵抗 r が無視できる場合は、$E = V$ なので、E と V はどちらも電圧の文字記号として使われます。

解答 $V = 102$ V　$r = 0.59$ Ω

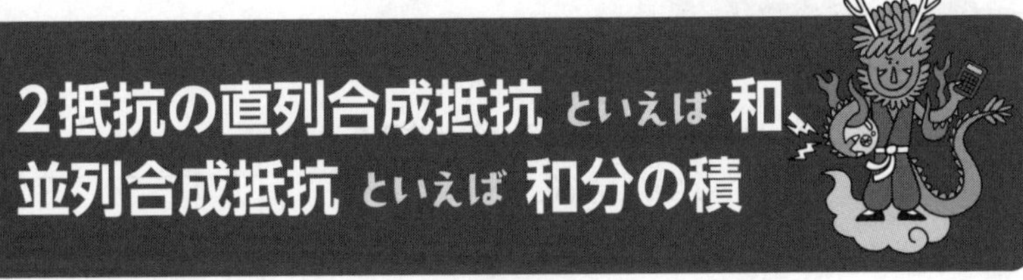

1-2 2抵抗の直列合成抵抗 といえば 和、並列合成抵抗 といえば 和分の積

2抵抗の直列合成抵抗と並列合成抵抗

2個以上の抵抗を1列に接続する方法を**直列接続**といい、抵抗の両端を同じところに接続する方法を**並列接続**といいます。

2抵抗を直列接続した場合の**合成抵抗**は、2**抵抗の和**に等しくなります。一方、2抵抗を並列に接続したときの合成抵抗は、**和分の積**(2**抵抗の積 ÷ 和**)で求められます。

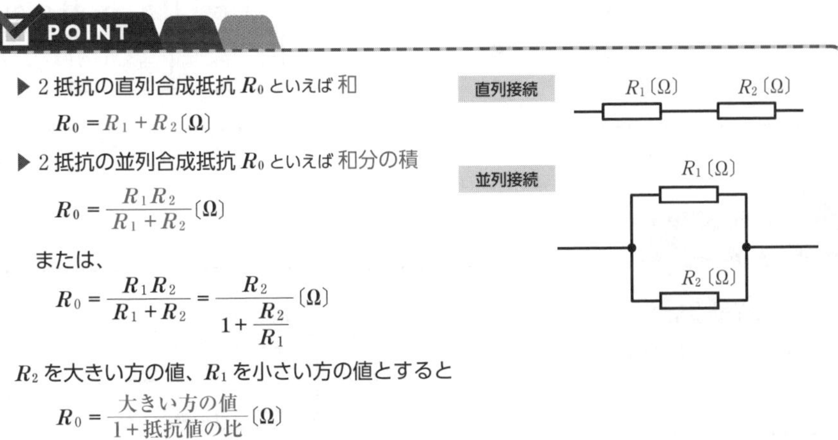

POINT

▶ 2抵抗の直列合成抵抗 R_0 といえば 和

$$R_0 = R_1 + R_2 〔\Omega〕$$

▶ 2抵抗の並列合成抵抗 R_0 といえば 和分の積

$$R_0 = \frac{R_1 R_2}{R_1 + R_2}〔\Omega〕$$

または、

$$R_0 = \frac{R_1 R_2}{R_1 + R_2} = \frac{R_2}{1 + \frac{R_2}{R_1}}〔\Omega〕$$

R_2 を大きい方の値、R_1 を小さい方の値とすると

$$R_0 = \frac{大きい方の値}{1 + 抵抗値の比}〔\Omega〕$$

分圧と分流の式

2抵抗を直列接続したとき、各抵抗の**分電圧**は、全体の電圧 V_0〔V〕を抵抗の大きさの比で**比例配分**します(R_1 と R_2 の比で分ける)。または、回路電流 I〔A〕に、各抵抗値を掛けると考えても同じです。2抵抗の並列回路において、全体の電流を I_0〔A〕としたとき、各抵抗の**分路電流**は、抵抗の比で**逆比例配分**します。

1
2
3
4
5
6
7
直流回路

POINT

分圧の公式

▶ 2 抵抗の分電圧 といえば 全体の電圧を抵抗の大きさで比例配分

分子は各抵抗値

$$V_1 = V_0 \frac{R_1}{R_1 + R_2} \text{〔V〕} \qquad V_2 = V_0 \frac{R_2}{R_1 + R_2} \text{〔V〕}$$

分母は 2 抵抗の和

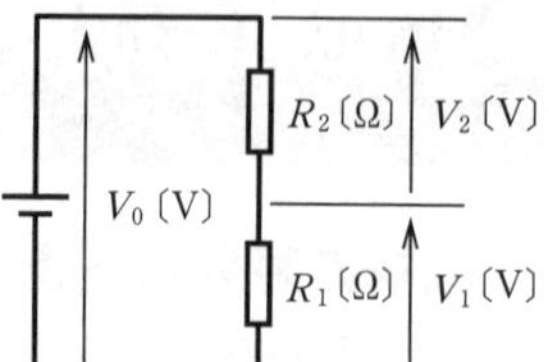

分流の公式

▶ 2 抵抗の分路電流 といえば 全体の電流を逆比例配分

分子は反対側の抵抗値

$$I_1 = I_0 \frac{R_2}{R_1 + R_2} \text{〔A〕} \qquad I_2 = I_0 \frac{R_1}{R_1 + R_2} \text{〔A〕}$$

分母は 2 抵抗の和

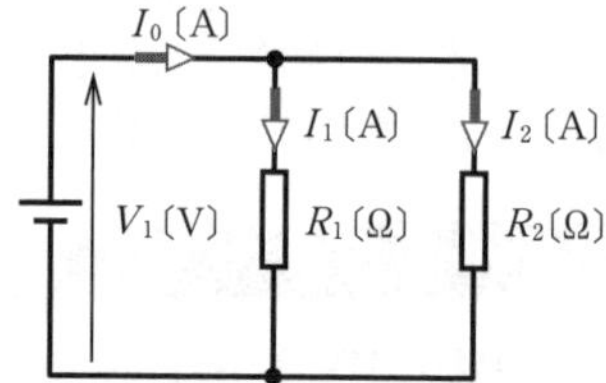

練習問題 › 01

並列合成抵抗

図の a-b 間の抵抗値 R_{ab}〔Ω〕は。

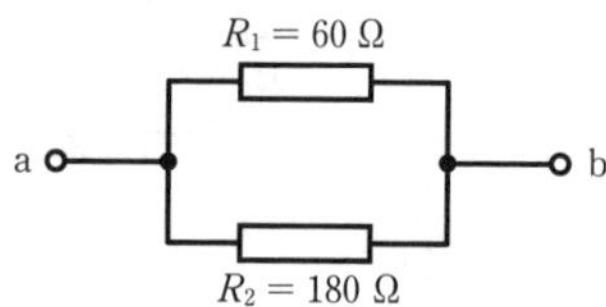

解き方

$$R_{ab} = \frac{60 \times 180}{60 + 180} = 45\,\Omega$$

公式　和分の積

または、

$$R_{ab} = \frac{180}{1 + \boxed{\dfrac{180}{60}}} = \frac{180}{1 + \boxed{3}} = 45\,\Omega$$

3 倍

公式　$\dfrac{\text{大きい方の値}}{1 + \text{抵抗値の比}}$〔Ω〕

解説

ここでの計算例のように、抵抗値の比は 180÷60 ＝ 3 なので、180 を 4（1＋(抵抗値の比＝3)）で割ると、合成抵抗 R_0〔Ω〕が求められます。

解答　$R_{ab} = 45\,\Omega$

練習問題 〉02

並列合成抵抗

図の R_4〔Ω〕は。

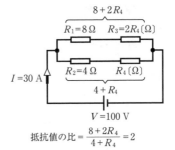

$8+2R_4$

$R_1=8\,\Omega$　$R_3=2R_4$〔Ω〕

$R_2=4\,\Omega$　R_4〔Ω〕

$4+R_4$

$I=30$ A

$V=100$ V

$$抵抗値の比=\frac{8+2R_4}{4+R_4}=2$$

解き方

大きい方の値　オームの法則（電圧÷電流＝抵抗）

$$\frac{\boxed{8+2R_4}}{1+\boxed{2}}=\frac{8+2R_4}{3}=\boxed{\frac{100}{30}}=\frac{10}{3}$$

抵抗値の比

$$8+2R_4=10$$
$$2R_4=2$$
$$R_4=1\,\Omega$$

参考

和分の積の公式による合成抵抗 R_0 は、

$$R_0=\frac{(8+2R_4)(4+R_4)}{(8+2R_4)+(4+R_4)}〔\Omega〕\cdots式(1)$$

電圧と電流の比から R_0 を求めると、

$$R_0=\frac{V}{I}=\frac{100}{30}=\frac{10}{3}〔\Omega〕\cdots式(2)$$

式(1)＝式(2)から R_4 を求めるには、かなり時間がかかりそうです。

解答　$R_4=1\,\Omega$

練習問題 〉03

分圧

図の V_1、V_2〔V〕は。

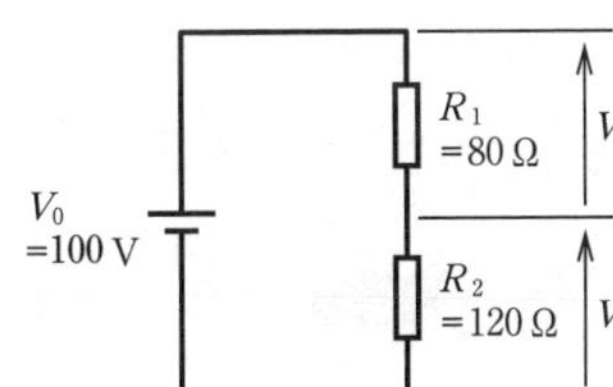

解き方

分圧の公式を使うと、

$$V_1 = 100 \times \frac{\boxed{80}}{\boxed{80 + 120}} = 40\ \text{V}$$

求める側の値

2 抵抗の和

$$V_2 = 100 \times \frac{120}{80 + 120} = 60\ \text{V}$$

別解

回路の電流 I を求めると、

$$I = \frac{V_0}{R_1 + R_2} = \frac{100}{80 + 120} = 0.5\ \text{A}$$

各部の電圧は、電流×抵抗としても求められます。

$$V_1 = IR_1 = 0.5 \times 80 = 40\ \text{V}$$
$$V_2 = IR_2 = 0.5 \times 120 = 60\ \text{V}$$

解答 $V_1 = 40\ \text{V}$　$V_2 = 60\ \text{V}$

練習問題 > 04

分流

図の I_1、I_2〔A〕は。

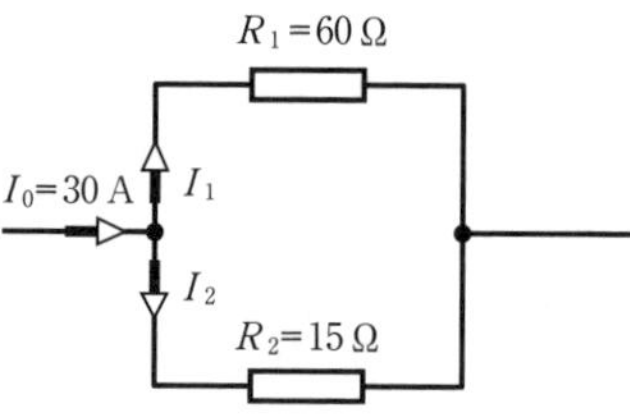

解き方

分流の公式を使うと、

$$I_1 = 30 \times \frac{\boxed{15}}{\boxed{60 + 15}} = 6\ \text{A}$$

求める側と反対の値

2 抵抗の和

$$I_2 = 30 \times \frac{60}{60 + 15} = 24\ \text{A}$$

別解

並列合成抵抗を求めると、

$$\frac{60 \times 15}{60 + 15} = 12\ \Omega$$

並列回路の電圧は

$$30 \times 12 = 360\ \text{V}$$

各部の電流は

$$I_1 = \frac{360}{60} = 6\ \text{A} \qquad I_2 = \frac{360}{15} = 24\ \text{A}$$

解答 $I_1 = 6\ \text{A}$　$I_2 = 24\ \text{A}$

1-3 導体の抵抗 といえば 長さに比例し、断面積に反比例

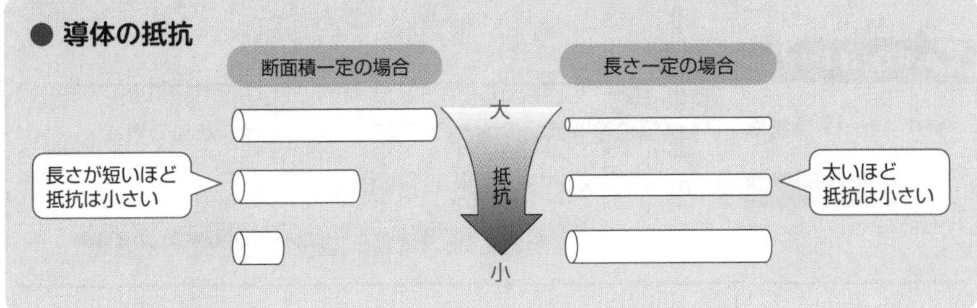

導体の抵抗

導体[※1]の抵抗は、材質、形状、温度によってその値が異なります。同一材質の抵抗 R〔Ω〕は、導体の長さ L〔m〕に比例し、断面積 A〔$\mathrm{m^2}$〕に反比例します。

$$R=\rho\frac{L}{A}〔\Omega〕$$

ρ は電流の通しにくさを表す定数で**抵抗率**といい、単位はオームメートル〔Ω・m〕です。

電線のような導体では、抵抗率よりも電流の通しやすさを表す**導電率**の方が便利です。導電率を表す量記号は σ、単位はジーメンス毎メートル〔S/m〕で、抵抗率の逆数になります。

$$導電率=\frac{1}{抵抗率}\quad \sigma=\frac{1}{\rho〔\Omega\cdot\mathrm{m}〕}=\frac{1}{\rho}〔\mathrm{S/m}〕$$

POINT

▶**導体の抵抗** といえば $\rho\times A$ 分の L

$$R=\rho\frac{L}{A}〔\Omega〕$$

ρ：抵抗率。比例定数。電流の通しにくさを表す導体固有の定数〔Ω・m〕
A：断面積〔$\mathrm{m^2}$〕、L：導体の長さ〔m〕
σ：導電率。電流の通しやすさを表す固有の定数〔S/m〕

▶**導電率** といえば 抵抗率 ρ の逆数で σ で表す

導電率　$\sigma=\dfrac{1}{\rho〔\Omega\cdot\mathrm{m}〕}=\dfrac{1}{\rho}〔\mathrm{S/m}〕$　※よって導体の抵抗式は $R=\dfrac{L}{\sigma A}〔\Omega〕$ とも書ける

※1　導体：電気を通す物体（物質）のことで、銅やアルミニウムが代表的な導体です。

パーセント導電率

電線などの電流の通しやすさを表す方法として、電線の導電率 σ と国際標準軟銅（なんどう）の導電率 σ_s（シグマエス）との比をパーセント（%）で表します。これをパーセント導電率といいます。

国際標準軟銅の 20℃における導電率 σ_s の値は、次のようになります。

国際標準軟銅の 20℃における導電率　$\sigma_s = 58.0 \times 10^6$ S/m

POINT

▶パーセント導電率 といえば 国際標準軟銅の値との比較で、$\dfrac{\sigma}{58.0 \times 10^6}$ を%で表す

パーセント導電率　$\sigma_\% = \dfrac{\sigma}{\sigma_s} \times 100 = \dfrac{\sigma}{58.0 \times 10^6} \times 100$〔%〕

σ_s（シグマエス）$= 58.0 \times 10^6$ S/m：国際標準軟銅の導電率

練習問題 > 01

電線の抵抗

直径 1.6 mm、長さ 100 m の銅線の抵抗 R〔Ω〕は。
ただし、銅線の抵抗率 ρ を 1.8×10^{-8}〔Ω・m〕とする。

解き方

$$R = \rho \times \frac{L}{A} = 1.8 \times 10^{-8} \times \frac{1.0 \times 10^{2}}{\pi \times \left(\frac{1.6}{2} \times 10^{-3}\right)^{2}} \fallingdotseq \frac{1.8 \times 10^{-6}}{2.01 \times 10^{-6}} \fallingdotseq 0.90\ \Omega$$

−8と2は足し算

−3と2は掛け算

解説

上述のように、$\pi = 3.14$ として分子と分母を別々に計算します。または、数値のみを計算し、指数計算は後で行います。

$$\frac{1.8}{3.14 \times 0.8^2} \fallingdotseq 0.896 \fallingdotseq 0.90 \qquad \frac{10^{-8} \times 10^2}{(10^{-3})^2} = \frac{10^{-6}}{10^{-6}} = 1$$

関数電卓は使用できないので指数計算は手計算で

※電卓での計算：1.8÷3.14÷0.8÷0.8 = 0.8957… → 0.90

解答　$R = 0.90\ \Omega$

単位の倍数（接頭語）

値が大きい場合（もしくは小さい場合）は、単位に倍数を表す記号（接頭語）、キロ〔k〕、ミリ〔m〕などを付けて表します。

<例1>　1 000は0を3個書く代わりにk（キロ）を付ける

$1\,000\,\mathrm{V} = 1\,\mathrm{kV}$

$1\,000\,\Omega = 1\,\mathrm{k\Omega}$

<例2>　1×10^{-3}のとき、$\times 10^{-3}$を書く代わりにm（ミリ）を付ける

$1 \times 10^{-3}\,\mathrm{V} = 1\,\mathrm{mV}$

$1 \times 10^{-3}\,\mathrm{A} = 1\,\mathrm{mA}$

なお、下表のように接頭語Mは「メガ」ですが、抵抗にMを用いる場合は「メグ」と呼ぶこともあります。

<例3>　$1 \times 10^{6}\,\Omega = 1\,\mathrm{M\Omega}$（メグオーム）

表1-3-1　よく用いられる単位の倍数

接頭語		単位に乗ぜられる倍数	接頭語		単位に乗ぜられる倍数
読み方	記号		読み方	記号	
テラ	T	10^{12}	デシ	d	10^{-1}
ギガ	G	10^{9}	センチ	c	10^{-2}（1/100）
メガ	M	10^{6}	ミリ	m	10^{-3}（1/1 000）
キロ	k	10^{3}（1 000）	マイクロ	μ	10^{-6}
ヘクト	h	10^{2}（100）	ナノ	n	10^{-9}
デカ	da	10	ピコ	p	10^{-12}

1 2 3 4 5 6 7 直流回路

1〜4 キルヒホッフの法則 といえば 電流和の法則と電圧和の法則

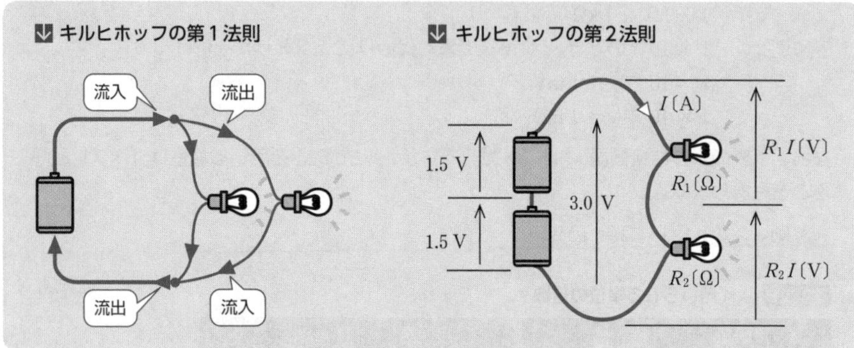

キルヒホッフの第１法則

キルヒホッフの第１法則を 図1-4-1 の接続点aで考えると、I_1〔A〕は「流入」する電流、I_2〔A〕とI_3〔A〕は「流出」する電流で、次式が成り立ち、

電流和の法則　$I_1 = I_2 + I_3$〔A〕

接続点に入る電流と出る電流は等しくなります。これを電流和の法則(でんりゅうわ)といいます。

図1-4-1
キルヒホッフの第1法則（電流和の法則）

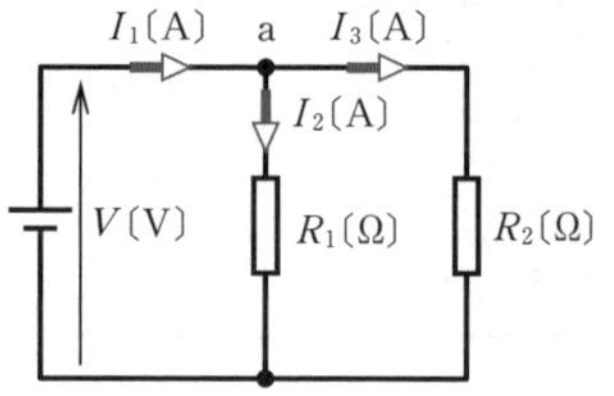

キルヒホッフの第２法則

キルヒホッフの第２法則を 図1-4-2 の点線の回路で考えると、起電力はE_1〔V〕とE_2〔V〕、電圧降下はR_1I〔V〕とR_2I〔V〕で次式が成り立ち、

電圧和の法則　$E_1 + E_2 = R_1I + R_2I$〔V〕

起電力の和と電圧降下の和は等しくなります。これを電圧和の法則(でんあつわ)といいます。

図1-4-2
キルヒホッフの第2法則（電圧和の法則）

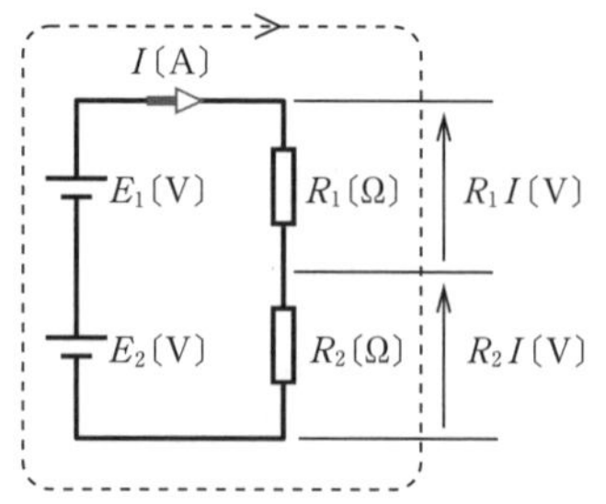

POINT

▶キルヒホッフの第1法則 といえば 電流和の法則
電気回路の接続点に流入する電流の和＝流出する電流の和

▶キルヒホッフの第2法則 といえば 電圧和の法則
閉回路内の起電力の和＝電圧降下の和

練習問題 〉01

キルヒホッフの法則

図の回路で、I_1、I_2、I_3〔A〕は。

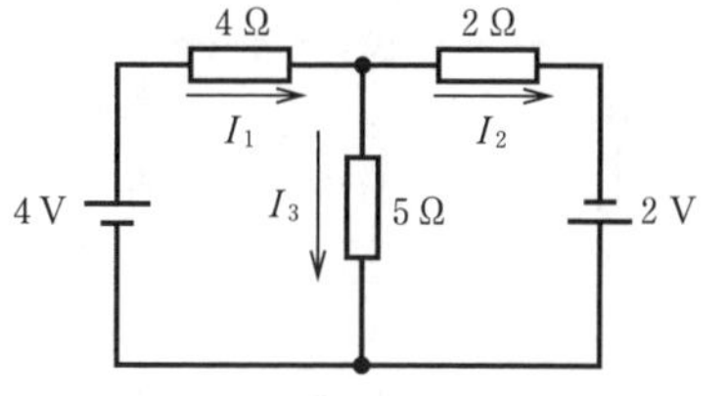

解き方

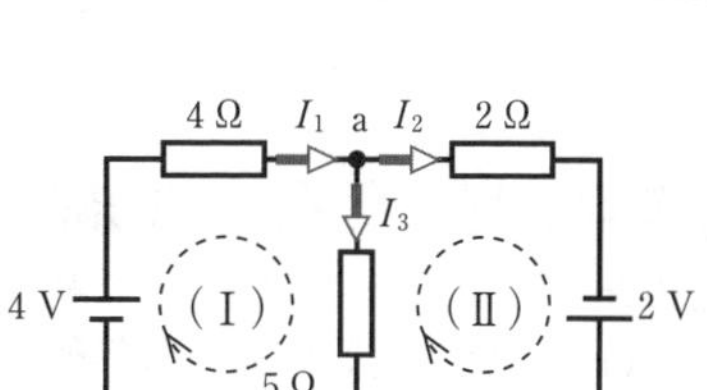

①「a 点に流入する電流＝流出する電流」より
$I_1 = I_2 + I_3$ ………(1)

②「起電力の和＝電圧降下の和」より
閉回路(Ⅰ)　$4 = 4I_1 + 5I_3$ ………(2)
閉回路(Ⅱ)　$2 = 2I_2 - 5I_3$ ………(3)

電流が、閉回路の向きと異なる場合は、－符号

式(1)を式(2)に代入して、
$4 = 4(I_2 + I_3) + 5I_3 = 4I_2 + 9I_3$ ………(4)

③式(3)(4)より、

$$\begin{array}{rl} 4 = 4I_2 - 10I_3 & \leftarrow 式(3) \times 2 \\ -\underline{)\ 4 = 4I_2 + 9I_3} & \leftarrow 式(4) \\ 0 = 0 - 19I_3 & \end{array}$$

④ $19I_3 = 0$ より、$I_3 = 0$ A
⑤ $I_3 = 0$ を式(2)に代入して、$4 = 4I_1$ より、$I_1 = 1$ A
⑥ $I_3 = 0$ を式(3)に代入して、$2 = 2I_2$ より、$I_2 = 1$ A

解説

「起電力の和＝電圧降下の和」を求めるときは、閉回路(へいかいろ)(Ⅰ)、閉回路(Ⅱ)のように、はじめにたどる回路を決めます。起電力は、たどる方向と起電力の向きが同じときは＋符号、逆のときは－符号とします。電圧降下は、たどる方向と電流の向きが同じときは＋符号、たどる方向と電流の向きが反対のときは－符号とします。

解答　$I_1 = 1$ A　$I_2 = 1$ A　$I_3 = 0$ A

1〜5 テブナンの定理 といえば 電気回路は起電力と内部抵抗の直列回路で表せる

● テブナンの等価回路

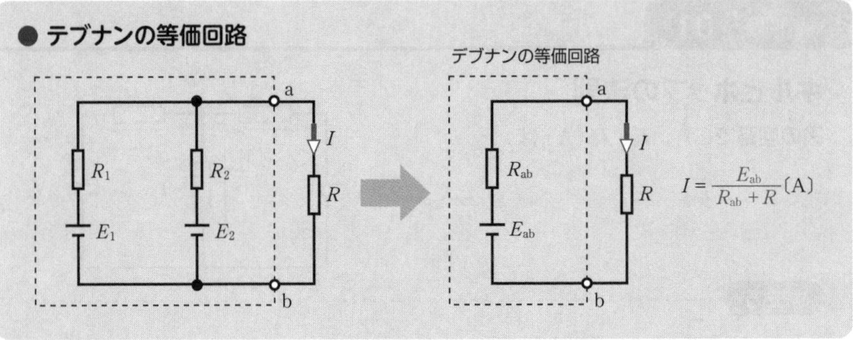

等価回路の起電力、内部抵抗

上の左図のように、起電力と抵抗を含む回路網中、任意の抵抗 R〔Ω〕に流れる電流 I〔A〕は、上の右図のような等価回路をつくれば、簡単に求められます。E_{ab}〔V〕は、抵抗 R〔Ω〕がないときに端子 a-b 間に現れる電圧で、直流電源の起電力に相当します。

R_{ab}〔Ω〕は、回路網中のすべての起電力を除き、その箇所を短絡（たんらく）（接続）して、端子 a-b 間から回路網内部をみた合成抵抗です。

E_{ab}〔V〕と R_{ab}〔Ω〕の直列回路を**テブナンの等価回路**といいます。テブナンの等価回路は、複雑な電気回路において、任意の枝路（しろ）に流れる電流を求めるのにとても役に立ちます。どんな回路も、**テブナンの等価回路（起電力とその内部抵抗の回路）**に直すことができることを意味しており、電流を求める枝路を回路の外に出し、残りを起電力と内部抵抗の回路にすれば、簡単な回路になります。

POINT

▶テブナンの定理 といえば 電気回路を起電力 E_{ab} と内部抵抗 R_{ab} に変換

回路網中の抵抗 R に流れる電流 I は、

$$I = \frac{E_{ab}}{R_{ab}+R} \text{〔A〕}$$

複雑な回路をテブナンの等価回路に直して考える

E_{ab}：抵抗 R がないときの端子 a-b 間に現れる電圧（電源の起電力に相当）〔V〕
R_{ab}：抵抗 R がないときの端子 a-b 間からみた回路網の内部抵抗〔Ω〕

練習問題 〉01

テブナンの定理

図の R_3 に流れる電流 I〔A〕は。

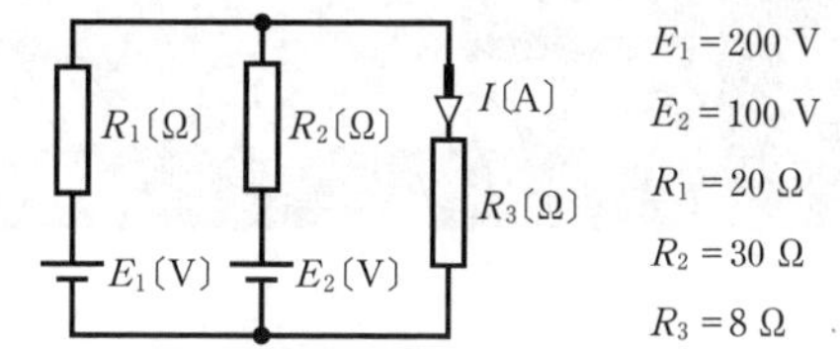

解き方

①図 1 のように R_3 を回路の外に出します。つまり、------の部分の回路を図 2 のようにテブナンの等価回路に変換することを考えます。

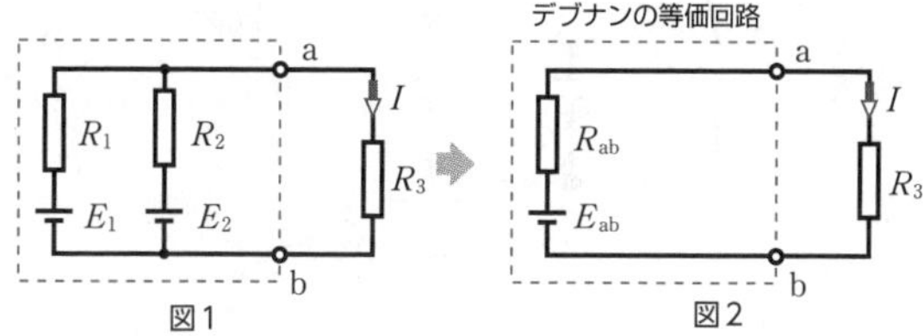

図1　図2

②図 3 のように R_3 がないときの a-b 間の電圧 E_{ab}（電源の起電力に相当）を求めます。

$$E_{ab} = \frac{\dfrac{E_1}{R_1} + \dfrac{E_2}{R_2}}{\dfrac{1}{R_1} + \dfrac{1}{R_2}} = \frac{\dfrac{200}{20} + \dfrac{100}{30}}{\dfrac{1}{20} + \dfrac{1}{30}} = 160 \text{ V}$$

※ 1-6 節を参照

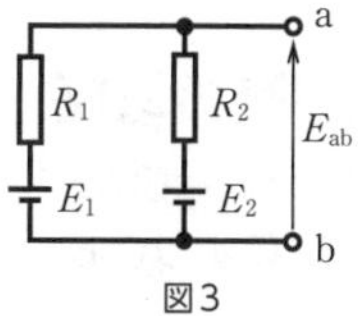

図3

③図 4 のように抵抗 R_3 がないときの端子 a-b 間からみた回路網の内部抵抗 R_{ab} を求めます。このとき、電源は除き、短絡して計算します。

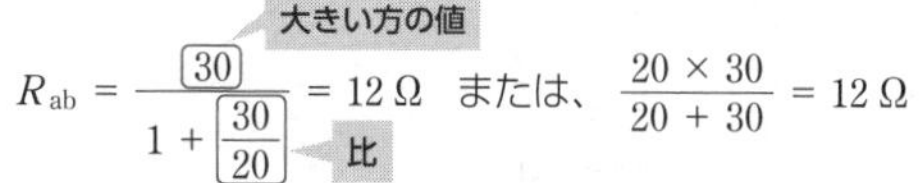

$$R_{ab} = \frac{\boxed{30}}{1 + \boxed{\dfrac{30}{20}}} = 12\ \Omega \quad \text{または、} \quad \frac{20 \times 30}{20 + 30} = 12\ \Omega$$

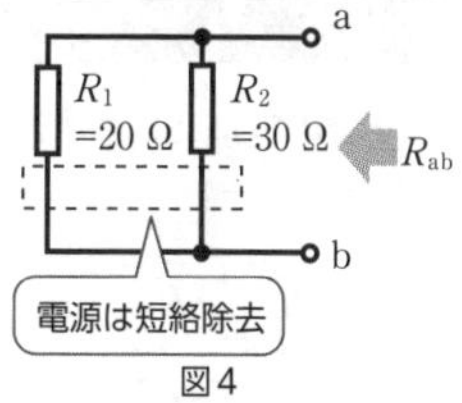

図4

④図 5 のようなテブナンの等価回路ができます。よって、R_3 の電流 I〔A〕は、次のように求められます。

$$I = \frac{E_{ab}}{R_{ab} + R_3} = \frac{160}{12 + 8} = 8 \text{ A}$$

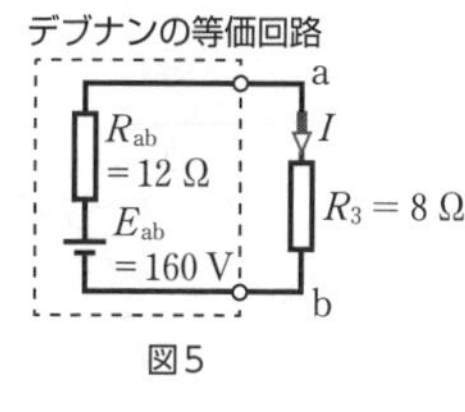

図5

解説

電流を求める枝路を除いて、テブナンの等価回路をつくります。E_{ab}〔V〕は R_3〔Ω〕がないときの電圧、R_{ab}〔Ω〕は E_1、E_2〔V〕を短絡除去したときの合成抵抗です。

解答　$I = 8$ A

1〜6 ミルマンの定理 といえば 並列回路全体の電圧を求める

● ミルマンの定理の公式

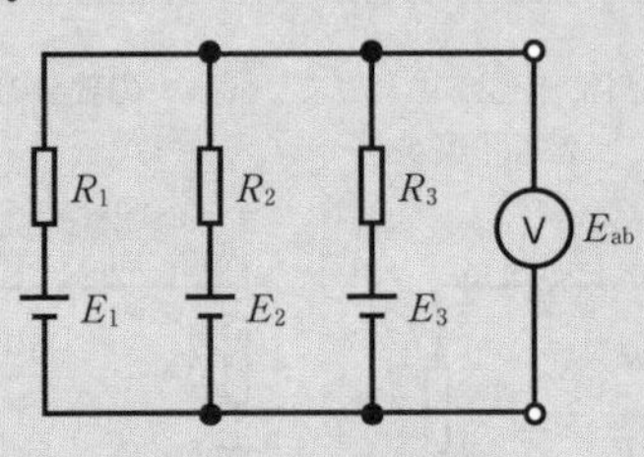

E_{ab} は、公式で求めることができる。

並列回路の電圧

上図のように、電源と抵抗の枝路がいくつか並列になっている回路は、ミルマンの定理の公式により、E_{ab}〔V〕を求めることができます。

POINT

▶ミルマンの定理 といえば 分子は短絡電流の和、分母は抵抗の逆数の和

$$\boldsymbol{E}_{ab} = \frac{\dfrac{E_1}{R_1} + \dfrac{E_2}{R_2}}{\dfrac{1}{R_1} + \dfrac{1}{R_2}} \text{〔V〕}$$

R_1 R_2 E_{ab} E_1 E_2

2枝路の場合

$$\boldsymbol{E}_{ab} = \frac{\dfrac{E_1}{R_1} + \dfrac{E_2}{R_2} + \dfrac{E_3}{R_3}}{\dfrac{1}{R_1} + \dfrac{1}{R_2} + \dfrac{1}{R_3}} \text{〔V〕}$$

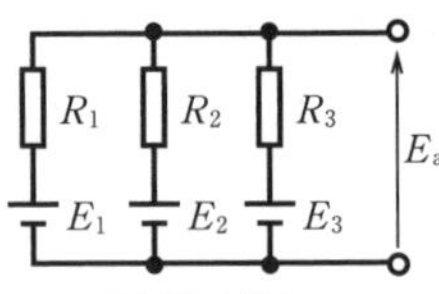

3枝路の場合

練習問題 〉01

3枝路回路の電圧

図の回路において、
端子電圧 E_{ab}〔V〕は。

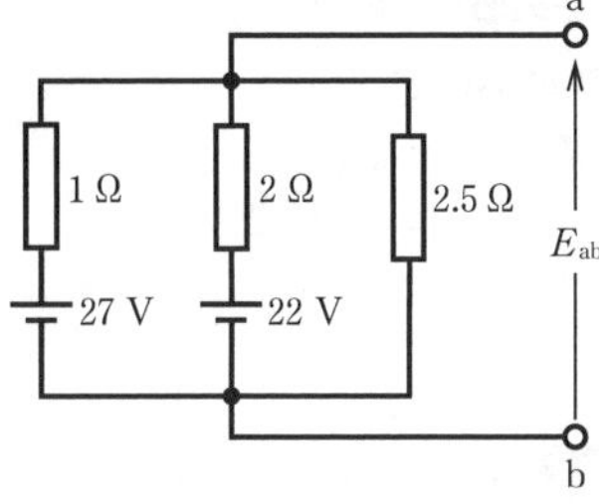

解き方

ミルマンの定理の公式に数値を当てはめます。

$$E_{ab}=\frac{\dfrac{E_1}{R_1}+\dfrac{E_2}{R_2}+\dfrac{E_3}{R_3}}{\dfrac{1}{R_1}+\dfrac{1}{R_2}+\dfrac{1}{R_3}}=\frac{\dfrac{27}{1}+\dfrac{22}{2}+\dfrac{0}{2.5}}{\dfrac{1}{1}+\dfrac{1}{2}+\dfrac{1}{2.5}}=\frac{27+11}{1+0.5+0.4}=\frac{38}{1.9}=20\ \text{V}$$

解説

分子は a-b 間を短絡したと仮定したときの電流の大きさで、分母は電源を短絡除去したときの a-b 間の合成抵抗の逆数を表しています。

解答　$E_{ab}=20\ \text{V}$

練習問題 > 02

3枝路回路の電流

図の回路において
R_3 の電流 I_3〔A〕は。

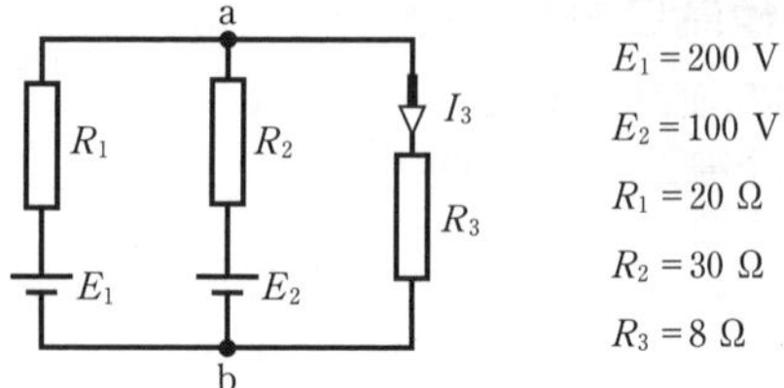

解き方

①まず、a-b 間の電圧 E_{ab}〔V〕を求めます。

$$E_{ab} = \frac{\frac{200}{20} + \frac{100}{30} + \frac{0}{8}}{\frac{1}{20} + \frac{1}{30} + \frac{1}{8}} = 64\ \mathrm{V}$$

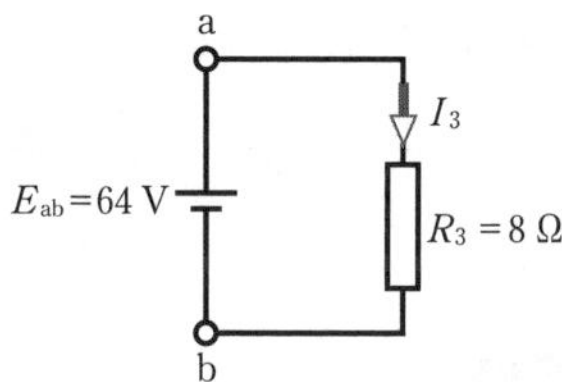

②右図より、次のように求められます。

$$I_3 = \frac{E_{ab}}{R_3} = \frac{64}{8} = 8\ \mathrm{A}$$

解説

a-b 間の電圧 E_{ab}〔V〕がわかれば、各枝路の電流は E_{ab}〔V〕を接続して考えると簡単に求められます。なお、①の計算を電卓で行う場合は、分数を小数にして次のように計算します。

$$\frac{10 + 3.33 + 0}{0.05 + 0.0333 + 0.125} = \frac{13.33}{0.2083} \fallingdotseq 64$$

参考

同様に、I_1〔A〕、I_2〔A〕も求めてみましょう。

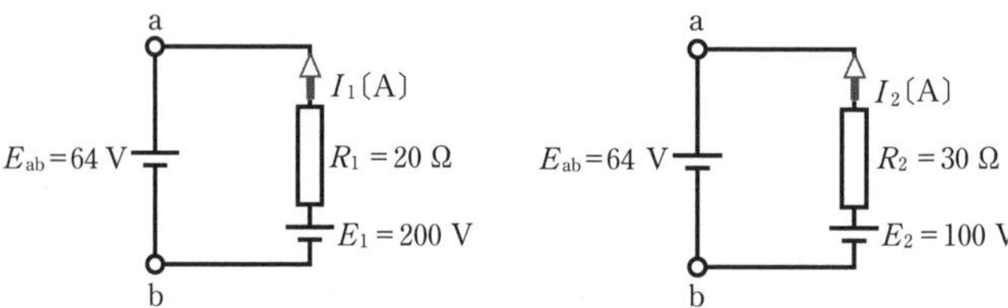

上左図より、R_1 の電流 I_1〔A〕は、$I_1 = \frac{200 - 64}{20} = \frac{136}{20} = 6.8\ \mathrm{A}$

同右図より、R_2 の電流 I_2〔A〕は、$I_2 = \frac{100 - 64}{30} = \frac{36}{30} = 1.2\ \mathrm{A}$

解答 $I_3 = 8\ \mathrm{A}$

1-7 ブリッジ回路 といえば 平衡時は対辺抵抗値の積が等しい

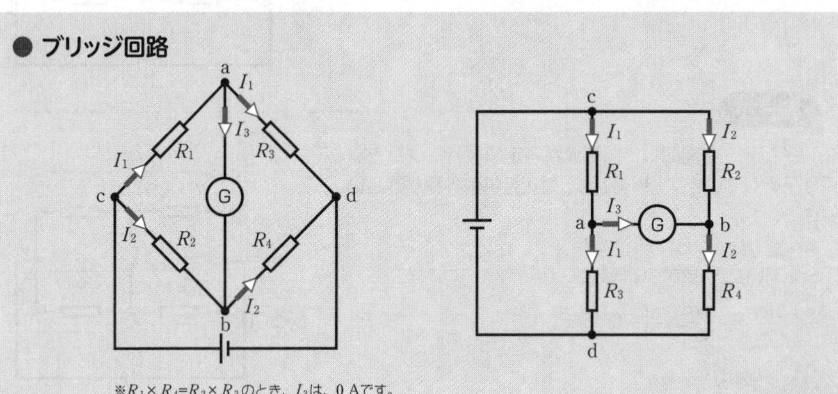

※$R_1 \times R_4 = R_2 \times R_3$のとき、$I_3$は、0 Aです。

ブリッジ回路

上図のような回路は、検流計（けんりゅうけい）G（わずかな電流を検出する計器）で橋渡しの回路になっているので、**ブリッジ回路**といいます。回路図において、a-b間の電位差（電圧）が0 Vのときは、$I_3 = 0$ Aになります。このとき、次式が成り立ちます。

$$R_1 I_1 = R_2 I_2$$
$$R_3 I_1 = R_4 I_2$$

よって、

$$\frac{I_2}{I_1} = \frac{R_1}{R_2} = \frac{R_3}{R_4} \qquad \frac{R_1}{R_2} \times \frac{R_3}{R_4}$$

＝をはさんだ
↘の積（$R_1 \times R_4$）と
↗の積（$R_2 \times R_3$）は
等しい

$I_3 = 0$ A、すなわち検流計の触れが0になったとき、**ブリッジが平衡した**といいます。

POINT

▶**ブリッジの平衡条件** といえば **対辺抵抗値の積が等しい**

ブリッジの平衡条件　$R_1 R_4 = R_2 R_3$

1
2
3
4
5
6
7
直流回路

練習問題 〉01

図の回路で、スイッチSを開閉しても $I = 30$ Aで一定であった。このとき R_4 の値は。

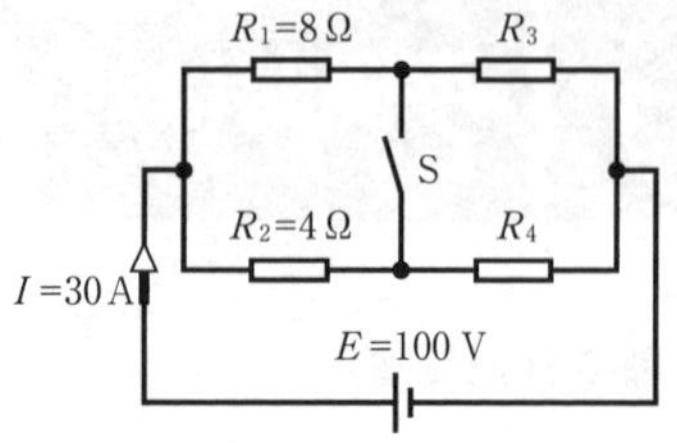

解き方

スイッチSを開閉しても電流が一定の場合、ブリッジは平衡しています。平衡時は、対辺抵抗値の積が等しいので、

$4R_3 = 8R_4$　から　$R_3 = 2R_4$

Sを開いたときの合成抵抗は、

$$\boxed{\frac{8+2R_4}{1+2}} = \boxed{\frac{100}{30}} = \frac{10}{3}\ \Omega$$

大きい方の値／1＋抵抗値の比　　電圧／電流

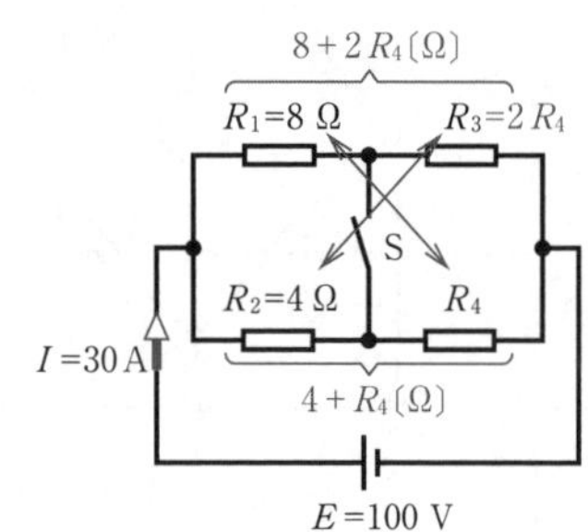

$8+2R_4 = 10$　より　$R_4 = 1.0\ \Omega$

解説

ブリッジが平衡しているときは、上下または左右の抵抗値の比は同じになります。(8は4の2倍より R_3 は R_4 の2倍)

$$2抵抗の並列合成抵抗 = \frac{R_1R_2}{R_1+R_2} = \frac{R_2}{1+\frac{R_2}{R_1}} = \frac{大きい方の値}{1+抵抗値の比}$$

を用いると簡単に求められます。

解答　$R_4 = 1.0\ \Omega$

1〜8

Δ-Y 変換 といえば 回路計算の簡単化ができる

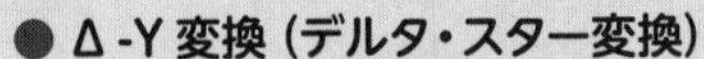

● Δ-Y 変換（デルタ・スター変換）

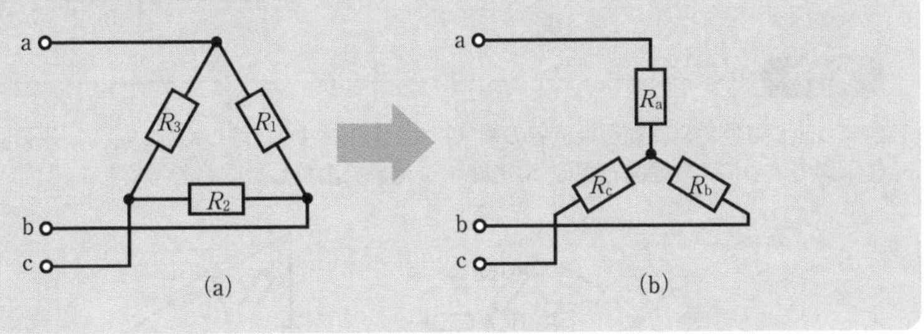

Δ-Y 変換

電気回路の Δ 回路を Y 回路に変換すると計算が簡単になります。

図（a）の Δ 回路をこれと等価な図（b）の Y 回路に変換した場合、R_a、R_b、R_c は、次式となります。

$$R_a = \frac{R_3 R_1}{R_1 + R_2 + R_3} \,〔\Omega〕$$

$$R_b = \frac{R_1 R_2}{R_1 + R_2 + R_3} \,〔\Omega〕$$

$$R_c = \frac{R_2 R_3}{R_1 + R_2 + R_3} \,〔\Omega〕$$

$R_a = \dfrac{R_a\text{の両側2抵抗の積}}{3\text{抵抗の和}}$

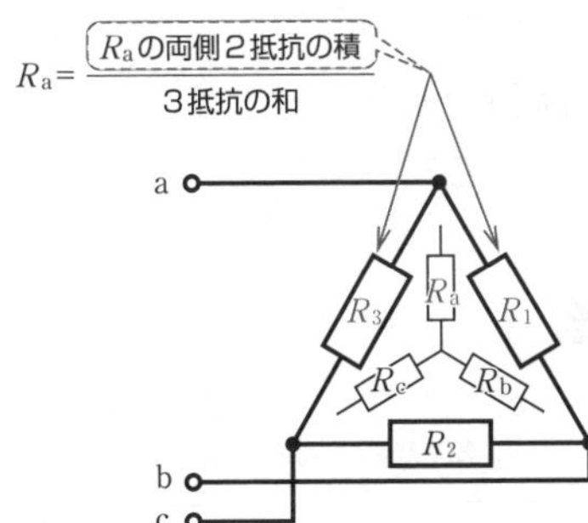

POINT

▶ Δ-Y 変換 といえば 和分の積で覚える

$$\text{Y回路の抵抗} = \frac{\Delta\text{回路の2抵抗の積}}{\Delta\text{回路の3抵抗の和}}$$

第1部 理論　第2部 機械　第3部 電力　第4部 法規　第5部 電験三種に必要な数学

練習問題 〉01

Δ-Y 変換（ブリッジ回路の電流）

図の回路において、電流の比 I_1/I_2 は。

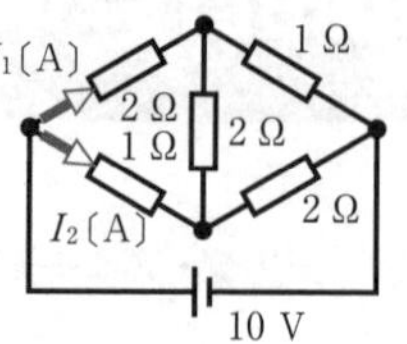

解き方

①ブリッジは回路は、対辺抵抗値の積（2 × 2 ≠ 1 × 1）が等しくないので不平衡回路です。
②下図のように、問題図右側の Δ 結線を Y 結線に変換した回路を考えます。

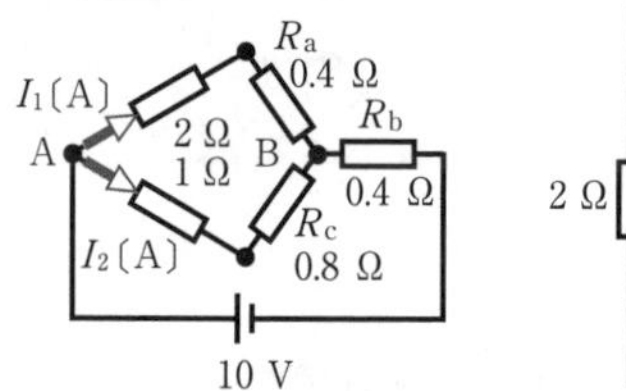

図　ブリッジ回路の Δ-Y 変換

③ R_a、R_b、R_c を求めます。

$$R_a=\frac{2\times1}{1+2+2}=0.4\ \Omega \qquad R_b=\frac{1\times2}{1+2+2}=0.4\ \Omega \qquad R_c=\frac{2\times2}{1+2+2}=0.8\ \Omega$$

④図の A-B 間の電圧を求めると

$I_1(2+0.4)=I_2(1+0.8)$　$2.4\,I_1=1.8\,I_2$　から　$\dfrac{I_1}{I_2}=\dfrac{1.8}{2.4}=0.75$

解説

不平衡のブリッジ回路は、Δ-Y 変換を行います。
Δ 回路は、Y 回路に変換すると計算が簡単になります。

解答　$\dfrac{I_1}{I_2}=0.75$

1-9 直流回路の電力 といえば 電圧と電流の積、電力量 といえば 電力と時間の積

ジュールの法則

図1-9-1 抵抗回路

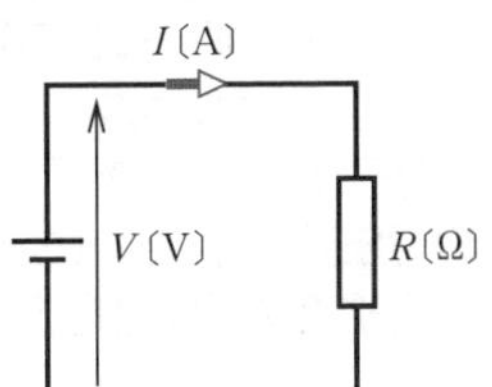

抵抗体を流れる電流によって発生する熱量は、電流の2乗（I^2）と抵抗値（R）の積に比例します。これを、**ジュールの法則**といいます。熱量を表す量記号は H、単位にはジュール〔J〕を用います。

図1-9-1 で、抵抗 R〔Ω〕に電流 I〔A〕が t〔s〕（秒）流れるとき、発生する熱量（熱エネルギー）H〔J〕は I^2Rt〔J〕となり、これを**ジュール熱**といいます。

POINT

▶ジュールの法則 といえば ジュール熱

$H = I^2Rt$〔J〕

電力と電力量

電気エネルギーは、熱エネルギーや機械エネルギーなどに変えることができます。1秒間の電気エネルギーを**電力**といい、量記号には P、単位にはワット〔W〕を用います。

電力は $P = VI$〔W〕で求められます。オームの法則から $V = IR$〔V〕を代入すると、$P = I^2R$〔W〕、同様に $I = V/R$〔A〕を代入すると、$P = V^2/R$〔W〕となります。

電力と時間（秒数）の積は、電気エネルギーの総量です。これを**電力量**といい、量記号に W_p を用います。

POINT

▶電力 といえば VI、または I の2乗 R、または R 分の V の2乗

直流の電力　$P = VI = I^2R = \dfrac{V^2}{R}$〔W〕　◀ 1秒間のエネルギー〔W〕＝〔J/s〕

▶電力量 といえば 電力と時間（秒数）の積

電力量　$W_p = Pt$〔W・s〕　◀ 1W・s = 1J、1W = 1J/s

$= Pt$〔J〕＝熱量（発熱量）　◀ t 秒間のエネルギー〔J/s・s〕＝〔J〕

※電気料金の計算では、電力量は P〔kW〕× T〔h〕（アワー）（時間）＝ PT〔kW・h〕（キロワットアワー）が用いられます。

1〜10 定電圧源と定電流源 といえば 理想電源、重ね合せの理 といえば 起電力（電源）一つで計算

定電圧源と定電流源

一般の電源は、起電力 E〔V〕と内部抵抗 r〔Ω〕を直列接続したものとして表すことができます。負荷電流が流れると r〔Ω〕による電圧降下で電源の端子電圧は起電力 E〔V〕よりも低くなります。仮に $r = 0$ の電源があれば負荷電流が流れても電源の端子電圧は E〔V〕で一定値になります。このような電源を**定電圧源（a）**または**理想電圧源（b）**といいます。定電圧源（理想電圧源）に対し、一定の電流を流す電源を**定電流源（理想電流源）（c）**といい、図1-10-1のような記号で表します。

図1-10-1 定電圧源と定電流源の図記号

(a) 定電圧源

(b) 理想電圧源

定電圧源（理想電圧源）の内部抵抗は0

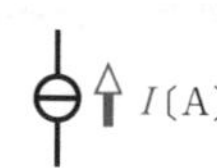

(c) 理想電流源

定電流源（理想電流源）の内部抵抗は∞（無限大）

POINT

- ▶定電圧源（理想電圧源）の内部抵抗 といえば 0
- ▶定電流源（理想電流源）の内部抵抗 といえば ∞（無限大）

重ね合せの理

二つ以上の起電力を含む回路の各枝路に流れる電流は、各起電力がそれぞれ**単独**にあるものとして、別々に各電流を求めて合成、すなわち重ねたものに等しい。この関係を**重ね合せの理**（かさねあわせのり）といいます。

図1-10-2 重ね合せの理

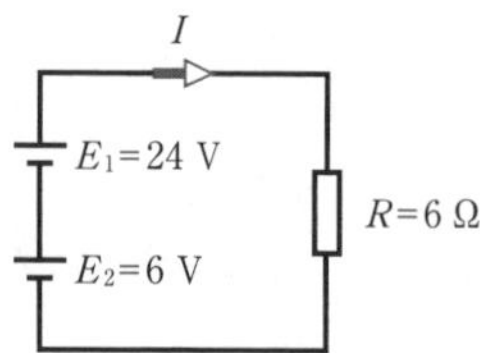

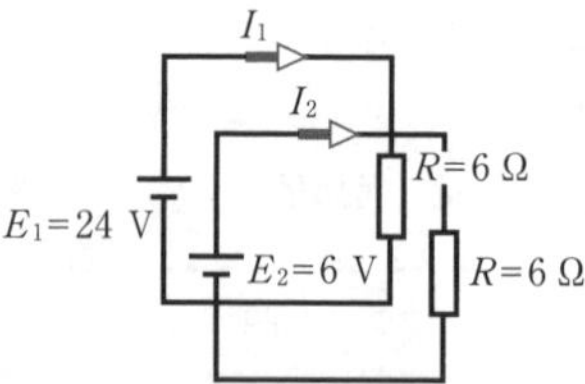

例えば、図1-10-2のように起電力（電源）が2つある回路の場合、起電力が一つずつの回路を二つつくり、電流 I_1、I_2 を別々に求めて、合成する（重ねる）ことで電流 I を求めることができます。

$$I_1 = \frac{24}{6} = 4\ \mathrm{A} \qquad I_2 = \frac{6}{6} = 1\ \mathrm{A} \qquad I = I_1 + I_2 = 4 + 1 = 5\ \mathrm{A}$$

練習問題 ＞ 01

図のような直流回路において
3 Ω の抵抗を流れる電流 I〔A〕は。

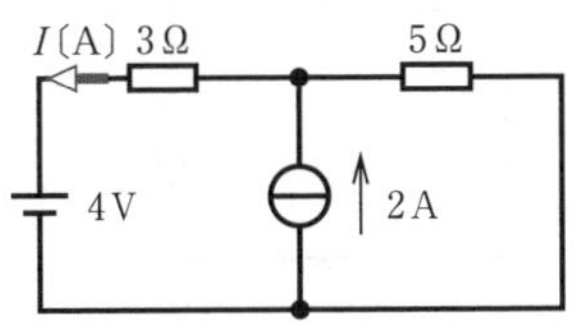

解き方

①定電圧源と定電流源があるので、重ね合せの理を用います。
図のような2つの回路にします。

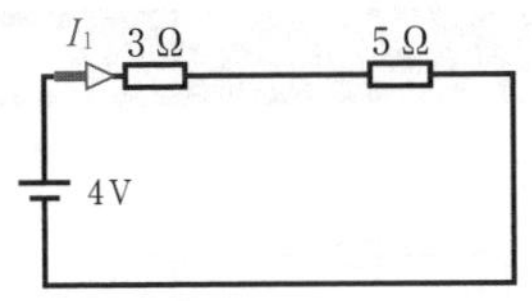

(a) 電圧源のみ（電流源は開放除去）

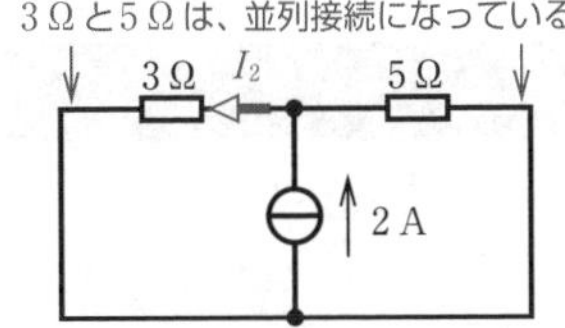

(b) 電流源のみ（電圧源は短絡除去）

図　重ね合せの理

図（a）は、定電圧源を残し、定電流源は**開放除去**（内部抵抗は無限大）
図（b）は、定電流源を残し、定電圧源は**短絡除去**（内部抵抗は 0）

②電流 I_1 と I_2 を求めます。

$$I_1 = \frac{4}{3+5} = 0.5\ \mathrm{A} \qquad I_2 = 2 \times \frac{5}{3+5} = 1.25\ \mathrm{A}$$（分流の公式）

③ 3 Ω の抵抗の電流 I を求めます。
$I = I_2 - I_1 = 1.25 - 0.5 = 0.75\ \mathrm{A}$（電流の方向は左向き）

解説

電源が単独にあるものとして別々に電流を求め合成します。
I_2 は、分流の公式を用います。

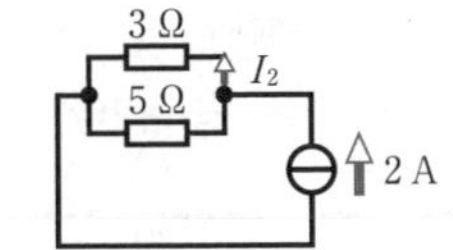

解答　$I = 0.75\ \mathrm{A}$

例題 1

｜重要度★★｜令和 4 年度上期｜理論｜問 5｜

図 1 のように、二つの抵抗 $R_1 = 1\,\Omega$、R_2〔Ω〕と電圧 V〔V〕の直流電源からなる回路がある。この回路において、抵抗 R_2〔Ω〕の両端の電圧値が 100 V、流れる電流 I_2 の値が 5 A であった。この回路に図 2 のように抵抗 $R_3 = 5\,\Omega$ を接続したとき、抵抗 R_3〔Ω〕に流れる電流 I_3 の値〔A〕として、最も近いものを次の (1) ～ (5) のうちから一つ選べ。

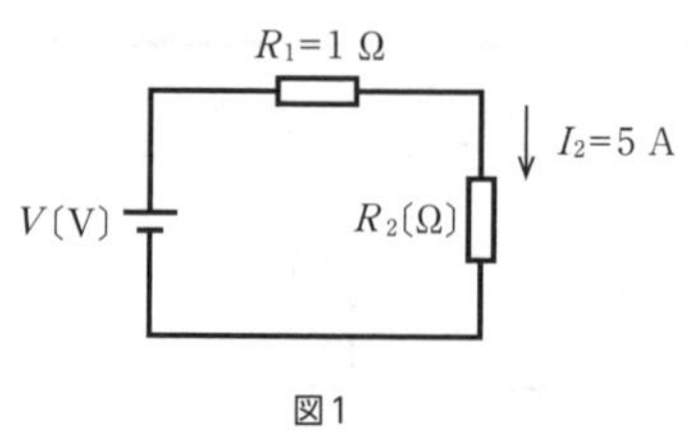

(1) 4.2　(2) 16.8　(3) 20　(4) 21　(5) 26.3

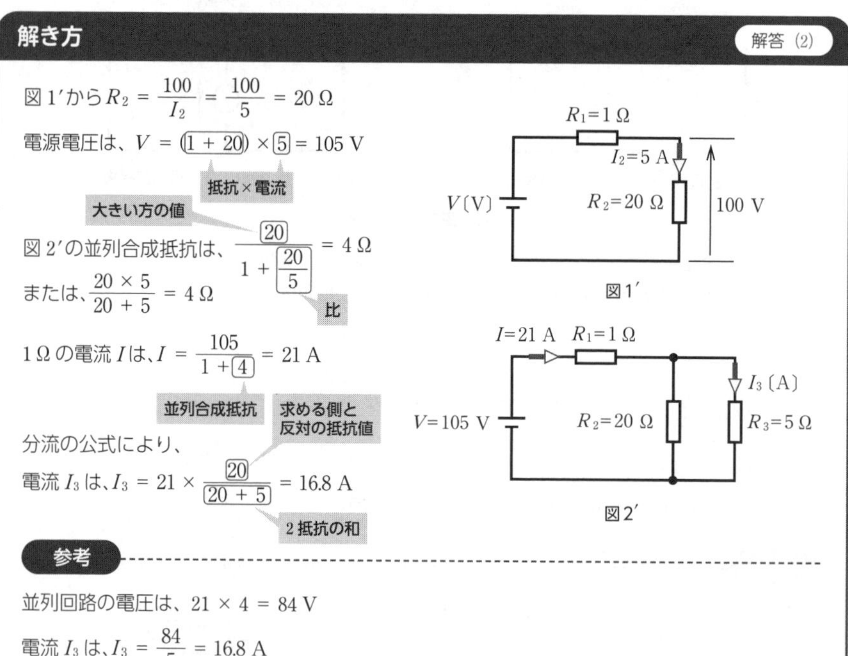

解き方

解答 (2)

図 1′から $R_2 = \dfrac{100}{I_2} = \dfrac{100}{5} = 20\,\Omega$

電源電圧は、$V = (1 + 20) \times 5 = 105$ V

抵抗×電流

大きい方の値

図 2′の並列合成抵抗は、$\dfrac{20}{1 + \dfrac{20}{5}} = 4\,\Omega$

または、$\dfrac{20 \times 5}{20 + 5} = 4\,\Omega$

比

1 Ω の電流 I は、$I = \dfrac{105}{1 + 4} = 21$ A

並列合成抵抗

求める側と反対の抵抗値

分流の公式により、

電流 I_3 は、$I_3 = 21 \times \dfrac{20}{20 + 5} = 16.8$ A

2 抵抗の和

参考

並列回路の電圧は、$21 \times 4 = 84$ V

電流 I_3 は、$I_3 = \dfrac{84}{5} = 16.8$ A

例題 2

｜重要度★★★｜令和 5 年度上期｜理論｜問 5｜

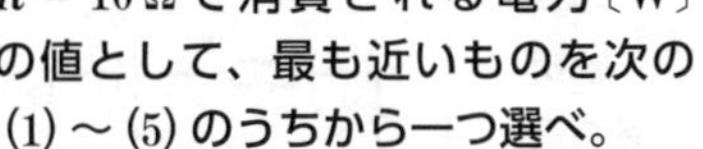

図の直流回路において、抵抗 $R = 10\,\Omega$ で消費される電力〔W〕の値として、最も近いものを次の (1) ～ (5) のうちから一つ選べ。

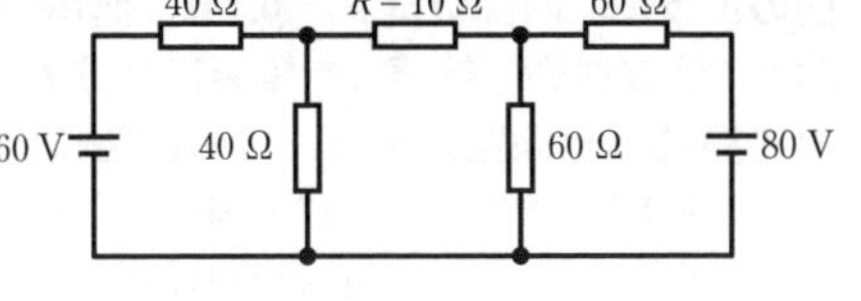

(1) 0.28　(2) 1.89　(3) 3.79　(4) 5.36　(5) 7.62

解き方

解答 (1)

テブナンの定理を用います。

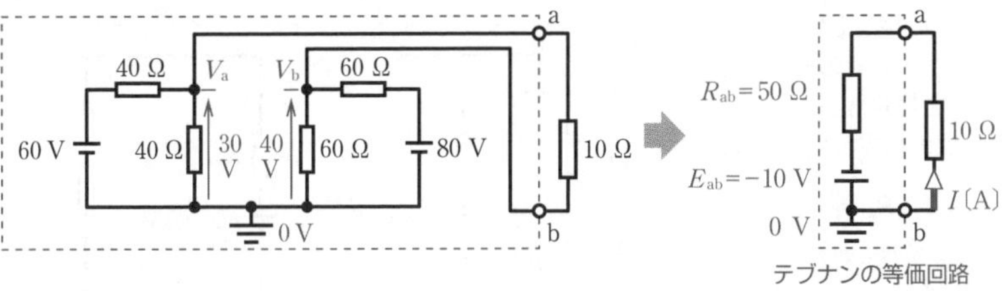

テブナンの等価回路

① 10 Ω を回路の外に出し、┆┆内の回路をテブナンの等価回路に変換することを考えます。

② 10 Ω がないときの a-b 間の電位差（電圧）E_{ab}〔V〕を求めます。

図から、$V_a = 60 \times \dfrac{1}{2} = 30\ \text{V}$　$V_b = 80 \times \dfrac{1}{2} = 40\ \text{V}$

$E_{ab} = V_a - V_b = 30 - 40 = -10\ \text{V}$

③ 10 Ω がないときの a-b 間の合成抵抗 R_{ab}〔Ω〕を求めます（電源は短絡して計算）。

$$R_{ab} = \frac{40}{\boxed{2}} + \frac{60}{\boxed{2}} = 50\ \Omega$$

同じ値の 2 抵抗の並列合成抵抗は$\frac{1}{2}$倍になる

④図のテブナンの等価回路より、

$$I = \frac{E_{ab}}{R_{ab} + 10} = \frac{-10}{50 + 10} = -\frac{1}{6}\ \text{A}$$

⑤ 10 Ω で消費される電力 P〔W〕は、

$$P = I^2 R = \left(-\frac{1}{6}\right)^2 \times 10 \fallingdotseq 0.28\ \text{W}$$

解説

$R = 10\,\Omega$ を除き、端子 a-b 間からみた回路網をテブナンの等価回路（電源 E_{ab}〔V〕と直列抵抗 R_{ab}〔Ω〕）に変換します。V_a〔V〕及び V_b〔V〕は、それぞれ同じ値の 2 つの抵抗で分圧しているので、各電圧は$\dfrac{1}{2}$倍となります。

例題 3

| 重要度★★ | 平成 28 年度 | 理論 | 問 5 |

図のように、内部抵抗 $r = 0.1\,\Omega$、起電力 $E = 9\,\mathrm{V}$ の電池 4 個を並列に接続した電源に抵抗 $R = 0.5\,\Omega$ の負荷を接続した回路がある。この回路において、抵抗 $R = 0.5\,\Omega$ で消費される電力の値〔W〕として、最も近いものを次の（1）～（5）のうちから一つ選べ。

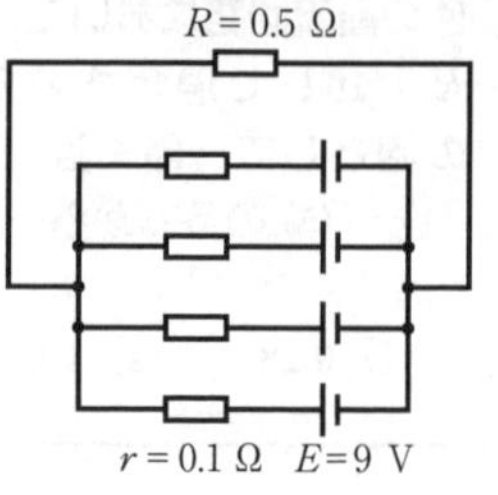

（1）50　（2）147　（3）253
（4）820　（5）4050

解き方

解答（2）

テブナンの定理を用います。
図（a）の a-b 間の電圧 E_{ab}、及び E を短絡除去したときの a-b 間の合成抵抗 R_{ab} は、

$E_{ab}=9\ \mathrm{V}$、$R_{ab}=\dfrac{0.1}{4}\ \Omega$

図（b）の回路より、

$$I=\frac{9}{\dfrac{0.1}{4}+0.5}\fallingdotseq 17.14\ \mathrm{A}$$

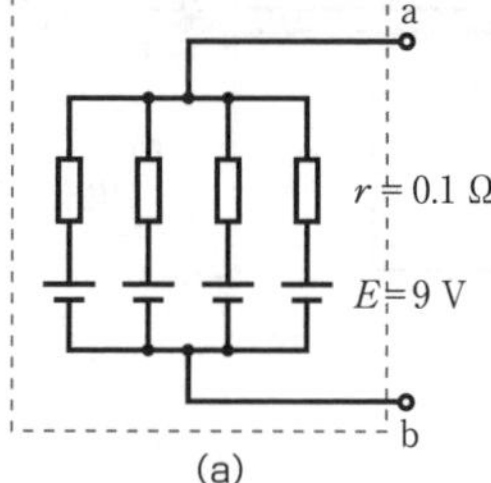

(a)

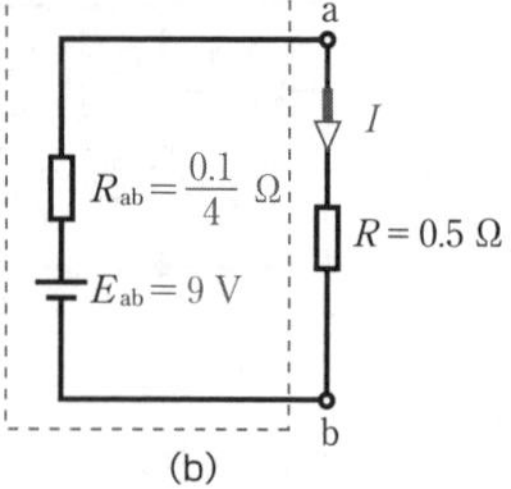

(b)

抵抗 R で消費される電力の値は、

$P=I^2R=17.14^2\times0.5\fallingdotseq 147\ \mathrm{W}$

解説

ミルマンの定理を用いて解くこともできます。

$$E_{ab}=\frac{\dfrac{9}{0.1}+\dfrac{9}{0.1}+\dfrac{9}{0.1}+\dfrac{9}{0.1}+\dfrac{0}{0.5}}{\dfrac{1}{0.1}+\dfrac{1}{0.1}+\dfrac{1}{0.1}+\dfrac{1}{0.1}+\dfrac{1}{0.5}}=\frac{\dfrac{36}{0.1}}{\dfrac{21}{0.5}}=\frac{36}{0.1}\times\frac{0.5}{21}\fallingdotseq 8.57\ \mathrm{V}$$

$I=\dfrac{8.57}{0.5}=17.14\ \mathrm{A}$

$P=I^2R=17.14^2\times0.5\fallingdotseq 147\ \mathrm{W}$

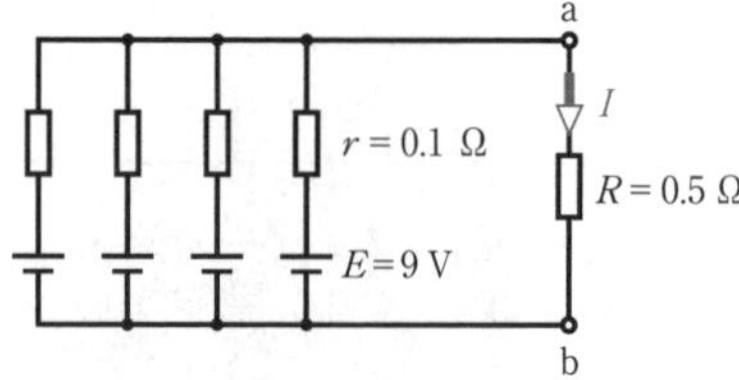

例題 4

｜重要度★★★｜令和 4 年度上期｜理論｜問 7｜

図のように、抵抗 6 個を接続した回路がある。この回路において、ab 端子間の合成抵抗の値が 0.6 Ω であった。このとき、抵抗 R_X の値〔Ω〕として、最も近いものを次の（1）～（5）のうちから 1 つ選べ。

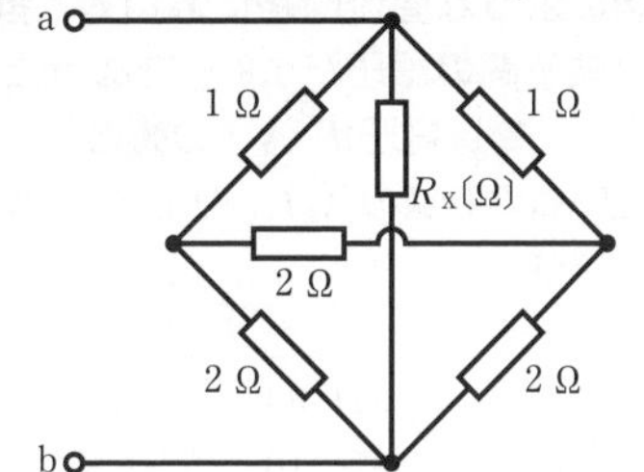

(1) 1.0　　(2) 1.2　　(3) 1.5
(4) 1.8　　(5) 2.0

解き方

解答（1）

問題図は、図 1 となります。図 1 のブリッジ回路は、平衡しており 2 Ω（橋の部分の抵抗）は省略でき、図 2 となります。
図 2 は、図 3 のようになります。
図 3 の合成抵抗は、0.6 Ω と与えられているので、

$$\frac{1.5R_X}{1.5 + R_X} = 0.6$$

$$1.5R_X = 0.6(1.5 + R_X)$$

$$0.9R_X = 0.9$$

$$R_X = 1.0\ \Omega$$

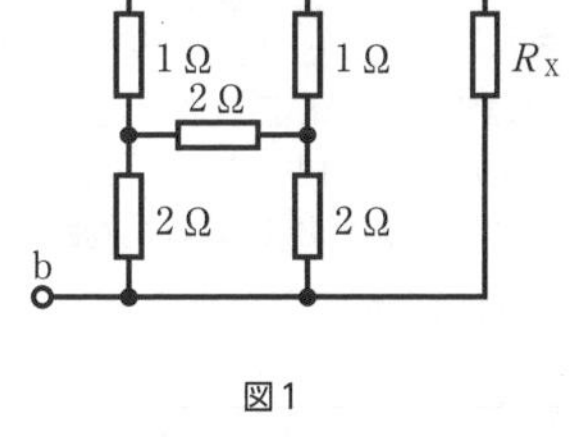

図 1

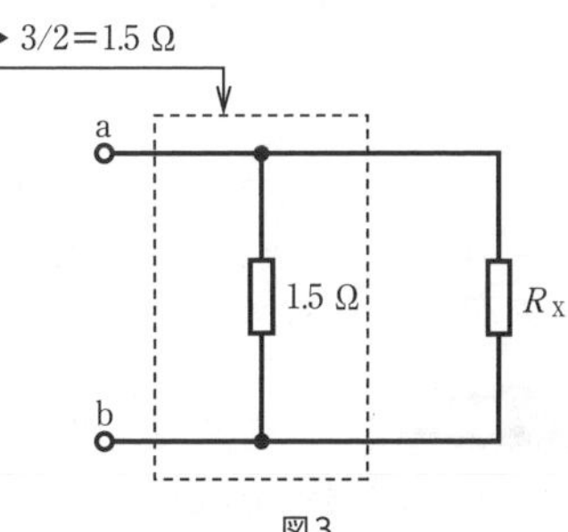

図 2　　図 3

解説

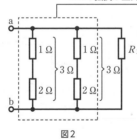

はじめに、対辺抵抗値の積（1 × 2 = 1 × 2）の一致により回路が平衡してることを確認します。
平衡している場合は、2 Ω（橋の部分の抵抗）には、電流が流れないので、これを除いて考える、または次のように短絡して考えることもできます。

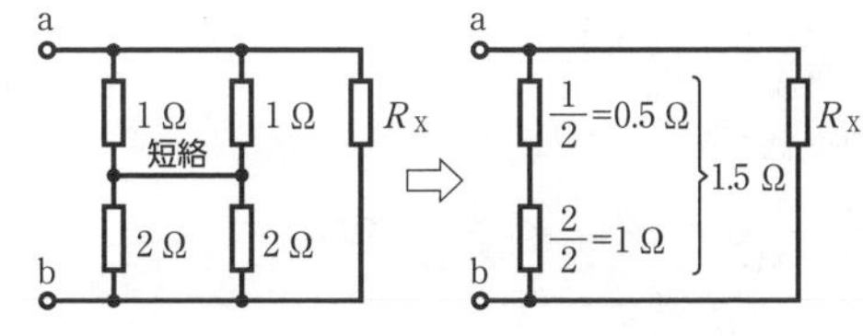

例題 5

｜重要度★★★｜令和 4 年度下期｜理論｜問 5｜

図のような直流回路において、抵抗 3 Ω の端子間の電圧が 1.8 V であった。このとき、電源電圧 E〔V〕の値として、最も近いものを次の (1) ～ (5) のうちから一つ選べ。

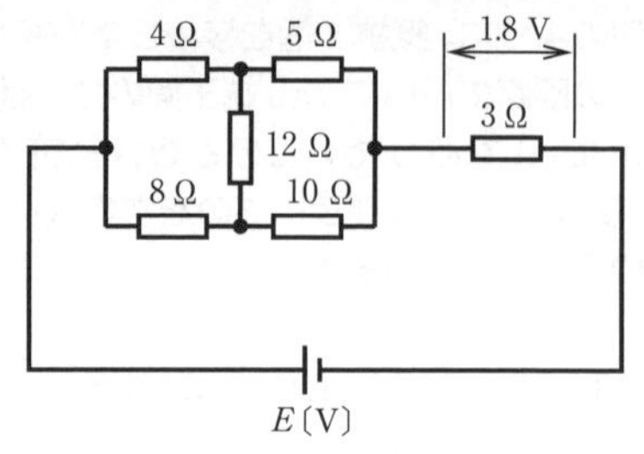

(1) 1.8　(2) 3.6　(3) 5.4
(4) 7.2　(5) 10.4

解き方

解答 (3)

図 1 の対辺抵抗値の積は、
4 × 10 = 8 × 5 = 40 で、
等しいことからブリッジ回路は平衡しており
12 Ω には電流が流れません。
したがって、12 Ω を除くと図 2 のようになります。
図 2 の 9 Ω と 18 Ω の並列回路の合成抵抗は、

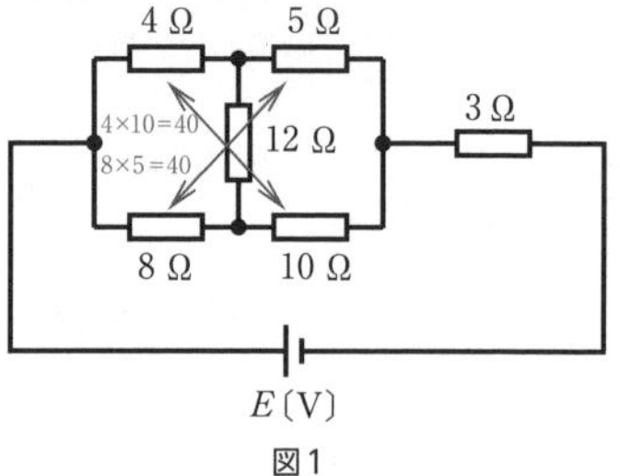

図1

大きい方の値

$$\frac{\boxed{18}}{1+\boxed{2}} = 6\ \Omega$$ であり図 3 となります。

$\frac{18}{9} = 2$　抵抗値の比

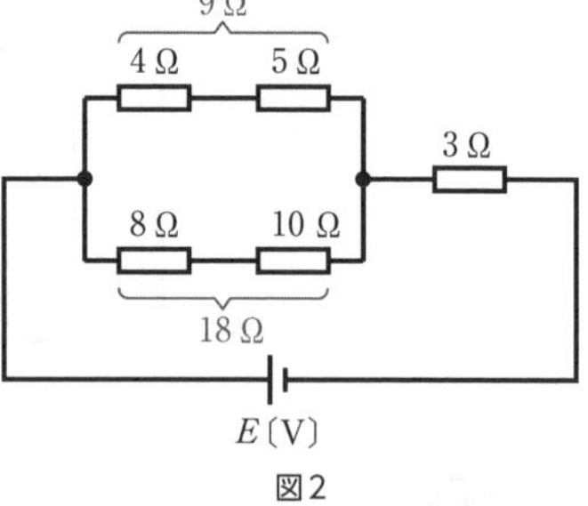

図2

図 3 の 3 Ω の電流 I は、$\frac{\text{電圧}}{\text{抵抗}}$ より $I = \frac{1.8}{3} = 0.6$ A
6 Ω の電圧は、電流×抵抗より 0.6 × 6 = 3.6 V
したがって、E は、E = 3.6 + 1.8 = 5.4 V

解説

9 Ω と 18 Ω の並列合成抵抗を、和分の積で求めると、

$$\frac{9 \times 18}{9 + 18} = \frac{162}{27} = 6\ \Omega$$

12 Ω を短絡して考えると、

$$\frac{4 \times 8}{4 + 8} + \frac{5 \times 10}{5 + 10} = 6\ \Omega$$

または、

$$\frac{8}{1 + \boxed{2}} + \frac{10}{1 + \boxed{2}} = \frac{18}{3} = 6\ \Omega$$

抵抗値の比

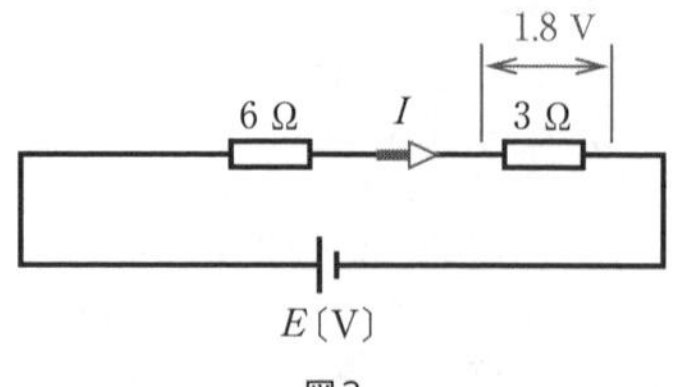

図3

2-1 正弦波交流 といえば サインカーブ

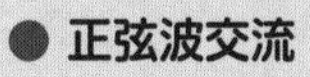

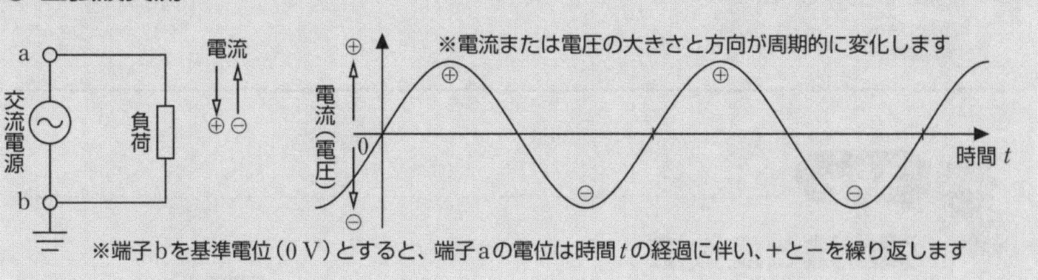
a
b
交流電源
負荷
電流
電流（電圧）
※電流または電圧の大きさと方向が周期的に変化します
時間 t
※端子bを基準電位（0 V）とすると、端子aの電位は時間tの経過に伴い、＋と－を繰り返します

正弦波交流の波形

電圧や電流が正弦波状（サインカーブ）に変化するものを**正弦波交流**といいます。正弦波交流は上図のような波形になり、正弦波交流の電圧 v〔V〕を式で表すと、次のようになります。

POINT

▶交流波形 といえば サイン波形

$$v = V_m \sin \omega t \text{〔V〕}$$

- 瞬時値：v
- 電圧の最大値：V_m
- 正弦波（サインカーブ）：$\sin$
- 変化の速さ：ω

図2-1-1のように、電圧 v〔V〕は時間 t により変化する値を表し、瞬時の値を表しているので、これを**瞬時値**といいます。また、V_m〔V〕は**最大値**、sin は**正弦波形**（サインカーブ）、ω（オメガ）は**変化の速さ**、t は時間を表しています。

図2-1-1 交流波形

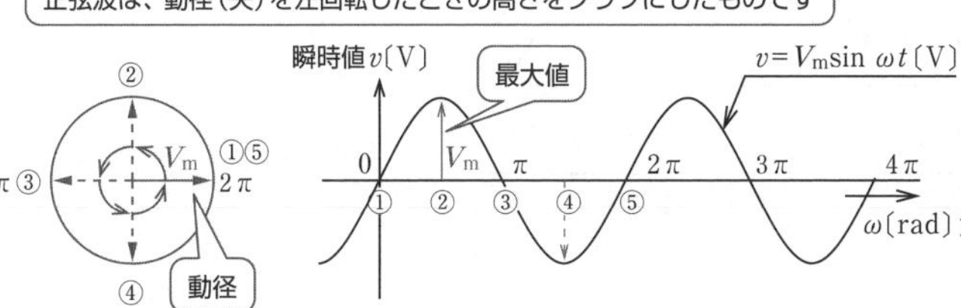
正弦波は、動径（矢）を左回転したときの高さをグラフにしたものです
矢を①～⑤まで1回転したとき、角度を横軸とし高さをグラフで表すと、①～⑤のような正弦波形となります
瞬時値 v〔V〕
最大値
v＝Vmsin ωt〔V〕
動径
ω〔rad〕角度

正弦波形の変化の速さは、1 秒間に変化する角度です。これを**角速度**（かくそくど）といい、ω（オメガ）〔rad/s〕（ラジアン毎秒）で表します。波形が 1 秒間に 1 回だけ変化すれば、角度の変化は 2π〔rad〕です。1 秒間に f 回変化すれば、角速度 ω〔rad/s〕は、$2\pi f$〔rad/s〕です。周波数 f に対し、ω は f の 2π 倍なので、角速度を**角周波数**ということもあります。

▶**角速度 ω（オメガ）といえば $2\pi f$**

角速度　$\omega = 2\pi f$〔**rad/s**〕（ラジアン毎秒）

弧度法と度数法

ラジアン〔rad〕は、「弧と半径の長さの比」で、**弧度**（こど）ともいいます。
半径が 1 m の円を考えると**弧の長さがラジアン**となります。
1 rad は度数法で約 57.3° です。π〔rad〕は度数法で 180°、
2π〔rad〕は 360° です。

$$1\ \mathrm{rad} = \frac{180^\circ}{\pi} \fallingdotseq 57.3^\circ$$

角度の単位〔rad〕は省略することが多いですが、
度数法を使用するときは、「60°」のように〔°〕を付けます。

図2-1-2 弧度法と度数法

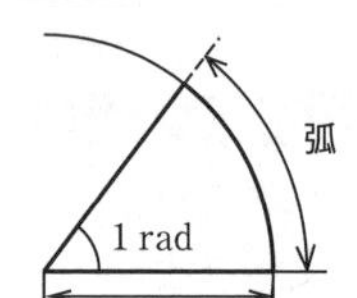

1 rad ＝半径と弧の長さが等しくなる角度（約57.3°）

位相と位相差

図2-1-3の v_1、v_2、v_3〔V〕は、波形の位置がずれています。波形のずれの角度を**位相差**（いそうさ）といいます。v_1 と v_2 の位相差は θ_2、v_1 と v_3 の位相差は θ_3 です。

図2-1-3 位相差

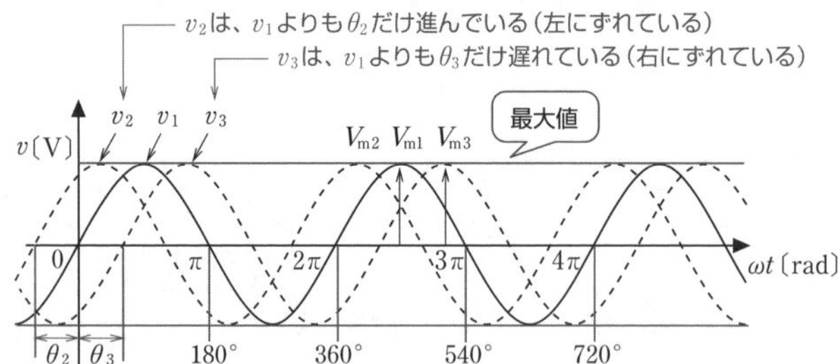

これを式で表すと、次のようになります。

$$v_1 = V_{m1} \sin \omega t \,〔V〕 \cdots\cdots\cdots\cdots (1)$$

$$v_2 = V_{m2} \sin(\omega t + \theta_2) \,〔V〕 \cdots (2)$$ v_1よりθ_2だけ位相が進んでいる

$$v_3 = V_{m3} \sin(\omega t - \theta_3) \,〔V〕 \cdots (3)$$ v_1よりθ_3だけ位相が遅れている

式 (2)、(3) のθ_2、θ_3を、**位相**(いそう)または**位相角**(いそうかく)といい、単位は〔rad〕(ラジアン) または〔°〕(度) で表します。

図2-1-3で、v_2はv_1よりθ_2だけ先に変化しており、このとき、v_2はv_1よりθ_2だけ**位相が進んでいる**といいます。また、v_3はv_1よりθ_3だけ**位相が遅れている**といいます。

また、図2-1-4のように、2つの交流の位相差がないとき、2つの交流は**同相**または**同位相**であるといいます。

図2-1-4 同位相

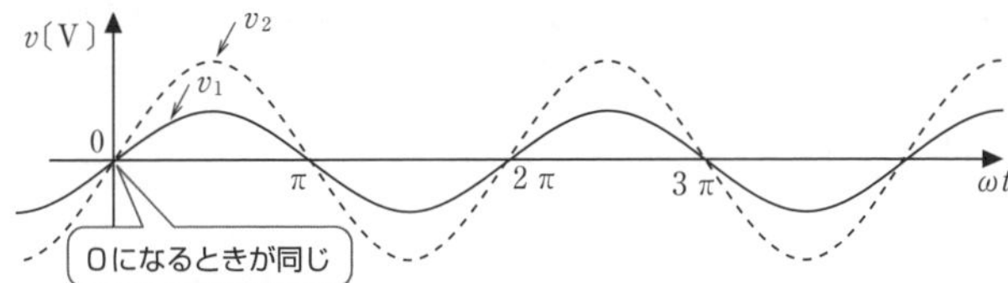

POINT

▶**正弦波交流の波形** といえば **最大値、波形、角速度、時間、位相で表す**

$v = V_m \sin(\omega t + \theta)$〔V〕 v:瞬時値、V_m:最大値、sin:波形、ω:角速度、t:時間、θ:位相

周期と周波数

正弦波形は、図2-1-5のように同じ波形を繰り返しています。この変化1回に要する時間を**周期**といい、T〔s〕(秒) で表します。1秒間に変化する回数を**周波数**といい、f〔Hz〕(ヘルツ) で表します。周波数f〔Hz〕の交流では、1秒間にf回変化するので、1回の波の変化に要する時間は$1/f$であり、これが周期T〔s〕となります。

周期Tと周波数fの関係は、次のように逆数の関係になります。

図2-1-5 1秒間に変化する回数＝周波数

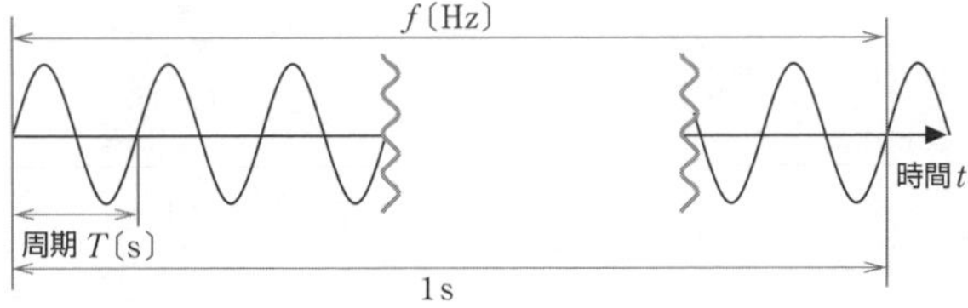

第1部 理論 / 第2部 機械 / 第3部 電力 / 第4部 法規 / 第5部 電験三種に必要な数学

POINT

▶周期 T〔s〕（秒）と周波数 f〔Hz〕といえば 互いに逆数関係にある

周期 $T=\frac{1}{f}$〔s〕（秒） ◀ $\frac{1}{周波数}$　　周波数 $f=\frac{1}{T}$〔Hz〕 ◀ $\frac{1}{周期}$

コラム

直流と交流

直流（一方向の電流：Direct Current、略して DC）は、流れる方向（正負）が変化しないもので、電流を直流電流といい、電圧を直流電圧といいます。電流、電圧の両方を単に直流と呼びます。

交流（交互に変化する電流：Alternating Current、略して AC）は、周期的に大きさと方向が変化するもので、電流を交流電流または交番電流といい、電圧を交流電圧といいます。電流、電圧の両方を、単に交流と呼びます。

図2-1-6 直流と交流

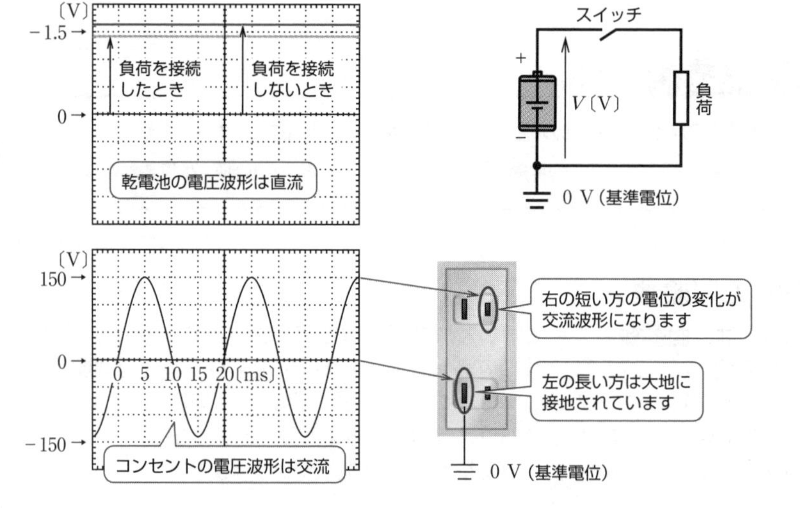

コラム

大文字と小文字

一般に、瞬時値（時間 t の関数）を表す量記号は小文字（e、v、i など）を用い、一定の大きさを表す量記号は大文字（E、V、I など）を用います。また、最大値など特別な大きさを表すときは添字を付けます（E_m、V_m、I_m など）。

練習問題 > 01

正弦波交流

図(a)の正弦波交流電圧の瞬時値 v〔V〕は。また、図(b)のように v〔V〕を抵抗 $R = 10\ \Omega$ に加えたとき、流れる電流の瞬時値 i〔A〕は。

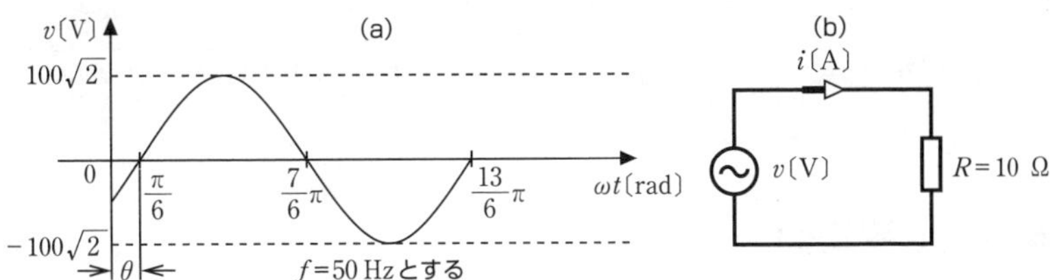

解き方

①$v = V_m \sin(\omega t + \theta)$〔V〕において、最大値　$V_m = 100\sqrt{2}$

角速度　$\omega = 2\pi f = 2 \times \pi \times 50 = 100\pi$

②位相 $\theta = -\dfrac{\pi}{6}$ より、電圧の瞬時値 v〔V〕は、

$$v = 100\sqrt{2}\sin\left(100\pi t - \frac{\pi}{6}\right)\text{〔V〕}$$

③オームの法則より、i〔A〕は、

$$i = \frac{v}{R} = \frac{v}{10} = 10\sqrt{2}\sin\left(100\pi t - \frac{\pi}{6}\right)\text{〔A〕}$$

解説

電圧 v〔V〕を求めるには、波形を表す式の最大値、角速度、位相に数値を代入します。電流 i〔A〕を求めるには、電圧を抵抗で割ります。

解答　$v = 100\sqrt{2}\sin\left(100\pi t - \dfrac{\pi}{6}\right)$〔V〕　$i = 10\sqrt{2}\sin\left(100\pi t - \dfrac{\pi}{6}\right)$〔A〕

2-2 交流の大きさ といえば 最大値、平均値、実効値

● 波形の大きさ

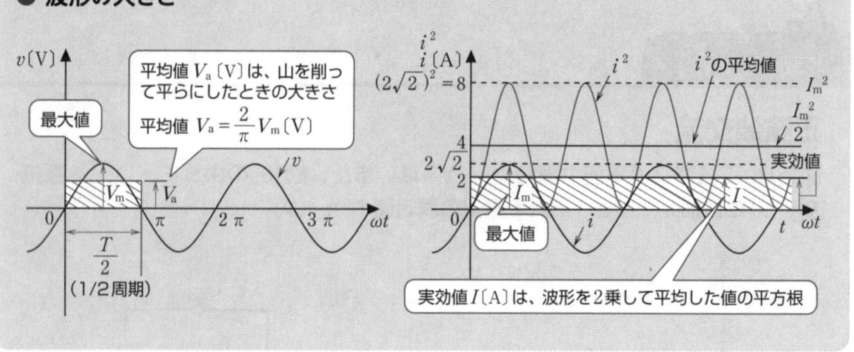

最大値、平均値

波形の最大の大きさを**最大値**（**波高値**ともいう）といい、量記号に電圧は V_m、電流は I_m を用います※1。

上図のように、正弦波形の 1/2 周期（$T/2$）について平均した値を交流の**平均値**といい、量記号に電圧は V_a、電流は I_a を用います※1。

図の波形で囲まれた面積と長方形の面積が等しくなるときの大きさ、すなわち波形の山を削って平らにしたときの高さが**平均値**です。また、交流は 1 周期で平均すれば＋の面積と－の面積は同じなのでゼロになりますが、交流の平均値は一般に 1/2 周期の値を用います。

正弦波交流の平均値は、次のようになります。

$$平均値 = \frac{2}{\pi} \times 最大値 \fallingdotseq 0.637 \times 最大値$$

$$電圧の平均値は、V_a = \frac{2}{\pi} V_m〔V〕$$

$$電流の平均値は、I_a = \frac{2}{\pi} I_m〔A〕$$

※1　**添字について**：最大値の添字の $_m$ は maximum（最大）、平均値の $_a$ は average（平均）を表しています。

実効値

交流の電圧、電流を、これと等しい仕事をする直流の大きさをもって表した値を、**実効値**（じっこうち）といいます。実効値の量記号は、電圧には V、電流には I を用います。添字は付けません。

正弦波交流の実効値は、**最大値を $\sqrt{2}$ で割った値**です。

$$実効値 = \frac{最大値}{\sqrt{2}} \fallingdotseq 0.707 \times 最大値$$

電圧の実効値は、$V = \dfrac{V_m}{\sqrt{2}}$〔V〕

電流の実効値は、$I = \dfrac{I_m}{\sqrt{2}}$〔A〕

図2-2-1 正弦波交流の実効値

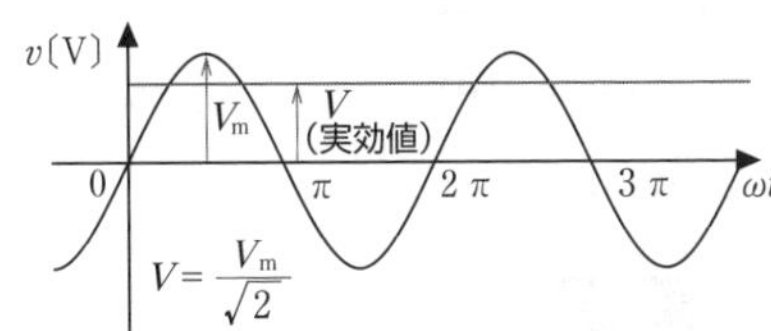

交流の実効値は、瞬時値を 2 乗し、さらに 1 周期間の平均を求め、さらに平方根を求めます。交流電圧を抵抗負荷に加えた場合に、ある電圧の直流の電圧を加えた場合とで電力が等しくなるときに、この交流は直流の電圧と同じ値の実効値を持つことになります。

POINT

▶平均値 といえば 最大値に π 分の 2 を掛ける

$$平均値 = \frac{2}{\pi} \times 最大値$$

1/2 周期の波形を平らにならした大きさ

▶実効値 といえば 最大値を $\sqrt{2}$ で割る

$$実効値 = \frac{最大値}{\sqrt{2}}$$

正弦波の実効値は最大値を $\sqrt{2}$ で割った値

実効値が 100 V のとき、最大値は 141 V、平均値は 90 V は覚えておこう
<実効値が 100 V の交流電圧の場合>
最大値 $100\sqrt{2} \fallingdotseq 141$ V、平均値 $2/\pi \times 100\sqrt{2} \fallingdotseq 90$ V

波高率と波形率

交流の波形を表すのに、**波高率**（はこうりつ）と**波形率**（はけいりつ）があります。

$$波高率 = \frac{最大値}{実効値} \qquad 波形率 = \frac{実効値}{平均値}$$

波高率は、絶縁耐力試験など電圧の最大値を必要とする場合に、波形率は、平均値がわかっているとき、実効値を求める場合によく用います。波高率と波形率は、ともに波形がとがっているときは大きくなり、平らになれば小さくなります。

練習問題 〉01

電圧の最大値、平均値

正弦波交流で、電圧の実効値が $V = 200\ \mathrm{V}$ のとき、最大値 V_{m}〔V〕、平均値 V_{a}〔V〕は。

解き方

①最大値 V_{m}〔V〕は、$V_{\mathrm{m}} = \sqrt{2}\ V = \sqrt{2} \times 200 \fallingdotseq 283\ \mathrm{V}$

②平均値 V_{a}〔V〕は、$V_{\mathrm{a}} = \dfrac{2}{\pi} V_{\mathrm{m}} = \dfrac{2}{\pi} \times 283 \fallingdotseq 180\ \mathrm{V}$

解説

正弦波交流の最大値は実効値の $\sqrt{2}$ 倍、平均値は最大値の $\dfrac{2}{\pi}$ 倍です。

解答　$V_{\mathrm{m}} = 283\ \mathrm{V}$　　$V_{\mathrm{a}} = 180\ \mathrm{V}$

練習問題 〉02

波高率と波形率

正弦波交流電圧の波高率と波形率は。

解き方

$$\text{波高率} = \frac{\text{最大値}}{\text{実効値}} = \frac{V_{\mathrm{m}}}{\dfrac{1}{\sqrt{2}} V_{\mathrm{m}}} = \sqrt{2}$$

$$\text{波形率} = \frac{\text{実効値}}{\text{平均値}} = \frac{\dfrac{1}{\sqrt{2}} V_{\mathrm{m}}}{\dfrac{2}{\pi} V_{\mathrm{m}}} = \frac{\pi}{2\sqrt{2}} \fallingdotseq 1.11$$

解説

平均値から実効値を求めるには、平均値に波形率を掛けて求めます。

解答　波高率は $\sqrt{2}$　　波形率は 1.11

2-3 交流のベクトル表示 といえば 大きさと位相で表す

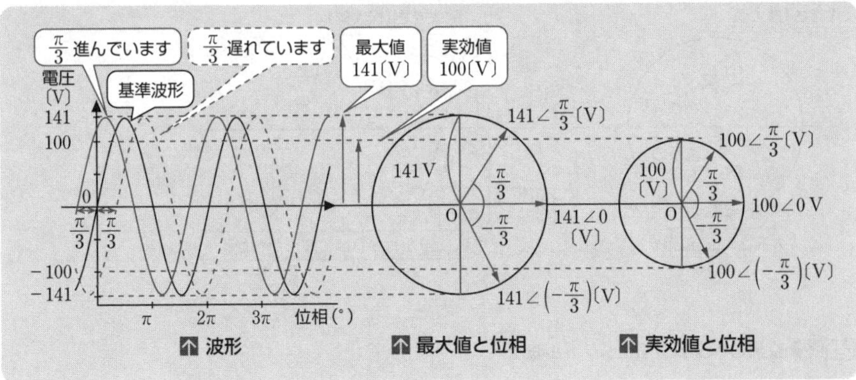

正弦波交流のベクトル表示

正弦波交流の瞬時値は、次のように最大値（$\sqrt{2}\,V$）、波形（sin）、角速度（ω）、位相（θ）で表されます。

$$v = V_{\mathrm{m}} \sin(\omega t - \theta) = \sqrt{2}\,V \sin(\omega t - \theta)〔\mathrm{V}〕$$

（実効値は $V = \dfrac{V_{\mathrm{m}}}{\sqrt{2}}$ より、最大値は $V_{\mathrm{m}} = \sqrt{2}\,V$）

一般に用いる交流は正弦波で角速度（ω）は一定（周波数が一定）なので、交流は大きさと位相だけわかれば、波形が決まります。

図2-3-1のように、大きさは**線分の長さ**（矢線の長さ）、位相は**基準の方向との角度**（一般に右方向を基準の方向とする※1）で表すことができます。この大きさと位相を表す量を**ベクトル**といいます。ベクトルを表す記号は $\dot{V}$、$\dot{I}$、のように文字の上に・（ドット）を付け、Vドット、Iドットと読みます。

また、図2-3-2のように、大きさと位相を図に表したものを**ベクトル図**※2といいます。一方、式で表したものを**ベクトル表示**※2といい、次のように表します。

$$\dot{V}_{\mathrm{m}} = V_{\mathrm{m}} \angle \theta〔\mathrm{V}〕 \cdots\cdots \text{最大値}\angle\text{位相}$$

※1 **一般に右方向を基準の方向とする**：位相角は反時計方向を正（+）、時計方向を負（−）とします。

※2 **ベクトル図、ベクトル表示**：ベクトル図をフェザー図（位相を表す図）、ベクトル表示をフェザー表示ともいいます。

1
2
3
4
5
6
7
交流回路

また、交流の大きさは最大値よりも実効値の方が実用的なので、一般に交流の大きさは実効値で表します。

$$\dot{V} = V\angle\theta \text{〔V〕} \cdots\cdots \text{実効値}\angle\text{位相}$$

図2-3-1 交流の大きさと位相

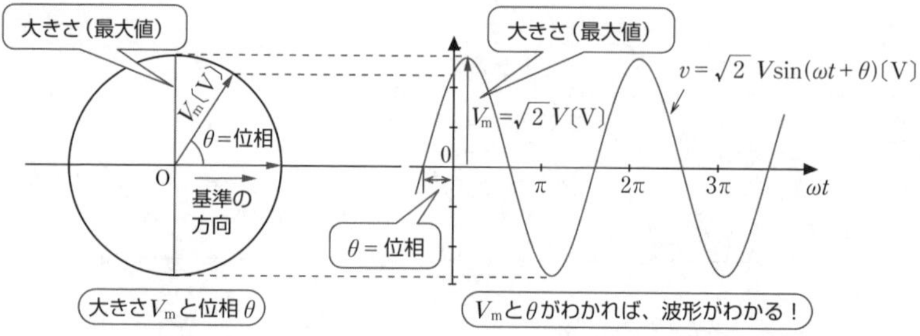

図2-3-2 交流のベクトル図とベクトル表示

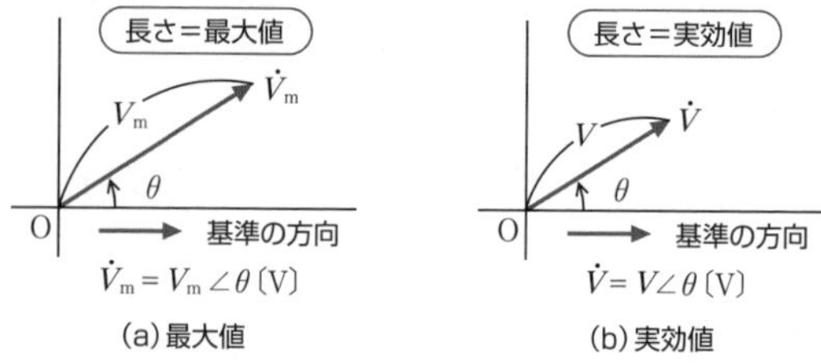

POINT

▶正弦波 といえば 大きさと位相で表す

$v=\sqrt{2}\ V\sin(\omega t+\theta)$〔V〕 波形を表す式（瞬時値表示）

$\dot{V} = V\angle\theta$〔V〕 波形の大きさ（実効値）と位相で表す式（ベクトル表示）

$(\sqrt{2}\ V = V_m)$ 実効値 V の$\sqrt{2}$倍は最大値 V_m を表す

2-4 交流回路のオームの法則 といえば 電圧と電流の比は電流の通しにくさを表す

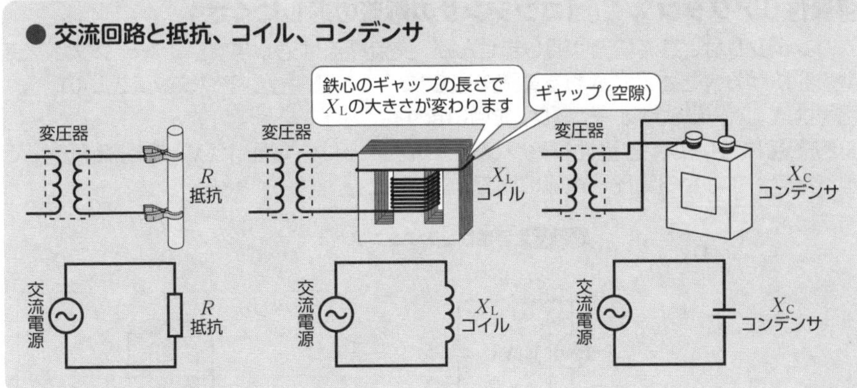

オームの法則

直流回路と同じように、交流回路にもオームの法則が成り立ちます。いずれも、電圧÷電流＝電流の通しにくさ、を表します。

抵抗 R（抵抗の電流の通しにくさ）

図2-4-1 抵抗回路

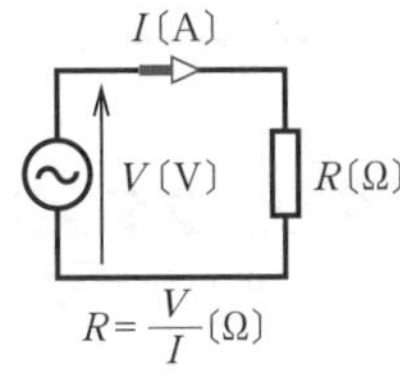

図2-4-1の回路で、抵抗 R〔Ω〕は電圧 V〔V〕を電流 I〔A〕で割った値、すなわち電圧と電流の比が抵抗 R〔Ω〕となります。

$$R=\frac{V}{I}〔\Omega〕$$

誘導性リアクタンス X_L（コイルの電流の通しにくさ）

コイルは、直流電流を妨げる作用はありませんが、交流電流を妨げる作用があります。コイルの交流電流を妨げる大きさ、すなわち電流の通しにくさを**誘導性リアクタンス**といい、量記号は X_L、単位はオーム〔Ω〕を用います。

図2-4-2において、誘導性リアクタンス X_L〔Ω〕は、電圧 V〔V〕を電流 I〔A〕で割った値、すなわち電圧と電流の比です。

$$X_L=\frac{V}{I}〔\Omega〕$$

図2-4-2 誘導性リアクタンス

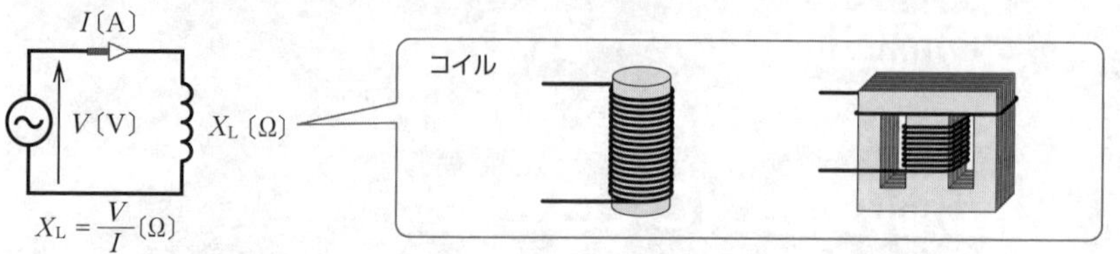

容量性リアクタンス X_C（コンデンサの電流の通しにくさ）

コンデンサは、直流電流は通しませんが、交流電流は通します。コンデンサが交流電流を妨げる大きさ、すなわち電流の通しにくさを**容量性リアクタンス**といい、量記号は X_C で、単位はオーム〔Ω〕を用います。

図2-4-3 において、容量性リアクタンス X_C〔Ω〕は、電圧 V〔V〕を電流 I〔A〕で割った値、すなわち電圧と電流の比です。

$$X_C = \frac{V}{I}〔\Omega〕$$

図2-4-3 容量性リアクタンス

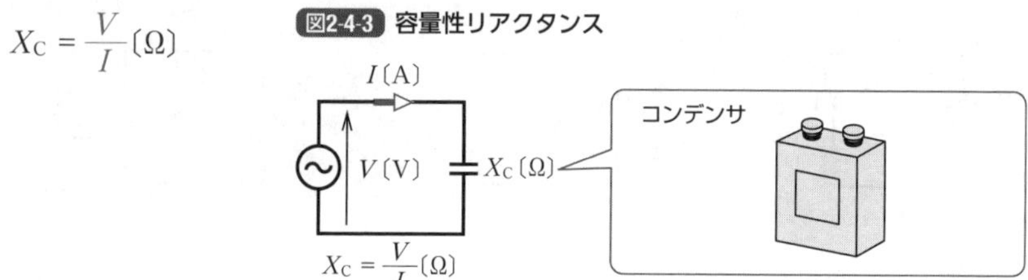

POINT

▶抵抗 R、リアクタンス X といえば 電圧と電流の比

$R = \frac{V}{I}$〔Ω〕　$X_L = \frac{V}{I}$〔Ω〕　$X_C = \frac{V}{I}$〔Ω〕

抵抗（R〔Ω〕）、リアクタンス（X_L、X_C〔Ω〕）はいずれも電圧と電流の比（V/I）

リアクタンスの性質

コイルが持つ電気的な特性は、**インダクタンス**※1 の大きさで示されます。インダクタンスの量記号は L、単位は**ヘンリー**〔H〕です。

コイルの電流の通しにくさ、すなわち誘導性リアクタンス X_L〔Ω〕は次式で示され、周波数 f〔Hz〕に比例します。つまり、周波数が高いほどコイルのリアクタンス X_L〔Ω〕が大きくなり、電流が通りにくくなる性質があります。

$$X_L = \omega L〔\Omega〕$$　角速度×インダクタンス

$$= 2\pi f L〔\Omega〕$$　2 × 3.14 ×周波数×インダクタンス

※1 **インダクタンス**：コイルの性質を表す定数で L で表します。コイルに電流を流すと、電流に比例した磁束ができます。このときの比例定数がインダクタンス L です。

コンデンサは電荷を蓄積するための容器で、電荷を蓄積するための能力を**静電容量**といい、量記号は C、単位は**ファラド**〔F〕を用います。

コンデンサの電流の通しにくさ、すなわち容量性リアクタンス X_C〔Ω〕は次式で示され、周波数 f〔Hz〕に反比例します。すなわち、周波数が高いほどコンデンサのリアクタンス X_C〔Ω〕が小さくなり、電流が通りやすくなる性質があります。

$$X_C = \frac{1}{\omega C}〔\Omega〕$$ ← $\frac{1}{角速度 \times 静電容量}$

$$= \frac{1}{2\pi f C}〔\Omega〕$$ ← $\frac{1}{2 \times 3.14 \times 周波数 \times 静電容量}$

誘導性リアクタンスは**誘導リアクタンス**、容量性リアクタンスは**容量リアクタンス**ともいいます。

▶**リアクタンス** といえば **コイルは** ωL、**コンデンサは** ωC 分の1

$$X_L = \omega L〔\Omega〕= 2\pi f L〔\Omega〕$$ ← X_L〔Ω〕は周波数 f〔Hz〕とインダクタンス L〔H〕に比例

$$X_C = \frac{1}{\omega C}〔\Omega〕= \frac{1}{2\pi f C}〔\Omega〕$$ ← X_C〔Ω〕は周波数 f〔Hz〕と静電容量 C〔F〕に反比例

練習問題 > 01

リアクタンス

図の I〔A〕を求めよ。

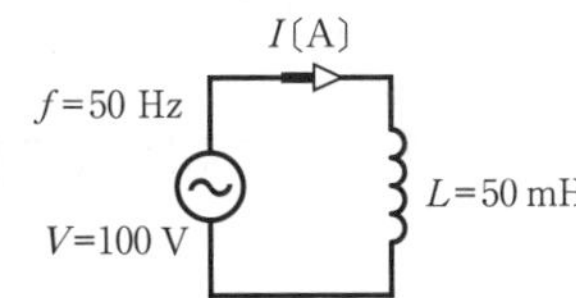

解き方

①コイルの誘導性リアクタンス X_L〔Ω〕は、 ← m（ミリ）には 10^{-3} を掛ける

$X_L = 2\pi f L = 2 \times 3.14 \times 50 \times 50 \times 10^{-3} = 15.7\ \Omega$

②オームの法則より、電流 I〔A〕は、$I = \frac{V}{X_L} = \frac{100}{15.7} \fallingdotseq 6.37\ \mathrm{A}$

解説

リアクタンスを求める公式に、数値を代入します。

解答 $I = 6.37\ \mathrm{A}$

2-5 *R*、*L*、*C*の作用 といえば *R*はエネルギーを消費し、*L*、*C*は消費しない

● **抵抗、コイル、コンデンサの作用**

(a)

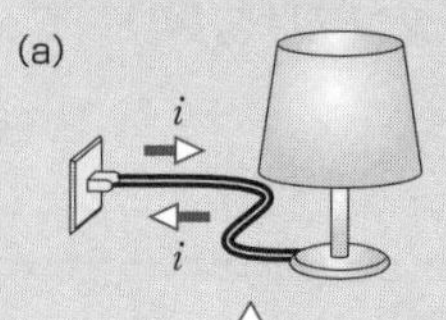

抵抗はi(電流)の強さ(大きさ)を変え、エネルギーを消費します

(b)

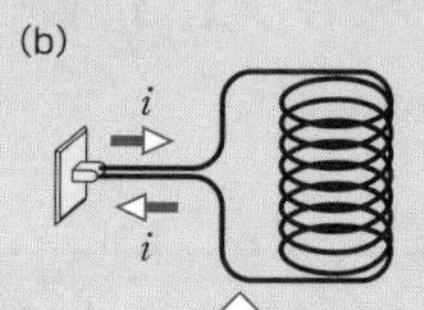

コイルはi(電流)の強さ(大きさ)を変え、位相を$\frac{\pi}{2}$遅らせ、エネルギーの消費はありません

(c)

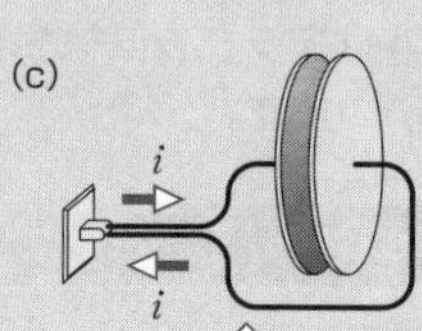

コンデンサはi(電流)の強さ(大きさ)を変え、位相を$\frac{\pi}{2}$進ませ、エネルギーの消費はありません

抵抗(*R*)の作用

図2-5-1の(a)のように、抵抗R〔Ω〕にv〔V〕の交流電圧を加えたとき、回路に流れる電流i〔A〕は、抵抗R〔Ω〕によって妨げられます。すなわち、**抵抗R〔Ω〕は交流電流の流れを妨げる**作用があります。このとき、**電圧と電流は同位相(同相)**になります。

同位相のときvとiの波形は、図2-5-1の(b)のように、**同時に**0になります。

図2-5-1 **抵抗の作用**

(a)

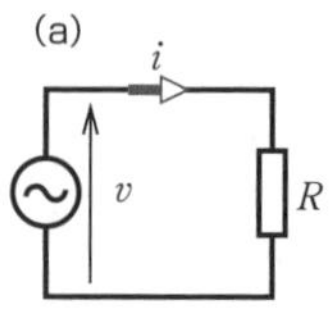

(b)

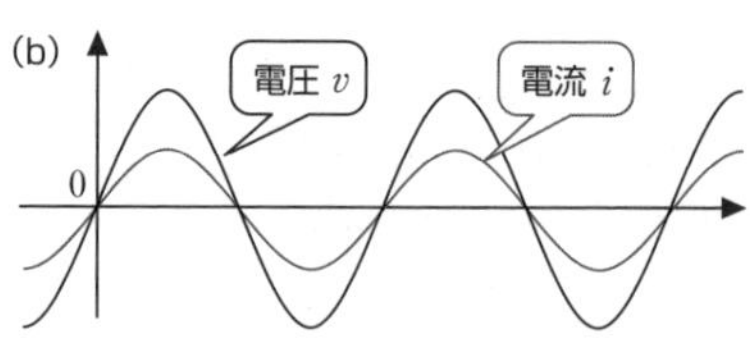

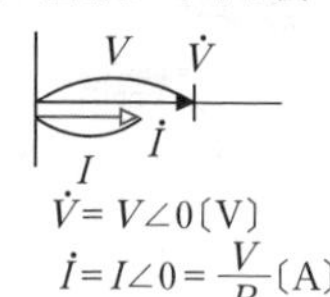

$\dot{V} = V\angle 0$〔V〕

$\dot{I} = I\angle 0 = \frac{V}{R}$〔A〕

図2-5-1の(c)のように、ベクトル図は電圧$\dot{V}$を基準(右方向)とし、電流$\dot{I}$は同相なので、$\dot{V}$と同じ方向となります。

また、抵抗に電流が流れると**発熱**します。これは、**電気エネルギー**が**熱エネルギー**に変換され、**エネルギーを消費**するためです。

POINT

▶抵抗 (R) の作用 といえば 電圧と電流は同位相、エネルギーを消費する

- 抵抗 R〔Ω〕は、i〔A〕(交流電流) の流れを妨げる
- 電圧 v〔V〕と電流 i〔A〕は同位相になる（抵抗は i の位相を変える作用がない）

$v=\sqrt{2}\,V\sin\omega t$〔V〕　　$\dot{V}=V\angle 0$ V

$i=\sqrt{2}\,I\sin\omega t$〔A〕　　$\dot{I}=I\angle 0$ A

- 抵抗 (R) はエネルギーを消費する

コイル(X_L)の作用

図2-5-2 コイルの作用

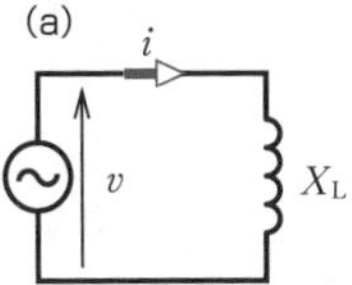

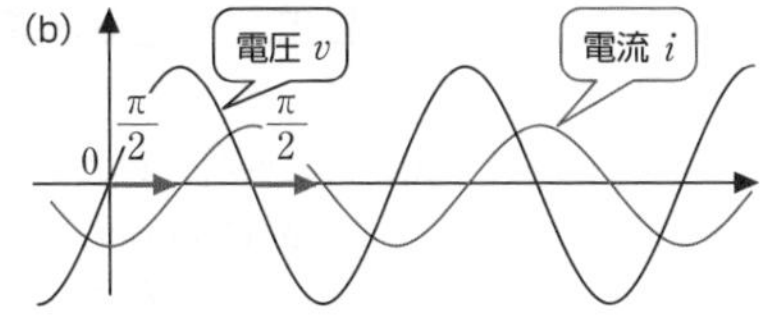

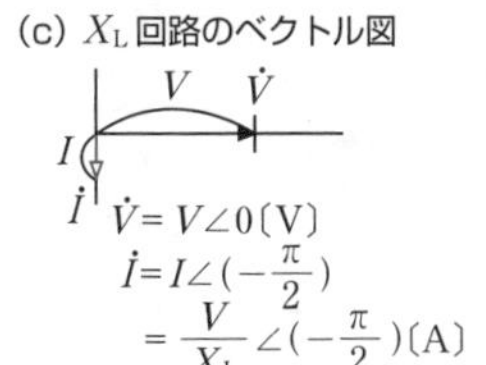

図2-5-2の(a)のように、誘導性リアクタンス X_L〔Ω〕に v〔V〕の交流電圧を加えたとき回路に流れる電流 i〔A〕は、X_L〔Ω〕によって妨げられます。誘導性リアクタンス X_L〔Ω〕は、交流電流の流れを妨げる作用があります。

また、X_L〔Ω〕に流れる電流 i〔A〕の位相を電圧より $\pi/2$ だけ遅らせる作用があり、電流波形は図2-5-2の(b)のように、**$\pi/2$ だけ位相が遅れます**。遅れるとは、電流波形が右にずれることです。

図2-5-2の(c)のように、ベクトル図は電圧 $\dot{V}$ を基準(右方向)とし、電流 $\dot{I}$ は $\pi/2$ だけ位相が遅れるので、矢の方向が下を向きます。時計方向の回転が遅れを表します。

また、コイルに電流が流れても、**エネルギーの消費はありません**。

POINT

▶コイル (X_L) の作用 といえば 電流を $\frac{\pi}{2}$ 遅らせる、エネルギーを消費しない

- コイルのリアクタンス X_L〔Ω〕は、i〔A〕(交流電流) の流れを妨げる
- X_L〔Ω〕は、i〔A〕(交流電流) の位相を $\frac{\pi}{2}$ だけ遅らせる

$v=\sqrt{2}\,V\sin\omega t$〔V〕　　$\dot{V}=V\angle 0$〔V〕

$i=\sqrt{2}\,I\sin\left(\omega t-\frac{\pi}{2}\right)$〔A〕　　$\dot{I}=I\angle\left(-\frac{\pi}{2}\right)$〔A〕

- コイルでのエネルギーの消費はない

コンデンサ(X_C)の作用

図2-5-3 コンデンサの作用

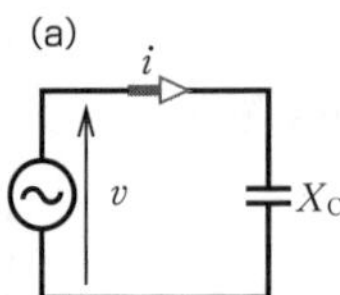

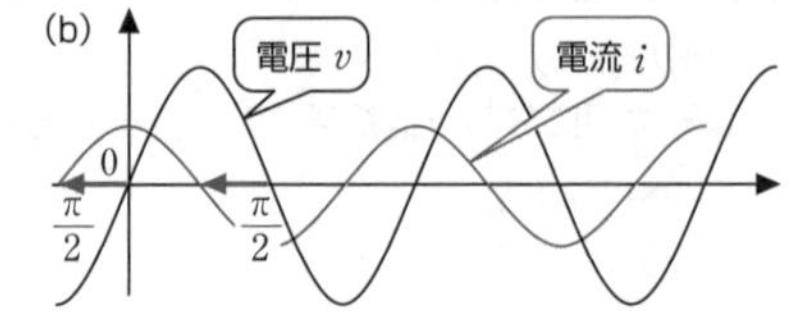

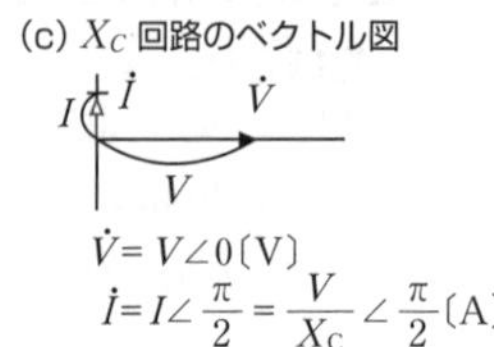

図2-5-3の(a)のように、容量性リアクタンス X_C〔Ω〕に v〔V〕の交流電圧を加えたとき回路に流れる電流 i〔A〕は、X_C〔Ω〕によって妨げられます。容量性リアクタンス X_C〔Ω〕は、交流電流の流れを妨げる作用があります。

また、X_C〔Ω〕に流れる電流 i〔A〕の位相を電圧より $\pi/2$ だけ進ませる作用があり、電流波形は図2-5-3の(b)のように、**$\pi/2$ だけ位相が進みます**。進むとは、電流波形が左にずれることです。

図2-5-3の(c)のように、ベクトル図は電圧 $\dot{V}$ を基準(右方向)とし、電流 $\dot{I}$ は $\pi/2$ だけ位相が進むので、矢の方向が上を向きます。反時計方向の回転が進みを表します。

また、コンデンサに電流が流れても、**エネルギーの消費はありません**。

POINT

▶コンデンサ(X_C)の作用 といえば 電流を$\frac{\pi}{2}$進ませる、エネルギーを消費しない

- コンデンサのリアクタンス X_C〔Ω〕は、i〔A〕(交流電流) の流れを妨げる
- X_C〔Ω〕は、i〔A〕(交流電流) の位相を $\frac{\pi}{2}$ だけ進ませる

$$v=\sqrt{2}\,V\sin\omega t\text{〔V〕} \qquad \dot{V}=V\angle 0\ \mathrm{V}$$

$$i=\sqrt{2}\,I\sin\left(\omega t+\frac{\pi}{2}\right)\text{〔A〕} \qquad \dot{I}=I\angle\left(\frac{\pi}{2}\right)\text{〔A〕}$$

- コンデンサでのエネルギーの消費はない

練習問題 > 01

抵抗電流の表し方

図において、回路に流れる電流の瞬時値 i〔A〕、ベクトル表示 $\dot{I}$〔A〕は。

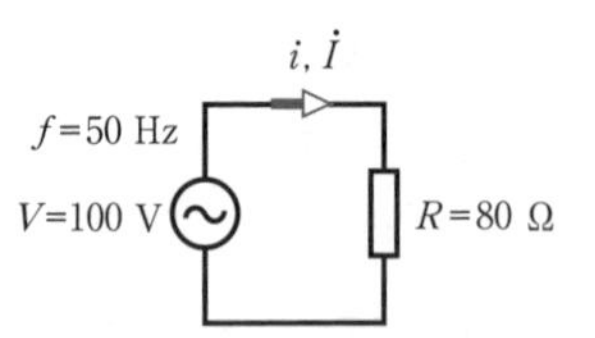

解き方

①電流は、$I=\dfrac{V}{R}=\dfrac{100}{80.0}=1.25$ A

②瞬時値表示は、$\omega=2\pi f$ より、

$i=\sqrt{2}\,I\sin\omega t=\sqrt{2}\,I\sin(2\pi f)t=\sqrt{2}\times1.25\times\sin(2\times3.14\times50)\times t$

$\fallingdotseq 1.77\sin 314t$〔A〕

③ベクトル表示は実効値と位相で表すので、$\dot{I}=1.25\angle 0$ A

解説

周波数 $f=50$ Hz より、$\omega=2\times3.14\times50$ の計算値を用います。

解答 $i=1.77\sin314t$〔A〕 $\dot{I}=1.25\angle0$ A

練習問題 > 02

リアクタンス電流の表し方

図において、回路に流れる電流の瞬時値 i〔A〕、ベクトル表示 $\dot{I}$〔A〕は。

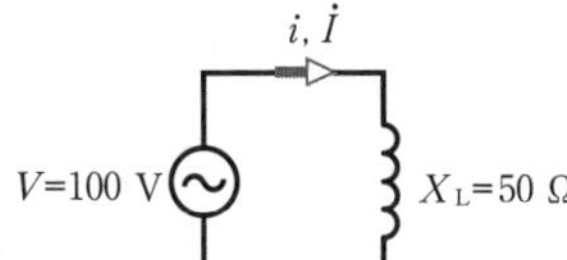

解き方

①電流は、$I=\dfrac{V}{X_{\mathrm{L}}}=\dfrac{100}{50}=2.0$ A

②瞬時値表示は、

$i=\sqrt{2}\,I\sin\left(\omega t-\dfrac{\pi}{2}\right)=\sqrt{2}\times2.0\sin\left(\omega t-\dfrac{\pi}{2}\right)\fallingdotseq 2.83\sin\left(\omega t-\dfrac{\pi}{2}\right)$〔A〕

③ベクトル表示は、$\dot{I}=2.0\angle\left(-\dfrac{\pi}{2}\right)$〔A〕

解説

f〔Hz〕が与えられないとき、ω はそのままにします。誘導性リアクタンスの電流は $\dfrac{\pi}{2}$ だけ遅れるので、位相を $\left(-\dfrac{\pi}{2}\right)$ とします。

解答 $i=2.83\sin\left(\omega t-\dfrac{\pi}{2}\right)$〔A〕 $\dot{I}=2.0\angle\left(-\dfrac{\pi}{2}\right)$〔A〕

2-6 直列回路 といえば インピーダンスの直角三角形をつくる

インピーダンス

交流回路の電流の通しにくさをインピーダンスといい、量記号は Z、単位はオーム〔Ω〕を用います。インピーダンス Z〔Ω〕は、R、X_L、X_C〔Ω〕の複数の要素から成ります。

図2-6-1 インピーダンス

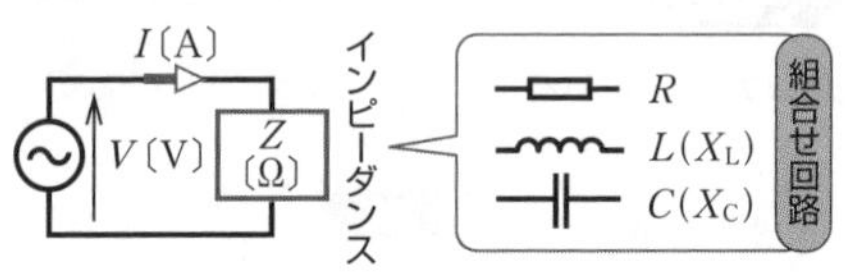

R-X_L 抵抗とコイルの直列接続

図2-6-2の左図のように、抵抗 R〔Ω〕と誘導性リアクタンス X_L〔Ω〕を直列接続したとき、R〔Ω〕と X_L〔Ω〕で直角三角形をつくると、斜辺がインピーダンス Z〔Ω〕となります（図2-6-2の右図。R〔Ω〕は基準方向の右向き、X_L〔Ω〕は上向き）。つまりインピーダンス Z〔Ω〕は次の式で求められます。

$$Z=\sqrt{R^2+X_L{}^2}\,〔\Omega〕$$

図2-6-2 斜辺がインピーダンス（R と X_L）

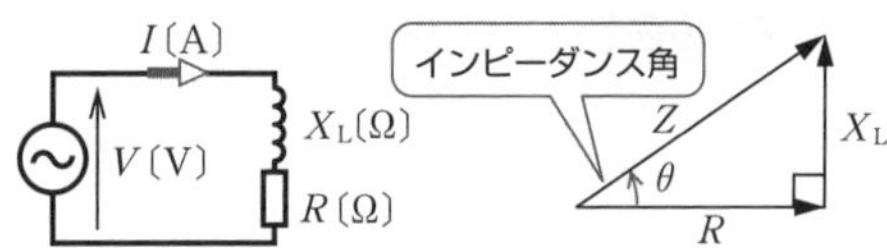

また、Z〔Ω〕と R〔Ω〕のなす角 θ をインピーダンス角といい、インピーダンス角 θ は、

$$\theta=\tan^{-1}\frac{X_L}{R}\,〔\mathrm{rad}〕（または〔°〕）$$

さらに、電圧 V〔V〕と電流 I〔A〕の比がインピーダンス Z〔Ω〕で、$Z=\dfrac{V}{I}$〔Ω〕であり、オームの法則が成り立ちます。このとき、電流 I〔A〕は電圧 V〔V〕より θ だけ位相が遅れます（コイルの電流は遅れ）。

R-X_C 抵抗とコンデンサの直列接続

図2-6-3の左図のように抵抗 R〔Ω〕と容量性リアクタンス X_C〔Ω〕を直列接続したとき、R〔Ω〕と X_C〔Ω〕で直角三角形をつくると、斜辺がインピーダンス Z〔Ω〕となります（図2-6-3の右図の R〔Ω〕は基準方向の右向き、X_C〔Ω〕は下向き）。つまり、インピーダンス Z〔Ω〕は次の式で求められます。

$$Z=\sqrt{R^2+X_C{}^2}\,〔\Omega〕$$

図2-6-3 斜辺がインピーダンス（R と X_C）

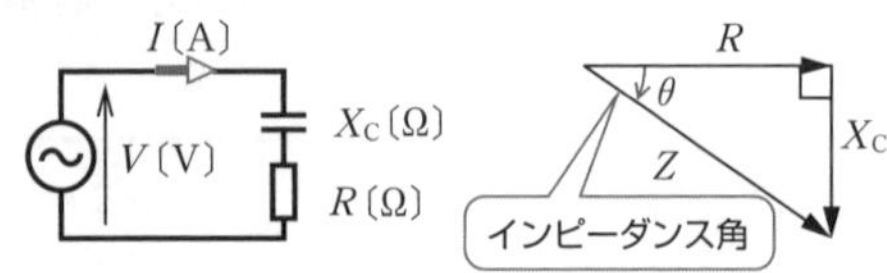

インピーダンス角 θ は、

$$\theta = -\tan^{-1}\frac{X_C}{R}\text{〔rad〕（または　〔°〕）}$$

また、電圧 V〔V〕と電流 I〔A〕の比がインピーダンス Z〔Ω〕で、$Z=\dfrac{V}{I}$〔Ω〕であり、オームの法則が成り立ちます。このとき、電流 I〔A〕は電圧 V〔V〕より θ だけ位相が進みます（コンデンサの電流は進み）。

R-X_L-X_C 抵抗とコイル、コンデンサの直列接続

図2-6-4のように、抵抗 R〔Ω〕と誘導性リアクタンス X_L〔Ω〕、容量性リアクタンス X_C〔Ω〕を直列接続したとき、R〔Ω〕と X_L〔Ω〕、X_C〔Ω〕で直角三角形をつくります。このとき X_L〔Ω〕と X_C〔Ω〕の向きは反対になり、**斜辺がインピーダンス Z〔Ω〕**となります（R〔Ω〕は基準方向の右向き、X_L〔Ω〕は上向き、X_C〔Ω〕は下向き）。インピーダンス Z〔Ω〕は、次の式で求めることができます。

$$Z=\sqrt{R^2+(X_L-X_C)^2}\text{〔Ω〕}$$

つまり、$Z=\sqrt{(\text{抵抗})^2+(\text{合成リアクタンス})^2}$〔Ω〕です。

このときインピーダンス角 θ は、$\theta=\tan^{-1}\dfrac{X_L-X_C}{R}$〔rad〕（または　〔°〕）

また、電圧 V〔V〕と電流 I〔A〕の比がインピーダンス Z〔Ω〕で、$Z=\dfrac{V}{I}$〔Ω〕であり、オームの法則が成り立ちます。このとき、電圧 V〔V〕と電流 I〔A〕の位相差は θ となります。

図2-6-4 斜辺がインピーダンス

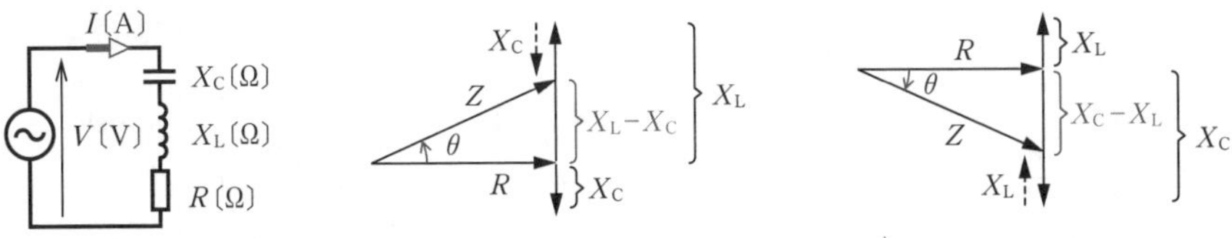

POINT

▶直列回路 といえば インピーダンスの直角三角形をつくる

$Z=\dfrac{V}{I}$〔Ω〕 ◀ 電圧と電流の比をインピーダンスという

R-X_L 直列回路：$Z=\sqrt{R^2+X_L^2}$〔Ω〕

R-X_C 直列回路：$Z=\sqrt{R^2+X_C^2}$〔Ω〕

R-X_L-X_C 直列回路：$Z=\sqrt{R^2+(X_L-X_C)^2}$〔Ω〕

インピーダンスの直角三角形の（底辺 / 斜辺）は力率となる

供給された電圧×電流（見かけ上の電力）のうち有効に働く電力の割合を**力率**（$\cos\theta$）といい、インピーダンスの直角三角形の**底辺÷斜辺＝力率**（$\cos\theta$）から求めることができます（図2-6-5）。

図2-6-5 力率＝底辺 / 斜辺（直列回路）

・R-X_L 直列（VよりIが遅れるので遅れ力率）

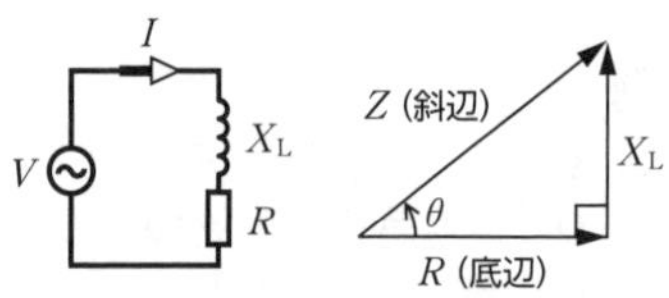

・R-X_C 直列（VよりIが進むので進み力率）

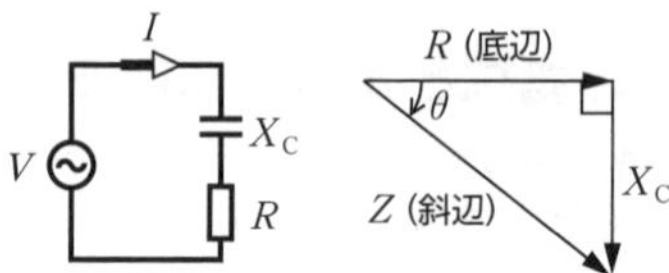

$\cos\theta=\dfrac{R}{Z}\left(\dfrac{底辺}{斜辺}\right)$ %で表すときは、$\cos\theta=\dfrac{R}{Z}\times100$〔%〕

練習問題 > 01

インピーダンス

図の回路において、合成インピーダンス Z〔Ω〕、電流 I〔A〕、各部の電圧 V_R、V_L、V_C〔V〕及び力率〔%〕は。

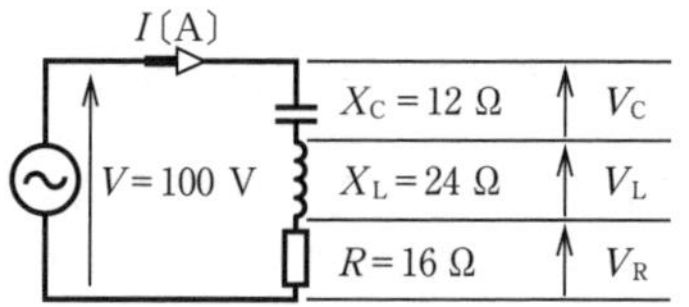

解き方

①インピーダンスの三角形をつくり、斜辺の長さを求めます。インピーダンス Z〔Ω〕は、

$$Z=\sqrt{R^2+(X_L-X_C)^2}$$
$$=\sqrt{16^2+(24-12)^2}=\sqrt{400}=20\ \Omega$$

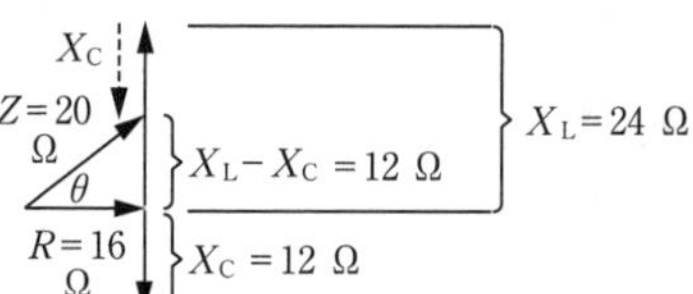

②オームの法則より電流 I〔A〕は、

$$I=\frac{V}{Z}=\frac{100}{20}=5.0\ \mathrm{A}$$

③各部の電圧は、

$$V_R=IR=5\times16=80\ \mathrm{V}$$
$$V_L=IX_L=5\times24=120\ \mathrm{V}$$
$$V_C=IX_C=5\times12=60\ \mathrm{V}$$

④力率 $\cos\theta$ は、

$$\cos\theta=\frac{R}{Z}\times100=\frac{16}{20}\times100=80\ \%$$

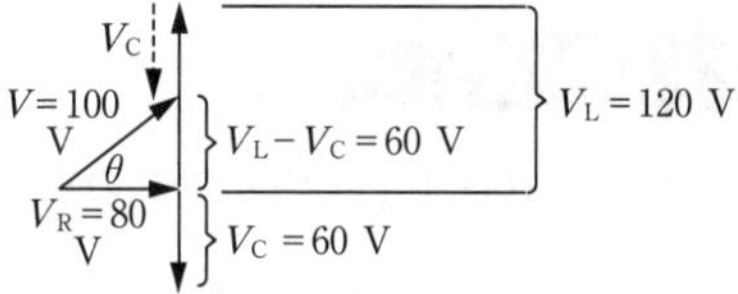

解説

直列回路のときはインピーダンスの直角三角形をつくります。

解答 $Z=20\ \Omega$、$I=5.0\ \mathrm{A}$、$V_R=80\ \mathrm{V}$、$V_L=120\ \mathrm{V}$、$V_C=60\ \mathrm{V}$、力率＝80 %

2-7 並列回路 といえば 電流の直角三角形をつくる

R-X_L 抵抗とコイルの並列接続

抵抗とコイルの並列回路において、抵抗の電流 I_R〔A〕(抵抗電流)、コイルの電流 I_L〔A〕(誘導性リアクタンス電流) は、次の式が成り立ちます。

$$I_R = \frac{V}{R}\text{〔A〕} \cdots\cdots I_R\text{〔A〕は} V\text{〔V〕と同位相}$$

$$I_L = \frac{V}{X_L}\text{〔A〕} \cdots\cdots I_L\text{〔A〕は} V\text{〔V〕より}\frac{\pi}{2}\text{遅れ位相}$$

図2-7-1の右図のように、I_R〔A〕を基準(右向き)として、I_L〔A〕を下向き($\pi/2$遅れ)の直角三角形をつくると、**斜辺の長さが全体の電流**、すなわち合成電流 I〔A〕となります。この三角形を**電流の直角三角形**ということにします。

$$I = \sqrt{I_R^2 + I_L^2}\text{〔A〕}$$

電圧 V〔V〕と電流 I〔A〕の位相差 θ は次式のようになり、電流 I〔A〕が電圧 V〔V〕より θ だけ遅れ位相になります。

$$\theta = -\tan^{-1}\frac{I_L}{I_R}\text{〔rad〕(または〔°〕)}$$ ◀ θ は負の値

図2-7-1 電流の直角三角形(I_R と I_L)

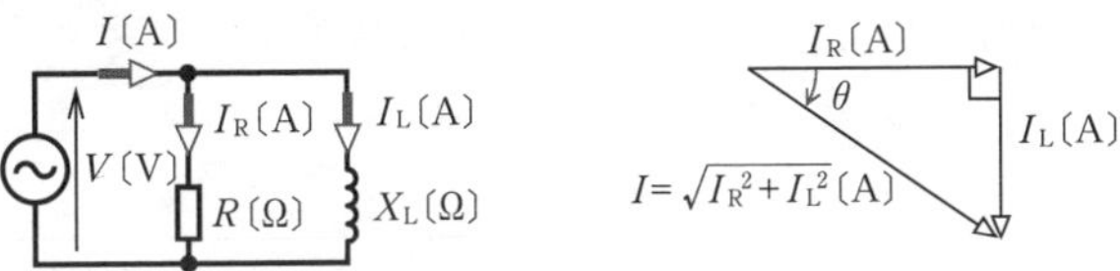

R-X_C 抵抗とコンデンサの並列接続

抵抗とコンデンサの並列回路において、抵抗の電流 I_R〔A〕(抵抗電流)、コンデンサの電流 I_C〔A〕(容量性リアクタンス電流) は、次の式が成り立ちます。

$$I_R = \frac{V}{R}\text{〔A〕} \cdots\cdots I_R\text{〔A〕は} V\text{〔V〕と同位相}$$

$$I_C = \frac{V}{X_C}\text{〔A〕} \cdots\cdots I_C\text{〔A〕は} V\text{〔V〕より}\frac{\pi}{2}\text{進み位相}$$

図2-7-2の右図のように、I_R〔A〕を基準（右向き）として、I_C〔A〕を上向き（π/2進み）の電流の直角三角形をつくると、**斜辺の長さが全体の電流**、すなわち合成電流I〔A〕となります。

$$I = \sqrt{I_R^2 + I_C^2}\ \text{〔A〕}$$

電圧V〔V〕と電流I〔A〕の位相差θは次のようになり、電流I〔A〕が電圧V〔V〕よりθだけ進み位相になります。

$$\theta = \tan^{-1}\frac{I_C}{I_R}\ \text{〔rad〕（または〔°〕）}$$

図2-7-2 電流の直角三角形（I_RとI_C）

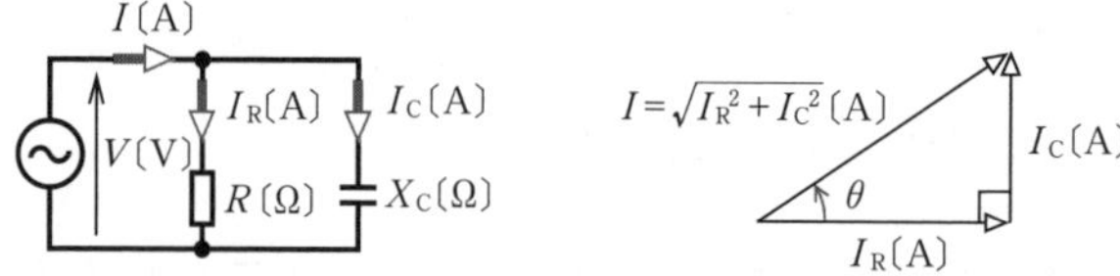

R-X_L-X_C 抵抗とコイル、コンデンサの並列接続

抵抗とコイル、コンデンサの並列回路において、I_R、I_L、I_C〔A〕は、次の式が成り立ちます。

$$I_R = \frac{V}{R}\ \text{〔A〕} \cdots\cdots I_R\ \text{〔A〕は}\ V\ \text{〔V〕と同位相}$$

$$I_L = \frac{V}{X_L}\ \text{〔A〕} \cdots\cdots I_L\ \text{〔A〕は}\ V\ \text{〔V〕より}\frac{\pi}{2}\text{遅れ位相}$$

$$I_C = \frac{V}{X_C}\ \text{〔A〕} \cdots\cdots I_C\ \text{〔A〕は}\ V\ \text{〔V〕より}\frac{\pi}{2}\text{進み位相}$$

I_R、I_L、I_C〔A〕により電流の直角三角形をつくると次ページの図2-7-3のようになり、**斜辺の長さが全体の電流**、すなわち合成電流I〔A〕となります。

$$I = \sqrt{I_R^2 + (I_C - I_L)^2}\ \text{〔A〕}$$

電圧V〔V〕と電流I〔A〕の位相差θは次の式の関係となり、電流I〔A〕が電圧V〔V〕よりθだけ進み位相になります。

$$\theta = \tan^{-1}\frac{I_C - I_L}{I_R}\ \text{〔rad〕（または〔°〕）}$$

$I_L > I_C$のとき、θは負の値になる

図2-7-3 電流の直角三角形

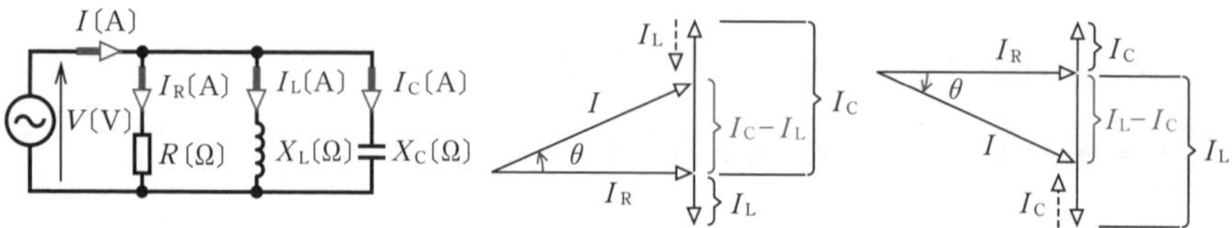

POINT

▶**並列回路** といえば **電流の直角三角形をつくる**

$R-X_L$ 並列回路：$I=\sqrt{I_R{}^2+I_L{}^2}$〔A〕

$R-X_C$ 並列回路：$I=\sqrt{I_R{}^2+I_C{}^2}$〔A〕

$R-X_L-X_C$ 並列回路：$I=\sqrt{I_R{}^2+(I_C-I_L)^2}$〔A〕

電流の直角三角形の（底辺 / 斜辺）は力率となる

電流の直角三角形の**底辺÷斜辺＝力率**（$\cos\theta$）から力率を求めることができます。

図2-7-4 力率＝底辺 / 斜辺（並列回路）

・R-X_L 並列（遅れ力率）

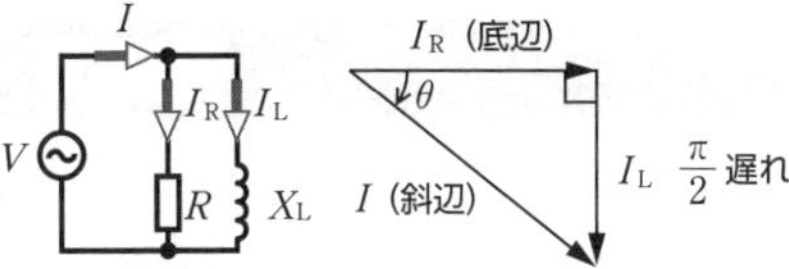

・R-X_C 並列（進み力率）

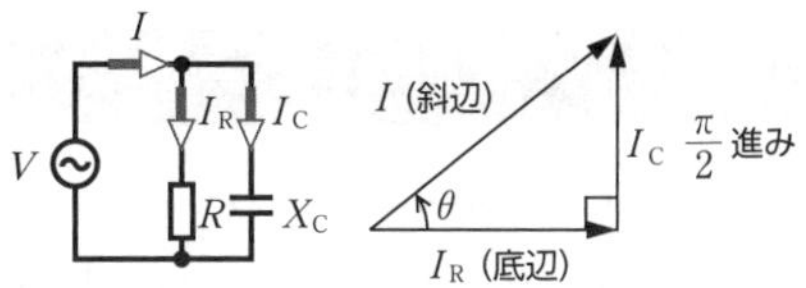

$\cos\theta=\dfrac{I_R}{I}\left(\dfrac{底辺}{斜辺}\right)$ %で表すときは、$\cos\theta=\dfrac{I_R}{I}\times100$〔%〕

練習問題 〉01

並列回路の合成電流

図の回路において合成電流 I〔A〕及び力率（$\cos\theta$）は。

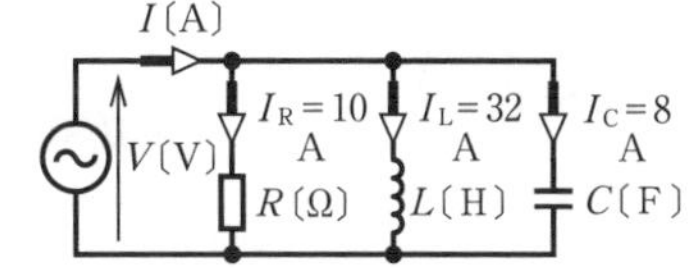

解き方

並列回路なので、電流の直角三角形をつくり、斜辺の長さを求めます。

$I=\sqrt{10^2+(32-8)^2}=\sqrt{100+576}$

$=\sqrt{676}=26$ A

力率　$\cos\theta=\dfrac{I_R}{I}=\dfrac{10}{26}\fallingdotseq0.38\ (38\ \%)$

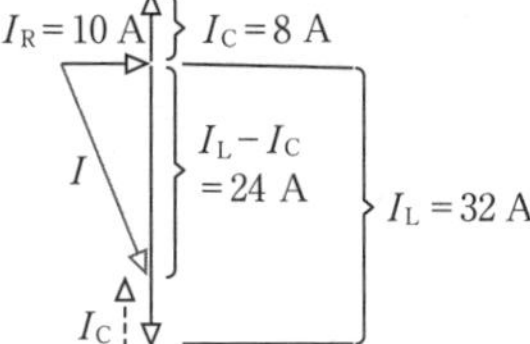

解説

並列回路のときは電流の直角三角形をつくります。

解答　$I=26$ A、力率（$\cos\theta$）＝0.38（38 %）

1
2
3
4
5
6
7
交流回路

例題 1

| 重要度★★ | 令和元年度 | 理論 | 問 9 |

図は、実効値が 1 V で角周波数 ω〔krad/s〕が変化する正弦波交流電源を含む回路である。いま、ω の値が $\omega_1 = 5$ krad/s、$\omega_2 = 10$ krad/s、$\omega_3 = 30$ krad/s と 3 通りの場合を考え、$\omega = \omega_k (k = 1、2、3)$ のときの電流 i〔A〕の実効値を I_k と表すとき、I_1、I_2、I_3 の大小関係として、正しいものを次の (1) ～ (5) のうちから一つ選べ。

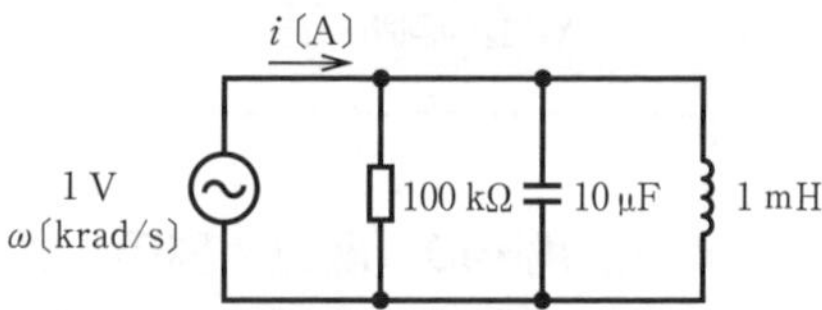

(1) $I_1 < I_2 < I_3$ (2) $I_1 = I_2 < I_3$ (3) $I_2 < I_1 < I_3$
(4) $I_2 < I_1 = I_3$ (5) $I_3 < I_2 < I_1$

解き方

解答 (3)

3 通りの ω における電流 I_1、I_2、I_3 の値を求めます。

1. $\omega_1 = 5$ krad/s のとき

R の電流 I_{R1} は、

$$I_{R1} = \frac{1\,\text{V}}{100\times10^3\,\Omega} = 1\times10^{-5}\,\text{A}$$

C のリアクタンス X_{C1} は、

$$X_{C1} = \frac{1}{\omega_1 C} = \frac{1}{5\times10^3\times10\times10^{-6}} = \frac{100}{5} = 20\,\Omega$$

C の電流 I_{C1} は、

$$I_{C1} = \frac{1\,\text{V}}{20\,\Omega} = 0.05\,\text{A}$$

L のリアクタンス X_{L1} は、

$$X_{L1} = \omega_1 L = 5\times10^3\times1\times10^{-3} = 5\,\Omega$$

L の電流 I_{L1} は、

$$I_{L1} = \frac{1\,\text{V}}{5\,\Omega} = 0.2\,\text{A}$$

全体の電流 I_1 は、

$$I_1 = \sqrt{(1\times10^{-5})^2 + (0.2-0.05)^2}$$

無視できる

$$\fallingdotseq 0.15\,\text{A}$$

2. $\omega_2 = 10$ krad/s のとき

R の電流 I_{R2} は、

$$I_{R2} = I_{R1} = 1\times10^{-5}\,\text{A}$$

C のリアクタンス X_{C2} は、

$$X_{C2} = \frac{1}{\omega_2 C} = \frac{1}{10\times10^3\times10\times10^{-6}} = 10\,\Omega$$

C の電流 I_{C2} は、

$$I_{C2} = \frac{1\,\text{V}}{10\,\Omega} = 0.1\,\text{A}$$

L のリアクタンス X_{L2} は、

$$X_{L2} = \omega_2 L = 10\times10^3\times1\times10^{-3} = 10\,\Omega$$

L の電流 I_{L2} は、

$$I_{L2} = \frac{1\,\text{V}}{10\,\Omega} = 0.1\,\text{A}$$

全体の電流 I_2 は、

$$I_2 = \sqrt{(1\times10^{-5})^2 + (0.1-0.1)^2} = 1\times10^{-5} \fallingdotseq 0\,\text{A}$$

3. $\omega_3 = 30$ krad/s のとき

R の電流 I_{R3} は、

$$I_{R3} = I_{R1} = 1\times10^{-5}\,\text{A}$$

C のリアクタンス X_{C3} は、

$$X_{C3} = \frac{1}{\omega_3 C} = \frac{1}{30\times10^3\times10\times10^{-6}} = \frac{10}{3}\,\Omega$$

C の電流 I_{C3} は、

$$I_{C3} = \frac{1\,\text{V}}{\frac{10}{3}\,\Omega} = 0.3\,\text{A}$$

L のリアクタンス X_{L3} は、

$$X_{L3} = \omega_3 L = 30\times10^3\times1\times10^{-3} = 30\,\Omega$$

L の電流 I_{L3} は、

$$I_{L3} = \frac{1\,\text{V}}{30\,\Omega} \fallingdotseq 0.033\,\text{A}$$

全体の電流 I_3 は、

$$I_3 = \sqrt{(1\times10^{-5})^2 + (0.3-0.033)^2}$$

無視できる

$$\fallingdotseq 0.267\,\text{A}$$

以上より、

$I_2 < I_1 < I_3$

※ μ（マイクロ）= 10^{-6}、m（ミリ）= 1^{-3}、k（キロ）= 10^3 など、接頭語の扱いに注意しましょう。

2-8 共振の条件 といえば 誘導性リアクタンスと容量性リアクタンスが等しい

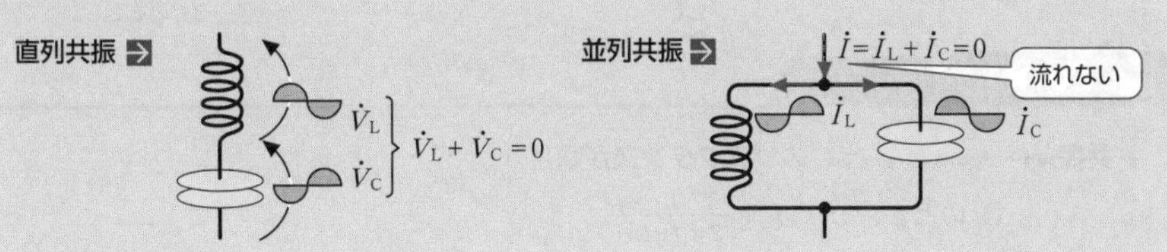

直列共振

図2-8-1の R-X_L-X_C 直列回路で、$X_L = X_C$〔Ω〕のとき、V_L〔V〕と V_C〔V〕は大きさが等しく、逆位相（反対方向のベクトル）になるので、V_L〔V〕と V_C〔V〕の和（ベクトル和）は0になります。このような状態を**直列共振**といいます。このとき、回路は抵抗 R のみの回路と同じです。

図2-8-1 直列共振

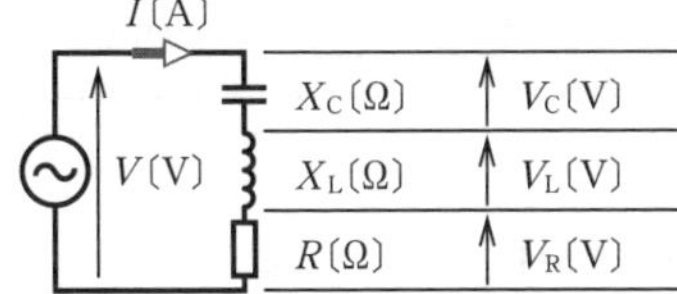

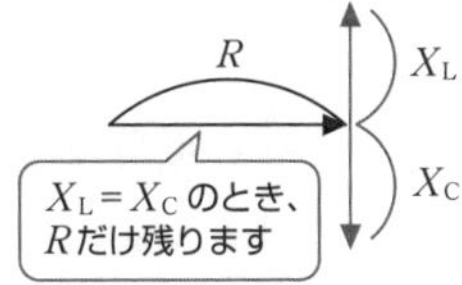

並列共振

図2-8-2の X_L-X_C 並列回路で、$X_L = X_C$〔Ω〕のとき、I_L〔A〕と I_C〔A〕は大きさが等しく、逆位相（反対方向のベクトル）になるので、I_L〔A〕と I_C〔A〕の和（合成電流）I〔A〕は0になります。このような状態を**並列共振**といいます。

図2-8-2 並列共振

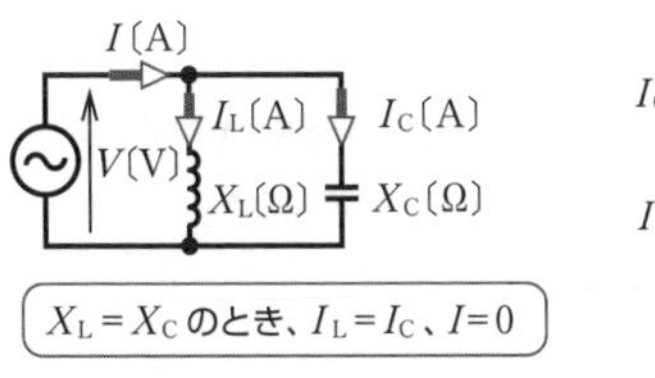

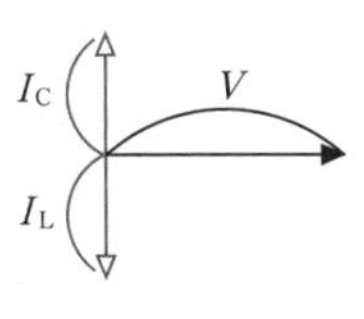

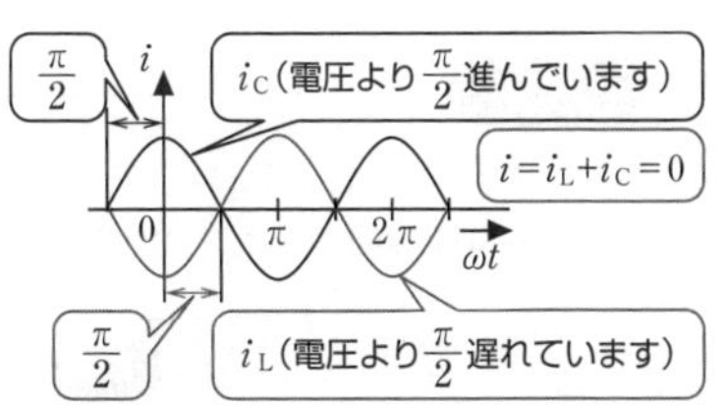

1
2
3
4
5
6
7
交流回路

共振条件

直列共振、並列共振の状態になる条件は、ともに $X_L = X_C$〔Ω〕です。共振時の周波数（共振周波数）を f_0〔Hz〕、角速度を ω_0 とすると、

$$\omega_0 L = \frac{1}{\omega_0 C} \text{ より、} \omega_0^2 = \frac{1}{LC} \text{ よって、} \omega_0 = \frac{1}{\sqrt{LC}}$$

$$\omega_0 = 2\pi f_0 \text{ より、} 2\pi f_0 = \frac{1}{\sqrt{LC}} \text{ よって、共振周波数は } f_0 = \frac{1}{2\pi\sqrt{LC}} \text{〔Hz〕}$$

▶共振条件 といえば L と C のリアクタンスが同じ

$X_L = X_C$ のとき、$2\pi f_0 L = \dfrac{1}{2\pi f_0 C}$

共振周波数の公式　$f_0 = \dfrac{1}{2\pi\sqrt{LC}}$〔Hz〕

練習問題 ＞01

共振周波数

図の回路の共振周波数 f_0〔Hz〕は。また、回路に流れる電流 I〔A〕は。ただし、電源の周波数 f は 50 Hz とする。

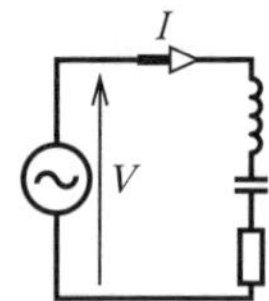

$L = 100$ mH
$C = 100$ μF
$R = 100$ Ω
$V = 100$ V

解き方

①共振周波数の公式より、

$$f_0 = \frac{1}{2\pi\sqrt{LC}} = \frac{1}{2\times3.14\times\sqrt{100\times10^{-3}\times100\times10^{-6}}} \fallingdotseq 50.4 \text{ Hz}$$

m（ミリ）には 10^{-3} を掛ける

μ（マイクロ）のときは 10^{-6} を掛ける

② L の誘導性リアクタンス X_L〔Ω〕は、

$$X_L = 2\pi f L = 2\times3.14\times50\times100\times10^{-3} = 31.4 \ \Omega$$

m（ミリ）のときは 10^{-3} を掛ける

③ C の容量性リアクタンス X_C〔Ω〕は、

$$X_C = \frac{1}{2\pi f C} = \frac{1}{2\times3.14\times50\times100\times10^{-6}} \fallingdotseq 31.8 \ \Omega$$

μ（マイクロ）のときは 10^{-6} を掛ける

④インピーダンス Z〔Ω〕は、

$$Z = \sqrt{R^2 + (X_C - X_L)^2} = \sqrt{100^2 + 0.4^2} \fallingdotseq 100 \ \Omega$$

流れる電流 I〔A〕は、$I = \dfrac{V}{Z} = \dfrac{100}{100} = 1.0$ A

解説

共振周波数の公式、誘導性リアクタンスの公式、容量性リアクタンスの公式を用います。また、直列回路なので、インピーダンスの三角形をつくって考えます。

解答　$f_0 = 50.4$ Hz　$I = 1.0$ A

2-9 電力 といえば 有効、無効、皮相電力で電力の直角三角形をつくる

交流の電力

直流の電力は、$P = VI$〔W〕(電力＝電圧×電流）です。交流回路では、負荷の性質により、電圧 V〔W〕と電流 I〔A〕の間に位相差があるために、直流の場合とは異なります。

交流の電力 P〔W〕は、次式で表されます。

交流の電力　$P = VI\cos\theta$〔W〕　◀ θ は V〔V〕と I〔A〕の位相差

P を**有効電力**といい、単位はワット〔W〕です。VI（電圧×電流）を**皮相電力**（見かけ上の電力）といい、量記号は S、単位はボルトアンペア〔V・A〕を用います。

$\cos\theta$ を**力率**といい、これは $V \times I$ のうち有効な電力として働く割合を表すもので、値の範囲は 0～1 です。θ を**力率角**といい、こちらは V と I の位相差を表します。有効電力は、消費電力、交流電力、または単に電力などの呼び方があります。

また、$VI\cos\theta$ を**有効電力**というのに対し、$VI\sin\theta$ を**無効電力**といい、量記号は Q、単位は**バール**〔var〕を用います。$\cos\theta$ を力率というのに対し、$\sin\theta$ を**無効率**といいます。

電力の直角三角形

S〔V・A〕(皮相電力)、P〔W〕(有効電力)、Q〔var〕(無効電力）は、図2-9-1のように電力の直角三角形で表すことができます。有効電力 P と皮相電力 S の比が**力率** $\cos\theta$、無効電力 Q と皮相電力 S の比が**無効率** $\sin\theta$ です。なお、本書では、遅れの無効電力（電流が電圧より遅れている場合）は下向きのベクトル、進みの無効電力は上向きのベクトルとしています。

$$\cos\theta = \frac{P}{S} = \frac{P}{VI}$$　◀ 力率＝$\frac{\text{有効電力}}{\text{皮相電力}}$

$$\sin\theta = \frac{Q}{S} = \frac{Q}{VI}$$　◀ 無効率＝$\frac{\text{無効電力}}{\text{皮相電力}}$

図2-9-1 電力の直角三角形

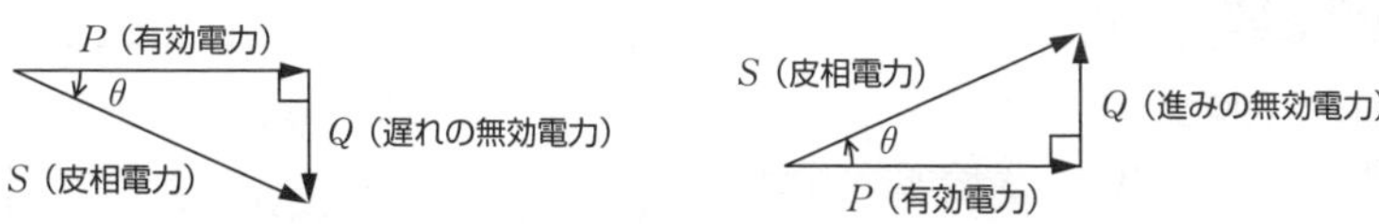

1
2
3
4
5
6
7
交流回路

POINT

▶電力の公式 といえば $VI\cos\theta$

皮相電力 $S = VI$〔V・A〕(ボルトアンペア) ◀ 電圧×電流

有効電力 $P = VI\cos\theta = S\cos\theta$〔W〕(ワット) ◀ 皮相電力×力率

無効電力 $Q = VI\sin\theta = S\sin\theta$〔var〕(バール) ◀ 皮相電力×無効率

（力率 といえば P と S の比） $\cos\theta = \dfrac{P}{S} = \dfrac{有効電力}{皮相電力}$　（無効率 といえば Q と S の比） $\sin\theta = \dfrac{Q}{S} = \dfrac{無効電力}{皮相電力}$

R-X-Z の電力は I^2 を乗ず

図2-9-2 の回路で、各電圧は $V_R = IR$〔V〕、$V_L = IX_L$〔V〕、$V = IZ$〔V〕であり、インピーダンスの直角三角形、電圧の直角三角形ができます。

ここで、R〔Ω〕の有効電力は $P = I^2R$〔W〕、X_L〔Ω〕では無効電力 $Q = I^2X_L$〔var〕を生じます。回路全体の皮相電力は $S = I^2Z$〔V・A〕であり、図のような電力の直角三角形ができます。

図2-9-2 電力の直角三角形

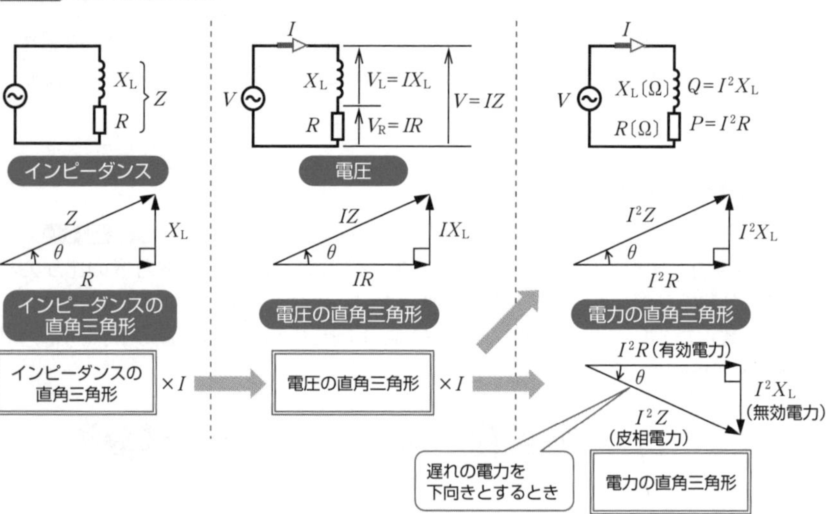

POINT

▶電力 といえば I^2 を乗ず

有効電力 $P = I^2R$〔W〕 ◀ 抵抗で消費する電力

無効電力 $Q = I^2X$〔var〕 ◀ リアクタンスに生じる無効電力。コイルのときは X_L、コンデンサのときは X_C

皮相電力 $S = I^2Z$〔V・A〕 ◀ インピーダンスに生じる皮相電力

練習問題 > 01

電力

力率 80 %、消費電力 240 kW のとき、皮相電力 S〔kV・A〕と無効電力 Q〔kvar〕は。

解き方

①電力の問題を解くには、電力の直角三角形を描いてみるとよいでしょう。消費電力 = 有効電力なので、P = 240 kW を図に記入します。

$$S = \frac{P}{\cos\theta} = \frac{240}{0.8} = 300\ \text{kV・A}$$

力率がわかっているので、電力の公式 $\cos\theta = P/S$ を用いる

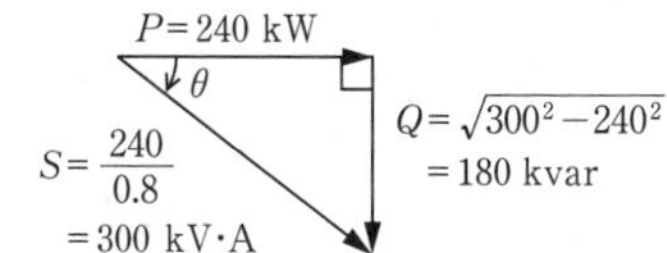

②①を図の斜辺に記入します。三平方の定理より無効電力 Q〔kvar〕は、

$$Q = \sqrt{300^2 - 240^2} = 180\ \text{kvar}$$

解説

電力の問題は電力の直角三角形をつくります。有効電力 P を力率 $\cos\theta$ で割ると、皮相電力 S を求められます。

解答 S = 300 kV・A　Q = 180 kvar

練習問題 > 02

力率、無効率

有効電力〔kW〕と無効電力〔kvar〕の比が 3 : 1 であるとき、負荷の力率と無効率は。

解き方

① $P : Q$ = 3 : 1 なので、P = 3 kW、Q = 1 kvar の直角三角形をつくります。
三平方の定理より、皮相電力 S〔kV・A〕は、

$$S = \sqrt{P^2 + Q^2} = \sqrt{3^2 + 1^2} = \sqrt{10}\ \text{kV・A}$$

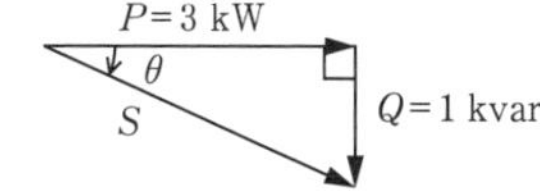

②電力の公式より、力率は、$\cos\theta = \dfrac{P}{S} = \dfrac{3}{\sqrt{10}} \fallingdotseq 0.949$

無効率は、$\sin\theta = \dfrac{Q}{S} = \dfrac{1}{\sqrt{10}} \fallingdotseq 0.316$

解説

力率は有効電力と皮相電力の比、無効率は無効電力と皮相電力の比です。

解答 力率：$\cos\theta$ = 0.949　無効率：$\sin\theta$ = 0.316

2-10 交流回路といえば 複素数で計算

複素インピーダンス

これまで三角形で表してきたインピーダンスは、$\dot{Z}=Z\angle\theta$〔Ω〕のように大きさと位相で表すことができます（図2-10-1の左図）。これをベクトルインピーダンス、または複素インピーダンスといい、θをインピーダンス角といいます。

図2-10-1の右図のような座標を考え、$\dot{Z}=R+\mathrm{j}X_{\mathrm{L}}$〔Ω〕のように$R$〔Ω〕（実部）と$X_{\mathrm{L}}$〔Ω〕（虚部）で表すこともできます。

図2-10-1 複素インピーダンス

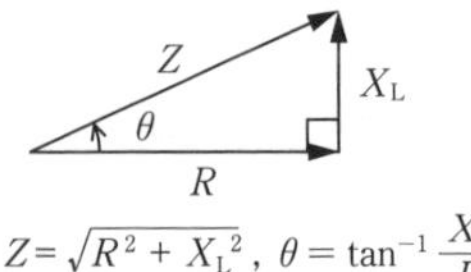

$Z=\sqrt{R^2+X_{\mathrm{L}}^2}$, $\theta=\tan^{-1}\dfrac{X_{\mathrm{L}}}{R}$

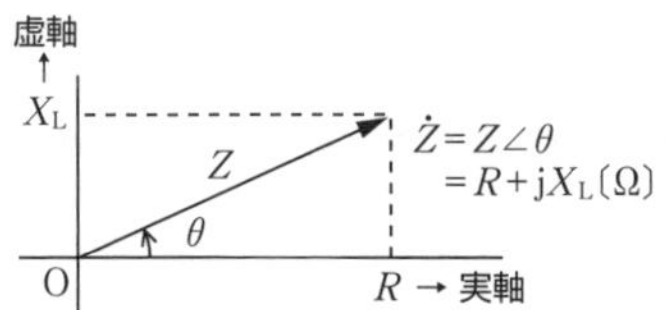

$\dot{Z}=Z\angle\theta$〔Ω〕 ◀ 大きさと位相（数学では偏角）で表す方法を「極形式（極座標表示）」といいます

$\dot{Z}=R+\mathrm{j}X_{\mathrm{L}}=R+\mathrm{j}\omega L$〔Ω〕 ◀ 座標で表す方法を「直交形式（直角座標表示）」といいます

上記はR〔Ω〕とX_{L}〔Ω〕の直列接続の場合で、R〔Ω〕とX_{C}〔Ω〕の直列接続のときは、極形式では位相が負（－）になり、直交形式では次のようになります。

$\dot{Z}=R-\mathrm{j}X_{\mathrm{c}}=R-\mathrm{j}\dfrac{1}{\omega C}=R+\dfrac{1}{\mathrm{j}\omega C}$〔Ω〕 ◀ $\dfrac{1}{\mathrm{j}}=\dfrac{1}{\mathrm{j}}\times\dfrac{\mathrm{j}}{\mathrm{j}}=\dfrac{\mathrm{j}}{-1}=-\mathrm{j}$

練習問題 > 01

複素インピーダンス

図の複素インピーダンス $\dot{Z}$〔Ω〕とインピーダンスの大きさ Z〔Ω〕は。

$R = 16\ \Omega$　$X_L = 12\ \Omega$

解き方

①複素インピーダンスは、$\dot{Z} = R + \mathrm{j}\,X_L = 16 + \mathrm{j}\,12\ \Omega$

②インピーダンスの大きさは、$Z = \sqrt{R^2 + X_L{}^2} = \sqrt{16^2 + 12^2} = 20\ \Omega$

解説

$\dot{Z}$〔Ω〕及び Z〔Ω〕を、ともに、単にインピーダンスということも多いです。

解答　$\dot{Z} = 16 + \mathrm{j}\,12\ \Omega$　　$Z = 20\ \Omega$

練習問題 > 02

インピーダンス

図の交流回路で、流れる電流 $\dot{I}$〔A〕、及び大きさ I〔A〕は。

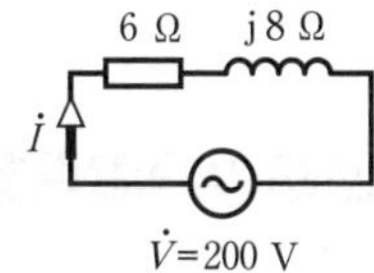

解き方

①オームの法則から、

左辺の分母（$\dot{Z}$）の共役複素数を分母分子に掛ける

$$\dot{I} = \frac{\dot{V}}{\dot{Z}} = \frac{200}{6+\mathrm{j}8} = \frac{200}{6+\mathrm{j}8} \times \boxed{\frac{6-\mathrm{j}8}{6-\mathrm{j}8}} = \frac{200(6-\mathrm{j}8)}{6^2+8^2}$$

$$= \frac{200(6-\mathrm{j}8)}{100} = 2(6-\mathrm{j}8) = 12-\mathrm{j}16\ \mathrm{A}$$

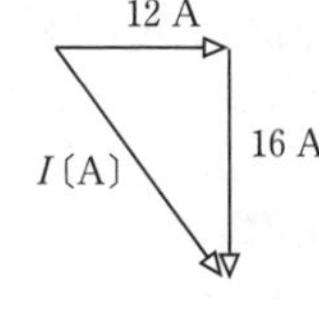

②電流の直角三角形をつくります。斜辺の長さが電流の大きさ I〔A〕となります。

$$I = \sqrt{12^2 + 16^2} = 20\ \mathrm{A}$$

解説

電流 $\dot{I}$ を求めるには、電圧 $\dot{V} = 200$ V を複素インピーダンス $\dot{Z} = 6 + \mathrm{j}8\ \Omega$ で割ります。分母の虚数項をなくすために、分母（$\dot{Z}$）の共役複素数（$6 - \mathrm{j}8$）を分母分子に掛けます。複素電流の直角三角形の斜辺が I〔A〕となります。なお、共役複素数とは複素数の虚数項の符号を変えたもので、例えば $6 + \mathrm{j}8$ の共役複素数は $6 - \mathrm{j}8$ となります。

解答　$\dot{I} = 12 - \mathrm{j}16\ \mathrm{A}$　　$I = 20\ \mathrm{A}$

2〜11 過渡現象 といえば 回路定数を急変したときの特性

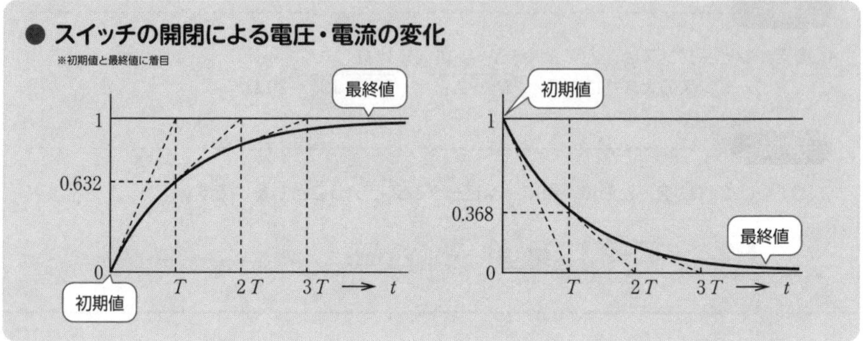

R、L、C の電気回路で、スイッチの開閉により電圧や回路素子の値を急変したとき、急変したときから定常状態に達するまでの電圧や電流の変化を過渡現象といいます。

1 R-L 回路の過渡現象

(a) 電源印加時の過渡現象

図2-11-1 の R-L 直列回路において、スイッチ S を閉じたとき、電流 i は、図2-11-2 のような変化をします。十分時間が経過した後の電流値 i は E/R〔A〕で一定値となります。このように、一定値になるまでの変化を**過渡現象**といい、このとき流れる電流を**過渡電流**といいます。また、一定値になった後の状態を**定常状態**といい、電流を**定常電流**といいます。

図2-11-1 R-L 直列回路 (1)

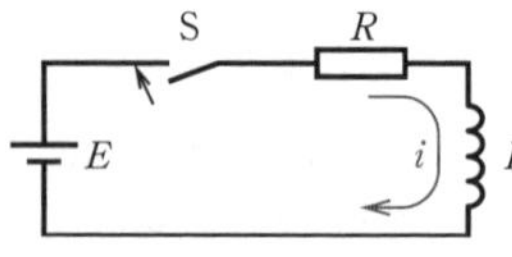

図2-11-2 過渡電流（電源印加時）

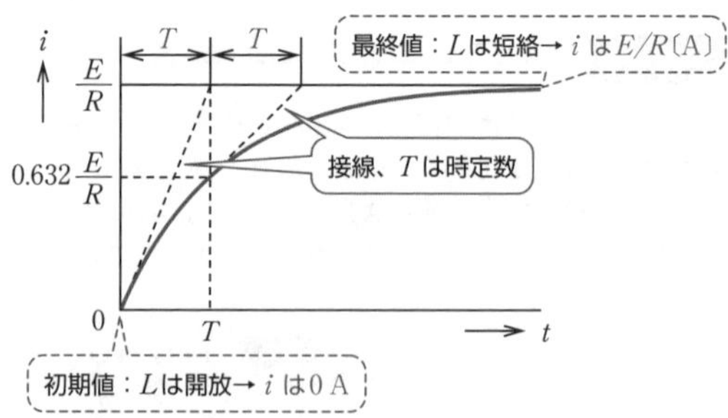

電源投入時、L は**開放**で考え、電流 i は 0 A、十分時間が経過後、L は**短絡**で考え、電流 i は $i = E/R$〔A〕の定常電流が流れます。

電流 i が 0 から定常電流になるまでは、前ページの 図2-11-2 のような曲線で変化します。

また R、L の電圧波形 v_R、v_L は、図2-11-3 のようになります。

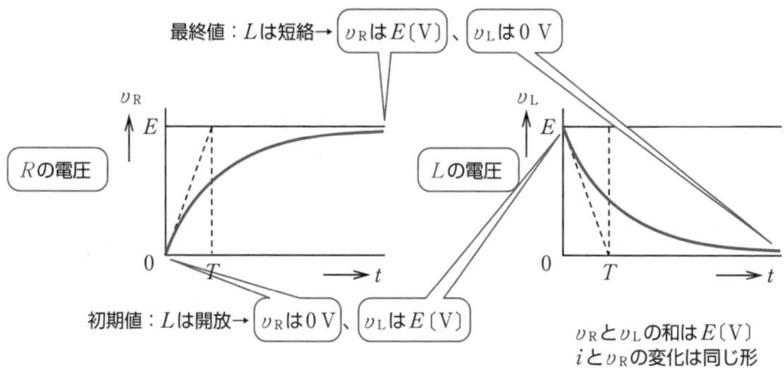

図2-11-3 R と L の過渡電圧（電源印加時）

(b) 時定数

前ページの 図2-11-2 の電流のグラフから、**電流 i** は時間の経過とともに最終値 E/R に近づきますが、最終値の 63.2 %に達するのに要する時間 T を**時定数**といいます。

時定数 T は、

$$T = \frac{L}{R} \text{〔s〕}$$

であり、時定数の単位は時間〔s〕（秒）です。

(c) 電源除去時の過渡現象

図2-11-4 の R-L 直列回路において、スイッチ S を瞬時に a から b へ切り換えたとき、電流 i は、図2-11-5 のような変化をします。

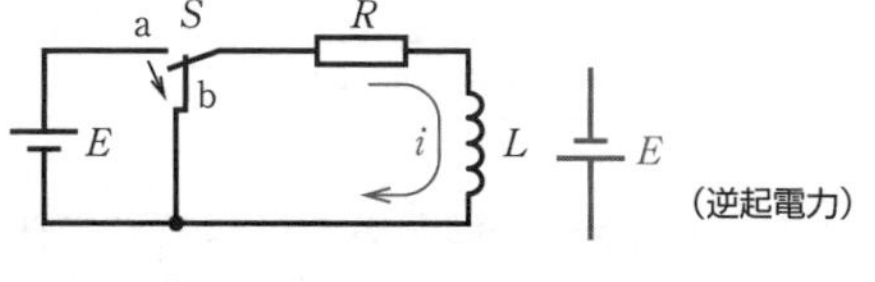

図2-11-4 R-L 直列回路 (2)

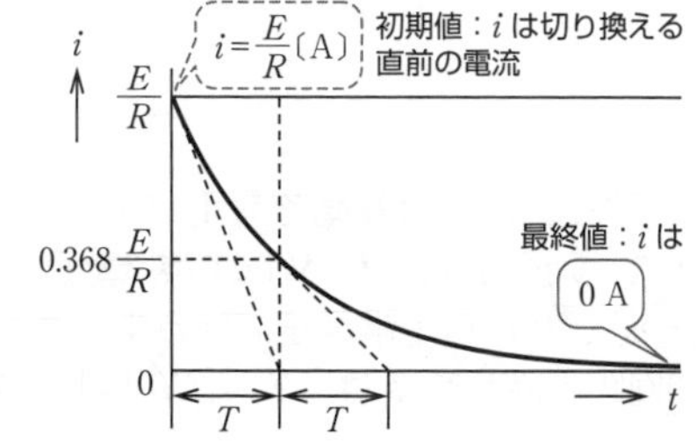

図2-11-5 過渡電流（電源除去時）

Sを切り換えた瞬間は、電流の減少を妨げる向きに逆起電力を生じ、$t = 0$のとき、電流は$i = E/R$〔A〕となります、時間の経過に伴い電流は減少し十分時間が経過した後は$i = 0$ Aとなります。また、R、Lの電圧v_R、v_Lは図2-11-6のようになります。

図2-11-6 RとLの過渡電圧（電源除去時）

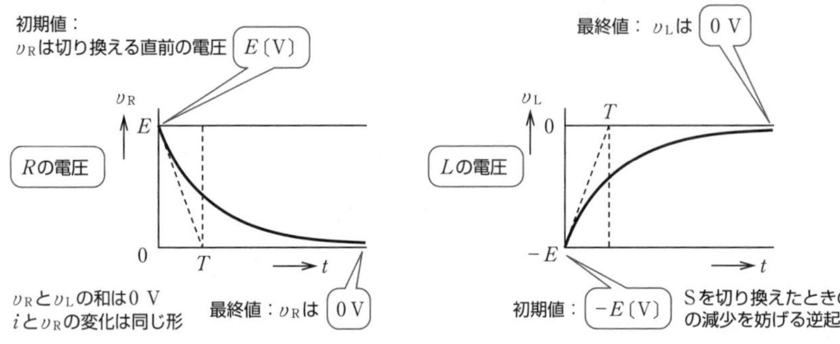

Sをaからbに切り換えたとき（電源除去時）は、Lに蓄えられた電磁エネルギーによる電流がL-R回路を循環し、抵抗を通して消費されます。

2 R-C回路の過渡現象

(a) 充電の場合の過渡現象

図2-11-7のR-C直列回路において、スイッチSを閉じたとき、Cの電圧v_Cは、図2-11-8のような変化をします。

図2-11-7 R-C直列回路

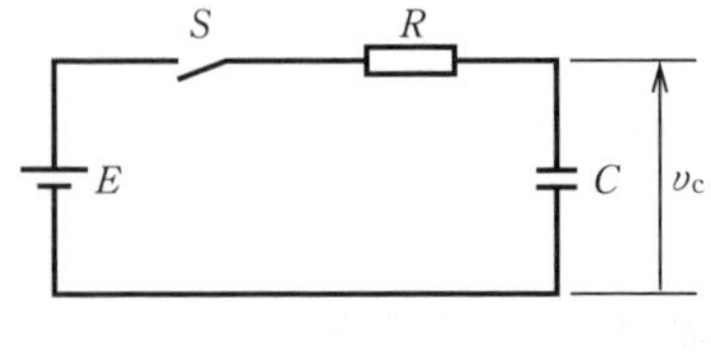

図2-11-8 過渡電圧（充電の場合）

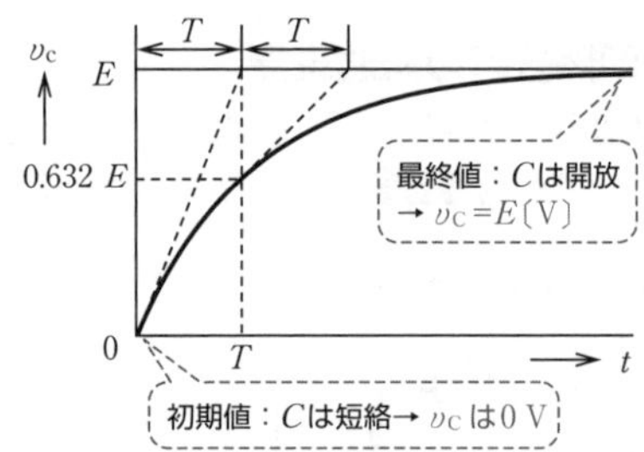

電源投入時、Cは**短絡**で考え、電圧v_Cは0 V、十分時間が経過後Cは電源Eで**充電**され、電圧v_Cは、E〔**V**〕の定常電圧となります（このときCは**開放**で考えます）。電圧v_Cが0から定常電圧になるまでは、図2-11-8のような曲線で変化します。R-C直列回路の時定数Tは、$\boldsymbol{T = CR}$〔**s**〕です。

(b) 放電の場合

図2-11-9の R-C 直列回路において、スイッチ S をaからbへ切り換えたとき、電圧 v_C は、図2-11-10のような変化をします。

図2-11-9 R-C 直列回路（放電時）

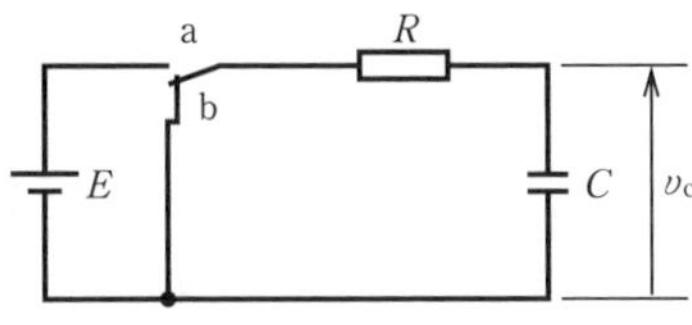

図2-11-10 過渡電圧（放電時）

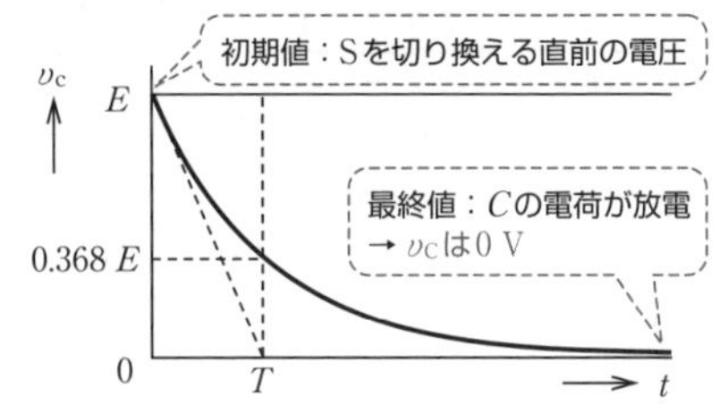

練習問題 〉01

図1及び図2の回路において、R_1 の電流 I_0 及び I_∞〔A〕は。ただし、I_0〔A〕は、（初期値）Sを閉じた瞬間の電流値、I_∞〔A〕は、（最終値）時間が十分経過した後の電流値とする。

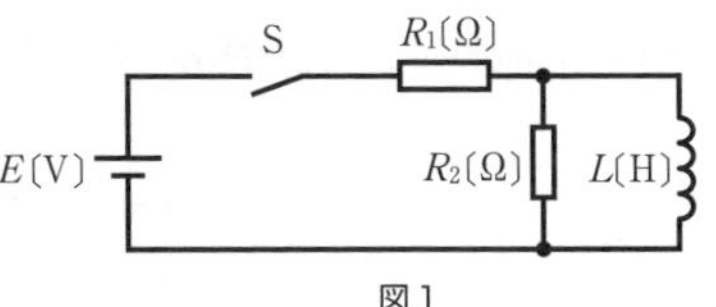

図1

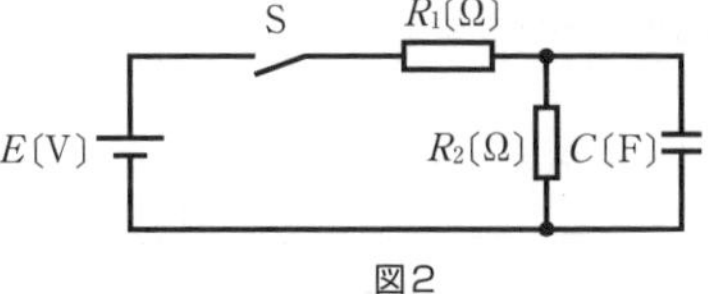

図2

解き方

・図1について

初期値：L は開放（L は除く）　　最終値：L は短絡

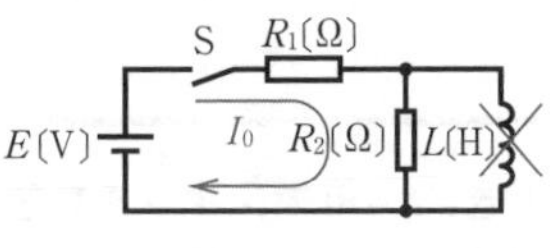

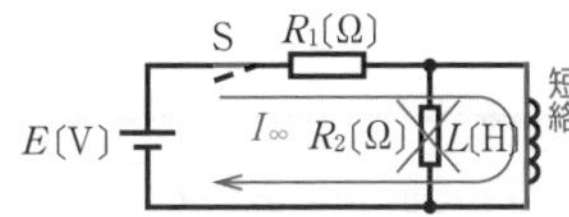

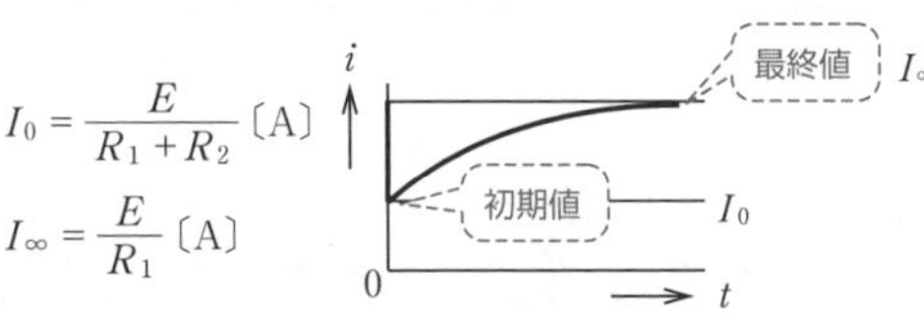

$$I_0 = \frac{E}{R_1 + R_2}〔A〕$$

$$I_\infty = \frac{E}{R_1}〔A〕$$

・**図 2 について**

初期値：C は短絡　　　最終値：C は開放（C は除く）

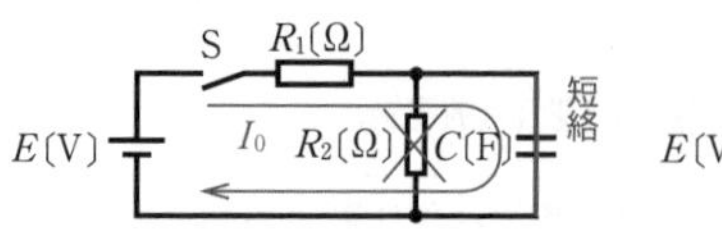

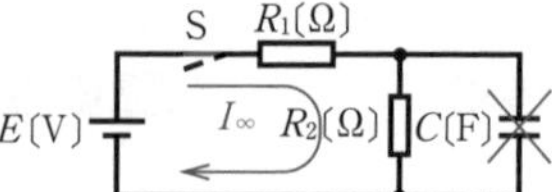

$$I_0 = \frac{E}{R_1}\text{〔A〕}$$

$$I_\infty = \frac{E}{R_1 + R_2}\text{〔A〕}$$

解説

S を閉じた瞬間、周波数 f は∞の交流電圧が加わり、定常状態に達したとき f は 0 の交流電圧（＝直流電圧）が加わるとしてリアクタンスを考えます。

$X_{L(f\to\infty)} = 2\pi fL \to \infty\,\Omega$（開放）

$X_{C(f\to\infty)} = \dfrac{1}{2\pi fC} \to 0\,\Omega$（短絡）

[初期値] S を閉じた瞬間の L と C のリアクタンス

$X_{L(f\to 0)} = 2\pi fL \to 0\,\Omega$（短絡）

$X_{C(f\to 0)} = \dfrac{1}{2\pi fC} \to \infty\,\Omega$（開放）

[最終値] 定常状態における L と C のリアクタンス

解答

図 1　$I_0 = \dfrac{E}{R_1 + R_2}$〔A〕　$I_\infty = \dfrac{E}{R_1}$〔A〕

図 2　$I_0 = \dfrac{E}{R_1}$〔A〕　$I_\infty = \dfrac{E}{R_1 + R_2}$〔A〕

練習問題 ＞ 02

図 2 の実線の図形は、図 1 の回路において $R = 1\,\Omega$ のとき、$t = 0$ でスイッチを閉じたときの i_L の変化である。$R = 2\,\Omega$ としたときの変化を①〜⑤から選べ。

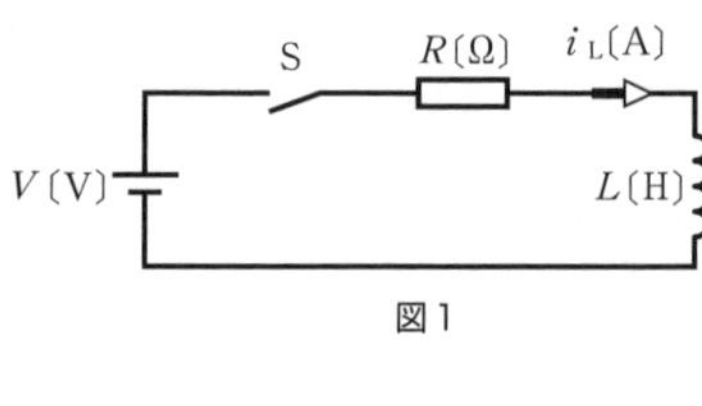

図1

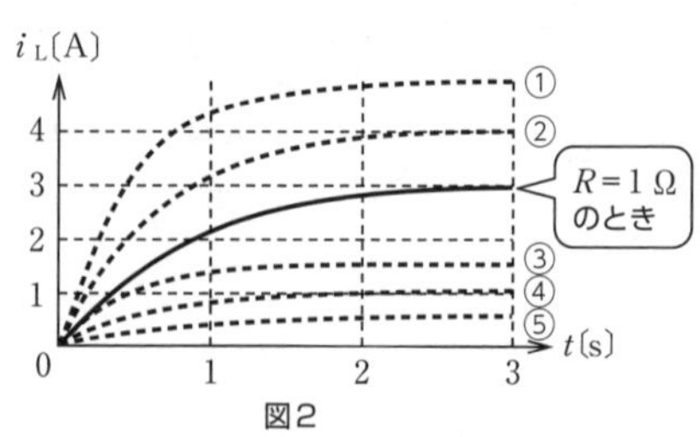

図2

解き方

$R = 1\,\Omega$ のとき、図 2 の実線により電流の最終値が 3 A であるから $V = RI = 1 \times 3 = 3$ V
$R = 2\,\Omega$ としたとき、電流の最終値は、$V/R = 3/2 = 1.5$ A から③の変化が解答になります。

解説

$R = 2\,\Omega$ としたときの i_L の変化は、次の初期値と最終値から判別できます。初期値（S を閉じた瞬間）L は開放して考えるので、$i_L = 0$ A
最終値は、L を短絡して考えるので、

$$i_L = \frac{\text{電源電圧}}{\text{抵抗値}} = \frac{3}{2} = 1.5\text{ A}$$

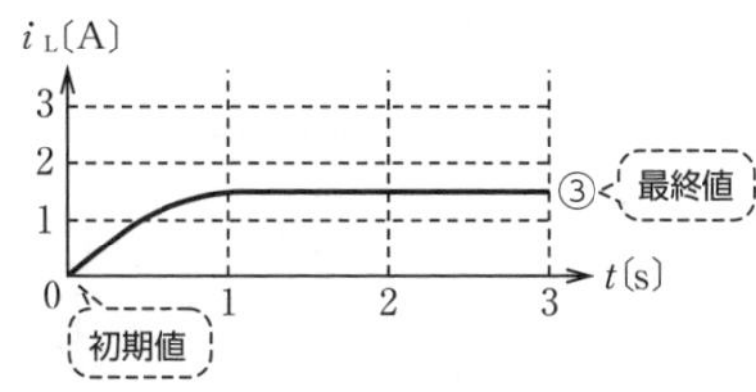

解答 ③

例題 1

｜重要度★★｜令和 5 年度上期｜理論｜問 9｜

図のように、抵抗 R〔Ω〕と誘導性リアクタンス X_L〔Ω〕が直列に接続された交流回路がある。
$\dfrac{R}{X_L} = \dfrac{1}{\sqrt{2}}$ の関係があるとき、
この回路の力率 $\cos\phi$ の値として、最も近いものを次の（1）～（5）のうちから一つ選べ。

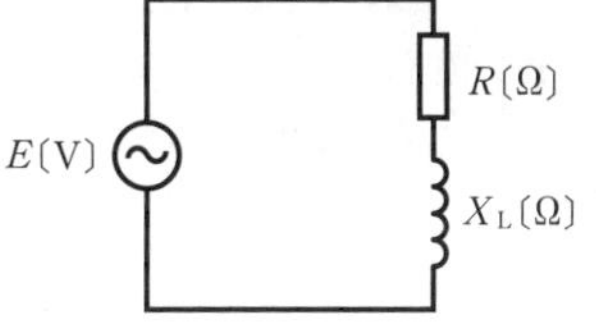

(1) 0.43　(2) 0.50　(3) 0.58　(4) 0.71　(5) 0.87

解き方

解答 (3)

$R = 1\,\Omega$、$X_L = \sqrt{2}\,\Omega$ として、
インピーダンスの直角三角形を描きます。
インピーダンス Z は、

$$Z = \sqrt{1^2 + (\sqrt{2})^2} = \sqrt{3}\,\Omega$$

力率 $\cos\phi$ は、

$$\cos\phi = \frac{R}{Z} = \frac{1}{\sqrt{3}} \fallingdotseq 0.58$$

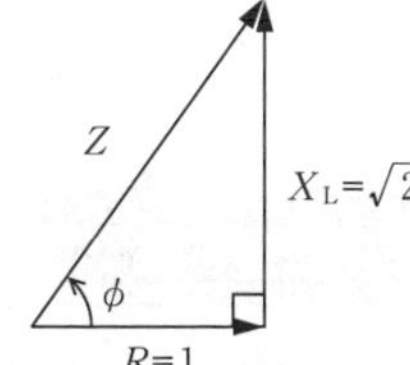

解説

力率 $\cos\phi$ は、直角三角形の底辺÷斜辺で求められます。$\cos\phi = \dfrac{\text{底辺}}{\text{斜辺}} = \dfrac{R}{Z}$

1
2
3
4
5
6
7
交流回路

例題 2

｜重要度★★★｜令和４年度下期｜理論｜問９｜

図のような RC 交流回路がある。この回路に正弦波交流電圧 E〔V〕を加えたとき、容量性リアクタンス 6 Ω のコンデンサの端子間電圧の大きさは 12 V であった。このとき、E〔V〕と図の破線で囲んだ回路で消費される電力 P〔W〕の値の組合せとして、正しいものを次の (1) ～ (5) のうちから一つ選べ。

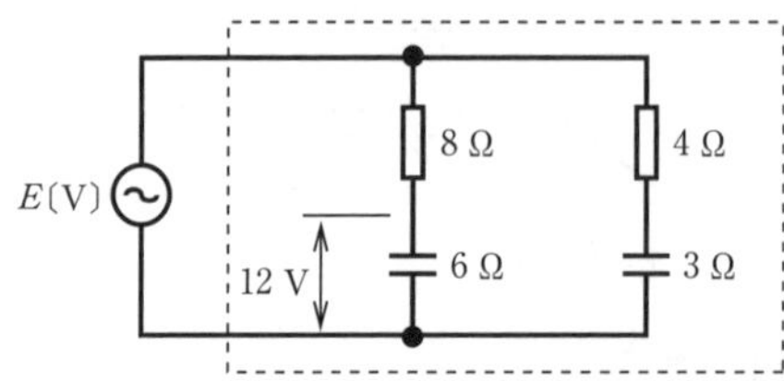

	E〔V〕	P〔W〕
(1)	20	32
(2)	20	96
(3)	28	120
(4)	28	168
(5)	40	309

解き方

解答 (2)

右の図において $I_1 = \dfrac{12}{6} = 2$ A

8 Ω の電圧は、$2 \times 8 = 16$ V

電源電圧 E は $\sqrt{16^2 + 12^2} = 20$ V

$$I_2 = \frac{20}{\sqrt{4^2 + 3^2}} = \frac{20}{5} = 4 \text{ A}$$

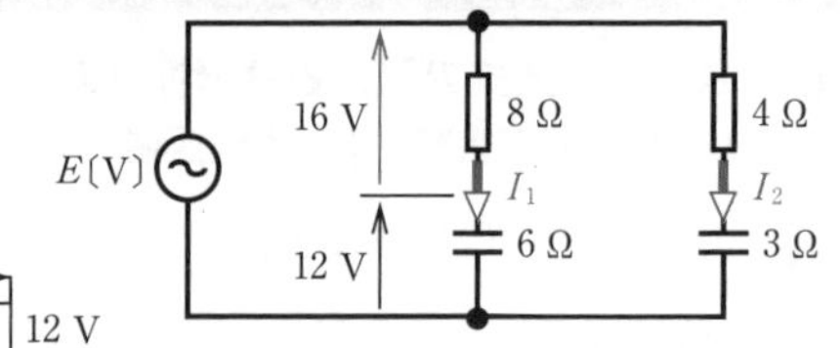

16 V
E〔V〕
12 V
電圧の直角三角形

回路で消費される電力 P は、

$$P = 8I_1^2 + 4I_2^2 = 8 \times 2^2 + 4 \times 4^2$$
$$= 32 + 64 = 96 \text{ W}$$

解説

インピーダンスの直角三角形に電流 I を掛けると電圧の直角三角形になります。

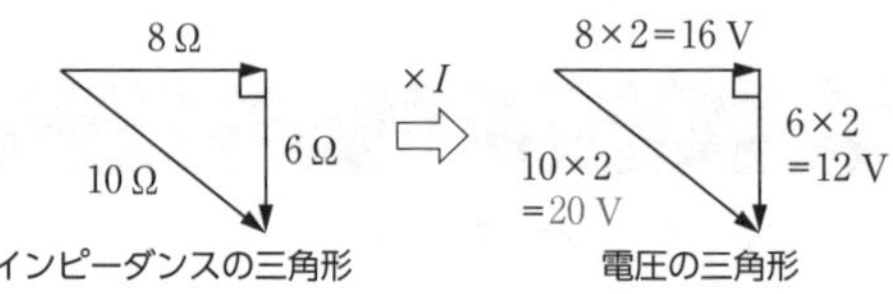

例題 3

｜重要度★★｜令和３年度｜理論｜問９｜

実効値 V〔V〕、角周波数 ω〔rad/s〕の交流電圧源、R〔Ω〕の抵抗 R、インダクタンス L〔H〕のコイル L、静電容量 C〔F〕のコンデンサ C からなる共振回路に関する記述として、正しいものと誤りのものの組合せとして、正しいものを次の (1) ～ (5) のうちから一つ選べ。

(a) RLC 直列回路の共振状態において、LとCの端子間電圧の大きさはともに0である。
(b) RLC 並列回路の共振状態において、LとCに電流は流れない。
(c) RLC 直列回路の共振状態において交流電圧源を流れる電流は、RLC 並列回路の共振状態において交流電圧源を流れる電流と等しい。

	(a)	(b)	(c)
(1)	誤り	誤り	正しい
(2)	誤り	正しい	誤り
(3)	正しい	誤り	誤り
(4)	誤り	誤り	誤り
(5)	正しい	正しい	正しい

解き方

解答 (1)

インピーダンスベクトルに電流 I を掛けると電圧ベクトルになります。

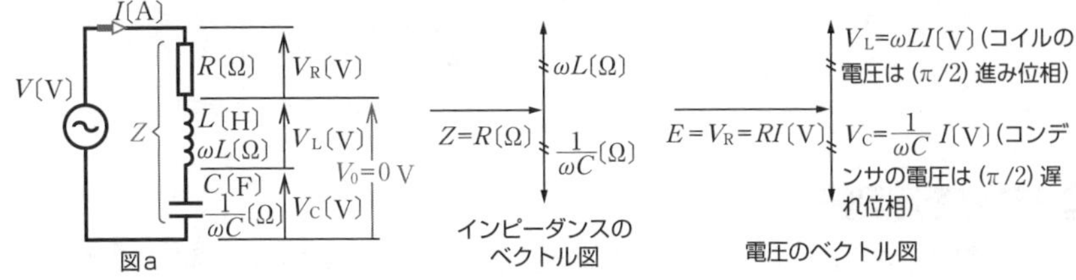

直列共振状態において、LとCの端子間電圧の大きさは、電圧のベクトル図からわかるように V_L〔V〕と V_C〔V〕は大きさが等しく、逆位相になります。よって、(a) は誤りです。

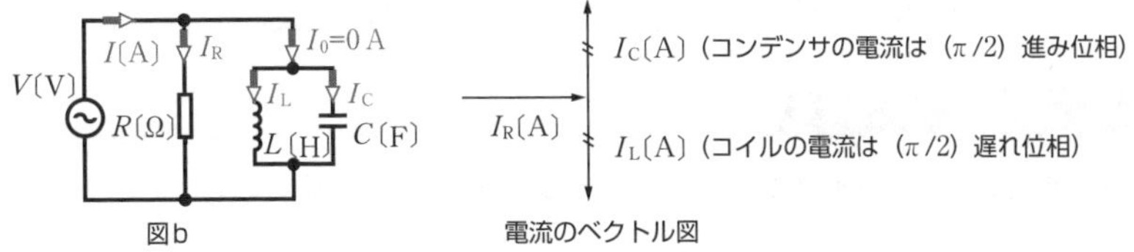

並列共振状態において、LとCに流れる電流は、電流のベクトル図からわかるように I_L〔A〕と I_C〔A〕は大きさが等しく、逆位相になります。よって、(b) は誤りです。
図 a の $V_0 = 0$ V、また図 b の $I_0 = 0$ A より、交流電圧源を流れる電流 I〔A〕は等しく $I = \frac{V}{R}$〔A〕となります。よって、(c) は正しいです。

解説

(a) 直列共振、(b) 並列共振、両者ともに図のような抵抗 R のみの回路と等価となり、交流電圧源を流れる電流 I は、$I = V/R$〔A〕となります。

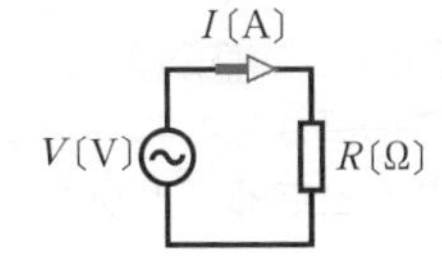

3-1 三相交流回路 といえば 単相交流回路3つの組合せ

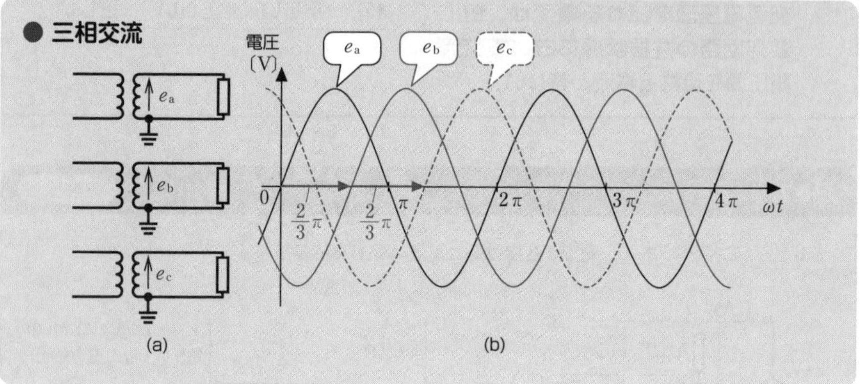

三相交流回路

三相交流回路は、上図の(a)のように単相（1つの回路）3つの回路を組み合わせたものです。3回路において電源の起電力をe_a、e_b、e_cとすると、各起電力はe_a、e_b、e_cの順に2/3π（120°）ずつの位相差があります。この順序を、**相順**または**相回転**といいます。

三相交流電圧の波形を式で表すと、次のようになります。

POINT

▶瞬時値表示 といえば サインカーブ、ベクトル表示 といえば 実効値と位相

$$e_a = \sqrt{2}E\sin\omega t\,〔V〕 \rightarrow \dot{E}_a = E\angle 0\ V$$

$$e_b = \sqrt{2}E\sin\left(\omega t - \frac{2}{3}\pi\right)〔V〕 \rightarrow \dot{E}_b = E\angle\left(-\frac{2}{3}\pi\right)〔V〕$$

$$e_c = \sqrt{2}E\sin\left(\omega t - \frac{4}{3}\pi\right)〔V〕 \rightarrow \dot{E}_c = E\angle\left(-\frac{4}{3}\pi\right)〔V〕$$

三相交流は、大きさが等しく、(2/3)πずつ位相差を持つ3つの単相交流があるのと同じで、図3-1-1のような3つの正弦波となります。

この図からもわかるように、三相交流波形の**各瞬時値の和は**0であり、ベクトル和も0となることがわかります。

図3-1-1 三相交流の正弦波

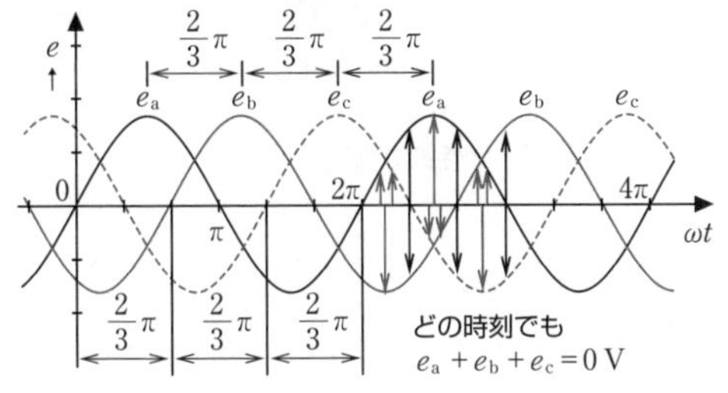

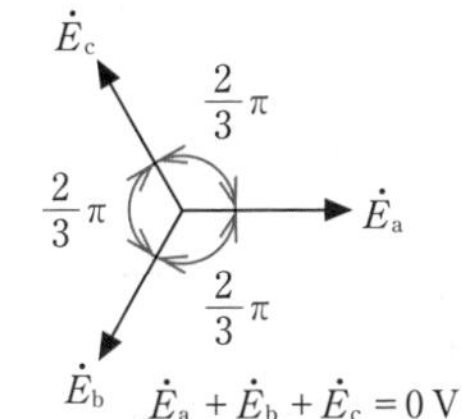

POINT

▶ 3つの起電力の和 といえば 零（ゼロ）になる

$e_a + e_b + e_c = 0\ \mathrm{V}$ 瞬時値の和

$\dot{E}_a + \dot{E}_b + \dot{E}_c = 0\ \mathrm{V}$ ベクトルの和

コラム

電圧の文字記号

第2章では、電源電圧の記号として、瞬時及び実効値を v、V としましたが、第3章では、e、E を用いています。起電力 e、E と電圧 v、V で区別したいときに使い分けたりしますが、電気回路の計算では、どちらも同じものとして扱うことが多いです。

三相交流回路の結線方法

三相交流回路の結線方法には、**Y 結線**と **Δ 結線**があります。Y 結線はワイ結線、スター結線、星形結線、Δ 結線は三角結線、環状結線などの呼び方があります。

Y-Y 結線

三相交流回路は、$(2/3)\pi$ ずつ位相のずれた3組の単相交流回路を組み合わせたものです。

図3-1-2 のような3組の単相交流回路は、**図3-1-4** のように電流の帰り線3本をまとめて1本にすることができます。電源と負荷の共通点 N、N′ を**中性点**、N、N′ を接続する線を**中性線**といいます。中性線を流れる電流は、**図3-1-3** のように次式が成り立ち、電流は流れないので、中性線は **図3-1-5** のように省略できます。

$$\dot{I}_a + \dot{I}_b + \dot{I}_c = 0\ \mathrm{A}\quad (i_a + i_b + i_c = 0\ \mathrm{A})$$

図3-1-4のように、電源と負荷を結ぶ電線が4本の方式を**三相4線式**といい、図3-1-5のように3本の方式を**三相3線式**といいます。また、図3-1-5の電源や負荷のようにY形に結線する方法を**Y結線**、**スター結線**または**星形結線**といいます。

図3-1-2 3組の単相回路の組合せ

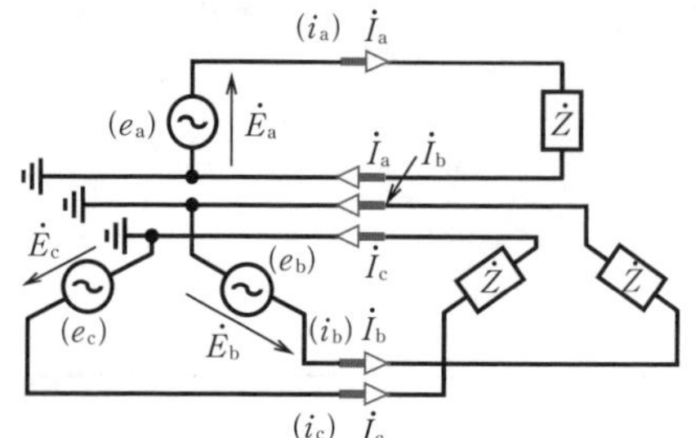

図3-1-3 中性線の電流

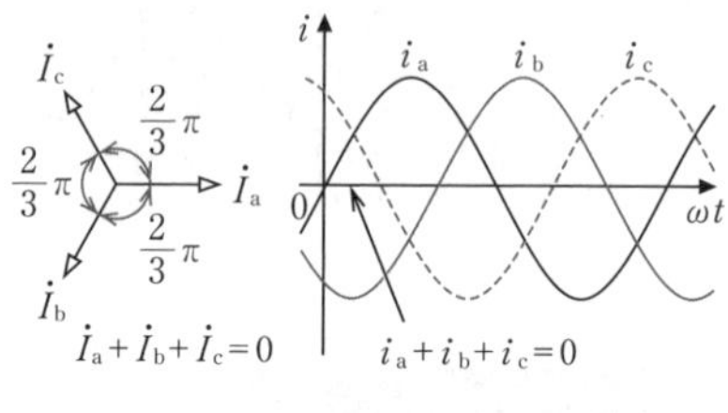

図3-1-4 三相4線式

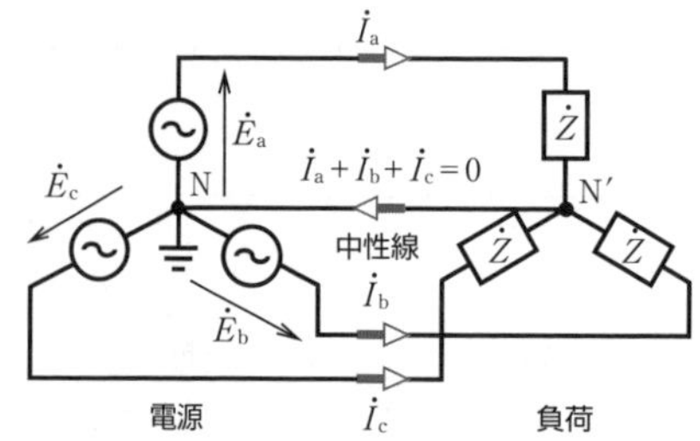

図3-1-5 三相3線式（Y結線）

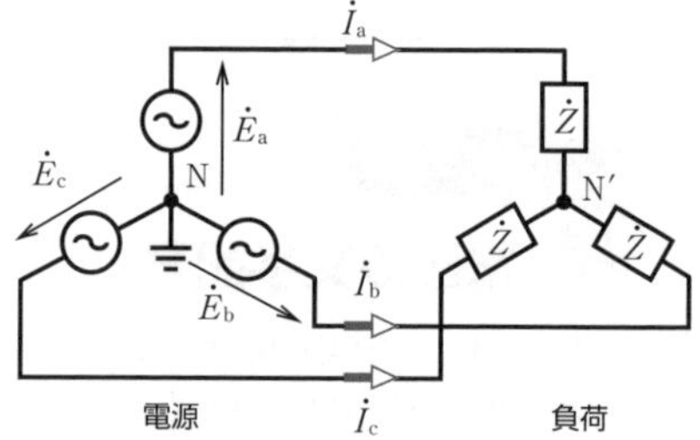

Δ-Δ（デルタ デルタ）結線

3組の単相交流回路を図3-1-6のように配置すると、図3-1-7のように2本ずつの電線を1本ずつの電線とすることができます。この場合も電源と負荷を3本の電線で接続するので、**三相3線式**といいます。また、図3-1-7の電源や負荷のように、Δ形に接続する方法を**Δ結線**、**デルタ結線**、または**三角結線**といいます。

図3-1-6 3組の単相回路の組合せ

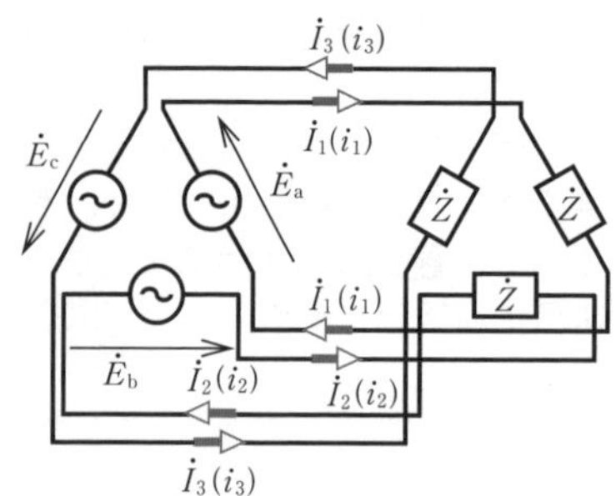

図3-1-7 三相3線式（Δ結線）

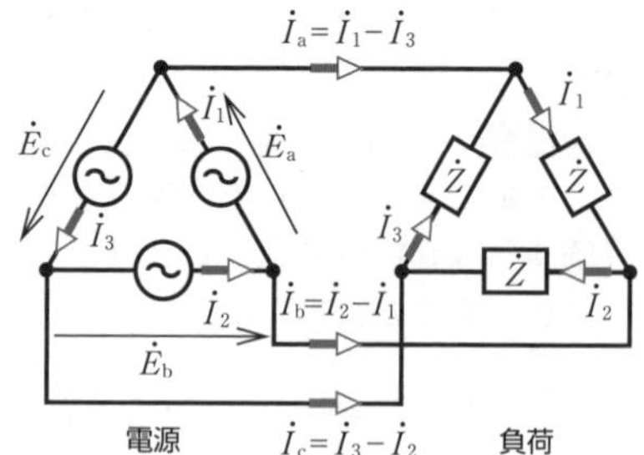

相電圧、相電流、線間電圧、線電流

Y 結線または Δ 結線において、電源または負荷の 1 相の電圧を相電圧（電源の場合は相起電力ということもある）、1 相に流れる電流を相電流といいます。また、電源と負荷を結ぶ電線と電線の間の電圧を線間電圧、電線の電流を線電流といいます。

図3-1-8、図3-1-9 のような 3 線の線電流を三相電流といい、端子 a、b、c から三相電圧を得ます。また、3 つの負荷を三相負荷といいます。

図3-1-8 Y 結線における相電圧、相電流、線間電圧、線電流

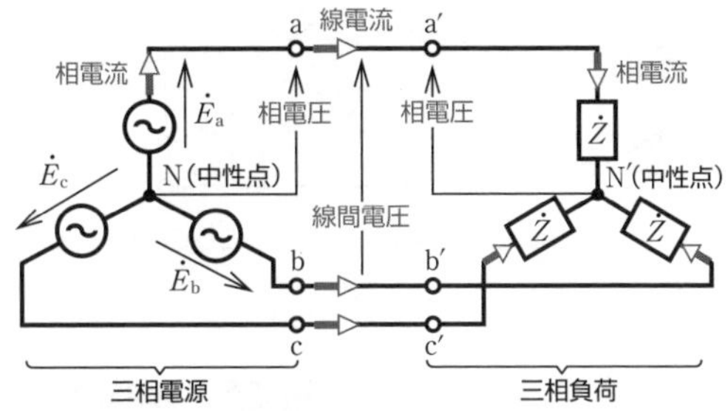

図3-1-9 Δ 結線における相電圧、相電流、線間電圧、線電流

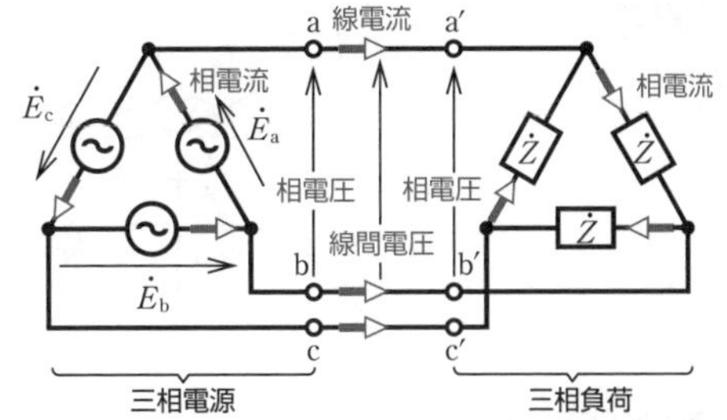

Y 結線の電源

Y 結線回路では、相電流と線電流は同じ電線の電流なので、等しくなります（次ページの図3-1-10）。線電流を I_ℓ〔A〕、相電流を I_p〔A〕とすると、次式が成り立ちます。

$$I_\ell = I_p \text{〔A〕}$$ 線電流＝相電流

線間電圧 $\dot{V}_{ab}$〔V〕は、$\dot{E}_a$〔V〕と $-\dot{E}_b$〔V〕のベクトル和になります（図3-1-10）。

$$\dot{V}_{ab} = \dot{E}_a - \dot{E}_b \text{〔V〕}$$

また、$\dot{V}_{ab}$〔V〕の大きさ V_{ab}〔V〕は、

$$V_{ab} = 2E_a \cos(\pi/6) = \sqrt{3}\,E_a \text{〔V〕}$$ （図3-1-11）

線間電圧を V_ℓ〔V〕、相電圧を V_p〔V〕とすると、

$$V_\ell = \sqrt{3}\,V_p \text{〔V〕}$$ 線間電圧＝$\sqrt{3}$×相電圧

また、線間電圧 $\dot{V}_{ab}$〔V〕は、相電圧 $\dot{E}_a$〔V〕より $\pi/6$ だけ進み位相になります。

図3-1-10　Y結線の電源

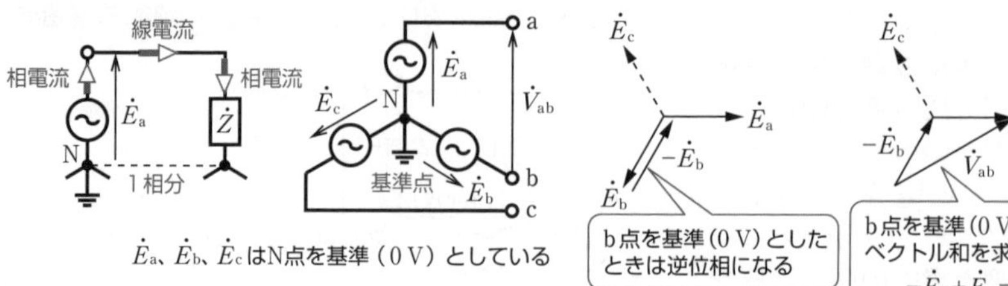
線電流
相電流
相電流
1相分
基準点
$\dot{E}_a$、$\dot{E}_b$、$\dot{E}_c$はN点を基準（0 V）としている
b点を基準(0 V)としたときは逆位相になる
b点を基準(0 V)としてベクトル和を求める
$-\dot{E}_b+\dot{E}_a=\dot{V}_{ab}$

また、$\dot{E}_a$〔V〕を基準（右方向）にしてベクトル図を描くと、図3-1-11のようになります。

図3-1-11　Y結線電源の電圧ベクトル図

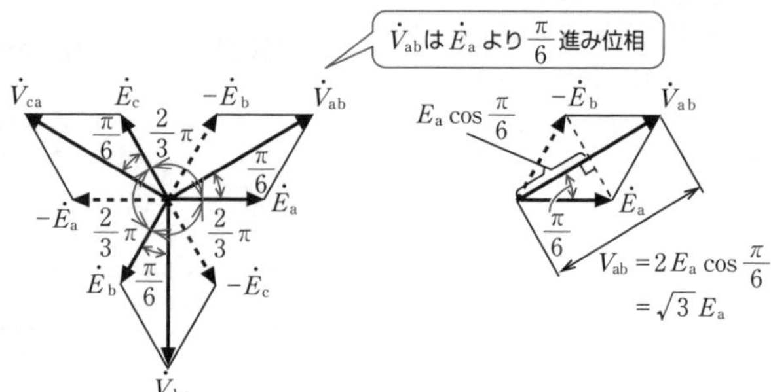
$\dot{V}_{ab}$は$\dot{E}_a$より$\frac{\pi}{6}$進み位相
$V_{ab}=2E_a\cos\frac{\pi}{6}$
$=\sqrt{3}\,E_a$

POINT

▶ Y結線といえば線間電圧は相電圧の$\sqrt{3}$倍

$\dot{V}_{ab}=\dot{E}_a-\dot{E}_b$〔V〕　$\dot{V}_{bc}=\dot{E}_b-\dot{E}_c$〔V〕　$\dot{V}_{ca}=\dot{E}_c-\dot{E}_a$〔V〕

$V_\ell=\sqrt{3}\,V_p$〔V〕　線間電圧＝$\sqrt{3}$×相電圧

線間電圧は相電圧より π/6 だけ進み位相になる

$I_\ell=I_p$〔A〕　線電流＝相電流

Δ結線の電源

Δ結線は、3電源が直列につながり、短絡状態になりますが、閉回路内の起電力は次式のように0〔V〕になるので、循環電流（回路内を回る電流）は流れません。

$$\dot{E}_a+\dot{E}_b+\dot{E}_c=0\ \text{V}$$

図3-1-12　2相の電圧和は他の1相と同じ大きさになる

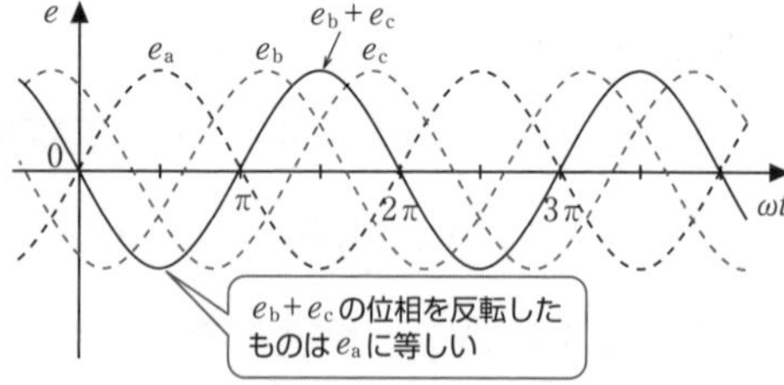
e_b+e_cの位相を反転したものはe_aに等しい

また、相電圧（相起電力）と線間電圧は等しく、2相の電圧和は他の1相と同じ大きさの電圧となります（図3-1-12、図3-1-13）。

線間電圧を V_ℓ〔V〕、相電圧を V_p〔V〕とすると、次式が成り立ちます。

$$V_\ell = V_p$$ 線間電圧＝相電圧

図3-1-14 から、線電流 $\dot{I}_a$〔A〕は、

$$\dot{I}_a = \dot{I}_1 - \dot{I}_3〔A〕$$

となり、$\dot{I}_a$〔A〕の大きさ I_a〔A〕は次のようになります。

$$I_a = 2I_1 \cos\frac{\pi}{6} = 2I_1\frac{\sqrt{3}}{2}$$
$$= \sqrt{3}\,I_1〔A〕$$

図3-1-13 Δ結線電圧

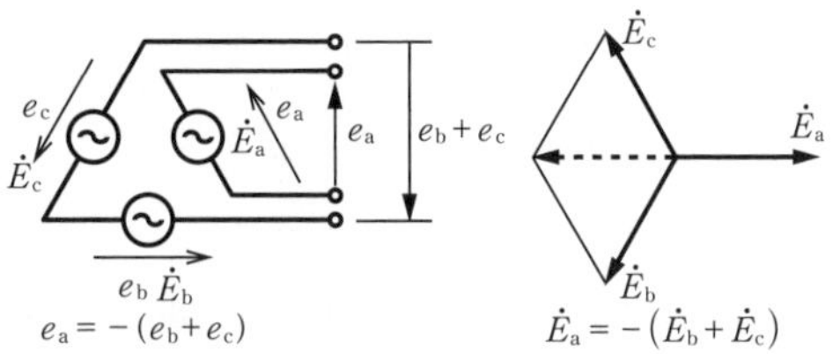

図3-1-14 線電流 $\dot{I}_a$ のベクトル図

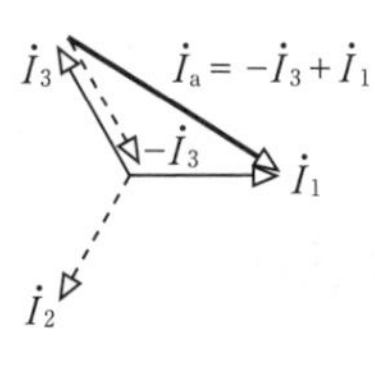

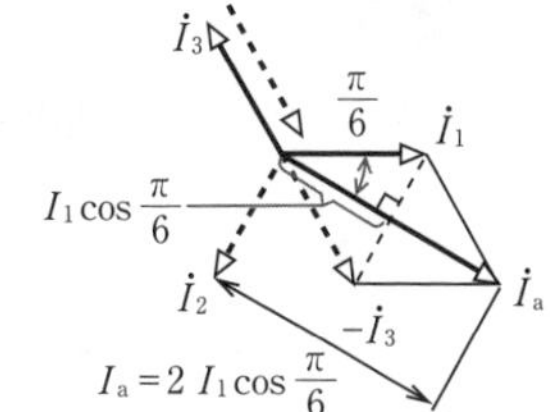

線電流を I_ℓ〔A〕、相電流を I_p〔A〕とすると

$$I_\ell = \sqrt{3}\,I_p〔A〕$$ 線電流＝$\sqrt{3}$×相電流

また、線電流 $\dot{I}_a$〔A〕は、相電流 $\dot{I}_1$〔A〕より π/6 だけ遅れ位相になります。

POINT

▶ Δ結線 といえば 線電流は相電流の$\sqrt{3}$倍

$\dot{I}_a = \dot{I}_1 - \dot{I}_3$〔A〕　$\dot{I}_b = \dot{I}_2 - \dot{I}_1$〔A〕　$\dot{I}_c = \dot{I}_3 - \dot{I}_2$〔A〕

$I_\ell = \sqrt{3}\,I_p$〔A〕 線電流＝$\sqrt{3}$×相電流

線電流は相電流より π/6 遅れ位相となる

$V_\ell = V_p$〔V〕 線間電圧＝相電圧

練習問題 ＞01

Y結線

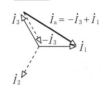

図の三相負荷に V_ℓ = 200 V を加えたとき相電圧 V_p〔V〕、線電流 I_ℓ〔A〕は。

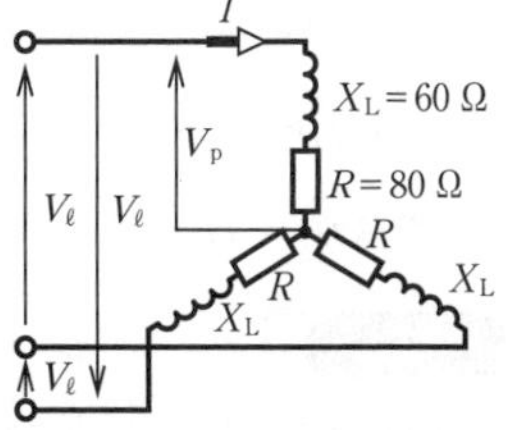

解き方

① 1相を取り出し、インピーダンスの直角三角形をつくります。

$$Z = \sqrt{R^2 + X_L^2} = \sqrt{80^2 + 60^2} = \sqrt{10\ 000} = 100\ \Omega$$

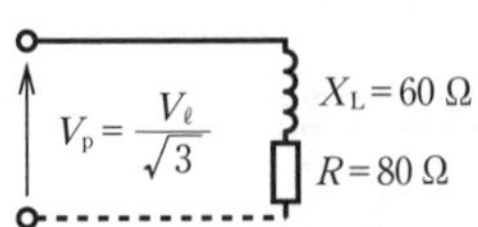

$Z = \sqrt{80^2 + 60^2}$
$= 100\ \Omega$
$X_L = 60\ \Omega$
$R = 80\ \Omega$

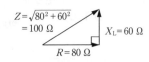

②相電圧 V_p〔V〕は、$V_p = \frac{V_\ell}{\sqrt{3}} = \frac{200}{\sqrt{3}} \fallingdotseq 115$ V　**$V_\ell = \sqrt{3}\ V_p$〔V〕を変形**

③ Y 結線なので、線電流＝相電流＝相電圧 ÷ インピーダンスより、

$$I_\ell = \frac{V_p}{Z} = \frac{115}{100} = 1.15\ \text{A}$$

解説

三相回路の問題は、1 相を取り出して考えることが基本です。

解答　$V_p = 115$ V　$I_\ell = 1.15$ A

練習問題 > 02

Δ 結線

図の三相負荷に $V_\ell = 200$ V を加えたとき相電流 I_p〔A〕、線電流 I_ℓ〔A〕は。

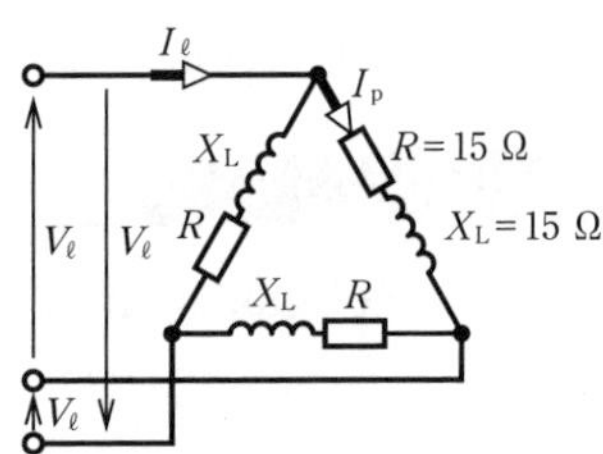

解き方

① 1 相を取り出し、インピーダンスの直角三角形をつくります。

$$Z = \sqrt{R^2 + X_L^2} = \sqrt{15^2 + 15^2} \fallingdotseq 21.2\ \Omega$$

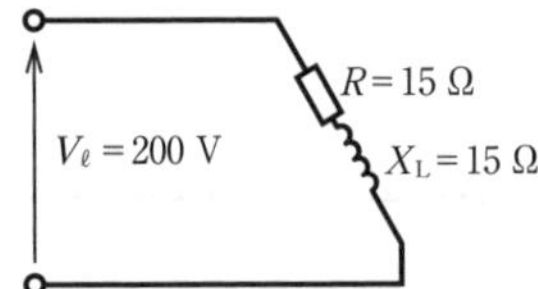

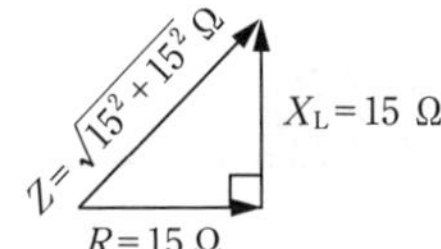

②相電流 I_p は、$I_p = \frac{V_p}{Z} = \frac{200}{21.2} \fallingdotseq 9.43$ A

③線電流 I_ℓ は、$I_\ell = \sqrt{3}\ I_p = \sqrt{3} \times 9.43 \fallingdotseq 16.3$ A　**$I_\ell = \sqrt{3}\ I_p$〔A〕**

解説

1 相の電流を求めて $\sqrt{3}$ 倍すれば、線電流となります。

解答　$I_p = 9.43$ A　$I_\ell = 16.3$ A

3-2 Δ-Y 変換 といえば 和分の積

● Δ → Y 変換：2インピーダンスの積 ÷ 3インピーダンスの和

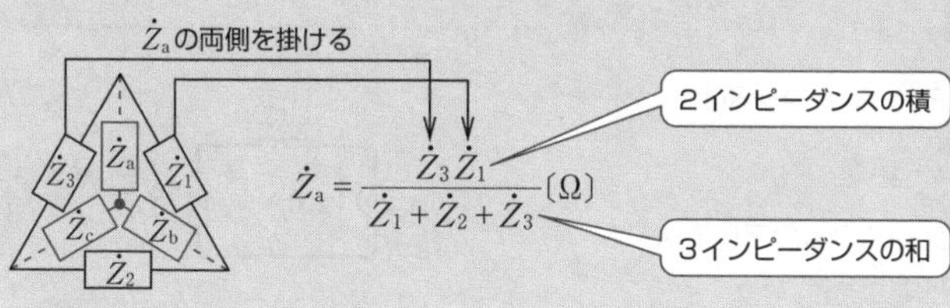

Δ-Y 変換

図3-2-1のように、Δ 回路を Y 回路に変換するには、変換公式を用います。三相交流回路は、Δ 回路よりも Y 回路の方が計算しやすい場合が多く、Δ 回路と Y 回路が混在している場合は、Δ 回路を Y 回路に変換して計算を行うと、簡単になります。

図3-2-1 Δ 回路→Y回路への変換

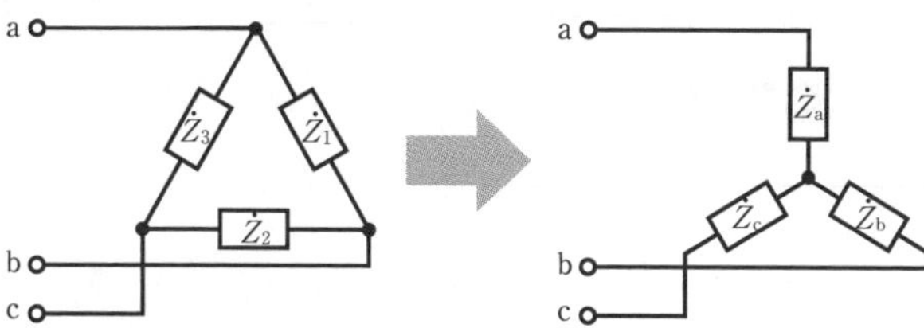

$$\dot{Z}_a = \frac{\dot{Z}_3 \dot{Z}_1}{\dot{Z}_1 + \dot{Z}_2 + \dot{Z}_3} \text{〔Ω〕}$$

$$\dot{Z}_b = \frac{\dot{Z}_1 \dot{Z}_2}{\dot{Z}_1 + \dot{Z}_2 + \dot{Z}_3} \text{〔Ω〕}$$

$$\dot{Z}_c = \frac{\dot{Z}_2 \dot{Z}_3}{\dot{Z}_1 + \dot{Z}_2 + \dot{Z}_3} \text{〔Ω〕}$$

POINT

▶ Δ → Y 変換（Δ 回路を Y 回路に変換する）といえば 同じ Z のときは 1/3 倍

$$\text{Y回路のインピーダンス} = \frac{\text{Δ両側の2インピーダンスの積}}{\text{Δの3インピーダンスの和}}$$

$\dot{Z}_1 = \dot{Z}_2 = \dot{Z}_3 = \dot{Z}_\Delta$ のとき、$\dot{Z}_a = \dot{Z}_b = \dot{Z}_c = \dot{Z}_Y = \dfrac{\dot{Z}_\Delta}{3}$〔Ω〕

3 インピーダンスが等しいときは、Δ 回路のインピーダンスを 1/3 倍する

▶ Y → Δ 変換（Y 回路を Δ 回路に変換する）といえば 同じ Z のときは 3 倍

$\dot{Z}_\Delta = 3\dot{Z}_Y$ 　3 インピーダンスが等しいときは、Y 回路のインピーダンスを 3 倍する

練習問題 〉01

Δ-Y 変換

図のような三相交流回路がある。
負荷の相電流 I_p〔A〕は。

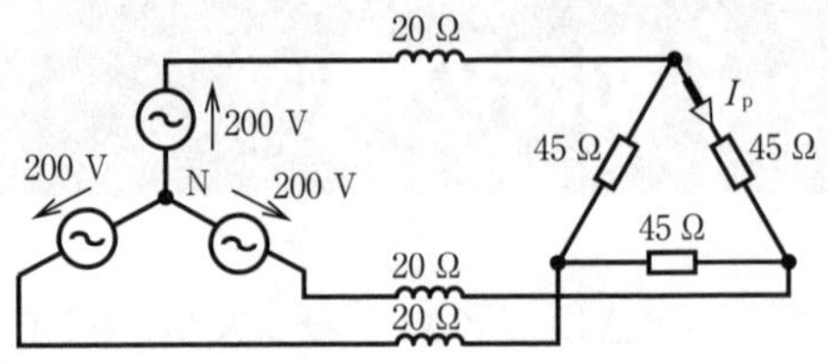

解き方

①負荷抵抗を Δ-Y 変換すると、

$$R_Y = \frac{45}{3} = 15\ \Omega$$

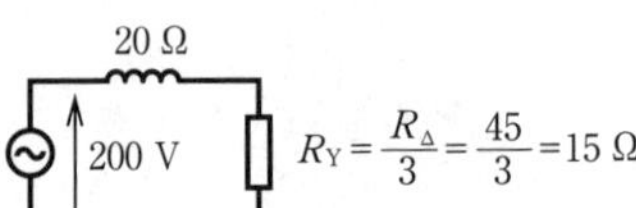

②インピーダンスの直角三角形より、

$$Z = \sqrt{15^2 + 20^2} = 25\ \Omega$$

③線電流 I_ℓ〔A〕は、相電圧を E_p〔V〕とすると、

$$I_\ell = \frac{E_p}{Z} = \frac{200}{25} = 8.0\ \mathrm{A}$$

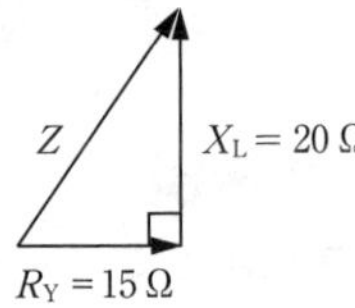

④負荷の相電流 I_p〔A〕は、線電流 I_ℓ〔A〕の$1/\sqrt{3}$ より、

$$I_p = \frac{I_\ell}{\sqrt{3}} = \frac{8.0}{\sqrt{3}} \fallingdotseq 4.62\ \mathrm{A}$$

解説

Δ 回路を Y 回路に交換し、1 相を取り出します。

解答 $I_p = 4.62\ \mathrm{A}$

3-3 三相電力といえば 有効、無効、皮相電力で電力の直角三角形をつくる

三相電力

三相交流回路における消費電力（有効電力）を**三相電力**といいます。三相電力は各相の電力和であり、1 相当たりの電力の 3 倍です。

三相電力　$P = 3V_p I_p \cos\theta$〔W〕
　　$= 3 \times$相電圧$\times$相電流$\times$力率

三相電力を、線間電圧 V_ℓ〔V〕と線電流 I_ℓ〔A〕で表すと次式となり、Y 結線、Δ 結線ともに同じ式となります。

$P = \sqrt{3}\,V_\ell I_\ell \cos\theta$〔W〕
$= \sqrt{3} \times$線間電圧$\times$線電流$\times$力率

三相電力のベクトル図

三相交流回路の皮相電力 S〔V・A〕、有効電力 P〔W〕、無効電力 Q〔var〕の関係は、単相交流回路の電力の公式を$\sqrt{3}$ 倍すれば求められます。また、電力の直角三角形（電力のベクトル図）で表すことができます。図3-3-1 より、

力率 $\cos\theta$ は、$\cos\theta = \dfrac{P}{S} = \dfrac{有効電力}{皮相電力}$

無効率 $\sin\theta$ は、$\sin\theta = \dfrac{Q}{S} = \dfrac{無効電力}{皮相電力}$

図3-3-1 三相電力のベクトル図

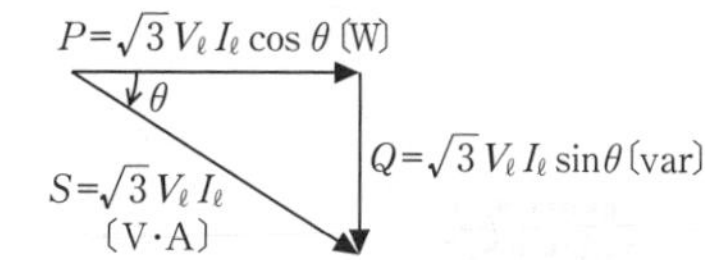

POINT

▶三相の電力といえば単相電力の $\sqrt{3}$ 倍

三相電力	$P = 3V_p I_p \cos\theta$〔W〕	3 × 相電圧 × 相電流 × 力率
皮相電力	$S = \sqrt{3}\,V_\ell I_\ell$〔V・A〕	$\sqrt{3}$ × 線間電圧 × 線電流
有効電力	$P = \sqrt{3}\,V_\ell I_\ell \cos\theta$〔W〕	$\sqrt{3}$ × 線間電圧 × 線電流 × 力率
無効電力	$Q = \sqrt{3}\,V_\ell I_\ell \sin\theta$〔var〕	$\sqrt{3}$ × 線間電圧 × 線電流 × 無効率

練習問題 〉01

三相電力

図において、回路全体の有効電力 P〔kW〕、無効電力 Q〔kvar〕、皮相電力 S〔kV・A〕、力率〔%〕は。ただし R_1-X_L の三相負荷は 10 kV・A、力率は 80 %、R_2 の三相負荷は 6.0 kW とする。

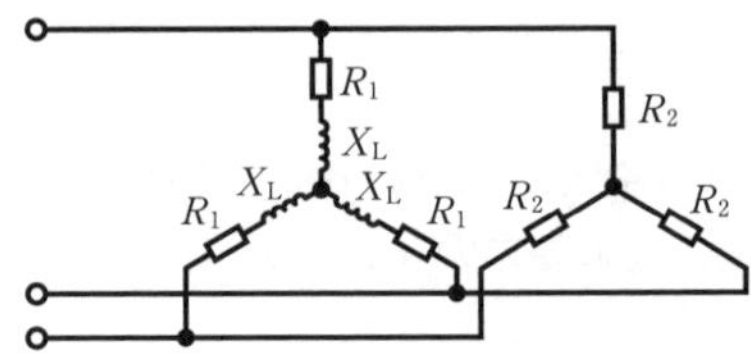

解き方

① 10〔kV・A〕負荷の電力の直角三角形をつくります。

皮相電力は、$S_1 = 10$ kV・A

有効電力は、$P_1 = 10 \times 0.8 = 8.0$ kW

無効電力は、$Q_1 = \sqrt{10^2 - 8^2} = 6.0$ kvar

$P_1 = 10 \times 0.8 = 8.0$ kW

θ_1

$Q_1 = 6.0$ kvar

$S_1 = 10$ kV・A

②回路全体の直角三角形をつくります。

回路全体の有効電力は、

$P = 8.0 + 6.0 = 14$ kW

無効電力は、$Q = 6.0$ kvar

皮相電力は、$S = \sqrt{14^2 + 6^2} \fallingdotseq 15.2$ kV・A

力率は、$\cos\theta = P/S = 14/15.2 \fallingdotseq 0.92 = 92$ %

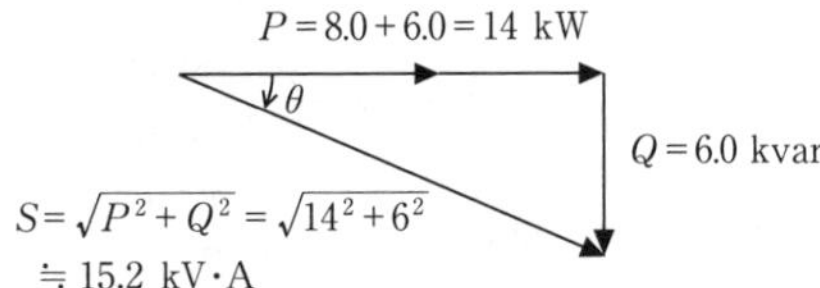

解説

電力の問題は、電力の直角三角形をつくります。

解答 $P = 14$ kW　$Q = 6.0$ kvar　$S = 15.2$ kV・A　力率 = 92 %

3-4 V結線 といえば 2台の変圧器で$\sqrt{3}\,VI$の出力

V結線電源と電圧

Δ結線の3電源のうち、1電源を除いて2電源にしたものを、V結線の電源といいます。図3-4-1において各線間電圧は、$\dot{V}_{ab} = \dot{E}_a$〔V〕、$\dot{V}_{bc} = \dot{E}_b$〔V〕、$\dot{V}_{ca} = -(\dot{E}_a + \dot{E}_b)$〔V〕となります。

図3-4-1 V結線電源

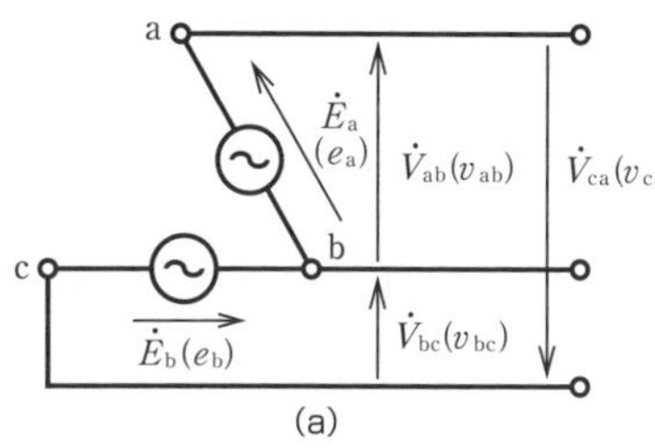

(a)

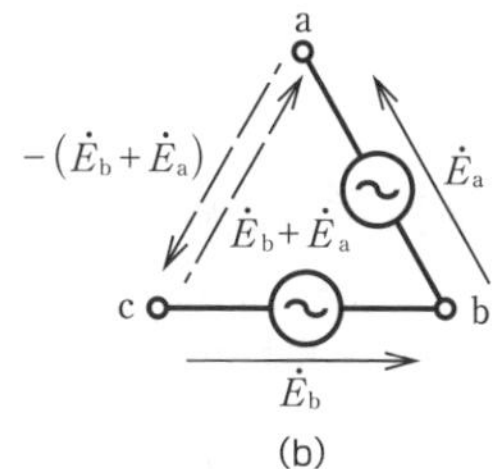

(b)

POINT

▶ V結線電源の電圧 といえば 除いた1電源の代わりを2電源で行う

$\dot{V}_{ab} = \dot{E}_a$〔V〕　$\dot{V}_{bc} = \dot{E}_b$〔V〕　$\dot{V}_{ca} = -(\dot{E}_a + \dot{E}_b)$〔V〕

ベクトル図は図3-4-2のようになり、線間電圧は対称三相電圧となっており、2**電源でも三相の電源**となることができます。対称三相電圧とは、3電圧の大きさが等しく、$(2/3)\pi$ずつ位相差のあるものをいいます。

図3-4-2 V結線電源のベクトル図

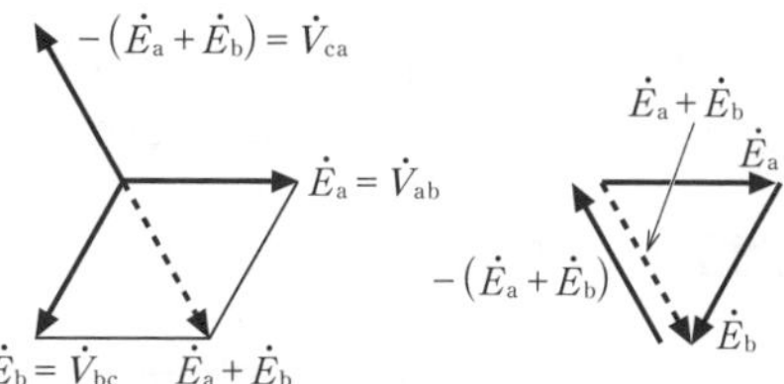

V結線回路の電流

V結線回路の電流は、図3-4-3から次のようになります。

$\dot{I}_a = \dot{I}_1 - \dot{I}_3$〔A〕　$\dot{I}_b = \dot{I}_2 - \dot{I}_1$〔A〕　$\dot{I}_c = \dot{I}_3 - \dot{I}_2$〔A〕

b点でキルヒホッフの第1法則から、

$$\dot{I}_a + \dot{I}_b + \dot{I}_c = 0$$

また、線電流と電源の相電流は同じ大きさです。

図3-4-3 V 結線回路の電流

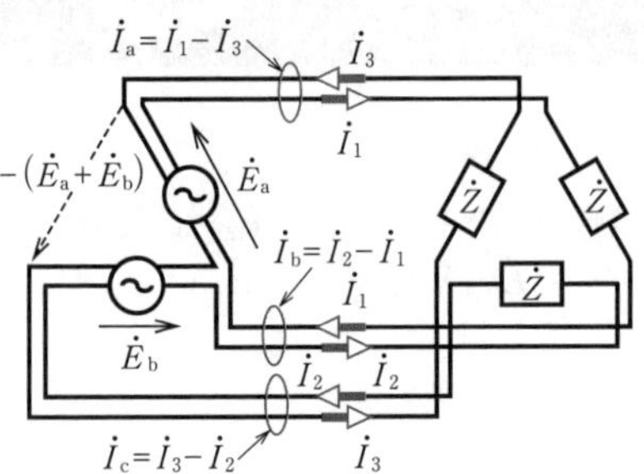

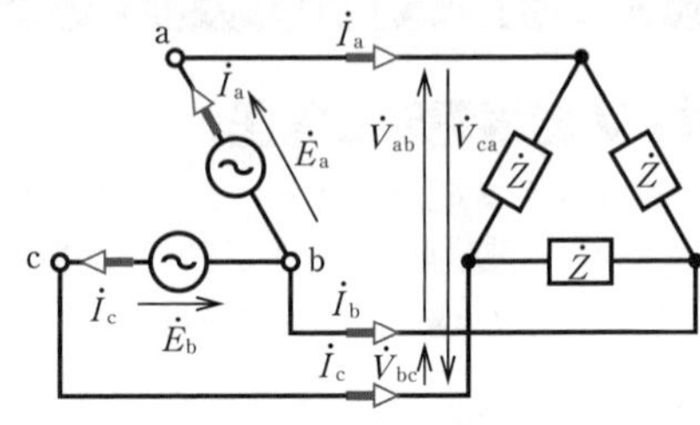

V 結線変圧器の利用率

図3-4-4 の V 結線変圧器において、線間電圧 V_ℓ〔V〕、線電流 I_ℓ〔A〕、相電圧 V_p〔V〕、相電流 I_p〔A〕とすれば、V 結線電源の皮相電力 S_V〔V・A〕は、

$$S_V = \sqrt{3}\, V_\ell I_\ell = \sqrt{3}\, V_p I_p \text{〔V・A〕}$$

また、Δ 結線電源の皮相電力 S_Δ〔V・A〕は、線電流を I_ℓ' とすれば、

$$S_\Delta = \sqrt{3}\, V_\ell I_\ell' = \sqrt{3}\, V_p \sqrt{3}\, I_p = 3V_p I_p \text{〔V・A〕} \quad (V_\ell = V_p、I_\ell' = \sqrt{3}\, I_p)$$

S_V と S_Δ の比を求めると、

$$\frac{S_V}{S_\Delta} = \frac{\sqrt{3}\, V_p I_p}{3V_p I_p} = \frac{1}{\sqrt{3}} \fallingdotseq 0.577 \ (57.7\%)$$

すなわち、単相変圧器 2 台を用いて V 結線したときに接続できる負荷の容量は、3 台で Δ 結線したときのそれと比較すると、57.7 %となります。

図3-4-4 V 結線変圧器

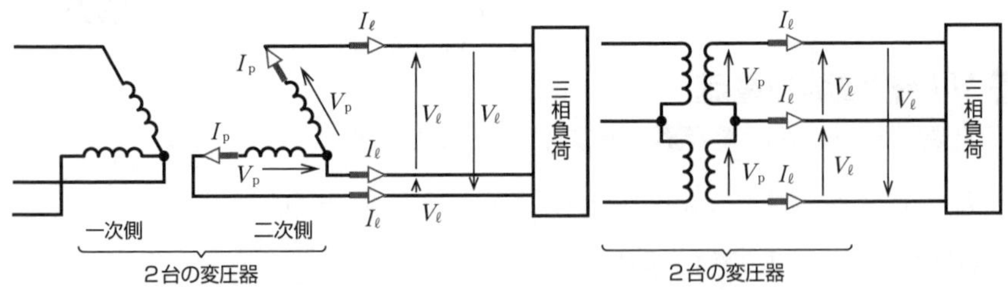

単相変圧器 1 台の容量（変圧器の定格二次電圧×定格二次電流）は、接続可能な負荷容量 $V_p\ I_p$〔V・A〕に等しく、単相変圧器 2 台分の容量は、$2\ V_p\ I_p$〔V・A〕です。単相変圧器 2 台を V 結線としたときに接続できる負荷容量は皮相電力に等しく、$\sqrt{3}\ V_p I_p$〔V・A〕から、

$$\frac{\text{接続できる負荷容量}}{\text{2台の変圧器の容量}} = \frac{\sqrt{3}\ V_p I_p}{2V_p I_p} = \frac{\sqrt{3}}{2} \fallingdotseq 0.866\ (86.6\%)$$

これを **V 結線変圧器の利用率**といいます（変圧器が持つ容量の 86.6 %の負荷しか接続できません）。

POINT

- ▶ **V 結線の皮相電力** といえば $\sqrt{3}$ ×変圧器 1 台の容量
  $S_V = \sqrt{3}\ V_\ell I_\ell = \sqrt{3}\ V_p I_p$〔V・A〕
- ▶ **Δ 結線の皮相電力** といえば 3 ×変圧器 1 台の容量
  $S_\Delta = \sqrt{3}\ V_\ell I_\ell' = 3V_p I_p$〔V・A〕
- ▶ **V 結線変圧器の利用率** といえば 86.6 %
  $\frac{\sqrt{3}\ V_p I_p}{2V_p I_p} = \frac{\sqrt{3}}{2} \fallingdotseq 0.866\ (86.6\ \%)$

練習問題 〉01

V 結線

同じ容量の単相変圧器 2 台を V 結線にしたとき接続できる三相負荷の容量 S_V〔V・A〕は、3 台を Δ 結線にした場合の容量 S_Δ〔V・A〕の何倍か。

解き方

① V 結線にしたときの三相負荷の容量 S_V は、$S_V = \sqrt{3}\ \boxed{V_p I_p}$〔V・A〕

② Δ 結線にしたときの三相負荷の容量 S_Δ は、$S_\Delta = 3\ \boxed{V_p I_p}$〔V・A〕

変圧器 1 台の容量

③したがって、

$$\frac{S_V}{S_\Delta} = \frac{\sqrt{3}\ V_p I_p}{3V_p I_p} = \frac{1}{\sqrt{3}} \fallingdotseq 0.577$$

解説

変圧器 2 台を V 結線にしたときの出力は、1 台の変圧器容量の $\sqrt{3}$ 倍です。

解答 0.577 倍

例題 1

｜重要度★★★｜令和 4 年度下期｜理論｜問 15｜

図のように、抵抗 6 Ω と誘導性リアクタンス 8 Ω を Y 結線し、抵抗 r〔Ω〕を Δ 結線した平衡三相負荷に、200 V の対称三相交流電源を接続した回路がある。抵抗 6 Ω と誘導性リアクタンス 8 Ω に流れる電流の大きさを I_1〔A〕、抵抗 r〔Ω〕に流れる電流の大きさを I_2〔A〕とする。電流 I_1〔A〕と I_2〔A〕の大きさが等しいとき、次の (a) 及び (b) の問に答えよ。

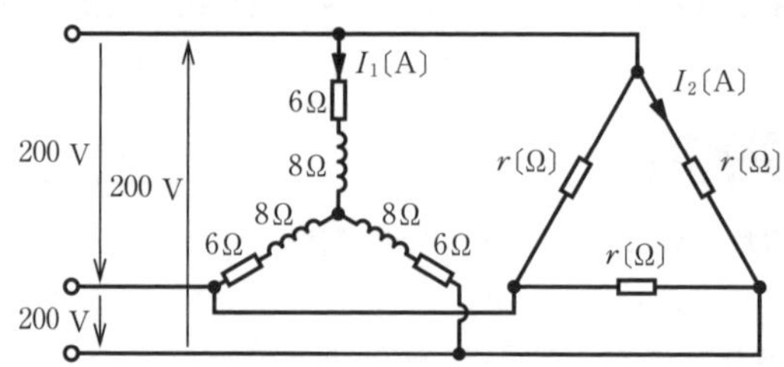

(a) 抵抗 r の値〔Ω〕として、最も近いものを次の (1) ～ (5) のうちから一つ選べ。

(1) 6.0　(2) 10.0　(3) 11.5　(4) 17.3　(5) 19.2

(b) 図中の回路が消費する電力の値〔kW〕として、最も近いものを次の (1) ～ (5) のうちから一つ選べ。

(1) 2.4　(2) 3.1　(3) 4.0　(4) 9.3　(5) 10.9

解き方

解答 (a) － (4)、(b) － (4)

(a)

① Y 結線、1 相のインピーダンス Z_1〔Ω〕は、

$$Z_1 = \sqrt{6^2 + 8^2} = 10\ \Omega$$

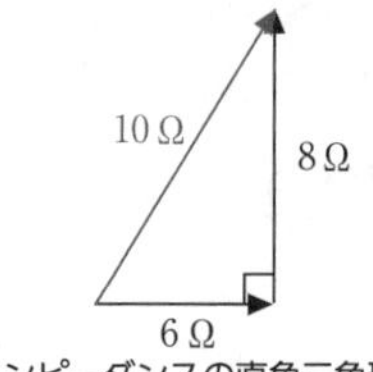

インピーダンスの直角三角形

②相電圧を E〔V〕とすると、I_1〔A〕は、

$$I_1 = \frac{E}{Z_1} = \frac{\frac{200}{\sqrt{3}}}{10} = \frac{20}{\sqrt{3}}\ \text{A} \cdots (1)$$

③線間電圧を V〔V〕とすると、I_2〔A〕は、

$$I_2 = \frac{V}{r} = \frac{200}{r}〔\text{A}〕\cdots (2)$$

④式 (1) ＝式 (2) より

$$\frac{20}{\sqrt{3}} = \frac{200}{r}$$

$$r = \frac{200\sqrt{3}}{20} = 10\sqrt{3} \fallingdotseq 17.3\ \Omega$$

(b) 消費電力 P〔kW〕は、

$$P = \boxed{3 \times \left(\frac{20}{\sqrt{3}}\right)^2 \times 6} + \boxed{3 \times \left(\frac{20}{\sqrt{3}}\right)^2 \times 10\sqrt{3}} \fallingdotseq 2\,400 + 6\,928 = 9\,328\ \mathrm{W} \fallingdotseq 9.3\ \mathrm{kW}$$

Y 結線負荷の消費電力　Δ 結線負荷の消費電力　※ $P = 3I^2r$ の公式による

別解

Δ 結線部を Δ-Y 変換し 1 相の回路で考えてみると、$r' = \dfrac{r}{3} = \dfrac{10\sqrt{3}}{3} = \dfrac{10}{\sqrt{3}}\ \Omega$

$$P_{\mathrm{Y1相}} = \frac{200}{\sqrt{3}} \times \frac{20}{\sqrt{3}} \times \frac{6}{10} = 800\ \mathrm{W}$$

Y 結線 1 相分の消費電力

$$P_{\mathrm{Y変換}} = \boxed{\frac{200}{\sqrt{3}}} \times \boxed{\frac{200/\sqrt{3}}{10/\sqrt{3}}} \times 1 = 2\,309\ \mathrm{W}$$

Δ を Y に変換後の 1 相分の消費電力

E　I_2'　$\cos\theta$（抵抗負荷の力率 = 1）

※ $P = EI\cos\theta$〔W〕の公式による

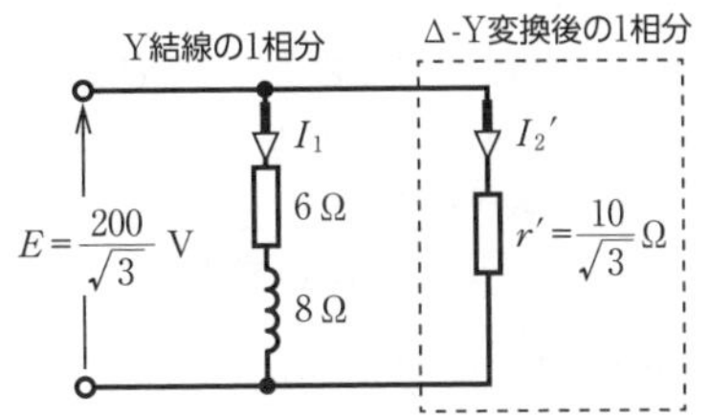

三相電力は、$3 \times (800 + 2\,309) \fallingdotseq 9.3\ \mathrm{kW}$

例題 2

｜重要度★★｜令和 5 年度上期｜理論｜問 15｜

図の平衡三相回路について、次の (a) 及び (b) の問に答えよ。

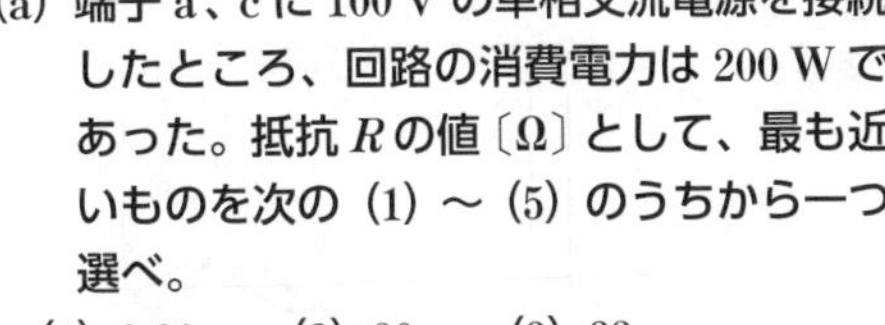

(a) 端子 a、c に 100 V の単相交流電源を接続したところ、回路の消費電力は 200 W であった。抵抗 R の値〔Ω〕として、最も近いものを次の (1) ～ (5) のうちから一つ選べ。

(1) 0.30　(2) 30　(3) 33
(4) 50　(5) 83

(b) 端子 a、b、c に線間電圧 200 V の対称三相交流電源を接続したときの全消費電力の値〔kW〕として、最も近いものを次の (1) ～ (5) のうちから一つ選べ。

(1) 0.48　(2) 0.80　(3) 1.2　(4) 1.6　(5) 4.0

解き方

解答 (a) − (2)、(b) − (4)

(a) a-c 間の合成抵抗 R_{ac} は、図 1 より

大きい方の値

$$R_{ac} = \frac{R}{2} + \frac{2R}{1+2} + \frac{R}{2} = R + \frac{2R}{3} = \frac{5R}{3}\,[\Omega]$$

抵抗値の比

※図 2 の a-c 間の抵抗から求めてもよい。

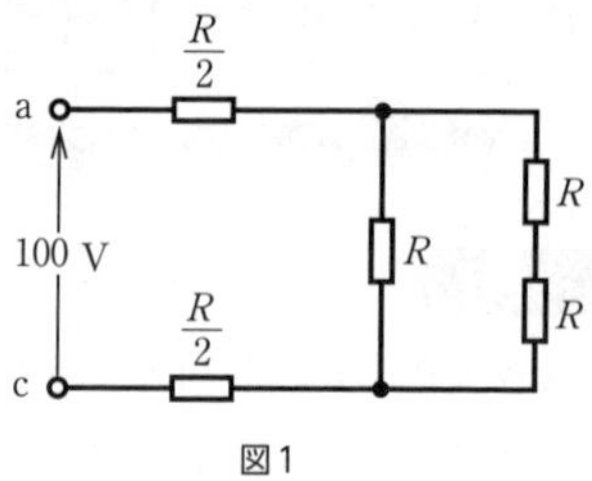

図 1

a-c 間に 100 V を加えたときの電力が 200 W より

$$200 = \frac{100^2}{\frac{5R}{3}}$$

$P = \frac{V^2}{R}$ の公式による

$$R = \frac{100^2}{200} \times \frac{3}{5} = 30\,\Omega$$

(b) 問題図の Δ 結線を Y 結線に変換するには、図 2 のように抵抗値を $\frac{1}{3}$ 倍します。

(a) の解より、$R = 30\,\Omega$ として

1 相分の抵抗値 $R_{1相}$を求めると、

$$R_{1相} = \frac{R}{2} + \frac{R}{3} = \frac{30}{2} + \frac{30}{3} = 25\,\Omega$$

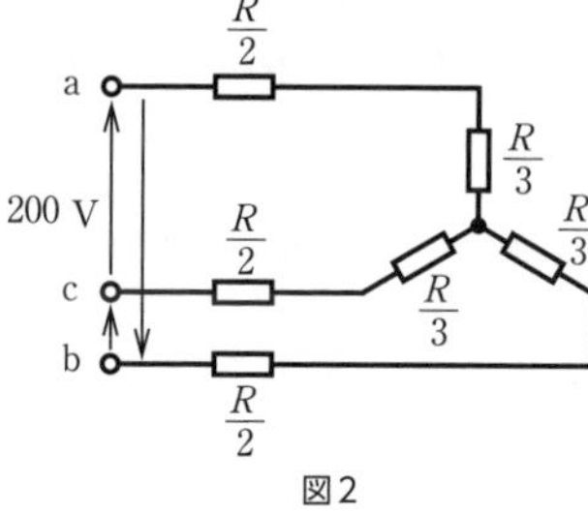

図 2

全消費電力は、

$$P_{3相} = 3 \times \frac{\left(\frac{200}{\sqrt{3}}\right)^2}{25} = 1\,600\ \text{W} = 1.6\ \text{kW}$$

1 相分の電力

$P = \frac{V^2}{R}$ の公式による

解説

問題図のように、電線の抵抗が指定される場合は Δ 結線部分を Δ-Y 変換し 1 相の合成抵抗値を求めます。

〔別解〕

図の電流 Iは、$I = \frac{\frac{200}{\sqrt{3}}}{25} = \frac{8}{\sqrt{3}}$〔A〕

電力は、$P_{三相} = \sqrt{3} \times 200 \times \frac{8}{\sqrt{3}} \times 1 = 1.6\ \text{kW}$

$P_{三相} = \sqrt{3}\,VI\cos\theta$〔W〕の公式による

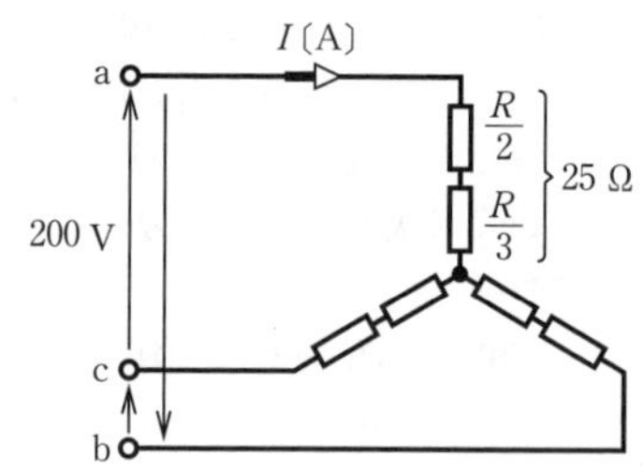

4-1 指示計器 といえば 直流は可動コイル形 交流は可動鉄片形と整流形

● 指示計器の例

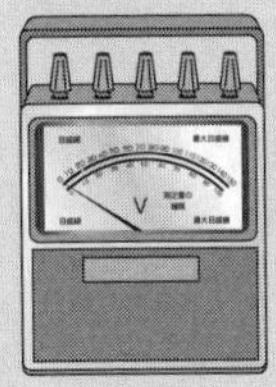

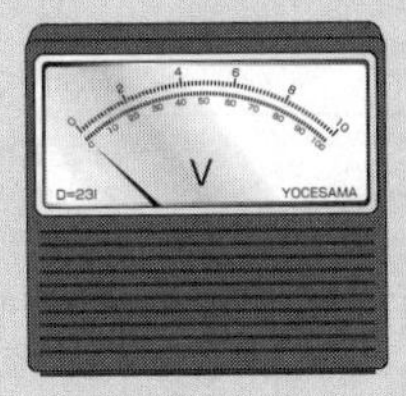

指示電気計器の種類と動作原理

電圧計や電流計は、指針の振れと目盛りで読み取る**指示計器**や、測定量を数字で表示する**デジタル計器**があります。指示計器は、連続した量を読み取るもので、アナログ計器ともいいます。

表4-1-1 指示電気計器の種類

種類	図記号	仕組み	内容	用途
永久磁石可動コイル形		m（可動コイル）	永久磁石による磁界と可動コイルに流れる直流電流との間に働く電磁力によってトルクを得る注1。	直流用
可動鉄片形		F（固定鉄片） C（固定コイル） M（可動鉄片）	固定コイルの電流による磁界中で固定鉄片と可動鉄片が同一方向に磁化され、鉄片どうしの斥力（反発する力）によりトルクを得る注2。	交流用（直流も可。主に交流用に用いる）
空心電流力計形		（F：固定コイル m：可動コイル）	固定コイルに流れる電流による磁界と可動コイルに流れる電流による磁界との間に生じる力によりトルクを得る注3。	交流、直流（両用）

注1）トルクは電流の平均値に比例（平均値指示）。
注2）鉄片の磁化力は電流に比例し、トルクは電流の2乗に比例（実効値指示）。
注3）トルクは両コイルの電流に比例（実効値指示）、電力計の場合はトルクは電力に比例。

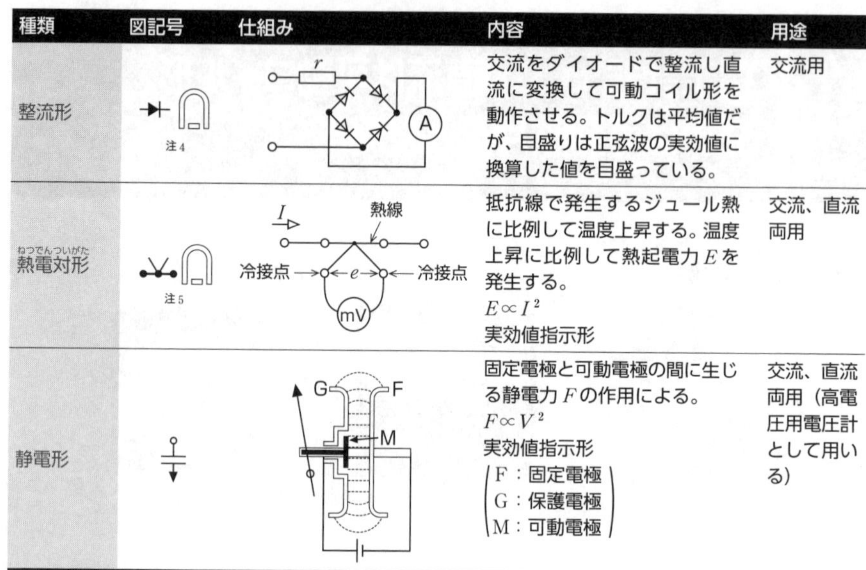

種類	図記号	仕組み	内容	用途
整流形	注4		交流をダイオードで整流し直流に変換して可動コイル形を動作させる。トルクは平均値だが、目盛りは正弦波の実効値に換算した値を目盛っている。	交流用
熱電対形（ねつでんついがた）	注5		抵抗線で発生するジュール熱に比例して温度上昇する。温度上昇に比例して熱起電力 E を発生する。 $E \propto I^2$ 実効値指示形	交流、直流両用
静電形			固定電極と可動電極の間に生じる静電力 F の作用による。 $F \propto V^2$ 実効値指示形 （F：固定電極 G：保護電極 M：可動電極）	交流、直流両用（高電圧用電圧計として用いる）

注4）整流器と永久磁石可動コイル形計器を組み合わせたもの。
注5）熱電対と永久磁石可動コイル形計器を組み合わせたもの。

目盛板

指示計器の目盛板には、測定量の種類、直流と交流の区別、使用姿勢、動作原理、階級などの記号が表示されています。

図4-1-1 電流計の目盛板の例

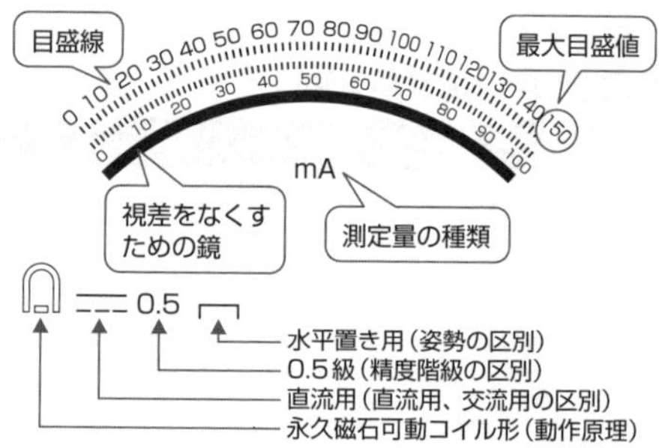

表4-1-2 許容差と階級

許容差〔%〕	階級	用途
± 0.2	0.2 級	副標準器用
± 0.5	0.5 級	精密測定用
± 1.0	1.0 級	普通測定用
± 1.5	1.5 級	工業用の普通測定用
± 2.5	2.5 級	精度に重点をおかないもの

表4-1-3 測定量の記号と単位記号の例

種類	単位記号
電流	A、mA、μA、kA
電圧	V、mV、kV

表4-1-4 直流と交流、使用姿勢の記号

	種類	記号
直流と交流	直流	⎓
	交流	～
姿勢	鉛直	⊥
	水平	⊓
	傾斜（60 度の例）	∠60°

4-2 倍率器 といえば (m−1) 倍、分流器 といえば (m−1) で割る

倍率器と分流器

電圧計に直列に接続して電圧計の測定範囲を拡大する抵抗を**倍率器**、電流計に並列に接続して電流計の測定範囲を拡大する抵抗を**分流器**といいます。

倍率器の抵抗

図4-2-1 において、V_v〔V〕の電圧計の測定範囲を V_0〔V〕に拡大するときに、直列に入れる抵抗器を倍率器といい、$m = V_0/V_v$ の値を、倍率器の**倍率**といいます。

電圧計の内部抵抗を r_v〔Ω〕、倍率器の抵抗を R_m〔Ω〕としたとき、次のようになります。

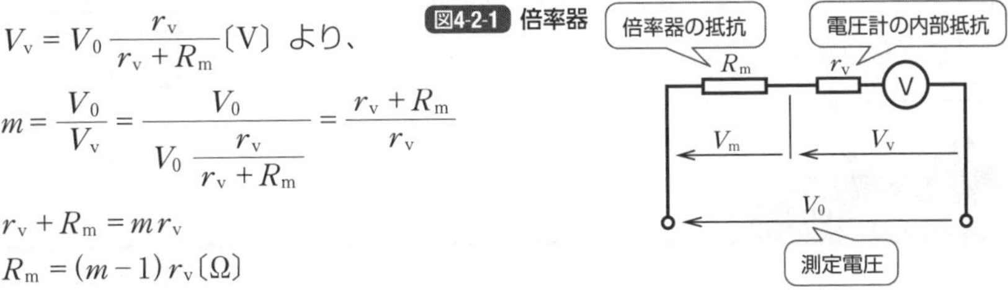

図4-2-1 倍率器

$$V_v = V_0 \frac{r_v}{r_v + R_m} \text{〔V〕より、}$$

$$m = \frac{V_0}{V_v} = \frac{V_0}{V_0 \dfrac{r_v}{r_v + R_m}} = \frac{r_v + R_m}{r_v}$$

$$r_v + R_m = m r_v$$

$$R_m = (m-1) r_v \text{〔Ω〕}$$

POINT

▶**倍率器の抵抗** といえば **電圧計の内部抵抗** r_v を $(m-1)$ 倍する

倍率器の抵抗　$R_m = (m-1) r_v$〔Ω〕　m：倍率

分流器の抵抗

図4-2-2 において、I_a〔A〕の電流計の測定範囲を I_0〔A〕に拡大するときに、並列に入れる抵抗器を分流器といい、$m = I_0/I_a$ の値を分流器の**倍率**といいます。

電流計の内部抵抗を r_a〔Ω〕、分流器の抵抗を R_s〔Ω〕としたとき、次のようになります。

図4-2-2 分流器

$$I_a = I_0 \frac{R_s}{r_a + R_s} \text{〔A〕より、}$$

$$m = \frac{I_0}{I_a} = \frac{I_0}{I_0 \dfrac{R_s}{r_a + R_s}} = \frac{r_a + R_s}{R_s}$$

$$r_a + R_s = m R_s$$

$$R_s(m-1)=r_a$$

$$R_s=\frac{r_a}{m-1}〔\Omega〕$$

POINT

▶**分流器の抵抗** といえば **電流計の内部抵抗** r_a を（$m-1$）で割る

分流器の抵抗　$R_s=\dfrac{r_a}{m-1}〔\Omega〕$　m：倍率

参考

V_v の電圧計の測定範囲を $3V_v$ にしたい場合は、$R_m=(3-1)\ r_v$ すなわち**電圧計 2 台分の抵抗**が倍率器の抵抗となります。

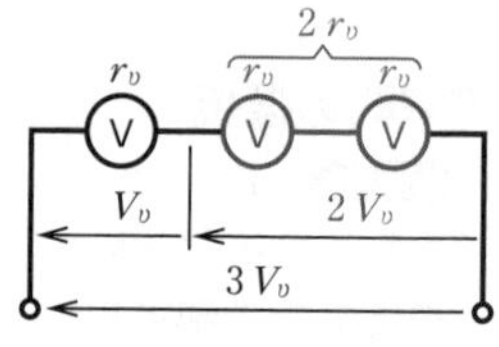

I_a の電流計の測定範囲を $3I_a$ にしたい場合は、$R_s=\dfrac{r_a}{3-1}$ すなわち**電流計 2 台分の並列抵抗**が分流器の抵抗となります。

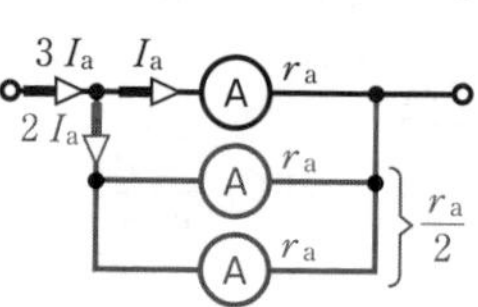

練習問題 〉01

分流器

図の回路で電流計 A_1 の読みが 14 A、A_2 の読みが 8 A、分流器の抵抗が 0.05 Ω であった。電流計 A_2 の内部抵抗値〔Ω〕はいくらか。

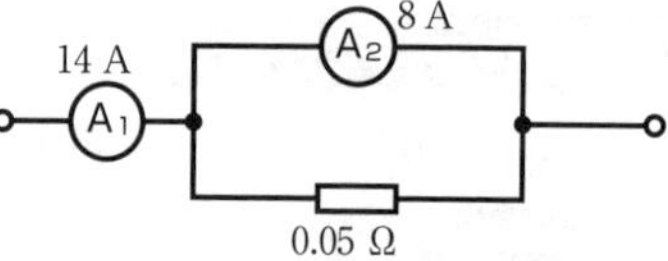

解き方

① 0.05 Ω を流れる電流を I〔A〕とすると、$I=14-8=6$ A
② 0.05 Ω の両端の電圧は、$6\times0.05=0.3$ V
③ A_2 の内部抵抗は、電圧 0.3 V を電流 8 A で割ると、$0.3\div8=0.0375$ Ω

解説

分流器の抵抗を求める公式 $R_s=\dfrac{r_a}{m-1}〔\Omega〕$ に数値を代入しても解くことができます。

$R_s=0.05$ Ω、倍率 $m=\dfrac{14}{8}=1.75$ を代入すると、$0.05=\dfrac{r_a}{1.75-1}$ から、

$r_a=0.05\times0.75=0.0375$ Ω

解答　0.0375 Ω

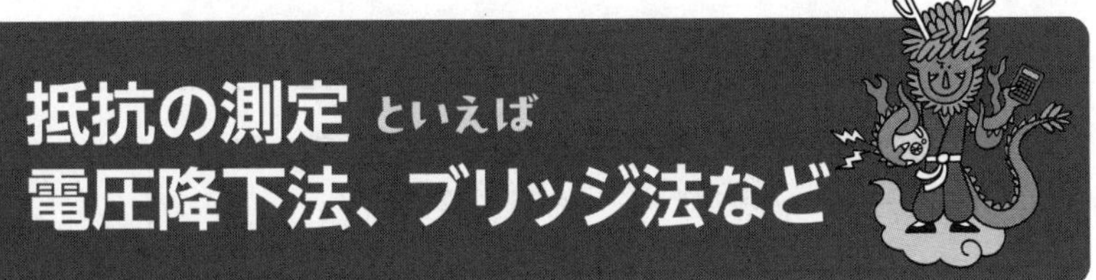

4-3 抵抗の測定 といえば 電圧降下法、ブリッジ法など

電圧降下法（電位降下法）

抵抗 R_x〔Ω〕に流れる電流 I〔A〕と抵抗の電圧 V〔V〕を測定すれば、次の式で抵抗値を求めることができます。このように、電流計と電圧計により抵抗を測定する方法を、**電圧降下法**（または**電位降下法**）といいます。

$$R_x = \frac{V}{I}〔\Omega〕$$

電流計と電圧計の接続方法は、図4-3-1の(a)(b)のように2通りあります。

図4-3-1 電流計と電圧計の接続方法

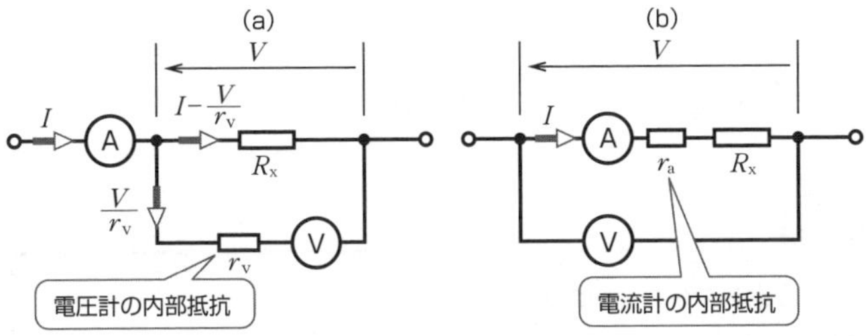

$R_x \ll r_v$ のときは図(a)の接続を、$R_x \gg r_a$ のときは図(b)の接続方法を用いると、$R_x = V/I$〔Ω〕で求めるときの誤差は小さくなります。

(a)は、R_x〔Ω〕の電流に対して電圧計の電流が無視できるほど小さければ、誤差が小さくなり、(b)は、R_x〔Ω〕の値に対して電流計の内部抵抗が無視できるほど小さければ、誤差が小さくなるからです。

計器の内部抵抗による影響を無視できないときは、次の式から R_x〔Ω〕を求めます。

(a)の場合：$R_x = \dfrac{V}{I - \dfrac{V}{r_v}}〔\Omega〕$　R_x の電流（分母）は、全電流から電圧計の電流を引いた値

(b)の場合：$R_x = \dfrac{V}{I} - r_a〔\Omega〕$　R_x は、電流計の内部抵抗を引いた値

POINT

▶電圧降下法 といえば 電圧と電流の比から抵抗値を求める

$R_x = \frac{V}{I}$〔Ω〕 計器の内部抵抗による誤差を考慮する

ホイートストンブリッジ回路

図4-3-2は、未知抵抗 X〔Ω〕を測定するための回路で、**ホイートストンブリッジ回路**といいます。S_1を閉じ、P、Q、R〔Ω〕の抵抗値を調整して S_2を閉じたときの検流計Ⓖの振れが0となれば、c-d 間の電位差（電圧）が0Vになります。この状態を、**ブリッジが平衡した**といいます。ブリッジの平衡条件は、次のようになります。

図4-3-2 ホイートストンブリッジ回路

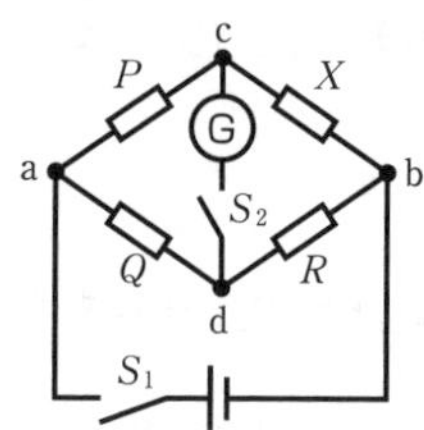

$$QX = PR$$

よって、Xの値は、$X = \frac{P}{Q}R$〔Ω〕として測定できます。

POINT

▶ホイートストンブリッジの平衡条件 といえば 対辺の積が等しい

ホイートストンブリッジの平衡条件　$QX = PR$ から $X = \frac{P}{Q}R$〔Ω〕

4-4 電力の測定 といえば 電力計、三相電力 といえば 2電力計法

直流電力の測定

図4-4-1の回路で、直流回路の電力 P〔W〕は、電圧計の指示が V_1〔V〕、電流計の指示が I_1〔A〕のとき、次式で求められます。

$$P = V_1 I_1 \text{〔W〕}$$

図4-4-1 直流回路の電力測定

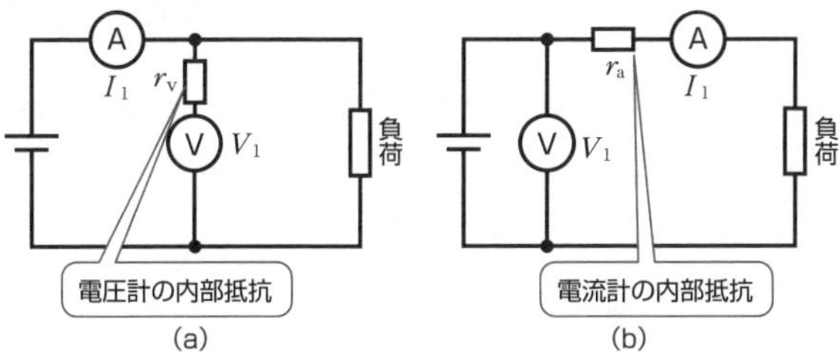

このとき、(a)の接続では電圧計の消費電力 V_1^2/r_v〔W〕が、(b)の接続では電流計の消費電力 $I_1^2 r_a$〔W〕がわずかに含まれます。ここで、r_v〔Ω〕は電圧計の内部抵抗、r_a〔Ω〕は電流計の内部抵抗です。したがって、正確には、次の式で求めます。

POINT

▶電力の測定 といえば 負荷に近い計器の消費電力を引く

図(a)の場合：$P = V_1 I_1 - \dfrac{V_1^2}{r_v}$〔W〕　　図(b)の場合：$P = V_1 I_1 - I_1^2 r_a$〔W〕

※ $P = V_1 I_1$〔W〕としたときは、図(a)(b)のいずれも負荷に近い方の計器誤差が含まれる

電力計による電力の測定

図4-4-2のように、電力計を用いれば簡単に測定ができます。直流回路、交流回路ともに同じ回路です。

電力＝電力計の読み×倍率

ところで、図(a)の接続は電流コイルの電力損失、図(b)の接続は電圧コイルの電力損失を含み、負荷に近い方のコイルの電力損失を含んだ値を測定することになります。よって、計器誤差の小さい方の接続で測定するのが好ましいといえます。

図4-4-2 電力計による電力の測定

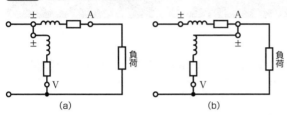

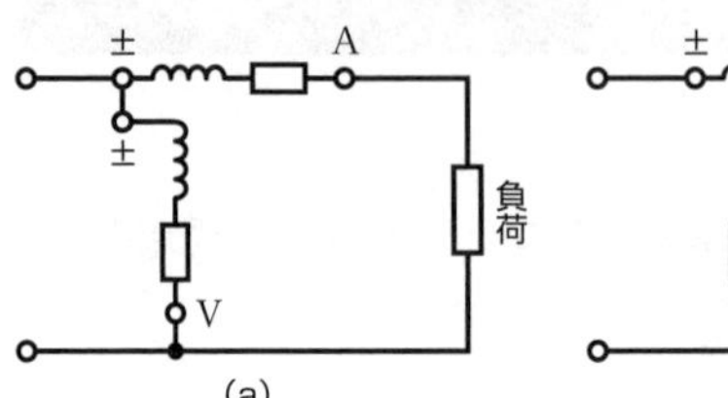

三相電力の測定

一般に、n 線式の多相交流の電力は、$(n-1)$ 個の単相電力計で測定できます。これを**ブロンデルの定理**といいます。

三相電力は、ブロンデルの定理から、2 個の単相電力計で測定できます。この測定法を 2 **電力計法**（でんりょくけいほう）といいます。2 個の単相電力計の指示値が W_1、W_2〔W〕、であったとすると、三相電力（三相有効電力）P〔W〕は、次式となります。

$$P = W_1 + W_2 \text{〔W〕}$$

この方法は、平衡回路でなくても測定できます。図4-4-3において、各相電圧を V_a、V_b、V_c〔V〕、各線電流を I_a、I_b、I_c〔A〕、負荷の力率を $\cos\theta$（遅れ力率）としたとき、電力計①は V_{ab}〔V〕と I_a〔A〕を測定し、両者の位相差は $(\pi/6+\theta)$ です。

図4-4-3 三相電力

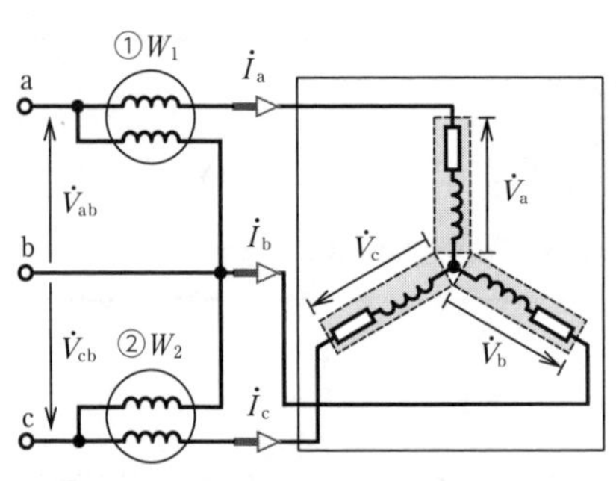

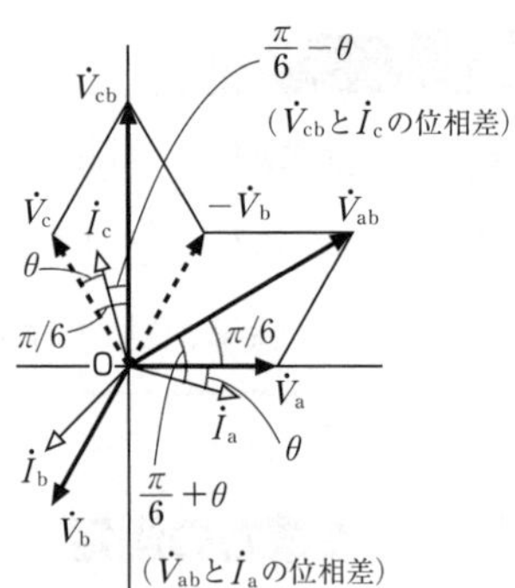

電力計①の指示値は、$W_1 = V_{ab}\, I_a \cos(\pi/6+\theta)$〔W〕

電力計②は V_{cb}〔V〕と I_c〔A〕を測定し、両者の位相差は $(\pi/6-\theta)$ です。

電力計②の指示値は、$W_2 = V_{cb}\, I_c \cos(\pi/6-\theta)$〔W〕

$V_{ab}=V_{cb}=V_\ell$〔V〕、$I_a=I_c=I_\ell$〔A〕として W_1〔W〕と W_2〔W〕の和 P〔W〕を求めると、

$$P=W_1+W_2=V_\ell I_\ell\cos(\pi/6+\theta)+V_\ell I_\ell\cos(\pi/6-\theta)$$
$$=\sqrt{3}\,V_\ell I_\ell\cos\theta\text{〔W〕}$$

と三相電力を表す式になり、三相電力を測定できることがわかります。

なお、$\theta=\pi/3$ で W_1 は 0 W となります（$\cos(\pi/6+\pi/3)=\cos\pi/2=\cos 90°=0$）。

すなわち、遅れ力率 $\cos(\pi/3)=0.5$ で W_1 は 0 W となり、これ以上力率が低下すると、W_1〔W〕は負の値となって逆に振れるので、配線の極性を入れ替えて負の値として測定します。進み力率の場合は、力率が 0.5 以下で W_2〔W〕の方が負の値を示すようになります。

また、W_1-W_2 を求めると次式となり、

$$W_1-W_2=-V_\ell I_\ell\sin\theta$$

これを$\sqrt{3}$倍すると、三相無効電力となります。

$$Q=\sqrt{3}(W_1-W_2)=-\sqrt{3}\,V_\ell I_\ell\sin\theta\text{〔var〕}$$

誘導性負荷のときは－符号、容量性負荷のときは＋符号になります

POINT

▶ 2 電力計法 といえば 和は有効電力、差の$\sqrt{3}$倍は無効電力

有効電力　$P=W_1+W_2$〔W〕

無効電力　$Q=\sqrt{3}(W_1-W_2)$〔var〕　－のときは遅れ、＋のときは進み

1電力計法

Y 結線は、1 相のみの測定で有効電力がわかります。また、電圧コイルの接続を変えて無効電力を測定することもできます。

1 相のみの電力測定

図4-4-4のような平衡回路で、中性点に接続可能な場合、三相電力 P〔W〕は次式で有効電力を測定できます。

$$P=3W\text{〔W〕}$$

図4-4-4 1電力計法

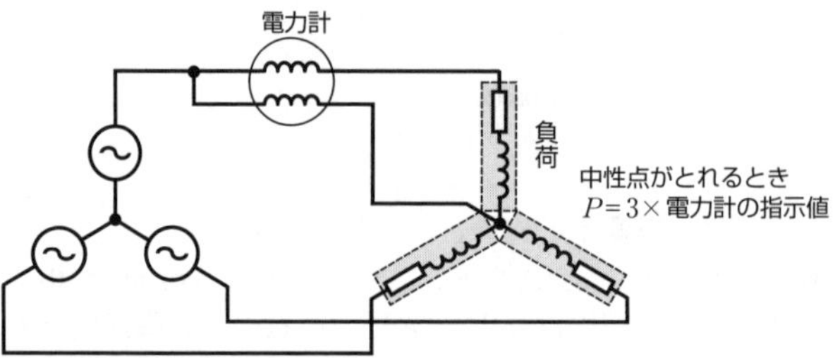

三相無効電力の測定

図4-4-5は、三相無効電力を測定する回路です。電力計は V_{bc}〔V〕と I_a〔A〕を測定し、両者の位相差は（$\pi/2-\theta$）です。電力計の指示値 W は、

$$W = V_{bc} I_a \cos(\pi/2 - \theta) = V_{bc} I_a \sin\theta$$

$V_{bc} = V_\ell$、$I_a = I_\ell$ として W を $\sqrt{3}$ 倍すれば、三相無効電力となります。

$$Q = \sqrt{3}\, W = \sqrt{3}\, V_\ell I_\ell \sin\theta \text{〔var〕}$$

図4-4-5 三相無効電力の測定

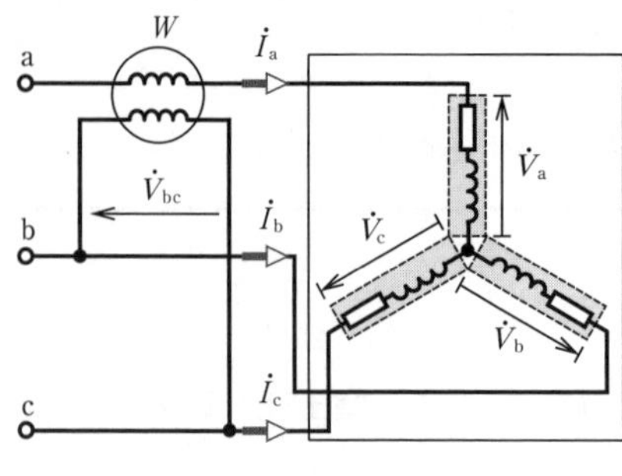

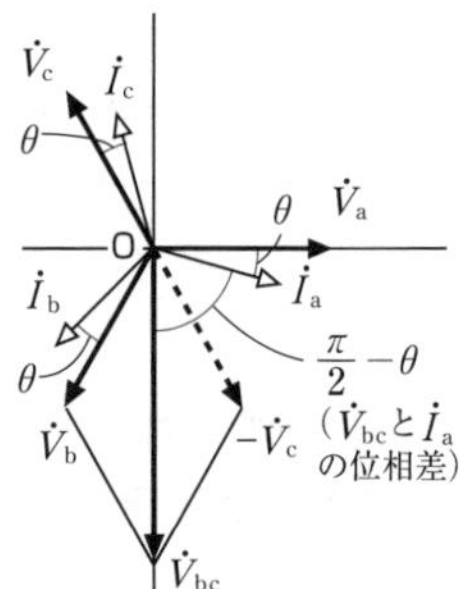

POINT

▶三相で1電力計法 といえば 電圧コイルの接続を変えて無効電力がわかる

有効電力　$P = 3W$〔W〕　Y結線のとき1相分の3倍

無効電力　$Q = \sqrt{3}\, W$〔var〕　電圧コイルの接続を変える

例題 1

｜重要度★★｜令和５年度上期｜理論｜問 14｜

図のように、線間電圧 200 V の対称三相交流電源から三相平衡負荷に供給する電力を二電力計法で測定する。2 台の電力計 W_1 及び W_2 を正しく接続したところ、電力計 W_2 の指針が逆振れを起こした。電力計 W_2 の電圧端子の極性を反転して接続した後、2 台の電力計の指示値は、電力計 W_1 が 490 W、電力計 W_2 が 25 W であった。このときの対称三相交流電源が三相平衡負荷に供給する電力の値〔W〕として、最も近いものを次の（1）～（5）のうちから一つ選べ。ただし、三相交流電源の相回転は a、b、c の順とし、電力計の電力損失は無視できるものとする。

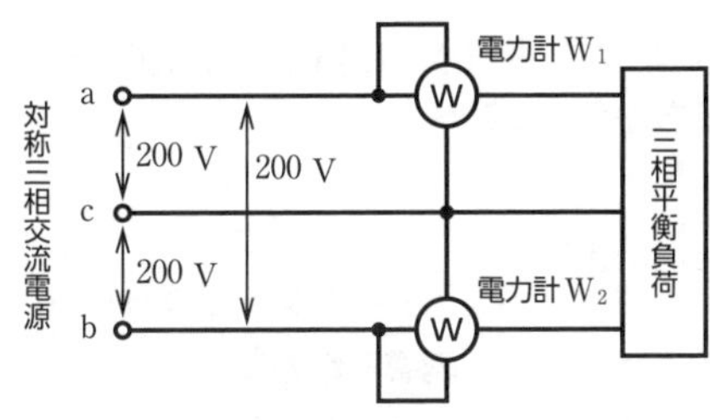

（1）25　　（2）258　　（3）465　　（4）490　　（5）515

解き方

解答（3）

電力計 W_1 の指示値を W_1、電力計 W_2 の指示値を W_2 とすると、
二電力計法による三相電力 P〔W〕は、

$$P = W_1 + W_2 = 490 + (-25) = 465\ \text{W}\quad (W_2\text{は負の値})$$

参考

負荷の力率角が π/3 (60°) を超えると片方の電力計の指示値が逆振れします。逆振れしたときは、極性を変えて負の値として測定します。
無効電力 Q は、

$$Q = \sqrt{3}\,(W_1 - W_2) = \sqrt{3}\,\{490 - (-25)\} \fallingdotseq 892\ \text{var}$$

皮相電力 S は、

$$S = \sqrt{P^2 + Q^2} = \sqrt{465^2 + 892^2} \fallingdotseq 1\,006\ \text{V}\cdot\text{A}$$

例題 2

|重要度★★|令和4年度上期|理論|問14|

次の文章は、電気計測に関する記述である。
電気に関する物理量の測定に用いる方法には各種あるが、指示計器のように測定量を指針の振れの大きさに変えて、その指示から測定量を知る方法を（ア）法という。これに比較して精密な測定を行う場合に用いられている（イ）法は、測定量と同種類で大きさを調整できる既知量を別に用意し、既知量を測定量に平衡させて、そのときの既知量の大きさから測定量を知る方法である。
（イ）法を用いた測定器の例としては、（ウ）がある。

上記の記述中の空白箇所（ア）～（ウ）に当てはまる組合せとして、正しいものを次の(1)～(5)のうちから一つ選べ。

	（ア）	（イ）	（ウ）
(1)	偏位	零位	ホイートストンブリッジ
(2)	間接	差動	誘導形電力量計
(3)	間接	零位	ホイートストンブリッジ
(4)	偏位	差動	誘導形電力量計
(5)	偏位	零位	誘導形電力量計

解き方

解答 (1)

偏位法は、測定量を指針の振れから知る方法です。また零位法は、ホイートストンブリッジのように、既知量と測定量が平衡するように調整し、既知量の大きさから測定量を知る方法です。

解説

ホイートストンブリッジは、未知の抵抗 X〔Ω〕の値を測定する測定器です。図の S_1、S_2 を閉じ検流計Ⓖの振れが 0 になるように倍率 P/Q と抵抗 R の値を調整します。

このとき、$X = \dfrac{P}{Q}R$〔Ω〕として測定できます。

未知の抵抗 X〔Ω〕と既知量 $(P/Q) \times R$〔Ω〕が等しくなったとき、ブリッジが平衡し検流計の振れが 0 になります。

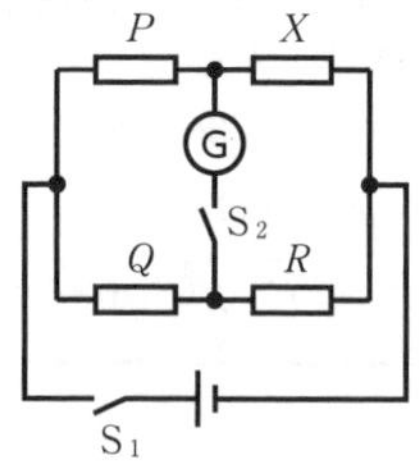

ホイートストンブリッジの原理

5-1 クーロン力といえば電荷の積に比例

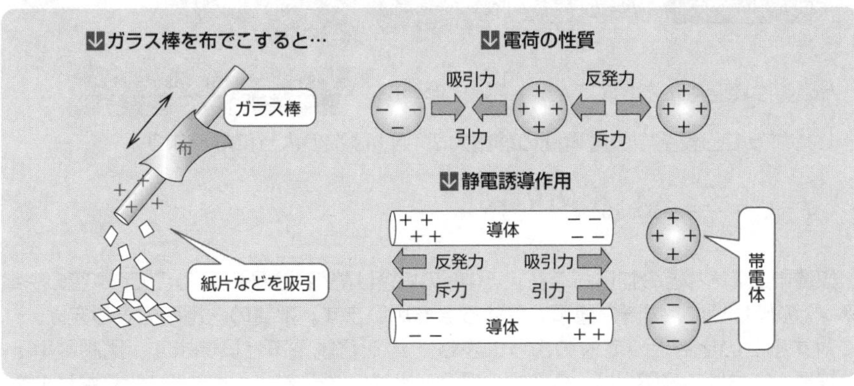

静電気

物体が摩擦によって電気を帯びることを**帯電する**といい、帯電した物体を**帯電体**といいます。帯電体の電気量を**電荷**といい、電荷が蓄えられている状態や電荷のことを総称して**静電気**と呼びます。

電荷の量記号は Q または q、単位は**クーロン**〔C〕です。電荷には正電荷（プラス（＋）の電荷）と負電荷（マイナス（－）の電荷）があり、正と正または負と負の**同極性**の電荷間は**斥力**（反発する力）が働き、正と負の**異極性**の電荷間は**引力**（引き合う力）が働きます。

静電誘導

図5-1-1のように帯電体を絶縁した導体に近づけると、帯電体に近い部分には異種の電荷が、遠い部分には同種の電荷が現れます。これは、電荷間の引力と斥力によるものです。このような作用を、**静電誘導作用**といいます。

図5-1-1 静電誘導作用

帯電体

導体

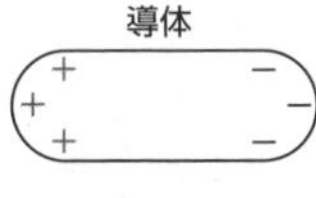

導体に帯電体を近づけると異種の電荷が引き寄せられる

1
2
3
4
5
6
7
静電気と電界、コンデンサの静電容量と接続

静電気に関するクーロンの法則

電荷と電荷の間に作用する引力や斥力を、**静電力**といいます。点とみなせる小さな電荷を**点電荷**（てんでんか）といい、2 つの点電荷に働く静電力の大きさは 2 つの電荷量の積に比例し、距離の 2 乗に反比例します。力の方向は 2 つの電荷の位置を結ぶ直線上にあります。これを、静電気に関する**クーロンの法則**といいます。

クーロンの法則 $F=k\dfrac{Q_1Q_2}{r^2}$〔N〕

Q_1、Q_2：点電荷〔C〕（クーロン）
r：距離〔m〕（メートル）
F：力〔N〕（ニュートン）

k の値は真空中において、$k=\dfrac{1}{4\pi\varepsilon_0}\fallingdotseq 9\times10^9$

$\pi\fallingdotseq3.14$、$\varepsilon_0\fallingdotseq8.854\times10^{-12}$
（真空の誘電率：ここでは単なる定数）

したがって、真空中の電荷間の静電力 F〔N〕は次のようになります。

$$F=k\frac{Q_1Q_2}{r^2}=9\times10^9\frac{Q_1Q_2}{r^2}〔N〕$$

媒質中（空気などの物質が存在する中）の場合は静電力が弱くなるので、真空の誘電率 ε_0 の代わりに、物質の種類で異なる ε を用います。媒質の誘電率の表し方は、ε_0 に対する ε の比をとって次のように表し、ε_r を**比誘電率**といいます。比誘電率 ε_r の媒質中における静電力は、真空中の場合と比べ、$1/\varepsilon_r$ 倍小さくなることになります。

比誘電率 $\varepsilon_r=\dfrac{\varepsilon}{\varepsilon_0}$

したがって、一般媒質中における静電力 F〔N〕は次のようになります。

$$F=k\frac{Q_1Q_2}{\varepsilon_r r^2}=\frac{1}{4\pi\varepsilon_0}\frac{Q_1Q_2}{\varepsilon_r r^2}=9\times10^9\frac{Q_1Q_2}{\varepsilon_r r^2}〔N〕$$

ε_r：比誘電率。媒質の誘電率が真空中の誘電率 ε_0 の何倍かを表す定数、$\varepsilon=\varepsilon_0\varepsilon_r$（空気中では $\varepsilon_r=1$ とする）

POINT

- ▶同種の電荷間 といえば 斥力が働き、異種の電荷間 といえば 引力が働く
- ▶静電力 といえば 電荷の積に比例、距離の 2 乗に反比例する

静電力 $F=k\dfrac{Q_1Q_2}{\varepsilon_r r^2}=9\times10^9\dfrac{Q_1Q_2}{\varepsilon_r r^2}$〔N〕　$k=\dfrac{1}{4\pi\varepsilon_0}$

空気中では、$\varepsilon_r=1$

練習問題 〉01

クーロンの法則

図において、真空中の各点電荷に働く力の大きさ F〔N〕は。

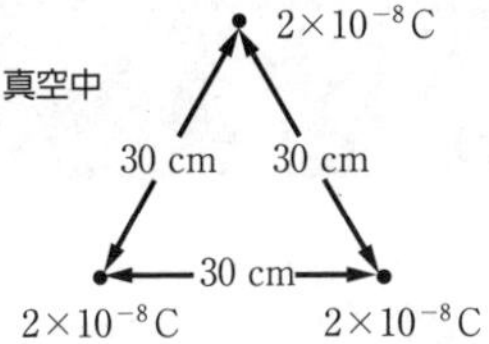

解き方

①図のように点電荷 Q_A、Q_B、Q_C〔C〕としたとき、Q_A と Q_B 間に働く力 F_{AB}〔N〕は、

$$F_{AB} = \frac{1}{4\pi\varepsilon_0}\frac{Q_A Q_B}{r^2}$$

$$= 9\times10^9\frac{Q_A Q_B}{r^2} = 9\times10^9\times\frac{(2\times10^{-8})^2}{0.3^2} = \frac{9\times10^9\times4\times10^{-16}}{9\times10^{-2}}$$

$$= 4\times10^{9-16+2} = 4\times10^{-5}\ \text{N}$$

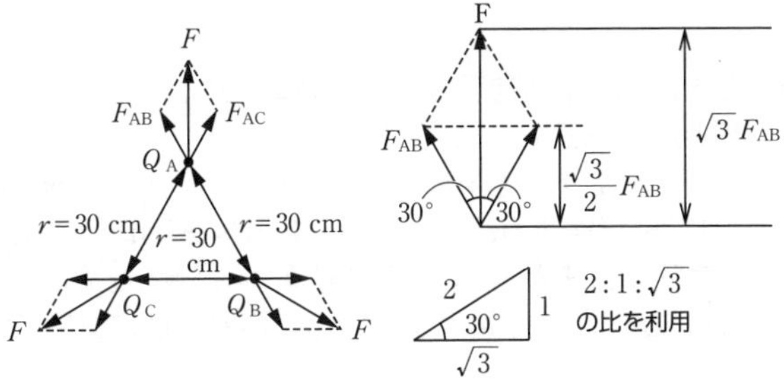

②各点電荷に働く力の大きさ F〔N〕は、

$$F = \sqrt{3}\times F_{AB} \fallingdotseq 1.73\times4\times10^{-5} = 6.92\times10^{-5}\ \text{N}$$

解説

2 つの点電荷に働く静電力は、2 つの電荷の積に比例し、距離の 2 乗に反比例します。

$\frac{1}{4\pi\varepsilon_0} \fallingdotseq 9\times10^9$ は暗記しましょう。

解答 $F = 6.92\times10^{-5}$ N

5-2 電界の強さといえば 1クーロンに働く力

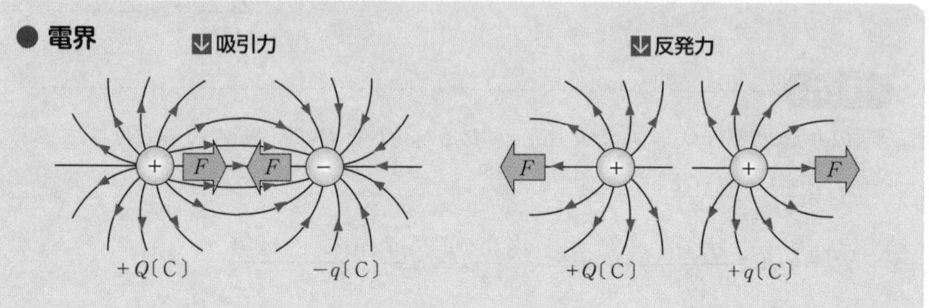

電界

電荷 Q〔C〕があるとき、他の電荷を近づけると静電力が働きます。このように静電力の働く空間を、**電界**または**電場**といいます。

電荷 Q〔C〕があるとき、＋1〔C〕の単位正電荷に働く力の大きさを、**電界の強さ**といいます。電界の強さの量記号は E、単位は**ボルト毎メートル**〔V/m〕です。

媒質中において、2電荷 q〔C〕と Q〔C〕間の静電力 F〔N〕を表す式において、$q=1$ としたときの値が、Q〔C〕の点電荷から r〔m〕離れた点における電界の強さ E〔V/m〕になります。

$$F=k\frac{qQ}{\varepsilon_r r^2}=9\times10^9\frac{qQ}{\varepsilon_r r^2}\text{〔N〕}$$ ◀ この式で、$q=1$ として電界の強さを求める

$$E=k\frac{Q}{\varepsilon_r r^2}=9\times10^9\frac{Q}{\varepsilon_r r^2}\text{〔V/m〕}$$ ◀ 空気中では、$\varepsilon_r=1$

E〔V/m〕の電界中に q〔C〕の電荷を置いたとき、q〔C〕の電荷に働く力 F〔N〕は、

$$F=qE\text{〔N〕}$$

となります。この式より、$E=F/q$〔N/C〕（ニュートン毎クーロン）となりますが、先にも述べたように、電界の強さには一般に〔V/m〕（ボルト毎メートル）を用います。

POINT

▶**電界の強さ** といえば **電荷に比例、距離の 2 乗に反比例**

電界の強さ $E = k\dfrac{Q}{\varepsilon_r r^2} = 9 \times 10^9 \dfrac{Q}{\varepsilon_r r^2}$〔V/m〕

空気中では、$\varepsilon_r = 1$

電界中の電荷に働く力 といえば **電荷×電界**

電荷に働く力 $F = qE$〔N〕

電束

電界の様子を表すのに、**電束**（でんそく）という仮想的な線を用います。電束は、1C の電荷から 1C の電荷が出て、－ 1C に 1C 入ると考えます。

電束には、次のような性質があります。

① Q〔C〕の電荷から Q〔C〕の電束が出て、$-Q$〔C〕に Q〔C〕の電束が入る（図5-2-1 の (a)）。

②電束は正電荷から出て負電荷に入る（図5-2-1 の (a)）。

③電束はゴムのように縮もうとし、隣どうしの電束は**反発し合って交わらない**（図5-2-1 の (b)）。

④電束の方向はその点の**電界の方向**と一致する（図5-2-1 の (b)）。

また、1 m² 当たりの電束を**電束密度**といい、量記号は D、単位は〔C/m²〕（クーロン毎平方メートル）です。

図5-2-1 電束の性質

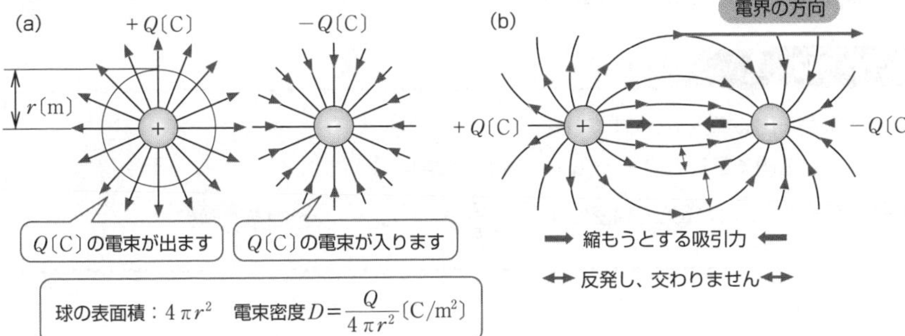

電気力線

電気力線（でんきりきせん）は、電束と同じように電界の様子を表すための仮想の線です。**電気力線密度**（1 m² 当たりの電気力線の数）が**電界の強さ**を表します。電束数の単位はクーロン〔C〕ですが、電気力線数には〔本〕を用います。

電束数の数え方は、Q〔本〕とはいわずに、Q〔C〕の電荷からQ〔C〕の電束が出るといいます。電気力線は、真空中ではQ〔C〕からQ/ε_0〔本〕出て、$-Q$〔C〕にQ/ε_0〔本〕入ります。

媒質中でQ〔C〕から出る**電気力線数**Nは、$N=\dfrac{Q}{\varepsilon}=\dfrac{Q}{\varepsilon_0\varepsilon_r}$〔本〕です。

電束密度と電気力線密度

真空中における点電荷Q〔C〕よりr〔m〕離れた点の電束密度D〔C/m^2〕と、電気力線密度すなわち電界の強さE〔V/m〕を求めると、次のようになります。

電束密度D〔C/m^2〕は、電荷Q〔C〕を半径r〔m〕の球の表面積$4\pi r^2$〔m^2〕で割ります。

電束密度　$D=\dfrac{Q}{4\pi r^2}$〔C/m^2〕……　(1)

真空中において、電気力線密度すなわち**電界の強さ**E〔V/m〕は、電気力線数Q/ε_0を球の表面積$4\pi r^2$〔m^2〕で割ります。

電界の強さ　$E=\dfrac{\dfrac{Q}{\varepsilon_0}}{4\pi r^2}=\dfrac{Q}{4\pi\varepsilon_0 r^2}$〔V/m〕……　(2)（真空中の場合）

(1)/(2)より$D/E=\varepsilon_0$。よって、$D=\varepsilon_0 E$〔C/m^2〕

一般媒質中では、$D=\varepsilon E$〔C/m^2〕であり、電界の強さに誘電率を掛けると電束密度となります。

電束と電気力線は、いずれも電界の様子を表すためのものです。両者の違いは、表現方法の違いで、電束は電荷量Qのみによって定まる量ですが、電気力線は電荷の量Qと誘電率εにより定まる量となります。

POINT

- ▶ Q〔C〕から出る**電束** といえば Q〔C〕
- ▶ Q〔C〕から出る**電気力線** といえば $\dfrac{Q}{\varepsilon}$〔本〕 ◀ 媒質中
- ▶**電界の強さ** といえば 電気力線密度 $E=\dfrac{Q}{4\pi\varepsilon r^2}$〔V/m〕 ◀ $4\pi r^2$は球の表面積

ガウスの法則

ガウスの法則は、電荷Q〔C〕から、閉曲面を通って外へ出る電束の総数はその曲面内に含まれる全電荷量Q〔C〕に等しいというものです。

電気力線を考えたとき、単位面積（1 m^2）当たりの電気力線の本数は、電界の強さE〔V/m〕に等しく、電界がEのところでは1 m^2当たりE〔本〕の電気力線が通ります。

真空中において点電荷$+Q$〔C〕からr〔m〕離れた点の電界の強さEは

$$E=k\frac{Q}{r^2}〔\mathrm{V/m}〕$$

これは、$+Q$〔C〕から r〔m〕離れた点では、1 m² 当たり

$$E=k\frac{Q}{r^2}〔本〕$$

の電気力線が通ることになります。

$+Q$〔C〕**から出る電気力線**は、半径 r〔m〕の球で包んだとき電気力線はすべてこの球を通り、球全体に通る電気力線の総本数 N は、$\boldsymbol{N=4\pi kQ}$〔本〕となります。

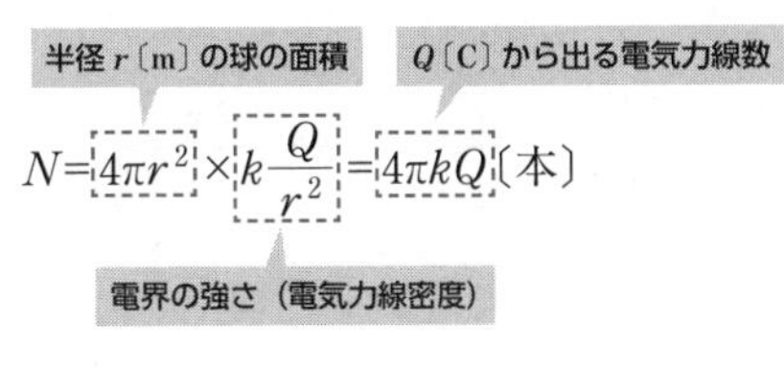

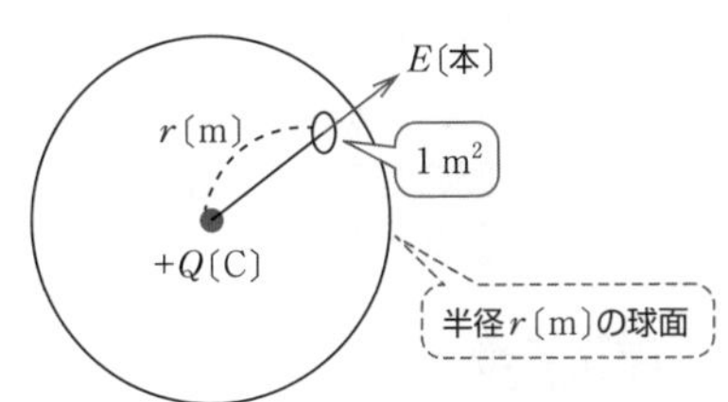

電位

電界中で、単位正電荷（＋1C）が持つ位置のエネルギーを**電位**といいます。つまり、電位とは電界が0の点から1Cの電荷を運ぶエネルギーであり、Q〔C〕の電荷があるとき、r〔m〕離れた点における電位 V_r〔V〕は、次式となります。

POINT

▶**電位 V_r といえば 電荷に比例、距離に反比例**

電位　$V_r=k\dfrac{Q}{\varepsilon_r r}=9\times10^9\dfrac{Q}{\varepsilon_r r}〔\mathrm{V}〕$　　$k=\dfrac{1}{4\pi\varepsilon_0}$

空気中では、$\varepsilon_r=1$

等電位面

電界中の電位の等しいところを連ねていくときにできる面を**等電位面**といいます。

図5-2-2は、＋Q〔C〕と－Q〔C〕の電荷がつくる電束または電気力線と等電位面を表すもので、等電位面には、次のような性質があります。

図5-2-2 等電位面

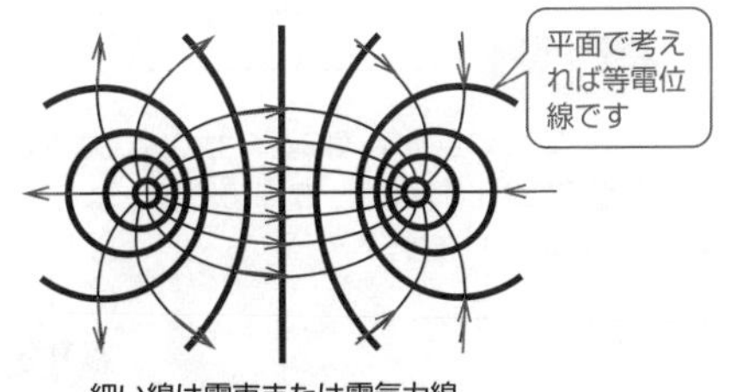

細い線は電束または電気力線、太い線は等電位面

1. 等電位面は、電束または電気力線と直交する。
2. 電位の異なる等電位面は交わらない。
3. 等電位面相互の間隔が狭いほど電界が強い。
4. 等電位面上で電荷を動かす仕事は 0 である。
5. 導体の表面は等電位面となる。

練習問題 〉01

電界の強さ

図において、P 点の電界の強さは零（ゼロ）であった。P-A 間の距離 r〔m〕は。ただし、P、A、B の 3 点は真空中とする。

r〔m〕　3 m
P　A -2×10^{-5} C　B 8×10^{-5} C

解き方

P 点に 1 C の電荷を置いたとき A 点の電荷 による吸引力 E_A は、

$$E_A = k\frac{2\times10^{-5}}{r^2}\text{〔V/m〕}$$

+1〔C〕と異符号→ 1〔C〕には吸引力が働く

P 点に 1 C の電荷を置いたとき B 点の電荷 による反発力 E_B は、

$$E_B = k\frac{8\times10^{-5}}{(r+3)^2}\text{〔V/m〕}$$

+1〔C〕と同符号→ 1〔C〕には反発力が働く

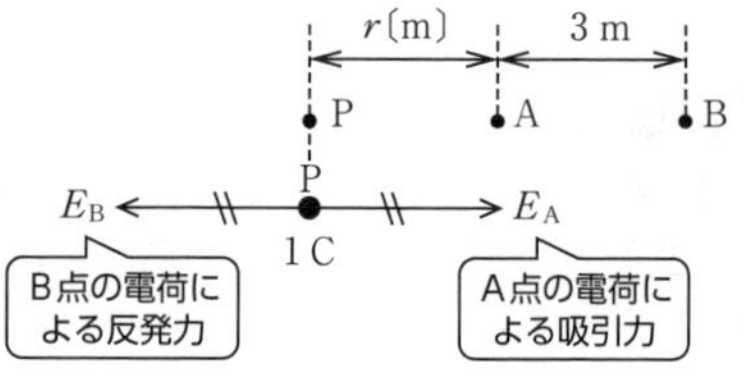

図のように $E_A = E_B$ のとき、P 点の電界の強さが零になることから、

$$k\frac{2\times10^{-5}}{r^2} = k\frac{8\times10^{-5}}{(r+3)^2}$$

$$\frac{1}{r^2} = \frac{4}{(r+3)^2}$$

$$\sqrt{\frac{1}{r^2}} = \sqrt{\frac{4}{(r+3)^2}}$$

$$\frac{1}{r} = \frac{2}{r+3}$$

$$2r = r + 3$$

$$r = 3\text{ m}$$

解説

+1〔C〕の単位正電荷に働く力の大きさを電界の強さといいます。P 点に 1 C を置いて、A 点の電荷による吸引力と B 点の電荷による反発力の大きさが等しくなるとき、P 点の電界の強さが零になります。

解答 $r = 3$ m

5-3 静電容量 といえば 誘電率と極板の面積に比例、距離に反比例

平行板コンデンサの静電容量

コンデンサは、電荷をためる装置で、2 枚のアルミ箔などの金属板によりつくられます。

図5-3-1のように、コンデンサに直流電源を接続すると極板 B の電荷が汲み上げられ、極板 A に移り、B は 0 C から − Q〔C〕に A は 0 C から + Q〔C〕となり A、B 両極板には、＋ − 同量の電荷が蓄えられます。電源を除いても極板に蓄えられた＋ − の電荷がクーロン力によって引き合うので電荷は蓄えられたままの状態になります。

図5-3-1 コンデンサの電荷

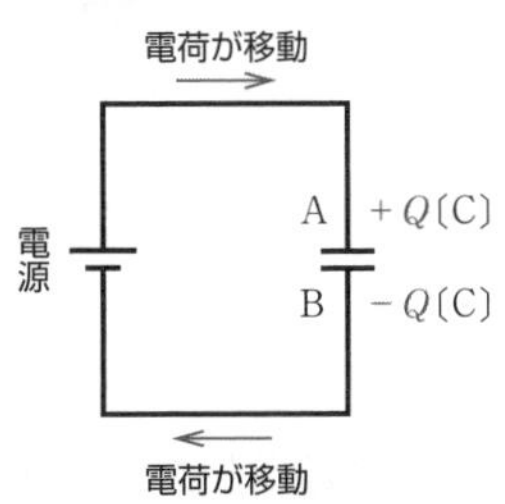

図5-3-2 平行板コンデンサ

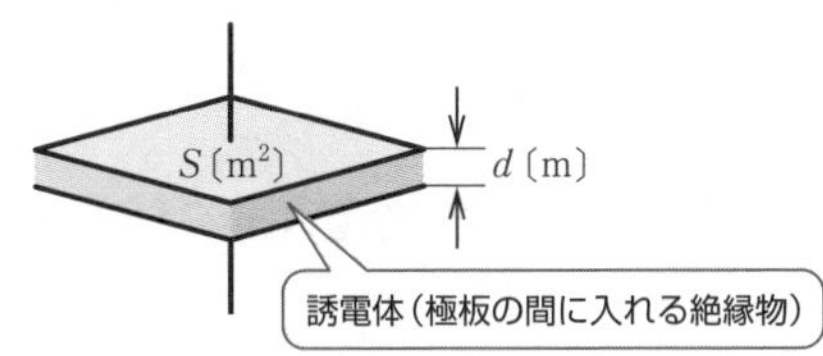

コンデンサの電荷を蓄える能力を**静電容量**といい、量記号は C、単位は**ファラド**〔F〕を用います。図5-3-2のような、平行板コンデンサの静電容量 C〔F〕は、極板の**面積** S〔m^2〕と**誘電体の誘電率** ε〔F/m〕に比例し、**極板間の距離** d〔m〕に反比例します。

$$C = \frac{\varepsilon S}{d} \text{〔F〕} \qquad 静電容量 = \frac{誘電率 \times 面積}{極板間の距離}$$

誘電率：誘電体（絶縁物）の分極の程度を表す値で、電荷を蓄積する能力を決める比例定数

$$\varepsilon = \varepsilon_0 \varepsilon_r \text{〔F/m〕}$$

ここで、ε：誘電体の誘電率、ε_0：真空の誘電率、ε_r：誘電体の比誘電率

また、極板の間に誘電体（絶縁物）を入れると静電容量 C〔F〕が真空中より大きくなります。この大きくなる倍数を**比誘電率**といい、ε_r で表します。

1
2
3
4
5
6
7

コンデンサに金属板を挿入したときの静電容量

図5-3-3のように、コンデンサに金属板を挿入したとき、静電誘導作用が起き、極板による電界と静電誘導による電界が打ち消しあい、金属内部には電界が存在しないことになり、極板間隔が$(d-t)$のコンデンサと同じになります。

図5-3-3 金属板を挿入したときの静電容量

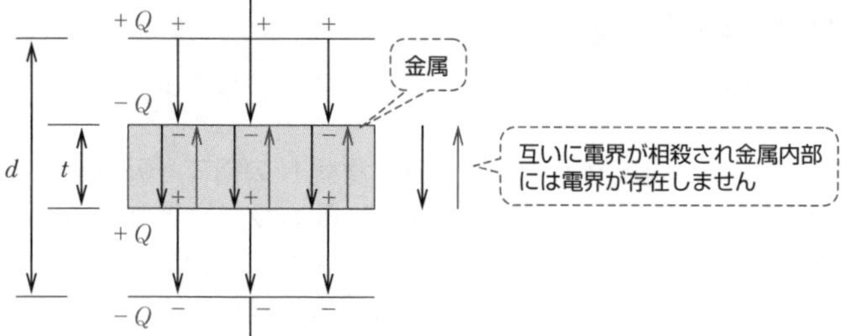

コンデンサの静電容量 Cは、真空中において

$$C=\varepsilon_0 \frac{S}{d-t}〔\mathrm{F}〕$$

となり、分母が小さくなるので静電容量C〔F〕は、大きくなります。

コンデンサに蓄えられる電荷

静電容量C〔F〕のコンデンサに電圧V〔V〕を加えると、Q〔C〕の電荷がコンデンサに蓄えられます。このとき、次の関係があります。

$$Q = CV〔\mathrm{C}〕$$ 電荷＝静電容量×電圧

この関係を、水を蓄える容器で考えてみましょう（図5-3-4）。Qを水量、Hを水位とすると、Cに相当するのが容器の底面積Aです。

図5-3-4 電荷を水量で考える

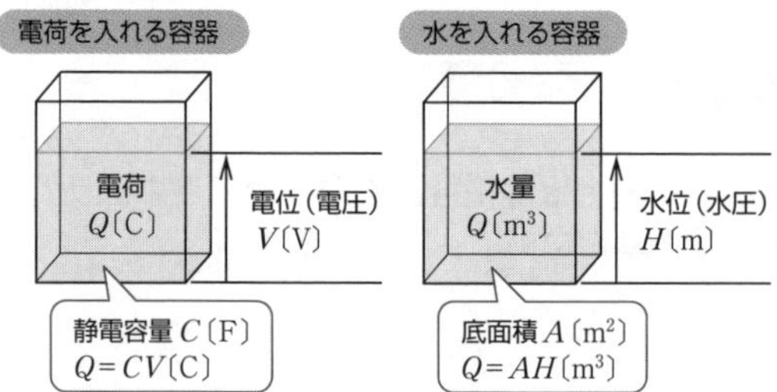

POINT

▶**静電容量** といえば **誘電率と極板の面積に比例する**

静電容量　$C=\dfrac{\varepsilon S}{d}$〔F〕　誘電率×面積／距離

$\varepsilon=\varepsilon_0\varepsilon_r$〔F/m〕　ε：誘電率、ε_0：真空の誘電率、ε_r：比誘電率

電荷　$Q=CV$〔C〕　静電容量×電圧

コンデンサに蓄えられるエネルギー

コンデンサには電気エネルギーを蓄える作用があり、これを**静電エネルギー**といいます。エネルギーを蓄えるときを**充電**、放出するときを**放電**といいます。コンデンサのエネルギーは、2電極間の空間に蓄積され、その大きさは次のようになります。

POINT

▶**コンデンサに蓄積されるエネルギー** といえば **CとVの2乗に比例**

$$W=\frac{1}{2}QV=\frac{1}{2}CV^2=\frac{1}{2}\frac{Q^2}{C}\text{〔J〕}$$

$Q=CV$を代入　$V=Q/C$を代入

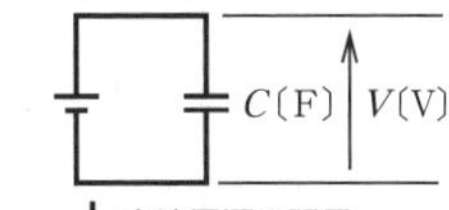

直流電源の記号

コンデンサの記号

また、コンデンサの2電極間の空間に蓄えられるエネルギー密度（空間の1 m³当たりに蓄積されるエネルギー）w〔J/m³〕は、次のようになります。

POINT

▶**コンデンサの空間静電エネルギー密度** といえば **電界の2乗に比例**

$$w=\frac{1}{2}\varepsilon E^2\text{〔J/m}^3\text{〕}$$（ジュール毎立方メートル）

ε：誘電体の誘電率、E：電界の強さ

平行板コンデンサの電界

図5-3-5のような平行板コンデンサで、極板間の距離をd〔m〕、電位差（電圧）をV〔V〕、電界の強さをE〔V/m〕とするとき、+1Cの電荷をBからAまで運ぶのに要する仕事はV〔V〕です。また、+1Cが電界から受ける力Fは、AからBの向きに

$$F=1\times E\text{〔N〕}$$　電界中の電荷に働く力

これをBからAまで運ぶ仕事はEd〔J〕(力×距離) ですから

$$V=Ed$$

であり、電界の強さEは、

$$E=\frac{V}{d}\text{〔V/m〕}$$

となります。

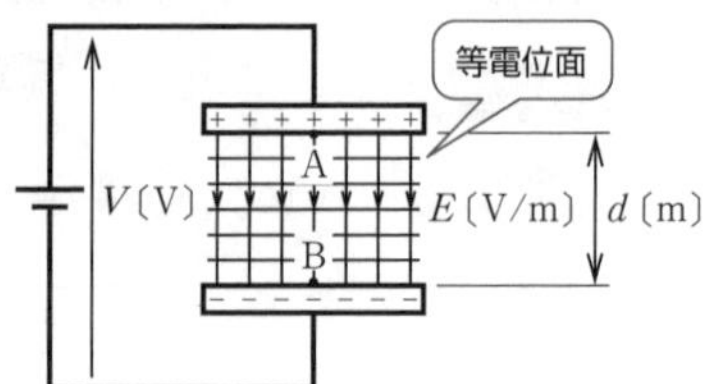

図5-3-5 平行板コンデンサの電界

誘電体があるときの電界

図5-3-6、図5-3-7のようにV〔V〕の電源に静電容量C〔F〕のコンデンサを接続しQ〔C〕の電荷を蓄えた後にスイッチSを開き、誘電体を挿入します。

図5-3-6 電荷を蓄えた後にスイッチを開く

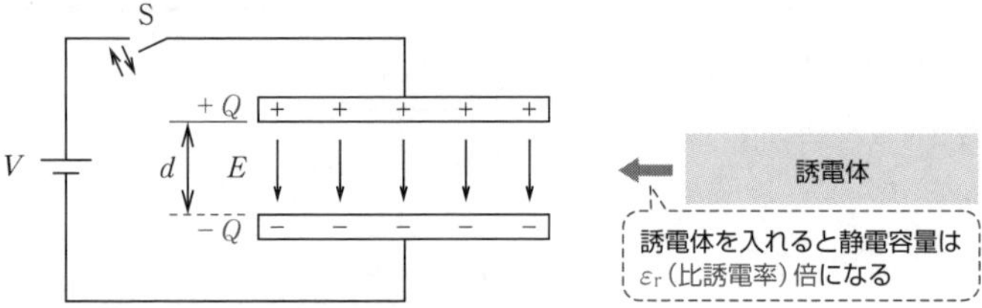

図5-3-7 スイッチを開いて誘電体を挿入

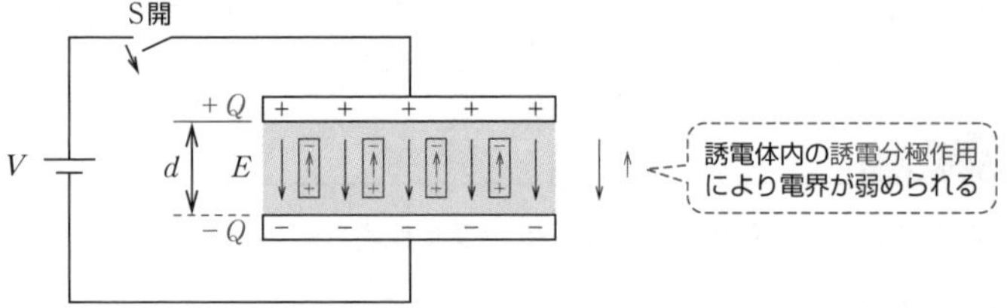

このとき、誘電体内の**誘電分極作用**により、極板間の**電界**Eが弱くなります。$V=Ed$〔V〕(dは一定) においてEが小さくなればコンデンサの電圧は小さくなります。

POINT

▶極板間の電界の強さEといえば 電位の傾きで、極板間の電圧Vを間隔dで割った値となる

コンデンサ2個の並列接続と直列接続

図5-3-8の(a)のように、2個のコンデンサを並列接続したときの合成静電容量C_0〔F〕は、2つの静電容量の和になります。また、(b)のように直列接続したときの合成静電容量C_0〔F〕は、和分の積で求められます。

図5-3-8 コンデンサの並列接続と直列接続

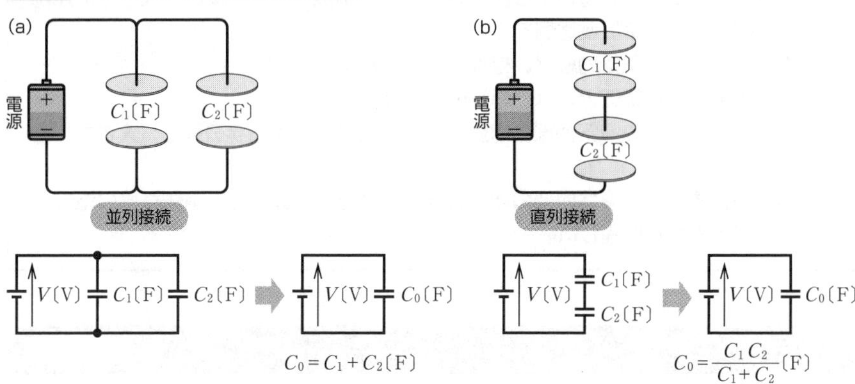

また、直列接続のコンデンサに電圧を加えた場合、どのコンデンサにも同じ量の電荷が蓄えられます。図5-3-9のC_1の電荷とC_2の電荷は同じです。

図5-3-9 直列接続のコンデンサと電荷

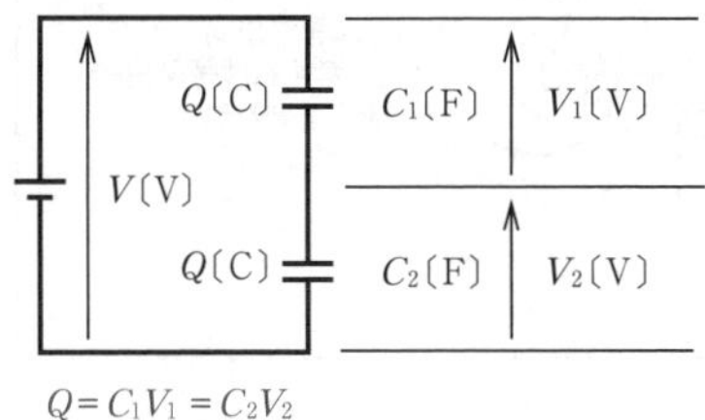

$Q = C_1V_1 = C_2V_2$

POINT

▶コンデンサ2個の並列合成静電容量 といえば 和を求める

$$C_0 = C_1 + C_2 \text{〔F〕}$$

コンデンサ2個の直列合成静電容量 といえば 和分の積を求める

$$C_0 = \frac{C_1 C_2}{C_1 + C_2} \text{〔F〕}$$

2静電容量の積 / 2静電容量の和

例題 1

|重要度★★★|令和５年度上期|理論|問２|

静電界に関する次の記述のうち、誤っているものを次の（1）～（5）のうちから1つ選べ。

(1) 媒質中に置かれた正電荷から出る電気力線の本数は、その電荷の大きさに比例し、媒質の誘電率に反比例する。
(2) 電界中における電気力線は、相互に交差しない。
(3) 電界中における電気力線は、等電位面と直交する。
(4) 電界中のある点の電気力線の密度は、その点における電界の強さ（大きさ）を表す。
(5) 電界中に置かれた導体内部の電界の強さ（大きさ）は、その導体表面の電界の強さ（大きさ）に等しい。

解き方

解答 (5)

(1) 媒質中で Q〔C〕から出る電気力線数 Nは、$N=\dfrac{Q}{\varepsilon}=\dfrac{Q}{\varepsilon_0\varepsilon_r}$〔本〕です。
Nは、電荷の大きさ Q に比例し、媒質の誘電率 ε に反比例します。…正しい
(2) 電気力線は、ゴムのように縮もうとし、隣どうしは反発し相互に交差しません。…正しい
(3) 電気力線は、等電位面と直交します。…正しい
(4) 電気力線密度は、電界の強さ（大きさ）を表します。…正しい
(5) 電気力線は、導体内部には存在しません。したがって、導体内部の電界の強さ（大きさ）は、0（ゼロ）です。…誤り

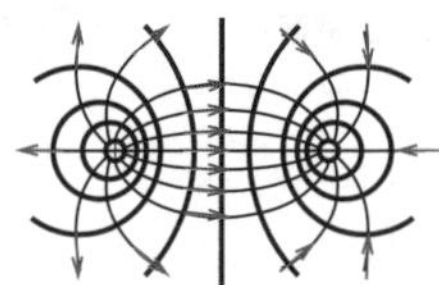
太い線は等電位面
（平面で考えれば等電位線）
細い線は電気力線

解説

・電気力線は電界の様子を表すもので、その本数は電荷に比例し、誘電率に反比例します。
・電気力線は、相互に交差せず、等電位面と直交します。
・Q〔C〕から出る電気力線数（Q/ε）を球の表面積（$4\pi r^2$）で割った電気力線密度は、電界の強さ E〔V/m〕を表します。
・導体内部は等電位であり、電位の傾きでもある電界の強さは 0 です。

例題 2

|重要度★★|令和4年度下期|理論|問1|

図に示すように、誘電率 ε_0〔F/m〕の真空中に置かれた二つの静止導体球A及びBがある。電気量はそれぞれ Q_A〔C〕及び Q_B〔C〕とし、図中にその周囲の電気力線が描かれている。電気量 $Q_A = 16\varepsilon_0$〔C〕であるとき、電気量 Q_B〔C〕の値として、正しいものを次の(1)～(5)のうちから1つ選べ。

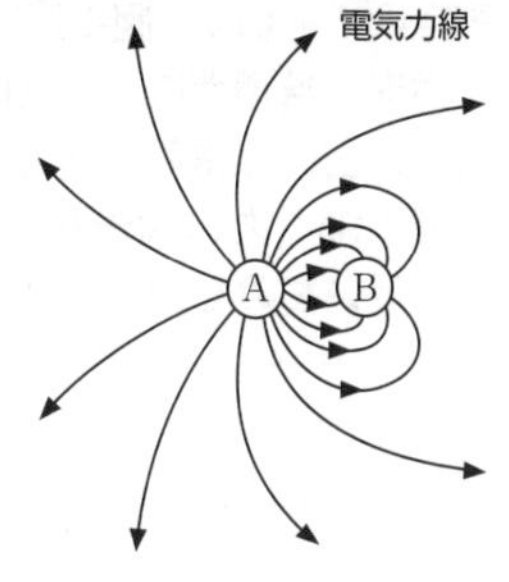

(1) $16\varepsilon_0$　(2) $8\varepsilon_0$　(3) $-4\varepsilon_0$
(4) $-8\varepsilon_0$　(5) $-16\varepsilon_0$

解き方

解答 (4)

真空中で Q_A〔C〕から出る電気力線数 N_A は、ガウスの法則から

$$N_A = 4\pi k Q_A = 4\pi\frac{1}{4\pi\varepsilon_0}\times 16\varepsilon_0 = 16\text{本}$$

Q_B〔C〕に入る電気力線数 N_B は

$$N_B = 4\pi k Q_B = 4\pi\frac{1}{4\pi\varepsilon_0}\times Q_B = \frac{Q_B}{\varepsilon_0} = \boxed{8\text{本}}$$

問題図のBに入る電気力線は8本

Q_B は負電荷であることから

$$Q_B = -8\varepsilon_0\text{〔C〕}$$

解説

電気力線は正の電荷から出て負の電荷に入るので、Aは正電荷、Bは負電荷となります。
ガウスの法則：真空中において、ある閉曲面を貫く電気力線の総本数 N は、閉曲面内部に存在する電荷の電気量を Q〔C〕とすると、

$$N = 4\pi k Q = 4\pi\frac{1}{4\pi\varepsilon_0}Q = \frac{Q}{\varepsilon_0}\text{〔本〕}\quad\left[k = \frac{1}{4\pi\varepsilon_0}\right]$$

となる法則をいいます。

本問では、$Q_A = 16\varepsilon_0$ なので、

$$N_A = 4\pi k Q_A = 4\pi\frac{1}{4\pi\varepsilon_0}\times 16\varepsilon_0 = 16\text{本}$$

$$N_B = 4\pi k Q_B = 4\pi\frac{1}{4\pi\varepsilon_0}\times Q_B = \frac{Q_B}{\varepsilon_0} = 8\text{本}$$

Q_B は負の値であるから $Q_B = -8\varepsilon_0$〔C〕

例題 3

｜重要度★★★｜令和4年度上期｜理論｜問2｜

真空中において、図に示すように一辺の長さが 1 m の正三角形の各頂点に 1 C 又は − 1 C の点電荷がある。この場合、正の点電荷に働く力の大きさ F_1〔N〕と、負の点電荷に働く力の大きさ F_2〔N〕の比 F_2/F_1 の値として、最も近いものを次の (1) ～ (5) のうちから 1 つ選べ。

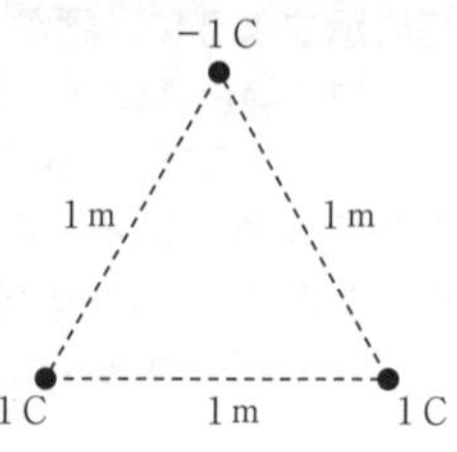

(1) $\sqrt{2}$　　(2) 1.5　　(3) $\sqrt{3}$　　(4) 2　　(5) $\sqrt{5}$

解き方

解答 (3)

2 つの電荷間に働く力 F〔N〕は、
クーロンの法則により、

$$F = = k\frac{1\times1}{1^2} = k〔\mathrm{N}〕$$

2 つの電荷が同符号であれば反発力、異符号であれば吸引力、k は比例定数

図のように $F = k$〔N〕の力が各電荷間に働きます。
正の電荷 B 及び C に働く力の大きさ F_1 は、
図から $F_1 = F$ とわかります。

$F_1 = F = k$〔N〕

負の電荷 A に働く力の大きさ F_2 は、
図から $F_2 = \sqrt{3}\,F$ とわかります。

$F_2 = \sqrt{3}\,F = \sqrt{3}\,k$〔N〕

F_2/F_1 の値は

$$\frac{F_2}{F_1} = \frac{\sqrt{3}\,k}{k} = \sqrt{3}$$

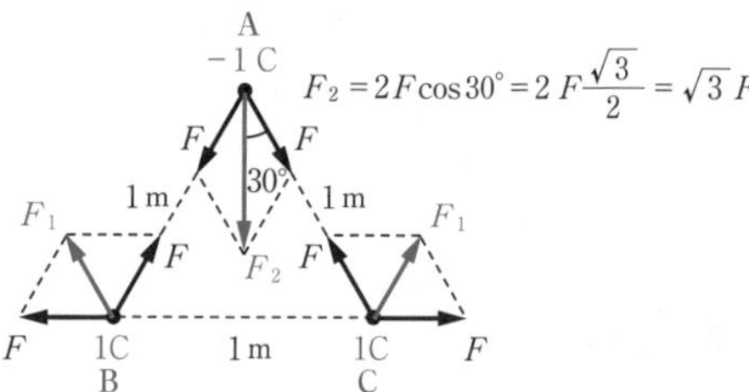

解説

真空中において、2 つの電荷 Q_1、Q_2 の間に働く力 F は

$$F = k\frac{Q_1 Q_2}{r^2}〔\mathrm{N}〕$$

$k = \dfrac{1}{4\pi\varepsilon_0}$　ε_0：真空の誘電率〔F/m〕　r：電荷間の距離〔m〕

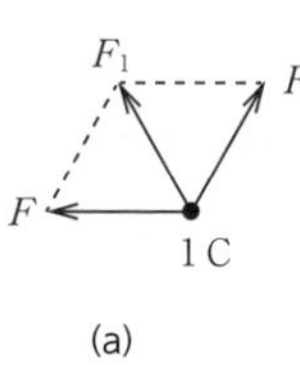

(a)

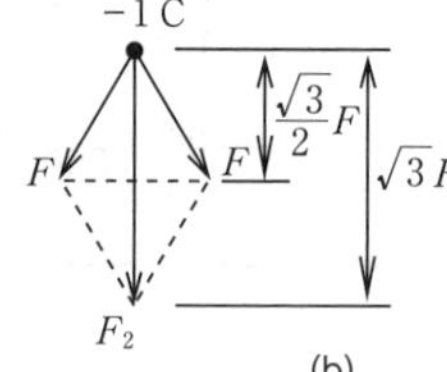

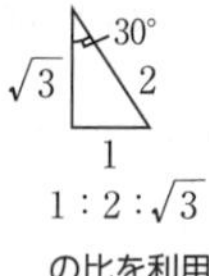

(b)

図 (a) の正三角形の辺の長さから $F_1 = F = k$〔N〕
図 (b) の対角線の長さから $F_2 = \sqrt{3}\,F = \sqrt{3}\,k$〔N〕

6-1 磁気に関するクーロンの法則 といえば 磁極の強さの積に比例

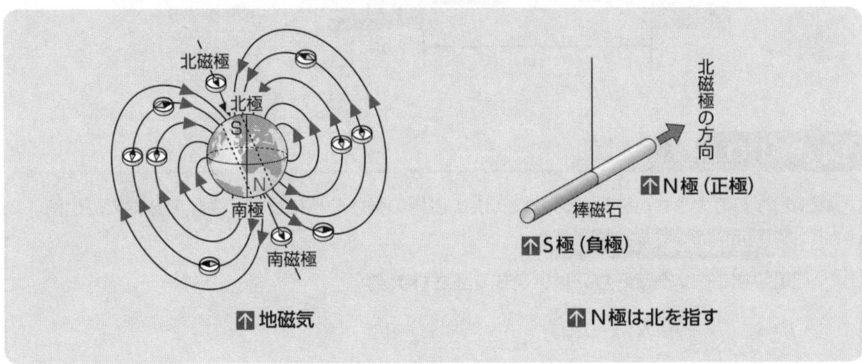

N極とS極

鉄粉を引きつける性質のあるものを磁石といい、鉄などに磁石の性質を与えることを**磁化**するといいます。磁石で最も磁気の強いところを**磁極**といいますが、磁極にはN極とS極があります。棒磁石を、冒頭の右図のように糸でつるすと、ほぼ南北を指します。北を指す磁極をN極（正極、＋極）、南を指す磁極をS極（負極、－極）といい、N極とS極は1対で存在します。

磁気に関するクーロンの法則

2つ以上の磁極があるとき、NとN、SとSの同極性の磁極間には**反発力**（斥力）が、NとSの異極性の磁極間には**吸引力**が働きます。

図6-1-1のように、磁極間に働く吸引力や反発力（斥力）を**磁気力**または**磁力**といいます。磁極の強さの量記号はm、単位は**ウェーバ**〔Wb〕を用います。

2つの点磁極の間に働く力の大きさF〔N〕（ニュートン）は、2磁極の磁極の強さm_1〔Wb〕、m_2〔Wb〕の**積に比例**し、磁極間の距離r〔m〕の2**乗に反比例**します。

また、力の方向は2つの磁極を結ぶ直線上にあります。これを、**磁気に関するクーロンの法則**といいます。

図6-1-1 磁力間に働く力

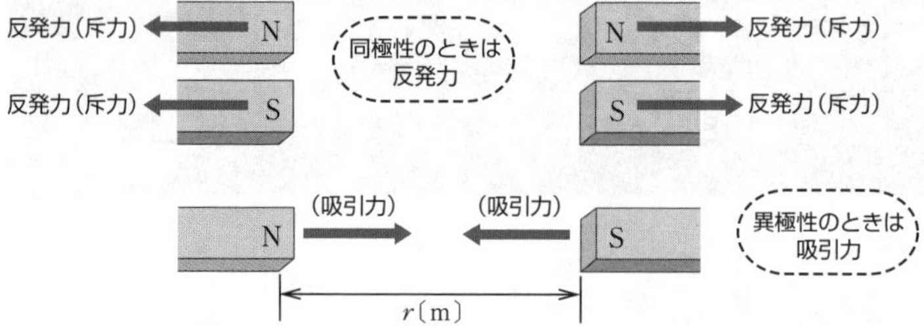

POINT

▶磁気力 F の大きさ（磁極間の力）といえば 磁極の強さの積に比例、距離の 2 乗に反比例

磁気に関するクーロンの法則

真空中における磁気力 F は、次式で表されます。

$$F = k_m \frac{m_1 m_2}{r^2} \text{〔N〕} \qquad k_m = \frac{1}{4\pi\mu_0} \fallingdotseq 6.33 \times 10^4$$

$\mu_0 = 4\pi \times 10^{-7}$〔H/m〕: 真空の透磁率（真空中の磁束の通しやすさを表す定数）
$\mu = \mu_0 \mu_r$〔H/m〕: μ は媒質中（空気などの物質が存在する中）の透磁率
μ_r: 比透磁率（媒質中の磁束の通しやすさが μ_0 の何倍かを表す定数）
（媒質中では μ_0 の代わりに μ を用い、空気中では $\mu_r = 1$ とします）

練習問題 ＞01

磁気力

真空中において、磁極の強さが 3×10^{-5} Wb 及び 4×10^{-5} Wb の点磁極を 10 cm 離して置いたとき、両磁極間に働く力 F〔N〕は。

解き方

$$F = 6.33 \times 10^4 \times \frac{3 \times 10^{-5} \times 4 \times 10^{-5}}{(10 \times 10^{-2})^2} = 6.33 \times 3 \times 4 \times 10^{4-5-5+2}$$

$$= 75.96 \times 10^{-4} \fallingdotseq 7.6 \times 10^{-3} \text{ N}$$

解説

磁気に関するクーロンの法則の公式に、数値を代入します。

解答 $F = 7.6 \times 10^{-3}$ N

6-2 磁界の強さ といえば 1ウェーバに働く力

磁界

磁極 m〔Wb〕があるとき、他の磁極を近づけると磁気力が働きます。このように、磁気力の働く空間を磁界(じかい)または磁場(じば)といいます（図6-2-1）。

図6-2-1 磁界（磁場）

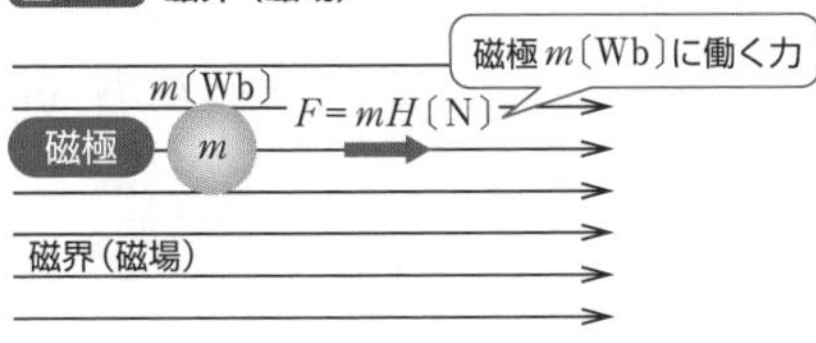

図6-2-2のように、1 Wb の単位正磁極を置いたと仮定し、1 Wb の磁極に働く力の大きさが、**磁界の強さ**になります。また、磁界の方向は 1 Wb に働く力の方向です。磁界の強さの量記号は H、単位はアンペア毎メートル〔A/m〕で示します。

真空中において、m〔Wb〕の点磁極から r〔m〕離れた点における磁界の強さ H〔A/m〕と、H〔A/m〕の磁界中に m〔Wb〕の磁極を置いたとき、これに働く力 F〔N〕は、次のようになります。

真空中の磁界の強さ　$$H = k_m \frac{m}{r^2} \fallingdotseq 6.33 \times 10^4 \frac{m}{r^2} \text{〔A/m〕}$$

$$k_m = \frac{1}{4\pi\mu_0} \fallingdotseq 6.33 \times 10^4$$

磁極に働く力　$F = mH$〔N〕

磁束

磁界の様子を表すのに**磁束**(じそく)という仮想的な線を用います。なお、磁束の量記号は Φ(ファイ)、単位は**ウェーバ**〔Wb〕で、磁極の強さと同じ単位を使用します。また、単位面積（1 m^2）当たりの磁束を**磁束密度**といい、量記号は B、単位は**テスラ**〔T〕を使用します。

磁束には次のような性質があります。

① m〔Wb〕の磁極から m〔Wb〕の磁束が出る。
②磁束は N 極から出て S 極に入る。

③磁束は引き伸ばされたゴムのように常に縮もうとし、隣同士は反発し合って交わらない。
④磁束の方向はその点の磁界の方向を示す。

図6-2-2 磁界の強さ（1 Wb に働く力）

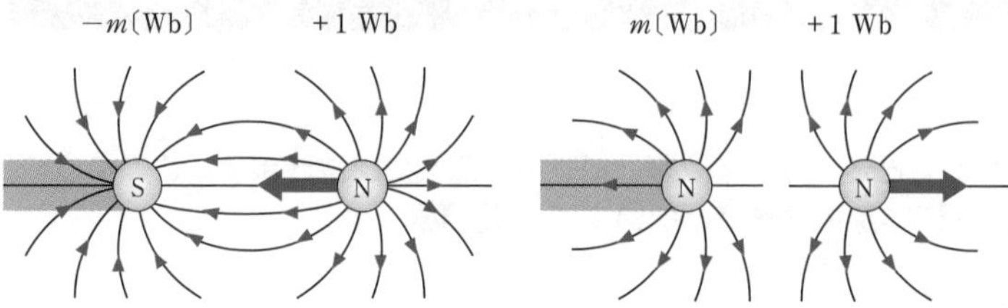

磁束の数は 1 Wb の磁束から 1 本出て、－ 1 Wb に 1 本入ると考え、これを「1 Wb の磁極からは 1 Wb の磁束が出る」といいます。

磁極から出る磁力線数

真空中において m〔Wb〕の磁極からは、m/μ_0〔本〕の磁力線が出ます。任意の半径 r〔m〕の球面上の磁界の強さ H〔A/m〕は、

$$H=k_{\mathrm{m}}\frac{m}{r^2}\text{〔A/m〕}$$

であり、m〔Wb〕の磁極から出る磁力線の数を N〔本〕とすると、磁界の強さは、磁力線密度に等しいので、次式が成り立ちます。

磁力線数　N = 磁力線密度（磁界の強さ）× 半径 r〔m〕の球の面積

$$N=k_{\mathrm{m}}\frac{m}{r^2}\times 4\pi r^2=\frac{1}{4\pi\mu_0}\times\frac{m}{r^2}\times 4\pi r^2=\frac{m}{\mu_0}\text{〔本〕}$$

磁束密度と磁力線密度

m〔Wb〕の磁極には Φ〔Wb〕の磁束が通ります。磁束を Φ とすると、

$$\Phi = m\text{〔Wb〕}$$ ◀ m〔Wb〕の磁極には Φ〔Wb〕の磁束が通る

m〔Wb〕の磁極から出る磁力線の数 N は、真空中において、

$$N=\frac{m}{\mu_0}\text{〔本〕}\rightarrow m=\mu_0 N\text{〔Wb〕}$$

すなわち、

$\Phi=\mu_0 N$〔Wb〕

磁束密度（単位面積を通る磁束）と**磁力線密度**（単位面積を通る磁力線の数）は、上の式を面積 A〔m^2〕で割ると求められます。

$$\frac{\Phi}{A}=\frac{\mu_0 N}{A}$$

ここで、$\Phi/A = B$（磁束密度）、$N/A = H$（磁界の強さ）なので、

$B = \mu_0 H$〔$\mathrm{Wb/m^2}$〕（ウェーバ毎平方メートル）

となりますが、磁束密度の単位には〔T（テスラ）〕が用いられます。

POINT

▶磁束密度 といえば ミューエイチ

磁束密度　$B = \mu H$〔T〕　$\mu=\mu_0\mu_{\mathrm{r}}$〔H/m〕

（真空中は $\mu = \mu_0$、媒質中では μ を用い、空気中では $\mu_{\mathrm{r}} = 1$ とします）

練習問題 〉01

磁界の強さ

真空中で、磁極の強さが 1×10^{-5} Wb の磁極から 20 cm 離れた点の磁界の強さ H〔A/m〕は。

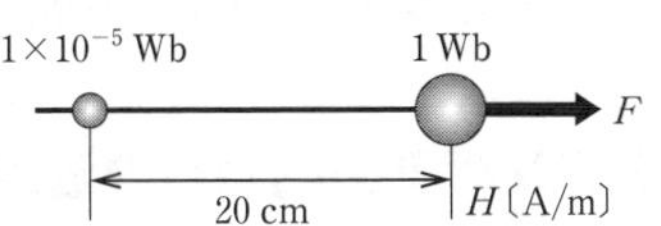

解き方

①磁界の強さの公式より、$H=k_{\mathrm{m}}\dfrac{m}{r^2} \fallingdotseq 6.33\times10^4\dfrac{m}{r^2}$〔A/m〕

②問題文の数値をそれぞれ代入します。

$m = 1 \times 10^{-5}$、$r = 20 \times 10^{-2}$　センチは 10^{-2}

$$H=k_{\mathrm{m}}\frac{m}{r^2} \fallingdotseq 6.33\times10^4\times\frac{1\times10^{-5}}{(20\times10^{-2})^2}=\frac{6.33}{(0.2)^2}\times10^{4-5} \fallingdotseq 158\times10^{-1}=15.8\ \mathrm{A/m}$$

解説

磁界の強さの公式に数値を代入します。

解答　$H = 15.8$ A/m

6-3 磁界の強さといえば電流に比例

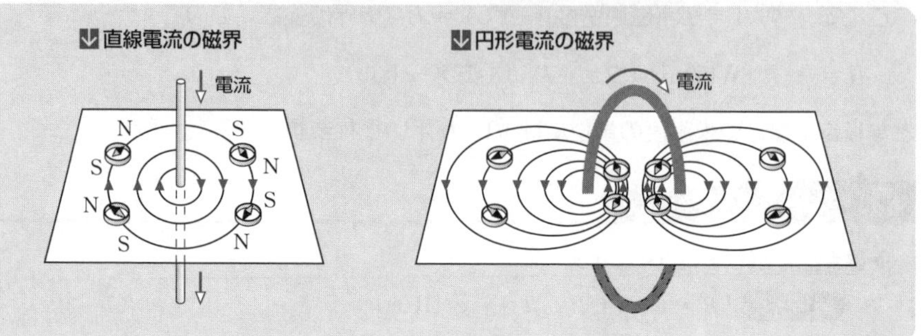

電流のつくる磁界

上図のように、導線に電流を流すと、方位磁石の磁針が振れます。このことから、電流が流れている導線の周囲には磁気作用が起きており、電流の方向と磁針の振れる向きから、導線の周りには円形磁界が生じていることがわかります。

アンペアの右ねじの法則

アンペアは、電流の方向と磁界の方向を、図6-3-1のように関連付けました。直線電流の場合、図6-3-1の(a)のように電流の方向と右ねじの進む方向を一致させると、磁界の方向は**ねじの回転する方向**になります。

円電流の場合、図6-3-1の(b)のように電流の流れる方向を右ねじの回転方向と一致させると、磁界の方向は**ねじの進む方向**になります。この関係を、**アンペアの右ねじの法則**といいます。

図6-3-1 アンペアの右ねじの法則

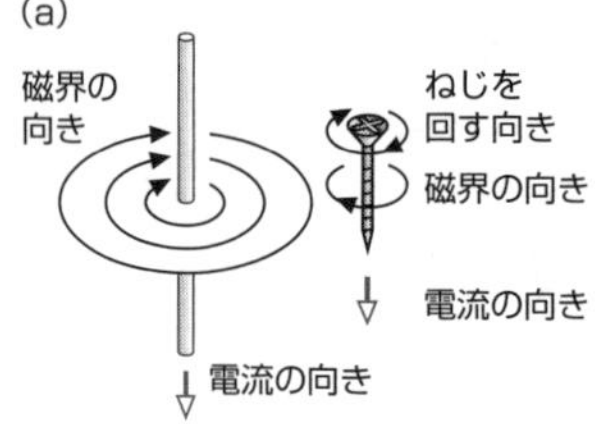

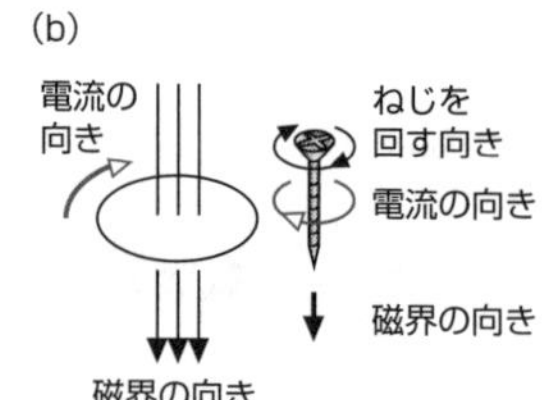

アンペアの周回路の法則

電流がつくる磁界で、磁界の強さが等しいところをたどって1周したとき、1周した磁路の長さ ℓ〔m〕と磁界の強さ H〔A/m〕の積は、電流 I〔A〕に等しくなります。これを、**アンペアの周回路の法則**といいます。

図6-3-2 アンペアの周回路の法則

I〔A〕

$H=\dfrac{I}{2\pi r}$〔A/m〕

H

r〔m〕

円周の長さ $2\pi r$〔m〕

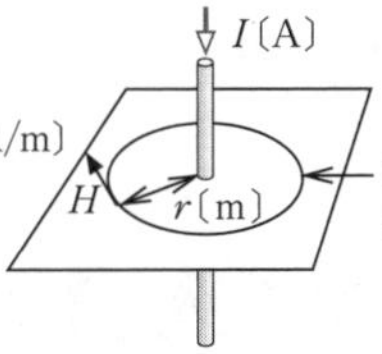

$$H\ell = I$$ 磁界の強さ×磁路の長さ＝電流

例えば、図6-3-2のように I〔A〕の流れている無限長導体の中心から r〔m〕離れた円周上の磁界の強さ H〔A/m〕は、磁界に沿った磁路の長さ ℓ が $2\pi r$〔m〕なので、次式となります。これは、電線が無限に長い直線のときに成り立つので、この導体を無限長導体といいます。

POINT

▶直線電流による磁界と磁路の積 $H\ell$ といえば 電流 I に等しい

アンペアの周回路の法則

$$H\ell = I$$

$$H2\pi r = I$$

$$H = \frac{I}{2\pi r}〔\mathrm{A/m}〕$$

円形コイルの中心磁界

図6-3-3 1回巻きのコイルの磁界

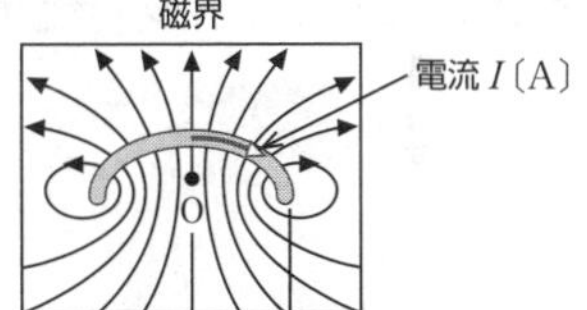

図6-3-3のように、半径 a〔m〕の1回巻きの円形コイルに I〔A〕の電流を流したとき、円の中心Oに生じる磁界の強さ（中心磁界）H〔A/m〕は、次のようになります。

POINT

▶円形コイルの中心磁界 といえば 電流を直径で割る

$$H = \frac{I}{2a}〔\mathrm{A/m}〕$$

N回巻きのコイルのときは、$H = \dfrac{NI}{2a}$〔A/m〕 N回巻きのときは、電流がN倍になったと考える

無限長ソレノイドの内部磁界の強さ

図6-3-4のように、導体（電線）を円筒状に巻いたものを**ソレノイド**といいます。密

に巻いた十分に長い全長 ℓ〔m〕、N 回巻いてあるソレノイドに、I〔A〕の電流を流したとき、磁界はコイルの内側に生じます。

図6-3-4 無限長ソレノイドと内部磁界

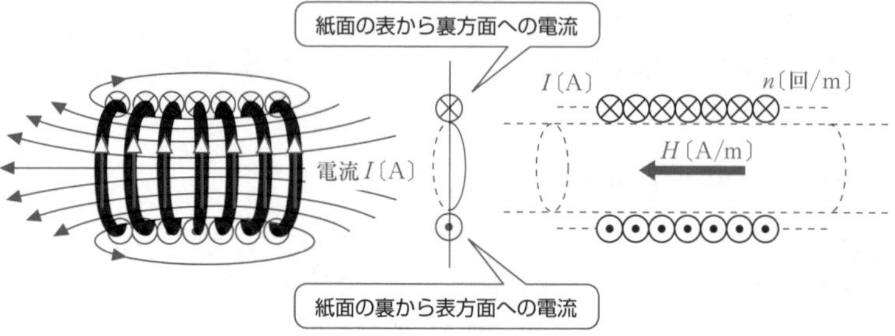

無限長ソレノイドの内部磁界の強さ H〔A/m〕は、次式となります。

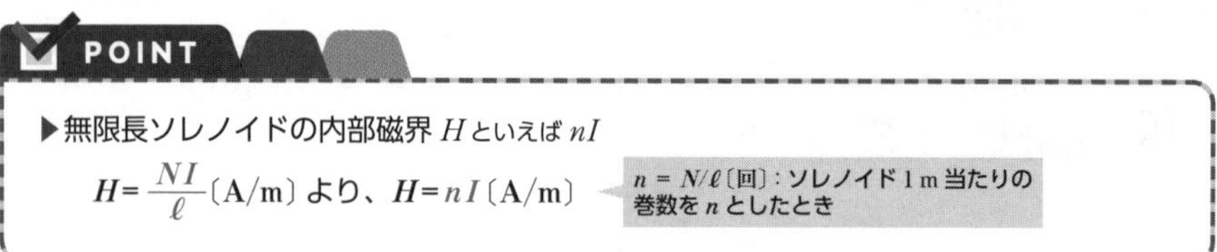

POINT

▶無限長ソレノイドの内部磁界 H といえば nI

$H=\dfrac{NI}{\ell}$〔A/m〕より、$H=nI$〔A/m〕 ◀ $n=N/\ell$〔回〕：ソレノイド 1 m 当たりの巻数を n としたとき

環状コイル（環状ソレノイド）の内部磁界の強さ

図6-3-5 環状ソレノイドと内部磁界

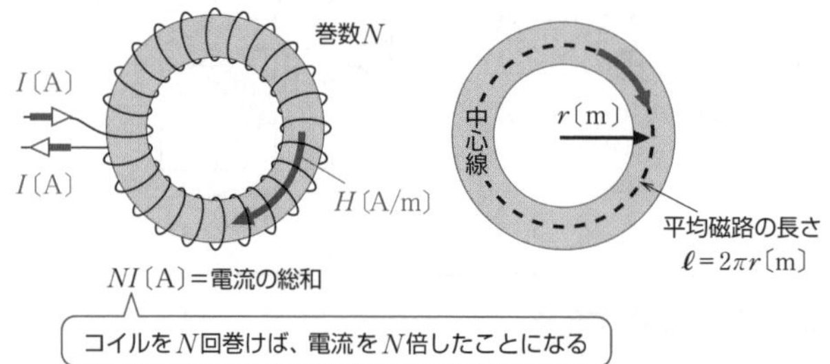

図6-3-5のような、巻数が N 回の環状コイルに電流 I〔A〕を流したとき、磁界はコイルの内側に生じます。半径 r〔m〕の円周の磁路の長さ ℓ〔m〕は $2\pi r$〔m〕、コイルの巻数が N〔回〕で電流が I〔A〕なので、電流の総和は NI〔A〕になります。

$$H\ell = NI\text{〔A〕}$$ ◀ 磁界の強さ×磁路の長さ＝電流の総和（巻数×電流）

$\ell = 2\pi r$ より、環状コイルの内部磁界の強さ H〔A/m〕は、次式となります。

▶環状コイルの内部磁界 といえば NI に比例し、ℓ に反比例

$$H\ell = NI〔\mathrm{A}〕\text{より、}H = \frac{NI}{\ell} = \frac{NI}{2\pi r}〔\mathrm{A/m}〕$$

練習問題 〉01

直線電流による磁界の強さ

非常に長い直線導体に 10 A の電流を流したとき、導体から 5cm 離れた点の磁界の強さ H〔A/m〕は。

解き方

公式に問題文の数値を代入します。 $H = \dfrac{I}{2\pi r} = \dfrac{10}{2\times 3.14\times 5\times 10^{-2}} \fallingdotseq 31.8\ \mathrm{A/m}$

センチは 10^{-2}。単位を揃える

解説

直線導体の周りに生じる磁界の強さ H と磁路の長さ ℓ の積は、電流に等しくなります（$H\ell = I$）

解答 $H = 31.8\ \mathrm{A/m}$

練習問題 〉02

環状コイル

平均半径 5 cm、巻数 100 回の環状コイルに電流を流したとき、コイルの内部に 300 A/m の磁界が生じた。コイルに流れた電流の値は。

解き方

① $H = \dfrac{NI}{\ell} = \dfrac{NI}{2\pi r}$〔A/m〕より、$I = \dfrac{2\pi r H}{N}$〔A〕

センチは 10^{-2}。単位を揃える

②問題文の値を代入します。 $I = \dfrac{2\pi r H}{N} = \dfrac{2\times 3.14\times 5\times 10^{-2}\times 300}{100} = 0.942\ \mathrm{A}$

解説

環状コイルの内部に生じる磁界の強さ H と平均磁路の長さ ℓ の積は、巻数 N と電流 I の積に等しくなります。

解答 $I = 0.942\ \mathrm{A}$

6-4 導体の運動起電力 といえば $B\ell v$

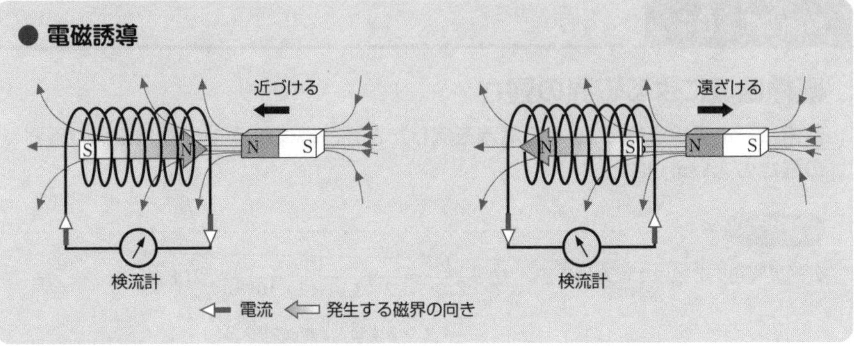

電磁誘導

上図のように、コイルに磁石を近づけたり遠ざけたりすると、コイルに起電力が発生します。コイルと磁束が鎖交している（交わっている）とき、磁束を変化させるかコイルを動かすと、コイルに起電力が生じます。これを**電磁誘導**といいます。

電磁誘導による起電力の大きさは、コイルと鎖交する磁束の変化の割合に**比例**します（図6-4-1）。これを電磁誘導に関する**ファラデーの法則**といいます。

図6-4-1 電磁誘導による起電力

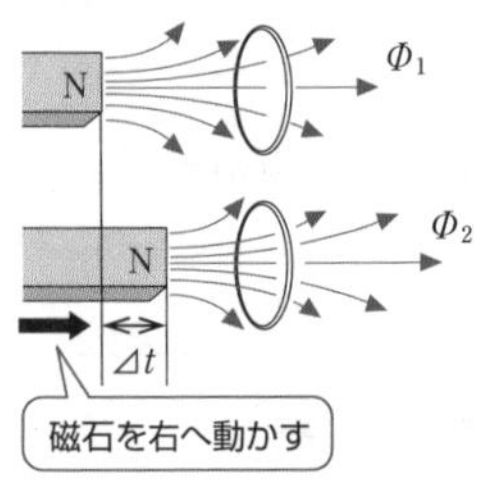

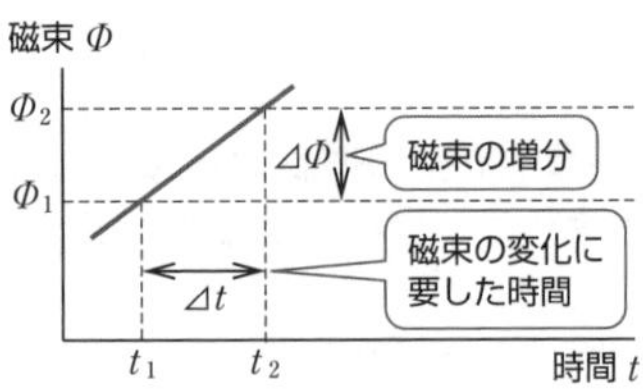

巻数が N 回のコイルと鎖交する磁束が Δt 秒間に $\Delta\Phi$ だけ変化したとき、コイルに発生する起電力 e〔V〕は、次式で表されます。磁束 Φ の単位は**ウェーバ**〔**Wb**〕、時間 t の単位は秒〔s〕で、負符号（−）は、起電力の方向が磁束の変化を妨げる方向になることを示します。

POINT

▶電磁誘導に関するファラデーの法則 といえば 起電力は磁束の変化率に比例

電磁誘導に関するファラデーの法則　$e = -N\dfrac{\Delta\Phi}{\Delta t}$〔V〕

電磁誘導による起電力の向きは、常に磁束の変化を妨げる方向に発生します。いいかえると、本節の冒頭の図において、「永久磁石が近づくのを妨げる（または遠ざかるのを妨げる）向きの磁石」をつくる電流を流す方向の起電力を生じます。このような反作用の法則を、**レンツの法則**といいます。

フレミングの右手の法則

図6-4-2のように磁界中で導体を動かすと、導体が囲む面積が大きくなり、磁束が増えることになります。レンツの法則によれば、この磁束を減少させるような電流 I を流す起電力をつくります。

図6-4-2 導体による起電力

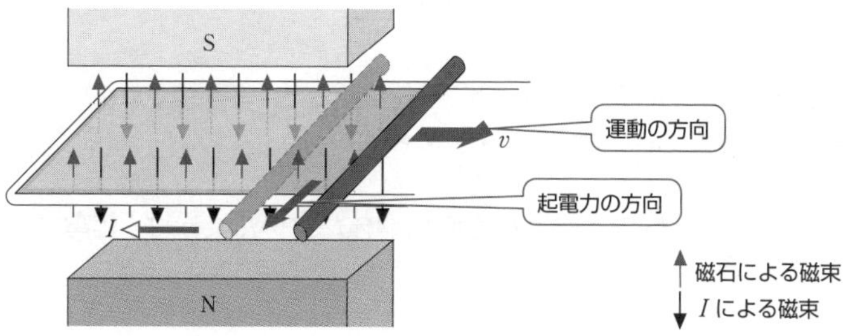

起電力の方向を知るには、**フレミングの右手の法則**がよく使われます。これは、右手の親指、人さし指、中指を互いに直角になるように開き、親指を導体の運動方向に、人さし指を磁束の方向（磁界の方向）に向けると、**中指の方向が起電力の方向と一致する**というものです※1（図6-4-3）。

図6-4-3 フレミングの右手の法則

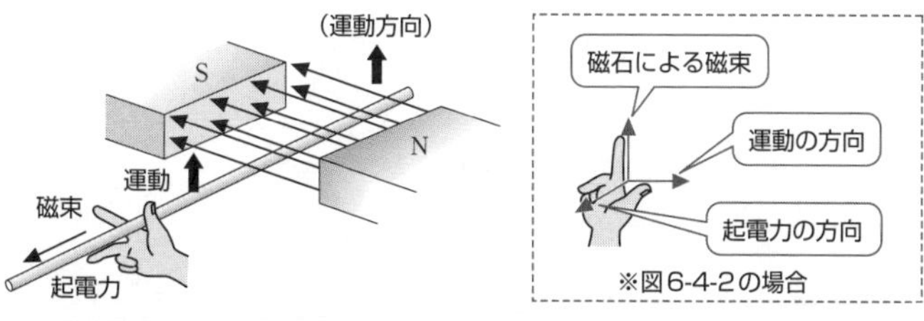

※1　**フレミングの右手の法則**：運動方向が F（力）、磁束の方向が B（磁束密度）、起電力の方向が I（電流の向き）で FBI、または電磁力と覚えましょう。

導体が動くときの起電力

磁束密度 B〔T〕の磁界中で、有効長さ ℓ〔m〕の導体を v〔m/s〕の速度で動かしたとき（図6-4-4の(a)）の起電力 e〔V〕は次式となり、導体の長さと速さに比例していることがわかります。有効長さ ℓ は、導体の全長ではなくて、磁界の中にある部分の有効な長さです。

磁界中で導体が動くときの起電力　$e = B\ell v$〔V〕　◀磁束密度×導体の有効長さ×速度

図6-4-4 運動導体の起電力

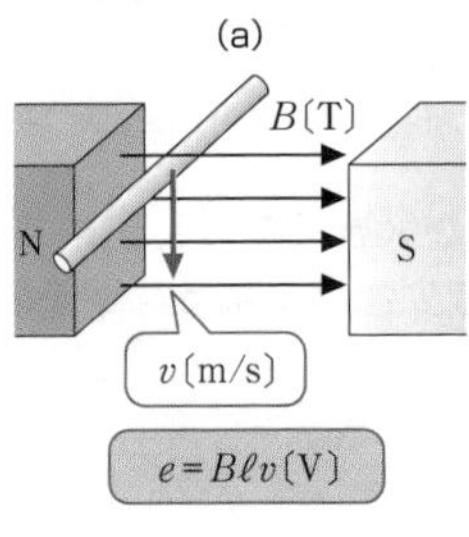

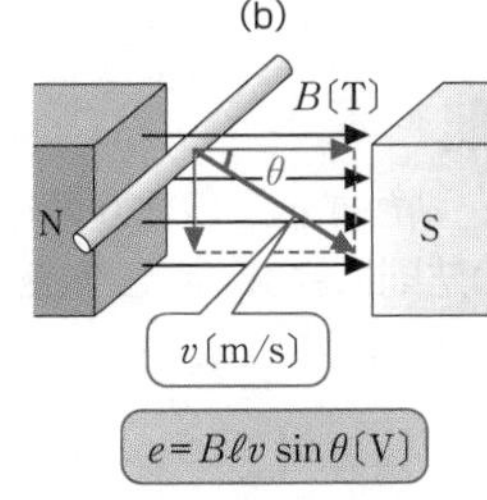

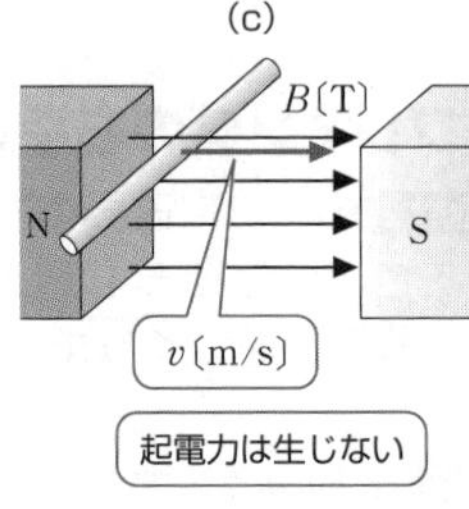

※ ℓ は有効長さ（磁界中の導体の長さ）

また、導体が磁束の方向に対し角度 θ の方向に運動したとき（図6-4-4の(b)）は、磁束を直角に切る速度の成分 $v\sin\theta$ で起電力を求めます。

$$e = B\ell v \sin\theta \text{〔V〕}$$

なお、図6-4-4の(c) のように、磁束と平行な方向に導体が動いたときは、起電力は生じません。

POINT

▶運動導体の起電力 といえば 導体の長さと速さに比例

$e = B\ell v$〔V〕
$e = B\ell v\sin\theta$〔V〕

B：磁束密度〔T〕、ℓ：導体の有効長さ〔m〕
v：速度〔m/s〕

6-5 磁界中の電流に作用する力 といえば $BI\ell$

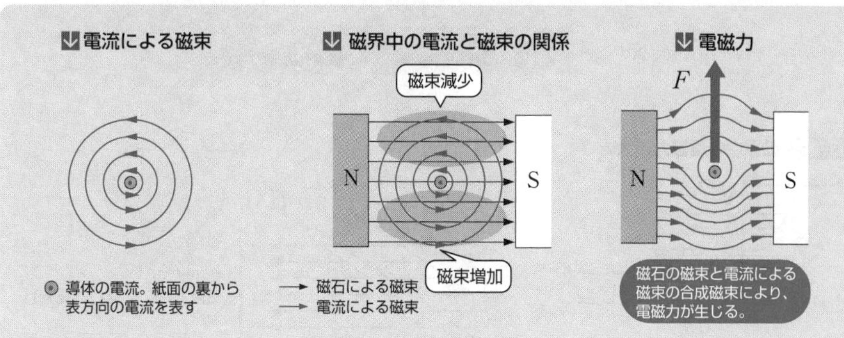

電磁力

上図中央のように磁界内の導体に電流を流すと、磁石による磁束と電流による磁束の方向が導体の上部では反対のため、磁束は減少します。一方、導体の下部では磁束の方向が同じであるため、磁束は増加します。

また、上図右のように磁束は一直線になろうとする性質があるため、導体は上方へ押し上げられる力が働きます。このような磁界と導体電流の間に働く力を、**電磁力**（でんじりょく）といいます。

フレミングの左手の法則

電磁力（導体に働く力）の方向を知るには、**フレミングの左手の法則**を利用します。

図6-5-1のように、左手の親指、人さし指、中指を互いに直角になるように開き、人さし指を磁束の方向（磁界の方向）に、中指を電流の方向に向けると、親指の方向が導体に作用する力の方向と一致します※1。

図6-5-1 フレミングの左手の法則

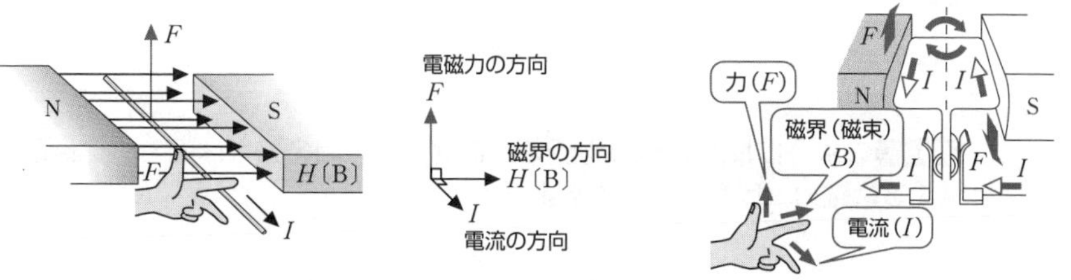

※1 **フレミングの左手の法則**：運動方向が F（力）、磁束の方向が B（磁束密度）、電流の方向が I で FBI、または電磁力と覚えましょう。

電磁力の大きさ

磁束密度が B〔T〕である磁界中で、有効長さ ℓ〔m〕の導体に電流 I〔A〕を流すと、F〔N〕の電磁力が導体に働きます。

$$F = BI\ell \text{〔N〕}$$ 磁束密度×電流×有効長さ

磁束の方向と導体の角度が θ のときは、次のようになります。

$$F = BI\ell \sin\theta \text{〔N〕}$$ B：磁束密度〔T〕、I：導体電流〔A〕
ℓ：導体の有効長さ〔m〕、θ：磁束と導体のなす角

図6-5-2 磁界中の電磁力の大きさ

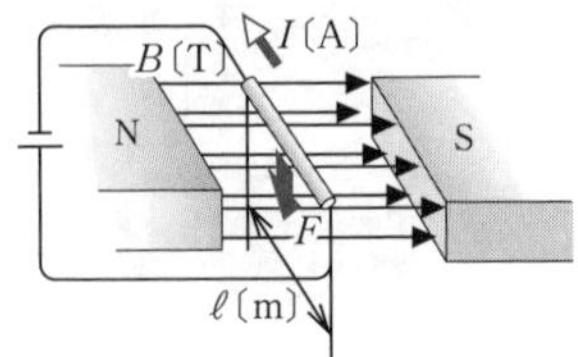

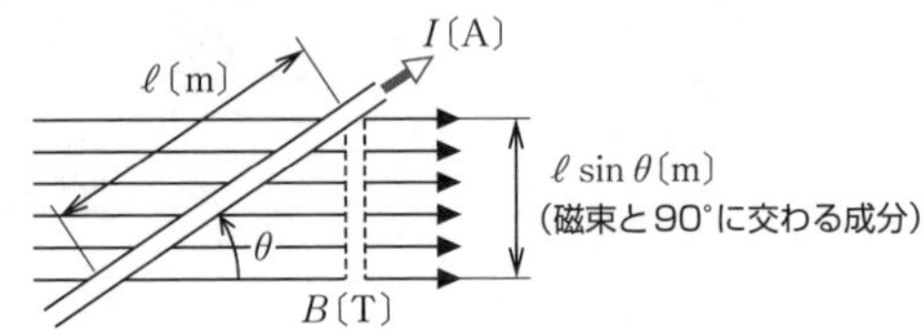

平行な電線間に働く力

平行な 2 本の電線に電流を流すと、それぞれの電線の周りに磁界ができます。2 本の電線は互いに他方の電流がつくる磁界の中に置かれるため、電線間に引力または斥力が働きます。

図6-5-3のように**同じ向きの電流のとき**、電線の間は磁束が疎（間がすいていること）になり、外側は密（間がつまること）になって、**互いに引き合う電磁力**（引力）が働きます。

図6-5-3 平行かつ同じ向きに流れる電流間に働く力

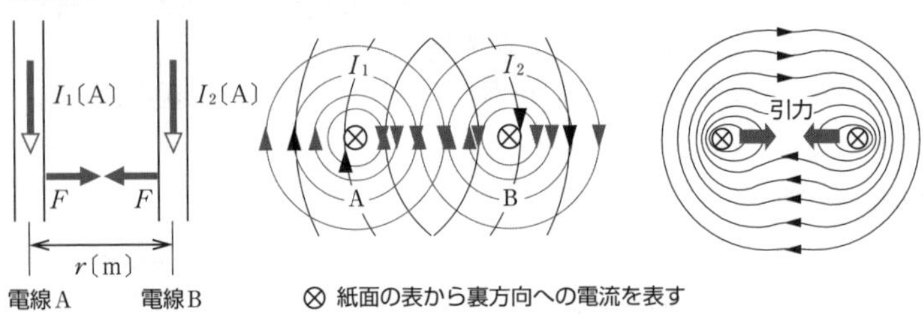

一方、図6-5-4のように**反対向きの電流のときは**、電線間の磁束は密で外側は疎になり、**反発する電磁力**（斥力）が働きます。

図6-5-4 平行かつ電流が反対向きに流れる電線間に働く力

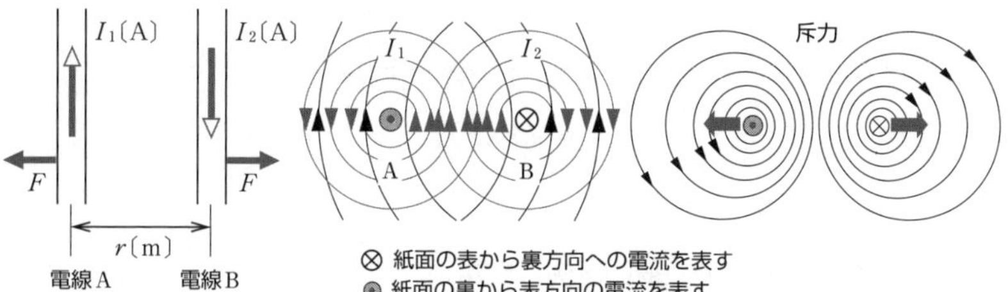

ここで、電線に働く磁界の強さについて考えます。**図6-5-5**のように2本の電線A、Bが r〔m〕離れており、Aには I_1〔A〕、Bには I_2〔A〕の電流が流れているとき、電流 I_1 が電線Bのところにつくる磁界の強さ H_1〔A/m〕は、アンペアの周回路の法則より、

図6-5-5 平行電線間に働く力

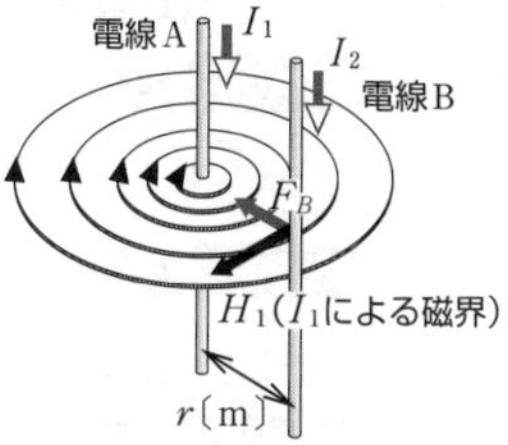

$$H_1 = \frac{I_1}{2\pi r}\text{〔A/m〕}$$

磁束密度 B_1〔T〕は、

$$B_1 = \mu H_1 = \mu \frac{I_1}{2\pi r}\text{〔T〕}$$

電線Aの磁界により電線Bの受ける電磁力を F_{B}〔N〕とすると、

$$F_{\mathrm{B}} = B_1 I_2 \ell\text{〔N〕}$$

$\ell = 1$ m当たりが受ける力 F〔N/m〕は、

$$F = \mu \frac{I_1}{2\pi r} I_2 = \frac{\mu I_1 I_2}{2\pi r}\text{〔N/m〕}$$

となり、電線Aも同じ大きさの力を受け、互いに引き合う力が働きます。

磁界中のコイルのトルク

図6-5-6のような磁束密度 B〔T〕の磁界中の方形コイルに電流 I〔A〕を流したときのトルク※2を考えてみます。

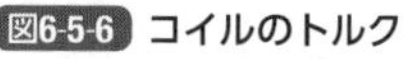
図6-5-6 コイルのトルク

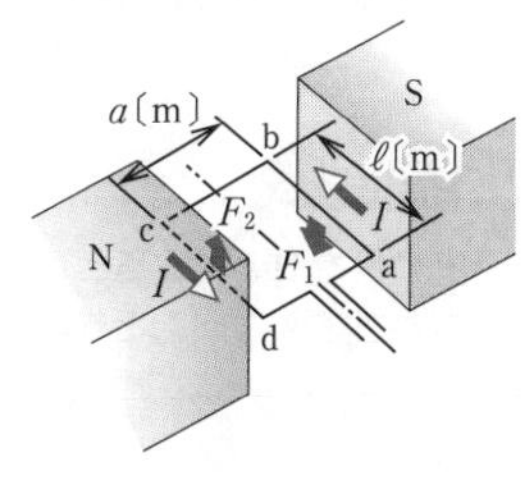

- コイル辺abに働く電磁力：$F_1 = BI\ell$〔N〕下向き
- コイル辺cdに働く電磁力：$F_2 = BI\ell$〔N〕上向き
- コイル辺abによるトルク：$T_1 = F_1 \dfrac{a}{2} = BI\ell \dfrac{a}{2}$
- コイル辺cdによるトルク：$T_2 = F_2 \dfrac{a}{2} = BI\ell \dfrac{a}{2}$

※2 トルク：電線に働く力 F と回転半径 r の積で、量記号は T、単位はニュートンメートル〔N・m〕。

全体のトルク T は、

$$T = T_1 + T_2 = BI\ell a \text{〔N・m〕}$$（ニュートンメートル）

コイルの面積を A〔m^2〕とすると、$A = \ell a$ より、

$$T = BI\ell a = BIA \text{〔N・m〕}$$

すなわち、トルクはコイルの面積に比例します。

▶磁界中の導体の電磁力 といえば $BI\ell$

導体の電磁力　$F = BI\ell$〔N〕　B：磁束密度〔T〕、I：導体電流〔A〕、ℓ：導体の有効長さ〔m〕

電線間に働く力 といえば 電流の積に比例、距離に反比例

電線間に働く力　$F = \dfrac{\mu I_1 I_2}{2\pi r}$〔N/m〕

コイル電流のトルク といえば 電流とコイル面積に比例

コイル電流のトルク　$T = BI\ell a = BIA$〔N・m〕

練習問題 〉01

導体の電磁力

図のように磁束密度 $B = 0.5$ T の一様な磁界の中に直線状の導体を磁界の方向に対して 30° の角度に置き、これに $I = 100$ A の直流電流を流した。このとき、導体の単位長さ当たりに働く力 F〔N/m〕の値は。

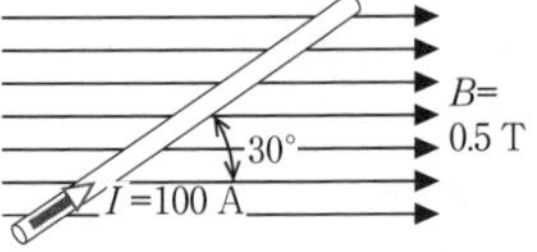

解き方

①導体の磁束の方向と直角方向成分 ℓ' は、

$\ell' = \ell \sin\theta = 1 \times \sin 30° = 0.5$ m

単位長さなので $\ell = 1$ とする

②導体の電磁力 F〔N/m〕は、

$F = BI\ell' = 0.5 \times 100 \times 0.5 = 25$ N/m

導体 1 m に働く力

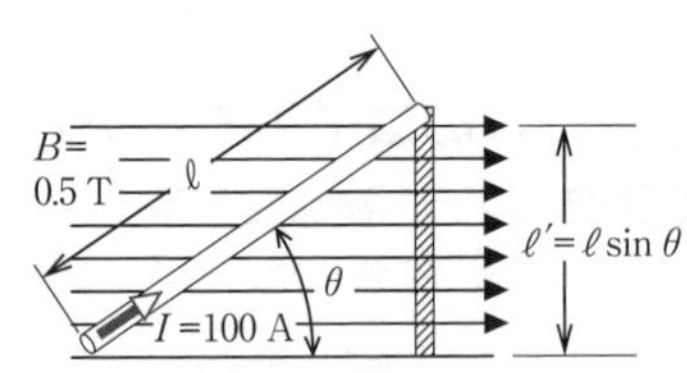

解説

有効長さを ℓ とすると、磁束と 90° に交わる成分 ℓ' は $\ell \sin\theta$ です。求めるのは単位長さ、すなわち $\ell = 1$ m のときの値です。

解答　$F = 25$ N/m

6-6 磁気回路 といえば 磁束の回路

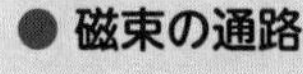

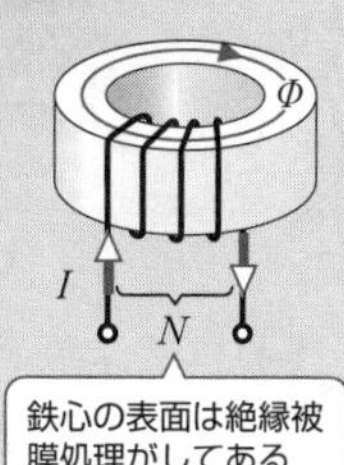

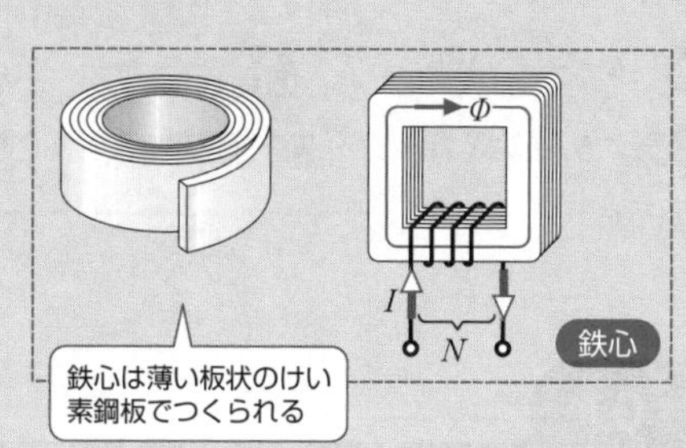

磁気回路

鉄心（磁性体）は磁束を通しやすく、磁束の通路をつくることができます。磁束の通路を、磁路または**磁気回路**といいます。

上図のように、鉄心にコイルを巻いてコイルに電流を流すと磁束が発生し、磁束は鉄心の中を通ります。コイルの巻数を N〔回〕、コイルに流す電流を I〔A〕とすると、磁束 Φ は巻数と電流の積（NI）によって増減します。NI は磁束をつくる源になることから、**起磁力**（きじりょく）といいます。起磁力の量記号は F または NI、単位はアンペア〔A〕です。

磁気抵抗

磁気回路において、磁束の通りにくさを**磁気抵抗**といいます。量記号は R_m、単位はアンペア毎ウェーバ〔A/Wb〕です。磁気抵抗 R_m〔A/Wb〕は、磁路の長さ ℓ に比例し、透磁率 μ と鉄心の断面積 A とに反比例します。

POINT

▶磁気抵抗 といえば 磁路長に比例、透磁率と面積に反比例

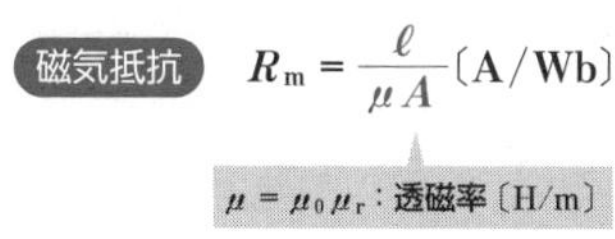

$$R_m = \frac{\ell}{\mu A} \text{〔A/Wb〕}$$

$\mu = \mu_0 \mu_r$：透磁率〔H/m〕

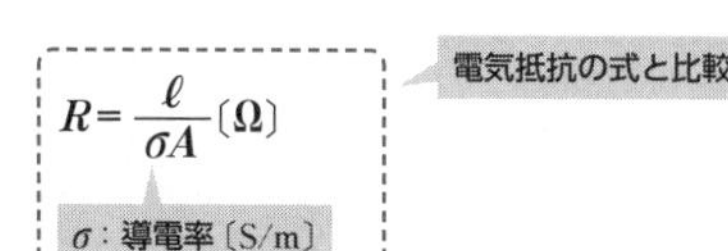

$$R = \frac{\ell}{\sigma A} \text{〔Ω〕}$$

σ：導電率〔S/m〕

磁気回路のオームの法則

磁気回路は、電気回路のオームの法則と対応して考えるとわかりやすくなります。

POINT

▶磁気回路のオームの法則 といえば 磁気抵抗は起磁力と磁束の比

磁気抵抗　$R_m = \dfrac{NI}{\Phi}$〔A/Wb〕

磁束　$\Phi = \dfrac{NI}{R_m}$〔Wb〕　起磁力／磁気抵抗

起磁力　$NI = \Phi R_m$〔A〕　磁束×磁気抵抗

$R = \dfrac{E}{I}$〔Ω〕

$I = \dfrac{E}{R}$〔A〕

$E = IR$〔V〕

電気回路の式と比較
起磁力 NI〔A〕と起電力 E〔V〕、磁束 Φ と電流 I〔A〕、磁気抵抗 R_m〔A/Wb〕と電気抵抗 R〔Ω〕を対応して考える

練習問題 > 01

磁気回路の磁気抵抗

図の磁気回路の磁気抵抗は。ただし、真空の透磁率を μ_0、鉄心の比透磁率を μ_r とする。また、ギャップにおける磁束の広がりは考えに入れないものとする。

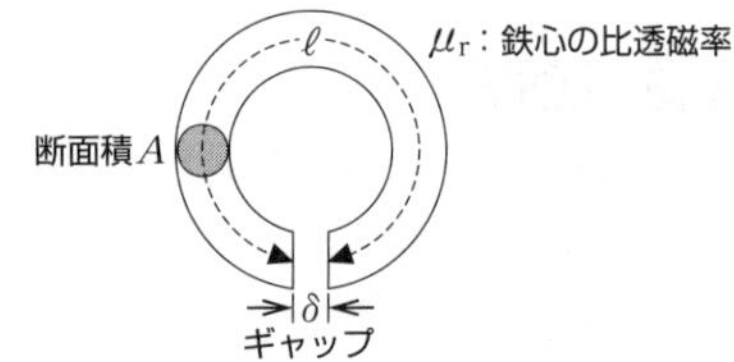

解き方

鉄心部分の磁気抵抗を R_i〔A/Wb〕、ギャップ部分の磁気抵抗を R_g〔A/Wb〕、全磁気抵抗を R_0〔A/Wb〕とすると、

$$R_0 = R_i + R_g = \frac{\ell}{\mu_0 \mu_r A} + \frac{\delta}{\mu_0 A} = \frac{1}{\mu_0 \mu_r A}(\ell + \mu_r \delta) = \frac{\ell + \mu_r \delta}{\mu_0 \mu_r A}\text{〔A/Wb〕}$$

δ はデルタと読む

解説

ギャップ（空隙。少しのすき間）の磁気抵抗と鉄心の磁気抵抗が直列になっているものと考えます。

解答　$R_0 = \dfrac{\ell + \mu_r \delta}{\mu_0 \mu_r A}$〔A/Wb〕

6-7 インダクタンス といえば 1 A を流したときの磁束鎖交数に等しい

自己インダクタンス

コイルに流れる電流が変化すると、電流の変化が磁束の変化となってコイルに起電力を誘起します。この作用を**自己誘導作用**といい、起電力を**自己誘導起電力**といいます。自己誘導作用による自己誘導起電力 e_{L}〔V〕は、電流の変化の割合（電流の変化率）である $\Delta I/\Delta t$ に比例します。比例定数は L で、この L はコイルの性質を示す定数です。これを**自己インダクタンス**といい、単位はヘンリー〔H〕を用います。

図6-7-1 自己誘導起電力

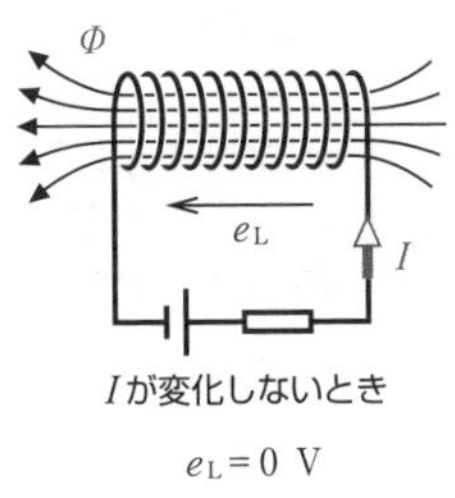

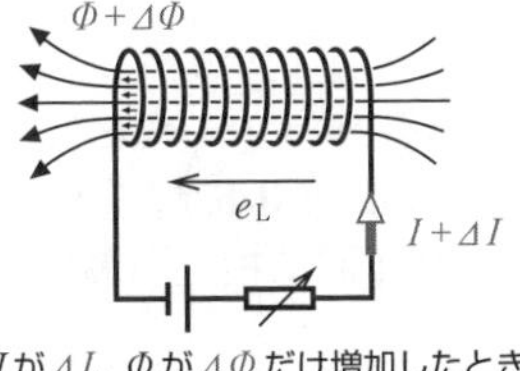

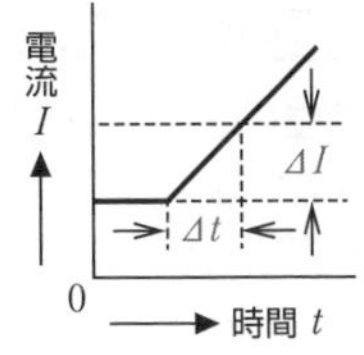

$e_{\mathrm{L}}=-L\dfrac{\Delta I}{\Delta t}$〔V〕　L：自己インダクタンス　電流の変化を妨げる向きの起電力

$e_{\mathrm{L}}=-N\dfrac{\Delta \Phi}{\Delta t}$〔V〕　N：巻数　磁束の変化を妨げる向きの起電力

POINT

▶**逆起電力** といえば **電流の変化率に比例、比例定数は自己インダクタンス L**

$$e_{\mathrm{L}}=-L\frac{\Delta I}{\Delta t}\text{〔V〕}$$

負符号（−）を付けるのは、上図のように電流の変化を妨げる方向の起電力が発生することを表します。電流の変化の方向と、起電力の方向が反対になるので、これを**逆起電力**といいます。

また、巻数 N のコイルでは、誘導起電力は次のようにも表すことができます。

POINT

▶**巻数 N のコイルの誘導起電力** といえば **磁束の変化率に比例**

$$e_{\mathrm{L}}=-N\frac{\Delta \Phi}{\Delta t}\text{〔V〕}$$

ここまでの2式より　$L\dfrac{\varDelta I}{\varDelta t}=N\dfrac{\varDelta \Phi}{\varDelta t}$

よって、　$L=N\dfrac{\varDelta \Phi}{\varDelta I}$〔H〕

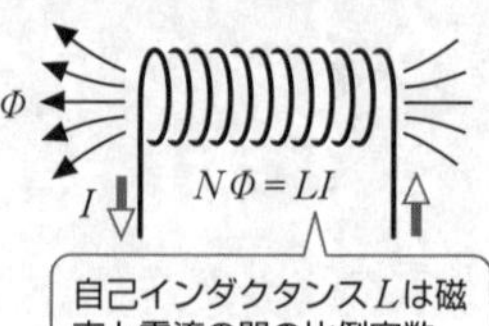

図6-7-2 磁束鎖交数

磁束と電流は比例するので、次式が成り立ちます。また、コイルの巻数Nと磁束 Φの積（$N\Phi$）を、**磁束鎖交数**（じそくさこうすう）といいます。

▶**インダクタンス** といえば **コイルに1Aを流したときの磁束鎖交数**

$\boldsymbol{L}=\dfrac{N\Phi}{I}$〔H〕　$I=1\,\mathrm{A}$ の $N\Phi$ が L〔H〕となる

$\boldsymbol{N\Phi}=LI$　磁束鎖交数（$N\Phi$）は電流I〔A〕に比例し、比例定数が自己インダクタンスLとなる

相互インダクタンス

図6-7-3のようにコイルが2つあるとき（コイル1、コイル2）、一方のコイルに流れる電流が変化すると、もう一方のコイルに起電力が誘導されます。この作用を**相互誘導作用**といいます。2つのコイル間に相互誘導作用があるとき、両コイルは**電磁結合**しているといいます。

図6-7-3 電磁結合

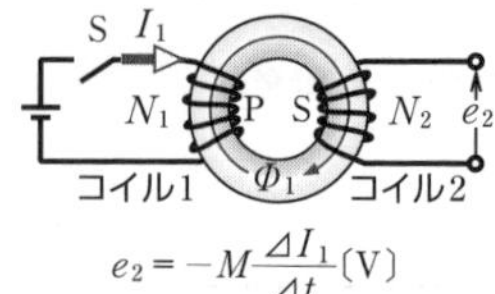

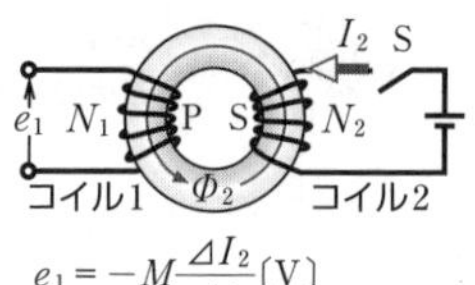

相互誘導作用による誘導起電力eは、他方のコイルの電流変化の割合に比例します。比例定数Mを**相互インダクタンス**といい、単位はヘンリー〔H〕を用います。

$$e_2=-M\frac{\varDelta I_1}{\varDelta t}\text{〔V〕}\qquad e_1=-M\frac{\varDelta I_2}{\varDelta t}\text{〔V〕}$$

自己インダクタンスと相互インダクタンス

図6-7-4 のコイルの自己インダクタンス L は、巻数 N の 2 乗に比例します。

自己インダクタンス $L=\dfrac{\mu AN^2}{\ell}$〔H〕

図6-7-5 の相互インダクタンス M は、次式で表されます。

相互インダクタンス $M=\dfrac{\mu AN_1N_2}{\ell}$〔H〕

図6-7-4 自己インダクタンス L

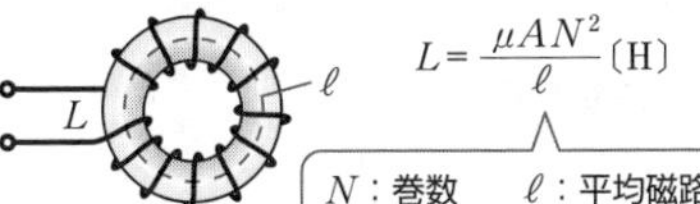

図6-7-5 相互インダクタンス M

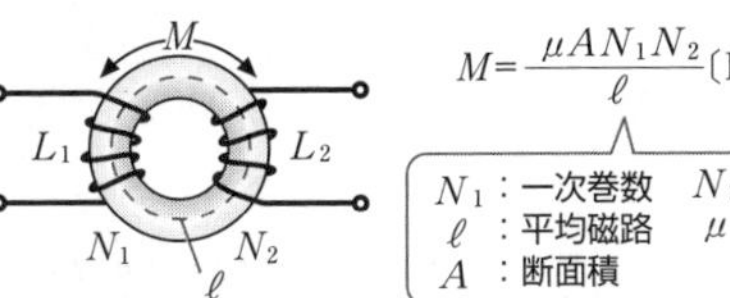

磁気抵抗 $R_m=\dfrac{\ell}{\mu A}$〔A/Wb〕より、$\dfrac{\mu A}{\ell}=\dfrac{1}{R_m}$ とすると、次式が成り立ちます。

POINT

▶自己インダクタンス といえば N^2 に比例して R_m に反比例、

▶相互インダクタンス といえば N_1N_2 に比例して R_m に反比例

$$L_1=\frac{\mu AN_1{}^2}{\ell}〔\mathrm{H}〕\quad L_2=\frac{\mu AN_2{}^2}{\ell}〔\mathrm{H}〕\quad M=\frac{\mu AN_1N_2}{\ell}〔\mathrm{H}〕$$

$$L_1=\frac{N_1{}^2}{R_m}〔\mathrm{H}〕\quad L_2=\frac{N_2{}^2}{R_m}〔\mathrm{H}〕\quad M=\frac{N_1N_2}{R_m}〔\mathrm{H}〕$$

磁気抵抗
$R_m=\dfrac{\ell}{\mu A}$〔A/Wb〕

また、相互誘導作用によって結合しているものを**結合回路**といいます。この結合の程度を表すのに**結合係数 k** が用いられます。結合係数 k は、漏れ磁束（両コイルを通らない磁束）がなければ 1 ですが、実際は漏れ磁束があるので 1 よりも小さくなります。

図6-7-6 結合回路、漏れ磁束

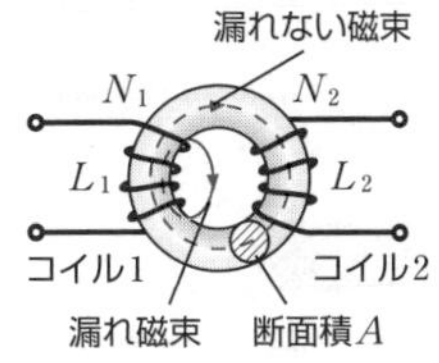

▶相互インダクタンス M といえば L_1L_2 のルートに結合係数 k を掛ける

$M=k\sqrt{L_1L_2}$〔H〕 漏れ磁束がないとき $k=1$

インダクタンスの直列接続と相互インダクタンス

図6-7-7のように、相互インダクタンス M〔H〕を有するコイル1とコイル2が直列に接続されるとき、図6-7-7の (a) 及び (b) の合成インダクタンス L_{ab}〔H〕、L_{cd}〔H〕は、

図6-7-7　Mの和動接続と差動接続

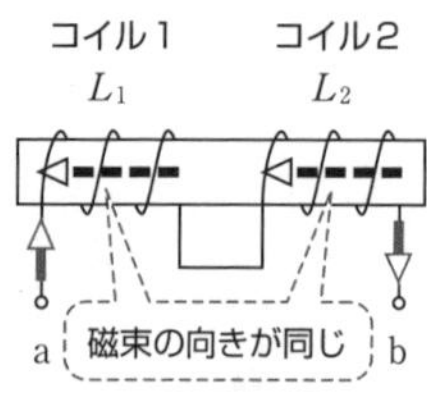

(a) 和動接続

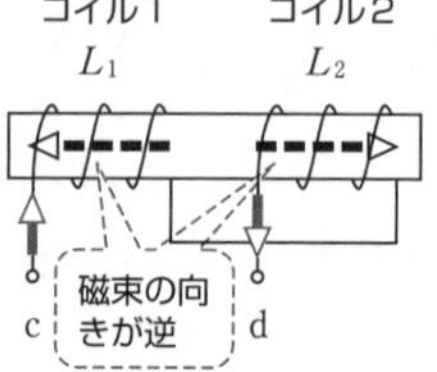

(b) 差動接続

$L_{ab} = L_1 + L_2 + 2M$〔H〕　和動接続（両コイルによる磁束の向きが同じ）

$L_{cd} = L_1 + L_2 - 2M$〔H〕　差動接続（両コイルによる磁束の向きが逆）

となります。

練習問題 › 01

自己インダクタンス

巻数1 000、自己インダクタンス3 Hのコイルに直流電流を流したとき、6×10^{-4} Wbの磁束を発生した。コイル電流 I〔A〕の値は。

解き方

自己インダクタンスを L〔H〕、巻数を N〔回〕、発生した磁束を Φ〔Wb〕とします。$N\Phi = LI$ より、

$$I = \frac{N\Phi}{L} = \frac{1\,000 \times 6 \times 10^{-4}}{3} = 0.2\ \text{A}$$

解説

コイルの磁束鎖交数 $N\Phi$ は電流 I に比例し、比例定数がインダクタンス L です。

解答　$I = 0.2$ A

練習問題 〉02

相互インダクタンス

図において、

L_{AB} = 1.2 H（A-B 間の合成インダクタンス）

L_{CD} = 2.0 H（C-D 間の合成インダクタンス）

である。コイルの自己インダクタンス L〔H〕、及びコイル 1、2 間の相互インダクタンス M〔H〕は。

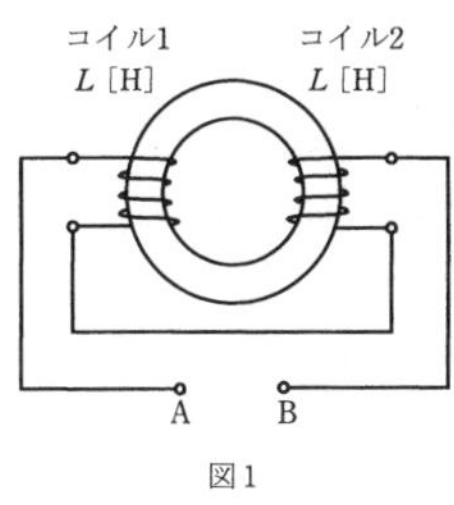

図 1

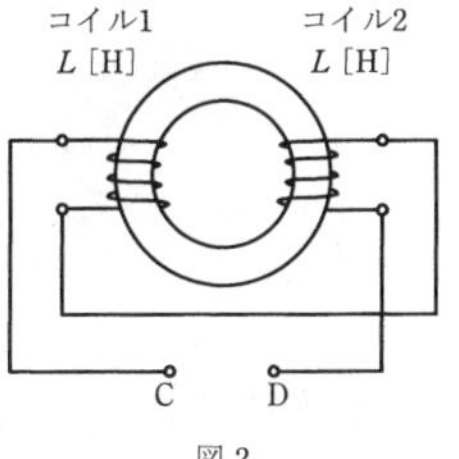

図 2

解き方

コイルに電流 I〔A〕を流したとき、コイル 1 による磁束を Φ_1 コイル 2 による磁束を Φ_2 とすると、図 1 は、差動接続（磁束が減じ合う接続）より

$L_{AB} = L + L - 2M = 2L - 2M = 1.2$ H　…式（1）

図 2 は、和動接続（磁束が加わり合う接続）より

$L_{CD} = L + L + 2M = 2L + 2M = 2.0$ H　…式（2）

式 (2) －式 (1) を求めます。

式（2）　$2L + 2M = 2.0$

式（1）　－）$2L - 2M = 1.2$

$4M = 0.8$

$M = 0.2$ H

この値を式 (1) に代入すると、

$2L - 2 \times 0.2 = 1.2$

$2L = 1.2 + 0.4 = 1.6$

$L = 0.8$ H

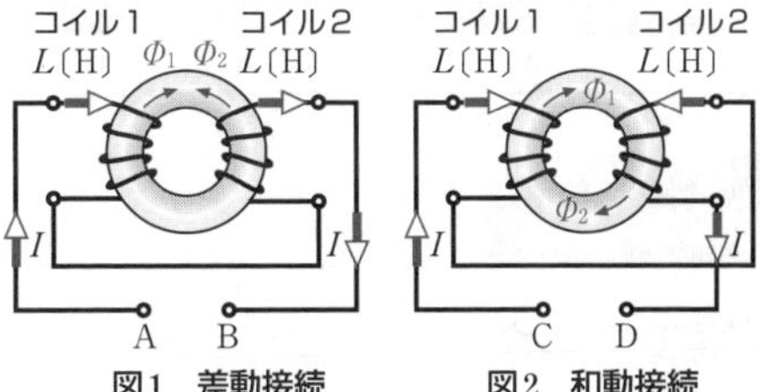

図1　差動接続　　図2　和動接続

解説

コイル 1、2 による相互インダクタンス M は、磁束の向きが反対のときは－（負の値）、同じときは＋（正の値）になります。

※この問題は、漏れ磁束が大きいことを想定しています。

解答　$L = 0.8$ H、$M = 0.2$ H

第1部 理論　第2部 機械　第3部 電力　第4部 法規　第5部 電験三種に必要な数学

6〜8 インダクタンスが蓄えるエネルギー といえば 電流の2乗に比例

● 磁気エネルギー

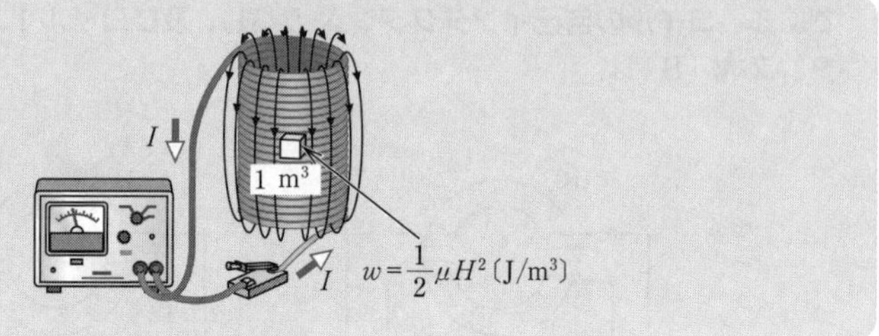

磁界中のコイルに蓄えられるエネルギー

コイルに電流を流すと磁界が発生します。この磁界中に磁気エネルギーをコイル内の空間に蓄えることができます。自己インダクタンスL〔H〕のコイルに電流I〔A〕を流すとき、コイルに蓄えられるエネルギーW〔J〕と、単位体積（1 m³）に蓄えられるエネルギー密度w〔J/m³〕は、次式のようになります。

POINT

▶インダクタンスの磁気エネルギー といえば LI^2 に比例

磁気エネルギー $W=\frac{1}{2}LI^2$〔J〕　磁気エネルギー密度 $w=\frac{1}{2}BH=\frac{1}{2}\mu H^2$〔J/m³〕

練習問題 > 01

磁気エネルギー

インダクタンスが 150 mH のコイルに直流 6.0 A の電流が流れているとき、コイルに蓄えられる磁気エネルギー〔J〕は。

解き方

磁気エネルギーW〔J〕は、$W=\frac{1}{2}LI^2=\frac{1}{2}\times150\times10^{-3}\times6.0^2=2.7$ J

解説

インダクタンスの磁気エネルギーは、インダクタンスLと電流Iの2乗に比例します。

解答　2.7 J

例題 1

｜重要度★★★｜令和 4 年度下期｜理論｜問 4｜

図のように、無限に長い 3 本の直線状導体が真空中に 10 cm の間隔で正三角形の頂点の位置に置かれている。3 本の導体にそれぞれ 7 A の直線電流を同一方向に流したとき、各導体 1 m 当たりに働く力の大きさ F_0 の値〔N/m〕として、最も近いものを次の (1) ～ (5) のうちから一つ選べ。ただし、無限に近い 2 本の直線状導体を r〔m〕離して平行に置き、2 本の導体にそれぞれ I〔A〕の直線電流を同一方向に流した場合、各導体 1 m 当たりに働く力の大きさ F の値〔N/m〕は、次式で与えられるものとする。

$$F = \frac{2I^2}{r} \times 10^{-7}$$

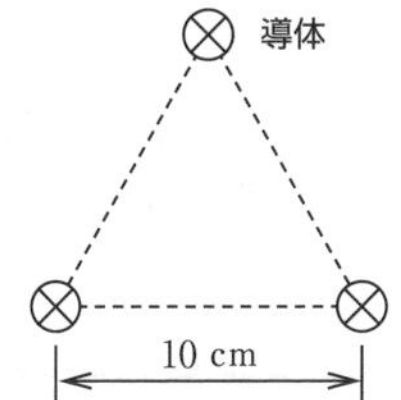

(1) 0　(2) 9.80×10^{-5}　(3) 1.70×10^{-4}
(4) 1.96×10^{-4}　(5) 2.94×10^{-4}

解き方

解答 (3)

2 本の直線状導体を r〔m〕離して、I〔A〕の直流電流を同一方向に流した場合、導体 1 m 当たりに働く力の大きさ F〔N/m〕は、

$$F = \frac{2I^2}{r} \times 10^{-7}\text{〔N/m〕}$$

2 本の導体間に働く力 F〔N/m〕は、
$I = 7$ A、$r = 0.1$ m を代入すると、

$$F = \frac{2 \times 7^2}{0.1} \times 10^{-7}$$
$$= 980 \times 10^{-7} = 9.80 \times 10^{-5} \text{ N/m}$$

3 本の導体間に働く力 F_0〔N/m〕は、図より

$$F_0 = \sqrt{3}F = 1.73 \times 9.80 \times 10^{-5}$$
$$\fallingdotseq 1.70 \times 10^{-4} \text{ N/m}$$

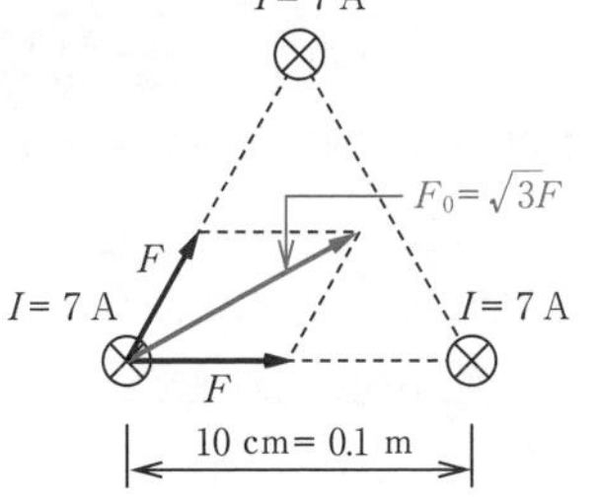

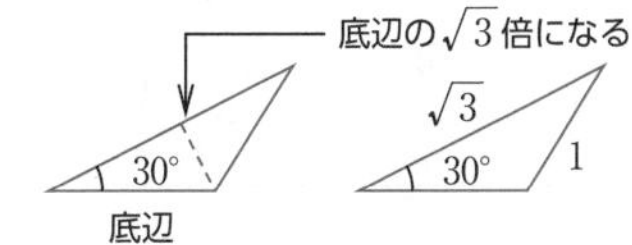

解説

真空中の平行な 2 本の直線状導体間に働く力 F は、

$$F = \frac{\mu_0 I^2}{2\pi r}\text{〔N/m〕}$$

F：導体 1 m 当たりに働く力〔N/m〕、μ_0：真空の透磁率 $\mu_0 = 4\pi \times 10^{-7}$ H/m
I：2 本の導体に流れる電流〔A〕、r：導体間の距離〔m〕

電流が同一方向の場合は吸引力、逆方向の場合は反発力が働きます。
$\mu_0 = 4\pi \times 10^{-7}$ を代入すると

$$F = \frac{\mu_0 I^2}{2\pi r} = \frac{4\pi \times 10^{-7} \times I^2}{2\pi r} = \frac{2I^2}{r} \times 10^{-7} \text{ N/m}$$

式が与えられていなくても解けるようにしましょう。

例題 2

|重要度★★|令和５年度上期|理論|問 10|

図 1 のように、インダクタンス $L = 5\,\mathrm{H}$ のコイルに直流電流源 J が電流 i〔mA〕を供給している回路がある。電流 i〔mA〕は図 2 のような時間変化をしている。このとき、コイルの端子間に現れる電圧の大きさ $|v|$ の最大値〔V〕として、最も近いものを次の (1) ～ (5) のうちから一つ選べ。

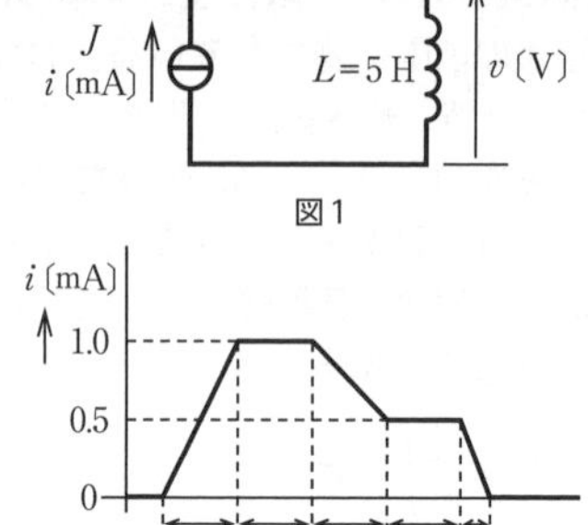

(1) 0.25　(2) 0.5　(3) 1
(4) 1.25　(5) 1.5

解き方

解答 (4)

この問題を解くための公式は、以下の通りです。
インダクタンス L〔H〕のコイルに発生する誘導起電力 e〔V〕は、

$$e = -L\frac{\varDelta I}{\varDelta t}\,〔\mathrm{V}〕$$

L：コイルのインダクタンス〔H〕
$\varDelta I/\varDelta t$：電流の変化の割合（電流の変化率）

－符号は、電流の変化を妨げる向きの起電力

問題は、起電力 e をコイルの端子間電圧 v としています。
$|v|$の最大値は、図 2 の傾きが最も大きな区間の値となります。

絶対値の記号（大きさのみ）

①$|v| = L\frac{\varDelta I}{\varDelta t} = 5 \times \frac{1.0}{5} = 1.0\,\mathrm{V}$

②$|v| = L\frac{\varDelta I}{\varDelta t} = 5 \times \frac{0}{5} = 0\,\mathrm{V}$

③$|v| = L\frac{\varDelta I}{\varDelta t} = 5 \times \frac{0.5}{5} = 0.5\,\mathrm{V}$

④$|v| = L\frac{\varDelta I}{\varDelta t} = 5 \times \frac{0}{5} = 0\,\mathrm{V}$

⑤$|v| = L\frac{\varDelta I}{\varDelta t} = 5 \times \frac{0.5}{2} = 1.25\,\mathrm{V}$

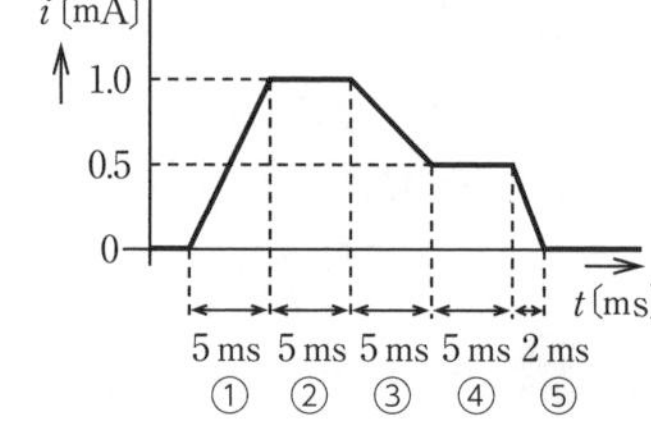

問題を解くには、傾きが最大の⑤のみの計算をすればよいことになります。

7-1 半導体 といえば 半導体製品、整流回路 といえば 交直変換回路

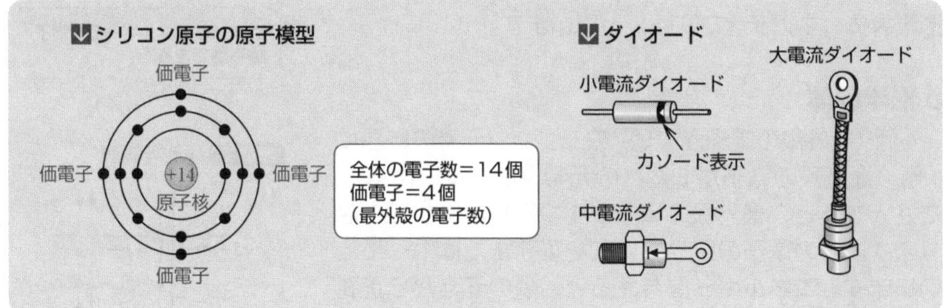

半導体

半導体とは、電気を通しやすい「導体」と、電気を通さない「絶縁体」との中間の性質を持つ物質を指します。

代表的なものとして Si（シリコン）や Ge（ゲルマニウム）があり、半導体製品の多くがシリコンを主原料としています。通常「半導体」といった場合、半導体そのものではなく、半導体を用いてつくられたダイオードやトランジスタ、またそれらの集積回路である IC などの半導体製品を指すことが多いです。

真性半導体

Si（シリコン）や Ge（ゲルマニウム）元素など、他の元素を含まない純粋な半導体結晶を、**真性半導体**といいます。これは、最外殻の電子（価電子）を 4 個持ち、周りの元素と電子を共有することで 8 個の電子を持った形で結合しています。この結合は安定であるため、電子の移動がないので電流を流すことはできません。熱や光など、一定量以上のエネルギーを与えると、一部の電子が移動できるようになります。

図7-1-1 真性半導体

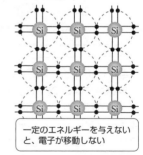

Si Si Si / Si Si Si / Si Si Si

一定のエネルギーを与えないと、電子が移動しない

n 形半導体

4 価（最外殻の電子が 4 個）のシリコン元素の結晶に 5 価（最外殻の電子が 5 個）の元素（P：リンなど）を注入すると、最外殻の電子が 1 つ余った状態になります。

この電子は結合が弱いために、真性半導体よりはるかに少ないエネルギーで電子を移動させることができます。

P（リン）元素のように、結晶中に電子を与えるための元素を**ドナー**といいます（純粋な元素に他の元素を混入するので、**不純物**といったりします）。

電子は負（−）の電荷を持つので、この半導体を**n形半導体**（ネガティブのn）といいます。

図7-1-2 n形半導体

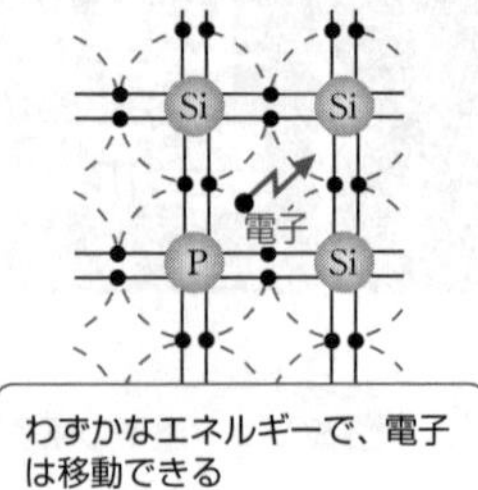

p形半導体

4価（最外殻の電子が4個）のシリコン元素の結晶に3価（最外殻の電子が3個）の元素（B：ホウ素など）を注入すると、最外殻の電子が1つ足りない状態になります。この電子の足りない穴を**正孔**（せいこう）または**ホール**といいます。エネルギーを与えると、隣の元素から正孔に電子が移動し、またその隣の元素の電子が移動する状態が続いて（あたかも正孔が移動するかのようにみえる）、少ないエネルギー量で正孔を移動させることができます。

B（ホウ素）元素のように正孔によって電子を受け入れる不純物を**アクセプタ**といいます。正孔は正（+）の電荷を持つと考えることができるので、**p形半導体**（ポジティブのp）といいます。

図7-1-3 p形半導体

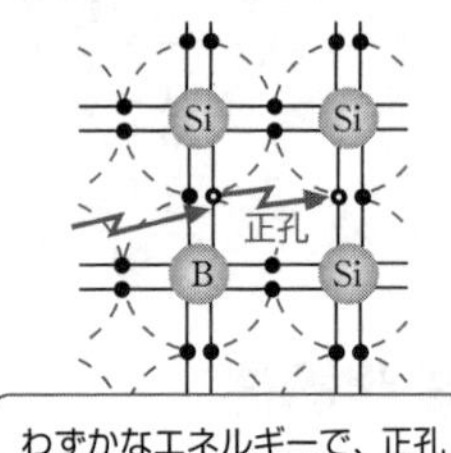

POINT

▶**半導体**といえば**真性、n形、p形がある**

- 真性半導体 …… Si（シリコン）やGe（ゲルマニウム）などの純粋な半導体結晶
- n形半導体 …… 電子密度が正孔密度より大きい半導体（電子の多い半導体）
- p形半導体 …… 正孔密度が電子密度より大きい半導体（正孔の多い半導体）

電子や正孔は、半導体における電荷の運び手という意味で、**キャリア**といいます。

半導体には、**電子**と**正孔（ホール）**の両キャリアが存在します。真性半導体は、キャリアが少なく、電流はほとんど流れません。**n形半導体**は電子が多数存在し（多数キャリアは**電子**）、**p形半導体**は正孔が多数存在し（多数キャリアは**正孔**）、電流が流れやすくなります。また、5価の元素をⅤ族の元素、3価の元素をⅢ族の元素と呼ぶこともあり、シリコン元素などの真性半導体に微量のⅤ族またはⅢ族の元素を不純物として加えて電気伝導度を大きくした半導体を、**不純物半導体**ということもあります。

ダイオード

図7-1-4 ダイオードの原理

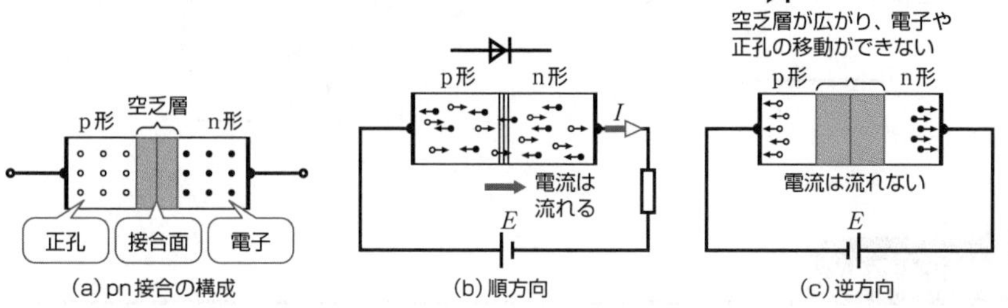

(a) pn接合の構成　(b) 順方向　(c) 逆方向

図7-1-4のように、n形半導体とp形半導体を接合したものを**ダイオード**といい、電流はpからnへは流れますが、nからpへは流れません。

図7-1-4(a)のように電圧を加えないときは、接合面付近に**空乏層**（キャリアのない部分）ができます。

図7-1-4(b)のように直流電圧を加えたとき、キャリアが移動し、電流が流れます（電子は＋に、正孔（ホール）は－に引き寄せられ、移動する）。このとき、pn接合は**順方向**、または**順方向バイアス**になっているといいます。

図7-1-4(c)のように、反対向きの直流電圧を加えたとき、キャリアは逆方向に引き寄せられるので空乏層が広がり、キャリアの移動ができなくなるため、電流は流れません。このとき、pn接合は、**逆方向**または**逆方向バイアス**になっているといいます。

図7-1-5 pn接合

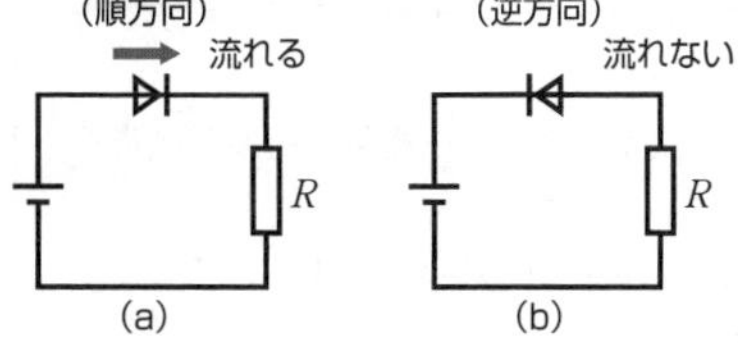

(a)　(b)

整流回路

交流を直流に直す回路を、**整流回路**といいます。

図7-1-6は**半波整流回路**といい、一方向だけ電流を流すので、出力波形は正の波形のみとなります。

図7-1-7のようにダイオード4個をブリッジ回路に接続した回路を、**全波整流回路**といいます。出力波形は、負の部分を正（＋）に折り返した形になります。

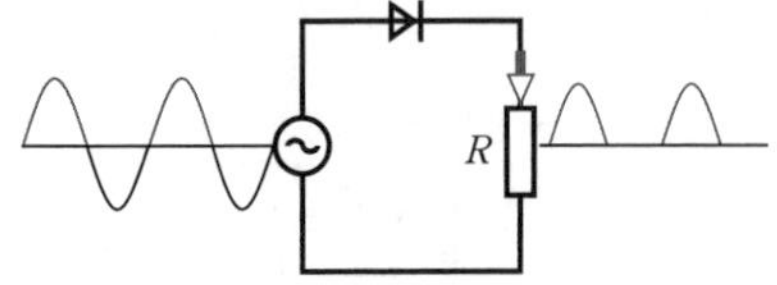

図7-1-6 半波整流回路

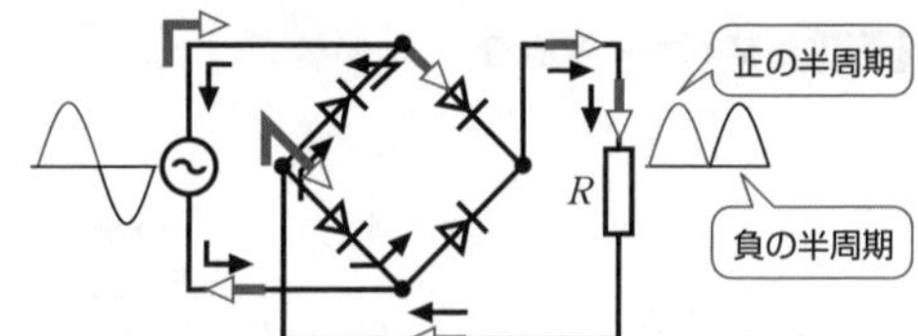

図7-1-7 全波整流回路

練習問題 〉01

半導体

半導体に関する記述として、正しいか誤りかを判別せよ。

(1) シリコン（Si）やゲルマニウム（Ge）の真性半導体においては、キャリアの電子と正孔の数は同じである。

(2) 真性半導体に微量のⅢ族またはⅤ族の元素を不純物として加えた半導体を不純物半導体といい、電気伝導度が真性半導体に比べて大きくなる。

(3) シリコン（Si）やゲルマニウム（Ge）の真性半導体にⅤ族の元素を不純物として微量だけ加えたものをｐ形半導体という。

(4) ｎ形半導体の少数キャリアは正孔である。

(5) 半導体の電気伝導度は温度が下がると小さくなる。

解説

(1) 真性半導体は、キャリアが少なく電流はほとんど流れませんが、キャリアである電子と正孔が、わずかですが同数存在します。

(2) 不純物半導体（ｐ形半導体またはｎ形半導体）は、真性半導体に比べ電気伝導度が大きくなります。

(3) Ⅲ族を不純物としたものをｐ形、Ⅴ族を不純物としたものをｎ形半導体といいます。

(4) ｎ形半導体の多数キャリアは電子、少数キャリアは正孔です。

(5) 半導体は、温度が上がると電流が流れやすくなります。電流の流れやすさを電気伝導度といい、伝導度を伝導率ということもあります。

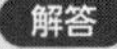
解答　(1) ○　(2) ○　(3) ×　(4) ○　(5) ○

7-2 トランジスタといえばスイッチングと増幅に用いる

● トランジスタの働き

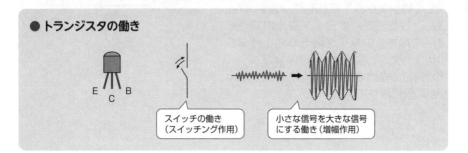

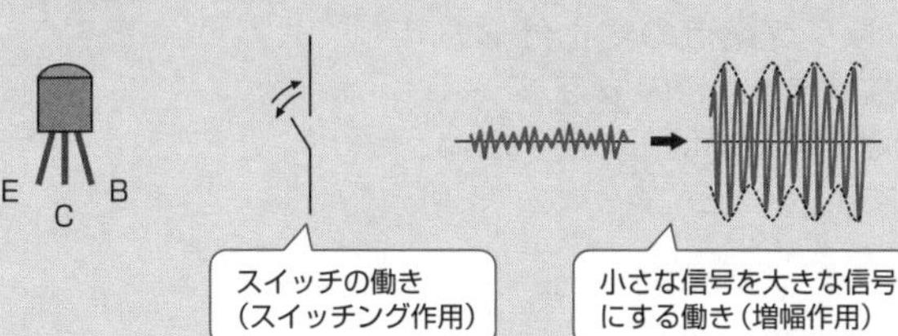

トランジスタ

トランジスタは、上図のようにスイッチとしての働き（スイッチング作用）や、小さな信号を大きな信号に増幅する働きを持ち、さまざまな電子回路に用いられます。

トランジスタにはnpn形とpnp形があり、**エミッタ(E)**、**ベース(B)**、**コレクタ(C)**の3つの電極があります（図7-2-1）。図記号はエミッタに矢印があり、矢印は電流の向きを表します（図7-2-2）。また、トランジスタの各電流をエミッタ電流I_E〔A〕、コレクタ電流I_C〔A〕、ベース電流I_B〔A〕とすると、次の関係があります（図7-2-3）。

$$I_E = I_C + I_B \text{〔A〕}$$

図7-2-1 トランジスタの構成

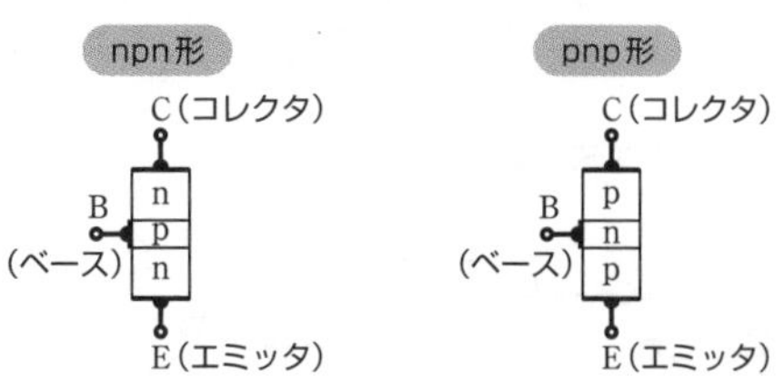

図7-2-2 トランジスタの図記号

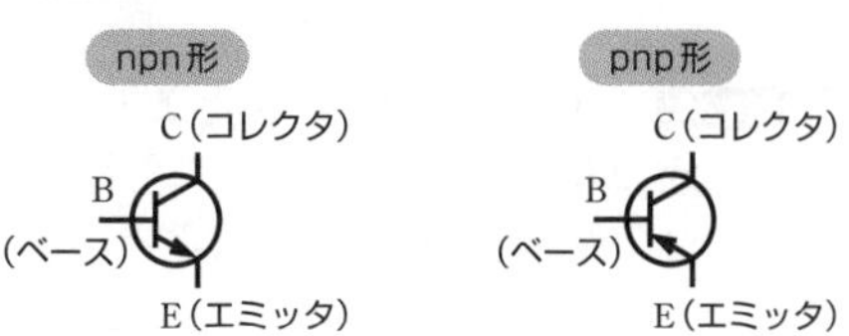

図7-2-3 トランジスタの電流

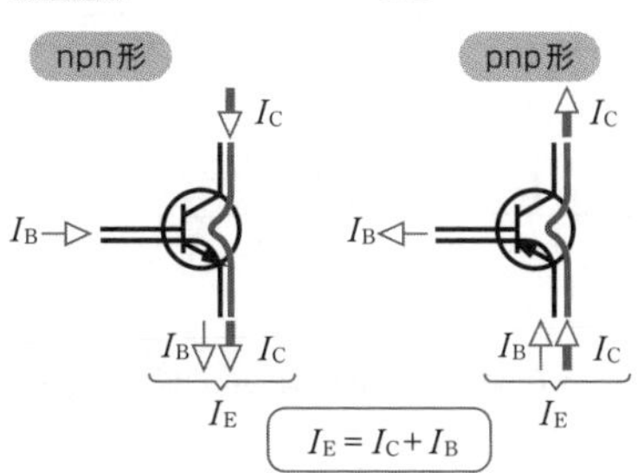

1
2
3
4
5
6
7
電子工学・電子回路

ベース接地回路

入力、出力のベースを共通にした回路を、**ベース接地回路**といいます。図7-2-4で V_{EB}〔V〕(エミッタとベース間の電圧) を変化させると、I_E、I_B、I_C〔A〕の大きさが変化します。

この微少変化分をそれぞれ ΔI_E、ΔI_B、ΔI_C としたとき、エミッタ電流の変化分 ΔI_E に対するコレクタ電流の変化分 ΔI_C の比は、次式となります。この α を**ベース接地回路の電流増幅率**といい、0.95～0.995程度の値になります。

図7-2-4 ベース接地回路

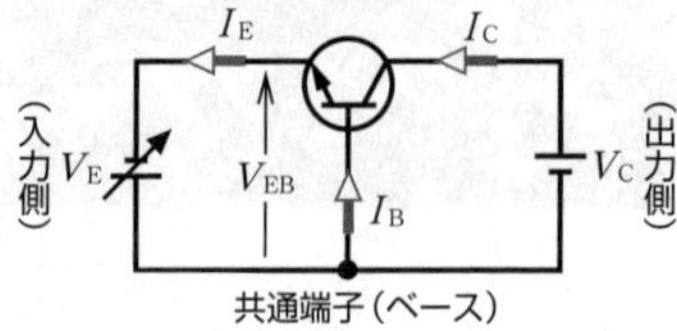

$$\alpha = \frac{\Delta I_C}{\Delta I_E}$$

エミッタ接地回路

入力、出力のエミッタを共通にした回路を、**エミッタ接地回路**といいます。

図7-2-5 エミッタ接地回路

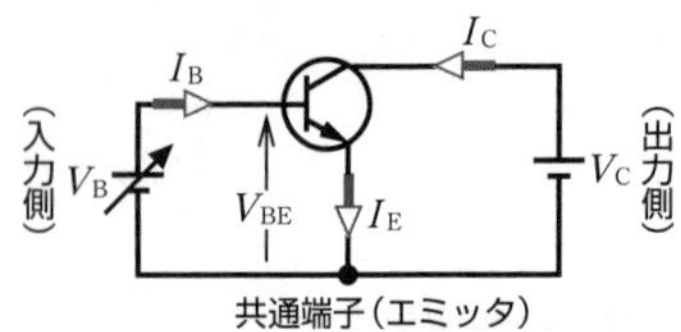

図7-2-5で V_{BE}〔V〕(ベースとエミッタ間の電圧) を変化させたときのベース電流の変化分 ΔI_B に対するコレクタ電流の変化分 ΔI_C の比は、次式となります。この β を**エミッタ接地回路の電流増幅率**といい、20～200程度の値になります。

$$\beta = \frac{\Delta I_C}{\Delta I_B}$$

ここで、$\alpha = \frac{\Delta I_C}{\Delta I_E}$、$\Delta I_E = \Delta I_C + \Delta I_B$ の関係より、

$$\beta = \frac{\Delta I_C}{\Delta I_B} = \frac{\Delta I_C}{\Delta I_E - \Delta I_C} = \frac{\frac{\Delta I_C}{\Delta I_E}}{1 - \frac{\Delta I_C}{\Delta I_E}} = \frac{\alpha}{1-\alpha}$$

となり、α の値がわかれば β の値が求められます。

POINT

▶ αといえばベース接地、βといえばエミッタ接地の電流増幅率

エミッタ電流　$I_E = I_C + I_B$〔A〕　コレクタ電流＋ベース電流

ベース接地回路の電流増幅率　$\alpha = \dfrac{\Delta I_C}{\Delta I_E}$　0.95～0.995

エミッタ接地回路の電流増幅率　$\beta = \dfrac{\Delta I_C}{\Delta I_B}$　20～200

$\beta = \dfrac{\alpha}{1-\alpha}$　αとβの関係

また、電流増幅率を次のように表すこともあります。

エミッタ接地回路において、コレクタ電流I_C〔A〕とベース電流I_B〔A〕の比を次式で表し、これを**直流電流増幅率**といいます。

直流電流増幅率　$h_{FE} = \dfrac{I_C}{I_B}$

コレクタ出力信号電流i_c〔A〕とベース入力信号電流i_b〔A〕の比を次式で表し、これを**小信号電流増幅率**といいます。これは信号分の増幅率で、βと同じです。

小信号電流増幅率　$h_{fe} = \dfrac{i_c}{i_b} = \beta = \dfrac{\Delta I_C}{\Delta I_B}$

I_B-I_C特性（ベース電流とコレクタ電流の関係の特性）が直線であれば$h_{FE} = h_{fe}$ですが、実際は図7-2-6のように曲線となるので、異なった値となります。

例えば、図のI_B-I_C特性の例で考えてみます。

$I_B = 50\mu A$のとき$I_C = 5$ mAより、直流電流増幅率h_{FE}と小信号電流増幅率h_{fe}は、それぞれ次のようになります。

$$h_{FE} = \frac{5\times10^{-3}}{50\times10^{-6}} = 100$$

$$h_{fe} = \frac{\Delta I_C}{\Delta I_B} = \frac{2.7\times10^{-3}}{20\times10^{-6}} = 135$$

図7-2-6　I_B-I_C特性の例

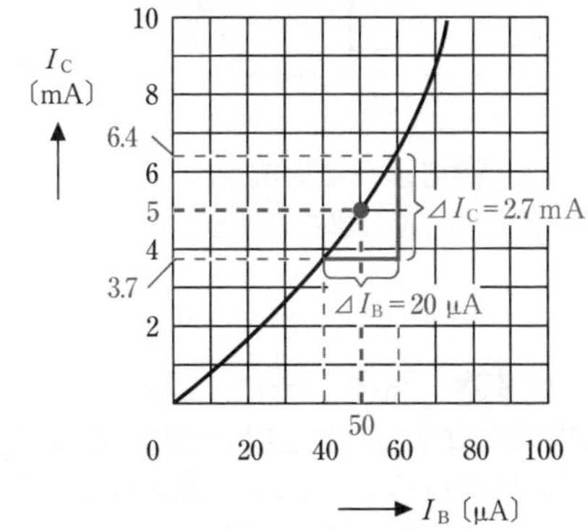

7-3 トランジスタ回路といえば増幅回路

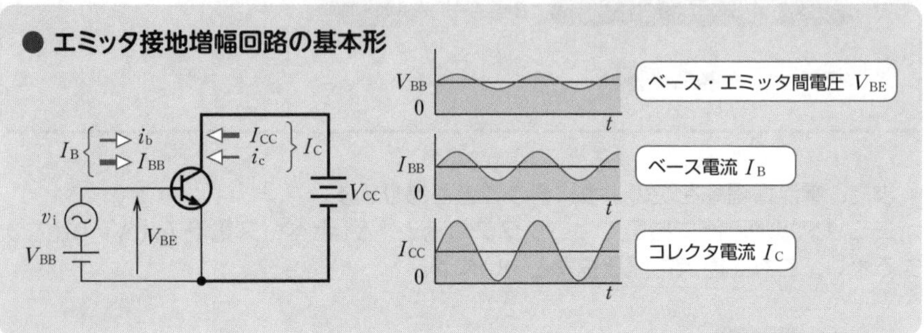

増幅作用

上図は、npn 形トランジスタを用いたエミッタ接地増幅回路の基本形です。増幅回路には V_{BB}、V_{CC}〔V〕の 2 つの直流電源が必要です。V_{BB}〔V〕をベースバイアス電源（ベースバイアス電圧）といいます。ベース、エミッタ間には、V_{BB}〔V〕に入力信号 v_i〔V〕を加えた電圧が加わります。これによりベース電流が変化し、コレクタ電流は大きな電流の変化となり、増幅作用を行います。

図7-3-1 直流分と交流分の増幅作用

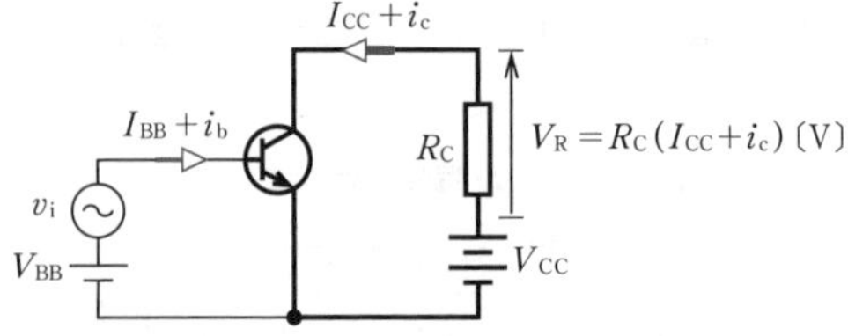

図7-3-1のように抵抗 R_C〔Ω〕を接続すると、R_C〔Ω〕には直流分と交流信号分の和の電圧 V_R〔V〕が生じます。

$$V_R = R_C(I_{CC} + i_c) = R_C I_{CC} + R_C i_c \text{〔V〕}$$ ← 直流分＋交流分

図7-3-2の(a)のように、コンデンサ C を通すことで、交流信号を取り出すことができます（C は直流は通しませんが、高い周波数の交流は通過します）。また、交流信号分に対して V_{CC}〔V〕は関係しないので、出力信号は図7-3-2の(b)のように取り出せます。C を結合コンデンサ、またはカップリングコンデンサといいます。

図7-3-2 交流信号を取り出す回路

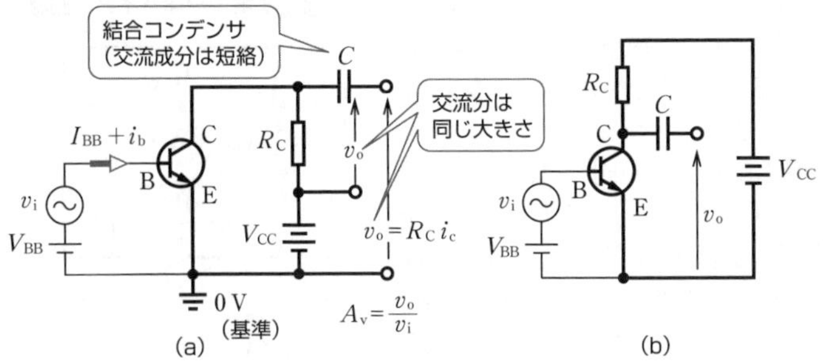

出力信号電圧 v_o〔V〕と入力信号電圧 v_i〔V〕の比 A_v を、**電圧増幅度**といいます。

$$A_v=\frac{v_o}{v_i}=\frac{出力電圧}{入力電圧}$$

図7-3-3は、入力に正弦波信号を加えたときの電圧、電流波形です。入力信号電圧と出力信号電圧は、逆位相になります。

図7-3-3 各部の波形

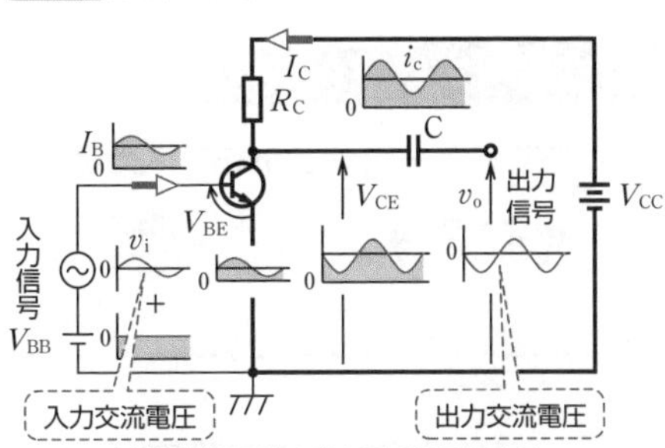

エミッタ接地増幅回路の出力電圧は反転する

バイアス回路

トランジスタ回路には、V_{CC}〔V〕と V_{BB}〔V〕の 2 個の直流電源が必要ですが、通常は V_{CC}〔V〕1 個の 1 電源とします。V_{BB}〔V〕の代わりにバイアス回路を構成します。ここでは、代表的な固定バイアス回路と、電流帰還バイアス回路を説明します。

固定バイアス回路

固定バイアス回路は、電源電圧 V_{CC} を R_B で下げて V_{BE} をつくります。この回路は、温度変化による影響が大きいのが特徴です。

$$V_{BE}=V_{CC}-V_{RB}=V_{CC}-R_B I_B\text{〔V〕}$$

$$R_B=\frac{V_{CC}-V_{BE}}{I_B}\text{〔Ω〕}$$

図7-3-4 固定バイアス回路

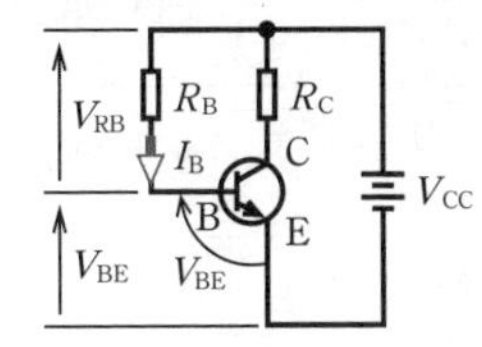

電流帰還バイアス回路

図7-3-5のように、V_{CC} を R_A と R_B で分圧してバイアス電圧をつくります。また、エミッタ抵抗 R_E と C_E を並列に接続します。これを**電流帰還バイアス回路**といいます。

$$V_{BE}=R_A I_A-R_E(I_C+I_B)\text{〔V〕}$$

トランジスタの温度上昇によりI_Cが増加すると、I_E（$= I_C + I_B$）が増加し、R_Eの電圧降下が大きくなります。結果としてエミッタ電位が上昇し、V_{BE}が小さくなり、I_Cが減少します。

この回路は、温度上昇による出力側（コレクタ電流I_C）の変化を、入力側（V_{BE}の電圧）に帰還させ（出力の変化を入力に伝え）、温度による特性の変動を抑える働きをするので、安定した増幅回路となります。C_Eは**バイパスコンデンサ**といい、交流信号を通過させて、交流成分の増幅度が下がらないようにします。一般に、電流帰還バイアス回路が最も多く使われます。

図7-3-5 電流帰還バイアス回路

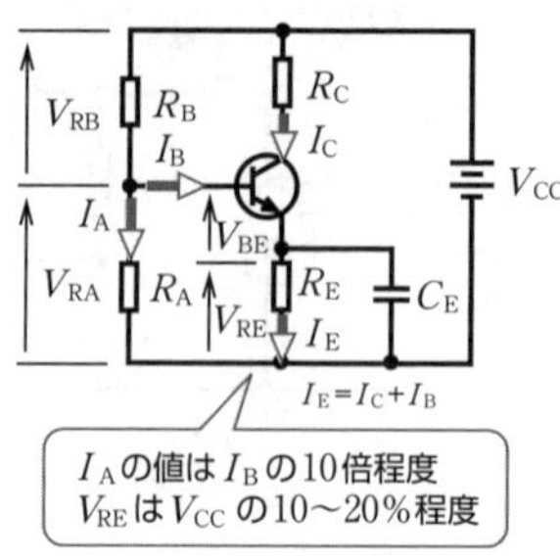

POINT

▶**電圧増幅度** といえば **出力電圧と入力電圧の比**

電圧増幅度 $A_v = \frac{v_o}{v_i}$ ← 出力電圧／入力電圧

▶**固定バイアス回路の抵抗** といえば V_{RB}をI_Bで割る

$$R_B = \frac{V_{CC} - V_{BE}}{I_B} \text{〔Ω〕}$$

図7-3-6 トランジスタ増幅回路の接地方式の比較

接地方式	エミッタ接地回路	ベース接地回路	コレクタ接地回路
基本回路	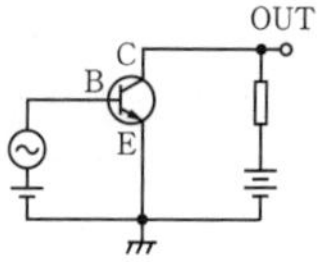 OUT C B E	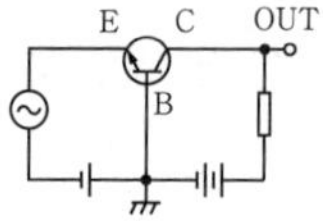 E C OUT B	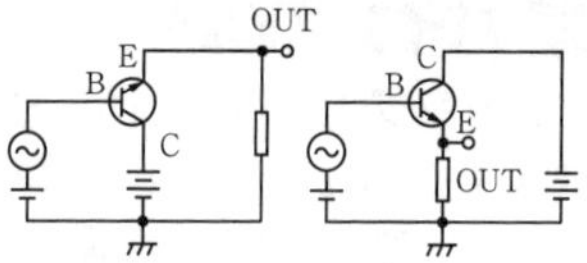 OUT E B C ／ C B E OUT
別の呼称	エミッタ共通回路	ベース共通回路	コレクタ共通回路、エミッタフォロワ
入力インピーダンス	低い（小さい）	低い（小さい）	高い（大きい）
出力インピーダンス	高い（大きい）	高い（大きい）	低い（小さい）
電圧増幅度	大きい	大きい	ほぼ1
電流増幅度	大きい	ほぼ1	大きい
入出力の位相	逆相（入力信号と出力信号の位相が反転する）	同相	同相
他の特徴	最も一般的な増幅器	周波数特性がよい	低インピーダンスの負荷に適する。周波数特性がよい。エミッタ電圧が入力電圧に追従（フォロー）する

トランジスタの h パラメータ

図7-3-7 を考えるにあたっては、エミッタ接地のトランジスタ増幅器の交流信号に対する増幅率の計算において h パラメータ（h 定数）を用いると便利です。

次の 4 定数 h_{ie}、h_{re}、h_{fe}、h_{oe} により増幅回路の特性が決まります。

※ h（ハイブリッド）：インピーダンスやアドミタンスなどの混合定数、e：エミッタ接地を表します。

図7-3-7 交流信号の回路

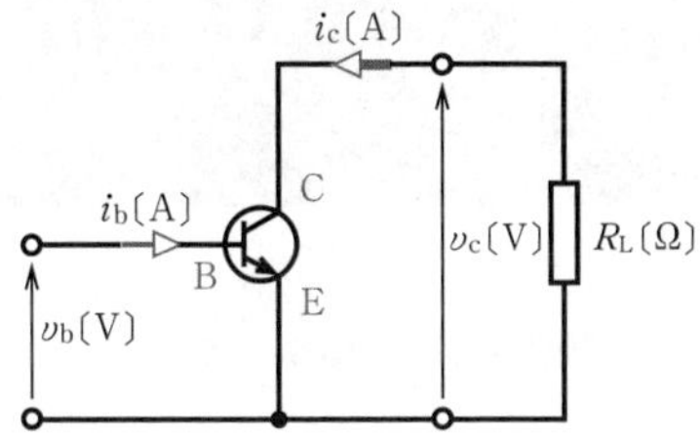

入力インピーダンス

入力電圧と入力電流の比　$h_{ie} = \dfrac{v_b}{i_b}$〔Ω〕

電圧帰還率

入力電圧と出力電圧の比　$h_{re} = \dfrac{v_b}{v_c}$

電流増幅率

出力電流と入力電流の比　$h_{fe} = \dfrac{i_c}{i_b}$

出力アドミタンス

出力電流と出力電圧の比　$h_{oe} = \dfrac{i_c}{v_c}$〔S〕

等価回路

h パラメータを用いて、入力電圧 v_b と出力電流 i_c を式で表すと次式のようになります。

$$v_b = h_{ie} i_b + h_{re} v_c \quad \cdots (1)$$
$$i_c = h_{fe} i_b + h_{oe} v_c \quad \cdots (2)$$

式 (1)、式 (2) を回路で表すと 図7-3-8 のようになります。

式 (1)、(2) の第 2 項は、小さく無視できる場合は、式 (3)、(4) のようになり、等価回路は、図7-3-9 のように簡単になります。

$$v_b = h_{ie} i_b \quad \cdots (3)$$
$$i_c = h_{fe} i_b \quad \cdots (4)$$

図7-3-8 等価回路

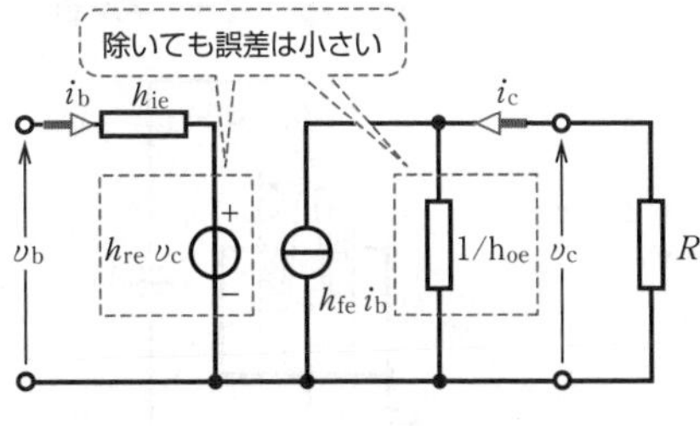

図7-3-9 簡単化した等価回路

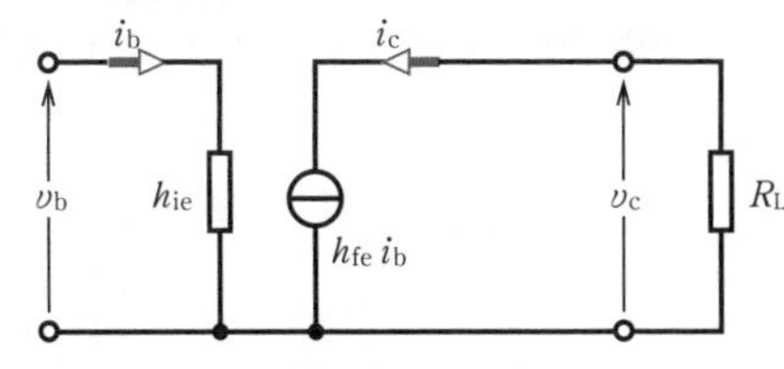

第1部 理論　第2部 機械　第3部 電力　第4部 法規　第5部 電験三種に必要な数学

7-4 FET といえば 入力インピーダンスの大きいトランジスタ

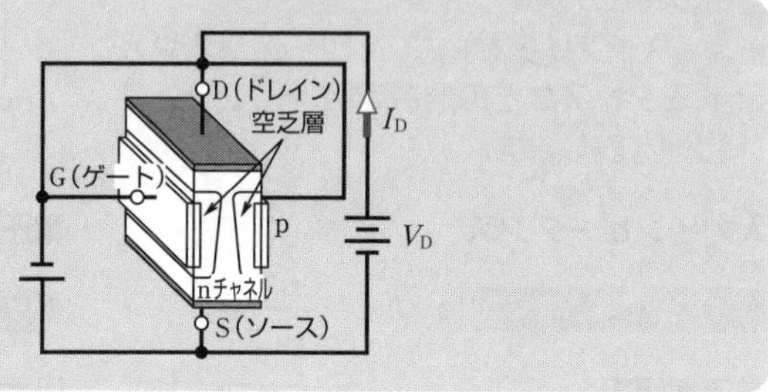

FET

FET（電界効果トランジスタ）は、スイッチング素子や増幅素子として利用されます。

FET には、D（ドレイン）、S（ソース）、G（ゲート）の 3 つの電極があり、ゲート電極に電圧をかけ、**チャネル**（電流を流す通路）の電界により電子または正孔の流れに関門（ゲート）を設ける原理で、ソース・ドレイン端子間の電流を制御するトランジスタです。接合形トランジスタ（一般のトランジスタ）は二種類のキャリア（電子と正孔）を用いるバイポーラトランジスタであり、電界効果トランジスタは一種類のキャリアしか用いない**ユニポーラトランジスタ**です。

FET は、流れるキャリアの量を電界で制御します。半導体中でキャリアが流れ、電流が制御される部分を、チャネルといいます。チャネルには、半導体に n 形と p 形が存在するように、n 形チャネルと p 形チャネルの 2 種類があります。**n 形チャネル**は伝導に寄与するキャリアが電子の場合、**p 形チャネルは伝導に寄与するキャリアがホールの場合**です。

図7-4-1 は n 形チャネルの例で、V_G〔V〕の大きさで空乏層の広がりを変えて、n 形チャネルの電子の流れを制御します。

空乏層（くうぼうそう）とは、キャリアがほとんどなく、電気的に絶縁された領域のことで、欠乏層ともいいます。

図7-4-1 n 形チャネル FET

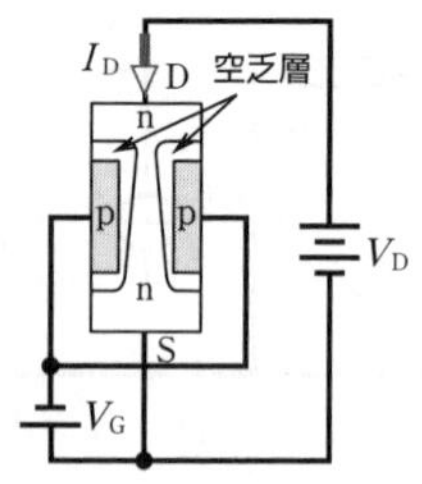

図7-4-2 接合形 FET

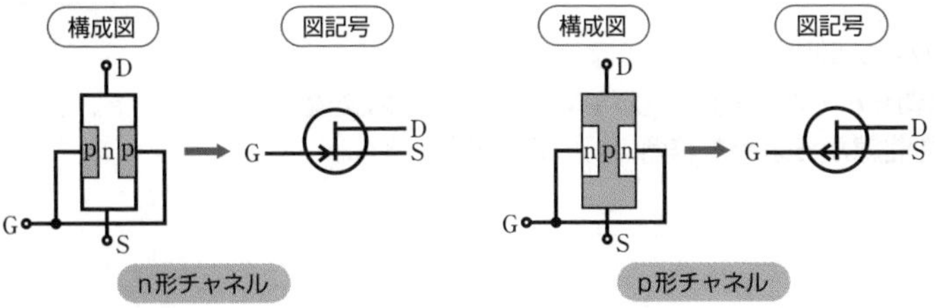

構成図　図記号　構成図　図記号

D　p n p　G　D S　n形チャネル

D　n p n　G　D S　p形チャネル

図7-4-3 MOS 形 FET

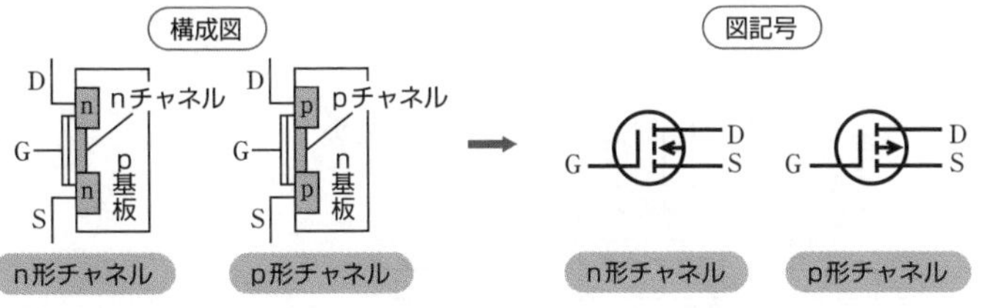

図7-4-2 は接合形 FET、**図7-4-3** は MOS（モス）形 FET の構成図と図記号の例です。接合形は電極が pn 接合になっており、MOS 形は絶縁物をはさんでゲート電極を接続したものです。

POINT

▶ FET（電界効果トランジスタ）といえば

- ・接合形と MOS 形がある
- ・電界で電流の制御を行う

練習問題 〉01

MOS 形 FET 増幅回路

図 1 は、MOS 形 FET 増幅回路を示し、図 2 は、その FET の静特性を示す。次の (a) 及び (b) に答えよ。

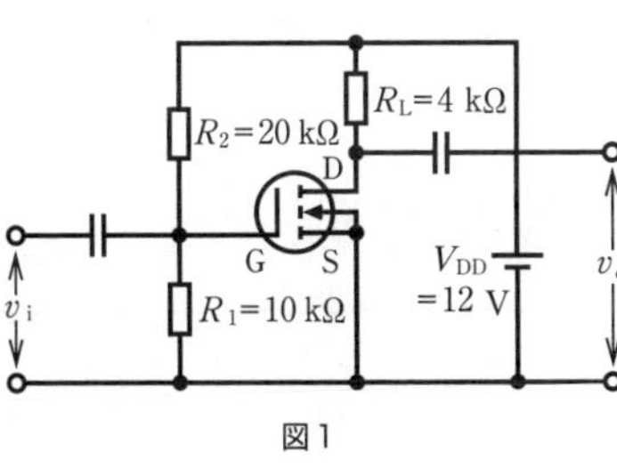

図1

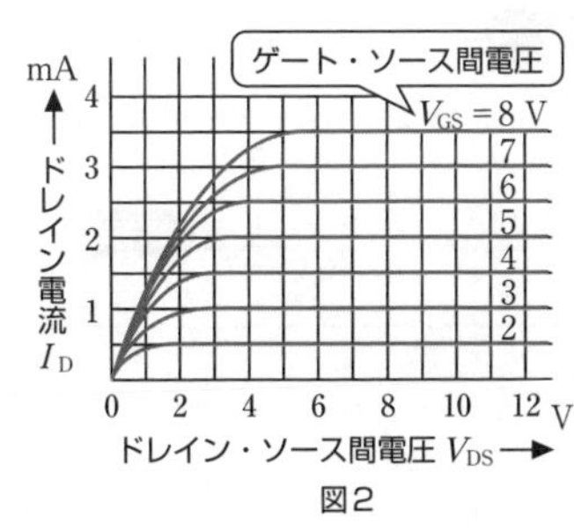

図2

(a) ゲート・ソース間電圧 V_{GS}〔V〕は。

(b) 入力交流電圧 v_i〔V〕の最大値が 1 V のときの出力交流電圧 v_o〔V〕を、図 2 の静特性曲線から求めた場合、v_o〔V〕の最大値は。

解き方

(a)

①ゲート・ソース間電圧 V_{GS}〔V〕は R_1〔Ω〕の電圧に等しいので、

$$V_{GS} = V_{DD} \times \frac{R_1}{R_1 + R_2} = 12 \times \frac{10}{10+20} = 4.0\ \text{V}$$ 分圧の公式

(b)

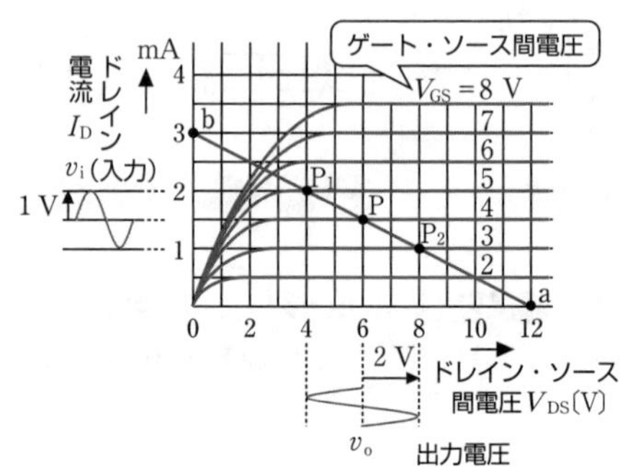

負荷線を引いて考えます。

① I_D = 0 mA のとき、V_{DS} = 12 V の点を a とします（D-S 間開放電圧）。

② V_{DS} = 0 V のとき、

$$I_D = \frac{V_{DD}}{R_L} = \frac{12}{4 \times 10^3} = 3 \times 10^{-3}\ \text{A}$$

$$= 3\ \text{mA}$$

の点を b とします（D-S 間短絡電流）。

③ a 点と b 点を直線で結びます（負荷線という）。

④ゲート・ソース間の電圧 V_{GS} = 4.0 V の曲線と負荷線との交点を P とします。

⑤入力交流電圧 v_i の最大値が 1 V のとき（上下に± 1 V 変化したとき）、特性曲線の P_1 から P_2 の間を変化することになり、v_o〔V〕は 6 V を中心に± 2.0 V の範囲で変化するので、v_o の最大値は、2.0 V となります。

解説

この問題で、負荷線の引き方を練習しましょう。

解答 (a) 4.0 V (b) 2.0 V

7-5 オペアンプ といえば 理想的な増幅器

● オペアンプ

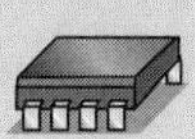

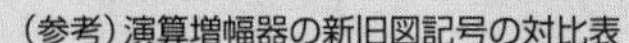

（参考）演算増幅器の新旧図記号の対比表

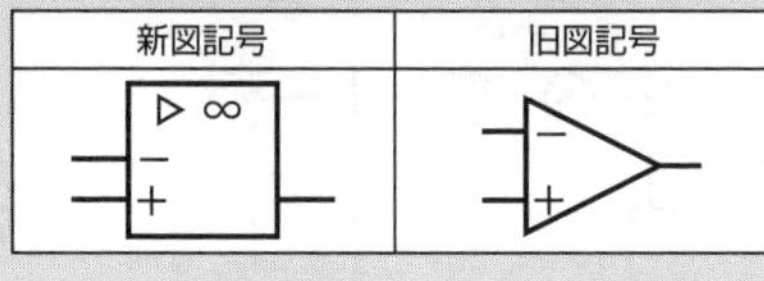

新図記号
旧図記号
▷ ∞
−
+

試験では新図記号で出題されますが、一般的には旧図記号が用いられています

理想増幅器

音声を増幅する音響機器やラジオ、テレビなどの電子機器には、多数の増幅器が使われています。小さな信号を大きな信号にするのに増幅器として理想的なものを、理想増幅器といいます。

オペアンプ（OP アンプ）は**演算増幅器**（えんざんぞうふくき）ともいい、理想増幅器に近い特性を持っており、増幅回路の設計が容易にできます。

POINT

▶**理想増幅器の条件** といえば **次の 5 つ**

①入力インピーダンスが**無限大**　②出力インピーダンスは**ゼロ**
③電圧増幅度は**無限大**　④低い周波数から高い周波数まで**一定の増幅**が可能
⑤雑音（ノイズ）が発生しない

オペアンプ

オペアンプは、**反転入力**、**非反転入力**の 2 つの入力端子と、**1 つの出力端子**を持つ増幅器で、図7-5-1のような記号で表します。一般に、正負の同じ大きさの 2 つの電源を必要とし、± 15 V が多く使われます。

演算増幅器の入力インピーダンス（Z_i）は非常に大きく、出力インピーダンス（Z_o）は小さく、また、電圧利得（A_v）はとても大きいので、$Z_i = \infty$、$Z_o = 0$、$A_v = \infty$と考えます。電圧利得 A_v は、出力電圧 V_o〔V〕と入力電圧 V_i〔V〕の比で、

$A_v = \dfrac{V_o}{V_i}$より、

$V_o = A_v V_i$〔V〕、$V_i = \dfrac{V_o}{A_v}$〔V〕、　$A_v = \infty$とすると、$V_i \fallingdotseq 0$ V から、

図7-5-1 オペアンプ

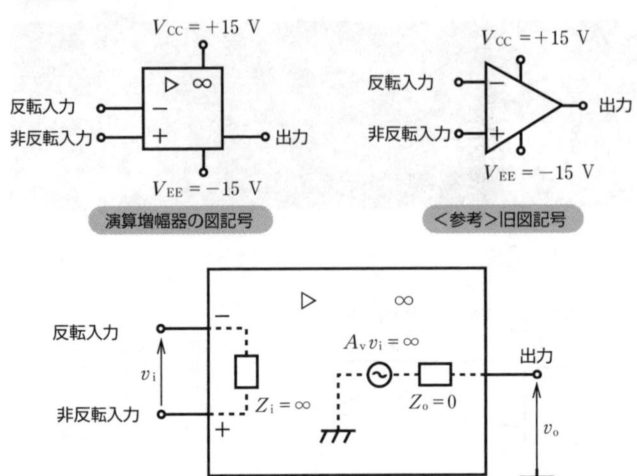

入力端子間の電圧は 0 V で短絡しているように動作するので、**バーチャルショート**（仮想的短絡）、またはイマジナリショートといいます。

反転増幅回路と非反転増幅回路

図7-5-2 の回路において、

$$V_1 = R_1 I_1$$
$$V_2 = -R_2 I_1$$

より（バーチャルショートより、−端子が 0 V と考える）、回路の電圧増幅度は、

$$A_v = \frac{V_2}{V_1} = \frac{-R_2 I_1}{R_1 I_1} = -\frac{R_2}{R_1}$$

となります。式に負符号があり、入力電圧と出力電圧は位相が反転するので、**反転増幅回路**（逆相増幅回路）といいます。

図7-5-2 反転増幅回路

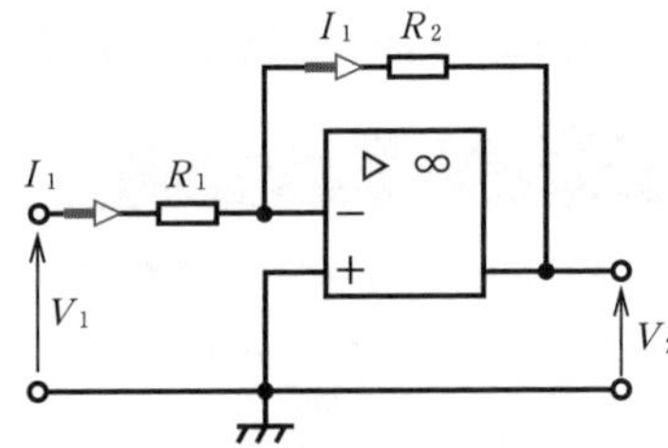

図7-5-3 非反転増幅回路

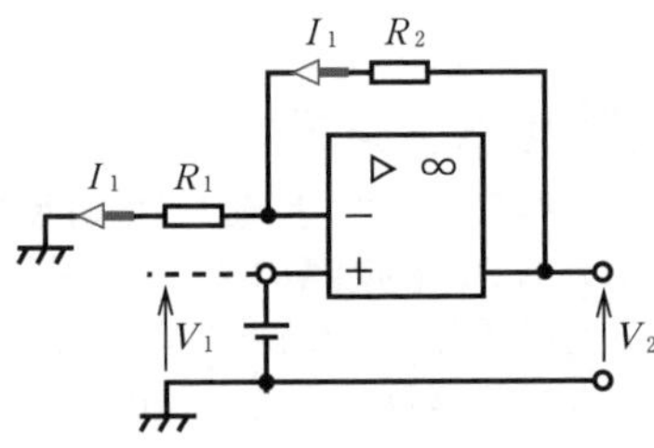

図7-5-3 は、入力と出力電圧の位相が同じなので、**非反転増幅回路**（正相増幅回路）といいます。図において、

$$R_1 I_1 = V_1 \text{〔V〕}、(R_1 + R_2) I_1 = V_2 \text{〔V〕}$$

より（バーチャルショートより、−端子が V_1〔V〕と考える）、電圧増幅度は、

$$A_v = \frac{V_2}{V_1} = \frac{(R_1 + R_2) I_1}{R_1 I_1} = 1 + \frac{R_2}{R_1}$$

図7-5-3 で $R_1 = 10\ \text{k}\Omega$、$R_2 = 20\ \text{k}\Omega$ のときは、$A_v = 3$ となります。

練習問題 ＞ 01

図1及び図2のような増幅回路においてそれぞれの出力電圧V_{o1}〔V〕、V_{o2}〔V〕の値は。

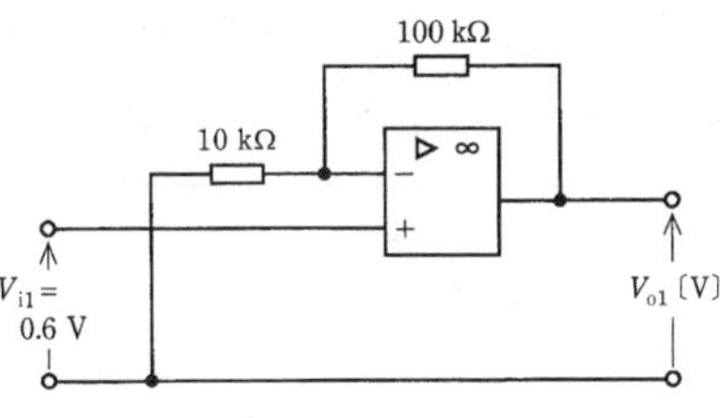

図1　非反転増幅回路（正相増幅回路）

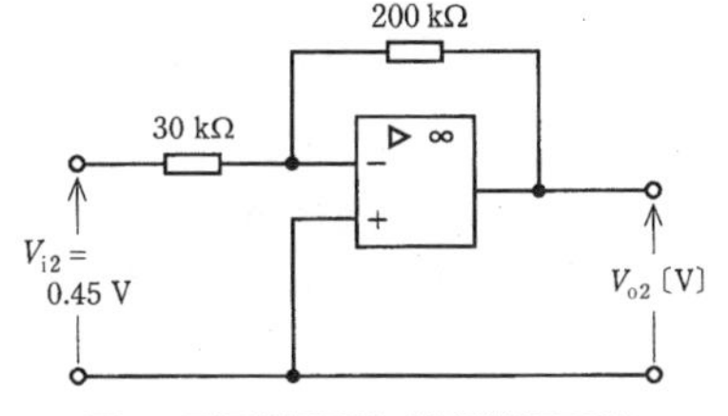

図2　反転増幅回路（逆相増幅回路）

解き方

図1は、非反転増幅回路です。

$R_1 = 10$ kΩ、$R_2 = 100$ kΩ、$V_{i1} = 0.6$ Vを電圧増幅度の公式に代入すると、

$$A_v = \frac{V_{o1}}{V_{i1}} = 1 + \frac{R_2}{R_1} \qquad \frac{V_{o1}}{0.6} = 1 + \frac{100}{10} = 11$$

$$V_{o1} = 0.6 \times 11 = 6.6\ \text{V}$$

図2は、反転増幅回路です。

$R_1 = 30$ kΩ、$R_2 = 200$ kΩ、$V_{i2} = 0.45$ Vを電圧増幅度の公式に代入すると、

$$A_v = \frac{V_{o2}}{V_{i2}} = -\frac{R_2}{R_1} \qquad \frac{V_{o2}}{0.45} = -\frac{200}{30}$$

$$V_{o2} = -\frac{200}{30} \times 0.45 = -3.0\ \text{V}$$

別解

各抵抗の電圧から求める方法もあります。

図1′

①バーチャルショート（2つの入力端子は同電位）から−端子は0.6 V（+端子と同電位）

10 kΩの電流は$\dfrac{0.6\ \text{V}}{10\ \text{k}\Omega}$〔A〕

② 100 kΩの電圧は、電流×抵抗より

$$\frac{0.6\ \text{V}}{10\ \text{k}\Omega} \times 100\ \text{k}\Omega = 6.0\ \text{V}$$

③出力電圧V_{o1}は、

$V_{o1} = 0.6 + 6.0 = +6.6$ V

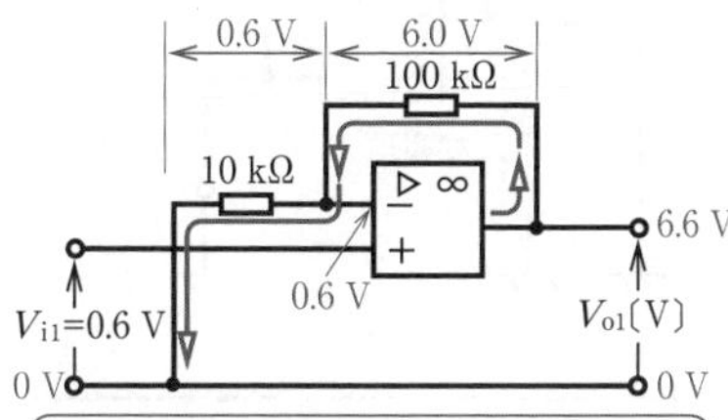

図1′

図 2′

①バーチャルショートから－端子は 0 V（＋端子の 0 V と同電位）、

30 kΩ の電流は $\dfrac{0.45\ \text{V}}{30\ \text{k}\Omega}$〔A〕

② 200 kΩ の電圧は、電流×抵抗より

$\dfrac{0.45\ \text{V}}{30\ \text{k}\Omega} \times 200\ \text{k}\Omega = 3.0\ \text{V}$

③－端子が 0 V、電流が右向きであることから、出力電圧は負の値となるので、$V_{o2} = -3.0\ \text{V}$

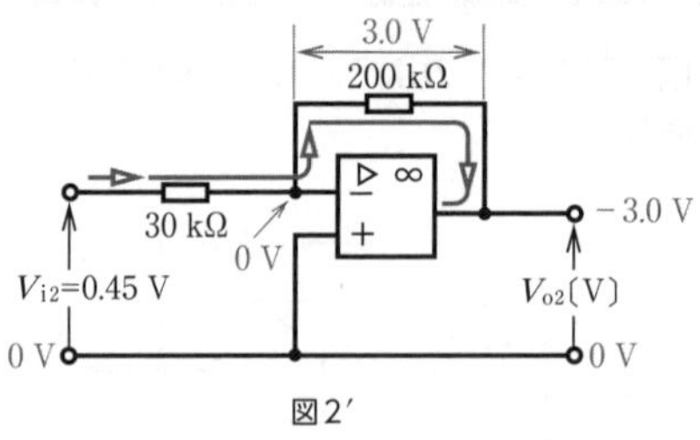

図2′

解答 $V_{o1} = 6.6\ \text{V}$、$V_{o2} = -\ 3.0\ \text{V}$

例題 1

｜重要度★★★｜令和 2 年度｜理論｜問 13｜

演算増幅器及びそれを用いた回路に関する記述として、誤っているものを次の (1) ～ (5) のうちから一つ選べ。

(1) 演算増幅器には電源が必要である。

(2) 演算増幅器の入力インピーダンスは、非常に大きい。

(3) 演算増幅器は比較器として用いられることがある。

(4) 図 1 の回路は正相増幅回路、図 2 の回路は逆相増幅回路である。

(5) 図 1 の回路は、抵抗 R_S を 0 Ω に（短絡）し、抵抗 R_F を∞ Ω に（開放）すると、ボルテージホロワである。

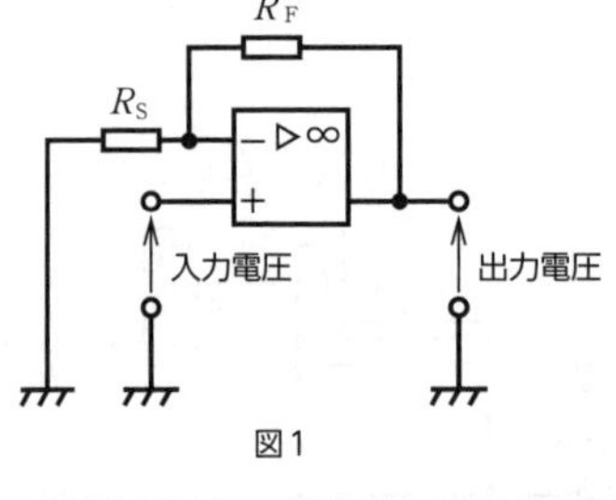

図1

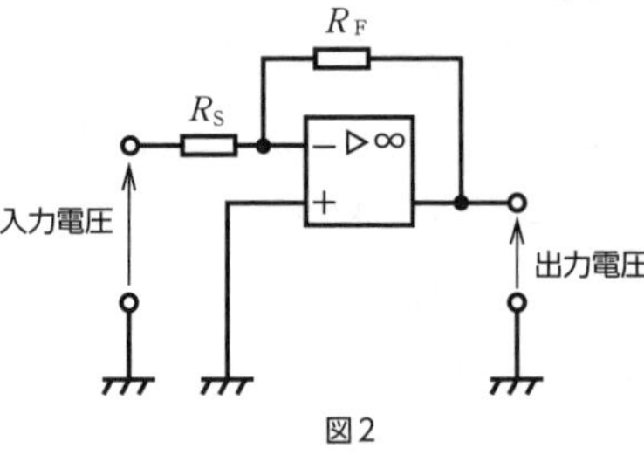

図2

解き方

解答（5）

(1) 演算増幅器は右図のように±の電源が必要です。…正しい

$+V_{CC}$
反転入力端子（逆相入力端子）V_{in-}
非反転入力端子（正相入力端子）V_{in+}
出力端子 V_{out}
$-V_{EE}$

(2) 演算増幅器の入力インピーダンスは非常に大きく、出力インピーダンスは非常に小さいです。…正しい

(3) 演算増幅器は比較器（コンパレータ）として用いられることがあります（一方の入力に基準電圧を加え、もう一方の電圧を基準電圧と比較し V_{out} に High か Low を出力する）。…正しい

(4) 図 1 は正相増幅回路（非反転増幅回路）、図 2 は逆相増幅回路（反転増幅回路）です。…正しい

(5) 図 a の回路は、R_S を∞ Ω に（開放）し、R_F を 0 Ω に（短絡）すると、ボルテージホロワです（図 b）。(5) の「R_S を 0 Ω に（短絡）し、R_F を∞ Ω に（開放）する」の記述は誤り。

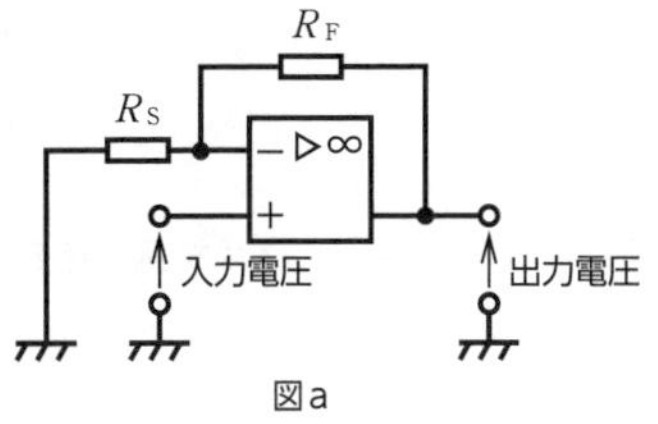

図a

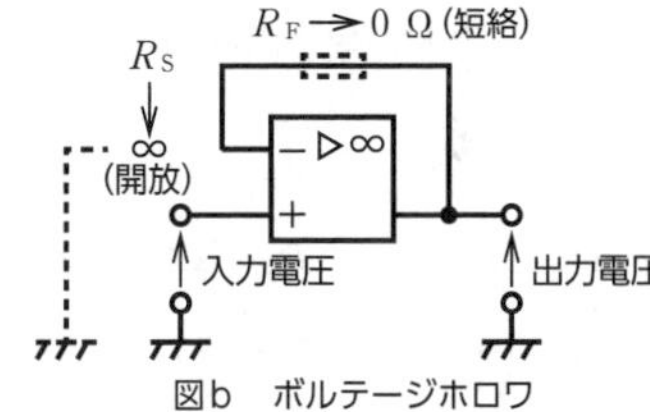

図b　ボルテージホロワ

参考

ボルテージホロワは、増幅度が 1 の正相増幅回路（非反転増幅回路）で、

電圧増幅度 $= 1 + \dfrac{R_F}{R_S}$ において、R_S を∞ Ω、R_F を 0 Ω にした回路です。

ボルテージホロワの特徴は次の通りです。

・入力と出力の電圧が等しい。
・入力インピーダンスが大きい。
・出力インピーダンスが小さい。
・インピーダンス変換器として使われる。

コラム

電圧の加算回路

$V_1 + \cdots + V_n$ に比例した出力電圧 V_o を得る回路を考えます。

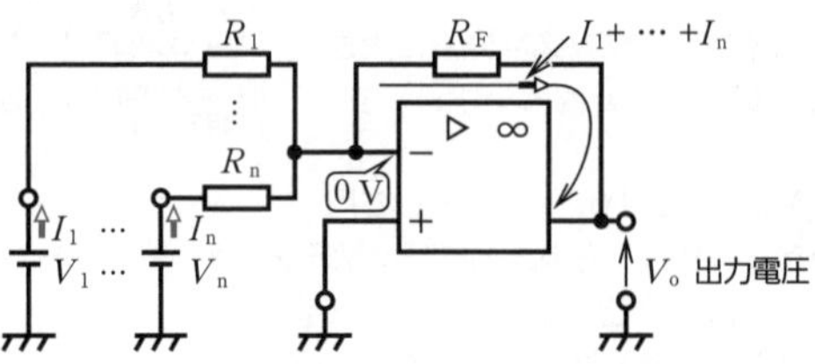

図の回路で、バーチャルショートより−端子と＋端子は0Vとして考えます。

$$I_1 = \frac{V_1}{R_1}〔A〕\cdots I_n = \frac{V_n}{R_n}〔A〕$$（電流は0V方向へ流れる）

−（マイナス）の入力端子には電流が流れ込まないので、$I_1 \cdots I_n$ はすべて R_F を流れます。

したがって、V_o は、

$$V_o = -R_F\,(I_1 + \cdots + I_n)$$（出力端子は負電位になり出力端子に電流が流れ込む）

$$= -R_F\left(\frac{V_1}{R_1} + \cdots + \frac{V_n}{R_n}\right)〔V〕$$

ここで、$R_1 = \cdots = R_n = R$ とすれば、

$$V_o = -\frac{R_F}{R}\,(V_1 + \cdots + V_n)〔V〕$$

であり、電圧の和に比例した出力電圧が得られます。

※ただし、出力は反転し、電圧は電源電圧よりも低い値で飽和します。

第 2 部

機械

1-1 変圧器といえば 交流の電圧を変える装置

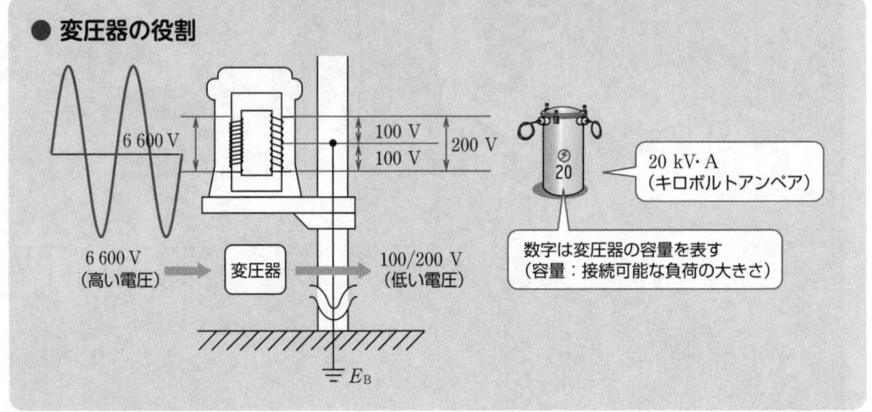

変圧器とは

変圧器はトランスともいい、電力会社から送られる6 600 Vの交流電圧を、家電製品で使える100 Vや工場で利用する電動機用電源の200 Vに変換するなど、目的にあった電圧に変える機器です。

変圧器の構造

変圧器は鉄心に2つの巻線(まきせん)（コイル）を巻いた構造をしており、一方の巻線に交流電圧を加えると、他方の巻線に巻数に比例した電圧が得られます。

図1-1-1 単相変圧器の基本構造

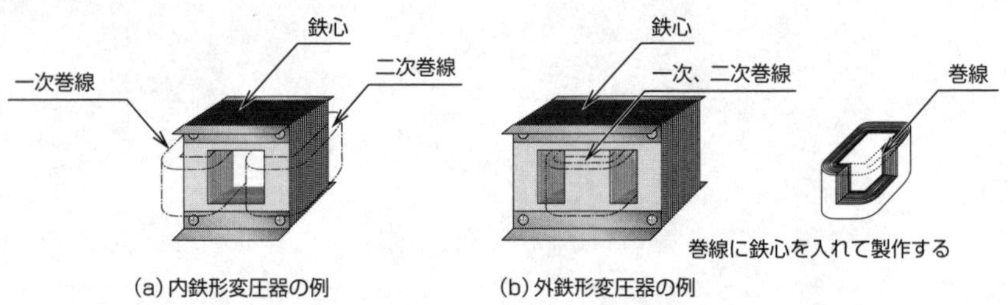

(a) 内鉄形変圧器の例

(b) 外鉄形変圧器の例

巻線（コイル）

電源に接続する巻線（入力側）を**一次巻線**（一次コイル）、変圧器の負荷に接続する巻線（出力側）を**二次巻線**（二次コイル）といいます。また、一次巻線の巻数 N_1 と二次巻線の巻数 N_2 の比 N_1/N_2 を**巻数比**といい、a で表します。

鉄心（コア）

変圧器の鉄心は**電磁鋼板**（電磁鋼帯を変圧器用に切ったもの）でつくられ、磁束の通り道をつくるための磁気回路をつくります。鉄心内で発生する損失（鉄損）を小さくするなど特性をよくするために、鉄に少しのけい素を含有させるので、これを**けい素鋼板**ということもあります。図1-1-1(a)のように、鉄心がコイルの内側にあってコイルが外側にある構造を**内鉄形**、図1-1-1(b)のように、コイルが鉄心の内側にあって鉄心が外側にある構造を**外鉄形**といいます。

理想的な変圧器

図1-1-2 巻数比

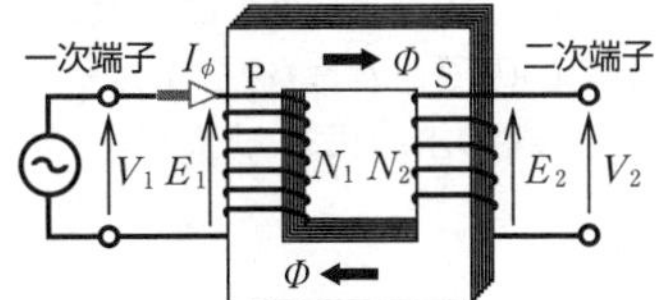

P：一次巻線
S：二次巻線
一次端子：電源と変圧器を接続するところ
二次端子：変圧器と負荷を接続するところ

巻線は抵抗がなく、磁束は全部鉄心を通り、鉄心の損失（磁束は磁化の方向を変えたり、渦電流を流すために、少しのエネルギーを消費します）がない、理想的な変圧器を考えます。この変圧器の二次端子を開放し、一次端子に電圧 V_1〔V〕を加えると、わずかな電流が流れ込み、鉄心中に交番磁束（交流状に変化する磁束）Φ ができ、Φ により一次巻線（巻数は N_1）に起電力 E_1〔V〕を誘起します。同時に、二次巻線（巻数は N_2）に起電力 E_2〔V〕を誘起します。両起電力の比 E_1/E_2 は、巻数比 N_1/N_2 に等しく、a で表します。

理想的な変圧器の巻数比 $$\frac{E_1}{E_2}=\frac{N_1}{N_2}=a$$

二次端子の電圧を V_2〔V〕とすれば、無負荷では二次電流は流れないので、$V_2=E_2$ であり、一次電圧 V_1〔V〕と二次電圧 V_2〔V〕の比、すなわち電圧比（変圧比ともいいます）は、次のようになります。

1 2 3 4 5 6 7 8 9 10 11 変圧器

POINT

▶**巻数比** といえば **電圧比、起電力比と同じ**

電圧比（変圧比） $\frac{V_1}{V_2} = \frac{E_1}{E_2} = \frac{N_1}{N_2} = a$ 　巻数比 $a = \frac{N_1}{N_2}$

電圧比＝起電力比＝巻数比＝ a

電圧 V_1〔V〕を加えたときに流れるわずかな電流 I_ϕ〔A〕は、鉄心内に磁束 Φ をつくるために流れるもので、これを**磁化電流**※1と呼びます。

図1-1-3 電流比

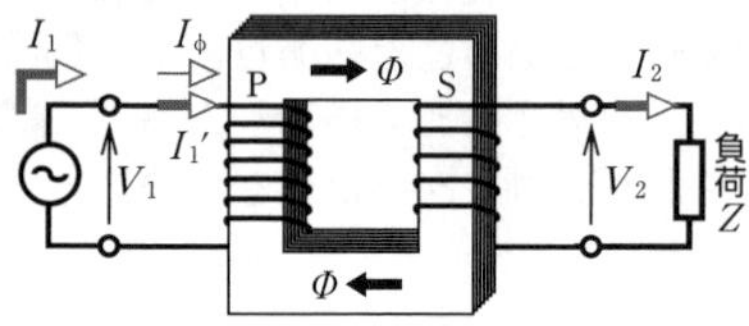

図1-1-3 のように電源電圧 V_1〔V〕を加え、変圧器の二次端子に負荷（インピーダンス Z）を接続すれば、負荷に二次端子電圧 V_2〔V〕が加わるので、$I_2 = (V_2/Z)$〔A〕が流れます。これを**負荷電流**といいます。このとき、一次側には負荷電流に相当する電流 $I_1' = I_2/a$〔A〕が新たに流入します。一次に流れる全電流、すなわち一次電流 I_1〔A〕は、磁化電流 I_ϕ〔A〕と I_1'〔A〕の合成電流となりますが、磁化電流 I_ϕ〔A〕はとても小さいので、$I_1 \fallingdotseq I_1'$ です。

一次電流と二次電流の比を**電流比**または変流比といい、次のようになります。

POINT

▶**電流比** といえば **巻数比の逆数**

電流比（変流比） $\frac{I_1}{I_2} = \frac{N_2}{N_1} = \frac{1}{a}$

最大磁束密度 B_m〔T（テスラ）〕

鉄心を通る交番磁束（変化する磁束）によって、コイルに誘導起電力 E〔V〕を生じます。誘導起電力 E〔V〕は、周波数 f〔Hz〕、コイルの巻数 N、磁束の最大値 Φ_m〔Wb〕に比例します。

$$E = 4.44 f N \Phi_m \text{〔V〕}$$

鉄心の単位面積（1 m^2）当たりに通すことのできる最大の磁束には限界があり、これを**最大磁束密度** B_m〔T（テスラ）〕といいます。磁束の最大値（最大磁束）Φ_m〔Wb（ウェーバ）〕は、最大磁束密度 B_m〔T〕と鉄心の断面積 A の積です。

$$\Phi_m = B_m A \text{〔Wb〕}$$

磁束の最大値＝最大磁束密度×鉄心の断面積

※1 **磁化電流の大きさ**：磁化電流はとても小さいので、計算上は、これを無視することが多いです。

POINT

▶**コイルの起電力** といえば $fN\Phi_m$ に比例

誘導起電力 $E = 4.44fN\Phi_m$〔V〕

最大磁束密度 $B_m = \dfrac{E}{4.44fNA}$〔T〕

最大磁束 $\Phi_m = B_m A = \dfrac{E}{4.44fN}$〔Wb〕

E：起電力〔V〕
（起電力は電圧 V としてもよい）
f：電源の周波数〔Hz〕
N：コイルの巻数
A：鉄心の断面積〔m^2〕

※磁束密度を表す量記号は B、単位は〔T（テスラ）〕。旧表示は〔Wb/m^2〕（ウェーバ毎平方メートル）
※磁束の大きさを表す文字記号は Φ（ファイ）、単位は〔Wb（ウェーバ）〕

定格

定格（ていかく）とは機器の使用条件と機器の使用できる限度を表します。使用限度を出力で表したものを**定格出力**、または**定格容量**といいます。変圧器で指定される条件は、電圧、電流、周波数、力率などで、それぞれ定格電圧、定格電流、定格周波数、定格力率といい、銘板に記入されています。変圧器の使用限度である定格出力は、二次側を基準にした皮相電力（ひそうでんりょく）（定格電圧×定格電流）により示され、単位は〔V・A〕、〔kV・A〕、〔MV・A〕が使われます。

- 定格出力：二次端子間で得られる**皮相電力**の使用限度
- 定格二次電圧：定格出力を出しているときの**二次端子電圧**
- 定格二次電流：定格二次電圧に乗じて**定格出力**が得られる電流
- 定格一次電圧：定格二次電圧に**巻数比** a を乗じたもの
- 定格一次電流：定格二次電流を**巻数比** a で除したもの
- 定格力率：指定した負荷の力率で、指定がなければ 100％とする

端子記号と極性 JIS 規格（JIS C4304 2013）

単相変圧器の場合

a) 一次端子を U 及び V、二次端子を u 及び v とし、二次中性点端子は o または n とする（図1-1-4 参照）。
b) 一次端子は、一次端子側から見て右から左へ U、V の順序に配列する。二次端子は、二次端子側から見て左から右へ u、o、v の順に配列する（U、V、u、v の代わりに+、−を用いてもよい）。

図1-1-4 単相変圧器の端子配列

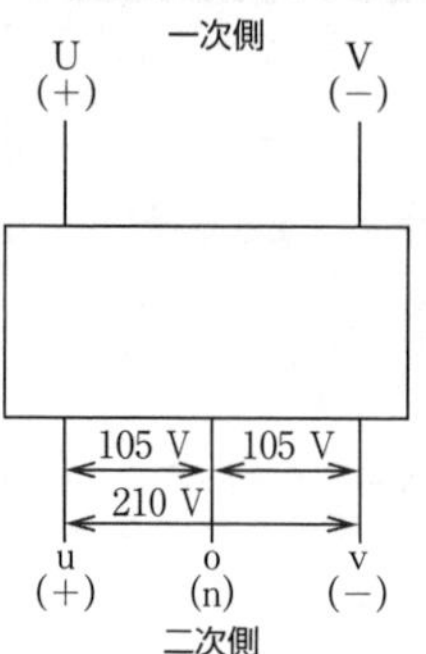

図1-1-5 単相変圧器の極性

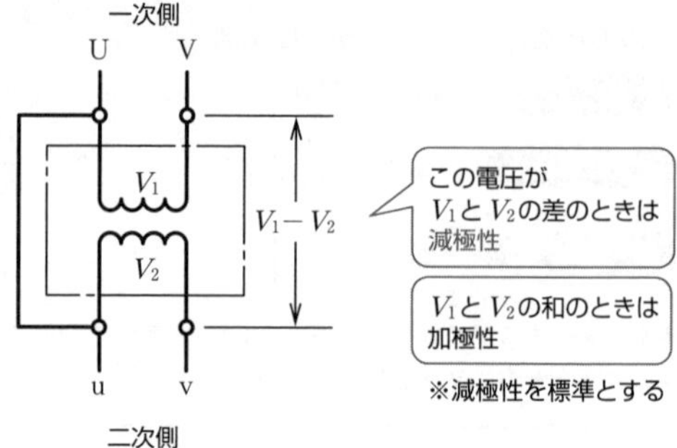

c) 極性は、**減極性**とする。すなわち、一次巻線及び二次巻線の各々の一端を、**図1-1-5**に示すように接続するときは、ほかの端子間において、**一次電圧と二次電圧との差**に等しい電圧が現れるような方式による。

三相変圧器の場合

a) 一次端子をU、V及びW、二次端子をu、v及びwとし、二次中性点端子はoまたはnとする（**図1-1-6**参照）。

b) 一次側の位相順序を、U、V、Wの順序とする場合、二次側もu、v、wの順序とする。

c) 一次端子は、一次端子側から見て右から左へ**U**、**V**、**W**の順序に配列する。二次端子は、二次端子側から見て左から右へ**u**、**v**、**w**の順に配列する。中性点端子の位置は、**u**、**v**、**w**、**o**の順序となるようにする。

図1-1-6 三相変圧器の端子配列

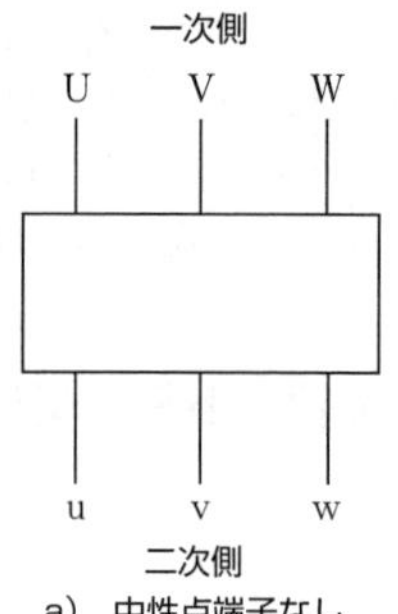

a） 中性点端子なし

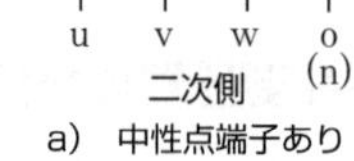

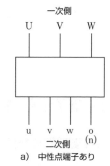

a） 中性点端子あり

二次出力

二次出力すなわち変圧器の二次から出す皮相電力S_2〔V・A〕は、負荷の皮相電力$V_2 I_2$（負荷の電圧×負荷の電流）と同じで、$S_2 = V_2 I_2$〔V・A〕です。この二次出力を、**変圧器の容量**といいます。

一次入力、すなわち変圧器の一次へ流入する皮相電力 S_1〔V・A〕は、$S_1 = V_1 I_1$〔V・A〕(一次電圧×一次電流) であり、一次入力と二次出力は等しくなります※2。

POINT

▶**二次出力** といえば **一次入力と同じ**

二次出力＝一次入力　$V_2 I_2 = V_1 I_1$〔V・A〕

漏れ磁束、漏れリアクタンス

変圧器の一次、二次巻線には一次、二次電気抵抗があります。また、ほとんどの磁束は鉄心の中を通り、一次、二次の両巻線と鎖交（さこう）（交わる）しますが、一次または二次巻線の片側の巻線と鎖交し、両巻線と鎖交しない磁束が少しあります。これを**漏れ磁束**といいます。漏れ磁束は、リアクタンスの作用（交流電流を妨げる作用）として働くので、漏れ磁束によるリアクタンスの成分を、**漏れリアクタンス**といいます。

実際の変圧器

実際の変圧器では、一次、二次の**抵抗**、一次、二次の**漏れリアクタンス**を考慮し、鉄心の交番磁束によるヒステリシス損及び渦電流損（うずでんりゅうそん）などの**鉄損**（鉄心で生じる損失）も考慮する必要があります。

励磁電流

変圧器の無負荷電流を**励磁電流**（れいじでんりゅう）といいます。無負荷の状態で V_1〔V〕を加えると、磁束 Φ〔Wb〕をつくるための電流 I_ϕ〔A〕(磁化電流) と鉄損 P_i に対応する電流 I_i〔A〕(鉄損分電流) が流れます。一次コイル中の電流を I_0〔A〕とすれば、

$$\dot{I}_0 = \dot{I}_\phi + \dot{I}_i \text{〔A〕}$$

であり、これを**励磁電流**といいます※3。無負荷でも流れる電流なので、**無負荷電流**ともいいます。

POINT

▶**励磁電流（無負荷電流）** といえば **磁化電流 I_ϕ と鉄損分電流 I_i のベクトル和**

励磁電流　$\dot{I}_0 = \dot{I}_\phi + \dot{I}_i$〔A〕　ベクトル和

※2　**二次出力＝一次入力**：二次電流が流れることで、一次側に流れる一次電流は励磁電流を含めた電流ですが、励磁電流は小さく、無視できます。

※3　**変数の上にある・(傍点)**：ドットといい、ベクトルを表す記号です。

第1部 理論　第2部 機械　第3部 電力　第4部 法規　第5部 電験三種に必要な数学

練習問題 〉01

変圧器巻線の巻数

周波数$f = 60$ Hz、磁束の最大値 $\Phi_m = 0.02$ Wb、巻数比 $a = 60$、一次起電力 $E_1 = 22$ kV の変圧器において、一次巻数 N_1、二次巻数 N_2 は。

解き方

①問題を図に表してみます。

22 kV ↑ N_1 N_2 $a = \dfrac{N_1}{N_2} = 60$ （巻数比）

②最大磁束密度は、$B_m = \dfrac{E}{4.44 f NA}$〔T〕

磁束の最大値（最大磁束密度×鉄心の断面積）は、

$$\Phi_m = B_m A = \frac{E_1}{4.44 f N_1}〔\text{Wb}〕$$

この Φ_m の公式に、問題文より $\Phi_m = B_m A = 0.02$、$E_1 = 22 \times 10^3$、$f = 60$ を代入します。

磁束の最大値　$\Phi_m = 0.02 = \dfrac{22 \times 10^3}{4.44 \times 60 \times N_1}$〔Wb〕

k（キロ）は 10^3

したがって、一次巻数 N_1 は、$N_1 = \dfrac{22 \times 10^3}{0.02 \times 4.44 \times 60} \fallingdotseq 4\,130$ 回

③二次巻数 N_2 は、$N_2 = \dfrac{N_1}{a} = \dfrac{4\,130}{60} \fallingdotseq 68.8 \rightarrow 69$回

解説

最大磁束密度を求める公式と巻数比の公式から求められます。

解答　$N_1 = 4\,130$ 回　$N_2 = 69$ 回

1〜2 # 変圧器の等価回路 といえば 理想変圧器と抵抗、リアクタンスで表した回路

理想変圧器と等価回路

変圧器には一次巻線抵抗 r_1、二次巻線抵抗 r_2 があります。また、一次漏れリアクタンス x_1、二次漏れリアクタンス x_2 があります。

巻線の抵抗や漏れリアクタンス及び励磁電流の回路を 図1-2-1 のように変圧器の外に出したとき、破線 ------ の内側を**理想変圧器**といいます。理想変圧器は抵抗や漏れリアクタンスがなく、励磁電流が流れない、理想的な変圧器です。

理想変圧器に励磁回路（鉄損電流と磁化電流が流れる回路）、コイルの抵抗、漏れリアクタンスを加え電気回路で表すと、図1-2-1 のようになります。これを**変圧器の等価回路**（とうかかいろ）といいます。変圧器による電圧降下や電圧変動率、短絡電流を考えるとき、励磁回路は関係しないので励磁回路は除いて考えます。

図1-2-1 変圧器の等価回路

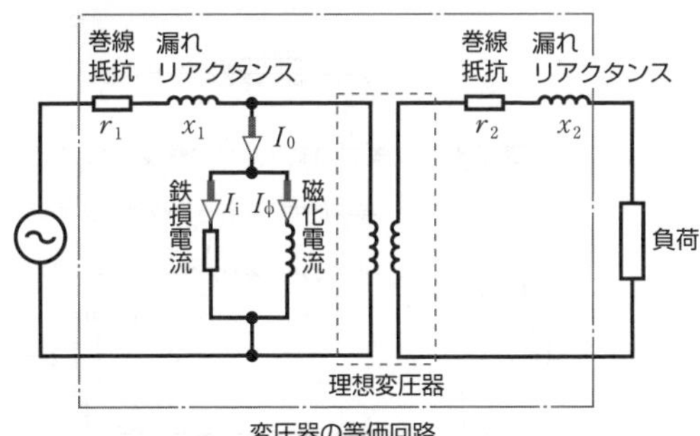

励磁回路を省略した一次等価回路（一次側に換算した等価回路）

変圧器は、電源と負荷の中間に接続され、**巻線抵抗**（r）による電圧降下及び**漏れリアクタンス**（x）による電圧降下があります。

図1-2-2 において理想変圧器の a-b 間と c-d 間が同じ大きさの起電力になるように二次回路を変換すれば、理想変圧器を除いても等価な回路になります。すなわち、巻数比が $a = \frac{E_1}{E_2} = \frac{I_2}{I_1}$ の変圧器において二次起電力を a 倍、二次電流を $1/a$ 倍、巻線抵抗の損失電力、漏れリアクタンスの無効電力が同じになるように、r_2 と x_2 をそれぞれ a^2 倍すれば、a-c 及び b-d を接続して理想変圧器を除くことができます（図1-2-3）。

図1-2-2 一次等価回路（励磁回路を省略）

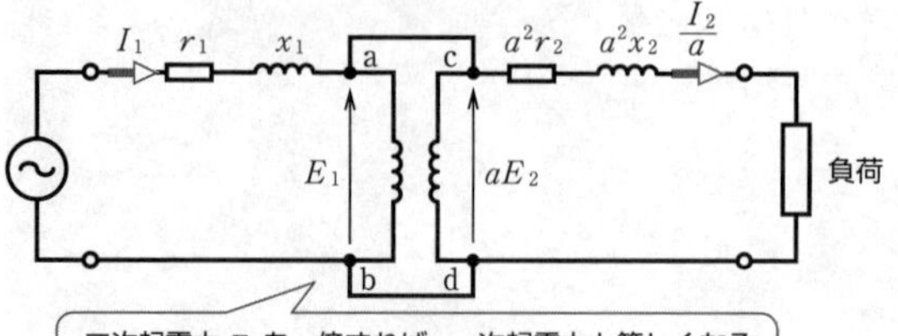

$$aE_2 = E_1$$

$$\frac{I_2}{a} = I_1$$

$$\left(\frac{I_2}{a}\right)^2 \times a^2 r_2 = I_2{}^2 r_2$$

$$\left(\frac{I_2}{a}\right)^2 \times a^2 x_2 = I_2{}^2 x_2$$

図1-2-3 理想変圧器を除いても同じ

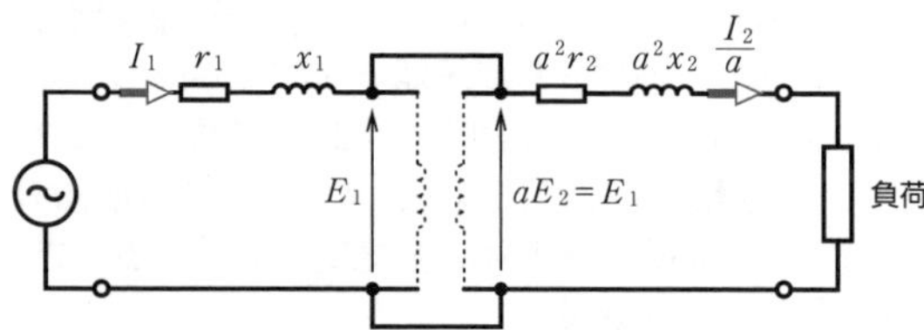

したがって、図1-2-4のような簡単な回路になります。これは一次側に換算した回路なので、**一次等価回路**といいます。

また、図1-2-5は二次側に換算した等価回路で、これを**二次等価回路**といいます。

図1-2-4 一次等価回路（励磁回路を省略）

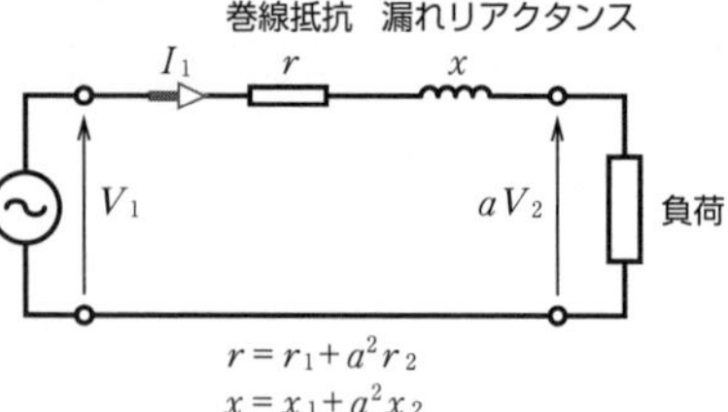

図1-2-5 二次等価回路（励磁回路を省略）

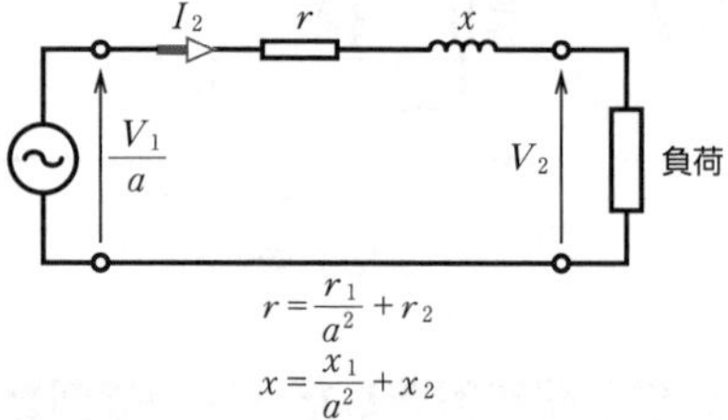

POINT

▶一次等価回路 といえば 二次定数に a^2 を乗ず。二次電圧は a 倍、二次電流は $\frac{1}{a}$ 倍

$\boldsymbol{r} = r_1 + a^2 r_2$〔Ω〕　$\boldsymbol{x} = x_1 + a^2 x_2$〔Ω〕

▶二次等価回路 といえば 一次定数に $\frac{1}{a^2}$ を乗ず。一次電圧は $\frac{1}{a}$ 倍、一次電流は a 倍

$\boldsymbol{r} = \frac{r_1}{a^2} + r_2$〔Ω〕　$\boldsymbol{x} = \frac{x_1}{a^2} + x_2$〔Ω〕

簡易等価回路

等価回路において、励磁回路を電源側端子に移したものを、**簡易等価回路**といいます※1。並列回路は電源側にある方が計算や考え方が簡単になるので、特性計算は一般に簡易等価回路を用います。

図1-2-6 簡易等価回路

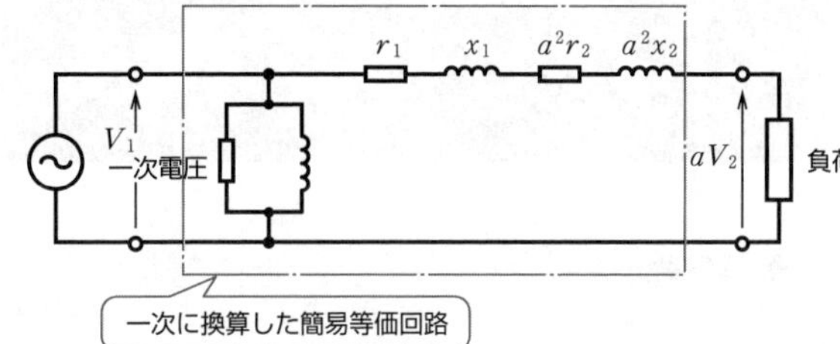

POINT

▶**簡易等価回路** といえば 励磁回路を一次側端子に移したもの

練習問題 〉01

二次定数を一次に換算

巻き数比 a = 60 の変圧器で、V_2 = 105 V、I_2 = 48 A のとき (1) Z_L〔Ω〕、(2) V_1〔V〕、(3) I_1〔A〕、(4) Z_L'〔kΩ〕(一次換算負荷インピーダンス)は。

解き方

(1) $Z_L = \dfrac{V_2}{I_2} = \dfrac{105}{48} \fallingdotseq 2.19\ \Omega$　負荷インピーダンス = 定格二次電圧÷定格二次電流

(2) $V_1 = aV_2 = 60 \times 105 = 6\,300\ \text{V}$　定格一次電圧 = 定格二次電圧 × a

(3) $I_1 = \dfrac{I_2}{a} = \dfrac{48}{60} = 0.80\ \text{A}$　定格一次電流 = 定格二次電流 ÷ a

(4) $Z_L' = a^2 Z_L = 60^2 \times 2.19 = 7\,884\ \Omega \fallingdotseq 7.88\ \text{k}\Omega$　一次換算負荷インピーダンス = 二次負荷インピーダンス × a^2

解説

(1) インピーダンスは電圧と電流の比です。
(2) 定格一次電圧は、定格二次電圧の a 倍です。
(3) 定格一次電流は、定格二次電流を a で割ります。
(4) 一次換算負荷インピーダンスは、二次負荷インピーダンスに a^2 を掛けます。

解答　(1) Z_L = 2.19 Ω　(2) V_1 = 6 300 V　(3) I_1 = 0.80 A　(4) Z_L' = 7.88 kΩ

※1 **簡易等価回路**：励磁電流は小さいので、励磁回路を電源側に移しても誤差はほとんど生じません。

1-3 電圧降下といえばインピーダンス電圧

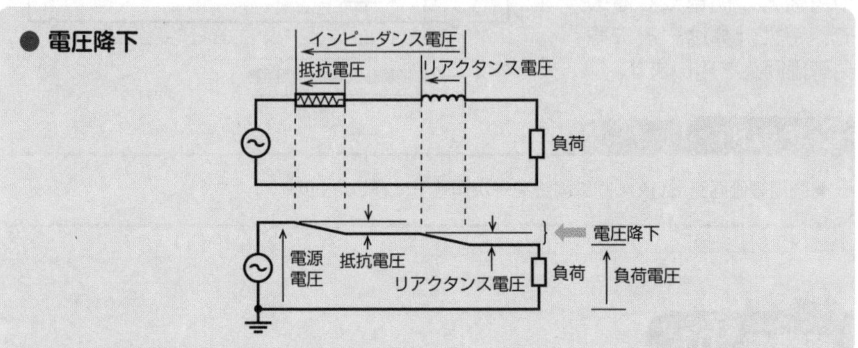

抵抗電圧、リアクタンス電圧、インピーダンス電圧

図1-3-1のように、変圧器は電源と負荷の中間に接続され、**コイルの抵抗**による電圧降下及び**漏れリアクタンス**による電圧降下があります。

定格電流を流したときの抵抗による電圧降下を**抵抗電圧**、リアクタンス（漏れリアクタンス）による電圧降下を**リアクタンス電圧**、インピーダンス（漏れインピーダンスともいいます）による電圧降下を**インピーダンス電圧**といいます。インピーダンス電圧は、二次側を短絡し、一次電圧を徐々に上昇させ、短絡電流が定格電流に等しくなったときの一次側の供給電圧として測定します。

図1-3-1 抵抗電圧、リアクタンス電圧、インピーダンス電圧

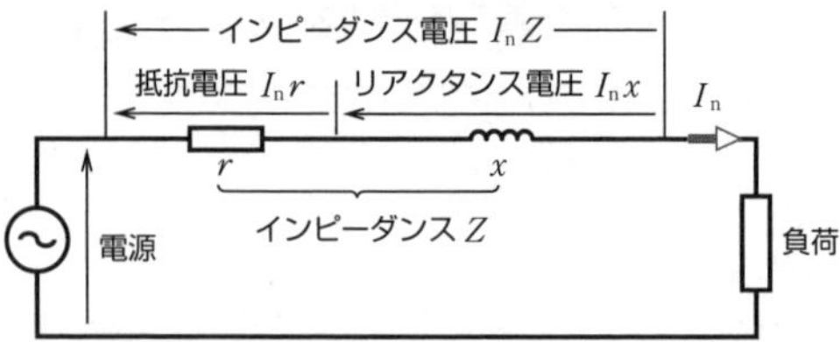

電圧変動率

無負荷時と定格負荷時の、二次端子電圧の差と定格二次電圧の比を％で表したものを**電圧変動率**といい、次式で表します。

電圧変動率 $\varepsilon = \dfrac{V_{20} - V_{2n}}{V_{2n}} \times 100〔\%〕$

V_{20}：無負荷時の二次端子電圧〔V〕
V_{2n}：定格二次電圧〔V〕

変圧器に負荷電流を流すとき、一次端子電圧が一定であっても、巻線抵抗と漏れリアクタンスに流れる電流により、電圧降下があります。

二次に換算した等価回路において、抵抗電圧 $I_{2n}r$、リアクタンス電圧 $I_{2n}x$、インピーダンス電圧 $I_{2n}Z$ を定格二次電圧に対する%で表し、それぞれ**パーセント抵抗電圧**（パーセント抵抗降下）、**パーセントリアクタンス電圧**（パーセントリアクタンス降下）、**パーセントインピーダンス電圧**（パーセントインピーダンス降下）といいます。
※パーセントを、百分率ということも多いです。

▶**パーセント電圧または降下** といえば **定格電圧との比**

パーセント抵抗電圧（パーセント抵抗降下）

$$p=\frac{I_{2n}r}{V_{2n}}\times100=\frac{抵抗電圧}{定格二次電圧}\times100〔\%〕$$

パーセントリアクタンス電圧（パーセントリアクタンス降下）

$$q=\frac{I_{2n}x}{V_{2n}}\times100=\frac{リアクタンス電圧}{定格二次電圧}\times100〔\%〕$$

パーセントインピーダンス電圧（パーセントインピーダンス降下）

$$\%z=\frac{I_{2n}Z}{V_{2n}}\times100=\frac{インピーダンス電圧}{定格二次電圧}\times100〔\%〕$$

※ V_{2n} は定格二次電圧、I_{2n} は定格二次電流とし、二次に換算した回路の場合です。
※一次換算の等価回路では、$I_{2n}\to I_{1n}$、$V_{2n}\to V_{1n}$ とします。

図1-3-2 のように、変圧器を巻線抵抗 r と漏れリアクタンス x の直列回路で表したとき、電圧と電流のベクトル図は 図1-3-3 のようになります。このベクトル図において、斜辺の長さ（V_{20}）と底辺の長さ（$V_{2n}+I_{2n}r\cos\theta+I_{2n}x\sin\theta$）は、ほぼ同じ長さです。

$$V_{20}\fallingdotseq V_{2n}+I_{2n}r\cos\theta+I_{2n}x\sin\theta〔\mathrm{V}〕$$

図1-3-2 巻線抵抗と漏れリアクタンスの直列回路

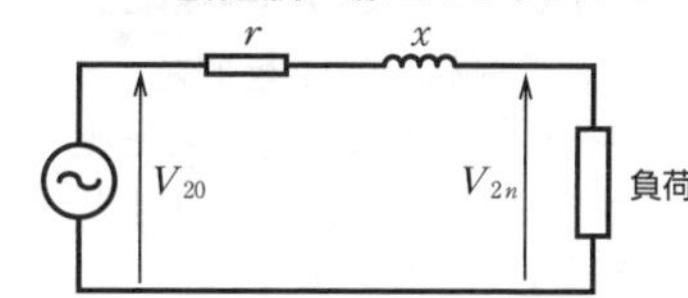

図1-3-3 ベクトル図

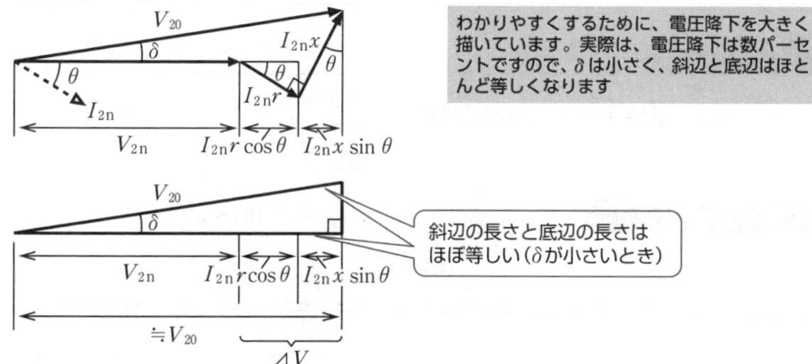

無負荷電圧 V_{20}〔V〕と定格負荷時の電圧 V_{2n}〔V〕の差、すなわち電圧降下 $\varDelta V$〔V〕は、

$$\varDelta V = V_{20} - V_{2n} = I_{2n} r \cos\theta + I_{2n} x \sin\theta \text{〔V〕}$$

となります。これを電圧変動率の式に代入すると、次のようになります。

$$\varepsilon = \frac{V_{20} - V_{2n}}{V_{2n}} \times 100 = \frac{I_{2n} r \cos\theta + I_{2n} x \sin\theta}{V_{2n}} \times 100$$

$$= \frac{I_{2n} r}{V_{2n}} \times 100 \times \cos\theta + \frac{I_{2n} x}{V_{2n}} \times 100 \times \sin\theta$$

$p = \frac{I_{2n} r}{V_{2n}} \times 100$、$q = \frac{I_{2n} x}{V_{2n}} \times 100$より

$$= p\cos\theta + q\sin\theta \text{〔\%〕}$$

POINT

▶**電圧降下** といえば Ir コス＋ Ix サイン

$$\varDelta V = I_{2n} r \cos\theta + I_{2n} x \sin\theta = I_{2n}(r\cos\theta + x\sin\theta) \text{〔V〕}$$

▶**電圧変動率** といえば p コス＋ q サイン

$$\varepsilon = p\cos\theta + q\sin\theta \text{〔\%〕}$$

$$p = \frac{I_{2n} r}{V_{2n}} \times 100 \text{〔\%〕} \quad q = \frac{I_{2n} x}{V_{2n}} \times 100 \text{〔\%〕}$$

p：パーセント抵抗降下
q：パーセントリアクタンス降下
r、x：二次換算値

インピーダンス電圧の測定

負荷を短絡し電圧を加え、短絡一次電流が定格一次電流 I_{1n}〔A〕に等しいとき、そのときの供給電圧 V_{1Z}〔V〕が**インピーダンス電圧**となります。

インピーダンス電圧 V_{1Z}〔V〕と定格一次電圧 V_{1n}〔V〕との比を**パーセントインピーダンス降下**※1 といい、$\%z$ で表します。

図1-3-4 インピーダンス電圧

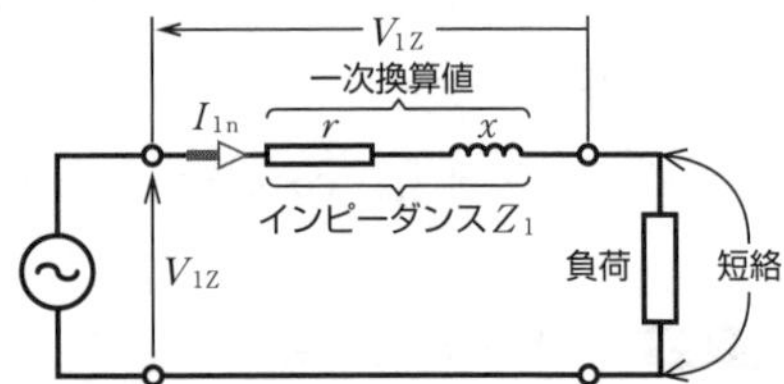

POINT

▶パーセントインピーダンス降下 $\%z$ といえば **電圧降下の割合**

パーセントインピーダンス降下

$$\%z = \frac{V_{1Z}}{V_{1n}} \times 100 = \frac{I_{1n} Z_1}{V_{1n}} \times 100 = \sqrt{p^2 + q^2} \text{〔\%〕}$$

インピーダンス電圧（V_{1Z}）、定格電圧（V_{1n}）

※1 **パーセントインピーダンス降下**：他にパーセント短絡インピーダンス、パーセントインピーダンス電圧、パーセントインピーダンスなどの呼び方があり、パーセントを百分率ということもあります。なお、製造者規格では、パーセントインピーダンス降下を短絡インピーダンスといいます。

インピーダンスワット

一次または二次等価回路において、等価抵抗を r〔Ω〕、定格電流を I_n〔A〕、定格電圧を V_n〔V〕としたとき、パーセント抵抗降下 p〔%〕は、

$$p=\frac{I_n r}{V_n}\times 100〔\%〕$$

上式の分母、分子に I_n を掛けると、$p=\dfrac{I_n^2 r}{V_n I_n}\times 100〔\%〕$

この式で分子は銅損（巻線抵抗による損失）を表し、分母は変圧器容量を表しています。銅損は、変圧器のインピーダンスで生じる損失なので、**インピーダンスワット**ともいいます。

POINT

▶**銅損と変圧器容量の比** といえば **パーセント抵抗降下 p〔%〕に等しい**

$$p=\frac{I_n^2 r}{V_n I_n}\times 100〔\%〕=\frac{銅損}{変圧器容量}\times 100〔\%〕$$

短絡電流

一次側に換算したインピーダンスが Z_1〔Ω〕のとき、定格電圧を加えたときの短絡電流 I_s〔A〕は、

$$I_s=\frac{V_{1n}}{Z_1}〔A〕$$

パーセントインピーダンス降下の式 $\%z=\dfrac{I_{1n}Z_1}{V_{1n}}\times 100$ を変形して、

$$Z_1=\frac{(\%z)V_{1n}}{100I_{1n}}〔\Omega〕$$

これを先の I_s〔A〕の式に代入すると、次のようになります。

POINT

▶**短絡電流** といえば **定格電流を小数で表した $\%z$ で割る**

$$I_s=\frac{100I_{1n}}{(\%z)}=\frac{I_{1n}}{\frac{(\%z)}{100}}〔A〕=\frac{定格電流}{小数で表した\%z}〔A〕$$

練習問題 〉01

電圧変動率

% リアクタンス降下 q = 5 % の変圧器があり、力率 0.8（遅れ）の負荷に電力を供給した。このとき、電圧変動率 ε = 4 % であった。この変圧器の % 抵抗降下 p〔%〕、パーセントインピーダンス降下 %z〔%〕は。

解き方

$\sin^2\theta + \cos^2\theta = 1$ より、無効率 $\sin\theta$ は、

$$\sin\theta = \sqrt{1-\cos^2\theta} = \sqrt{1-0.8^2} = 0.6$$

$\cos\theta = 0.8$ のとき、$\sin\theta = 0.6$

電圧変動率は $\varepsilon = p\cos\theta + q\sin\theta$〔%〕
数値を代入すると

$$4 = p \times 0.8 + 5 \times 0.6$$
$$0.8p = 4 - 3$$
$$p = \frac{1}{0.8} = 1.25\ \%$$

パーセントインピーダンス降下% z は、
図の三角形の斜辺に当たるので、

$$\%z = \sqrt{p^2+q^2} = \sqrt{1.25^2+5^2} \fallingdotseq 5.15\ \%$$

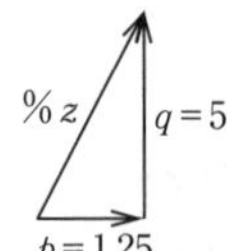

解説

$\cos\theta = 0.8$ のとき、$\sin\theta = 0.6$ は覚えておこう。電圧変動率 ε の公式は重要です。p と q でインピーダンスの三角形をつくり、その斜辺が %z です。

解答 p = 1.25 %　%z = 5.15 %

1〜4 変圧器の損失 といえば 鉄損と銅損、最大効率 といえば 鉄損=銅損

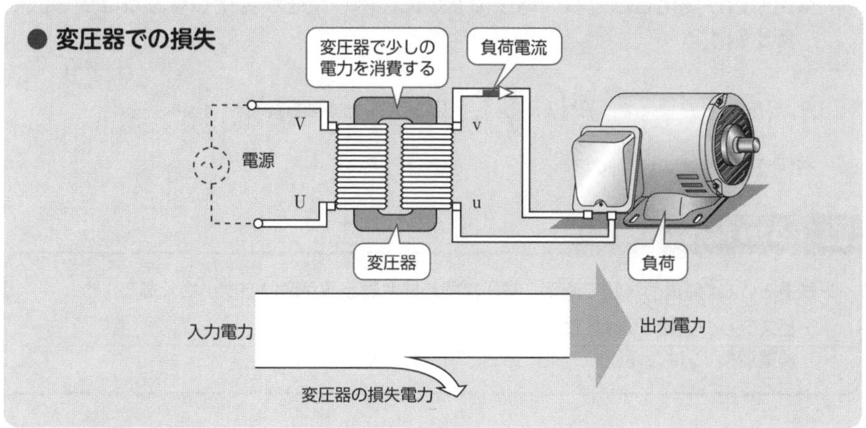

変圧器の損失

変圧器の内部損失は、鉄損（鉄心内で消費する電力）と銅損（銅線の抵抗により消費する電力）があります。

鉄損

鉄損は、**ヒステリシス損** P_h と**渦電流損**（うずでんりゅうそん） P_e があり、$P_h + P_e$ は無負荷損にほぼ等しくなります。無負荷損とは、変圧器の二次側に何も接続しない状態（無負荷）で、一次側に電圧を加えたときに消費する電力をいいます。

2 つの鉄損にはそれぞれ次のような性質があり、どちらも〔W/kg〕（ワット毎キログラム。鉄心 1 kg 当たりの損失）で表します。

POINT

▶ヒステリシス損 といえば 磁束密度の 2 乗に比例、磁束密度を一定としたとき周波数に比例

ヒステリシス損　$P_h = k_h f B_m^2$〔W/kg〕　k_h：比例定数、B_m：最大磁束密度〔T〕、f：周波数〔Hz〕

▶渦電流損 といえば 磁束密度の 2 乗に比例、磁束密度を一定としたとき周波数の 2 乗に比例

渦電流損　$P_e = k_e(tfB_m)^2 = k_e' f^2 B_m^2$〔W/kg〕　t：鋼板の厚さ、$k_e' = k_e t^2$：定数

最大磁束密度の式である$B_m = \dfrac{V}{4.44fNA} = k_1\dfrac{V}{f}$〔T〕を、先の損失の式に代入すると（なお、最大磁束密度の公式のEを、ここではVとしています）、周波数fと鉄損の関係がわかります。

$$P_h = k_h f\left(k_1\frac{V}{f}\right)^2 = k'\frac{V^2}{f}$$ ◀ fに反比例

※周波数が変化しなければ**電圧の2乗に比例**し電圧が変化しなければ**周波数に反比例**する

$$P_e = k_e' f^2 B_m^2 = k_e' f^2\left(k_1\frac{V}{f}\right)^2 = k'' V^2$$ ◀ fに関係しない

※**電圧の2乗**に比例する

POINT

▶**鉄損** といえば **無負荷試験で測定、電圧が同じ場合周波数が高い方が小さくなる**
- ・**ヒステリシス損P_hは、**電圧の2乗**に比例、**周波数**に反比例**
- ・**渦電流損P_eは、**電圧の2乗**に比例、**周波数**に関係しない**

無負荷試験は、変圧器に負荷をかけないで行う試験です。無負荷で定格電圧を加えたときの電力が**鉄損**で、電流が**励磁電流**となります。一次側が高圧、二次側が低圧の場合は、低圧側に電圧を加えて試験を行います。

銅損

変圧器に負荷電流を流すと、一次巻線で$I_1^2 r_1$〔W〕、二次巻線で$I_2^2 r_2$〔W〕の電力を消費します。これを**銅損**（または抵抗損）といいます。組み立てのためのボルトや金具などにも損失があり、これを漂遊負荷損※1といいます。

短絡試験は、低圧側を短絡して行う試験です。短絡電流が定格電流になるように一次電圧を調整して測定します。このときの電力が**銅損**で、**インピーダンスワット**ともいいます。

POINT

▶**銅損** といえば **短絡試験の**抵抗損

銅損（抵抗損）　$P_c = I_1^2 r_1 + I_2^2 r_2$〔W〕 ◀ 一次巻線の損失＋二次巻線の損失

※1　**漂遊負荷損**：計算上、漂遊負荷損は無視することが多いです。

変圧器の効率

変圧器の出力電力と入力電力の比を、変圧器の効率といいます。実際に負荷を接続し、出力と入力の電力を測定して計算したものを、**実測効率**といいます。

$$\text{実測効率} = \frac{\text{出力}}{\text{入力}} \times 100〔\%〕$$

「出力電力」「入力電力」は、「出力」「入力」のように、「電力」を省略して表記することが多い

変圧器の容量が大きくなると実測できないので、規格に定められた**規約効率**で求めます。規約効率は、無負荷試験や短絡試験から損失を求め、定められた計算方法により効率を求めるものです。

POINT

▶効率 η といえば 出力と入力の比

変圧器の効率

$$\eta = \frac{\text{出力}}{\text{出力}+\text{損失}} \times 100 = \frac{\text{入力}-\text{損失}}{\text{入力}} \times 100〔\%〕$$

$$= \frac{\text{出力}}{\text{出力}+\text{鉄損}+\text{銅損}} \times 100 = \frac{P_2}{P_2 + P_i + P_c} \times 100〔\%〕$$

$$\eta = \frac{V_{2n} I_{2n} \cos\theta}{V_{2n} I_{2n} \cos\theta + P_i + P_c} \times 100〔\%〕$$

P_2 ：定格二次出力
P_i ：鉄損
P_c ：銅損
V_{2n} ：定格二次電圧
I_{2n} ：定格二次電流

なお、鉄損と銅損が等しいとき（図1-4-1）、変圧器は**最大効率**となります。また、変圧器の1日を通しての効率を**全日効率**（ぜんにちこうりつ）といいます。

図1-4-1 変圧器の効率

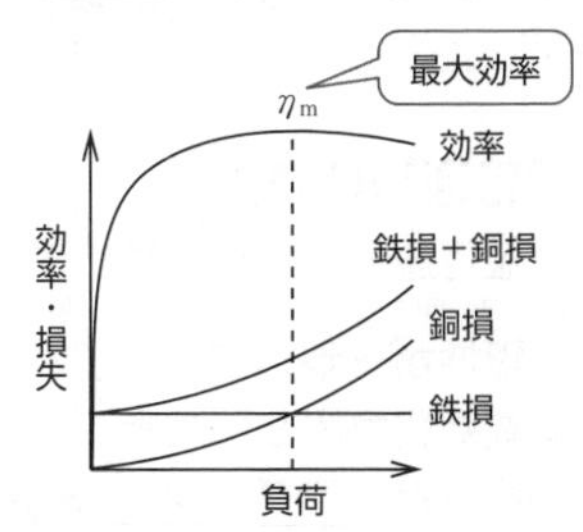

POINT

▶最大効率になる条件 といえば 鉄損＝銅損

最大効率

$$\eta_m = \frac{\text{最大効率時の出力〔W〕}}{\text{最大効率時の出力〔W〕}+2\times\text{鉄損〔W〕}} \times 100〔\%〕$$

▶全日効率 といえば 電力量の比率

全日効率

$$\eta_d = \frac{\text{1日中に二次より出力した全電力量}}{\text{1日中に　一次に入力した全電力量}} \times 100〔\%〕$$

1〜5 並行運転 といえば 基準容量に合わせた% z を求める

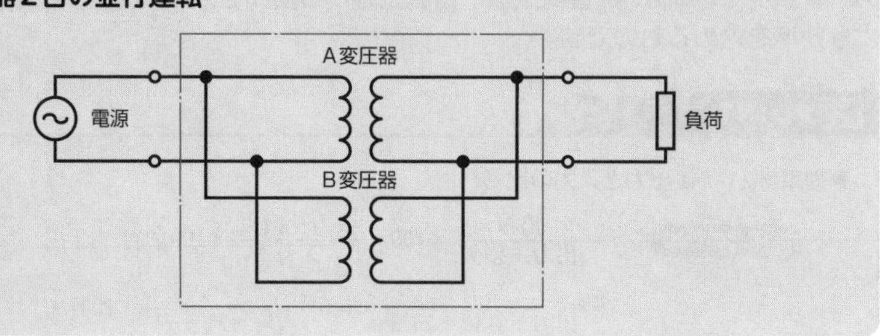

並行運転

1台の変圧器から電力を供給している負荷設備で、負荷の増加により変圧器の容量が不足するとき、新たに変圧器を並列に接続し、複数の変圧器で負荷に電力を供給するとき、これを**並行運転**または**並列運転**といいます。複数の変圧器を用いて並行運転をするには、それぞれの定格容量を超えない負荷を分担させる必要があります。

並行運転の条件

並行運転の条件には、次の4つがあります※1。

①**極性が一致**していること。
②**巻数比が等しい**こと。各変圧器の一次、二次電圧どうしが同じであること。
③**抵抗とリアクタンスの比が等しい**こと。電流位相のずれが同じであること。
④**パーセントインピーダンス降下が等しい**こと。定格負荷をかけたときの電圧降下が同じであること。

分担負荷の公式

A変圧器とB変圧器の2台を並行運転し、S〔kV・A〕の負荷を接続した場合、A、B各変圧器の分担負荷 S_A、S_B〔kV・A〕は次のようになります。

※1　**並行運転の条件**：三相変圧器の並行運転の場合は、⑤相回転が一致していること、⑥一次、二次線間誘導起電力の位相が一致すること、という条件も必要になります。

POINT

▶分担負荷 といえば %z′ で逆比例配分する

$$S_A = S\frac{\%z_b'}{\%z_a' + \%z_b'}\,[\mathrm{kV\cdot A}]$$

$$S_B = S\frac{\%z_a'}{\%z_a' + \%z_b'}\,[\mathrm{kV\cdot A}]$$

分担負荷＝負荷容量×$\dfrac{相手の\%z'}{\%z'の和}$

%z′は、同一基準容量に合わせた値

練習問題 ＞01

分担負荷

定格電圧の等しいA、B、2台の変圧器がある。Aは60 kV・A、$\%z_a = 3\%$、Bは160 kV・A、$\%z_b = 4\%$である。この2台の変圧器を並列に接続し、180 kV・Aの負荷を接続した。A変圧器の分担する負荷S_A〔kV・A〕は。

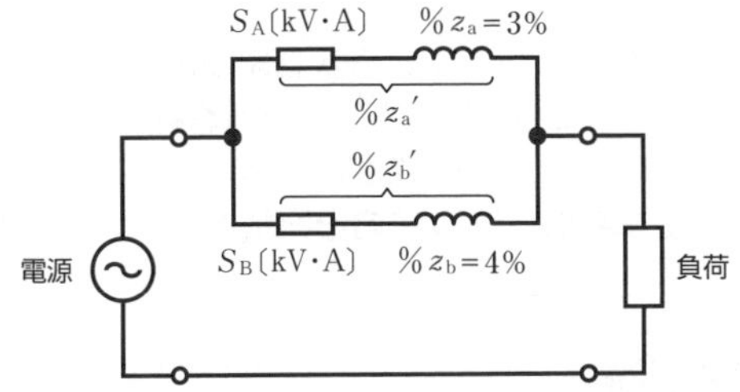

解き方

①基準容量を160 kV・Aと仮定して、基準容量に合わせたパーセントインピーダンスを求めます。

A変圧器：$\%z_a' = 3\times\dfrac{160}{60} = 8\ \%$　（A変圧器に160 kV・Aの負荷をかけたと仮定すると、3 %の電圧降下は$\dfrac{160}{60}$倍の8 %になる）

B変圧器：$\%z_b' = 4\ \%$　（B変圧器に160 kV・Aの負荷をかけたとき、4 %の電圧降下がある。$\%z_b' = \%z_b = 4\ \%$）

② $S_A = S\times\dfrac{\%z_b'}{\%z_a' + \%z_b'} = 180\times\dfrac{4}{8+4} = 60\ \mathrm{kV\cdot A}$

参考

$S_B = 180\times\dfrac{8}{8+4} = 120\ \mathrm{kV\cdot A}$　　$S_A + S_B = 60 + 120 = 180\ \mathrm{kV\cdot A}$

解答　$S_A = 60\ \mathrm{kV\cdot A}$

1〜6 単巻変圧器 といえば 自己容量を求める

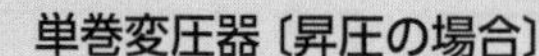

単巻変圧器〔昇圧の場合〕

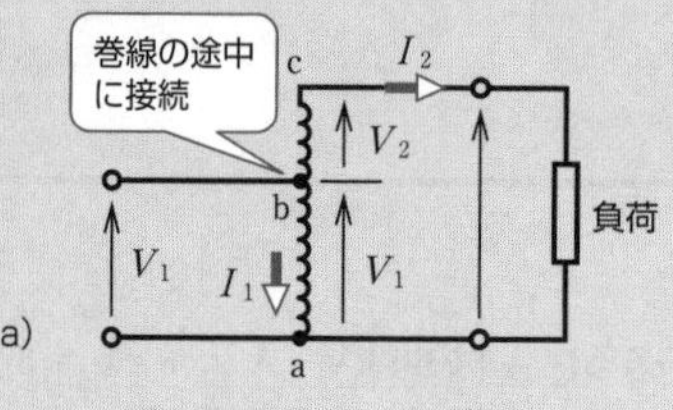

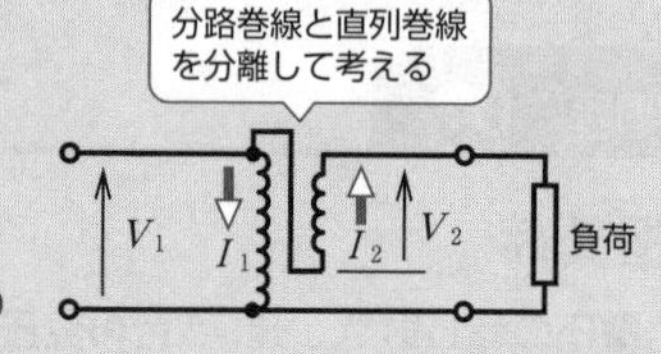

単巻変圧器

単巻変圧器は、上図(a)のように一次、二次巻線が絶縁されていません。巻線の共通部分 a-b を**分路巻線**、共通でない部分 b-c を**直列巻線**といいます。図(a)の回路を図(b)のように、直列巻線を変圧器の二次側の位置に描いて考えます。励磁電流を無視すれば、次式が成り立ちます。V_2I_2 を**自己容量**といい、変圧器の容量に等しくなります。

POINT

▶単巻変圧器の容量 といえば 分路巻線の容量に等しい

自己容量 $V_1I_1 = V_2I_2$〔V・A〕　　負荷容量 $S = (V_1 + V_2)I_2$〔V・A〕

練習問題 > 01

単巻変圧器〔昇圧の場合〕

図に示すように、定格一次電圧 6 000 V、定格二次電圧 6 600 V の単相単巻変圧器がある。消費電力 100 kW、力率 75 %（遅れ）の単相負荷に定格電圧で電力を供給するために必用な単巻変圧器の自己容量〔kV・A〕は。ただし、巻線の抵抗、漏れリアクタンス及び鉄損は無視できるものとする。

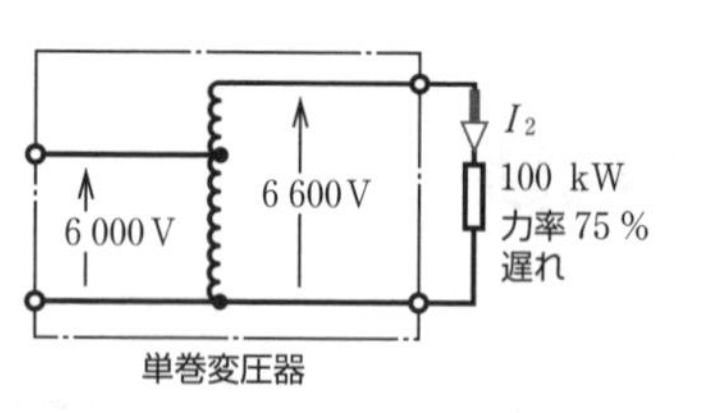

解き方

①負荷電流 I_2 は、$I_2 = \dfrac{P}{V\cos\theta} = \dfrac{100\times10^3}{6\,600\times0.75} \fallingdotseq 20.2$ A

$\cos\theta$ ＝力率

②自己容量 S' は、直列巻線の電圧×負荷電流より、

$S' = (6\,600 - 6\,000) \times 20.2 = 12\,120$ V・A $\fallingdotseq 12.1$ kV・A

解説

単巻変圧器は、負荷容量と比較して、変圧器容量（自己容量）が小さくなることが特徴です。

解答　12.1 kV・A

練習問題 〉02

単巻変圧器〔降圧の場合〕

定格一次電圧 200 V、定格二次電圧 160 V の単相単巻変圧器がある。この変圧器の一次電圧を 200 V の交流電源に接続し、二次側に負荷を接続したところ、分路巻線には 5 A の電流が流れた。このときの直列巻線の電流 I〔A〕は。ただし、励磁電流は無視するものとする。

解き方

問題は、図1-6-1のようになります。直列巻線の電圧は、200 − 160 = 40 V

直列巻線に流れる電流を I〔A〕とすると、

$40 \times I = 160 \times 5$　より

$I = \dfrac{160\times5}{40} = 20$ A

図1-6-1 単巻変圧器（降圧の場合）

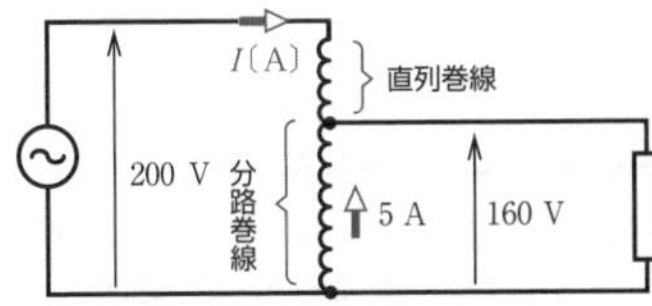

解説

直列巻線の容量 ＝ 分路巻線の容量として求めます。

図1-6-2 直列巻線と分路巻線を分離して考える

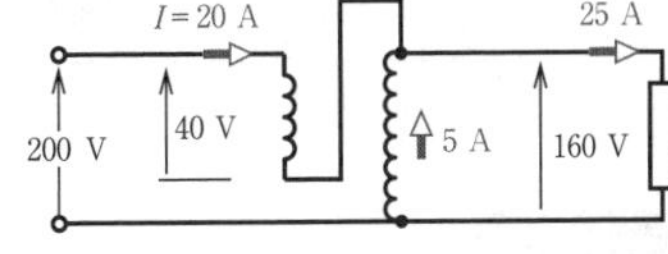

参考

負荷電流は、$I + 5 = 20 + 5 = 25$ A

負荷容量は、$200 \times 20 = 4\,000$ V・A

または、$160 \times 25 = 4\,000$ V・A

解答　$I = 20$ A

例題 1

｜重要度★★★｜令和５年度上期｜機械｜問９｜

定格容量 50 kV・A の単相変圧器において、力率 1 の負荷で全負荷運転したときに、銅損が 1 000 W、鉄損が 250 W となった。力率 1 を維持したまま負荷を調整し、最大効率となる条件で運転した。銅損と鉄損以外の損失は無視できるものとし、この最大効率となる条件での効率の値〔%〕として、最も近いものを次の (1) ～ (5) のうちから一つ選べ。

(1) 95.2　(2) 96.0　(3) 97.6　(4) 98.0　(5) 99.0

解き方

解答 (4)

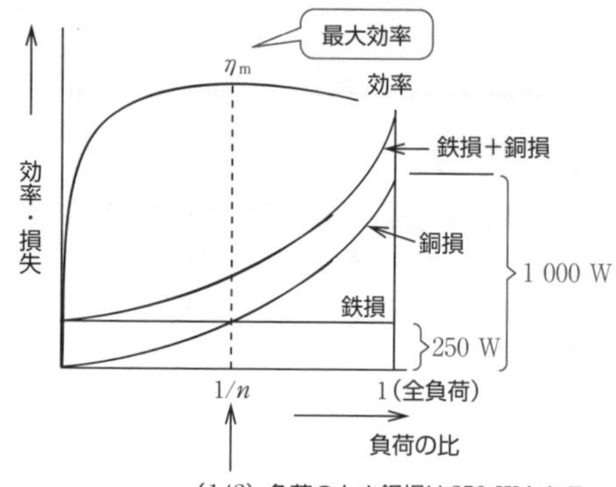

$$\frac{250}{1\ 000} = \left(\frac{1}{2}\right)^2$$

銅損＝鉄損のとき効率は最大になります。
1 000 W の銅損が 250 W の鉄損と等しくなるときは、
図から、(1/2) 負荷のときです。
(1/2) 負荷における効率、すなわち最大効率 η_m は、
P を定格出力、P_i を鉄損とすると

$$\eta_m = \frac{\frac{1}{2} \times P}{\frac{1}{2}P + 2P_i} = \frac{\frac{1}{2} \times 50 \times 10^3}{\frac{1}{2} \times 50 \times 10^3 + 2 \times 250} = \frac{25\,000}{25\,500} \fallingdotseq 0.980 \to 98.0\ \%$$

解説

鉄損と全負荷銅損の比の平方根、この問題では $\sqrt{\frac{250}{1\,000}} = \frac{1}{2}$ が負荷の比率となり、1/2 負荷のとき最大効率となります。
最大効率になる条件は、鉄損 P_i と銅損 P_c が等しいときです。次式で求めます。

$$最大効率\eta_m = \frac{最大効率時の出力}{最大効率時の出力 + 2 \times 鉄損} = \frac{25\,000}{25\,000 + 2P_i}$$

例題 2

｜重要度★★｜令和４年度上期｜機械｜問８｜

単相変圧器の一次側に電流計、電圧計及び電力計を接続して、短絡試験を行う。二次側を短絡し、一次側に定格周波数の電圧を供給し、電流計が 40 A を示すように一次側の電圧を調整したところ、電圧計は 80 V、電力計は 1 000 W を示した。この変圧器の一次側から見た漏れリアクタンスの値〔Ω〕として、最も近いものを次の (1) ～ (5) のうちから一つ選べ。
ただし、変圧器の励磁回路のインピーダンスは無視し、電流計、電圧計及び電力計は理想的な計器であるものとする。

(1) 0.63　(2) 1.38　(3) 1.90　(4) 2.00　(5) 2.10

解き方

解答 (3)

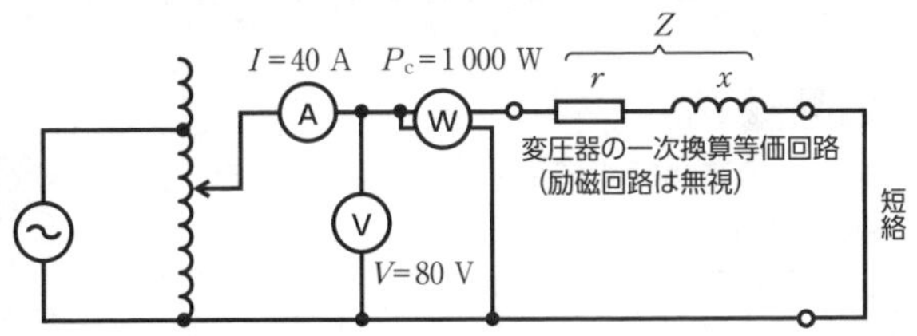

変圧器の銅損は、$P_c = I^2 r$〔W〕より、

$$r = \frac{P_c}{I^2} = \frac{1000}{40^2} = 0.625\ \Omega$$

変圧器の一次換算等価回路のインピーダンス Z は、

$$Z = \frac{V}{I} = \frac{80}{40} = 2\ \Omega$$

一次側から見た漏れリアクタンス x の値は、

$$x = \sqrt{Z^2 - r^2} = \sqrt{2^2 - 0.625^2} \fallingdotseq 1.90\ \Omega$$

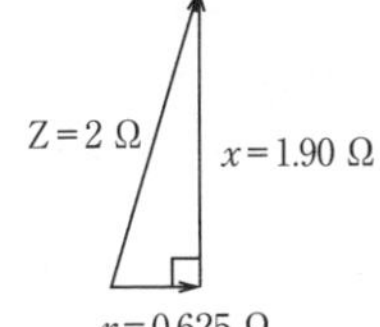

インピーダンスの直角三角形

解説

一変圧器の一次側からみた巻線抵抗（一次換算巻線抵抗）r〔Ω〕及び漏れリアクタンス（一次換算漏れリアクタンス）x〔Ω〕に I〔A〕を流したとき、電力計は銅損 $P_c = I^2$r〔W〕を指示します。これから r〔Ω〕を求めます。また、インピーダンス Z〔Ω〕は $Z = V/I$〔Ω〕、漏れリアクタンス x〔Ω〕は三平方の定理（インピーダンスの直角三角形）から求めます。

2-1 三相誘導電動機 といえば 回転磁界で回転する

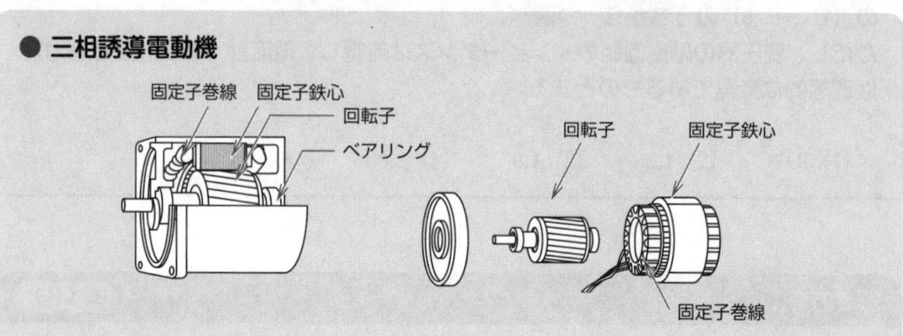

三相誘導電動機

三相誘導電動機は、構造が簡単で取り扱いやすいので、動力用として広く使われています。

図2-1-1のように、アルミニウムの缶をつるして永久磁石を素速く動かすと、缶が回転します。磁石を動かすことでアルミ缶に誘導電流が流れ、電流と磁界との作用で回転力を生じるためです。見かけ上、これはアルミ缶に磁極ができたのと同じような作用をします。誘導電動機は、磁石を回転する代わりに回転磁界（後述）を利用したものです。

図2-1-1 誘導電流により、アルミ缶が回転

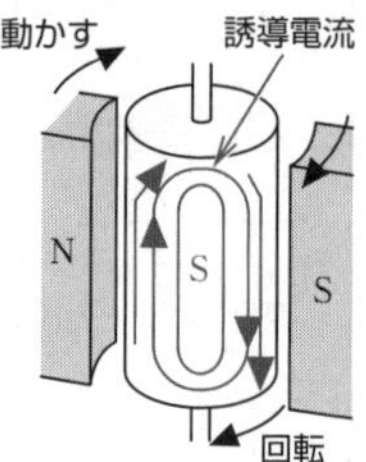

かご形回転子

図2-1-2のようなかごの形をした回転子を、**かご形回転子**（がたかいてんし）といいます。磁束を通りやすくするため、鉄心の中にかご形導体を埋めた形になっています。

図2-1-2 かご形回転子

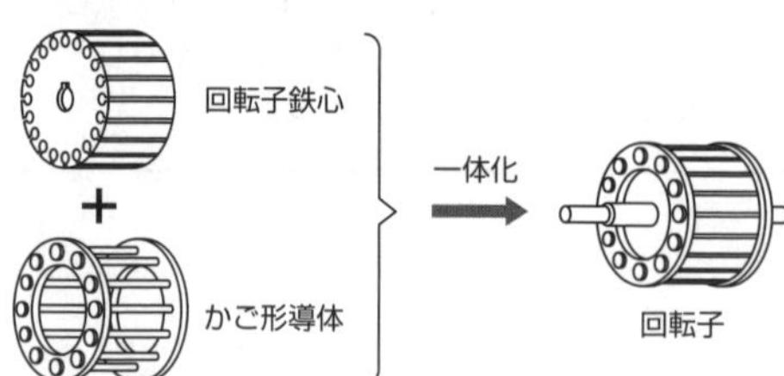

巻線形回転子

図2-1-3 のようなコイルを巻いた回転子を巻線形回転子といいます。スリップリングという環状の導体に接続され、ブラシを通して外部抵抗を接続し、これを変化させることで、始動特性の改善や速度制御を可能にしています。

図2-1-3 巻線形回転子

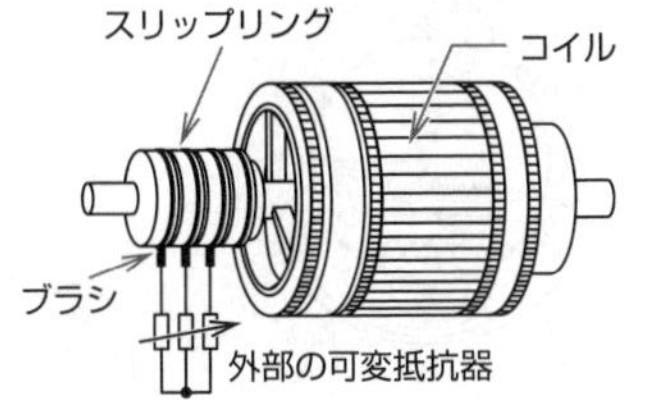

回転磁界

図2-1-4 のように3個のコイルを120°間隔に配置し、a、b、cの順に三相の電流 i_a、i_b、i_c〔A〕を流したとき、各電流による合成磁界は相順と同じ方向に回転します。これを**回転磁界**といいます。3個のコイルに50 Hzの三相交流電流を流したとき、1秒間に50回転する回転磁界ができます。1分（60秒）間では、60倍の毎分3 000回転となります。

図2-1-4 磁界の方向

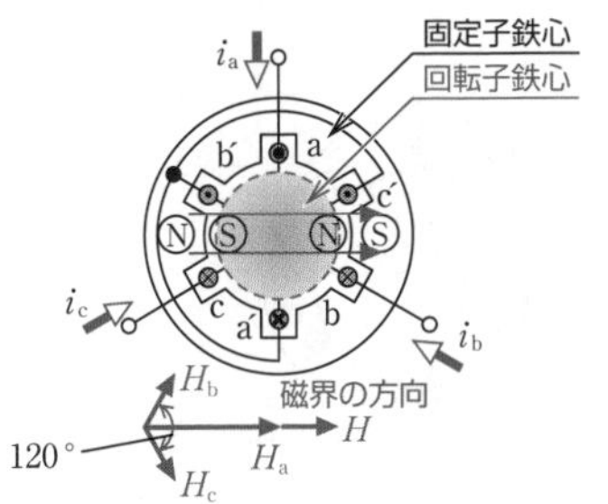

2極の回転磁界

図2-1-4 の場合、磁極は固定子、回転子ともにN極とS極ができるので、これを2極といいます。図2-1-5 のような三相交流電流を流したとき、各時刻 $t = t_1$、t_2、t_3、…における合成磁界は 図2-1-6 のようになり、波形の1周期の変化で、磁界の方向が1回転することがわかります。これを、**2極の回転磁界**といいます。周波数 f〔Hz〕の三相交流電流が流れるときは、1秒間で f 回転することになります。

図2-1-5 三相交流電流

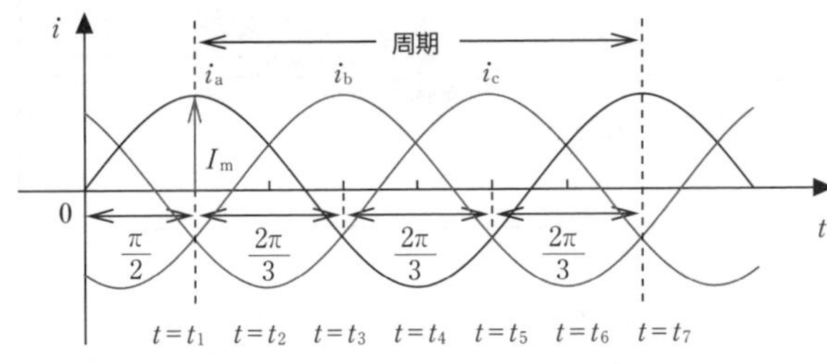

図2-1-6 回転磁界

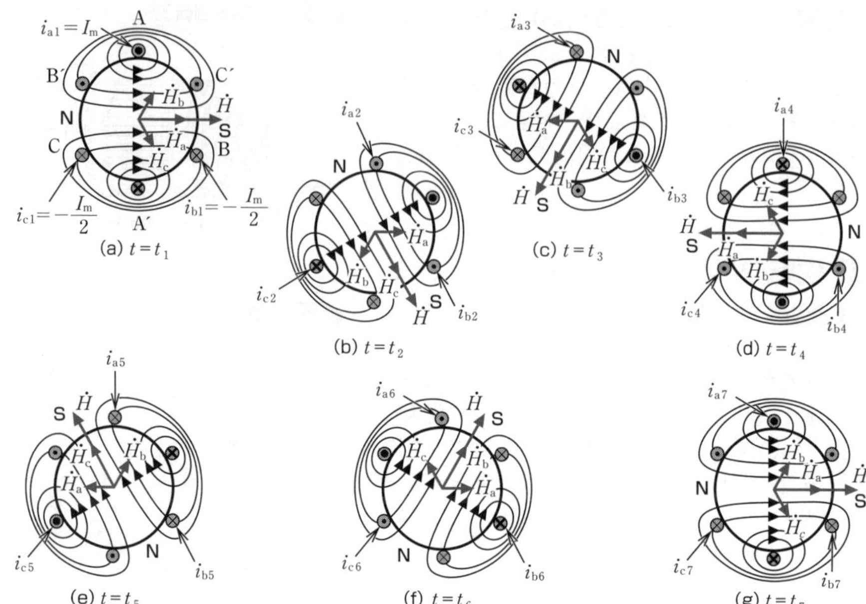

同期回転速度 N_s

回転磁界の回転速度は、電源の周波数に同期しているので、これを**同期回転速度**といいます。N_s〔min^{-1}〕は、極数 p と電源の周波数 f〔Hz〕によって決まります。

POINT

▶同期回転速度 N_s といえば 回転磁界の回転速度

同期回転速度

$$\boldsymbol{N_s} = \frac{120f}{p}〔\mathrm{min}^{-1}〕（毎分）$$

$$\boldsymbol{n_s} = \frac{f}{\frac{p}{2}} = \frac{2f}{p}〔\mathrm{s}^{-1}〕（毎秒）$$

p：極数（磁極の数。N 極と S 極で 2 極と数える）
f：電源周波数〔Hz〕

本書では回転速度を表すのに、N（大文字）は毎分〔min^{-1}〕、n（小文字）は毎秒〔s^{-1}〕としています。例えば、f = 50Hz、p = 2 のとき、同期回転速度 N_s〔min^{-1}〕、n_s〔s^{-1}〕は次のようになります。

$$N_s = \frac{120\times 50}{2} = 3\,000\,\mathrm{min}^{-1} \qquad n_s = \frac{2\times 50}{2} = 50\,\mathrm{s}^{-1}$$

滑り

回転磁界の回転速度（同期回転速度）N_s〔min^{-1}〕と回転子の回転速度 N〔min^{-1}〕との差（$N_s - N$）を、**滑り速度**、または**相対速度**といいます。この滑り速度（$N_s - N$）を同期回転速度 N_s〔min^{-1}〕で割った値を**滑り**といい、s で表します。

POINT

▶**滑り** といえば **滑り速度と同期回転速度の比**

滑り　$s = \dfrac{N_s - N}{N_s}$ または $s = \dfrac{N_s - N}{N_s} \times 100$〔%〕　（$s$ は 100 倍してパーセントでいうことが多い）

$s = 1$（100 %）は停止状態、$s = 0$ は同期速度で回転することを表します。一般に、滑り s は 3〜6 %くらいです。

原理上、誘導電動機は、同期回転速度 N_s〔min^{-1}〕よりも少し遅い速度 N〔min^{-1}〕で回転します。

POINT

▶**誘導電動機の回転速度 N** といえば **sN_s だけ遅れる**

$N = N_s(1 - s) = N_s - sN_s$〔min^{-1}〕　（$s$：小数で表した滑り）

誘導電動機の回転速度は、同期回転速度よりも滑りの分だけ遅く回転します。

練習問題 〉01

定格回転速度

定格周波数 $f = 50$ Hz、8 極の三相かご形誘導電動機の滑りが 4 % のとき電動機の回転速度 N〔min^{-1}〕は。

解き方

①同期回転速度 N_s〔min^{-1}〕は、$N_s = \dfrac{120f}{p} = \dfrac{120 \times 50}{8} = 750$ min^{-1}

②滑りが 4 % であることから、定格回転速度 N〔min^{-1}〕は、

$N = N_s(1 - 0.04) = 750(1 - 0.04) = 720$ min^{-1}

解説

回転速度の計算は、この例でいうと、750 円の品を 4 % 引きにしたらいくらか？という計算と同じです。$750 \times 0.96 = 720$

解答　$N = 720$ min^{-1}

第1部 理論　第2部 機械　第3部 電力　第4部 法規　第5部 電験三種に必要な数学

1
2
3
4
5
6
7
8
9
10
11
誘導電動機

2-2 三相誘導電動機の回路といえば変圧器と同じ

三相誘導電動機の等価回路

固定子鉄心に巻かれた巻線を一次巻線、回転子の導体を二次巻線とし、変圧器と同様な回路で表すことができます。図2-2-1は、三相誘導電動機の回路を考えるときの概念図を表したものです。これを一次、二次回路ともに三相のY結線とし、1相を取り出して回路をつくります。

図2-2-1 三相誘導電動機の考え方

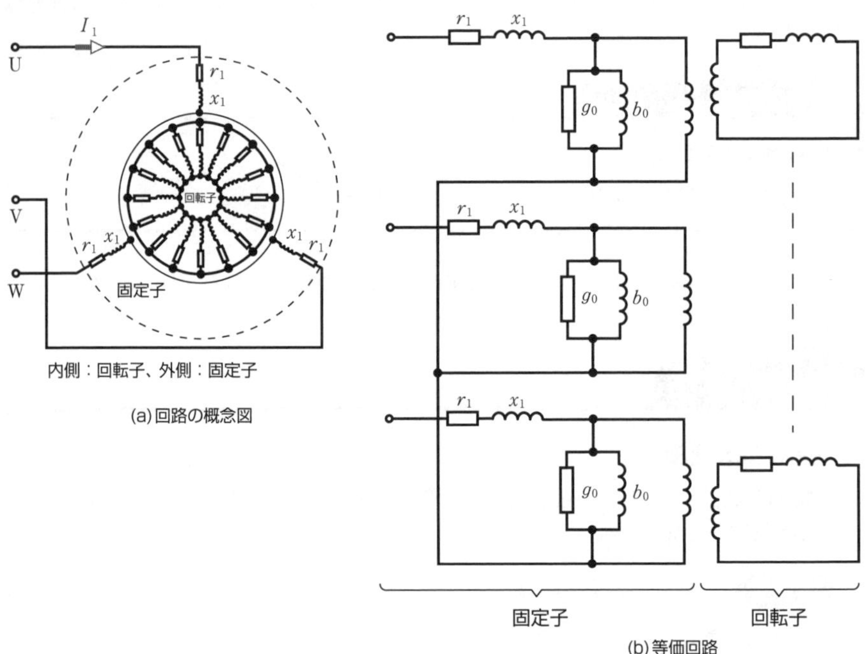

(a) 回路の概念図

(b) 等価回路

停止時（始動時）

停止しているときは、誘導電動機の電圧、電流の関係は変圧器と同じように考えます。このとき、1相分の回路（一次、二次ともに三相Y結線としたときの1相分を取り出した回路）は図2-2-2のようになります。

図2-2-2 停止時の回路

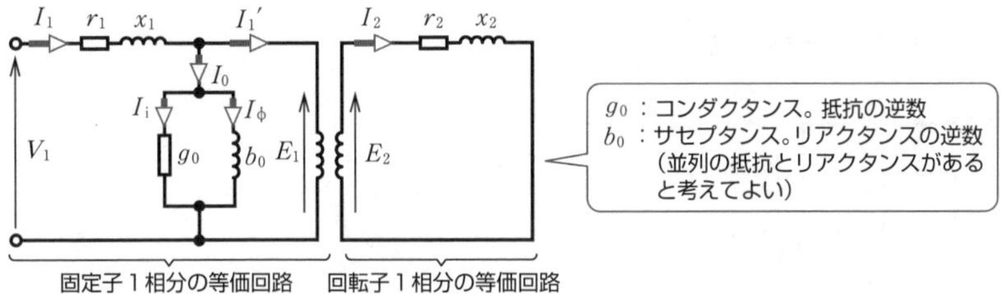

電源電圧 V_1〔V〕（相電圧）により励磁電流 I_0〔A〕が流れます。I_0〔A〕は鉄損電流 I_i〔A〕と磁化電流 I_ϕ〔A〕であり、I_ϕ〔A〕により回転する磁束 Φ が生じます。

励磁電流中の有効電流を**鉄損電流**（てっそんでんりゅう）といい、これは鉄心の中で生じる損失を表す電流です。励磁電流中の無効電流を**磁化電流**（じかでんりゅう）といい、これは磁束 Φ をつくる電流です。

磁束 Φ により、一次巻線に誘導起電力 E_1〔V〕、二次巻線に E_2〔V〕が生じます。二次巻線抵抗を r_2〔Ω〕、二次漏れリアクタンスを x_2〔Ω〕とすると、二次電流 I_2〔A〕は次式となります。

POINT

▶停止時（始動時）の二次電流 といえば 二次起電力と二次インピーダンスの比

$$I_2 = \frac{E_2}{\sqrt{r_2^2 + x_2^2}} \text{〔A〕}$$

二次電流＝二次起電力／二次インピーダンス

滑り s で運転中

滑りが s のとき、回転磁界の回転速度と回転子導体の回転速度との差、すなわち相対速度（滑り速度）は sN_s（**同期回転速度の s 倍**）になります。

したがって、滑り s で運転中の**二次誘導起電力** E_2'〔V〕、**二次周波数** f_2〔Hz〕、二次リアクタンス x_2〔Ω〕、及び二次電流 I_2〔A〕は次のようになります。ここで、f_2 すなわち sf_1（滑り×電源周波数）〔Hz〕は回転子巻線に流れる電流の周波数で、**滑り周波数**ともいいます。

POINT

▶運転中の二次の起電力、周波数、リアクタンス といえば s 倍になる

$$E_2' = sE_2 \text{〔V〕}$$

二次誘導起電力は s 倍

$$f_2 = sf_1 \text{〔Hz〕}$$

二次周波数は電源周波数の s 倍

$$x_2' = sx_2 \text{〔Ω〕}$$

二次漏れリアクタンスは s 倍

$$I_2 = \frac{sE_2}{\sqrt{r_2^2 + (sx_2)^2}} \text{〔A〕}$$

また、滑り s で運転中の等価回路は、図2-2-3のようになります。

図2-2-3 滑り s で運転中のときの回路

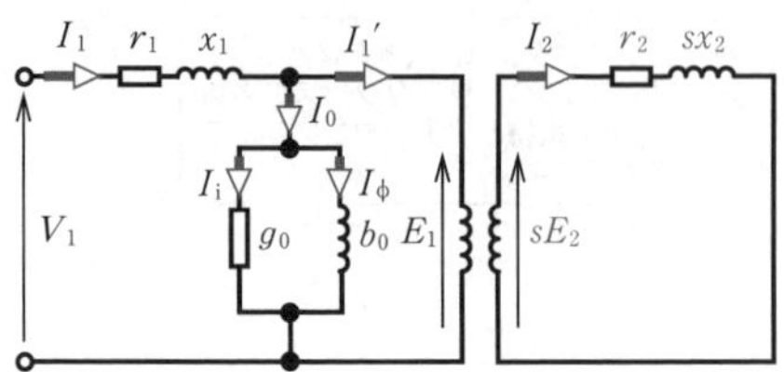

二次電流

二次 1 相分の抵抗を r_2〔Ω〕、1 相分の漏れリアクタンスを x_2〔Ω〕とすると、滑り s で運転しているとき、二次誘導起電力は sE_2〔V〕、二次リアクタンスは sx_2〔Ω〕となるので、回路図は図2-2-4の(a)のようになります。したがって、二次電流 I_2〔A〕は、

$$I_2 = \frac{sE_2}{\sqrt{{r_2}^2 + (sx_2)^2}}\text{〔A〕}$$

この式の分母と分子に $1/s$ を掛けて変形すると、

$$I_2 = \frac{sE_2}{\sqrt{{r_2}^2 + (sx_2)^2}} \times \frac{\frac{1}{s}}{\frac{1}{s}} = \frac{E_2}{\sqrt{\left(\frac{1}{s}\right)^2 ({r_2}^2 + (sx_2)^2)}}$$

$$I_2 = \frac{E_2}{\sqrt{\left(\frac{r_2}{s}\right)^2 + {x_2}^2}}\text{〔A〕}$$

となり、これを回路で表すと、図2-2-4の(b)のようになります。

図2-2-4 滑り s のときの二次回路（1相分）

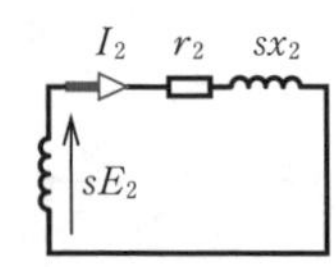

(a) 滑り s で運転中の二次回路

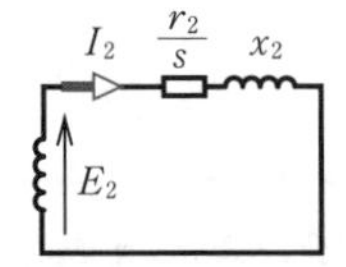

(b) 各値を s で割った二次回路

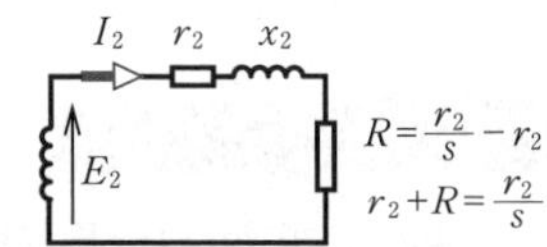

(c) 負荷抵抗 R で表した二次回路

さらに、図2-2-4の(c)のように回路を書き直すと負荷抵抗 R があり、R の電力が機械的出力を表すことになります。誘導電動機の負荷抵抗 R は、変圧器の負荷抵抗に相当すると考えることができ、変圧器と同様に扱うことができます。

$$R = \frac{r_2}{s} - r_2 = \frac{r_2 - sr_2}{s} = \left(\frac{1-s}{s}\right)r_2$$

POINT

▶二次電流 といえば 二次起電力を二次インピーダンスで割る

$$I_2 = \frac{sE_2}{\sqrt{r_2{}^2 + (sx_2)^2}} = \frac{E_2}{\sqrt{\left(\frac{r_2}{s}\right)^2 + x_2{}^2}} \text{〔A〕}$$

負荷抵抗 $R = \frac{r_2}{s} - r_2$〔Ω〕

誘導電動機の電力

電動機の二次入力（回転子に伝達される電力）を P_2、二次銅損（回転子抵抗 r_2 による損失）を P_{c2}、出力（機械的出力）を P_m とすると、次式が成り立ちます。

POINT

▶二次銅損 といえば 二次入力の s 倍

$$P_{c2} = sP_2 = I_2{}^2 r_2 \text{〔W〕}$$

$$P_m = P_2 - sP_2 = (1-s)P_2 \text{〔W〕}$$ ◀機械的出力は、二次入力－二次銅損

$$P_2 = \frac{P_{c2}}{s} = \frac{I_2{}^2 r_2}{s} \text{〔W〕}$$

誘導電動機の出力とトルク

電動機のトルク T〔N・m〕と角速度が ω〔rad/s〕の積は、電動機の出力 P_o〔W〕を表します。また、トルク T〔N・m〕と同期角速度が ω_s〔rad/s〕の積は電動機の二次入力 P_2〔W〕を表します。なお、二次入力 P_2〔W〕を、同期ワットともいいます。

POINT

▶出力 といえば ωT（オメガティー）

$P_o = \omega T$〔W〕 より、$T = \frac{P_o}{\omega}$〔N・m〕 $\left(\omega = 2\pi\frac{N}{60}\text{〔rad/s〕}\right)$

$P_2 = \omega_s T$〔W〕 より、$T = \frac{P_2}{\omega_s}$〔N・m〕 $\left(\omega_s = 2\pi\frac{N_s}{60}\text{〔rad/s〕}\right)$

練習問題 〉01

二次周波数

50 Hz、6 極の三相誘導電動機が同期速度より 40 min^{-1} 遅く回転している。このとき二次周波数 f_2〔Hz〕は。

解き方

①同期回転速度は、$N_s = \dfrac{120 f_1}{p} = \dfrac{120 \times 50}{6} = 1\,000\ \text{min}^{-1}$

② $N_s - N = 40$ なので、$s = \dfrac{N_s - N}{N_s} = \dfrac{40}{1\,000} = 0.04$

③二次周波数 f_2 は、$f_2 = s f_1 = 0.04 \times 50 = 2.0$ Hz

解説

滑り周波数は二次周波数ともいい、回転子電流の周波数です。
二次周波数＝滑り周波数＝回転子電流の周波数です。

解答 $f_2 = 2.0$ Hz

練習問題 〉02

二次銅損

定格出力 55 kW の三相誘導電動機があり、滑りは 0.02 である。この電動機の二次銅損 P_{c2}〔kW〕の値は。

解き方

①機械的出力 P_m は、(二次入力 P_2 －二次銅損 sP_2)

$P_m = P_2 - sP_2 = P_2(1 - s)$

数値を代入すると、

$55 = P_2(1 - 0.02)$

②二次入力 P_2 は、$P_2 = \dfrac{55}{1 - 0.02} \fallingdotseq 56.1$ kW

③二次銅損 P_{c2} は、$P_{c2} = sP_2 = 0.02 \times 56.1 \fallingdotseq 1.12$ kW

解説

二次入力 P_2 を求め、P_2 を s 倍すれば二次銅損が求められます。

解答 $P_{c2} = 1.12$ kW

2-3 トルク特性と比例推移 といえば 特性図から滑りを求める

● トルクー速度曲線

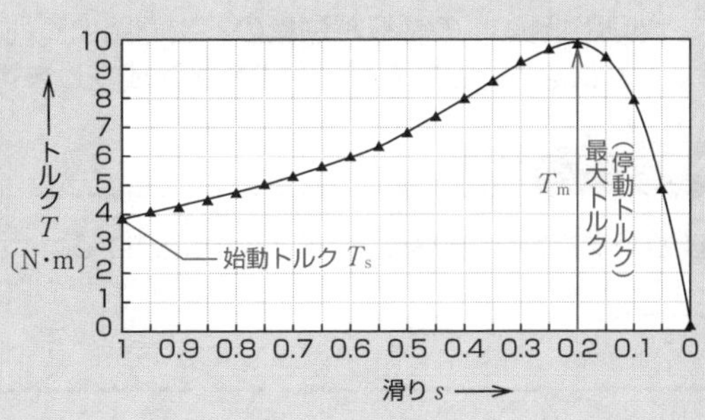

滑りとトルクの関係

誘導電動機の滑り s とトルク T〔N・m〕の関係は、上図のような曲線になります。これを**トルク - 速度曲線**といいます。図において、$s=1$ のときのトルク T_s を**始動トルク**、トルクの最大値 T_m を**最大トルク**または**停動トルク**といいます。

比例推移

滑り s、二次回路抵抗 r_2 の巻線形三相誘導電動機の二次回路に外部抵抗を挿入し、二次抵抗を r_2 の a 倍にすれば、滑りも a 倍になり、抵抗と滑りは比例して推移します。これを、**比例推移**といいます。

巻線形誘導電動機の二次 1 相の抵抗が r_2 で、トルク特性が 図2-3-1 の曲線①の a_1 点で負荷トルク T_1 と平衡し、滑り s_1 で運転しているとします。二次回路に外部抵

図2-3-1 トルクの比例推移の曲線

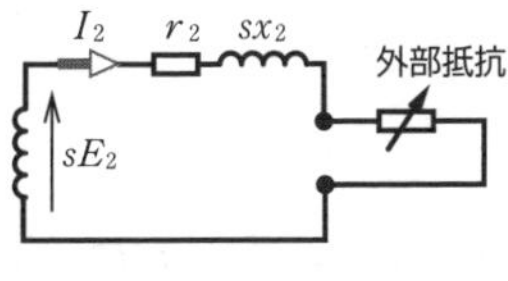

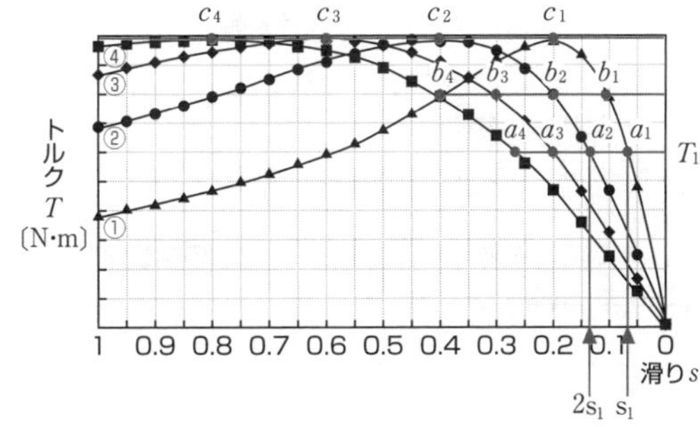

抗 r_2 を入れて $2r_2$ としたとき、電動機は速度が低下し、滑りは $2s_1$ となります。このとき、トルク曲線は 図2-3-1 の曲線②となり、a_2 点で平衡します。

二次抵抗を r_2、$2r_2$、$3r_2$、$4r_2$ と変化すると、滑りも s_1、$2s_1$、$3s_1$、$4s_1$ と変化し、動作点は 図2-3-1 のように a_1〜a_4 を移動します（b_1〜b_4、c_1〜c_4 においても、同じ比率で変化します）。なお、比例推移の曲線①〜④は、二次抵抗が r_2、$2r_2$、$3r_2$、$4r_2$ のときの特性曲線です。図のように抵抗を変化したときのトルクの変化を、**トルクの比例推移**の曲線といいます。

滑り s、二次回路抵抗 r_2 の誘導電動機の二次回路に直列抵抗を挿入して r_2' としたとき、滑りが s' になったとすれば、次の関係が成立します。

POINT

▶**比例推移** といえば **二次回路全体の抵抗値と滑りは比例する**

$$\frac{r_2}{s} = \frac{r_2'}{s'}$$

練習問題 > 01

トルクの比例推移

定格周波数 60 Hz、8 極の巻線形三相誘導電動機がある。始動時に二次 1 相の抵抗の 4 倍の大きさの抵抗を各相に挿入したところ、停動トルクに等しい大きさの始動トルクが発生した。抵抗を挿入しないで、この電動機が停動トルクを発生するときの回転速度 N_1〔$\mathrm{min^{-1}}$〕は。

解き方

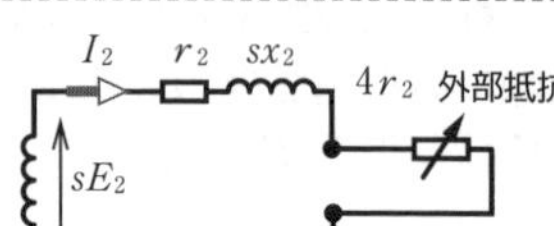

電動機の同期回転速度 N_s は、

$$N_s = \frac{120f}{p} = \frac{120 \times 60}{8} = 900\ \mathrm{min}^{-1}$$

電動機 1 相の抵抗を r_2 とすると、

始動時の滑り $s' = 1$ のときの抵抗は $r_2 + \boxed{4r_2} = 5r_2$

外部抵抗

比例推移の公式より、

$\boxed{\dfrac{r_2}{s} = \dfrac{5r_2}{s'}}$ $s' = 1$ を代入すると、$s = 0.2$

比例推移の公式

外部抵抗を挿入しないときは、巻線抵抗のみで、1/5 倍になるので滑りは 1 の 1/5 倍、すなわち $s = 0.2$ となります。

抵抗を挿入しないで、停動トルクを発生するときの回転速度 N_1 は、

$$N_1 = N_s(1 - s) = 900(1 - 0.2) = 720\ \mathrm{min}^{-1}$$

解説

比例推移の問題は、トルク特性曲線を描いてみると解きやすくなります。まず、二次抵抗が r_2 のとき（外部抵抗が 0 のとき）、下図の①の特性で、抵抗が増加するにつれて特性も②、③、④、⑤と推移します。停動トルク（最大トルク）も滑りが 0.2、0.4、0.6、0.8、1.0 の位置にずれていきます。

本問は、$s_1 = 0.2$ のときの回転速度 N_1 を求める問題です。したがって、次式でも求められます。

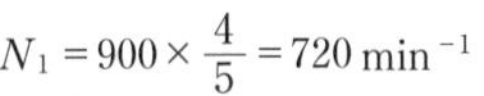

$$N_1 = 900 \times \frac{4}{5} = 720\ \mathrm{min}^{-1}$$

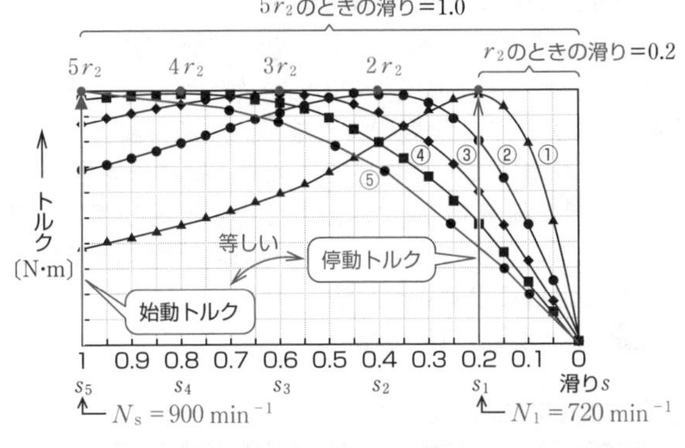

解答 $N_1 = 720\ \mathrm{min}^{-1}$

コラム

誘導発電機

三相誘導電動機の電源を接続した状態で、回転子を水車や風車で回転磁界と同方向に**同期速度よりも速く回転させる**と、回転磁界の回転速度 N_s と回転子の回転速度 N との相対速度 $(N_s - N)$ は負であり、**滑り s は負**となります。

回転子は、電動機の場合とは逆の方向に磁界を切ることになり回転子の起電力と電流は電動機の場合とは逆になります。

固定子の電流の方向も電動機の場合とは逆になり、回転子への機械入力は、電源に送り返され誘導発電機として動作します。

誘導発電機は、風力発電機、小水力用発電機などに採用されています。

〔誘導発電機の特徴〕

・構造が簡単で丈夫である
・励磁装置が不要
・同期調整が不要
・短絡電流が小さい
・単独での発電運転はできない

2-4 三相誘導電動機の始動法 といえば 電圧を下げて始動

三相誘導電動機の始動法

三相誘導電動機の始動法には、**全電圧始動法**と**減電圧始動法**があります。全電圧始動法は、**じか入れ始動法**ともいい、電源電圧を直接加えて始動する方法で、始動時に定格電流の5~7倍程度の大きな電流が流れます。このため、電動機の始動時に配電線に大きな電圧降下が生じて、他の負荷に悪影響を与えます。容量の大きな電動機では、これを軽減するために、かご形誘導電動機では**減電圧始動法**（始動時の巻線電圧を下げて始動する方法）が、巻線形誘導電動機では**二次抵抗始動法**（外部抵抗の大きさを変化して始動する方法）が用いられます。

表2-4-1に、代表的な始動法を示します。

表2-4-1 三相誘導電動機の始動法

始動法	説明
Y-Δ始動法 （スターデルタ始動法）	始動時は、図2-4-1のようにY結線とし、回転速度が上昇後にΔ結線に切り替える方法。Y結線では、電動機の1巻線に電源電圧の$1/\sqrt{3}$倍の電圧が加わり、始動電流が1/3倍に軽減される。また、始動トルクも1/3倍になる。 **図2-4-1 Y-Δ始動法** (a) スター結線（Y結線）　(b) デルタ結線（Δ結線）
リアクトル始動法	電動機の一次側にリアクトル（コイル）を接続して始動電流を制限するもので、回転速度が上昇し、始動電流が減少後にリアクトルを短絡する。
一次抵抗始動法	電動機の一次側に抵抗を接続して始動電流を制限するもので、回転速度が上昇後に抵抗を短絡する。
始動補償器始動法	始動補償器と呼ばれる三相単巻変圧器を用い、始動時は電圧タップを下げて低い電圧で始動し、始動電流を小さくする。比較的大容量の電動機に使用。コンドルファ始動法、コンペン始動法ともいう。
インバータ始動法	低い周波数かつ低い電圧で始動し、周波数と電圧を徐々に上昇して加速する。
二次抵抗始動法	巻線形誘導電動機の二次抵抗を変化させてトルクと電流を調節するもので、始動電流を定格電流程度におさえることができる。

▶三相誘導電動機の始動法 といえば

Y-Δ(スターデルタ)、リアクトル、一次抵抗、始動補償器、インバータ、二次抵抗始動など

特殊かご形誘導電動機

特殊かご形誘導電動機には、二重かご形誘導電動機と深みぞかご形誘導電動機があります。

二重かご形誘導電動機

図2-4-2のように回転子の導体が二重になっており、外側の導体には抵抗の大きい銅合金、内側の導体には抵抗の小さい銅が用いられます。

図2-4-2 二重かご形誘導電動機の導体と鉄心

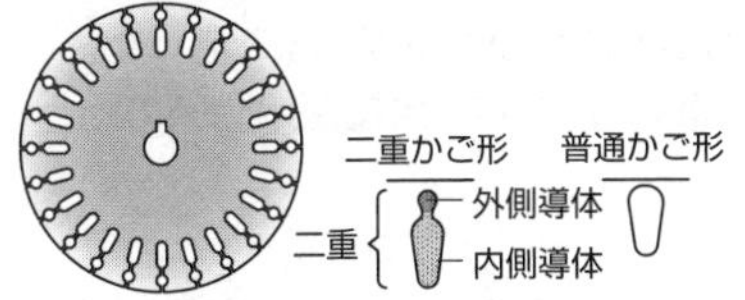

始動時（停止時）の二次周波数は電源の周波数と同じで、二次周波数が高い間は内側導体の漏れリアクタンスが大きく電流が流れにくいので、外側導体の電流が大きくなります。外側導体は抵抗が大きいので二次抵抗の大きい電動機特性になり、始動電流は小さくなり、始動トルクは大きくなります。

回転速度の上昇に伴い、二次周波数が低くなります。二次周波数の低下に伴い内側導体の漏れリアクタンスが小さくなり、二次電流は抵抗の小さな内側導体に多く流れ、電動機は二次抵抗の小さな、一般の電動機の特性となります。

深みぞかご形誘導電動機

図2-4-3のように溝を深くし、導体を深くしたものです。始動時は電流が上部に偏り、抵抗が大きくなったのと同じ効果があります。回転速度が上昇すれば、二次周波数が下がるので電流は均一化し、普通の電動機特性になります。

図2-4-3 深みぞかご形誘導電動機の導体と鉄心

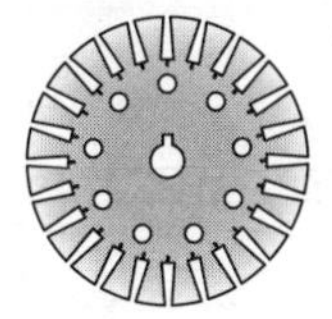

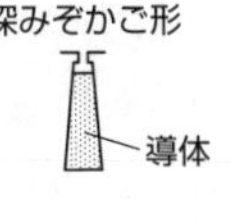

図2-4-4は、①普通かご形、②二重かご形、③深みぞかご形のトルク - 速度曲線の例です。

図2-4-4 トルク - 速度曲線の例

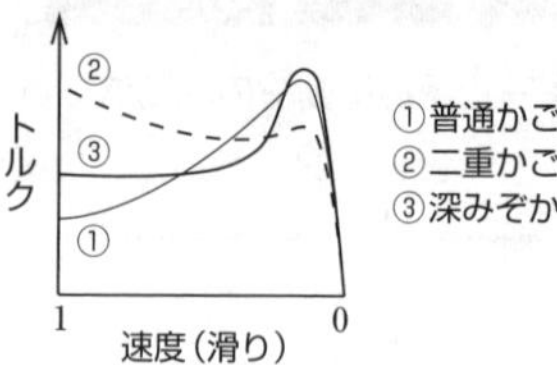

POINT

▶特殊かご形誘導電動機 といえば 二重かご形誘導電動機と深みぞかご形誘導電動機

練習問題 ＞01

Y-Δ 始動法

かご形三相誘導電動機を Y-Δ 始動したところ、始動トルクが 250 N・m であった。この電動機の定格運転時のトルク T_n〔N・m〕の値は。ただし、全電圧始動時の始動トルクは定格運転時の 150 % とする。

解き方

Y 結線での始動トルク T_{YS} が

$T_{YS} = 250$ N・m より、

Δ 結線で始動（全電圧始動）したときの始動トルク $T_{\Delta S}$ は、

$T_{\Delta S} = 3 \times 250 = 750$ N・m

$T_{\Delta S}$ は、定格運転時のトルク T_n の 150 %に等しいことから

$750 = 1.5\,T_n$

定格運転時のトルク T_n は、

$$T_n = \frac{750}{1.5} = 500 \text{ N・m}$$

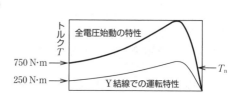

解説

Y 結線で始動したときの始動トルク 250 N・m の 3 倍の値が、Δ 結線で始動したときの始動トルクとなります。

$250 \times 3 = 750$ N・m

解答 $T_n = 500$ N・m

2-5 単相誘導電動機 といえば 二相交流により回転する

二相交流電流による回転磁界

図2-5-1のような2個のコイルに、図2-5-2のような位相が $\pi/2$〔rad〕異なる電流を流すと、回転磁界ができます。図のような、位相が $\pi/2$〔rad〕異なる2つの電流を**二相交流電流**といいます。

2個のコイルに図2-5-2の二相交流電流を流したときについて考えます。

$t = t_1$ のとき、$i_{a1} = I_m$〔A〕、$i_{b1} = 0$ A

コイル電流と磁界の方向は図2-5-3の(a)のようになります。

$t = t_2$ のとき、$i_{a2} = 0$ A、$i_{b2} = I_m$〔A〕

磁界の方向は図2-5-3の(b)のようになります。同様に t_3、t_4 の磁界の方向を示すと、磁界 H は時間とともに回転することがわかります。

図2-5-1 2個のコイル

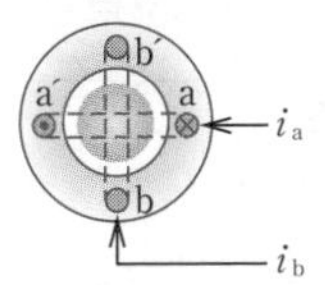

図2-5-2 二相交流電流

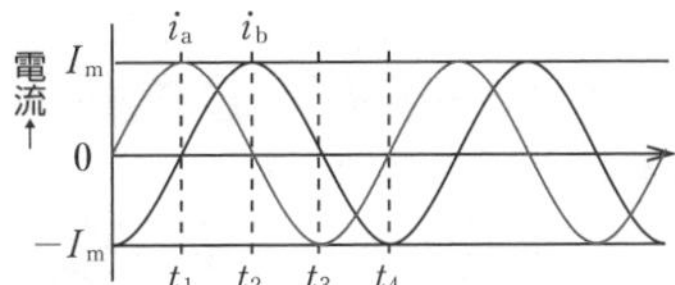

図2-5-3 二相交流電流による回転磁界

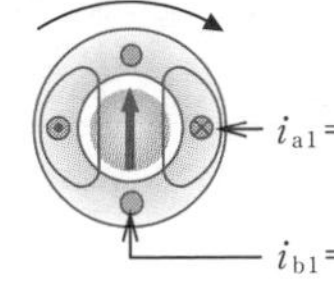

(a) t_1 のときの磁界

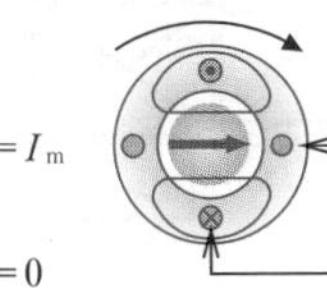

(b) t_2 のときの磁界

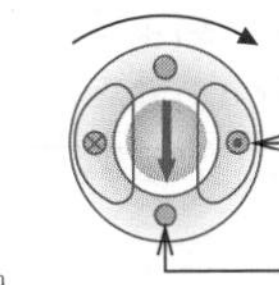

(c) t_3 のときの磁界

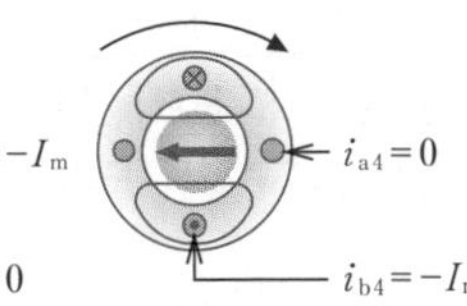

(d) t_4 のときの磁界

単相誘導電動機の始動法による分類

単相誘導電動機の固定子には**主巻線**（運転巻線）と**補助巻線**（始動巻線）が巻かれ、回転子はかご形です。単相誘導電動機は必ず始動装置を持ち、その始動方式の種類により分類されます。

分相始動形

主巻線 M と**始動巻線**（補助巻線）S があります。主巻線 M は**リアクタンス**が大きくて**抵抗**が小さく、始動巻線 S は**リアクタンス**が小さくて**抵抗**が大きい、という性質があります。主巻線と始動巻線には二相交流に近い電流が流れ、**回転磁界**が生じて始動します。速度が上昇すると遠心力スイッチが働き、始動巻線は電源から切り離されます。逆回転するには、始動巻線の接続を反対にします。

図2-5-4 分相始動形

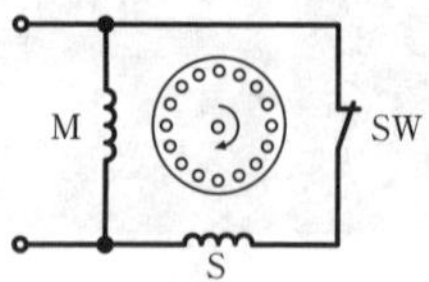

M　：主巻線
S　：始動巻線
SW：遠心力スイッチ

コンデンサ始動形

主巻線 M は、電源に接続し、始動巻線 S にコンデンサと遠心力スイッチが直列に接続され、M の電流は**遅れ位相**で、S の電流は**進み位相**になり、M と S に**二相交流**に近い電流が流れ、**回転磁界**が生じて始動します。速度が上昇すると、遠心力スイッチによりコンデンサと始動巻線は回路から切り離されます。コンデンサ始動形は、他の方法と比較すると、**始動トルク**が大きいという特徴があります。

図2-5-5 コンデンサ始動形

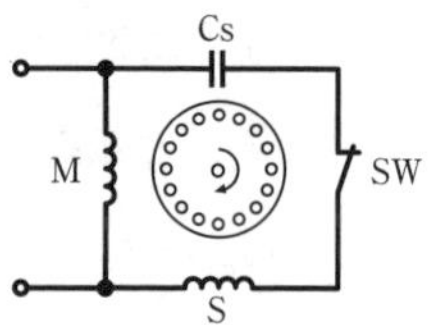

M　：主巻線
S　：始動巻線
SW：遠心力スイッチ
Cs　：コンデンサ

くま取りコイル形

主巻線の他に、環状の短絡巻線である**補助巻線（くま取りコイル）** C を持つ誘導電動機です。主磁束 Φ の一部 ϕ が C を通り、C の起電力による短絡電流が流れ、磁束 ϕ_c が生じます。C を通る磁束は（$\phi - \phi_c$）となり、主磁束 Φ より位相が遅れることで**移動磁界**ができ、回転子は回転を始めます。この電動機は構造が簡単で安価です。効率、力率は低く、トルクは小さいという特徴があります。

図2-5-6 くま取りコイル形

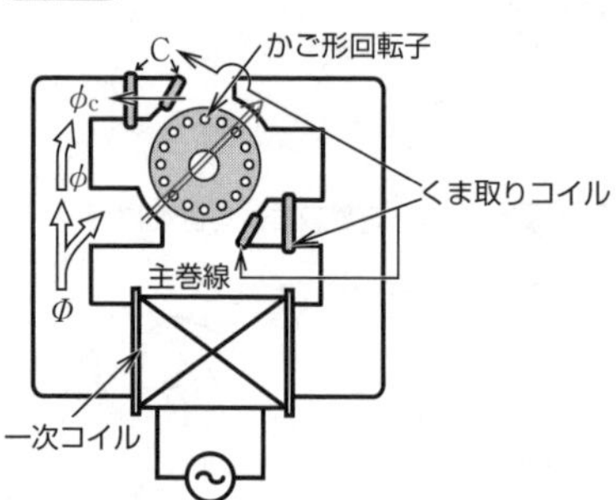

POINT

▶**単相誘導電動機** といえば 分相**始動形**、コンデンサ**始動形**、くま取りコイル**形**

例題 1

|重要度★★★|令和 5 年度上期|機械|問 4|

定格出力 36 kW、定格周波数 60 Hz、8 極のかご形三相誘導電動機があり、滑り 4 %で定格運転している。このとき、電動機のトルク〔N·m〕の値として、最も近いものを次の (1) ～ (5) のうちから一つ選べ。ただし、機械損は無視できるものとする。

(1) 382　(2) 398　(3) 428　(4) 458　(5) 478

解き方

解答 (2)

かご形三相誘導電動機の同期回転速度 N_s は、

$$N_s = \frac{120f}{p} = \frac{120 \times 60}{8} = 900\ \mathrm{min}^{-1}$$

f：周波数〔Hz〕、p：極数

回転速度 N は、

$$N = N_s(1-s) = 900(1-0.04) = 864\ \mathrm{min}^{-1}$$

s：滑り

定格出力 P_m は、$P_m = \omega T$〔W〕

ω：角速度〔rad/s〕、T：トルク〔N・m〕

$$\omega = \boxed{2\pi \frac{N}{60}} = 2 \times 3.14 \times \frac{864}{60} \fallingdotseq 90.4\ \mathrm{rad/s}$$

1 秒間の回転速度〔s^{-1}〕

電動機のトルク T は、

$$T = \frac{P_m}{\omega} = \frac{36 \times 10^3}{90.4} \fallingdotseq 398\ \mathrm{N \cdot m}$$

解説

誘導電動機の回転速度は、同期回転速度 N_s よりも滑り s だけ遅くなります。例えば s が 4 %の場合は、N_s よりも 4 %だけ遅くなります。また、電動機のトルクが T〔N・m〕、角速度が ω〔rad/s〕のとき、出力 P_m〔W〕は、$P_m = \omega T$〔W〕、$\omega = 2\pi(N/60)$ ※〔rad/s〕で表されます。

※電気回路では $\omega = 2\pi f$ ですが、回転機の場合は f の代わりに 1 秒間の回転速度 $N/60$ となります。

例題 2

｜重要度★★｜令和 4 年度下期｜機械｜問 2｜

三相誘導電動機が滑り 2.5 % で運転している。このとき、電動機の二次銅損が 188 W であるとすると、電動機の軸出力〔kW〕の値として、最も近いものを次の (1) ～ (5) のうちから一つ選べ。ただし、機械損は 0.2 kW とし、負荷に無関係に一定とする。

(1) 7.1　(2) 7.3　(3) 7.5　(4) 8.0　(5) 8.5

解き方

解答 (1)

二次銅損 P_{c2} は、

$P_{c2} = sP_2$　より　（二次銅損は、二次入力の s 倍）

二次入力 P_2 は、　（二次入力は、二次回路に伝達される電力）

$$P_2 = \frac{P_{c2}}{s} = \frac{188}{\boxed{0.025}} = 7\,520\ \mathrm{W}$$

（2.5 %）

機械出力 P_m は、

$P_m = P_2 - P_{c2} = 7\,520 - 188 = 7\,332\ \mathrm{W}$　（機械出力は、二次入力から二次銅損を減じた電力）

電動機の軸出力 $P_{軸出力}$ は、機械出力 P_m －機械損 P_{loss} より、

$P_{軸出力} = P_m - P_{loss} = 7\,332 - \boxed{200} = 7\,132\ \mathrm{W} \fallingdotseq 7.1\ \mathrm{kW}$

（0.2 kW は 200 W）

解説

誘導機の二次入力を P_2〔W〕、二次銅損を P_{c2}〔W〕、機械的出力を P_m〔W〕とすると、
$P_{c2} = sP_2$、$P_m = P_2 - P_{c2}$ であり、
$P_2 : P_{c2} : P_m = P_2 : sP_2 : (P_2 - sP_2) = 1 : s : (1-s)$ の関係があります。

3-1 直流発電機の起電力 といえば 磁石の強さと回転速度に比例

● 直流発電機の仕組み

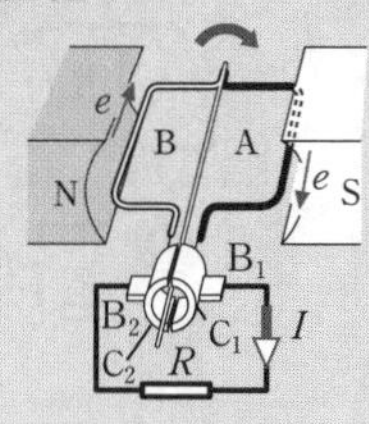

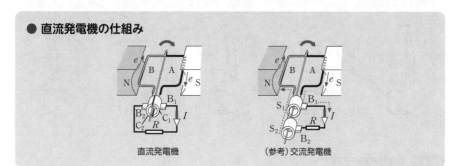

直流発電機

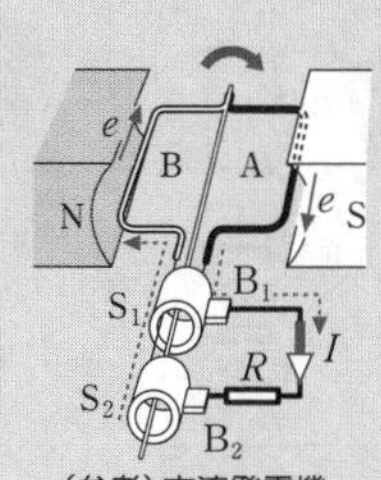

（参考）交流発電機

直流発電機

直流発電機は、機械的な動力エネルギーを受けて**直流の電力**を発生する回転機です。直流の電力は、電気鉄道用、化学工業（電気分解、電気メッキ）、製鉄工業、製紙工業などに多く使われますが、半導体整流装置により交流電力から直流電力が簡単に得られるようになり、直流発電機の利用は減少しています。しかし、電動機を学習する上で、発電機の基礎は重要です。

起電力

磁界中で導体を動かしたとき、導体中に起電力（きでんりょく）を生じます。起電力の方向を確認するには**フレミングの右手の法則**がよく使われます。これは、右手の親指、人さし指、中指を互いに直角になるように開き、親指を導体の運動方向に、人さし指を磁束の方向に向けると、中指の方向が起電力の向きと一致する、というものです。

磁束密度 B〔T〕の平等磁界中で、長さ ℓ〔m〕の導体が v〔m/s〕の速度で動くときの起電力 e〔V〕は次式であり、強い**磁界**中で**速く**動かすほど、**起電力**は大きくなります。

平等磁界中の起電力　$e = B\ell v$〔V〕

直流発電機の原理

N、S 両磁極の内側でコイル状の導体を回転すると、導体に起電力が発生します。このとき、導体が 1 つの磁極を通る毎に起電力の向きが変わり、図3-1-1のような交流の起電力が発生します。コイルの両端を**スリップリング**（S_1、S_2）という金属環と**ブラシ**（B_1、B_2）を用いて負荷に接続すれば、交流の発電機となります。

第1部 理論 / 第2部 機械 / 電力 / 第3部 / 第4部 法規 / 第5部 電験三種に必要な数学

図3-1-1 交流発電機の原理（参考）

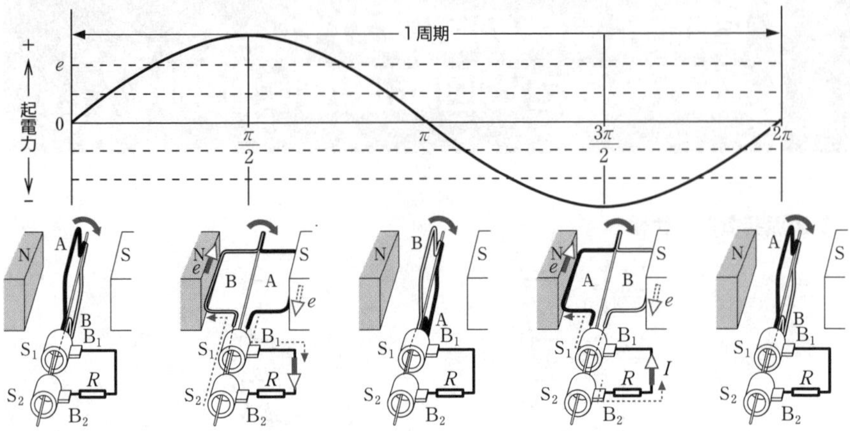

図3-1-2 直流発電機の原理

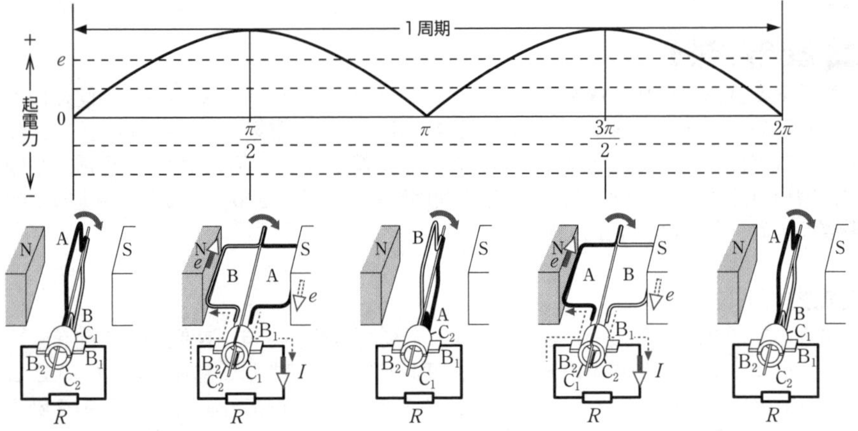

図3-1-2のようにスリップリングの代わりに**整流子**（金属片 C_1、C_2）を用いると、**ブラシ** B_1 は整流子片を通じて常にS極側の導体と接続し、B_2 はN極側の導体と接続されるので、B_1 が（+）、B_2 が（−）となり、一定方向の脈動する起電力を生じます。このように、整流子とブラシの作用で直流に変換されます。これを**整流作用**がある、または**整流される**といいます。

コイルの数と整流子片を増すと、図3-1-3のような、波形の脈動が小さな直流の起電力が得られます。

図3-1-3 脈動の小さな起電力

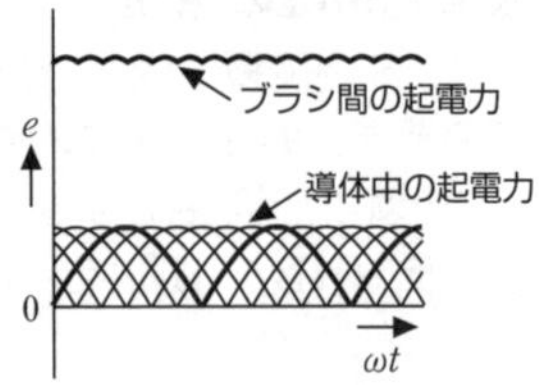

固定子と回転子

電磁石の作用により磁束を発生するところを**磁極**（N 極、S 極）、または界磁極といい、電磁石をつくるコイルを**界磁巻線**といいます。

発電機の静止部分を**固定子**（**ステータ**）、回転部分を**回転子**（**ロータ**）といい、固定子は磁極と磁気回路を構成する継鉄（外枠）からなります。回転子は**整流子**と円筒状の**鉄心**及び**コイル**で構成されており、全体を**電機子**、鉄心を電機子鉄心、コイルを**電機子巻線**といいます。

図3-1-4 発電機の構造

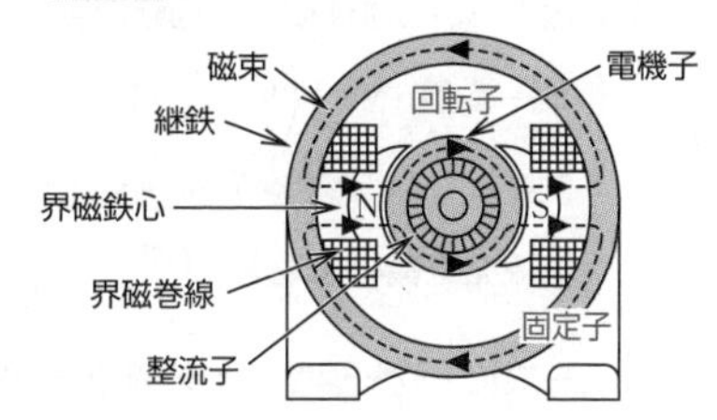

このように、実際の発電機は鉄心で磁気回路を構成し、磁気結合を強くしています。

重ね巻と波巻

電機子巻線の巻線方法には、**重ね巻**と**波巻**があります（図3-1-5）。重ね巻は、ブラシ間に**極数**に等しい数の並列回路ができ、**大電流用**に適します。波巻は、全巻線の半分が直列になり、並列回路数は 2 となり、**高電圧用**に適します。

図3-1-5 重ね巻、波巻、並列回路

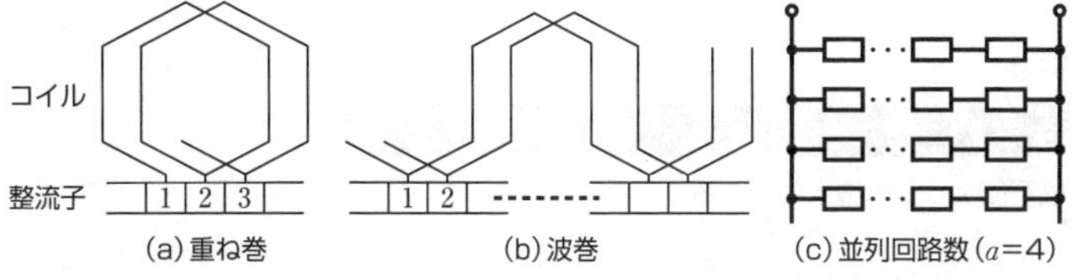

(a) 重ね巻　(b) 波巻　(c) 並列回路数 (a=4)

POINT

▶**重ね巻** といえば **並列回路数** = 極数 = ブラシ数

並列回路数 = a = p

▶**波巻** といえば **並列回路数** = ブラシ数 = 2

並列回路数 = a = 2、ブラシ数 = 2

a：並列回路数
p：極数

起電力の大きさ

いま、直流発電機の総導体数 z、極数 p、並列回路数 a、磁極の有効磁束 Φ〔Wb〕、電機子の回転速度 n〔s^{-1}〕のとき、ブラシ間の誘導起電力 E_a は、磁束 Φ と回転速度 n との積に比例します。すなわち、強い磁石を使って速く回転させれば、大きな起電力が得られます。

1
2
3
4
5
6
7
8
9
10
11
直流発電機と直流電動機

POINT

▶起電力 E_a といえば 磁束と回転速度に比例（起電力 といえば 磁石の強さと回転の速さに比例）

$$E_a = k\Phi n\,〔\mathrm{V}〕\quad \left(k = \frac{pz}{a}\right)$$

n：1秒間の回転速度〔$\mathrm{s^{-1}}$〕

$$直流発電機の起電力 = \left(\frac{極数 \times 導体数}{並列回路数}\right) \times 磁束 \times 1秒間の回転速度$$

一般に、回転速度は1分間の値を用いるので、

$$E_a = k'\Phi N\,〔\mathrm{V}〕\quad \left(k' = \frac{pz}{a} \times \frac{1}{60}\right)$$

N：1分間の回転速度〔$\mathrm{min^{-1}}$〕

直流発電機の種類

直流発電機は、**回転子**（ロータ）と**固定子**（ステータ）で構成されます。回転子は**電機子**といい、電機子巻線から起電力を得ます。また固定子は、**永久磁石**または**電磁石**により界磁磁束をつくります。

直流発電機は、磁束をつくる方法により、表3-1-1のような種類に分けられます。(a)、(b)、(c) は図3-1-6中の図を表します。

表3-1-1 直流発電機の種類

名称	説明
(a) 磁石発電機	永久磁石により界磁磁束をつくる。
(b) 他励発電機	他の直流電源により界磁巻線を励磁し界磁磁束をつくる。
(c) 自励発電機	発電機自身の起電力で界磁巻線を励磁し界磁磁束をつくる。

自励発電機は、電機子巻線と界磁巻線の接続方法により、図3-1-6の (c-1)、(c-2)、(c-3) のような種類があり、使用目的によって表3-1-2のように使い分けられます。

このうち、複巻発電機は、分巻界磁束と直巻界磁束が互いに加わり合うものを**和動複巻**（わどうふくまき）、打ち消し合うものを**差動複巻**（さどうふくまき）といい、分巻界磁巻線が直巻界磁巻線より内側で電機子側にあるものを**内分巻**（ないぶんまき）、外側にあるものを**外分巻**（がいぶんまき）といいます。発電機は、内分巻が標準になっています。

表3-1-2 自励発電機の種類

名称	説明
(c-1) 分巻発電機	電機子巻線と界磁巻線が並列の発電機をいう。
(c-2) 直巻発電機	電機子巻線と界磁巻線が直列の発電機をいう。
(c-3) 複巻発電機	分巻界磁巻線と直巻界磁巻線がある発電機をいう。

図3-1-6 直流発電機の種類

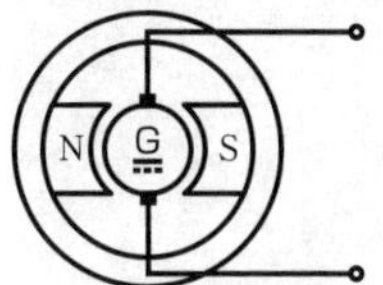

(a) 磁石発電機

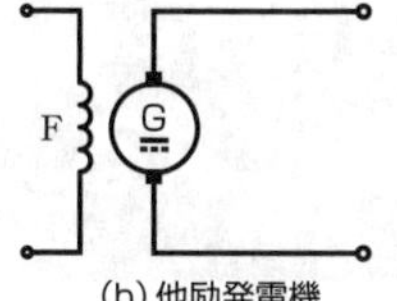

(b) 他励発電機

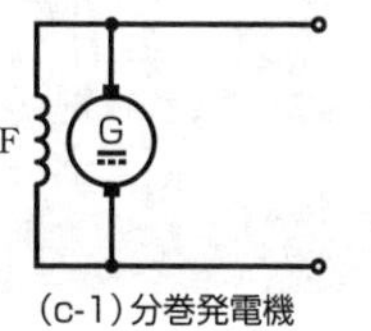

(c-1) 分巻発電機

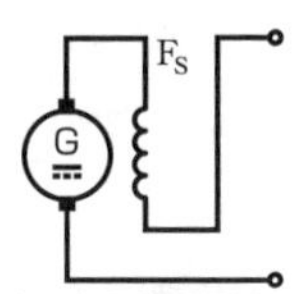

(c-2) 直巻発電機

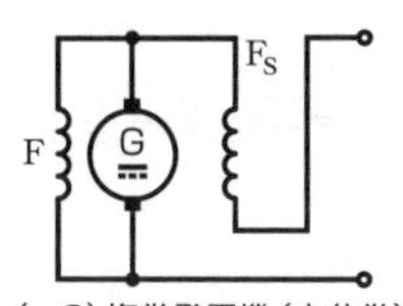

(c-3) 複巻発電機（内分巻）

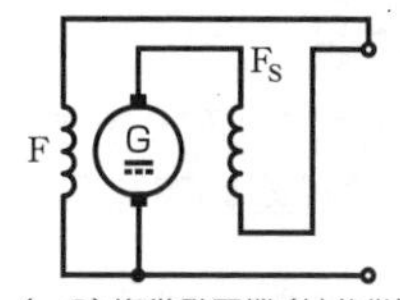

(c-3) 複巻発電機（外分巻）

POINT

▶**直流発電機の種類** といえば 磁石、他励、自励**発電機**

▶**自励発電機** といえば 分巻、直巻、複巻**発電機**

練習問題 〉01

発電機の起電力

磁極数 4、電機子導体数 480 の直流分巻発電機がある。各磁極の磁束が 0.01 Wb で、発電機の回転速度が 900 min^{-1} であった。この発電機の誘導起電力 E_a〔V〕は。ただし、電機子巻線は波巻とする。

解き方

発電機の起電力 E は、

$$E_a = k\Phi n \text{〔V〕} \quad ただし、k = \frac{pz}{a}$$

n：1 秒間の回転速度〔s^{-1}〕

磁束 $\Phi = 0.01$ Wb、回転速度 $n = 900/60\ \mathrm{s}^{-1}$、導体数 $z = 480$、極数 $p = 4$、波巻は並列回路数が 2 なので $a = 2$、

$$E_a = \frac{4 \times 480}{2} \times 0.01 \times \frac{900}{60} = 144\ \mathrm{V}$$

解説

直流発電機の起電力は、磁束と回転速度に比例します。

解答 $E_a = 144$ V

3-2 電圧変動と電圧降下 といえば 電機子巻線抵抗による

電圧変動率

発電機は、負荷電流の大きさによって端子電圧が変化します。この電圧変化の割合を表すのに、電圧変動率を用います。

POINT

▶電圧変動率 ε といえば 無負荷電圧と定格電圧の差と定格電圧の比率

電圧変動率 $\varepsilon = \dfrac{V_0 - V_n}{V_n} \times 100$〔%〕

V_0：無負荷電圧〔V〕
V_n：定格電圧〔V〕

起電力 E〔V〕、内部抵抗 r〔Ω〕の直流電源に電流 I〔A〕が流れるとき、内部抵抗による電圧降下が生じるので、端子電圧 V〔V〕は次式となります。

$V = E - rI$〔V〕

直流発電機においても直流電源の場合と同じように考えればよいので、直流発電機の端子電圧は次のようになります。

なお、ブラシの接触抵抗による電圧降下も、正負それぞれに1V程度あります。

POINT

▶端子電圧 といえば 電機子の電圧降下を減ずる

直流発電機の端子電圧 $V = E - r_a I_a$〔V〕

E：起電力〔V〕
r_a：電機子巻線抵抗〔Ω〕、I_a：電機子電流〔A〕

電機子反作用

直流発電機に負荷電流が流れることにより発生する磁束が主磁束に作用し、磁束分布が変化して起電力が減少したり、電気的な中性軸をずらしたりします。この作用を**電機子反作用**といいます。

図3-2-1の（a）は、界磁極による磁束分布 Φ_f、（b）は、電機子電流が流れたときの磁束分布 Φ_a、（c）は、発電機を運転し負荷電流が流れているときの合成磁束分布 Φ です。（a）のXX′中性軸（幾何学的中性軸ともいう）に対し、（c）のn n′を**電気的中性軸**といい、θだけ位置が移動します（電機子巻線が回転により磁束を切らない位置（起電力が0の位置）が θだけ移動する）。

図3-2-1 電機子反作用

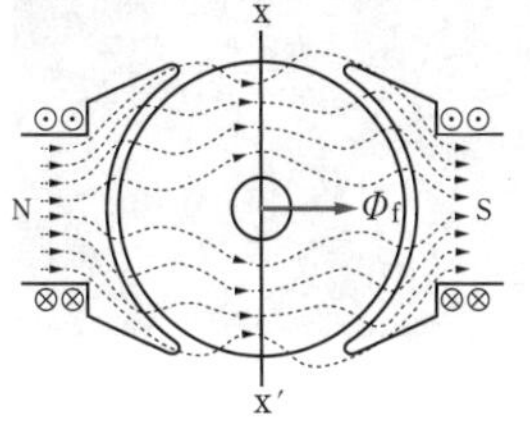

(a) 界磁極による磁束分布

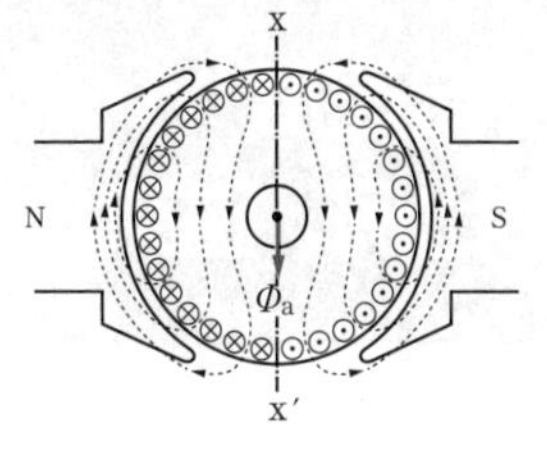

(b) 電機子電流による磁束分布

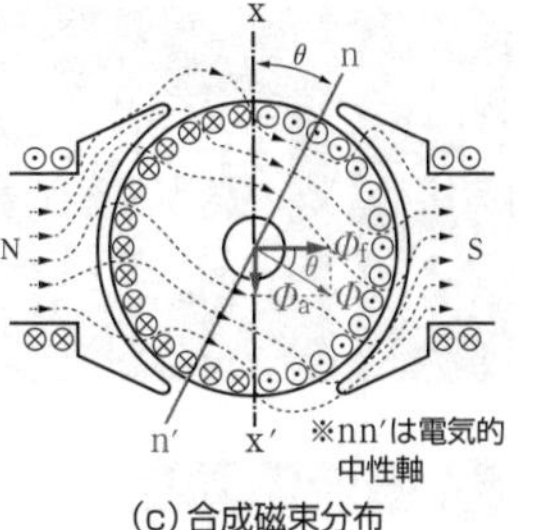

(c) 合成磁束分布

電機子反作用の影響

- 電機子反作用による電気的中性軸の傾きは、発電機は回転方向に、電動機は回転方向とは逆方向になります。幾何学的中性軸の位置にある電機子巻線にも起電力が発生し、ブラシでこのコイルを短絡した場合は、ブラシを通して短絡電流が流れ、ブラシ上に火花が発生します。
- 磁束分布の偏りにより、磁束の多いところで鉄心の磁気飽和が発生し、磁束が減少します。これを交さ磁束による減磁作用といいます。この作用は、発電機では起電力を低下させ、電動機では界磁磁束の減少により回転速度を上昇させます。

電機子反作用の防止策

図3-2-2 補極

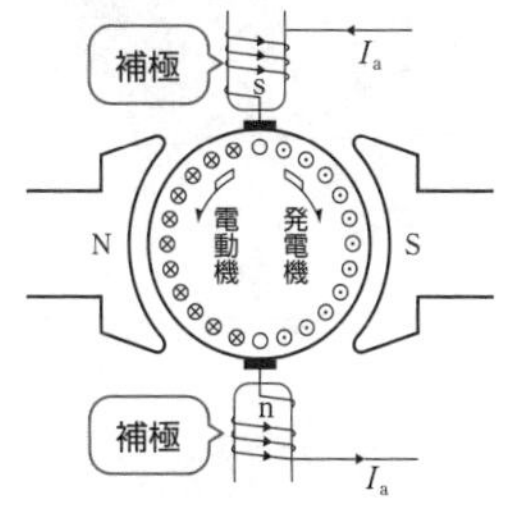

図3-2-3 補償巻線

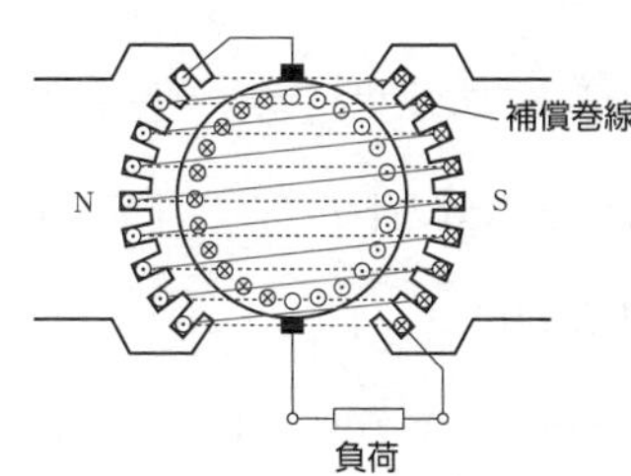

・補極を設ける

図3-2-2 に示すように補極を幾何学的中性軸上に設け、この補極巻線に電機子電流を流し、交さ磁束を打ち消すことで電気的中性軸が傾くのを防ぎます。

・主磁極の下面に補償巻線を設ける

図3-2-3 のように、主磁極の磁極片の表面にスロットを設け補償巻線を施し、この巻線に電機子電流を逆方向に流して、交さ磁束を打ち消します。

POINT

▶電機子反作用 といえば 電機子巻線を流れる負荷電流が主磁束を乱す作用

界磁束を減じて、起電力を低下させる

3-3 電動機の回転速度 といえば 逆起電力に比例、磁束に反比例

直流電動機

磁界中の導線に電流を流すと、導線はフレミングの左手の法則により定まる向きに力を受けます。この力で導線が効率よく回転できるようにしたものが直流電動機です。

磁界中のコイルのトルク

図3-3-1のように、磁束密度がB〔T〕である磁界中の方形コイルに、電流I〔A〕を流した場合、コイル辺abに働く電磁力は、$F_1 = BI\ell$〔N〕で下向きになります。コイル辺cdに働く電磁力は、$F_2 = BI\ell$〔N〕で、上向きになります。

コイル辺abに働くトルク[※1] T_1〔N・m〕は、

$$T_1 = F_1 \frac{D}{2} = BI\ell \frac{D}{2} \text{〔N・m〕}$$

コイル辺cdに働くトルクT_2〔N・m〕は、

$$T_2 = F_2 \frac{D}{2} = BI\ell \frac{D}{2} \text{〔N・m〕}$$

全体のトルク（導体2本分のトルク）T〔N・m〕は、

$$T = T_1 + T_2 = BI\ell D \text{〔N・m〕}$$

図3-3-1 電磁力とトルクの関係

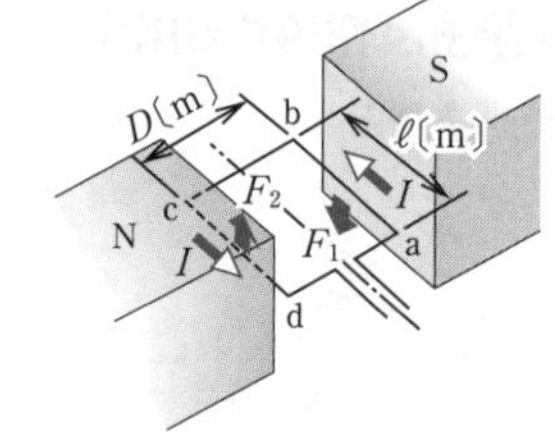

コイルの面積をA〔m²〕とすると、$A = \ell D$なので、次のようになります。

POINT

▶コイルのトルク といえば 磁束密度B、電流I、コイルの面積Aに比例する

コイルのトルク　$T = BI\ell D = BIA$〔N・m〕

※1　トルク：回転体が回転軸のまわりに受ける力のモーメントで、力（電磁力）と軸の中心から力の作用点までの距離の積（力F×回転半径$D/2$）に等しくなります。

直流電動機のトルク

磁束密度 B は磁束 Φ〔Wb〕に比例するので、直流電動機の発生トルク T〔N・m〕は、1 極当たりの磁束 Φ〔Wb〕と電機子電流 I_a〔A〕の積に比例します。

POINT

▶**トルク** といえば **磁束 Φ と電機子電流 I_a の積に比例する**

直流電動機のトルク　$T = k\Phi I_a$〔N・m〕

比例定数 k は、　$k = \dfrac{pz}{2\pi a}$　（p：極数、z：導体数、a：電機子巻線の並列回路数）

$$\text{直流電動機のトルク} = \frac{\text{極数} \times \text{導体数}}{2\pi \times \text{並列回路数}} \times \text{1極の磁束} \times \text{電機子電流}$$

直流電動機の原理

コイル軸を機械動力で回転させれば発電機になりますが、コイル軸へ機械動力を加えずに、直流電源からコイルにブラシを経て電流を流すと、コイル辺 ab、cd を時計方向に回転させる回転力（トルク）を発生します（前ページの 図3-3-1 ）。

コイルが回転すると、コイルは磁石の磁束を切るためにブラシ間に起電力を発生します。この起電力は、加えた電源の電圧の向きとは逆になるので、これを**逆起電力**といい、E_b で表します（ 図3-3-2 ）。

直流電動機の逆起電力

図3-3-2 のように直流電動機に電圧を加えたとき、電流が流れる方向と反対向きの**逆起電力**が電機子巻線に発生します。逆起電力の大きさ E_b〔V〕は、発電機の場合と同様、次のようになります。

図3-3-2　逆起電力が発生する回路

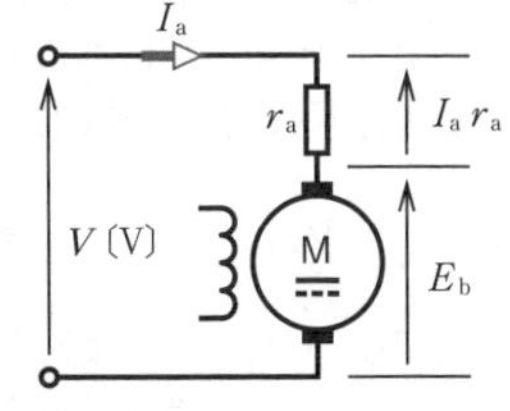

▶**逆起電力 E_b** といえば **磁束と回転速度に比例**

$$E_b = k\Phi n〔\text{V}〕 \quad \left(k = \frac{pz}{a}\right)$$

$$E_b = k'\Phi N〔\text{V}〕 \quad \left(k' = \frac{pz}{a} \times \frac{1}{60}\right)$$

n：1 秒間の回転速度〔s^{-1}〕
p：極数、a：並列回路数
z：導体数
N：1 分間の回転速度〔min^{-1}〕

電機子巻線の抵抗を r_a〔Ω〕、電機子電流を I_a〔A〕とすると、加えた電圧 V〔V〕と逆起電力 E_b〔V〕の差が電機子巻線抵抗に加わるので、

$$V - E_b = I_a r_a〔\text{V}〕$$

電機子巻線の電流 I_a〔A〕は、

$$I_a = \frac{V - E_b}{r_a} \text{〔A〕}$$

また、逆起電力は、加えた電圧 V〔V〕から電機子巻線抵抗による電圧降下 $I_a r_a$〔V〕を引いた値です。$E_b = k'\Phi N$〔V〕から回転速度 N〔$\min^{-1}$〕を求めると、次式となります。

POINT

▶**逆起電力** といえば **電源電圧から電機子巻線抵抗の電圧を引いたもの**

$$E_b = V - I_a r_a \text{〔V〕}$$

▶**回転速度 N** といえば **逆起電力に比例、磁束に反比例**

$$N = \frac{E_b}{k'\Phi} = k'' \frac{E_b}{\Phi} \text{〔min}^{-1}\text{〕}$$

回転子出力

電動機の発生機械動力 P_m〔W〕は、トルクが T〔N・m〕、回転速度が n〔s^{-1}〕のとき、

$$P_m = \omega T = 2\pi n T = E_b I_a \text{〔W〕}$$

であり、回転子の発生機械動力 P_m〔W〕は、電機子巻線の**逆起電力** E_b〔V〕と**電機子電流** I_a〔A〕**の積**に等しくなります。

また、電機子の逆起電力の公式 $E_b = V - I_a r_a$〔V〕の両辺に I_a〔A〕を掛けると、

$$E_b I_a = V I_a - I_a^2 r_a$$ ◀ 機械動力＝入力－電機子銅損

この式で、VI_a〔W〕は入力電力（電機子入力）、$E_b I_a$〔W〕は電機子の発生機械動力、$I_a^2 r_a$〔W〕は電機子銅損を表します。

実際の回転子出力 P〔W〕は、電動機出力 $P_m = E_b I_a$〔W〕から機械損と鉄損を引く必要があります。

$$P = P_m - (\text{機械損} + \text{鉄損}) \text{〔W〕}$$

POINT

▶**発生機械動力（機械出力）** といえば $\omega T = E_b I_a$

機械出力　$P_m = \omega T = 2\pi n T = E_b I_a = V I_a - I_a^2 r_a$〔W〕

▶**回転子出力** といえば **機械出力から機械損と鉄損を減ず**

回転出力　$P = P_m - (\text{機械損} + \text{鉄損})$〔W〕

直流機の損失

電気機器は入力エネルギーの全部が出力とはならず、入力の一部が熱に変わります。これを損失またはロスといい、直流機には**銅損**、**鉄損**、**機械損**、**漂遊負荷損**があります。

銅損は、**抵抗損**ともいいます。抵抗による損失で、電機子、分巻界磁、直巻界磁、補極、補償の各巻線、ブラシ及び界磁抵抗器などで生じます。ブラシの電気損は、電機子電流 I_a〔A〕とブラシの電圧降下との積に等しくなります。一般に、電圧降下は炭素及び黒鉛ブラシでは各ブラシについて 1 V、金属黒鉛ブラシでは各ブラシについて 0.3 V として計算します。

鉄損は、電機子鉄心中に生ずる損失が最も大きく、電圧と速度が一定の機械では、ほぼ一定です。

機械損は、電機子が回転する際の各部の機械的摩擦のために生ずる損失です。軸と軸受けの間や、ブラシと整流子の間にある摩擦損と、回転部と空気との摩擦による風損からなります。速度が変わらなければ、一定の値です。

漂遊負荷損は、測定や計算によって求められない損失（軸や継鉄に渦電流が流れて生ずる損失など）で、負荷電流の大きさで増減します。

無負荷損と負荷損

損失のうち機械損、鉄損、分巻界磁または他励界磁の銅損は、負荷の変化に関係なく一定なので、これを一括して**無負荷損**、または**固定損**といいます。

電機子銅損、直巻界磁銅損は I_a^2 に、ブラシ抵抗損は I_a に比例します。また、漂遊負荷損は負荷の大きさで変化します。このように負荷によって変化する損失を**負荷損**、または**可変損**といいます。

直流機の効率

電気機器の入力と出力の間には、次の関係があります。

図3-3-3 電気機器の入力と出力の関係

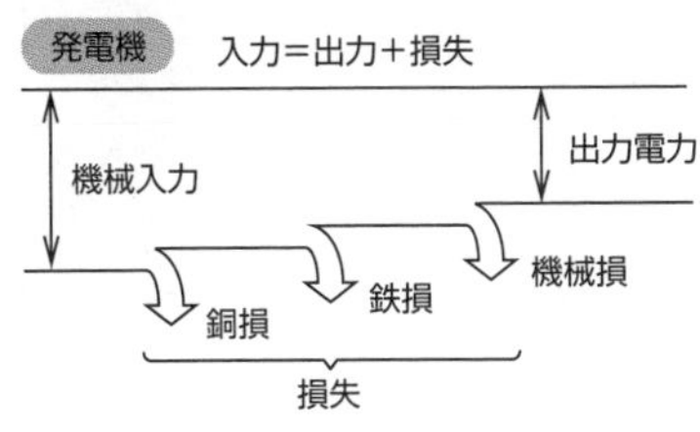

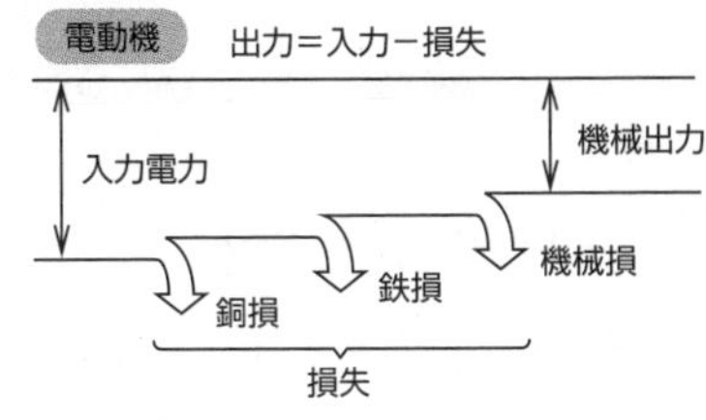

POINT

▶効率 η といえば出力と入力の比

$$\eta = \frac{\text{出力}}{\text{入力}} \times 100〔\%〕$$

$$= \frac{\text{出力}}{\text{出力}+\text{損失}} \times 100〔\%〕$$ 発電機の効率

$$= \frac{\text{入力}-\text{損失}}{\text{入力}} \times 100〔\%〕$$ 電動機の効率計算に多く用いる

各損失を測定または算出し、上式で計算した効率を**規約効率**といいます。これに対し、実際に負荷をかけて出力と入力を測定し、出力と入力の比として求めた効率を、実測効率といいます。

練習問題 > 01

電動機の回転速度

図1の条件で、直流電動機をある負荷で運転したら回転速度が N = 1 480 min^{-1} であった。
無負荷運転したときの回転速度 N_0〔min^{-1}〕は。ただし、無負荷運転では電機子回路の電圧降下は無視できるものとする。

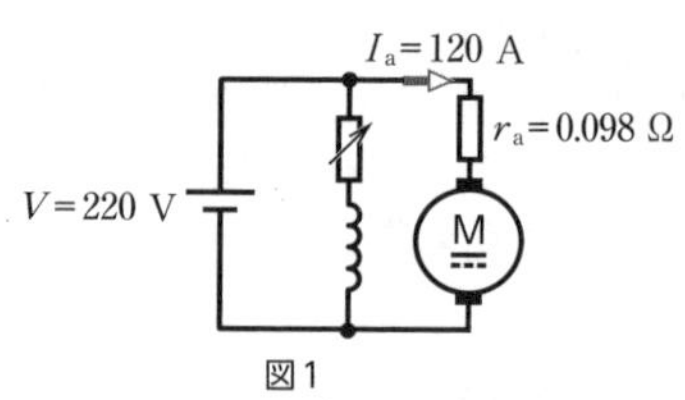

図1

解き方

ある負荷で運転時の逆起電力 E_b は、

$E_b = V - I_a r_a$ = 220 − 120 × 0.098 = 208.24 V

（220：電源電圧、120 × 0.098：電機子巻線抵抗の電圧）

また、E_b = $k\Phi N$ から（$k\Phi N$：電動機の回転による逆起電力）

$$k\Phi = \frac{E_b}{N} = \frac{208.24}{1\,480} \fallingdotseq 0.1407$$

無負荷時の逆起電力 E_{b0} は、電機子巻線の電圧降下を無視すれば、
電源電圧の V = 220 V に等しいので、

E_{b0} = 220 V

無負荷時の回転速度を N_0 とすると、

$E_{b0} = k\Phi N_0$ より

$$N_0 = \frac{E_{b0}}{k\Phi} = \frac{220}{0.1407} \fallingdotseq 1\,564\ \text{min}^{-1}$$

解説

逆起電力 $E_b = k\Phi N$〔V〕の公式（発電機の公式と同じ形）を利用して求めます。

解答 $N_0 = 1\,564\ \mathrm{min}^{-1}$

例題 1

｜重要度★★｜令和 5 年度上期｜機械｜問 2｜

界磁に永久磁石を用いた小形直流電動機があり、電源電圧は定格の 12 V、回転を始める前の静止状態における始動電流は 4 A、定格回転数における定格電流は 1 A である。定格運転時の効率の値〔%〕として、最も近いものを次の (1) ～ (5) のうちから一つ選べ。ただし、ブラシの接触による電圧降下及び電機子反作用は無視できるものとし、損失は電機子巻線による銅損しか存在しないものとする。

(1) 60　(2) 65　(3) 70　(4) 75　(5) 80

解き方

解答 (4)

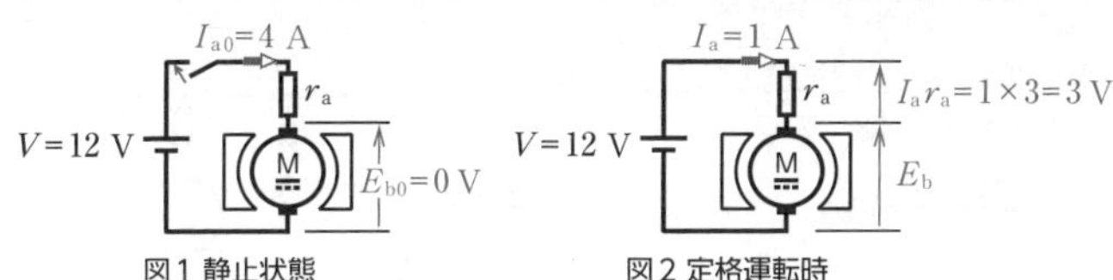

図 1 静止状態　図 2 定格運転時

図 1 の静止状態（回転を始める前）には逆起電力は発生しないので $E_{b0} = 0$ V

r_a に $V = 12$ V が加わるので、

$$r_a = \frac{V}{I_{a0}} = \frac{12}{4} = 3\ \Omega$$

図 2 の定格運転時の電機子巻線抵抗の電圧降下は、

$I_a r_a = 1 \times 3 = 3$ V　より

逆起電力 E_b は、

$E_b = 12 - 3 = 9$ V

出力 P_{out} は、逆起電力×電機子電流より、

$P_{out} = E_b \times I_a = 9 \times 1 = 9$ W　直流電動機の出力は逆起動力×電機子電流

損失は、電機子巻線の銅損 P_c のみなので $I_a{}^2 \times r_a = 1^2 \times 3 = 3$ W

定格運転時の効率 η は、

$$\eta = \frac{P_{out}}{P_{out} + P_c} \times 100 = \frac{9}{9+3} \times 100 = 75\ \%$$

1
2
3
4
5
6
7
8
9
10
11

直流発電機と直流電動機

例題 2

|重要度★★|令和 3 年度|機械|問 2|

ある直流分巻電動機を端子電圧 220 V、電気子電流 100 A で運転したときの出力が 18.5 kW であった。
この電動機の端子電圧と界磁抵抗とを調節して、端子電圧 200 V、電気子電流 110 A、回転速度 720 min^{-1} で運転する。このときの電動機の発生トルクの値〔N・m〕として、最も近いものを次の (1) ～ (5) のうちから一つ選べ。
ただし、ブラシの接触による電圧降下及び電機子反作用は無視でき、電機子抵抗の値は上記の二つの運転において等しく、一定であるものとする。

(1) 212　(2) 236　(3) 245　(4) 260　(5) 270

解き方

解答 (2)

220 V で運転中の電動機出力 P_1 は、

$P_1 = E_{b1}I_{a1}$〔W〕（逆起電力×電機子電流）

逆起電力 E_{b1} は、

$$E_{b1} = \frac{P_1}{I_{a1}} = \frac{18.5 \times 10^3}{100} = 185\ \text{V}$$

$I_{a1}r_a = V_1 - E_{b1}$ より

電機子巻線抵抗 r_a は、

$$r_a = \frac{220 - 185}{100} = \frac{35}{100} = 0.35\ \Omega$$

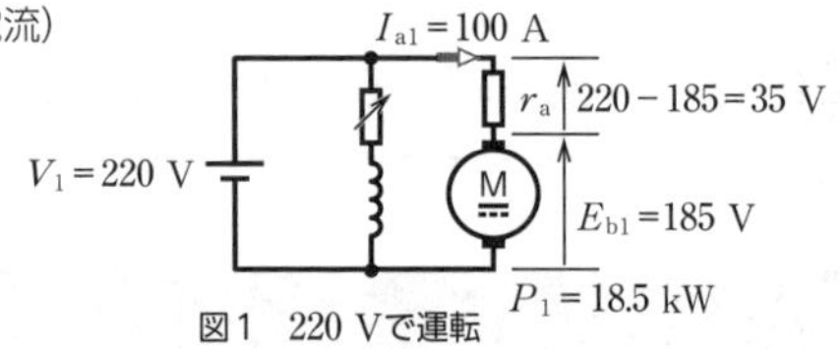

$I_{a1} = 100$ A
r_a　$220 - 185 = 35$ V
$V_1 = 220$ V
M
$E_{b1} = 185$ V
$P_1 = 18.5$ kW

図1　220 Vで運転

200 V で運転中の電機子巻線抵抗の電圧 $I_{a2}r_a$ は

$I_{a2}r_a = 110 \times 0.35 = 38.5$ V

（電機子電流×電機子巻線抵抗）

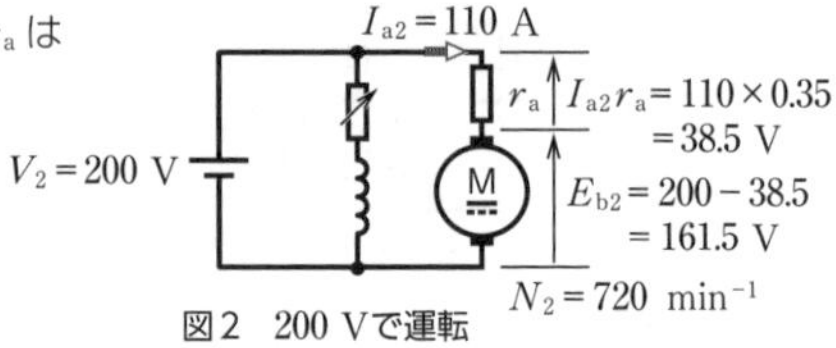

$I_{a2} = 110$ A
r_a　$I_{a2}r_a = 110 \times 0.35$
$= 38.5$ V
$V_2 = 200$ V
M
$E_{b2} = 200 - 38.5$
$= 161.5$ V
$N_2 = 720\ \text{min}^{-1}$

図2　200 Vで運転

逆起電力 E_{b2} は、

$E_{b2} = 200 - 38.5 = 161.5$ V

200 V で運転中の電動機出力 P_2 は、

$P_2 = E_{b2}I_{a2} = 161.5 \times 110 = 17\,765$ W

また、$P_2 = \omega_2 T_2$〔W〕 より

（電動機出力＝角速度×トルク）

200 V で運転中の電動機の発生トルク T_2 は、

$$T_2 = \frac{P_2}{\omega_2} = \frac{17\,765}{2\pi \boxed{\frac{720}{60}}} = \frac{17\,765}{2 \times 3.14 \times 12} \fallingdotseq 236\ \text{N・m}$$

1 秒間の回転速度

解説

直流電動機の出力 P〔W〕を表す公式は次の通りです。

$$P = E_b I_a = \omega T = 2\pi \frac{N}{60} T\ \text{〔W〕}$$

4-1 同期発電機 といえば 一定周波数の電力を発生

同期発電機

同期発電機とは、通常運転時は同期速度で回転し、一定周波数の交流電力を発生する発電機です。同一系統に接続される交流発電機は、すべて同じ周波数の電圧を発生するように同期しています。磁界中（磁石の中）でコイルを回転するか、またはコイルの中で電磁石（または永久磁石）を回転し、起電力を発生して外部へ電力を取り出す電気機械です。

磁極（電磁石または永久磁石でつくられます）を固定し、電機子導体を回転する発電機を**回転電機子形**（かいてんでんきしがた）といい、導体を固定し、磁極を回転して発電する発電機を**回転界磁形**（かいてんかいじがた）といいます。

同期発電機は、電機子巻線を固定子（ステータ）、磁極を回転子（ロータ）として発電する回転界磁形が、主として用いられます。回転界磁形発電機の磁極には図4-1-1のような円筒形磁極と突極形磁極（凸極形磁極、突起した磁極）があり、タービン用の発電機では円筒形が、水車発電機では突極形が多く用いられます。

図4-1-1 回転界磁形発電機の磁極

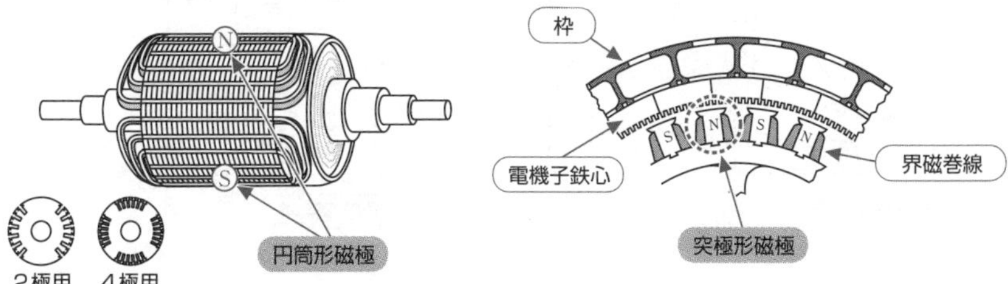

回転速度と周波数

回転界磁形の発電機で、磁極がN極とS極の2極のとき、磁極を1秒間で1回転すると、1 Hzの交流起電力が得られます。1秒間に50回転すれば、50 Hzの交流になります。回転速度は一般に1分間（60秒間）で表すので、50回転を60倍した3 000回転が1分間の回転速度になります。

一定の周波数 f〔Hz〕の起電力を発生させるには、同期速度 N_s〔min^{-1}〕で発電機を回転させる必要があります。**同期速度** N_s〔min^{-1}〕は**同期回転速度**ともいい、次式のように周波数 f〔Hz〕と極数 p で決まる回転速度です。

POINT

▶同期回転速度 といえば p 分の $120f$

同期回転速度 $N_s = \dfrac{120f}{p}$〔min^{-1}〕 f：周波数〔Hz〕、p：極数

同期回転速度 N_s〔min^{-1}〕で回転する交流発電機を**同期発電機**といいます。

巻線係数

同期発電機の電機子巻線1相分のコイル辺を、図4-1-2のように同じスロットに収めるようにした電機子巻線を**集中巻**といいます。

また、起電力の波形を改善するために、巻線を複数にする**分布巻**（ぶんぷまき）、ピッチを短くする**短節巻**（たんせつまき）などの工夫がなされます。

図4-1-2 集中巻と分布巻

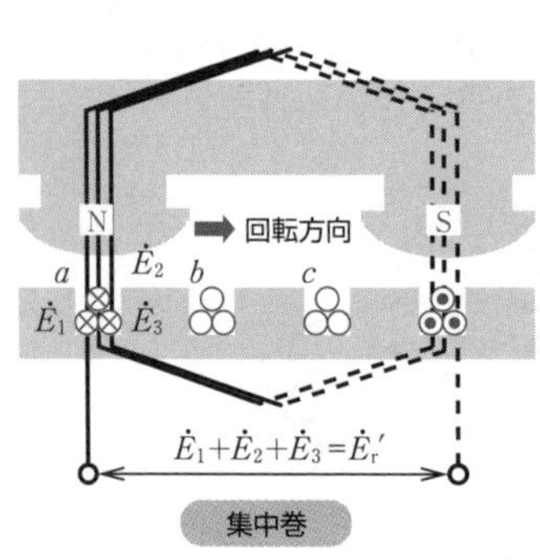

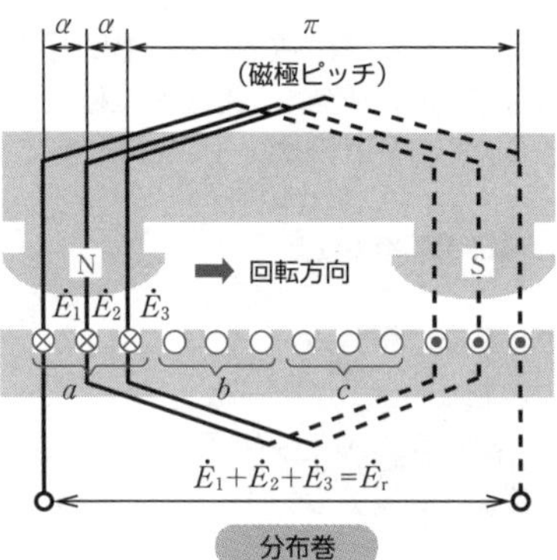

分布係数

毎極毎相のスロットを複数にして1相のコイルを複数に分割して収めるようにした電機子巻線を、**分布巻**といいます。

合成起電力 $\dot{E}_1 + \dot{E}_2 + \dot{E}_3 = \dot{E}_r$ は図4-1-3のようになり、集中巻としたときの起電力 $\dot{E}_1 + \dot{E}_2 + \dot{E}_3 = \dot{E}_r' = 3E(E_1 = E_2 = E_3 = E)$ より小さくなります。E_r と E_r' の比 k_d を、**分布係数**（ぶんぷけいすう）といいます。

図4-1-3 ベクトル図

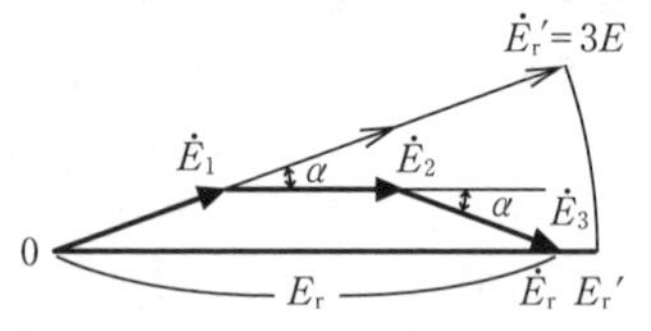

分布係数 $k_d = \dfrac{E_r}{E_r'} = \dfrac{\text{分布巻とした場合の合成起電力}}{\text{集中巻とした場合の合成起電力}}$

分布巻は集中巻に比べると合成起電力は減少しますが、起電力の波形が改善され、巻線のリアクタンスが減少するなどの利点があります。

短節係数

巻線ピッチが極間隔の π〔rad〕(180°) である巻線を**全節巻**(ぜんせつまき)といい、巻線ピッチが磁極ピッチよりも小さいものを**短節巻**(たんせつまき)といいます。

図4-1-4 全節巻と短節巻

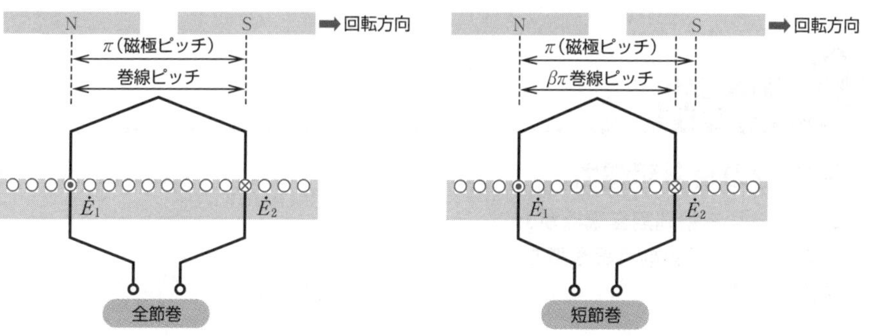

短節巻の場合の合成起電力と全節巻の場合の合成起電力との比 k_p を、**短節係数**といいます。

短節係数 $$k_p = \frac{2E\sin\dfrac{\beta\pi}{2}}{2E} = \sin\frac{\beta\pi}{2} = \frac{\text{短節巻にした場合の合成起電力}}{\text{全節巻にした場合の合成起電力}}$$

短節巻にすると、誘導起電力は小さくなるものの波形が改善され、巻線材料の節約にもなります。

図4-1-5 ベクトル図

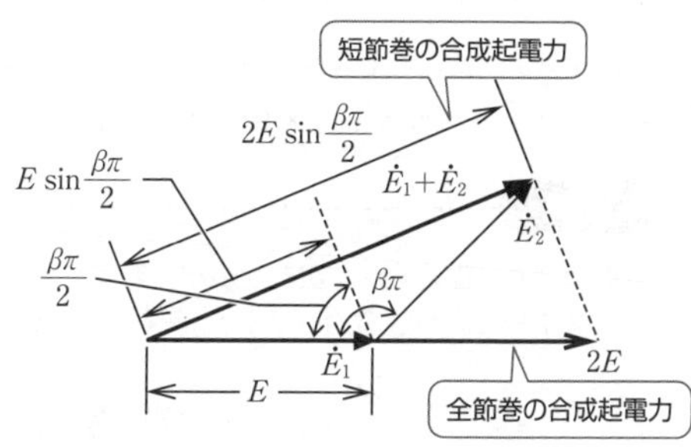

誘導起電力の大きさ

巻線係数とは、分布巻かつ短節巻コイルの集中巻かつ全節巻コイルに対する誘導起電力の比をいい、k_w で表します。分布係数を k_d、短節係数を k_p としたとき、

巻線係数 $$k_w = k_d \times k_p = \text{分布係数} \times \text{短節係数}$$

1 相当たり直列に接続されるコイルの巻数を n_t 回とすると、1 相当たりの誘導起電力 E_p〔V〕は、次のようになります。

POINT

▶誘導起電力 E_p といえば 周波数、巻数、磁束に比例

1 相当たりの誘導起電力　$E_p = k_w 4.44 f n_t \Phi$〔V〕　巻線係数× 4.44 ×周波数×コイルの巻数× 1 極の磁束

1
2
3
4
5
6
7
8
9
10
11

同期発電機と同期電動機

練習問題 01

発電機の誘導起電力

表のような三相同期発電機がある。この発電機の無負荷誘導起電力（線間値）E〔V〕は。

1 極当たりの磁束	0.10 Wb
極数	12
回転速度	600 min^{-1}
1 相の直列巻数	250
巻線係数	0.95
結線	Y（1 相のコイルは全部直列）

解き方

①同期回転速度 N_s は、

$$N_s = \frac{120f}{p} \text{〔min}^{-1}\text{〕}$$

f：周波数〔Hz〕、p：極数

$$f = \frac{pN_s}{120} = \frac{12 \times 600}{120} = 60 \text{ Hz}$$

②無負荷誘導起電力（線間値）E は、

$$E = \sqrt{3} \times k_w \times 4.44 \times f \times n_t \times \Phi$$

k_w：巻線、n_t：1 相の直列巻数、ϕ：1 極の磁束〔Wb〕

$$= \sqrt{3} \times 0.95 \times 4.44 \times 60 \times 250 \times 0.10 \fallingdotseq 10\,959 \text{ V} \fallingdotseq 11.0 \text{ kV}$$

解説

誘導起電力の線間値は、次式から求めます。

$\sqrt{3}$ × 1 相の誘導起電力 = $\sqrt{3}$ ×巻線係数× 4.44 ×周波数×コイルの巻数× 1 極の磁束

解答　$E = 11.0$ kV

4-2 同期発電機の電機子反作用 といえば 偏磁、減磁、増磁作用

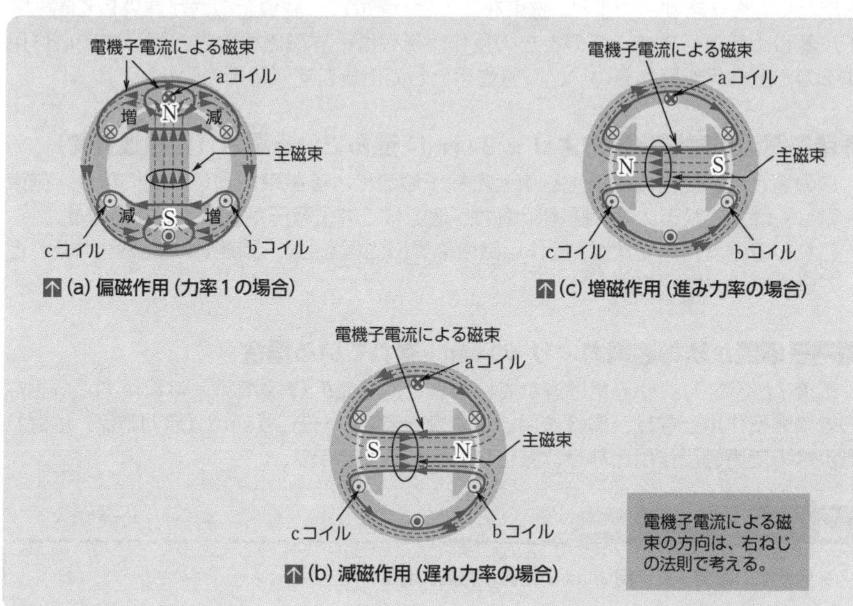

(a) 偏磁作用（力率1の場合）

(c) 増磁作用（進み力率の場合）

(b) 減磁作用（遅れ力率の場合）

電機子反作用

同期発電機に負荷電流が流れることにより発生する磁束が主磁束に作用し、磁束分布が変化して、誘導起電力を変化させます。そしてこのとき、端子電圧が大きく変動します。この現象を**電機子反作用**といいます。同期発電機では、負荷電流の位相により、**偏磁作用**（へんじさよう）（磁束が偏る作用）、**減磁作用**（げんじさよう）（磁束が減少する作用）、**増磁作用**（ぞうじさよう）（磁化作用。磁束が増加する作用）を生じます。

電機子電流が誘導起電力と同相の場合（抵抗負荷）

三相同期発電機の誘導起電力と電機子電流が同相の場合（発電機の負荷が抵抗負荷の場合）、コイルの電機子電流による電機子反作用磁界は、NS両磁極の左側では磁束が増し、右側では磁束が減少します。このように磁束が偏る作用を、**偏磁作用**といいます。

このときの電機子反作用は、主磁束と電機子電流による磁束が直交しているため、**交さ磁化作用**といいます。また、界磁磁極と直角の方向、すなわち横軸方向に作用す

るので、**横軸反作用**ともいいます。主磁束と電機子電流による磁束は、冒頭の図(a)のようになります。

電機子電流が誘導起電力より $\pi/2$〔rad〕遅れている場合（誘導性負荷）

a コイルの電機子電流は、N 極が通過してから $\pi/2$〔rad〕回転したときに最大になります。このとき、電機子磁束は界磁磁束とは反対方向になり、電機子反作用は**減磁作用**として働きます。つまり、磁束を減少させるので、誘導起電力が減少して端子電圧が著しく低下します。このときの反作用磁束は、界磁磁極の軸と同じ方向に作用するので**直軸反作用**ともいい、減磁作用として働きます（冒頭の図(b)）。

電機子電流が誘導起電力より $\pi/2$〔rad〕進んでいる場合（容量性負荷）

この場合は、磁極による主磁束と電機子電流による磁束が同じ方向になり、磁束を著しく増加させるので、誘導起電力が増加して端子電圧が著しく増加します。

これも直軸反作用ですが、反作用磁束は界磁磁極を強める**増磁作用**（磁化作用）として働きます（冒頭の図(c)）。

電機子電流が誘導起電力より θ〔rad〕遅れている場合

電流 I が起電力より θ だけ遅れているとき、$I\cos\theta$（有効電流）は起電力と同相なので横軸反作用となり、偏磁作用として働きます。一方、$I\sin\theta$（無効電流）は遅れ電流なので直軸反作用となり、減磁作用として働きます。

POINT

▶発電機の電機子反作用 といえば 偏磁、減磁、増磁作用

- 抵抗負荷……… 偏磁作用（横軸反作用）
- 誘導性負荷…… 減磁作用（直軸反作用）
- 容量性負荷…… 増磁作用（磁化作用、直軸反作用）

4-3 同期インピーダンス といえば 内部インピーダンス

電機子漏れリアクタンス

電機子電流が流れることにより生じる磁束は、大部分は電機子反作用として作用します。磁束の一部は漏れ磁束となり、電流を妨げる**漏れリアクタンス** x_ℓ となります。

同期リアクタンス、同期インピーダンス

遅れ電流による電機子反作用は、減磁作用により起電力を減少させ、進み電流による電機子反作用は、増磁作用により起電力を増加させます。これは、電源と直列にリアクタンスを接続したのと同じことになり、電機子反作用は**リアクタンス** x_a として表すことができます。この電機子反作用によるリアクタンス x_a と漏れリアクタンス x_ℓ との和 x_s を、**同期リアクタンス**といいます。

$$x_s = x_a + x_\ell \text{〔Ω〕}$$

同期リアクタンス＝電機子反作用リアクタンス＋漏れリアクタンス

また、電機子巻線の抵抗 r_a〔Ω〕と、同期リアクタンス x_s〔Ω〕からなるインピーダンス Z_s を、**同期インピーダンス**といいます。

POINT

▶同期インピーダンス といえば 発電機の内部インピーダンス

$$\dot{Z}_s = r_a + jx_s \text{〔Ω〕} \qquad x_s = x_a + x_\ell \text{〔Ω〕}$$

$$Z_s = \sqrt{r_a^2 + x_s^2} \text{〔Ω〕}$$

大容量機では、$x_s \gg r_a$ なので、$\dot{Z}_s \fallingdotseq jx_s$ として扱うことが多い

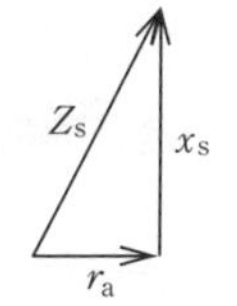

同期発電機の等価回路とベクトル図

図4-3-1は、同期発電機に負荷電流 I〔A〕、力率 $\cos\theta$（遅れ）が流れるときの1相分の等価回路とベクトル図を表しています。

図4-3-1 同期発電機の等価回路とベクトル図

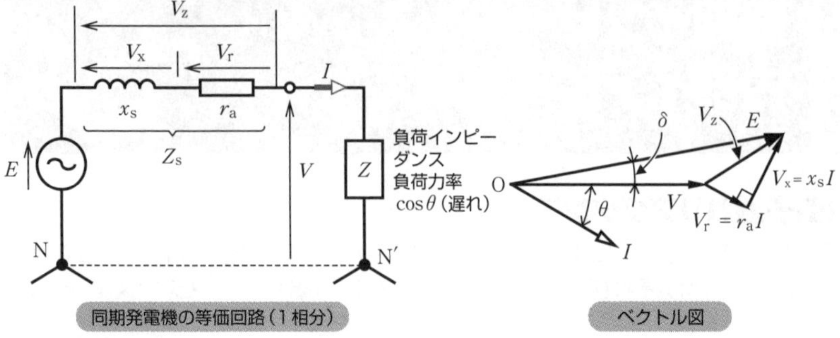

V：発電機1相の電圧〔V〕、E：1相の誘導起電力〔V〕、I：負荷電流〔A〕、θ：負荷の力率角
$r_a I$：電機子巻線抵抗降下〔V〕、$x_s I$：同期リアクタンス降下〔V〕

同期発電機の負荷角と出力

同期インピーダンスは $\dot{Z}_s = r_a + jx_s$〔Ω〕ですが、一般に r_a は x_s に比べて非常に小さいので、r_a を無視した等価回路とベクトル図をつくると、図4-3-2のようになります。

図4-3-2 同期発電機の等価回路とベクトル図（$x_s \gg r_a$ のとき）

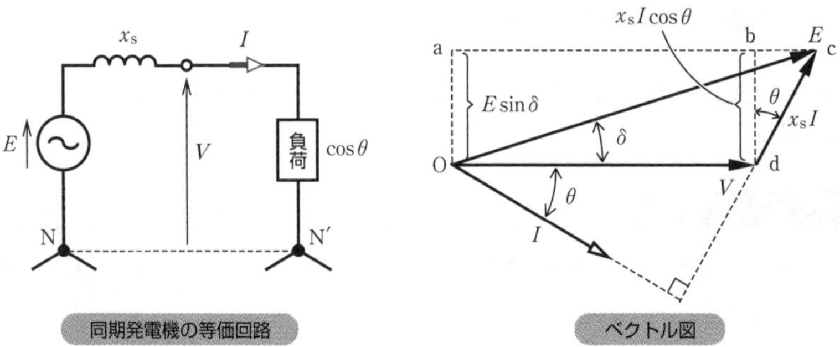

同期発電機1相分の出力 P_1 は、$P_1 = VI\cos\theta$〔W〕…… (1)

図4-3-2より、 $x_s I\cos\theta = E\sin\delta$ …… (2)

(2)式の両辺に $\dfrac{V}{x_s}$ を掛けると、$VI\cos\theta = \dfrac{VE}{x_s}\sin\delta$ …… (3)

(1)式より、(3)式の左辺は P_1〔W〕に等しいので、次のようになります。

POINT

▶**同期発電機の出力** といえば $VE\sin\delta$（デルタ）**に比例、リアクタンスに反比例**

1相分の出力 $P_1 = \dfrac{VE}{x_s}\sin\delta$〔W〕　三相出力 $P_3 = \dfrac{3VE}{x_s}\sin\delta$〔W〕

すなわち、同期発電機の出力は、発電機端子電圧 V〔V〕と無負荷誘導起電力 E〔V〕及び位相差（内部相差角）δ の sin に比例します。δ は負荷角といい、一定の出力に対して一定の負荷角 δ を必要とします。

練習問題 〉01

負荷角

図は、定格容量 $S = 5\,000$ kV・A、定格電圧 $V = 6\,600$ V、負荷力率 $\cos\theta = 0.8$（遅れ）、同期リアクタンス $x_s = 7.26\ \Omega$ の三相同期発電機 1 相分の等価回路である。定格負荷時の負荷角（内部相差角）δ（デルタ）の値は。

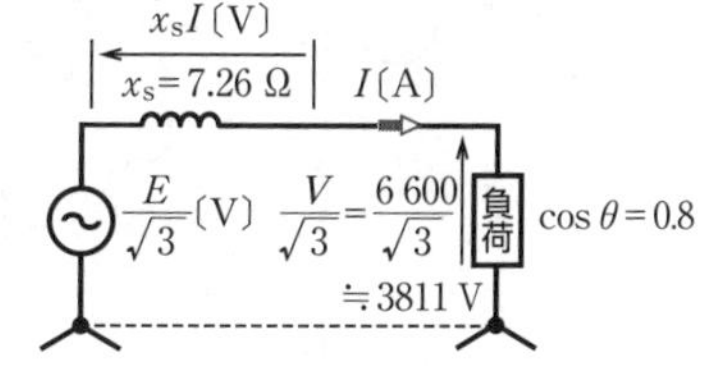

解き方

起電力と負荷電圧の位相差 δ を求める問題です。

定格容量　$S = \sqrt{3}\,VI$〔V・A〕より

定格電流　$I = \dfrac{S}{\sqrt{3}\,V} = \dfrac{5\,000 \times 10^3}{\sqrt{3} \times 6\,600} \fallingdotseq 437$ A

同期リアクタンス降下 $x_s I$〔V〕は、

$x_s I = 7.26 \times 437 \fallingdotseq 3173$ V

$x_s I$〔V〕の V と同相の成分は、

$x_s I\sin\theta = 3173 \times 0.6 \fallingdotseq 1904$ V

$\pi/2$ 進みの成分は、

$x_s I\cos\theta = 3173 \times 0.8 \fallingdotseq 2538$ V

ベクトル図から、

$$\tan\delta = \frac{2\,538}{3\,811 + 1\,904} \fallingdotseq 0.44$$

$\delta = \tan^{-1}0.44$（アークタンジェント0.44）

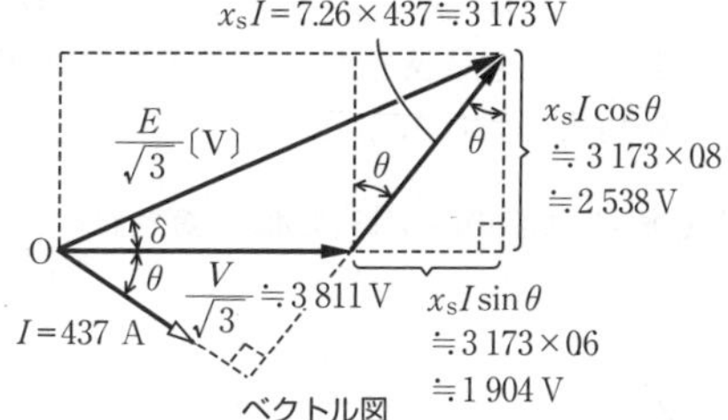

ベクトル図

解説

等価回路とベクトル図を描くと、理解しやすくなります。

解答　$\delta = \tan^{-1} 0.44$

4-4 同期発電機の短絡電流といえば定格電流とほぼ同じ

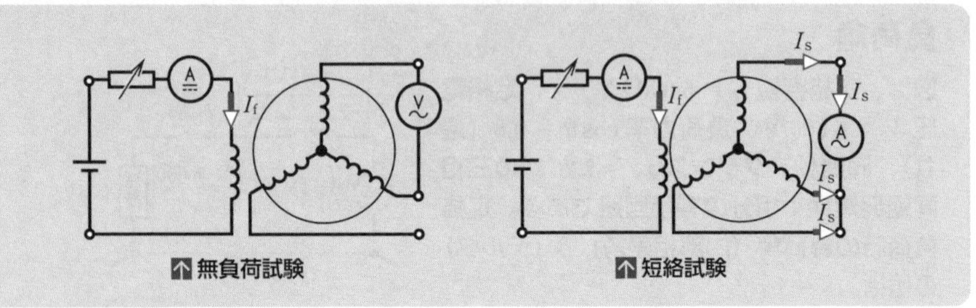

無負荷飽和曲線

同期発電機を定格回転速度（同期回転速度）無負荷で運転し、界磁電流 I_f〔A〕を次第に増加したとき、界磁電流 I_f〔A〕と無負荷端子電圧 V〔V〕との関係を求めた曲線を、**無負荷飽和曲線**（むふかほうわきょくせん）といいます。Y 結線では、端子電圧 $=\sqrt{3}\times 1$ 相の無負荷誘導起電力です。誘導起電力は磁束 Φ に比例しますが、鉄心は磁束の増加に伴う磁気飽和（鉄心内を通る磁束が一定量を超すと増加しにくくなる現象）があるため、起電力は飽和特性曲線になります。

図4-4-1 同期発電機の無負荷飽和曲線と短絡曲線

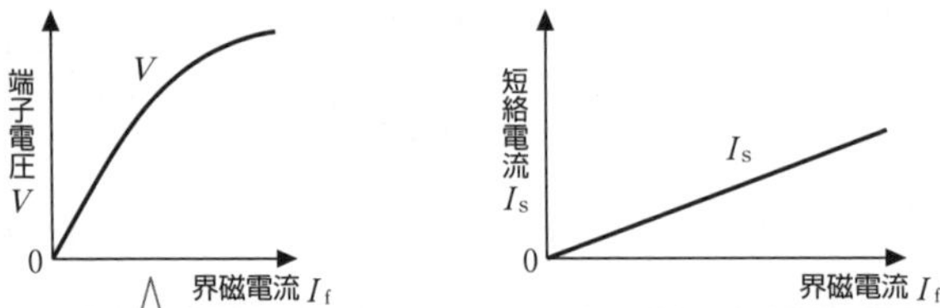

無負荷で I_f を増加すれば電磁石が強くなり、発電機の起電力が大きくなり電圧が上がります。
発電機の端子を短絡して I_f を増加すれば電磁石が強くなり、短絡電流 I_s は増加します。

三相短絡曲線

電流計を通じて発電機の端子を短絡し、定格回転速度で運転を続け、界磁電流 I_f〔A〕を次第に増加したとき、界磁電流 I_f〔A〕と短絡電流 I_s〔A〕との関係を求めた曲線を**三相短絡曲線**（さんそうたんらくきょくせん）といいます。短絡時の電機子電流による電機子反作用は減磁作用であり、磁束が極めて少なく、鉄心の磁束は不飽和の状態です。このため、三相短絡曲線はほぼ直線となります（発電機の負荷は同期リアクタンスのみで遅れ電流となり、減磁作用となります）。

同期インピーダンスの計算と短絡比

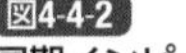

図4-4-2
同期インピーダンス

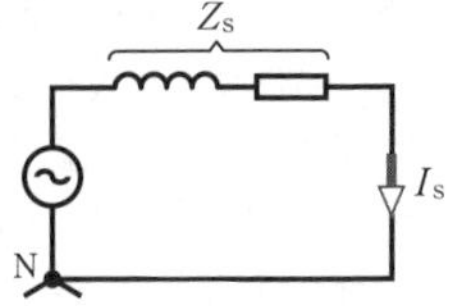

同期インピーダンス Z_s〔Ω〕※1 の値は、磁気飽和のため、界磁電流 I_f の値によって異なります。このため、一般に無負荷電圧が定格電圧 V_n〔V〕のときの値を用います。

同期インピーダンス

$$Z_s = \frac{V_n}{\sqrt{3}\,I_s}\text{〔Ω〕}$$

（相電圧 / 短絡電流）がインピーダンス

パーセント同期インピーダンス（百分率同期インピーダンス）

定格電流 I_n〔A〕を流したときの同期インピーダンスによる電圧降下 Z_sI_n〔V〕と、定格電圧の1相分 $V_n/\sqrt{3}$〔V〕との比をパーセント（百分率）で表した値を**パーセント同期インピーダンス**（百分率同期インピーダンス）といい、$\%z_s$ ※2 で表します。

$\%z_s$ の式に上式の Z_s〔Ω〕を代入すれば、$\%z_s$ は次式のようになります。また、この式から短絡電流 I_s〔A〕の式も導き出せます。

$$\%z_s = \frac{Z_sI_n}{\frac{V_n}{\sqrt{3}}}\times 100 = \frac{\frac{V_n}{\sqrt{3}\,I_s}I_n}{\frac{V_n}{\sqrt{3}}}\times 100 = \frac{I_n}{I_s}\times 100\text{〔\%〕}$$

POINT

▶**パーセント同期インピーダンス** といえば **定格電流と短絡電流の比の %**

パーセント同期インピーダンス　$\%z_s = \frac{I_n}{I_s}\times 100$〔%〕

▶**短絡電流** といえば **定格電流を小数で表した $\%z_s$ で割る**

$$I_s = \frac{I_n}{\frac{\%z_s}{100}}\text{〔A〕}$$

三相短絡事故が生じたときの短絡電流（持続短絡電流）I_s〔A〕は、相電圧 $V_n/\sqrt{3}$〔V〕を同期インピーダンス Z_s〔Ω〕で割った値です。

POINT

▶**短絡電流** といえば **相電圧 ÷ 同期インピーダンス**

$$I_s = \frac{V_n}{\sqrt{3}\,Z_s}\text{〔A〕}$$

※1　**同期インピーダンス**：直流電源の内部抵抗に当たるもので、同期発電機のときは同期インピーダンスといいます。
※2　**$\%z_s$**：一般的に、パーセント同期インピーダンスは、小文字の z を用います。本書では、$\%z_s$ としています。

短絡比

短絡電流 I_s〔A〕と定格電流 I_n〔A〕の比を**短絡比**といい、発電機の**短絡電流** I_s〔A〕が定格電流 I_n〔A〕の何倍になるかを表します。無負荷飽和曲線と短絡曲線において、無負荷で定格電圧 V_n〔V〕を発生するのに必要な界磁電流 $I_f{}'$〔A〕と、定格電流 I_n〔A〕に等しい短絡電流を流すのに必要な界磁電流 $I_f{}''$〔A〕の比が、短絡比 k_s となります。

図4-4-3 短絡電流と定格電流

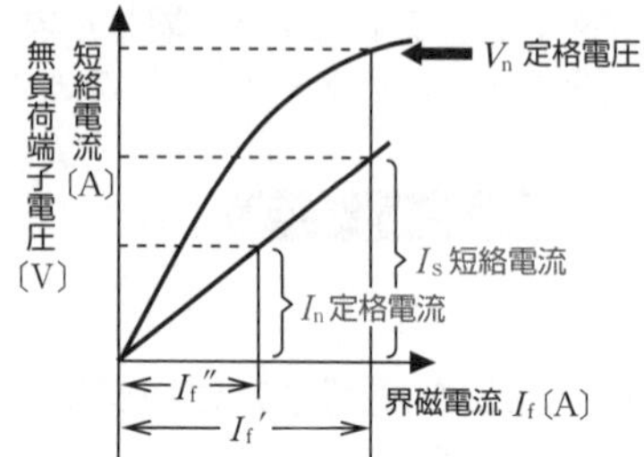

POINT

▶短絡比 といえば 短絡電流と定格電流の比、小数で表した $\%z_s$ とは逆数関係

短絡比 $$k_s = \frac{I_s}{I_n} = \frac{1}{\frac{\%z_s}{100}} = \frac{I_f{}'}{I_f{}''} \quad (I_s : I_n = I_f{}' : I_f{}'')$$

k_s の値はおよそ 1 前後で、短絡電流と定格電流は同じくらいの値です。一般にタービン発電機で 0.6〜1.0、水車発電機で 0.9〜1.2 くらいです（発電機の負荷側を短絡しても、定格電流と同じくらいの電流しか流れません）。

短絡比と同期発電機

水車発電機は、一般に鉄心断面積が大きく界磁起磁力が大きいために電機子反作用の影響は小さくなり、Z_s〔Ω〕が小さいので、短絡比は**大きく**なります。

タービン発電機は、一般に鉄心を少なくして形状が小さくなるように設計するので、巻回数が多く電機子起磁力が大きくなります。このため、電機子反作用が大きく、Z_s〔Ω〕が大きくなるので、短絡比は**小さく**なります。

同期発電機の並行運転

一系統に属す多くの発電所の同期発電機は、並列に接続され、指令により運転・停止を行って、電力の受給調整が行われます。

発電機は全負荷近くで運転するのが最も効率がよいので、複数の発電機を並列に接続し、負荷に応じて台数を変えて各発電機を全負荷近くで運転し、系統全体の効率を高めます。このような運転を、**並行運転**または**並列運転**といいます。

並行運転の方法

同期発電機の並行運転は、電圧の大きさだけでなく位相、相順、周波数も合わせなければならないので、複雑になります。発電所では、数台の発電機を置いて、負荷の大小に応じて運転台数を調節することが多いです。

直流発電機の並行運転は、極性と電圧を一致させればよいわけですが、同期発電機の場合は、電圧、位相、相順、周波数を合わせなければなりません。相順は相回転ともいい、相回転計、または相順検定器で調べることができます。

電圧は電圧計で合わせ、周波数と位相を合わせるのには**同期検定器**(どうきけんていき)があります。

並行運転の条件

並行運転を行うには、次のような条件を満たす必要があります。

母線と発電機の同じ相の端子は、どんな瞬時においても同電位であることが必要です。この状態を**同期状態**といい、同期状態にすることを**同期化**といいます。

POINT

▶母線に並列投入するための条件 といえば 電圧、位相、相順、周波数、波形が一致

・電圧が一致していること　・位相が一致していること　・相順が一致していること
・周波数が一致していること　・起電力の波形が一致していること

横流とその作用

並行運転中に生じる横流(おうりゅう)(循環電流)には、無効横流、同期横流、高調波[※3]横流があります。詳しくは表4-4-1を参照ください。

表4-4-1 横流とその作用

種類	内容
無効横流	両機の起電力に差があるときに流れる無効循環電流で、両機の起電力が平衡するように働く。
同期横流	両機の起電力の位相に差が生じたときに流れる循環電流で、位相の進んでいる方の発電機から位相の遅れている方の発電機に電力を供給して並列運転中の両機が同期状態を保つように働くので、これを同期横流、同期化電流、有効横流などと呼ぶ。
高調波横流	両機の起電力の波形に差異のある場合に流れる高調波循環電流で、損失の原因となり温度上昇の原因になる。

POINT

▶横流 といえば 無効、同期、高調波横流

起電力の差で無効横流、位相差で同期横流、波形の差で高調波横流

※3 **高調波**：交流波形に混じる高い周波数成分のこと。

1
2
3
4
5
6
7
8
9
10
11

同期発電機と同期電動機

練習問題 > 01

三相同期発電機

定格出力 10 000 kV・A、定格電圧 6 600 V の三相同期発電機について、無負荷飽和曲線と短絡曲線を図に示す。次の（a）、（b）、（c）の値は。

(a) I_n〔A〕（定格電流）

(b) I_{f2}〔A〕（定格電流に等しい三相短絡電流を流すのに必要な界磁電流）

(c) Z_s〔Ω〕（同期インピーダンス）

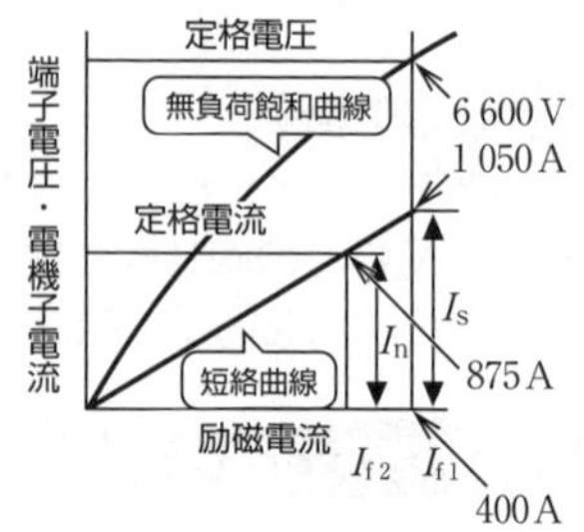

解き方

(a) 定格出力　$S = \sqrt{3}\, V_n I_n$〔V・A〕 より、定格電流は

$$I_n = \frac{S}{\sqrt{3}\, V_n} = \frac{10\,000 \times 10^3}{\sqrt{3} \times 6\,600} \fallingdotseq 875\ \text{A}$$

(b) 短絡曲線より、$1\,050 : 875 = 400 : I_{f2}$

$$1\,050 \times I_{f2} = 875 \times 400$$

$$I_{f2} = \frac{875 \times 400}{1\,050} \fallingdotseq 333\ \text{A}$$

(c) 同期インピーダンス Z_s は、

$$Z_s = \frac{\dfrac{V_n}{\sqrt{3}}}{I_s} = \frac{\dfrac{6\,600}{\sqrt{3}}}{1\,050} \fallingdotseq 3.63\ \Omega$$

解説

短絡曲線により $I_s : I_n = I_{f1} : I_{f2}$

外項の積＝内項の積より $I_s \times I_{f2} = I_n \times I_{f1}$

同期インピーダンス Z_s は、定格電圧の 1 相分÷短絡電流で求めます。

解答　(a) $I_n = 875$ A　(b) $I_{f2} = 333$ A　(c) $Z_s = 3.63\ \Omega$

4-5 同期電動機 といえば 一定回転速度

回転原理

同期電動機は、同期発電機と同じ構造で、小形のものは制御用モータとして多く用いられます。三相巻線の施された固定子と静止したN極・S極、2極の回転子があるとき、電機子巻線に三相交流電流を流せば同期回転速度で回転する回転磁界が生じます。このとき、回転子は慣性があるために始動できません（回転磁界の速度が速く、1/2周期毎に反対方向のトルクを生じるために回転できない）。これを**始動トルクがない**といいます。

ところが、回転磁界と同じ方向に、同期回転速度に近い速さで回転子を回転させると、回転子は回転し始め、その後、同期速度で回転を続けます（スタートするときだけ手助けすれば回転する）。

無負荷で回転しているときはほとんどトルクを必要としないので、回転磁界と回転子の間の角度 δ は小さいですが、負荷が重くなるにしたがい δ が大きくなって大きなトルクを発生します。この δ を**負荷角**といいます。

また、負荷が大きくなりすぎると同期回転速度から外れてトルクが0となり、停止してしまいます。これを**同期外れ**といいます。

図4-5-1 回転子が静止しているときの平均トルクは0

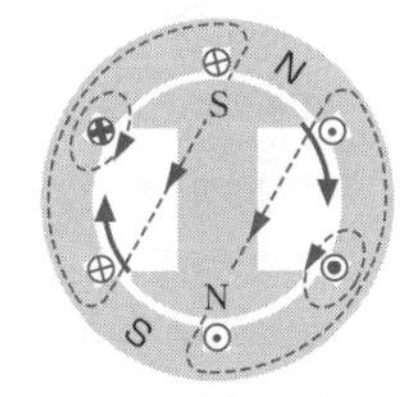

(a) 吸引力によるトルク（右回り）　(b) 反発力によるトルク（左回り）

図4-5-2 負荷による負荷角 δ の変化

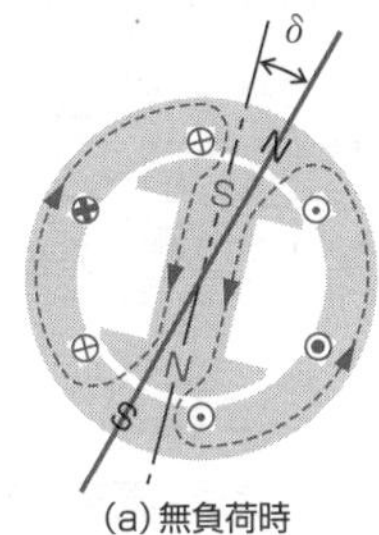

(a) 無負荷時

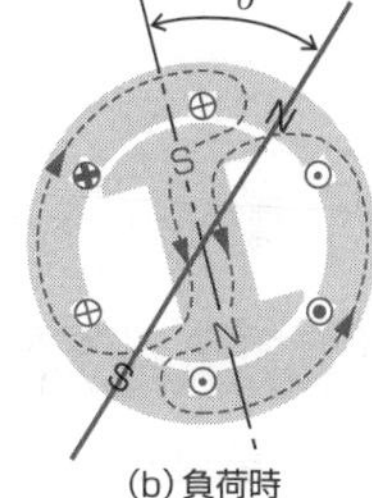

(b) 負荷時

同期電動機のベクトル図

同期電動機のベクトル図を同期発電機のベクトル図と比較すると、図4-5-3のように、起電力と電圧の関係が逆になります。$\dot{Z}_s \fallingdotseq jx_s$ とすれば、電動機の場合：$\dot{V} = \dot{E} + jx_s\dot{I}$　加えた電圧は、逆起電力とリアクタンス電圧のベクトル和

発電機の場合：$\dot{E} = \dot{V} + jx_s\dot{I}$　発電機の起電力は、端子電圧とリアクタンス電圧のベクトル和

図4-5-3 同期電動機と同期発電機の比較

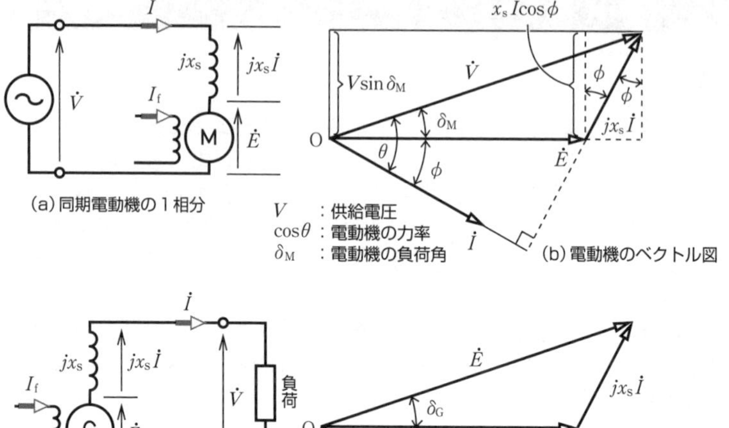

(a) 同期電動機の1相分

V　：供給電圧
$\cos\theta$：電動機の力率
δ_M　：電動機の負荷角

(b) 電動機のベクトル図

(c) 同期発電機の1相分

V　：発電機の端子電圧
$\cos\theta$：負荷の力率
δ_G　：発電機の負荷角

(d) 発電機のベクトル図

電動機のベクトル図において、逆起電力が加えた電圧より遅れる角 δ_M を、同期電動機の**負荷角**または**トルク角**といいます。

電動機出力 P_M〔W〕は、$P_M = EI\cos\phi$〔W〕です。図4-5-3のベクトル図(b)より、

$$V\sin\delta_M = x_s I\cos\phi \quad \text{よって、} I\cos\phi = \frac{V\sin\delta_M}{x_s}$$

両辺に E〔V〕を掛けると、$EI\cos\phi = \dfrac{EV\sin\delta_M}{x_s}$

これが、電動機出力 P_M〔W〕となり、三相分の電力は3倍になります。

POINT

▶**同期電動機の出力** といえば $EV\sin\delta_M$ **に比例、同期リアクタンスに反比例**

$$P_M = \frac{3EV}{x_s}\sin\delta_M\text{〔W〕}$$

したがって、一定の負荷に対しては一定の負荷角 δ_M を必要とし、負荷が変化すれば負荷に応じて負荷角が変化します。

同期電動機の位相特性曲線（V 特性曲線）

同期電動機を一定の供給電圧、一定の負荷で運転しているとき、界磁電流 I_f を変化させると、電機子電流 I_M が変化します。

界磁電流 I_f を横軸に、電機子電流 I_M を縦軸にとってグラフをつくると、図4-5-4 のような V 形の曲線になります。これを位相特性曲線または **V 特性曲線**といいます。図4-5-4 において、曲線は a、b、c、d の順に負荷が大きくなることを示しています。この曲線の電流の最小点が力率 100 % に当たる点です。界磁電流をこの点より減少させれば**遅れ力率**になり、負荷電流が増加します。また、界磁電流を増加すれば**進み力率**となり、負荷電流は増加します。

図4-5-4 V 特性曲線の例

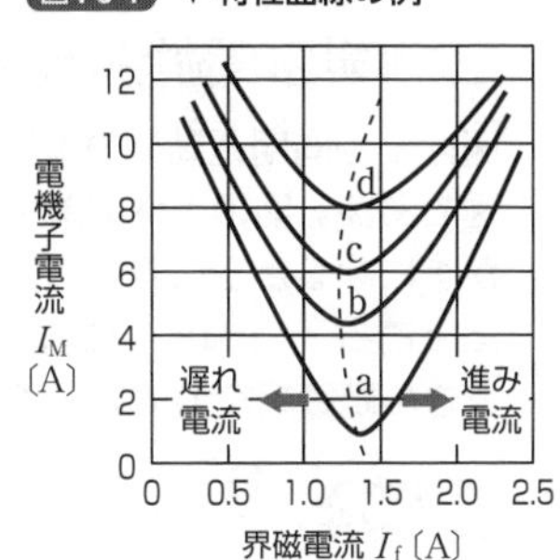

このように、同期電動機は界磁電流を加減し、負荷電流が最小になるように調整すれば、力率を 100 % として運転できます。

同期電動機は無負荷で界磁電流を加減すると、大きな進み電流または遅れ電流を流すことができます。この性質を利用し、送電線路の末端に同期電動機を接続して、力率の改善や電圧調整を行うことができます。この同期電動機を**同期調相機**（どうきちょうそうき）といいます。

同期電動機の位相特性のベクトル図

同期電動機の 1 相分の出力 P_o〔W〕は

$$P_o = \frac{VE}{x_s}\sin\delta \text{〔W〕}$$

図4-5-5 において、電源電圧を一定とし、電動機出力 P_o が一定であれば、x_s は定数より、$E\sin\delta$ は一定となることから $E_1\sin\delta_1 = E_2\sin\delta_2 = E_3\sin\delta_3$ となり、界磁電流 I_f の変化によって変化する誘導起電力 E_1、E_2、E_3 は、x - x' 上を移動します。

リアクタンス電圧 $x_s I_M$ に対し、電機子電流 I_M は 90° の遅れ位相であることから、図4-5-5 のベクトル図が得られ、界磁電流の大きさにより電動機に流れ込む電流の位相が変化することがわかります。

図4-5-5 界磁電流の変化に伴う電流の位相特性

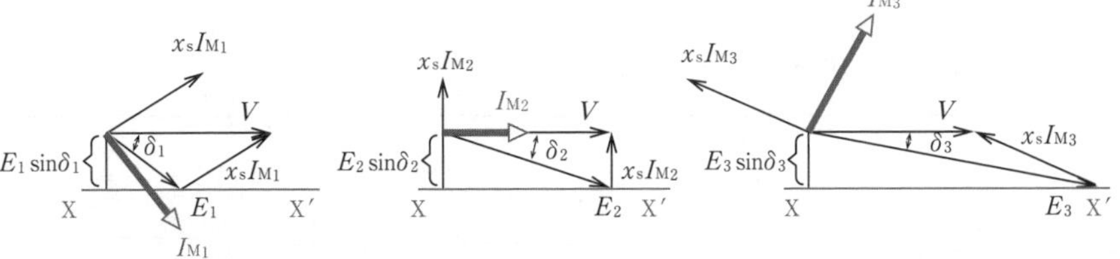

I_{M1} は V より遅れ電流　　I_{M2} は V と同位相　　I_{M3} は V より進み電流

1
2
3
4
5
6
7
8
9
10
11

同期発電機と同期電動機

練習問題 〉01

三相同期電動機の誘導起電力

図は三相同期電動機の 1 相分の回路図である。図の条件で運転し、力率が 1 になるように界磁電流を調整したところ、I = 10 A になった。このときの誘導起電力 E〔V〕の値は。

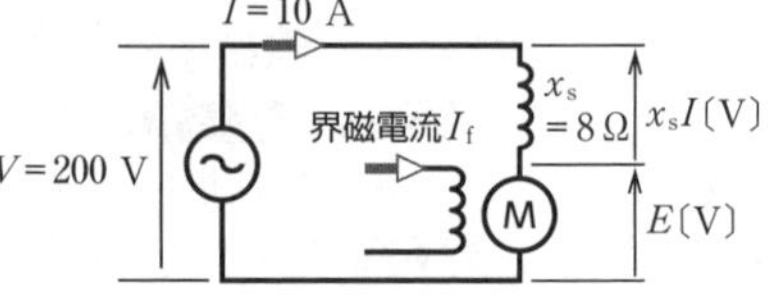

三相同期電動機 1 相分の回路

解き方

加えた電圧 V = 200 V は、
逆起電力 E〔V〕と
リアクタンス電圧 x_sI = 8 × 10 = 80 V の
ベクトル和となる。
ベクトル図より E の大きさは、

$E = \sqrt{200^2 + 80^2} \fallingdotseq 215$ V

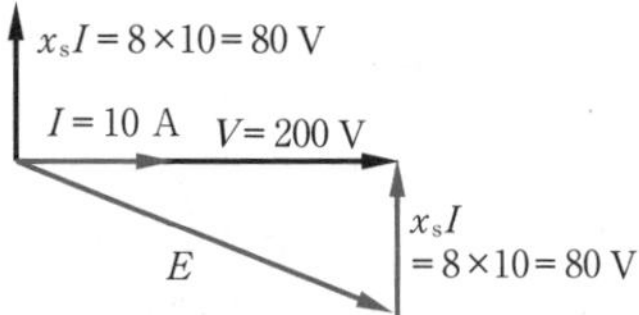

・力率が 1 の条件より、V と I は同相
・電動機に流入する電流 I〔A〕は、
　リアクタンス電圧 x_sI〔V〕よりも $\pi/2$ 遅れる

参考

界磁電流 I_f〔A〕を変化すると電磁石の強さが変化し逆起電力 E〔V〕の大きさが変化します。E〔V〕の大きさが変化すると、リアクタンス電圧 x_sI〔V〕が変化し、電動機に流入する電流 I〔A〕は大きさと位相が変化し、V 特性曲線となります。

解答　E = 215 V

例題 1

｜要重要度★★｜令和 4 年度下期｜機械｜問 5｜

定格出力 8 000 kV・A、定格電圧 6 600 V の三相同期発電機がある。この発電機の同期インピーダンスが 4.73 のとき、短絡比の値として、最も近いものを次の（1）～（5）のうちから一つ選べ。

（1）0.384　（2）0.665　（3）1.15　（4）1.50　（5）2.61

解き方

解答 (3)

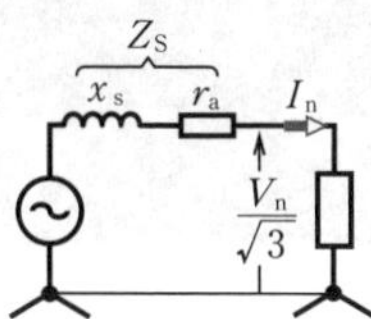

Z_S：同期インピーダンス 4.73 Ω

V_n：定格電圧 6 600 V

S_n：定格出力(定格容量) 8 000 kV・A

$S_n = \sqrt{3}\,V_n I_n$〔V・A〕より、
(S_n：定格容量〔V・A〕、V_n：定格電圧〔V〕、I_n：定格電流〔A〕)

$$I_n = \frac{S_n}{\sqrt{3}\,V_n} = \frac{8\,000 \times 10^3}{\sqrt{3} \times 6\,600} \fallingdotseq 700\ \mathrm{A}$$

%同期インピーダンス $\%z_s$ は、

$$\%z_s = \frac{Z_s I_n}{\frac{V_n}{\sqrt{3}}} \times 100 = \frac{\sqrt{3} \times 4.73 \times 700}{6\,600} \times 100 \fallingdotseq 86.9\ \%$$

短絡比 k_s は、小数で表した $\%z_s$ と逆数関係にあるので、

$$k_s = \frac{1}{\frac{\%z_s}{100}} = \frac{1}{0.869} \fallingdotseq 1.15$$

参考

$\%z_s$ は、インピーダンス電圧と定格電圧（1 相分）の比を%表示したものです。また、短絡比 $k_s = \frac{I_s}{I_n}$　$\%z_s = \frac{I_n}{I_s} \times 100$〔%〕の関係があります。

例題 2

｜要重要度★★｜令和 4 年度上期｜機械｜問 5｜

定格出力 1 500 kV・A、定格電圧 3 300 V の三相同期発電機がある。無負荷時に定格電圧となる界磁電流に対する三相短絡電流（持続短絡電流）は、310 A であった。この同期発電機の短絡比の値として、最も近いものを次の（1）～（5）のうちから一つ選べ。

(1) 0.488　(2) 0.847　(3) 1.18　(4) 1.47　(5) 2.05

解き方

解答 (3)

定格電流 I_n は、

$$I_n = \frac{S_n}{\sqrt{3}\,V_n} = \frac{1\,500 \times 10^3}{\sqrt{3} \times 3\,300} \fallingdotseq 262\ \mathrm{A}$$

短絡比 k_s は、

$$k_s = \frac{I_s}{I_n} = \frac{310}{262} \fallingdotseq 1.18$$

5-1 電動機の所要出力 といえば 同じ形式の公式となる

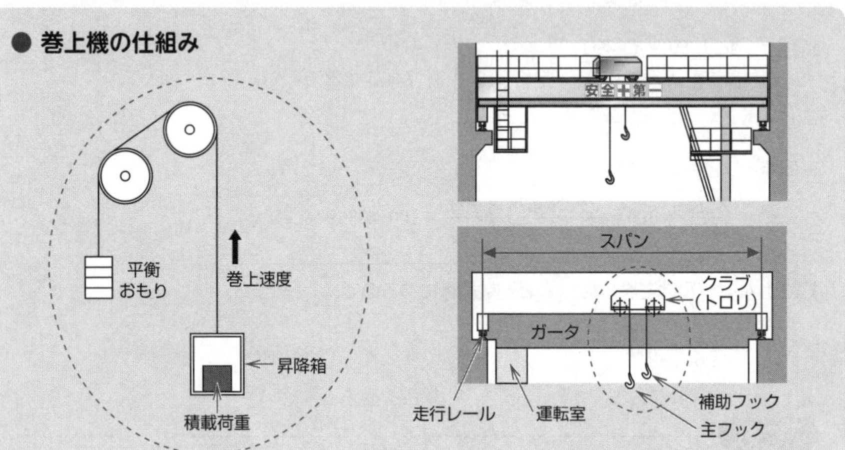

巻上機（クレーン、エレベータ）用電動機の所要出力

巻き上げに要する出力を P〔W（ワット）〕、巻上荷重を W〔kgf〕、巻上速度を v〔m/s〕、装置効率を η（小数）、余裕係数を k としたとき、次式となります。

POINT

▶巻上機用電動機の出力 といえば 荷重 W〔kgf〕と v〔m/s〕速度に比例

巻上機の動力 $$P = 9.8Wv\frac{k}{\eta}\text{〔W〕}$$

W：巻上荷重〔kgf〕、v：巻上速度〔m/s〕
η：装置効率（小数）、k：余裕係数

巻上荷重 Wが、力の単位の**キロニュートン**〔kN〕で与えられる場合、巻上機用電動機の所要出力 P〔kW〕は、次式となります。

POINT

$$P = Wv\frac{k}{\eta}\text{〔kW〕}$$

W：巻上荷重〔kN〕、v：巻上速度〔m/s〕
η：装置効率（小数）、k：余裕係数

※単位に注意しましょう　1 kg の力（1 kgf）≒9.8 N、1N≒0.102 kgf

ポンプ用電動機の所要出力

ポンプ用電動機に要する出力を P〔kW（キロワット）〕、揚水（ようすい）量を Q〔m^3/s〕、総揚程（ようてい）※1を H〔m〕、装置効率を η、余裕係数を k としたとき、次式となります。

POINT

▶ポンプ用電動機の出力 といえば 揚水量と揚程に比例

ポンプの動力 $P = 9.8QH\dfrac{k}{\eta}$〔kW〕

Q：揚水量〔m^3/s〕、H：総揚程〔m〕
η：装置効率、k：余裕係数

※水 1 m^3 は 1 000 kg なので、1 000QH〔kg・m/s〕＝ 9.8QH〔kW〕

送風機用電動機の所要出力

送風機用電動機に要する出力を P〔W〕、風量を Q〔m^3/s〕、風圧を H〔Pa〕（パスカル）、装置効率を η、余裕係数を k としたとき、次式となります。

POINT

▶送風機用電動機の出力 といえば 風量と風圧に比例

送風機の動力 $P = QH\dfrac{k}{\eta}$〔W〕

Q：風量〔m^3/s〕、H：風圧〔Pa〕（パスカル）
η：装置効率、k：余裕係数

回転機の所要出力

電動機など、回転機に要する出力を P〔W〕、回転体の角速度を ω〔rad/s〕、トルクを T〔N・m〕としたとき、次式となります。

POINT

▶回転機の出力 といえば 角速度とトルクに比例

回転機の所要出力 $P = \omega T = 2\pi nT = 2\pi\dfrac{N}{60}T$〔W〕

ω：$2\pi n$〔rad/s〕
n：回転速度〔s^{-1}〕（毎秒）
N：回転速度〔min^{-1}〕（毎分）
T：トルク〔N・m〕

※1　**揚程**：水の吸込み水面から吐出し（はきだし）水面までの高さのこと。

回転体のトルク

半径 r〔m〕の外周に F〔N〕の力が接線方向に働いた場合、$F \times r$ をトルクといいます。量記号は T、単位はニュートンメートル〔N・m〕です。

POINT

▶トルク T といえば F と r の積

トルク　$T = Fr$〔N・m〕　F：外周の接線方向に働く力〔N〕、r：外周の半径〔m〕

練習問題 ＞01

巻上用電動機の出力

図の巻上機について、電動機出力 P〔kW〕の値は。

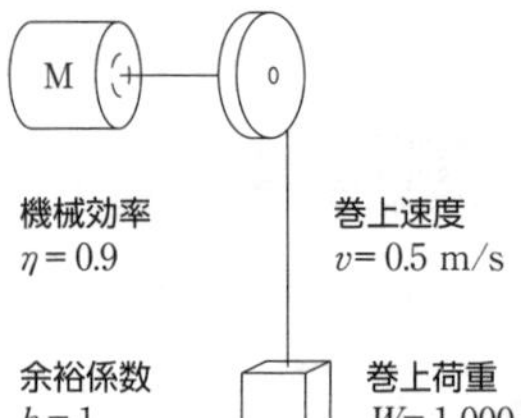

解き方

巻上機の電動機出力 P は、(W = 1 000 kgf、v = 0.5 m/s)

$$P = 9.8Wv\frac{k}{\eta}\text{〔W〕}$$（巻上荷重が kgf の場合）

$$= 9.8 \times 1000 \times 0.5 \times \frac{1}{0.9} \fallingdotseq 5\,444\ \text{W} \fallingdotseq 5.4\ \text{kW}$$

解答　$P = 5.4$ kW

参考

巻上荷重がニュートン単位のとき、

(W = 9.8 kN、v = 0.5 m/s と与えられた場合)

$$P = Wv\frac{k}{\eta}\text{〔kW〕}$$（巻上荷重が kN の場合）

$$= 9.8 \times 0.5 \times \frac{1}{0.9} \fallingdotseq 5.4\ \text{kW}$$

※荷重の単位が kgf の場合と kN の場合では、単位が異なるので注意を要する。

5-2 回転運動エネルギー といえば 慣性モーメントと角速度の2乗に比例

慣性モーメント

物体の回転のしにくさを表す量を**慣性モーメント**といい、これは回転運動の変化（回りだす、止まる）のしにくさを表しています。回転体の質量を m〔kg〕、回転半径を r〔m〕としたとき、慣性モーメントは次式で表されます。

POINT

▶慣性モーメント といえば 質量×半径の2乗

慣性モーメント　$J = mr^2$〔kg・m²〕　m：回転体の質量〔kg〕、r：回転半径〔m〕

はずみ車効果

回転体の慣性モーメントを大きくするために、重い円板を回転軸に取り付けることがあります。これをはずみ車といいます。はずみ車の直径を D〔m〕、質量を G〔kg〕としたとき、GD^2〔kg・m²〕を**はずみ車効果**といいます。ここでいう質量は、回転体の円周上に全質量が集まったと考えたときの大きさに換算した値です。

はずみ車効果の1/4が慣性モーメントに相当します。慣性モーメントの公式より、

$$4J = 4mr^2$$

これに $m = G$、$r = \frac{D}{2}$ を代入すると、

$$4J = 4G\left(\frac{D}{2}\right)^2 = GD^2 \Rightarrow J = \frac{GD^2}{4}$$

POINT

▶はずみ車効果 といえば 質量×直径の2乗

はずみ車効果＝ GD^2〔kg・m²〕　D：はずみ車の直径〔m〕、G：はずみ車の質量〔kg〕

▶はずみ車効果の4分の1 といえば 慣性モーメント

$J = \frac{GD^2}{4}$〔kg・m²〕　D：はずみ車の直径〔m〕、G：はずみ車の質量〔kg〕

運動エネルギー

運動エネルギーは、運動している物体が持つエネルギー、また運動している物体を停止させるために必要なエネルギーをいいます。

質量 m〔kg〕、速度 v〔m/s〕で直線運動をする物体の運動エネルギー〔J〕は、

$$E=\frac{1}{2}mv^2〔J〕$$

質量 m〔kg〕、速度 v〔m/s〕で回転運動をする物体の運動エネルギーは、速度 v の代わりに周速度 $r\omega$ を代入して求めます。ここで、r は回転半径〔m〕、ω は回転体の角速度〔rad/s〕です。

$$E=\frac{1}{2}mv^2=\frac{1}{2}m(r\omega)^2=\frac{1}{2}mr^2\omega^2=\frac{1}{2}J\omega^2〔J〕$$

となり、回転運動をする物体の運動エネルギーは、慣性モーメントと角速度の 2 乗に比例することがわかります。

POINT

▶直線運動物体の運動エネルギー といえば 質量と速さの 2 乗に比例

$$E=\frac{1}{2}mv^2〔J〕$$

m：物体の質量〔kg〕、v：物体の速度〔m/s〕

▶回転運動物体の運動エネルギー といえば 慣性モーメントと角速度の 2 乗に比例

$$E=\frac{1}{2}J\omega^2〔J〕$$

J：慣性モーメント〔kg・m²〕、ω：角速度〔rad/s〕

コラム

仕事量（エネルギー）

一定の力 F〔N〕が作用して変位 ℓ〔m〕が生じるとき、$F\ell$（力×距離）を仕事量（エネルギー）といいます。

$$E=F\ell〔N・m〕(または〔J〕)$$

1 秒間のエネルギーは電力です。速度 v は ℓ/t（距離 / 時間）より、電力 P は、

$$P=F\cdot\ell/t=F\cdot v〔J/s〕(または〔W〕)$$

$$=\underbrace{F}_{力}\times\underbrace{2\pi rn}_{周速度}=\underbrace{2\pi n}_{\omega}\cdot\underbrace{rF}_{T}=\omega T〔W〕$$

回転体が持つ 1 秒間のエネルギー

回転運動体の運動エネルギーと回転速度

回転運動体の運動エネルギーの式 $E=\dfrac{1}{2}J\omega^2$〔J〕に、$J=\dfrac{1}{4}GD^2$、$\omega=2\pi\dfrac{N}{60}$ を代入すると、

$$E=\frac{1}{2}J\omega^2=\frac{1}{2}\frac{GD^2}{4}\left(2\pi\frac{N}{60}\right)^2=\frac{(2\pi)^2GD^2N^2}{2\times4\times60^2}\fallingdotseq\frac{GD^2N^2}{730}\text{〔J〕}$$

となり、回転運動体の運動エネルギーは、はずみ車効果（GD^2）と回転速度の 2 乗（N^2）の積に比例することがわかります。

POINT

▶回転運動体の運動エネルギー といえば はずみ車効果と、回転速度の 2 乗に比例

$$E=\frac{1}{2}J\omega^2=\frac{GD^2N^2}{730}\text{〔J〕}$$

G：回転体の質量〔kg〕、D：はずみ車の直径〔m〕、N：回転速度〔min^{-1}〕

練習問題 〉01

はずみ車のエネルギー

慣性モーメント $J=50\ \mathrm{kg\cdot m^2}$ のはずみ車が、$N_1=1\,500\ \mathrm{min}^{-1}$ で回転している。このはずみ車に負荷が加わり、2 秒間で回転数が $N_2=1\,000\ \mathrm{min}^{-1}$ まで減速した。この間にはずみ車が放出したエネルギー $\varDelta E=E_1-E_2$〔J〕、及び平均出力 P〔kW〕の値は（E_1、E_2 は回転数が N_1、N_2 のときのはずみ車の持つ運動エネルギーとする）。

解き方

放出したエネルギー $\varDelta E$ は、

$$\varDelta E=E_1-E_2=\frac{1}{2}J\omega_1{}^2-\frac{1}{2}J\omega_2{}^2$$

回転体の運動エネルギー $E=\dfrac{1}{2}J\omega^2$〔J〕

$$=\frac{1}{2}J\left\{2\pi\left(\frac{N_1}{60}\right)\right\}^2-\frac{1}{2}J\left\{2\pi\left(\frac{N_2}{60}\right)\right\}^2$$

角速度 $\omega=2\pi\left(\dfrac{N}{60}\right)$〔rad/s〕

$$=\frac{1}{2}\times50\times\left(2\times3.14\times\frac{1\,500}{60}\right)^2-\frac{1}{2}\times50\times\left(2\times3.14\times\frac{1\,000}{60}\right)^2$$

$$\fallingdotseq(616-274)\times10^3$$

$$=342\times10^3\ \mathrm{J}=342\ \mathrm{kJ}$$

平均出力 P は、

$$P=\frac{\varDelta E}{2}=\frac{342\times10^3}{2}=171\times10^3\ \mathrm{J/s}$$

$$=171\ \mathrm{kJ/s}=171\ \mathrm{kW}$$

参考

出力（電力）Pは1秒間当たりのエネルギーなので、放出エネルギー$\varDelta E$〔J〕を変化に要した時間2 s（秒）で割ります。

解答　$\varDelta E$ = 342 kJ、P = 171 kW

例題 1

｜重要度★★｜令和5年度｜機械｜問11｜

図に示すように、電動機が減速機と組み合わされて負荷を駆動している。このときの電動機の回転速度N_mが1 150 min^{-1}、トルクT_mが100 N・mであった。減速機の減速比が8、効率が0.95のとき、負荷の回転速度N_L〔min^{-1}〕、軸トルクT_L〔N・m〕及び軸入力P_L〔kW〕の値として、最も近いものを組み合わせたのは次のうちどれか。

	N_L〔min^{-1}〕	T_L〔N・m〕	P_L〔k W〕
(1)	136.6	11.9	11.4
(2)	143.8	760	11.4
(3)	9 200	760	6 992
(4)	143.8	11.9	11.4
(5)	9 200	11.9	6 992

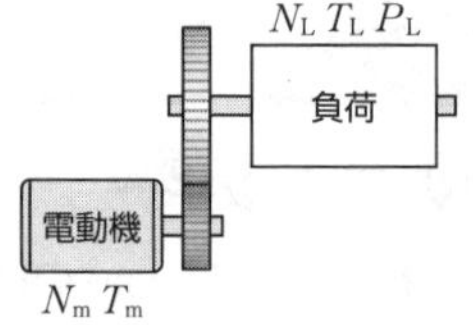

解き方

解答（2）

①電動機の回転速度をN_m〔min^{-1}〕とすると、負荷の回転速度N_Lは電動機速度の1/8倍なので、

$$N_L = \frac{1\,150}{8} \fallingdotseq 143.8\ \text{min}^{-1}$$

②負荷の軸トルクT_Lは、電動機トルクT_mに減速比の8と効率0.95を掛けた値になります。

$$T_L = 100 \times 8 \times 0.95 = 760\ \text{N・m}$$

③負荷の軸入力P_Lは、

$$P_L = \omega_L T_L = 2 \times \pi \times \frac{143.8}{60} \times 760 \fallingdotseq 11\,400\ \text{W} = 11.4\ \text{kW}$$

解説

負荷の回転速度は減速比で割り、軸トルクは減速比と効率を掛けて求めます。また、軸入力は、所用電力の公式 $P=\omega T$〔W〕を用います。

例題 2

| 重要度★★★ | 令和 4 年度上期 | 機械 | 問 11 改 |

かごの重力が 250 kgf、定格積載荷重が 1 500 kgf のロープ式エレベータにおいて、釣合いおもりの重力は、かごの重力に定格積載荷重の 40 % を加えた値とした。このエレベータで、定格積載荷重を搭載したかごを一定速度 100 m/min で上昇させるときに用いる電動機の出力の値〔kW〕として、最も近いものを次の (1) ～ (5) のうちから一つ選べ。ただし、機械効率は 75 %、加減速に要する動力及びロープの重力は無視するものとする。

(1) 2.00　(2) 14.7　(3) 19.6　(4) 120　(5) 1 180

解き方

解答 (3)

問題を図のように表すと、巻上荷重は 1 750 kgf。釣合いおもりの重力は、850 kgf。上昇速度は毎秒、100/60 m/s。機械効率は、0.75。巻上機の電動機出力 P_M〔W〕は、

$$P_M=9.8Wv\frac{k}{\eta}\text{〔W〕}$$

W：巻上荷重〔kgf〕
v：巻上速度〔m/s〕
k：余裕係数（与えられない場合は 1）
η：機械効率

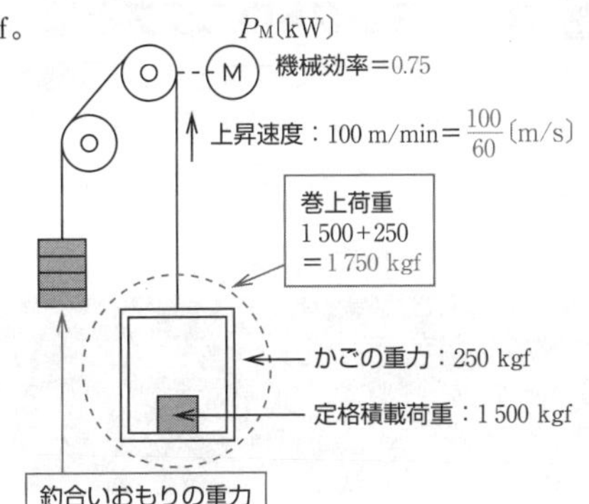

数値を代入すると、

$$P_M=9.8\times(1750-850)\times\frac{100}{60}\times\frac{1}{0.75}$$

$$=19\,600\text{ W}=19.6\text{ kW}$$

解説

力の単位が〔kN〕（キロニュートン）の場合は、$P_M=Wv\frac{k}{\eta}$〔kW〕の公式を用います（単位に注意しましょう）。

6-1 パワーエレクトロニクスといえば半導体によるスイッチングの技術

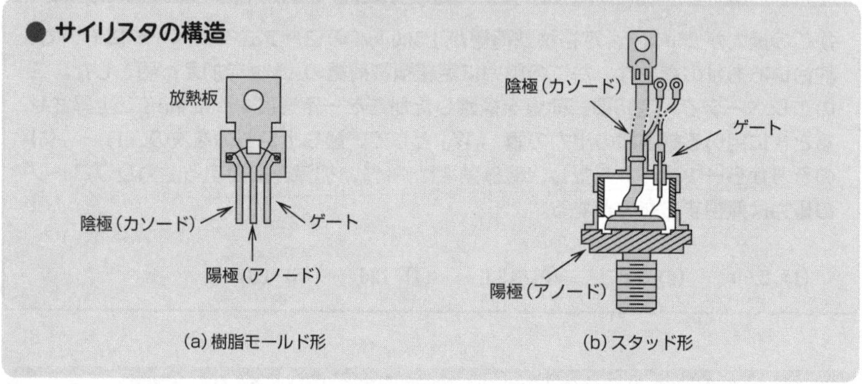

(a) 樹脂モールド形　(b) スタッド形

パワーエレクトロニクスとは

パワーエレクトロニクスとは、表6-1-1のようなパワー半導体デバイス（電力用電子部品）を用いて**電力の変換**、**電力の制御**、**電気回路の開閉**などを行う技術です。表6-1-2は、電力変換方式と回路名、利用例を示しています。

表6-1-1 パワー半導体デバイスの例

ダイオード	サイリスタ			バイポーラ注パワートランジスタ	パワーMOS形FET（モス形電界効果トランジスタ）	IGBT（絶縁ゲートバイポーラトランジスタ）
	SCR（シリコン制御整流素子）	トライアック（双方向サイリスタ）	GTO（ゲートターンオフサイリスタ）			
アノード(A) カソード(K)	アノード(A) ゲート(G) カソード(K)	T_2 ゲート(G) T_1	アノード(A) ゲート(G) カソード(K)	コレクタ(C) ベース(B) エミッタ(E)	ドレイン(D) ゲート(G) ソース(S)	コレクタ(C) ゲート(G) エミッタ(E)

注）バイポーラは双極性（p形とn形）の意味

表6-1-2 電力の変換方式・回路と利用例

変換方式	変換回路	利用例
順変換（交流→直流）	整流回路（順変換回路）	直流電源、充電器、直流電動機の駆動、電気化学用電源、電子機器用電源、直流電気鉄道用電源、直流送電
逆変換（直流→交流）	インバータ回路（逆変換回路）	無停電電源装置、交流電動機の駆動、インバータ電車、インバータ蛍光灯、インバータエアコン、電気自動車電源装置
直流変換（直流→直流）	チョッパ回路	DC-DC コンバータ、チョッパ電車、スイッチングレギュレータ、直流サーボモータ、電気自動車電源装置
交流変換（交流→交流）	交流電力調整回路	調光装置、交流電動機制御、電熱制御
	サイクロコンバータ回路	交流電動機駆動、周波数変換装置

POINT

▶**パワー半導体デバイス** といえば
ダイオード、サイリスタ（SCR、**トライアック**、GTO）、
パワートランジスタ、**パワー**MOS 形 FET、IGBT など

▶**順変換** といえば 整流回路、**逆変換** といえば インバータ、**直流変換** といえば チョッパ

整流ダイオード

整流ダイオードは、一方向にだけ電流を流すので、交流を直流に変換する装置に使用されます。アノード A からカソード K への順方向電圧を加えたとき電流が流れ、これを**オン状態**といいます。K から A への逆方向電圧を加えたときは電流が流れず、これを**オフ状態**といいます。

図6-1-1 整流ダイオード

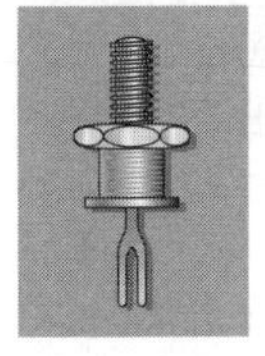

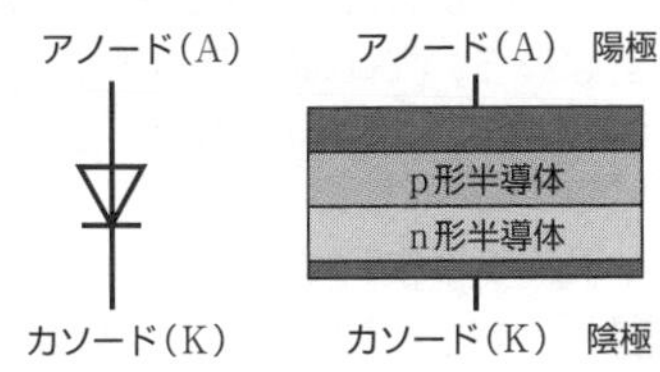

サイリスタ（SCR）

サイリスタには、SCR（逆阻止 3 端子サイリスタ）、**トライアック**（3 極双方向サイリスタ）、GTO（ゲートターンオフサイリスタ）などがあります（単にサイリスタといった場合は、SCR を指すことが多いです）。

サイリスタ（SCR）は、アノードA、カソードK、ゲートGの3端子があり、図6-1-2のような図記号を用います。A-K間がスイッチの働きをし、ゲートGはスイッチを制御する働きをします。

サイリスタ（SCR）は、図6-1-3のように順方向電圧（電流が流れる方向の電圧）を加えても、ゲート電流を流さない限りオンしません。この状態を**順阻止状態**といいます。また、逆方向電圧を加えた状態を**逆阻止状態**といいます。

図6-1-2 サイリスタ

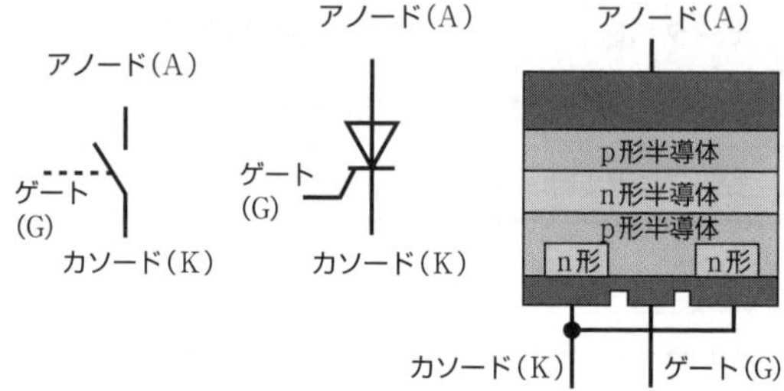

図6-1-3 電源が直流のとき

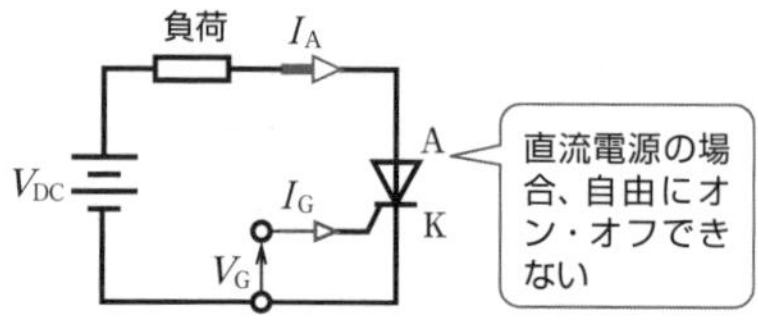

図6-1-4 電源が交流のとき

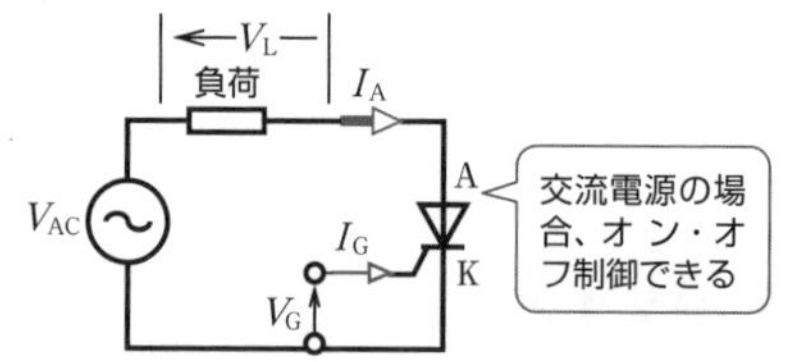

図6-1-3のように順方向電圧 V_{DC}〔V〕を加え、ゲートGからカソードKの方向にゲート電流 I_G〔A〕を流すと、A-K間がオンの状態になります。一度オンすると、ゲート電流 I_G〔A〕を0Aにしてもオフせずに、**オン状態が保持**された状態になります。

オンしたサイリスタ（SCR）をオフ状態にするには、アノード電流 I_A〔A〕を**保持電流**※1以下にする必要があります。すなわち、流れる電流 I_A〔A〕を保持電流以下にしないとサイリスタ（SCR）はオフしないので、電源が直流のときは自由にオン、オフできません。

図6-1-4のように電源が交流の場合、電圧が周期的に正負に変化するので、電圧が0Vになるところがあります（図6-1-5）。また、それを過ぎれば逆電圧となるので、自然に電流が保持電流以下となり、サイリスタ（SCR）はオフします。よって V_G により、負荷電圧をオン、オフ制御できます。

GTOは、正の I_G で**オン**、負の I_G で**オフ**するもので、ゲートターンオフサイリスタといいます。

※1　保持電流：サイリスタ（SCR）をオン状態で保持するために必要な最小の電流。アノード電流 I_A と比較すると非常に小さいので、0Aとしてかまいません。

図6-1-5 電源が交流の場合、負荷電圧をSCRで制御できる

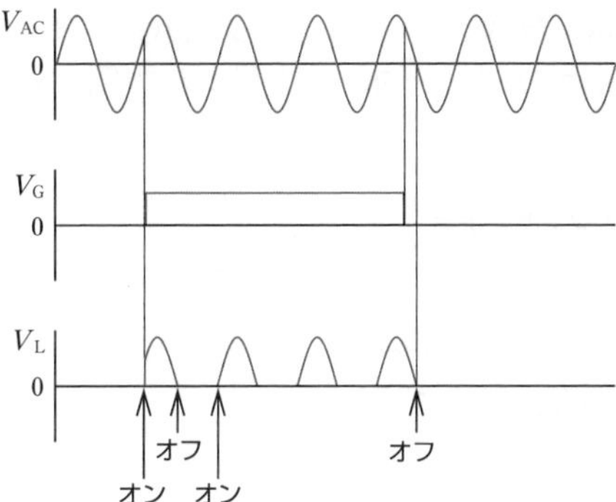

POINT

▶サイリスタ（SCR）といえば 正の I_G でオン、保持電流以下でオフ

▶ GTO といえば 正の I_G でオン、負の I_G でオフ

トライアック

トライアック※2は、T_1、T_2、G の3端子があり、図6-1-6 のような記号を用います。これは、図6-1-7 のようにサイリスタ（SCR）2個を双方向に並列接続したものと同じ機能を持ちます。サイリスタと同じように、ゲート電流 I_G〔A〕を流せばオンします。I_G〔A〕の向きは正負どちらでも動作しますが、一般には負の電流とします。

図6-1-6
トライアックの記号

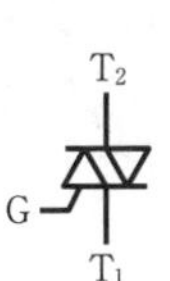

図6-1-7
SCR2個を並列接続

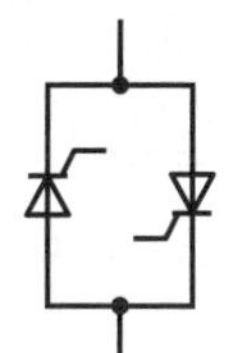

POINT

▶トライアック といえば 交流回路の電力制御と交流スイッチに用いる

※2 トライアック：調光器（電球の明るさを変える装置）、電気毛布、ホットカーペット などの電力の制御を伴うものや、交流回路のスイッチとして電気製品に多用されています。

パワートランジスタ

電力用の**パワートランジスタ**には、**バイポーラパワートランジスタ**、**MOS 形 FET**（モス形電界効果トランジスタ）、**IGBT**（絶縁ゲートバイポーラトランジスタ）などがあります。

図6-1-8 スイッチング回路

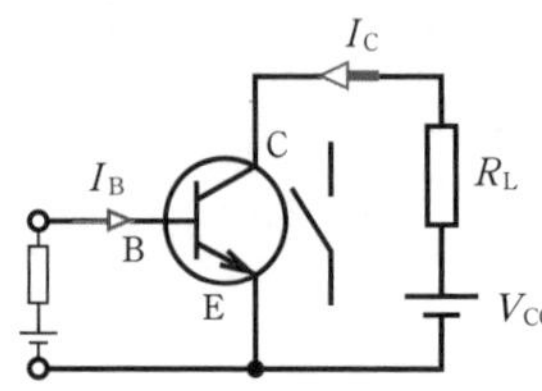

図6-1-9 ダーリントン接続

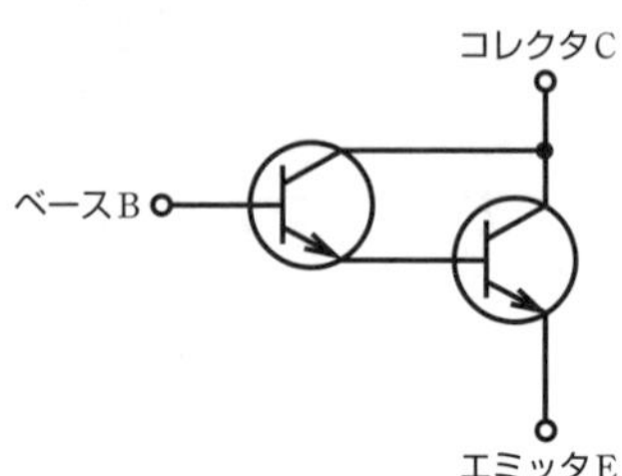

トランジスタを、スイッチング素子（スイッチとして用いる素子）として使うときは（図6-1-8）、ベース電流 I_B を流すとコレクタ C、エミッタ E 間が短絡状態になり、スイッチを閉じる働きをします。図6-1-9の**ダーリントン接続形**は、電流増幅率が大きく、**小さなベース電流で動作する**という特長があります。

MOS 形 FET は、スイッチング動作が速く、ゲートに加える電圧で動作し、**入力インピーダンスが高い**（入力に電流がほとんど流れない）という特徴があります。また、MOS 形 FET とバイポーラトランジスタの長所を生かした、IGBT（**絶縁ゲートバイポーラトランジスタ**）が多く使われるようになっています。

IGBT は、絶縁ゲートによる電圧制御形のデバイスで、高速スイッチングができ、耐圧も高いなどの特長があり、スイッチング素子として多用されています。また、最近ではさらに高速、低損失の高性能の新しい素子も開発されています。また、複数の半導体デバイスと電子部品を一つのパッケージに組み込んだパワーモジュールが広く用いられるようになっています。

図6-1-10 IGBT パワーモジュールの例

POINT

▶**パワートランジスタ** といえば バイポーラパワートランジスタ、MOS 形 FET、IGBT

6-2 位相制御 といえば 電力の制御

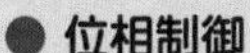

● 位相制御

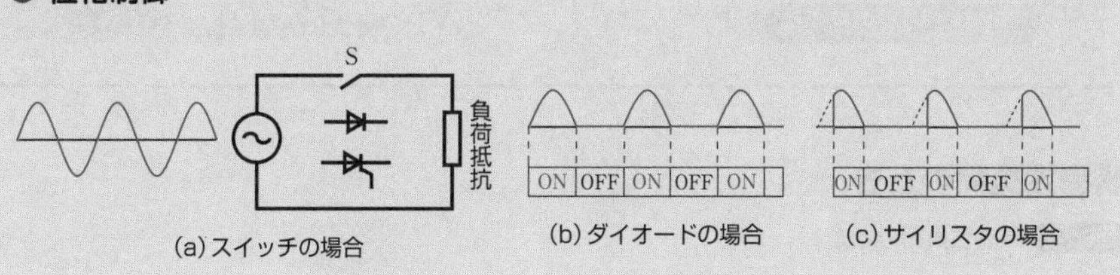

(a)スイッチの場合　(b)ダイオードの場合　(c)サイリスタの場合

半波整流回路の位相制御

上図(a)の回路において、スイッチ S に半導体ダイオードを用いると、正の半周期のみ電流が流れ、負荷抵抗の電圧は上図(b)のように正(+)の電圧となります。これを、**半波整流回路**(はんぱせいりゅうかいろ)といいます。ダイオードの代わりに**サイリスタ**（SCR）を用いると、上図(c)のようにオンの時間を変えることができ、負荷電圧や電力の大きさを制御することができます。このように、オンのタイミングを調整して制御することを、**位相制御**(いそうせいぎょ)といいます。

抵抗負荷のとき

図6-2-1 抵抗負荷のとき

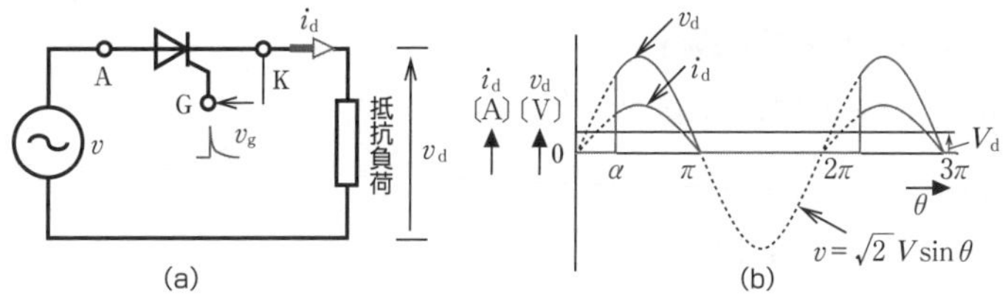

(a)　(b)

図6-2-1は抵抗負荷のときのサイリスタを用いた半波整流回路と、電圧、電流の波形です。

位相角 α でゲート信号 v_g を加え、サイリスタを**ターンオン**※1させると、電流 i_d〔A〕が流れます。位相角が π のとき、電圧が 0 V で電流が 0 A になり、サイリスタは**ターンオフ**※1します（正確には保持電流以下でターンオフしますが、保持電流

※1　パワーエレクトロニクスでは、オンすることを**ターンオン**、オフすることを**ターンオフ**といいます。

は小さいので、電流が 0 A でターンオフすると考えます）。負の半周期は、サイリスタに逆方向電圧が加わり電流は流れません。図6-2-1の (b) のように、抵抗負荷のときは、電圧 v_d と電流 i_d の波形は同じ形になります。抵抗負荷の場合、半波整流回路の直流平均電圧 V_d〔V〕は、電源電圧の実効値を V〔V〕とすれば、次式となります。

▶抵抗負荷のとき、半波整流波形の平均値 といえば 実効値の 0.45 倍（α = 0 のとき）

半波整流波形の平均値 $V_d \fallingdotseq 0.45V\dfrac{1+\cos\alpha}{2}$〔V〕 ◀ α = 0 のとき、$V_d \fallingdotseq 0.45V$〔V〕

誘導性負荷のとき

図6-2-2 誘導性負荷のとき

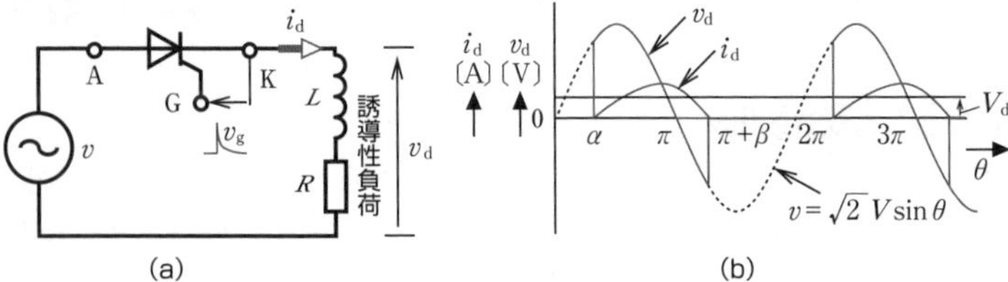

誘導性負荷の場合（図6-2-2）、負荷のインダクタンス L の影響で電流 i_d〔A〕の位相が遅れるために、電流の立ち上がりが丸くなり、電圧 v_d〔V〕の位相が π を超えて負になっても i_d〔A〕は流れ続け、$\pi+\beta$ の点で 0 A となり、ここでサイリスタはターンオフします。よって、v_d〔V〕は負の電圧が発生することになり、直流平均電圧 V_d〔V〕は抵抗負荷の場合よりも低くなってしまいます。

環流ダイオードを接続したときの動作

図6-2-3 誘導性負荷（環流ダイオードを接続した場合）

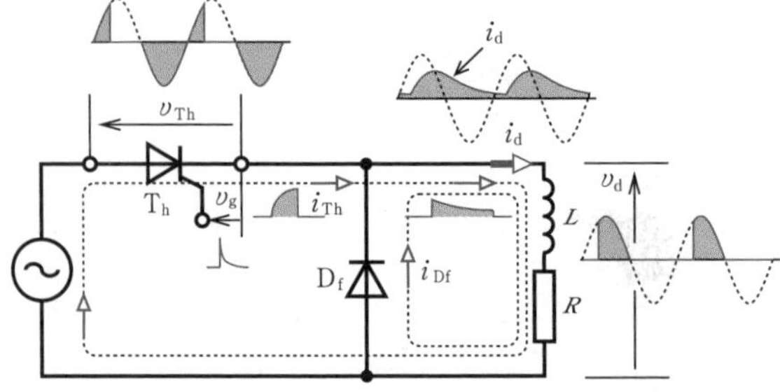

次に、図6-2-3のように負荷と並列にダイオードD_fを接続します。D_fは**環流ダイオード（フリーホイーリングダイオード）**といい、インダクタンスに蓄えられるエネルギーを電流として環流させ、出力電流の脈動を小さくする働きをします。

順を追って動作を考えます（図6-2-4）。

図6-2-4 誘導性負荷のときの各部の電流波形

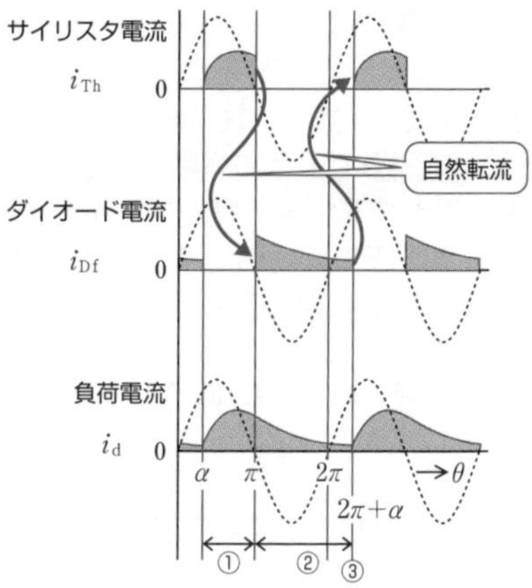

① $\alpha \leqq \theta < \pi$

$\theta = \alpha$において、トリガパルスv_gを加えると、T_h（SCR）は**ターンオン**し、サイリスタ電流i_{Th}が流れます。このとき、D_fはオフ状態です。

② $\pi \leqq \theta < 2\pi + \alpha$

θがπを超すと電源が負の値になり、D_fがオンします。このとき、T_hとD_fを通して見かけ上は短絡回路となりますが、半導体の作用により短絡することはありません。

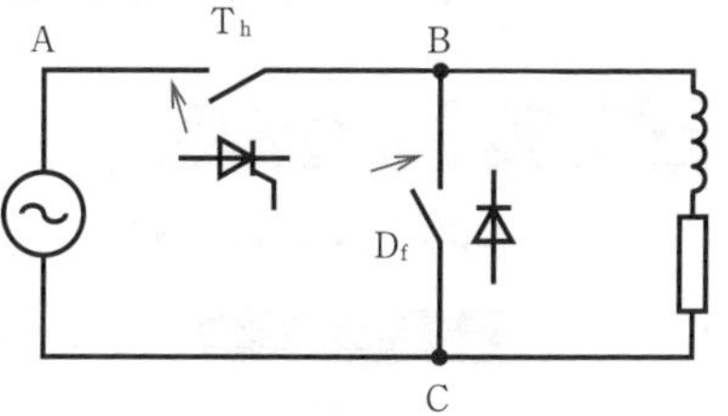

図6-2-5 サイリスタとダイオードスイッチの動作

D_f：点Bが負のとき（点Bの電位が点Cより低いとき）オン
T_h：点Bの電位が点Aの電位よりも高いときはオフ

図6-2-5において電源電圧が負になる瞬間にD_fがオンし、点Bの電位が点Aの電位（負電位）よりも高くなるためT_hは自然にオフします。すなわち、電源電圧の反転によりD_fがオンすることで、T_hはオフします。

$\theta = \pi$でD_fがオンの瞬間にT_hがオフとなり、負荷電流の流れる経路がT_hからD_fに切り替わることになります。この現象を、**自然転流**といいます。

$\theta = \pi$以後は、インダクタンスに蓄えられた電磁エネルギーによる循環電流が流れ、$2\pi + \alpha$までは、D_fに電流が流れます。

③ $\theta = 2\pi + \alpha$

トリガパルスによりT_hがターンオンすれば点Bは正電位となりD_fはオフします。このとき、負荷電流はD_fからT_hへ**自然転流**します。

このように、負荷電流はT_hとD_fを交互に流れ、連続的で脈動が小さな流れになります。また、D_fがないときは負の電圧が発生しますが、D_fがあるときは負の電圧が発生せず、直流出力電圧の平均値を高くする効果があります。

POINT

▶環流ダイオード といえば 電流の脈動を小さくし、平均電圧を高くする

単相ブリッジ形整流回路

図6-2-6 のように、サイリスタ（SCR）を4個用い、ブリッジ形回路を構成したものを**純ブリッジ形整流回路**といいます。環流ダイオードを接続すれば、図6-2-7 のように脈動の少ない電流波形となり、出力電圧波形に負の電圧は発生しません。

電源電圧の実効値を V〔V〕とすれば、全波整流回路の直流平均電圧 V_d は次式となります。

図6-2-6 純ブリッジ形整流回路

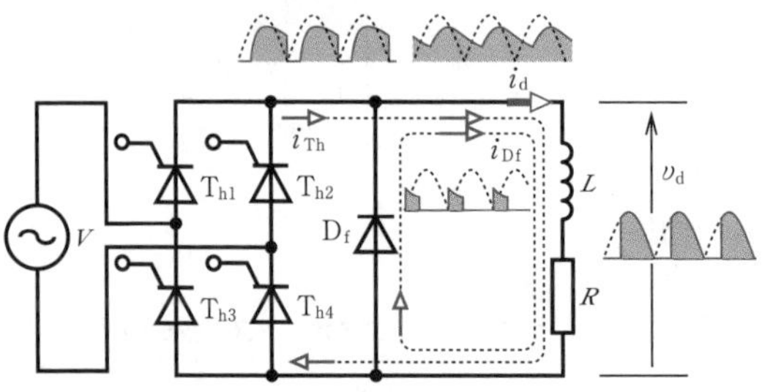

図6-2-7 単相ブリッジ形整流回路の電圧・電流波形（環流ダイオードありの場合）

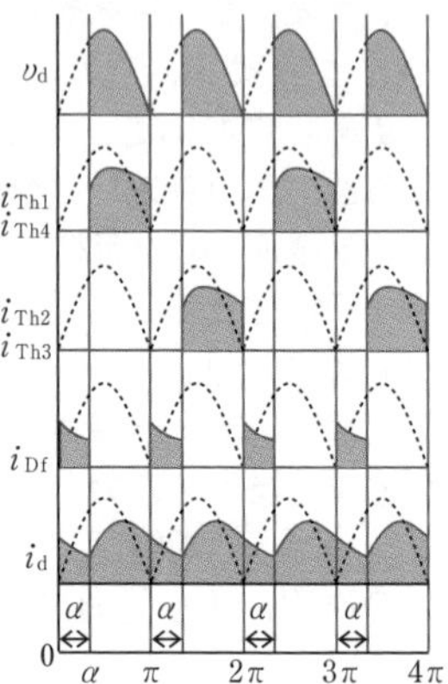

POINT

▶抵抗負荷のとき全波整流波形の平均値 といえば 実効値の 0.90 倍（$\alpha = 0$ のとき）

全波整流波形の平均値 $V_d \fallingdotseq 0.90V\dfrac{1+\cos\alpha}{2}$〔V〕 ◀ $\alpha = 0$ のとき、$V_d \fallingdotseq 0.90\,V$〔V〕

混合ブリッジ回路

図6-2-8 混合ブリッジ回路

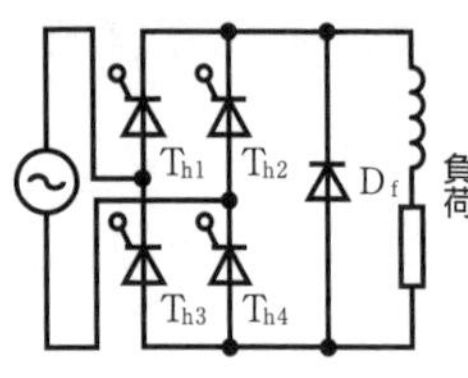

(a) 純ブリッジ回路

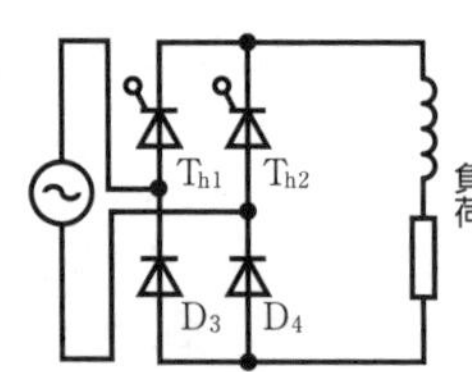

(b) 混合ブリッジ回路 直流側２アーム制御

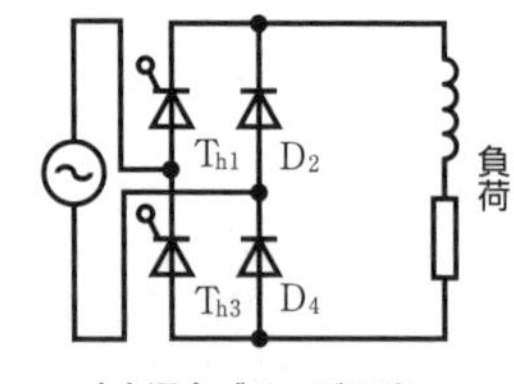

(c) 混合ブリッジ回路 交流側２アーム制御

図6-2-8 (a) のように純ブリッジ回路は、4個のサイリスタ（SCR）と1個のダイオードが必要です。4個のサイリスタのうち、2個をダイオードに替えた回路を、**混合ブリッジ回路**といいます。図6-2-8 (b)・(c) のように、直流側2アーム制御、交流側2アーム制御があり、環流ダイオードのある場合と同じ出力波形が得られます。

混合ブリッジ回路は、サイリスタの半分を**ダイオード**にできる、トリガ回路が簡単になる、**環流ダイオード**を付けたときと同じ効果が得られる、などの特徴があります。

▶**混合ブリッジ** といえば サイリスタ 2 **個**、ダイオード 2 **個のブリッジ回路**

交流の位相制御

図6-2-9 交流の位相制御

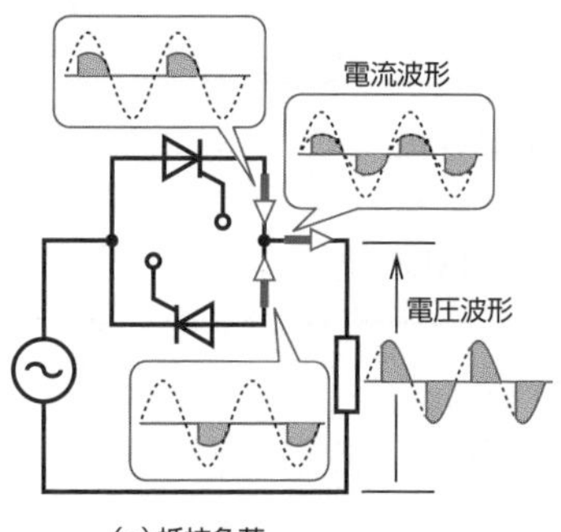

(a) 抵抗負荷

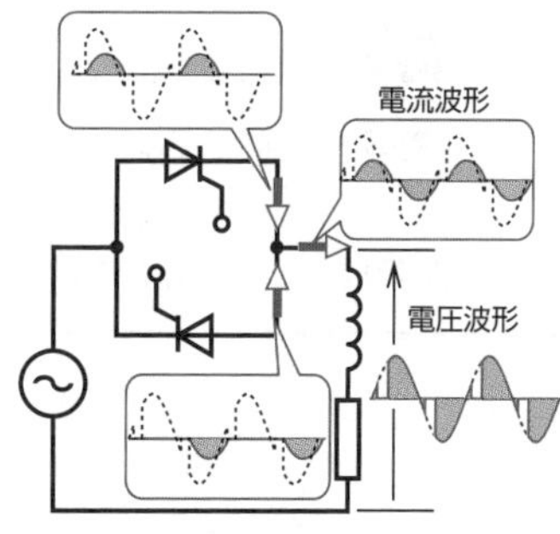

(b) 誘導性負荷

電球の明るさを連続的に変化させるなど、交流の負荷電力を連続的に制御するには、交流の位相制御が用いられます。図6-2-9のように、**サイリスタ**（SCR）2 **個を双方向**に並列接続して、ゲートトリガパルスを加えることでターンオン、電流が 0 A（正確には保持電流以下）でターンオフ、を繰り返します。トリガパルスによってオンの位置を自由に変化させることができます。このように、交流波形のオンの位置を変えることで負荷の消費電力を連続的に調整する方法を、交流の**位相制御**といいます。

図6-2-9の (a) のように、抵抗負荷のときは、電圧波形 v_L と電流波形 i_L は図6-2-10の波形 1 のように同じ形になります。図6-2-9の (b) のように、負荷がモータのような誘導性の場合は、電流位相が遅れるために電流が 0 A になるポイントが遅れます。電流が 0 A（保持電流以下）でサイリスタ（SCR）がオフするので、出力の電圧波形 v_L と電流波形 i_L は図6-2-10の波形 2 のように、波形の一部が欠けた形となり、電流波形は、丸くなった形になります。

一般には、サイリスタ（SCR）2 個を用いる代わりに、トライアック 1 個を用いることが多いです

図6-2-10 位相制御角を α としたときの電圧、電流の波形例

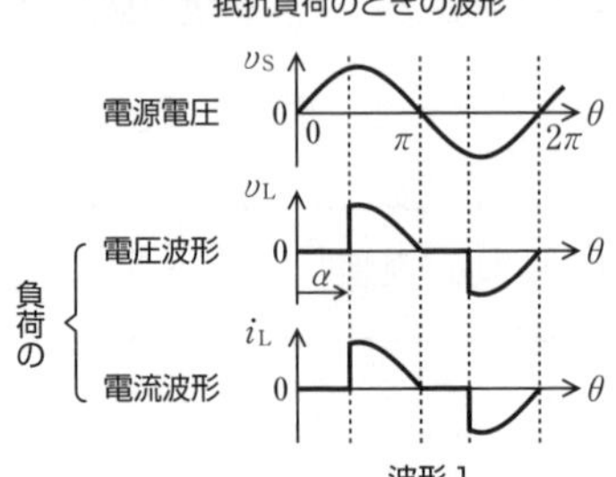

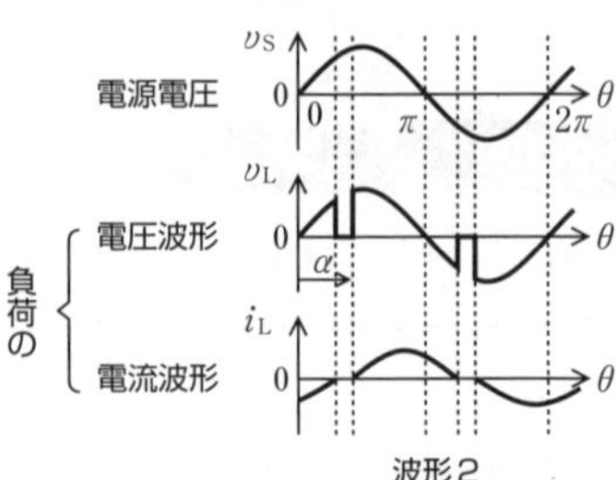

POINT

▶交流回路の位相制御 といえば サイリスタ（SCR）2 個を用いる

または

▶交流回路の位相制御 といえば トライアック 1 個で交流電力の制御を行う

6-3 チョッパ回路 といえば 直流平均電圧の制御を行う

● 直流降圧チョッパ回路と電圧・電流波形

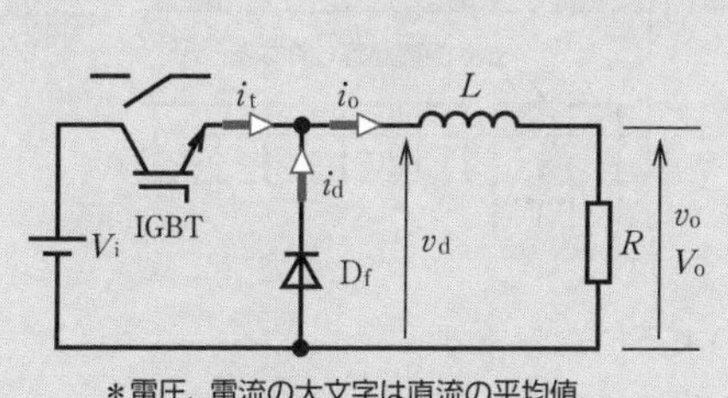

＊電圧、電流の大文字は直流の平均値、小文字は変化する値（波形）を表す

(a) 直流降圧チョッパの回路

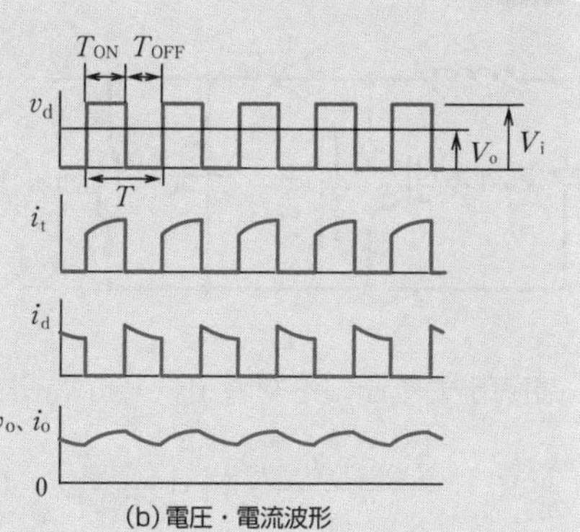

(b) 電圧・電流波形

直流降圧チョッパ

上図の(a)は、直流降圧チョッパの回路です。スイッチの開閉を繰り返すことで、負荷の直流平均電圧を制御します。上図(b)は、各部の電圧波形と電流波形を表しています。IGBTをオンするとi_t〔A〕が流れ、オフするとLに蓄えられたエネルギーによる電流がD_fを通り、負荷に環流電流が流れます。

負荷には、i_tとi_d〔A〕が交互に流れ、図のi_o〔A〕のように連続した脈動電流になります。また、周期Tでオン、オフを繰り返すとき、出力電圧v_o〔V〕の平均値V_o〔V〕は、次式となります。

波形の1周期（$T = T_{ON} + T_{OFF}$）に対するオン時間（T_{ON}）をdで表し、これを通流率またはデューティファクタといいます。

$$d = \frac{T_{ON}}{T} = \frac{T_{ON}}{T_{ON} + T_{OFF}}$$

POINT

▶降圧チョッパの平均電圧 といえば オン時間に比例

降圧チョッパの平均電圧　$V_o = \dfrac{T_{ON}}{T_{ON} + T_{OFF}} V_i = dV_i$〔V〕　※$d$：通流率

直流昇圧チョッパ

図6-3-1は直流昇圧チョッパの回路です。IGBTをオンすると、インダクタンスLに電流が流れ、エネルギーが蓄積されます。次にIGBTをオフすると、Lに流れる電流の減少を妨げるための逆起電力が発生し、これが電源電圧に加算されるため、図6-3-2のように、負荷には電源電圧よりも高い電圧が加わります。

図6-3-1 直流昇圧チョッパの回路

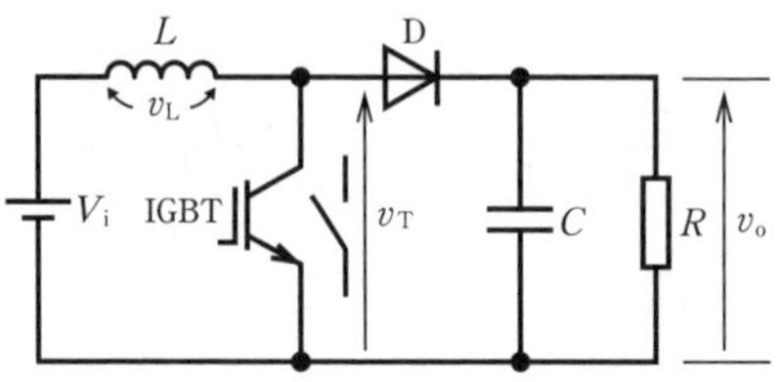

図6-3-2 直流昇圧チョッパの電圧波形

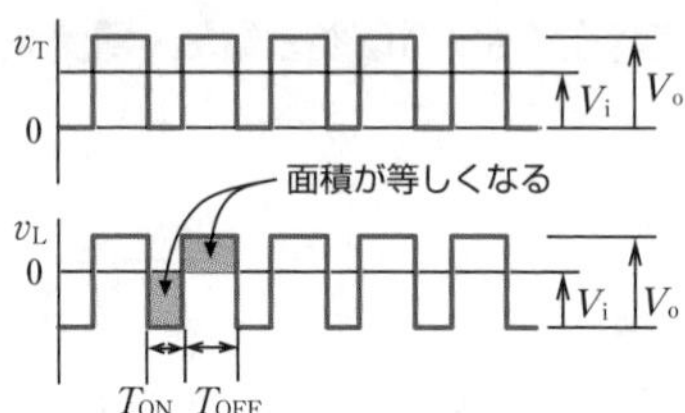

直流出力電圧の平均値 V_o〔V〕は、次のようになります。

$$V_o = \frac{T_{ON} + T_{OFF}}{T_{OFF}} V_i = \frac{T}{T - T_{ON}} V_i = \frac{1}{1 - \frac{T_{ON}}{T}} V_i = \frac{V_i}{1-d} \text{〔V〕}$$

POINT

▶昇圧チョッパの平均電圧 といえば オフ時間に反比例

昇圧チョッパの平均電圧 $V_o = \frac{T_{ON} + T_{OFF}}{T_{OFF}} V_i$〔V〕

練習問題 01

チョッパ

図1は降圧チョッパ、図2は昇圧チョッパを示している。電源電圧E = 200 V一定とし、各回路のスイッチSの通流率を0.7とした場合、抵抗Rの電圧v_{d1}、v_{d2}の平均値V_{d1}、V_{d2}〔V〕は（R、L、Cで決まる時定数がSの動作周期に対して十分に大きいものとする）。

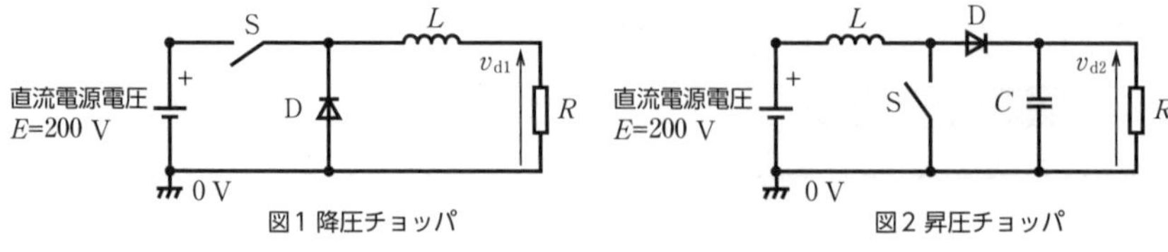

図1 降圧チョッパ　　図2 昇圧チョッパ

解き方

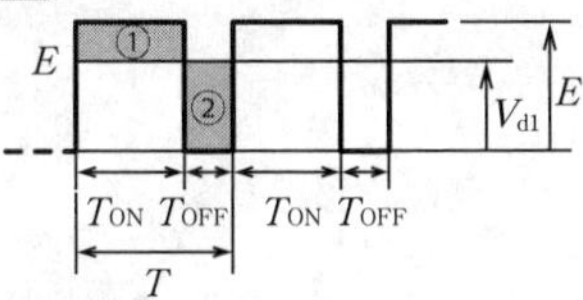

図1 降圧チョッパの電圧の計算

T_{ON} T_{OFF} T_{ON} T_{OFF} T_{ON} T E ③ ④ E V_{d2}

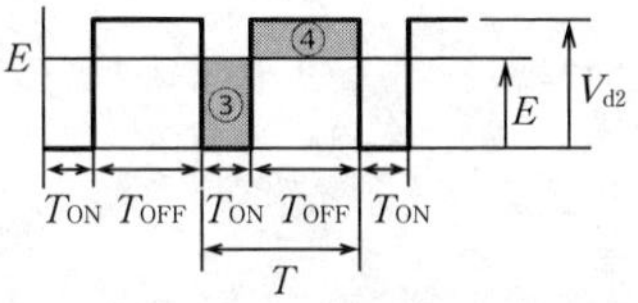

図2 昇圧チョッパの電圧の計算

降圧チョッパの出力電圧の平均値 V_{d1} は、図1（①の面積＝②の面積の式）から求めます。

$$(E-V_{d1})T_{ON}=V_{d1}T_{OFF}$$

$$V_{d1}(T_{ON}+T_{OFF})=ET_{ON}$$

①の面積＝②の面積

$$V_{d1}=\boxed{\frac{T_{ON}}{T_{ON}+T_{OFF}}}E=0.7\times200=140\text{ V}$$

V_{d1} を求める

通流率

昇圧チョッパの出力電圧の平均値 V_{d2} は、図2（③の面積＝④の面積の式）から求めます。

$$ET_{ON}=(V_{d2}-E)T_{OFF}$$

③の面積＝④の面積

$$V_{d2}=\frac{T_{ON}+T_{OFF}}{T_{OFF}}E=E\frac{T}{T-T_{ON}}=E\frac{1}{1-\boxed{\frac{T_{ON}}{T}}}=200\times\frac{1}{1-0.7}\fallingdotseq667\text{ V}$$

通流率

V_{d2} を求める

参考

昇圧チョッパの原理として、Sをオンすると E（＋）→ L → S → E（0 V）に電流 i が流れ、L に電磁エネルギーが蓄積します。また、Sをオフすると i の減少を阻止する方向の逆起電力が L に生じ、E と L の電圧が加算され、昇圧された電圧が R に加わり負荷電流を流すと同時に C を充電します。時定数が大きい（C が十分大きい）ので、V_{d2} が維持されます。

解答 $V_{d1}=140\text{ V}$　$V_{d2}=667\text{ V}$

6-4 インバータ といえば 直流・交流変換、サイクロコンバータ といえば 交流変換

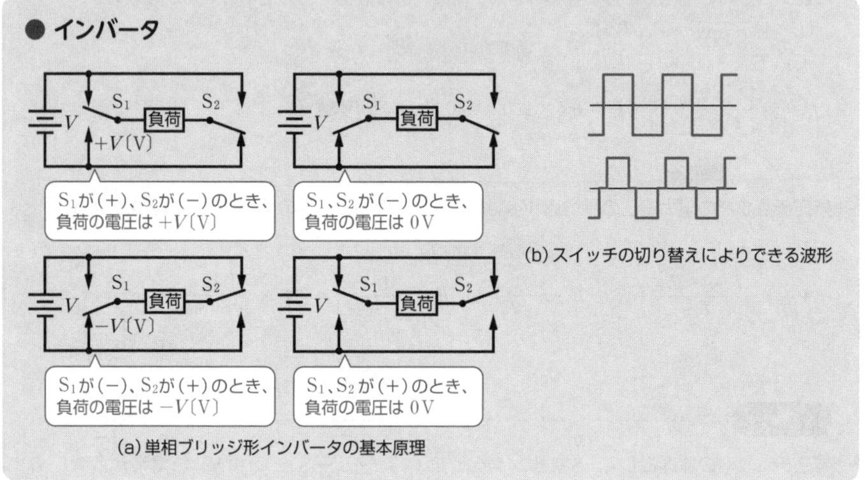

(a) 単相ブリッジ形インバータの基本原理
(b) スイッチの切り替えによりできる波形

インバータ

直流電力を交流電力に変換する装置を**インバータ**といいます。太陽光発電の直流電力を交流に変換する装置や交流電動機の可変速運転に用いる交流電源、インバータエアコンなど、広範囲に利用されるようになりました。

インバータの基本原理

インバータは、上図(a)の単相ブリッジ形インバータの基本原理のように、スイッチを切り替えることで、同図(b)のような交流波形に変換することができます。

トランジスタインバータ

図6-4-1 (a)は、トランジスタを使用したインバータの回路です。インバータの出力に誘導性の負荷が接続される場合、同図(b)のような電圧、電流波形となります。ダイオード D_1～D_4 は、遅れて変化する電流の流れを確保し、電流を電源に帰還させるためのもので、トランジスタなどの半導体デバイスと逆並列に接続します。これを、**帰還ダイオード**といいます。

図6-4-1 のようなトランジスタスイッチの断続によりつくられるインバータの交流出力波形は、方形波です。そこで、図6-4-2 のように、方形波をさらに断続すること

で、平均的値が正弦波になるように波形の制御を行う方法を、**パルス幅変調制御（PWM 制御）** といいます。

図6-4-1 トランジスタインバータ

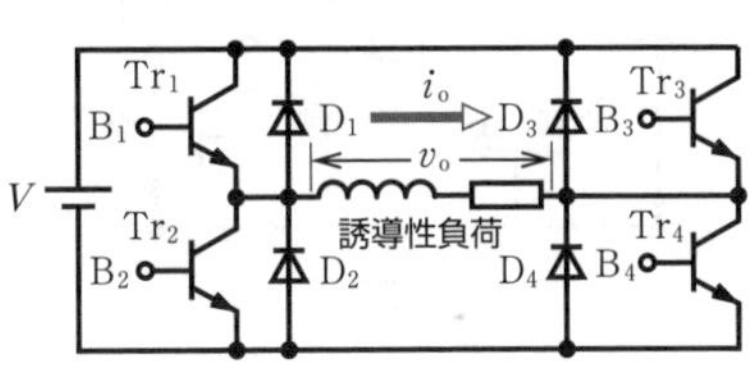

(a) トランジスタインバータの基本回路

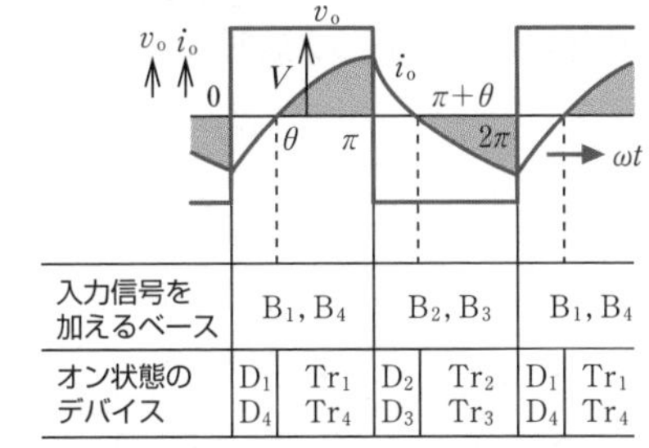

入力信号を加えるベース	B_1, B_4		B_2, B_3		B_1, B_4	
オン状態のデバイス	D_1 D_4	Tr_1 Tr_4	D_2 D_3	Tr_2 Tr_3	D_1 D_4	Tr_1 Tr_4

(b) ベース入力と出力電圧・電流波形

図6-4-2 PWM 制御の出力電圧波形の例

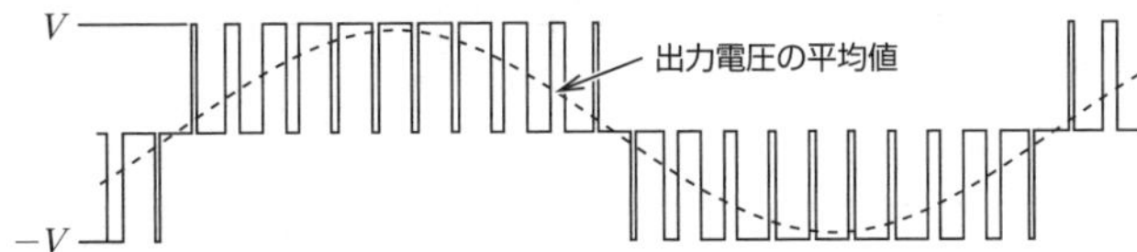

サイクロコンバータ

図6-4-3 は**サイクロコンバータ**の基本回路で、交流を**異なる周波数の交流**に変換するものです。入力の電源電圧波形をつなぎ合わせ、異なった低い周波数の交流電圧をつくります。図6-4-4 は出力波形の例です。

サイクロコンバータは、大容量の電力変換装置として用いられます。

図6-4-3 サイクロコンバータの基本回路

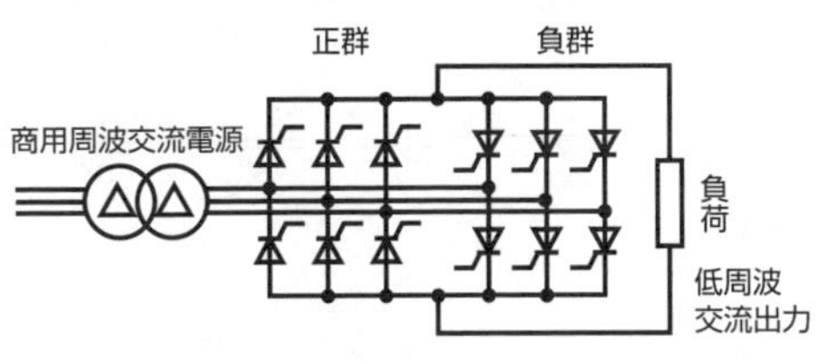

図6-4-4 サイクロコンバータの出力波形の例

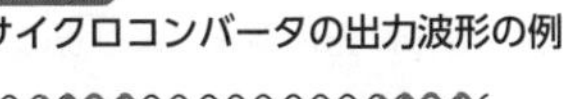

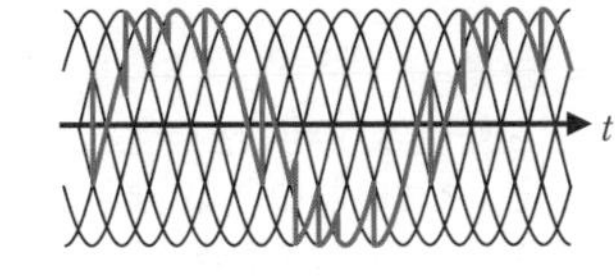

POINT

▶**インバータ** といえば DC → AC 変換装置

▶**サイクロコンバータ** といえば AC → AC 変換装置

DC：direct current（直流）
AC：alternating current（交流）

練習問題 〉01

インバータ

図1の単相インバータで、図2の負荷電流 i_o、直流電流 i_d の正しい波形は。

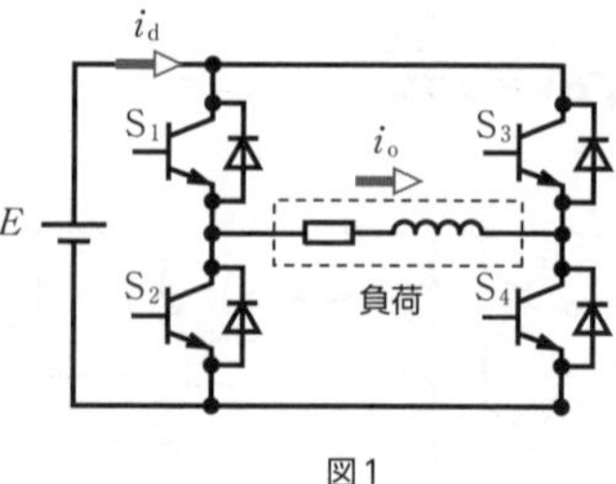

図1

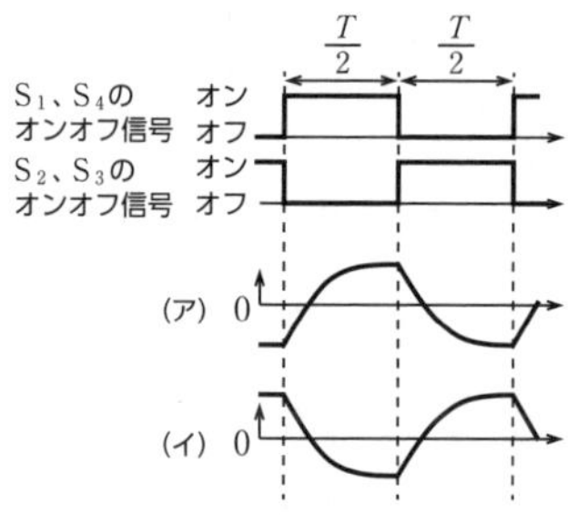

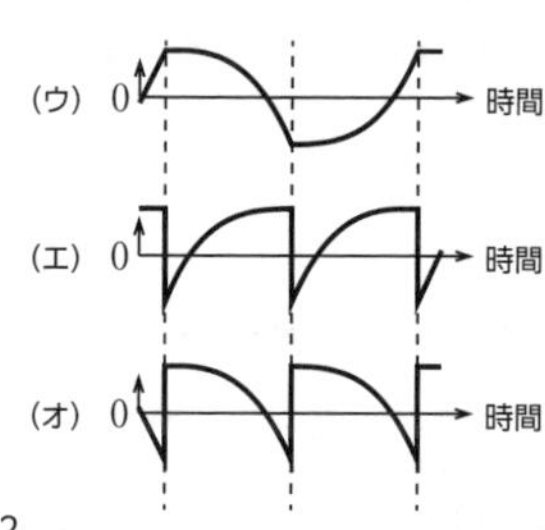

図2

解き方

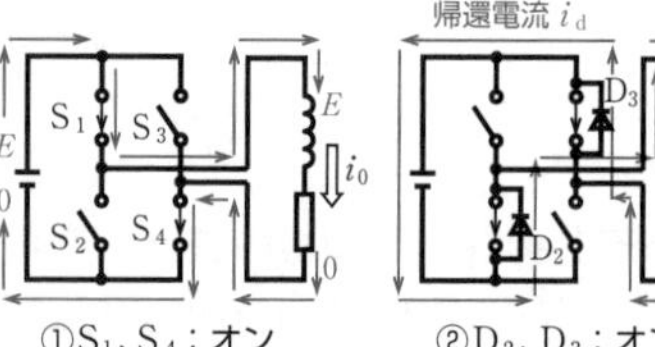

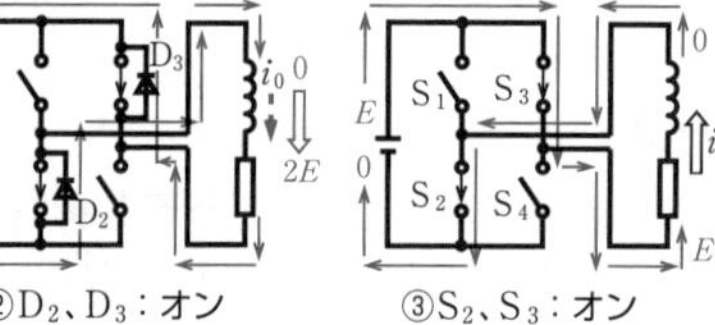

③S_2、S_3：オン

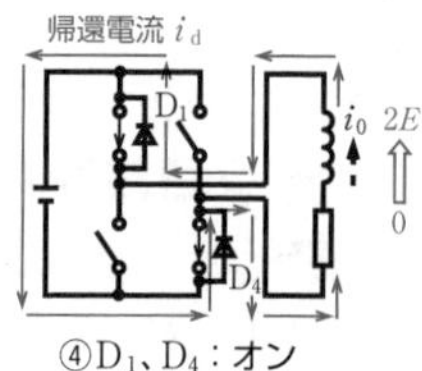

S_1〜S_4 のオンオフによって、負荷の電圧は、図aの破線のような方形波になります。

〔負荷電流 i_o、直流電流 i_d について〕

① $(\omega t = \theta \sim \pi)$ 正の電圧により正の電流 i_o が流れます。

② $(\omega t = \pi \sim \pi + \theta) + E$ から $-E$ に切り替わり、i_o の減少を妨げる方向に逆起電力 $(-2E)$ が発生し帰還ダイオード D_2、D_3 を通して負荷から電源に帰還電流 i_d が流れます。

③ $(\omega t = \pi + \theta \sim 2\pi) - E$ により負荷には負の電流 i_o が流れます。

④ $(\omega t = 2\pi \sim 2\pi + \theta) - E$ から $+E$ に切り替わり、逆起電力により帰還ダイオード D_1、D_4 を通して負荷から電源に帰還電流 i_d が流れます。

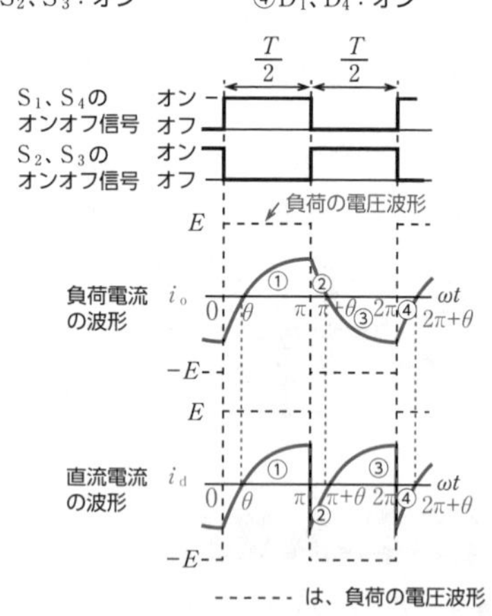

図a　電圧電流波形

解答　i_o −（ア）　i_d −（エ）

7-1 照明に関する基本 といえば 光度、照度、輝度、光束発散度

照明計算の基本用語

照明に関する量は、光度、輝度、照度、光束発散度などがあり、その物理的な意味を正確に把握することが大切です。

光束(こうそく)は、目に光として感じる範囲の放射束総量を、人の目に感じる明るさを基準として測ったものです。目に見えない紫外線や赤外線などの放射束がいくらあっても、光束の大きさには関係しません。

光度(こうど)は、光源のある方向への光の強さを、**輝度**(きど)は光源の輝き、**照度**(しょうど)は明るさを表します。

表7-1-1 照明の基本用語

名称	量記号	単位	単位の読み注	内容
放射束(ほうしゃそく)	P	〔W〕(〔J/s〕)	ワット(ジュール毎秒)	物体から単位時間(1秒間)に放射される放射エネルギー
光束(こうそく)	F	〔lm〕	ルーメン	放射束を視覚で測った大きさ
光度(こうど)	I	〔cd〕(〔lm/sr〕)	カンデラ(ルーメン毎ステラジアン)	点光源からある方向への光度とは、その方向の単位立体角内に含まれる光束数
輝度(きど)	L	〔cd/m^2〕	カンデラ毎平方メートル	光源のある方向への輝度とは、その方向から見た光源の、単位投影面積当たりの光度
照度(しょうど)	E	〔lx〕(〔lm/m^2〕)	ルクス(ルーメン毎平方メートル)	ある面の照度とは、入射光束密度、すなわち単位面積当たりに入射する光束
光束発散度(こうそくはっさんど)	M	〔lm/m^2〕	ルーメン毎平方メートル	発光面の光束密度

注)「毎(まい)」の代わりに、「パー(Per)」ということも多い。

点光源と立体角

点光源(てんこうげん)とは、光源を観測している場所と光源の距離に対して、光源の大きさが極めて小さく、点とみなされるような大きさの光源のことです。

その点光源から出る光束は、ある広がりを持って放射状になります。この立体的な広がりを表すのに、**立体角**(りったいかく)を用います。図7-1-1のようにOを中心とする半径r〔m〕の球面を考え、点Oを頂点とする錐体が球面を切り取る面積をS〔m^2〕とし、そのときの立体角をω(オメガ)で表すと、

第1部 理論 第2部 機械 第3部 電力 第4部 法規 第5部 電験三種に必要な数学

立体角　$\omega = \dfrac{S}{r^2}$〔sr〕（ステラジアン）

単位半径 r = 1 m の球面上の面積が単位面積（S=1 m²）のとき、ω = 1 sr となり、これが単位立体角です。

図7-1-1のように、頂角の半分が θ である錐体の立体角は次式で表されます。また、ここでは全球と立体角についての関係も覚えておきましょう。

図7-1-1 立体角 ω の考え方

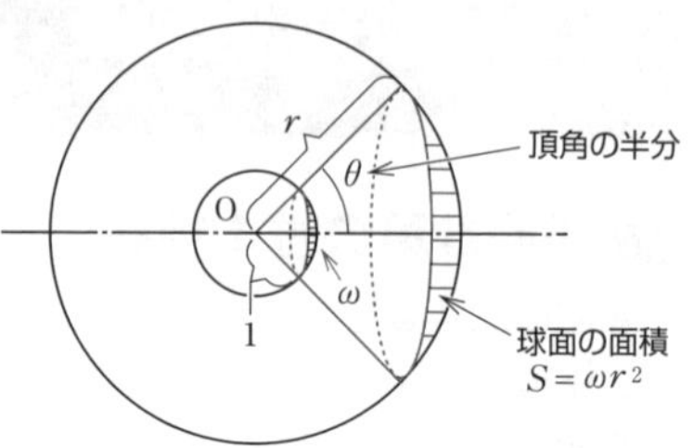

POINT

▶錐体の立体角 といえば 帽子状の表面積

錐体の立体角　$\omega_\theta = 2\pi(1-\cos\theta)$〔sr〕　半径1〔m〕の球における帽子状の表面積

▶球の立体角 といえば 4π〔sr〕

- 全球の立体角　$\omega_0 = 4\pi$〔sr〕　半径1〔m〕の球の表面積
- 半球の立体角　$\omega_0 = 2\pi$〔sr〕
- 球の表面積　$S = 4\pi r^2$〔m²〕

基本公式

光度、輝度、照度、光束発散度などの照明に関する問題では、物理量を表す定義式が重要になります。なお、点光源の全光束 F〔lm〕は、全球の立体角 4π と光度 I〔cd〕の積になります。

点光源の全光束　$F = \omega I = 4\pi I$〔lm〕

表7-1-2 測光量の定義式

公式		単位＝公式の覚え方
$I = \dfrac{F}{\omega}$〔cd〕（〔lm/sr〕）	光度＝$\dfrac{\text{光束}}{\text{立体角}}$	光度 I といえば ルーメン毎ステラジアン
$L = \dfrac{I}{S}$〔cd/m²〕	輝度＝$\dfrac{\text{光度}}{\text{光源の投影面積}}$	輝度 L といえば カンデラ毎平方メートル
$E = \dfrac{F}{S}$〔lx〕（〔lm/m²〕）	照度＝$\dfrac{\text{光束}}{\text{光束の入射する面積}}$	照度 E といえば ルーメン毎平方メートル
$M = \dfrac{F}{S}$〔lm/m²〕	光束発散度＝$\dfrac{\text{光束}}{\text{発光面の面積}}$	光束発散度 M といえば ルーメン毎平方メートル

距離の逆 2 乗の法則

図7-1-2のように作業面上 P 点の直上 r〔m〕のところに、すべての方向の光度が I〔cd〕である光源 L があるとき、P 点の照度 E を求めると、全光束 $F = 4\pi I$〔lm〕、半径 r の球の表面積 $S = 4\pi r^2$〔m^2〕より次式となり、E〔lx〕は距離 r〔m〕の 2 乗の逆数に比例、つまり r〔m〕の 2 乗に反比例することがわかります。

図7-1-2 逆2乗の法則

$$E = \frac{F}{S} = \frac{4\pi I}{4\pi r^2} = \frac{I}{r^2}\text{〔lx〕}$$

POINT

▶**距離の逆 2 乗の法則** といえば 照度**は距離の 2 乗に反比例**

逆 2 乗の法則 $E = \dfrac{I}{r^2}$〔lx〕 I〔cd〕：光度、r〔m〕：作業面上から光源までの距離

法線照度、水平面照度、鉛直面照度

点光源 L によって照らされている点 P の照度は、図7-1-3のように、3 通りの大きさがあります。単に照度という場合は、水平面照度を指します。

図7-1-3 点光源と照度

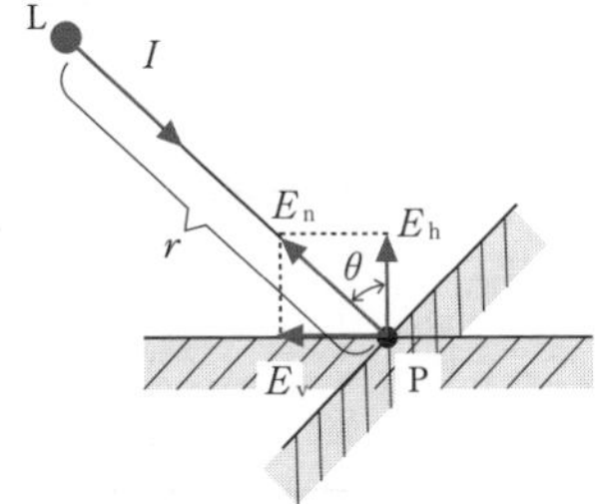

表7-1-3 照度の種類

名称	量記号	単位	内容	公式
法線照度（ほうせんしょうど）	E_n		光源方向の照度。光源方向と直角面の照度	$E_n = \dfrac{I}{r^2}$〔lx〕
水平面照度（すいへいめんしょうど）	E_h	〔lx〕	作業面の真上方向成分の照度	$E_h = \dfrac{I}{r^2}\cos\theta$〔lx〕
鉛直面照度（えんちょくめんしょうど）	E_v		作業面の水平方向成分の照度	$E_v = \dfrac{I}{r^2}\sin\theta$〔lx〕

練習問題 > 01

光度〔cd〕と照度〔lx〕
(a) 図の点光源 L の平均光度 I〔cd〕は。
(b) 図の B 点の水平面照度 E_h〔lx〕は。

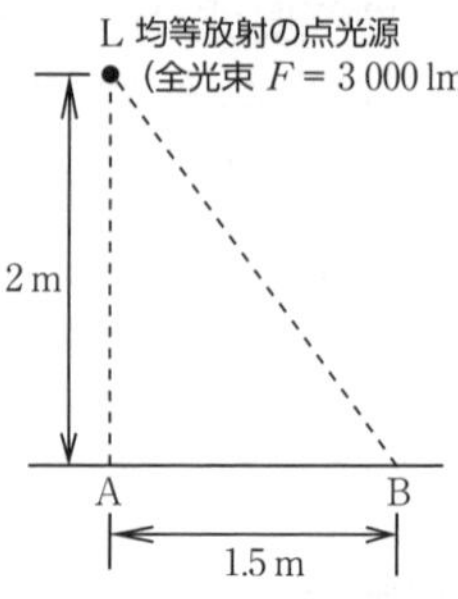

解き方

(a) 点光源の全光束 F は、

$F = \omega I = 4\pi I$〔lm〕（ルーメン）

> ω：立体角〔sr〕（ステラジアン）、
> 4π は球の立体角（半径 1 m の球の表面積に当たる）

点光源の平均光度 I は、

> I：光度〔cd〕（カンデラ）〔lm/sr〕、1 立体角内に入る光束

$$I = \frac{F}{4\pi} = \frac{3000}{4\times3.14} \fallingdotseq 239\ \text{cd}$$

> 3 000 lm の光束が全球の立体角（4π）に放射されるので、
> 4π で割れば 1 立体角から出る光束になる

(b) 点光源 L と B 点の距離 r を求めると、

$$r = \sqrt{2^2+1.5^2} = 2.5\ \text{m}$$

B 点の水平面照度 E_h は、

$$E_h = \frac{I}{r^2}\cos\theta = \frac{239}{2.5^2}\times\frac{2}{2.5} \fallingdotseq 30.6 \fallingdotseq 31\ \text{lx}$$（ルクス）

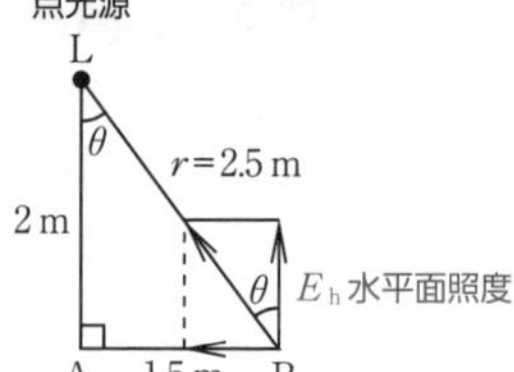

解説

光度 I〔cd〕（カンデラ）は、点光源の全光束 F〔lm〕（ルーメン）を球の立体角 4π〔sr〕（ステラジアン）で割ります。水平面照度 E_h は、作業面の真上方向成分の照度です。

解答 $I = 239$ cd、$E_h = 31$ lx

練習問題 > 02

基本量

次の文章は、光の基本量に関する記述である。空白箇所に当てはまる単位は。

- 光源の放射束のうち人の目に光として感じるエネルギーを光束といい、単位には［（ア）］を用いる。
- 照度は、光を受ける面の明るさの程度を示し、1［（イ）］とは、被照射面積 1 m^2 に光束 1［（ア）］入射しているときの、その面の照度である。
- 光源の各方向に出ている光の強さを示すものが光度である。光度 I［（ウ）］は、立体角 ω〔sr〕から出る光束を F［（ア）］とすると $I = F/\omega$ で示される。
- 物体の単位面積から発散する光束の大きさを光束発散度 M［（エ）］といい、ある面から発散する光束を F、その面積を A〔m^2〕とすると $M = F/A$ で示される。
- 光源の発光面及び反射面の輝きの程度を示すのが輝度であり、単位には［（オ）］を用いる。

解答　(ア)〔lm〕　(イ)〔lx〕　(ウ)〔cd〕　(エ)〔$\mathrm{lm/m^2}$〕　(オ)〔$\mathrm{cd/m^2}$〕

解説

放射束：物体から 1 秒間に放射されるエネルギーをいい、P〔W（ワット）〕で表します。
光束：放射束を視覚で測った大きさで、F〔lm（ルーメン）〕で表します。
照度：光を受ける面の入射光束密度で明るさの程度を示し、E〔lx（ルクス）〕で表します。
光度：光源方向の単位立体角内に含まれる光束数〔lm/sr（ルーメン/ステラジアン）〕で光の強さを示し、I〔cd（カンデラ）〕で表します。
光束発散度：発光面から出る光の光束密度をいい、M〔$\mathrm{lm/m^2}$〕で表します。
輝度：発光面及び反射面の輝きを示すもので、光源の単位投影面積当たりの光度をいい、L〔$\mathrm{cd/m^2}$〕で表します。

7-2 照明設計 といえば 単位面積の有効光束を求める

室内の平均照度

室内に取り付けてある光源から、作業面上に入射する有効光束より平均照度を求める方法を、**光束法**といいます。平均照度を E〔lx〕、室内の面積を A〔m^2〕、光源1個当たりの光束を F〔lm〕、光源の個数を N、照明率を U、保守率を M とすれば、作業面上で利用できる全光束は UFN で、経年変化を考えると、計算上の全光束は $UFNM$〔lm〕です。

これを室内の面積で割ると、**平均照度** E〔lx〕が求められます。

POINT

▶**照明設計の照度** といえば **保守率を見込んだ光束を面積で割る**

平均照度 $E=\dfrac{UFNM}{A}$〔lx〕

U：照明率、F：光源1個当たりから出る光束〔lm〕、N：光源の個数、M：保守率、A：部屋の面積〔m^2〕

照明率 U は作業面上に入射する光束（**有効光束**）と、光源から出る全光束との比率です。**保守率** M は、光源の経年変化による減光やほこりなど、保守上光束の減少をあらかじめ見込んでおく率です。

照明率 $U=\dfrac{\text{有効光束}}{\text{光源から出る全光束}}$

輝度 L と光束発散度 M との関係

光束発散度 M〔$\mathrm{lm/m^2}$〕は、光源の発光面の光束密度です。**輝度** L〔$\mathrm{cd/m^2}$〕は、光源の表面がどの程度の輝きを持っているかを表しています。完全拡散面※1では、両者の間には、次のような関係があります。

POINT

▶**光束発散度** M といえば **輝度の π 倍**

光束発散度 $M=\pi L$〔$\mathrm{lm/m^2}$〕

L：輝度〔$\mathrm{cd/m^2}$〕

※1　**完全拡散面**：どの方向から見ても輝度の等しい表面のこと。

ランプ効率と発光効率

ランプ効率は、ランプの全光束 F〔lm〕をその消費電力 W〔W〕で割った数値、すなわち 1 W の電力でどれだけの光束を発生させることができるかを示すもので、単位は〔lm/W〕(ルーメン毎ワット) です。

発光効率は、放射源が放出するすべての放射束（放射エネルギー）P〔W〕に対する、光源が発する全光束 F〔lm〕の割合で、単位は〔lm/W〕(ルーメン毎ワット) です。

光源からの放射束 P〔W〕は、消費電力 W〔W〕から熱になる損失を引いた値なので、ランプ効率は発光効率より小さくなります。

ランプ効率は電球、蛍光ランプ、水銀灯などのランプの評価に用います。また、発光効率は光源の効率を評価する指標で、投入電力に対する放射束の割合と光束の割合を調べたりするのに用います。

一般に、効率は (出力／入力) × 100 % で表しますが、光源の効率は〔lm/W〕で表します。

▶効率 といえば 1 ワット当たりの光束

ランプ効率 $\dfrac{F}{W}$〔lm/W〕 ◀ F：光束〔lm〕、W：消費電力〔W〕

発光効率 $\dfrac{F}{P}$〔lm/W〕 ◀ F：光束〔lm〕、P：放射束〔W〕

練習問題 > 01

照明設計

教室の平均照度 E を 500 lx 以上にしたい。必要最小限の光源数 N は。
光源一つの光束 F = 2 400 lm、教室の床面積 A = 15 m × 10 m、照明率 U = 0.6 (60 %)、保守率 M = 0.7 (70 %) とする。

解き方

平均照度 E〔lx〕は、

$$E = \frac{UFNM}{A}〔\mathrm{lx}〕$$

◀ 照度 = (照明率 × 光源 1 つの光束 × 光源数 × 保守率) ÷ 床面積

光源数 N は、

$$N = \frac{EA}{UFM} = \frac{500 \times 15 \times 10}{0.6 \times 2\,400 \times 0.7}$$

$\fallingdotseq$ 74.4 → 75 個 （小数点以下は切り上げ）

解答 $N = 75$

1
2
3
4
5
6
7
8
9
10
11
照明

7-3 各種光源 といえば 省エネ光源に着目

白熱電球

白熱電球には、一般的な白熱電球と封入ガスの異なるクリプトン電球、ハロゲン電球などがあります。

一般的な白熱電球

白熱電球は、タングステンを素材としたフィラメントの熱放射による光を利用します。フィラメントの素材には、融点が**高い**、高温時の蒸発が**少ない**、抵抗率が**高い**、加工が**容易**などの条件が必要です。

フィラメントの蒸発をおさえ寿命を長くするため、**アルゴンガス**に少量の**窒素**を封入しています。白熱電球のランプ効率は、11～18 lm/W 程度です。

クリプトン電球

クリプトンガスを封入した電球で、高効率、長寿命、小形という特徴があります。

ハロゲン電球

電球内部に封入するアルゴンや窒素等の不活性ガスに、微量の**ハロゲン物質**（ヨウ素、臭素など）を封入したものです。**ハロゲン再生サイクル**という化学反応が起こり、**タングステン**の消耗が少なく、小形で高効率、長寿命が特徴の電球です。

ハロゲン再生サイクルは、点灯中にフィラメント表面から蒸発したタングステン原子が管壁近くでハロゲン原子または分子と反応し、ハロゲン化タングステンとなるというものです。ハロゲン化タングステンは、拡散や対流によって管壁からフィラメント方向へ移動し、一部はフィラメントの高温部[※1]でハロゲンとタングステンに分離し、タングステンはフィラメントの表面に付着し、再生します。 このようなサイクルを繰り返すため、フィラメントの消耗が少なく、長寿命で高効率の電球をつくることができます。

放電灯

気体または蒸気の中での**放電**による発光を利用した光源を、**放電灯**（ほうでんとう）といいます。これは、白熱電球に比べて熱として失われる率が低く、効率が高いのが特徴です。放電灯は、ランプ電流が増加するにつれてランプ電圧が低くなるので、電流値を適当な値に保つために**安定器**が必要となります。

※1 **フィラメントの温度**：白熱電球の場合は、フィラメントの温度が 2 500℃～2 650℃程度ですが、ハロゲン電球は 2 700℃以上と高く、その分だけ明るくなります。

蛍光ランプ

蛍光ランプは、電極（フィラメント）に通電することにより放出された電子が電極間の電圧（電界）により加速され、管内の水銀原子に衝突し、このとき発生する**紫外線**が管壁に塗布されている蛍光物質に当たり、**可視光**を発生するものです。

水銀ランプ（高圧水銀ランプ）

水銀蒸気中の放電により発光するランプです。点灯直後は発光管の水銀蒸気圧が低いため、ランプ電圧も低いですが、時間の経過とともに水銀が蒸発してランプ電圧が上がり、次第に明るくなります。水銀がすべて蒸発すると、ランプの特性が安定します。

いったん消灯するとすぐには再点灯しません。消灯直後は発光管内の水銀蒸気圧が高く、放電開始に必要な電圧がランプに加わる電圧を上回るためです。数分たてば水銀蒸気圧が下がり、再点灯します。

図7-3-1 水銀ランプの構造

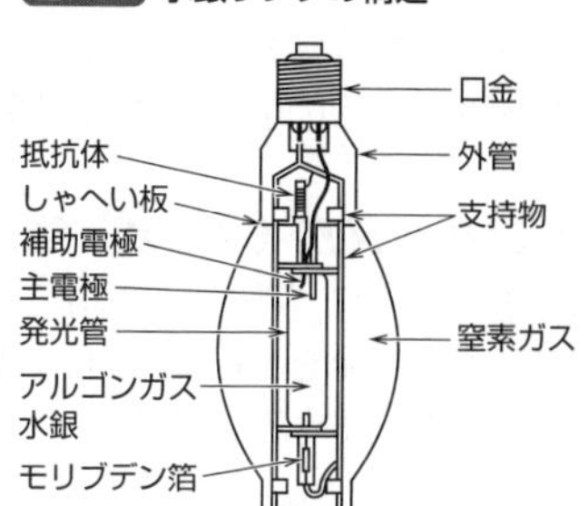

メタルハライドランプ

高輝度放電ランプの一種で、メタルハライドとは、「金属のハロゲン化物を混入した」という意味です。ランプ効率が水銀灯の約1.4～1.9倍、演色性（えんしょくせい）[※2]も改善されており、さわやかな白色光、高効率、高演色、コンパクトなものがあります。

金属蒸気とハロゲン化物（ナトリウム、タリウム、インジウム、スカンジウムなど）の混合物中の放電によって発光する放電ランプです。水銀灯は、電子と水銀原子との衝突による発光であるため、限られた青白い光しか出ませんが、メタルハライドランプの1つである**マルチハロゲンランプ**は、ナトリウムが赤色光、タリウムが緑色光、インジウムが青色光を発光し、3原色の光により**白色光**となります。可視全域に連続スペクトルが発生しているので、**演色性**のよい白色光が得られます。

ナトリウムランプ

ナトリウム蒸気中の**アーク放電**によって発光するランプです。**低圧ナトリウムランプ**はナトリウムによる橙黄色の光を発し、演色性が悪く、トンネルや高速道路の照明に使われます。**高圧ナトリウムランプ**は、蒸気圧の高いナトリウム蒸気中の放電による発光を利用し、色温度2 100K（ケルビン）の黄白色の光を発します。演色性が比較的よく、色彩の識別は十分にできます。道路の照明や、高天井の工場、スポーツ施設の照明に使われます。

※2　**演色性**：光源が物体を照らしたとき、色の見え方が自然光に近いものを演色性がよいといいます。

1
2
3
4
5
6
7
8
9
10
11
照明

HID ランプ（High Intensity Discharge Lamp）

HID ランプとは、高輝度放電灯と呼ばれる**高圧ナトリウムランプ**、**メタルハライドランプ**、**水銀ランプ**の総称で、金属蒸気中の高圧放電による発光を利用したランプです。低圧放電のランプに比較して、ランプ効率が高く、明るいのが特徴です。また、長寿命で経済性に優れた光源として、特に大規模空間で多く用いられています。

キセノンランプ

高圧で封入したキセノンガス中でのアーク放電を利用した放電管で、紫外部から近赤外部までの強い**連続スペクトル**の光を発します。

インバータ式（電子式）蛍光灯

インバータ（電子安定器）により、50 Hz または 60 Hz の商用電源をいったん直流に変え、直流を 20〜50 kHz の**高周波**に変換して、ランプを点灯させます。

特徴は、高周波点灯によりランプ効率が高く、チラツキがない、目にやさしいランプで、省電力化、高照度化のために、従来の器具との交換が急速に進んでいます。

次世代照明

環境意識の高まりにより、**LED 照明**や**有機 EL 照明**といった、次世代照明が注目されています。消費電力が大きく寿命が短い白熱電球の代わりに、高効率の照明器具を利用する傾向が高まっています。

LED 照明（発光ダイオード照明）

省エネを実現でき、高輝度で長寿命の白色 LED の開発に伴い、新しい **LED 照明**が利用されています。蛍光灯などの既存の照明以上の性能を持っており、ランプ効率がインバータ式蛍光灯を上回る 150〜180 lm/W くらいになっています。照明以外の用途では、懐中電灯、乗用車用ランプ、スポットライト、常夜灯、道路照明灯、信号機など、LED を使用した製品が多用されています。

有機 EL 照明

有機 EL（エレクトロルミネセンス）による **EL 照明**は、LED 照明の後を追うように実用化が進んでいます。**面発光**である、**形状に制約がない**、透明であるなど、LED よりも有利な面を生かして普及する可能性があります。板を積層することで蛍光灯と同水準の輝度を持つ製品も考えられています。

POINT

▶白熱電球 といえば 一般的な白熱電球、クリプトン電球、ハロゲン電球など

▶放電灯 といえば 蛍光ランプ、水銀ランプ、メタルハライドランプ、ナトリウムランプ、キセノンランプ、インバータ式蛍光灯など

▶次世代照明 といえば、LED 照明、有機 EL 照明

コラム

主な光源のランプ効率〔lm/W〕

白熱電球は今後生産を終了し、消費電力が少なく長寿命である電球形蛍光灯への切替や、LED 照明などを促す動きが世界的に広がっています。

表7-3-1 主な光源のランプ効率

光源	ランプ効率
白熱電球	11〜18 lm/W
ハロゲン電球	20 lm/W
高圧水銀ランプ	50 lm/W
蛍光ランプ	40〜110 lm/W
メタルハライドランプ	60〜130 lm/W
高圧ナトリウムランプ	110〜130 lm/W
直管 LED ランプ	150〜200 lm/W

8-1 電熱と熱量計算 といえば $mc\theta$ と mq

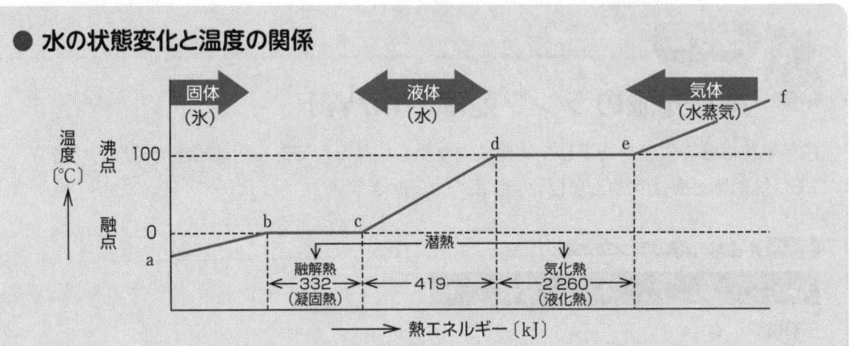

固体、液体、気体

物体には、固体、液体、気体の三つの状態があります。

融解と凝固

固体を加熱すると、**融解**（溶けて液体になること）します。融解し始める温度を、**融解点**（または**融点**）といいます。固体が融解してすべて液体に変わるまで、温度は変わりません。完全に融解して液体に変わるのに要する熱量を、**融解熱**といいます。

液体を冷却すると、**凝固**して固体となります。液体がすべて固体に変わるまで、温度は変化しません。この温度を**凝固点**といいます。凝固中は、**融解熱**に等しい**凝固熱**を放出します。

気化と液化

液体が気体に変わることを、**気化**といいます。気化には**蒸発**と**沸騰**があり、蒸発は液体の表面から常温でも気化する現象です。沸騰は、液体を加熱したときに内部から気化して気泡が出てくる現象です。沸騰し始める温度を**沸騰点**（または**沸点**）といい、その温度は気化が完了するまで一定です。1 g の物体が沸騰中に要する熱量を、その物質の**気化熱**（または**蒸発熱**）といいます。

顕熱と潜熱

温度上昇に必要な熱を**顕熱**といい、融解熱や気化熱のように状態の変化に要する熱を**潜熱**といいます。

冒頭の図は、水 1 kg の状態変化と温度の関係を示したものです。

電気加熱の計算

1J（ジュール）は1W・s（ワット秒）の電力量であり、1Wは**1秒間に発生する熱量**に等しくなります。1gの物質の温度を1K上昇させるのに要する熱量を、その物質の**比熱**といいます。単位は、$\left[\dfrac{\mathrm{J}}{\mathrm{g \cdot K}}\right]$です。

いま、比熱が$c\left[\dfrac{\mathrm{J}}{\mathrm{g \cdot K}}\right]$、質量$m$〔g〕の物体の温度を、$t_1$〔℃〕から$t_2$〔℃〕まで上昇させるための熱量を$Q_1$〔J〕とすると、

温度上昇に要する熱量 $Q_1 = mc\,\theta = mc(t_2 - t_1)$〔J〕

m：質量〔g〕、$\theta = (t_2 - t_1)$：温度上昇（温度差）〔K〕、t_1：低温〔℃〕、t_2：高温〔℃〕

なお、質量と比熱の積mc〔J/K〕を**熱容量**といいます。

また、加熱によって融解や蒸発のような状態の変化を生じる場合、潜熱Q_2〔J〕が消費されます。質量m〔g〕の物体が状態変化する際に消費される潜熱Q_2〔J〕は、

融解や蒸発に要する潜熱 $Q_2 = mq$〔J〕 m：質量〔g〕、q：潜熱〔J/g〕

加熱と溶解などに要する熱量は、$Q_1 = mc\,\theta$〔J〕と$Q_2 = mq$〔J〕の和になります。

POINT

▶熱量計算 といえば 顕熱と潜熱

熱量計算 $Pt\eta = mc\,\theta + mq$〔J〕 P：電力〔W〕、t：時間〔s〕、η：効率、m：質量〔g〕、c：比熱〔J/(g・K)〕、θ：温度差〔K〕、q：潜熱〔J/g〕

※公式の左辺は、P〔W〕の電力で、t〔s〕の間に発生する熱量、η（イータ）は熱効率です。温度の単位は〔K〕（ケルビン）または〔℃〕ですが、一般に温度は〔℃〕、温度上昇（温度差）は〔K〕を用います。

※質量の単位に〔kg〕を用いるときは、熱量の単位を〔kJ〕とします。

熱の移動

水が水位の高い方から低い方へ、電流が電位の高い方から低い方へ流れるように、熱は高温部より低温部に移動します。熱の移動には、**伝導**、**対流**、**放射**の3つがあります。固体内は伝導、固体と液体間は対流、固体から気体へは対流と放射により熱の移動が行われます。

熱に関するオームの法則

金属棒の一端Aを高温にすると、他端Bへ熱が伝わり、金属棒全体の温度が上昇します。このように熱が物体の内部に伝わり広がっていく現象を、**熱伝導**といいます。金属棒のAと他端Bの間に温度差があるとき、熱伝導が行われます。この熱の伝導は電流の流れに似ていることから、**熱に関するオームの法則**が適用されます。

また、熱抵抗 R_T は物体の長さ ℓ に比例し、熱伝導率 λ と断面積 A に反比例します。λ（ラムダ）は熱の伝わりやすさを表す定数です。

POINT

▶熱に関するオームの法則 といえば 熱抵抗は温度差と熱流の比

熱に関するオームの法則 $R_T = \dfrac{\theta}{\Phi}$〔K/W〕　$\Phi = \dfrac{\theta}{R}$〔W〕　$\theta = \Phi R$〔K〕

熱抵抗＝$\dfrac{\text{温度差}}{\text{熱流}}$　熱流＝$\dfrac{\text{温度差}}{\text{熱抵抗}}$　温度差＝熱流×熱抵抗

▶熱抵抗 といえば 長さに比例、熱伝導率と断面積に反比例

熱抵抗 $R_T = \dfrac{\ell}{\lambda A}$　熱抵抗＝$\dfrac{\text{長さ}}{\text{熱伝導率}\times\text{断面積}}$

表8-1-1 電気回路と熱回路の対応表

電気回路			熱回路		
用語	量記号	単位	用語	量記号	単位
電位差（電圧）	V	〔V〕	温度差[注]	θ	〔K〕
電流	I	〔A〕	熱流	Φ	〔W〕
電気抵抗	R	〔Ω〕	熱抵抗	R_T	〔K/W〕
導電率	σ	〔S/m〕	熱伝導率	λ	〔W/(m・K)〕

注）温度の単位は〔K〕(ケルビン)、または〔℃〕が用いられる(公式ではケルビンを採用することが多い)。K（ケルビン）は温度の下限を 0K としたもので、0K は − 273.15℃（一般に温度は〔℃〕、温度差は〔K〕を用いる。温度差の場合は〔K〕＝〔℃〕)。

練習問題 01

熱量計算

消費電力 1.00 kW、COP ＝ 4.5 のヒートポンプ式電気給湯器を 6 時間運転して、加熱前の温度 t_1 ＝ 20.0 ℃、体積 0.370 m^3 の水を加熱した（水の比熱容量 c ＝ 4.18 × 10^3 J/(kg・K)、密度 ρ ＝ 1.00 × 10^3 kg/m^3、熱効率 η ＝ 1 とする）。

(a) 水の加熱に用いた熱エネルギーQ〔MJ〕の値は。
(b) 加熱後の水の温度 t_2〔℃〕の値は。

解き方

(a)
1 kW のヒートポンプ式給湯器より得られる 1 秒間の熱エネルギーP_h〔W〕(〔J/s〕) は、
P_h = (COP) × 消費電力〔W〕〔J/s〕より、

$$P_h = \boxed{4.5} \times \boxed{1.00 \times 10^3} = 4.5 \times 10^3 \text{ J/s}$$

COP　1 kW

水の加熱に用いた熱エネルギーQは、ヒートポンプ式給湯器を 6 時間運転し得られる熱量なので、

$Q = \boxed{P_h〔\text{J/s}〕\times t〔\text{s}〕\times \eta}$より（公式 $Pt\eta = mc\theta$〔J〕の左辺）、

秒数　熱効率

$$Q = \boxed{4.5 \times 10^3} \times \boxed{6 \times 3\,600} \times \boxed{1} = 97.2 \times 10^6 \text{ J} = 97.2 \text{ MJ}$$

J/s　s　熱効率

(b)

(a) で求めた Qと、温度上昇に要する熱量（公式 $Pt\eta = mc\theta$〔J〕の右辺）は等しいので、

加熱前の温度

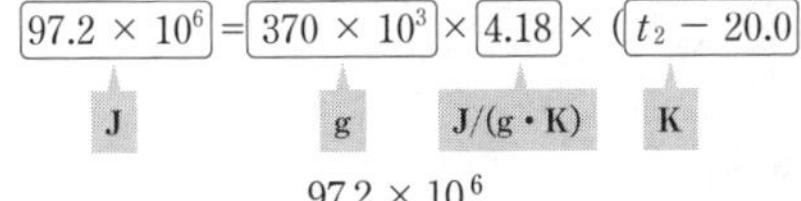

$$\boxed{97.2 \times 10^6} = \boxed{370 \times 10^3} \times \boxed{4.18} \times (\boxed{t_2 - 20.0})$$

J　g　J/(g・K)　K

$$t_2 - 20.0 = \frac{97.2 \times 10^6}{370 \times 10^3 \times 4.18} \fallingdotseq 62.8$$

加熱後の水の温度 t_2 は、

$$t_2 = 62.8 + 20 = 82.8 \text{℃}$$

質量：m = 体積 × 密度 =
$\underset{\text{m}^3}{0.370} \times \underset{\text{kg/m}^3}{1.00 \times 10^3} = 370 \text{ kg} = 370 \times 10^3$〔g〕

比熱：$c = 4.18 \times 10^3 \text{ J/(kg・K)} = 4.18 \text{ J/(g・K)}$
温度差：θ = 加熱後の温度 − 加熱前の温度

熱量計算の公式 $Pt\eta = mc\theta$〔J〕
電力により得られる熱量 = 温度上昇に要する熱量

解説

$Pt\eta = mc\theta$ の公式に直接数値を代入して計算してもよいです。

$$\boxed{4.5 \times 10^3} \times \boxed{6 \times 3\,600} \times \boxed{1} = \boxed{370 \times 10^3} \times \boxed{4.18} \times (\boxed{t_2 - 20.0})〔\text{J}〕$$

P〔J/s〕　t〔s〕　η　m〔g〕　c〔J/g・K〕　θ〔K〕

または

$$\boxed{4.5} \times \boxed{6 \times 3\,600} \times \boxed{1} = \boxed{370} \times \boxed{4.18} \times (\boxed{t_2 - 20.0})〔\text{kJ}〕$$

P〔kJ/s〕　t〔s〕　η　m〔kg〕　c〔kJ/(kg・K)〕　θ〔K〕

単位に注意しましょう。

※比熱容量 = 比熱

参考

COP（Coefficient of Performance）成績係数：COP = 供給熱エネルギー ÷ 電気エネルギーをいいます（8-3 参照）。すなわち、ヒートポンプ式給湯器により消費電力の COP 倍の熱量（熱エネルギー）が得られます。

解答　(a) $Q = 97.2$ MJ　(b) $t_2 = 82.8$ ℃

1
2
3
4
5
6
7
8
9
10
11
電熱と電気加熱

練習問題 02

熱伝導

熱伝導について、問いに答えよ。

断面積 $A = 2\ \mathrm{m}^2$、厚さ $\ell = 30\ \mathrm{cm}$、熱伝導率 $\lambda = 1.6\ \mathrm{W/(m \cdot K)}$ の両表面間に温度差がある壁がある。ただし、熱量は厚さ方向のみの一次元とする。

(a) 壁の厚さ方向の熱抵抗 R_T〔K/W〕の値は。

(b) 低温側の温度 $t_2 = 20$ ℃のとき、壁の熱流 Φ が 100 W であった。このとき、壁の高温側の温度 t_1〔℃〕の値は。

解き方

(a) 熱抵抗 R_T は厚さ ℓ に比例、熱伝導率 λ と断面積 A に反比例する。

$$R_\mathrm{T} = \frac{\ell}{\lambda A} = \frac{0.3}{1.6 \times 2} \fallingdotseq 0.0938\ \mathrm{K/W}$$

(b) 熱流 Φ は、熱に関するオームの法則 $\boxed{\Phi} = \dfrac{\boxed{\theta}}{\boxed{R_\mathrm{T}}}$〔W〕より、

温度差

熱流

熱抵抗

$$\Phi = \frac{t_1 - t_2}{R_\mathrm{T}} \qquad 100 = \frac{t_1 - 20}{0.0938}$$

高温側の温度 t_1〔℃〕の値は、

$$t_1 = 100 \times 0.0938 + 20 \fallingdotseq 29.4\ ℃$$

解説

単位の計算を行い、左辺の単位＝右辺の単位を確認しましょう。

(a) $\dfrac{[\mathrm{m}]}{\left[\dfrac{\mathrm{W}}{\mathrm{m \cdot K}}\right][\mathrm{m}^2]} = \left[\dfrac{\mathrm{K}}{\mathrm{W}}\right]$ (b) $[\mathrm{W}] = \dfrac{[\mathrm{K}]}{\left[\dfrac{\mathrm{K}}{\mathrm{W}}\right]}$

解答 (a) $R_\mathrm{T} = 0.0938\ \mathrm{K/W}$ (b) $t_1 = 29.4$ ℃

8-2 # 換気扇排出熱量 といえば $mVc\,\theta$

換気扇排出熱量

電気室のように、室内が発生熱量によって一定の温度に保たれている場合、室内に発生する熱量 P〔J/s〕、すなわち変圧器などの損失電力と、換気により室外に運び去られる熱量は等しく、このため、一定の温度が保たれます。壁面の熱流は無視できるものとして、次式が成り立ちます。

POINT

▶換気扇排出熱量 といえば 空気密度×換気扇容量×比熱×温度差

換気扇排出熱量　$P = mVc\,\theta$〔J/s〕(または〔W〕)
発生熱量＝換気扇による排出熱量

m：空気密度〔kg/m^3〕、V：換気扇容量（1秒間当たりの容量）〔m^3/s〕、c：比熱〔J/(kg・K)〕、θ：温度差〔K〕

練習問題 ＞ 01

換気扇排出熱量

600 kV・A の変圧器を施設した電気室の換気扇容量 V〔m^3/min〕は。ただし、吸排気の温度差 $\theta = 8$ K、空気密度 $m = 1.2$ kg/m^3、空気の比熱 $c = 1\,000$ J/（kg・K)、変圧器の効率 $\eta = 0.95$、力率＝1とする。

解き方

変圧器の効率の式に数値を代入し、損失（発生熱量）P_{loss}〔kJ/s〕を求めます。

$$\eta = \frac{P}{P + P_{\mathrm{loss}}} \qquad 0.95 = \frac{600}{600 + P_{\mathrm{loss}}} \qquad P_{\mathrm{loss}} \fallingdotseq 631.6 - 600 = 31.6\ \mathrm{kW} = 31.6\ \mathrm{kJ/s}$$

発生熱量＝換気扇による排出熱量の式に数値を代入します。

$$P_{\mathrm{loss}} = mV'c\theta\,〔\mathrm{J/s}〕$$

V'：1秒間の換気扇容量〔m^3/s〕

$$31.6 \times 10^3\,〔\mathrm{J/s}〕 = 1.2\,〔\mathrm{kg/m^3}〕 \times V'〔\mathrm{m^3/s}〕 \times 1\,000\,〔\mathrm{J/(kg \cdot K)}〕 \times 8\,〔\mathrm{K}〕$$

換気扇容量 V'〔m^3/s〕は

$$V' = \frac{31.6 \times 10^3}{1.2 \times 1\,000 \times 8} \fallingdotseq 3.29\ \mathrm{m^3/s}$$

1秒間の換気扇容量

1分間の換気扇容量は、$V = 3.29 \times 60 \fallingdotseq 197$ m^3/min

解答　$V = 197$ m^3/min

8-3 電気加熱方式といえば抵抗、アーク、誘導、誘電、赤外線

電気加熱方式と原理

電気加熱方式は、抵抗加熱、アーク加熱、誘導加熱、誘電加熱、赤外線加熱の5種類に分けられます。表8-3-1は各加熱方式の原理と炉の名称などを示したものです。

表8-3-1 電気加熱方式

加熱方式	原理	炉の名称など
抵抗加熱	直接式：加熱する金属などの物質に電流を流し、ジュール熱を発生させる。	黒鉛化炉、アルミニウム溶解炉
	間接式：金属または非金属発熱体に電流を流し、熱の移動により加熱する。	電気炉、塩浴炉、クリプトール炉
アーク加熱	直接式：電極と被熱物との間にアークを発生させ、アーク熱を利用する。	製鋼用エルー炉、アーク溶接
	間接式：電極と電極との間に発生するアークの放射熱を利用して、被熱物を加熱する。	揺動式アーク炉
誘導加熱	交番磁界内に金属を置くと、電磁誘導作用により、誘導電流（渦電流）が流れる。この渦電流損による発熱作用を利用したのが誘導炉。	無鉄心低周波誘導炉、無鉄心高周波誘導炉、高周波熱処理炉、溝形低周波誘導炉、真空誘導炉、IH電磁調理器
誘電加熱	高周波電界中に置かれた絶縁物質中に生じる誘電損により加熱する。	木材の乾燥、電子レンジ
赤外線加熱	赤外線ランプからの放射エネルギーを利用する。	塗装、食品、薬品などの乾燥や加工

ヒートポンプ

一般にヒートポンプの原理は、液体が気化するときにはまわりの熱を奪い、これとは逆に、気体が凝縮して液化するときには熱が発生する、という性質を利用します。

成績係数（COP）について

ヒートポンプの効率を表すには、次の式で表される成績係数（COP）を用います。

POINT

▶成績係数 といえば 利用熱量と消費熱量の比

暖房または加熱のとき ▶ 成績係数（COP） $\dfrac{\text{利用できる熱量〔kJ〕}}{\text{圧縮機で消費した熱量〔kJ〕}} = \dfrac{Q_1 + Q_2}{Q_1}$

冷房または冷凍のとき ▶ 成績係数（COP） $\dfrac{\text{利用できる熱量〔kJ〕}}{\text{圧縮機で消費した熱量〔kJ〕}} = \dfrac{Q_2}{Q_1}$

例えば、1 kW のモータで圧縮機を 1 時間運転すると、$1\,\text{kW}\cdot\text{h} = 1 \times 10^3 \times 3\,600 = 3\,600\,\text{kJ}$ のエネルギーを使うことになります。室外の空気から約 9 000 kJ の熱を汲みあげ、室内に約 12 600 kJ の熱を放熱したとき、成績係数は次式のように 3.5 となります。

$$\text{成績係数} = \frac{Q_3}{Q_1} = \frac{Q_1 + Q_2}{Q_1} = \frac{3\,600\,\text{kJ} + 9\,000\,\text{kJ}}{3\,600\,\text{kJ}} = \frac{12\,600}{3\,600} = 3.5$$

練習問題 › 01

電気加熱方式

電気加熱に関する記述として、誤っているものは。

(1) 抵抗加熱は、電流によるジュール熱を利用して加熱する。
(2) アーク加熱は、アーク放電による熱を利用。直接加熱方式と間接加熱方式がある。
(3) 赤外加熱において、遠赤外ヒータの最大放射束の波長は、赤外電球の最大放射束の波長より長い。
(4) 誘電加熱は、交番電界中の誘電体中に生じる誘電損により加熱する。
(5) 誘導加熱は、印加磁界中におかれた強磁性体中の渦電流によって生じるジュール熱（渦電流損）により加熱する。

解き方

(5) が誤り。誘導加熱は交番磁界中におかれた金属などを加熱するもので、強磁性体を加熱するという記述は誤りです。

参考

詳細は、表 8-3-1 も参照してください。

解答 (5)

9-1 電池 といえば 電子を放出し酸化、電子を捕らえ還元

化学電池

化学電池には、一次電池、二次電池（蓄電池）、燃料電池があります。**一次電池**は充電できないものを、**二次電池**は充電できるものをいいます。

温度差や光などの物理現象によるものには、熱電池や太陽電池などがあります。

一次電池の原理

図9-1-1のように、銅板と亜鉛板を希硫酸（H_2SO_4）の溶液中に置き、これに抵抗を接続すると、亜鉛（Zn）の方が銅（Cu）よりイオン化傾向が強いので、Znは溶けて**陽イオン**となり、亜鉛板に**電子** $2e^-$ が残ります（$Zn \rightarrow Zn^{2+} + 2e^-$）。電子 $2e^-$ が導線を伝わって銅板の方へ移動し、$2e^-$ は希硫酸中の水素イオン $2H^+$ と結合して、銅板上に水素 H_2 を発生します（$2e^- + 2H^+ \rightarrow H_2$）。希硫酸は**電解質**といい、イオン結合が弱く水溶液中では電離しやすいという性質があります。

このように電子の流れができ、電子の流れと電流の流れは逆なので、銅板が（＋極）、亜鉛板が（－極）の電池となります。

図9-1-1 ボルタ電池

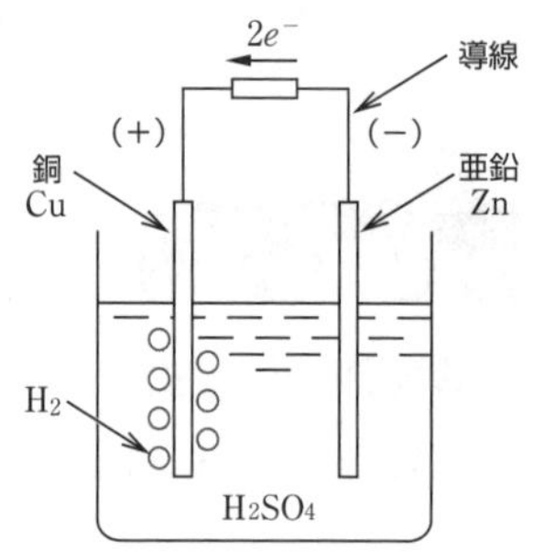

イオン化傾向、酸化と還元

金属は液体に触れると、電子を失って**陽イオン**（電子を失って正電荷を帯びたもの）になろうとする傾向があります。これを**イオン化傾向**といいます。

また、物質が酸素と結合すること、または水素を失うことを酸化といい、酸素を失うこと、または水素と結合することを還元といいます。

化学反応では、**電子を失うこと**を酸化、**電子を捕らえること**を還元といいます。

よって、上記の場合、亜鉛板上でZnが電子 $2e^-$ を失って Zn^{2+} になる反応を**酸化**といいます。銅板上で $2H^+$ が電子 $2e^-$ を受けて H_2 になる反応を**還元**といいます。

POINT

▶酸化 といえば 電子を放出し、還元 といえば 電子を捕らえる

亜鉛板では、$Zn = Zn^{2+} + 2e^-$ …… 酸化　　銅板では、$2e^- + 2H^+ = H_2$ …… 還元

このように、酸化と還元が別の場所で行われるようにすると、化学反応のエネルギーを電気エネルギーとして取り出すことができます。

鉛蓄電池の原理

図9-1-2は、鉛蓄電池の原理図です。正極（陽極）と負極（陰極）に抵抗をつなぎます。放電の場合、負極（陰極）で電子 $2e^-$ を失う**酸化**反応、正極（陽極）で電子 $2e^-$ を受け取る**還元**反応が起きます。つまり電気エネルギーとして放電させると、正極と負極に $PbSO_4$ を生じ、電解液の中に $2H_2O$ を生じます。また、充電時には、放電と逆の動作で、正極で**酸化**反応、負極で**還元**反応が起きます。

図9-1-2 鉛蓄電池の原理

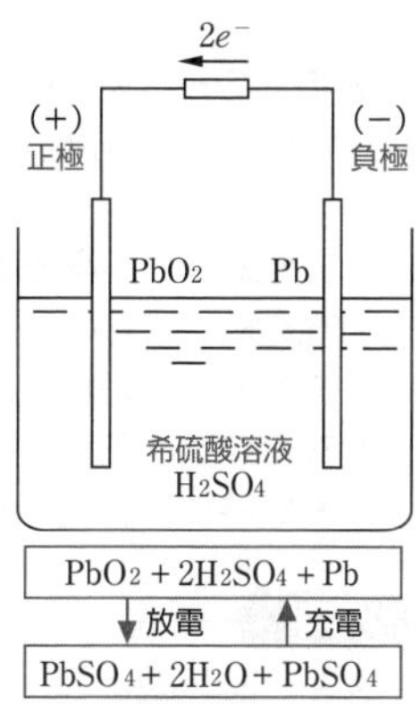

図9-1-3 鉛蓄電池の正極・負極での化学反応

放電の場合　負極で酸化（$2e^-$ を放出する）、正極で還元（$2e^-$ を受け取る）→ 放電すると正極と負極に $PbSO_4$（硫酸鉛）を生じ、電解液中に $2H_2O$（水）を生じる。

充電の場合　正極で酸化（$2e^-$ を放出する）、負極で還元（$2e^-$ を受け取る）→ 充電すると正極に PbO_2（二酸化鉛）を生じ、負極に Pb（鉛）を生成する。

全体の反応

$$\underset{（正極）}{PbO_2} + 2H_2SO_4 + \underset{（負極）}{Pb} \underset{充電}{\overset{放電}{\rightleftarrows}} \underset{（正極）}{PbSO_4} + 2H_2O + \underset{（負極）}{PbSO_4}$$

放電で水と硫酸鉛を生じる

蓄電池の効率

蓄電池の充電のとき与えられる電気量の一部は自己放電や内部抵抗などで費やされ、Ah 出力は Ah 入力よりも少し小さくなります。この出力と入力の比を、**Ah 効率（アンペア時効率）**といいます。また、この A・h を W・h に代えたものを、**Wh 効率（ワット時効率）**といいます。

練習問題 > 01

鉛蓄電池の化学反応

二次電池としてよく知られている鉛蓄電池の充電時における正・負両電極の化学反応（酸化・還元反応）に関する記述として、正しいものは。

鉛蓄電池の充放電反応全体をまとめた化学反応式は次の通り。

$$2PbSO_4 + 2H_2O \rightleftarrows Pb + PbO_2 + 2H_2SO_4$$

(1) 充電時には正極で酸化反応が起き、正極活物質は電子を放出する。
(2) 充電時には負極で還元反応が起き、$PbSO_4$ が生成する。
(3) 充電時には正極で還元反応が起き、正極活物質は電子を受け取る。
(4) 充電時には正極で還元反応が起き、$PbSO_4$ が生成する。
(5) 充電時には負極で酸化反応が起き、負極活物質は電子を受け取る。

解説

充電時は正極で酸化、負極で還元反応が起きます。酸化は電子を放出、還元は電子を受け取ります。(1) が正しいです。

参考

(1) 活物質：（作用物質）電池の正極または負極に用いる材料。
(2) 充電時には、負極で還元反応が起き、Pb を生成する。
(3) 充電時には、負極で還元反応が起き、負極活物質は電子を受け取る。
(4) 充電時には、正極で酸化反応が起き、PbO_2（二酸化鉛）を生成する。
(5) 充電時には、負極で還元反応が起き、負極活性物質は電子を受け取る。

解答 (1)

練習問題 > 02

鉛蓄電池の充電・放電

次の文章は、鉛蓄電池に関する記述である。空白箇所の用語は。
鉛蓄電池は、正極と負極の両極に （ア） を用いる。希硫酸を電解液として充電すると、正極に （イ） 、負極に （ウ） ができる。これを放電すると、両極とももとの （ア） に戻る。
放電すると水ができ、電解液の濃度が下がり、両極間の電圧が低下する。そこで、充電により電圧を回復させる。過充電を行うと電解液中の水が電気分解して、正極から （エ） 、負極から （オ） が発生する。

参考

水を電気分解すると、+ 極から酸素、− 極から水素が発生します。

解答 （ア）硫酸鉛（$PbSO_4$）　（イ）二酸化鉛（PbO_2）
（ウ）鉛（Pb）　（エ）酸素ガス（O_2）　（オ）水素ガス（H_2）

例題 1

｜重要度★★★｜平成 28 年度｜機械｜問 12｜

電池に関する記述として、誤っているものを次の (1) ～ (5) のうちから一つ選べ。

(1) 充電によって繰り返し使える電池は二次電池と呼ばれている。
(2) 電池の充放電時に起こる化学反応において、イオンは電解液の中を移動し、電子は外部回路を移動する。
(3) 電池の放電時には正極では還元反応が、負極では酸化反応が起こっている。
(4) 出力インピーダンスの大きな電池ほど大きな電流を出力できる。
(5) 電池の正極と負極の物質のイオン化傾向の差が大きいほど開放電圧が高い。

解き方

解答 (4)

(1) 充電によって繰り返し使える電池は二次電池といいます。
(2) 電池の充放電時にイオンは電解液の中を移動し、電子は外部回路を移動します。
(3) 放電時は正極では還元反応が、負極では酸化反応が起こっています。
(4) 出力インピーダンスの大きな電池は、内部抵抗が大きく電圧降下が大きくなるので大きな電流を出力できません。したがって、(4) の記述は誤りです。
(5) 電池の正極と負極の物質のイオン化傾向の差が大きいほど開放電圧が高くなります。

解説

・電池は、放電時に負極の金属がイオン化し電子を放出します。電子は負極から正極に流れます。電子を失った金属は電解液に溶けて陽イオンとなり、正極では電子が溶液中のイオンを引き寄せます。
・電子を失うことを酸化、電子を捕らえることを還元といいます。イオン化傾向の異なる 2 種類の金属は、電解液中でイオン化傾向の強い金属は酸化反応（電子を失う）により負極となります。また、イオン化傾向の弱い金属では還元反応（電子を捕らえる）により正極となります。

10-1 フィードバック制御 といえば 制御量、目標値等で分類

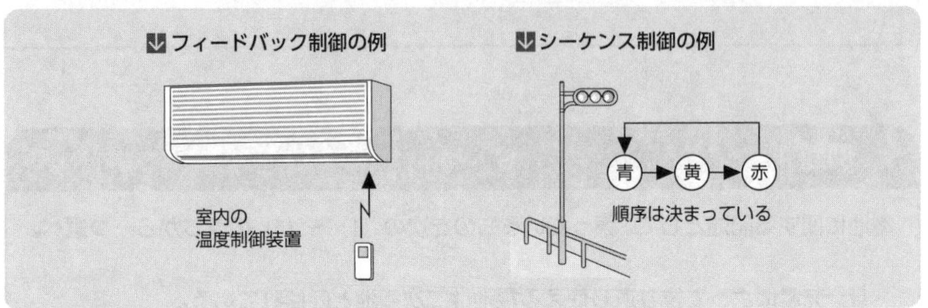

自動制御装置とは

各種の作業を自動的に行うために、制御装置により自動化が行われています。自動制御装置は、機械や装置を目的に合うように、制御回路や制御装置などで自動的に操作するものです。

制御の方法は、**フィードバック制御**と**シーケンス制御**に大別されます。フィードバック制御は、室内の温度制御など、物理量の制御に用います。シーケンス制御は、スイッチやリレーなどを用いた機械の運転、停止などの制御を指しています。

フィードバック制御の分類

フィードバック制御は、制御量による分類、目標値による分類、操作エネルギーによる分類などの分け方があります。

表10-1-1 制御量による分類

名称	概要
プロセス制御	温度、圧力、流量、液位など、工業プロセス（工業製品の製造過程）における物理量を制御するもの（石油精製、製鉄、化学など）
サーボ機構	位置、方位、角度などの機械的な変位を制御するもので、目標値の変化に追従するような制御系
自動調整	電圧や電流、回転速度などの電気量や機械的な量を一定に保つような制御系

表10-1-2 目標値による分類

名称	概要
定値制御	電圧を一定にする自動調整など、目標値が一定の制御
追値制御	追従制御、比率制御、プログラム制御のことを総称した呼び方で、目標値が時間的に変化する制御
追従制御	目標値が変化する制御
比率制御	目標値を他の量と一定の比率で変化させる制御
プログラム制御	目標値をあらかじめプログラムしておく制御

表10-1-3 操作エネルギーによる分類

名称	概要
自力制御	制御対象から操作動力を直接得る制御（電気こたつのサーモスタット制御、水洗トイレの浮きによるバルブの制御など）
他力制御	操作エネルギーを他のエネルギー源から供給する制御

POINT

- ▶プロセス制御 といえば 温度、圧力、流量、液位など、物理量の制御
- ▶サーボ機構 といえば 位置、方位、角度など、機械量の制御
- ▶自動調整 といえば 電圧、電流、回転速度など、一定に保つ制御
- ▶追値制御 といえば 追従制御、比率制御、プログラム制御

10-2 フィードバック制御といえば オン・オフ制御とPID制御

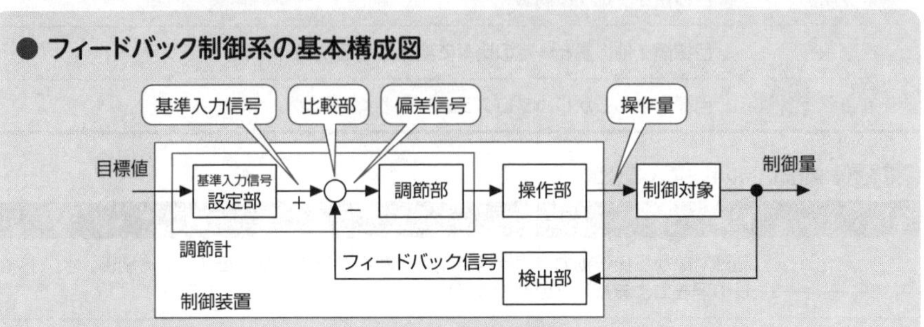

フィードバック制御とは

フィードバックによって**制御量**の値を目標値と比較し、両者を一致させるように訂正動作を行う制御で、**フィードバック**とは、閉ループにより、出力側の信号を入力側に戻すことをいいます。

温度制御の例

図10-2-1のような、**制御対象**が加熱槽で、温水の温度を一定に制御する制御系では、次のように制御されます。

- 温水の温度を**検出部**の温度センサーで電気信号にします。
- 目標値として設定されている基準入力信号**設定部**の電気信号と、測定値に当たるフィードバック信号を、**比較部**で比較します。
- 測定値と目標値の信号間に偏差があれば**調節部**が働いて、**操作部**である調節弁を操作し、偏差が小さくなるように制御されます。

図10-2-1 温度制御の例

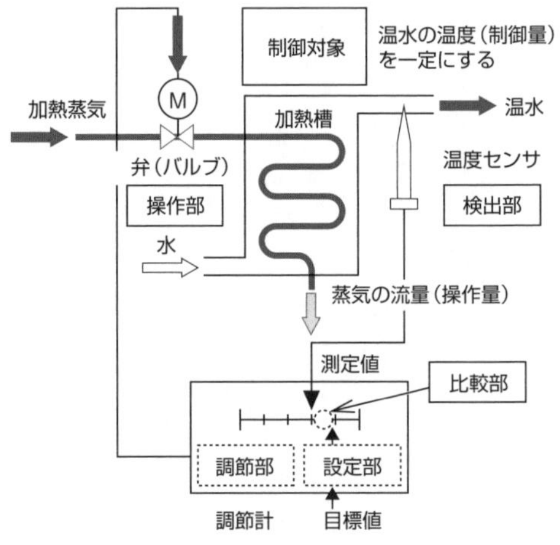

オン・オフ動作（二位置動作）

制御動作には、二位置動作と PID 制御があります。

オン・オフ動作（二位置動作）は、「入」「切」の繰り返しで制御量が一定の動作すきま内に入るように制御する動作です。電気こたつやアイロンなどの制御に見られるように、「入」「切」で制御を行います。図10-2-2のような動作で、制御量が増減を繰り返す**サイクリング**を生じます。

図10-2-2 オン・オフ動作の制御特性の例

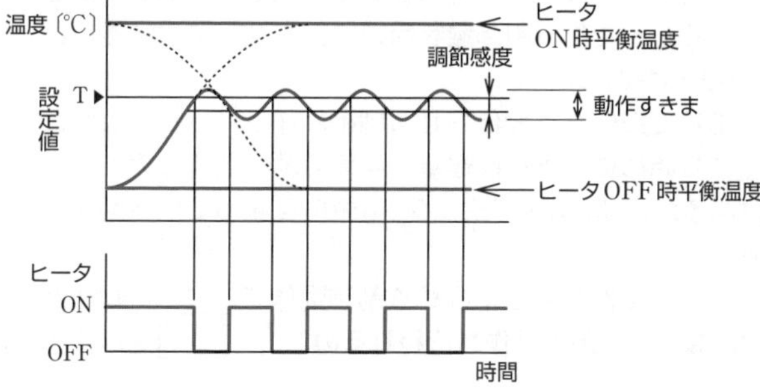

PID 制御

PID 制御は、P 動作（**比例動作**）、I 動作（**積分動作**）、D 動作（**微分動作**）を組み合わせた動作です。

P 動作（比例動作）

P 動作は、操作量を偏差に比例させるものです。図10-2-1の温度制御の例では、温度が低くて偏差が大きいときは、操作量である蒸気の流量を大きくし、偏差が小さくなるにしたがって、操作量を減少させていきます。P 動作のみの場合、最終的に少しの偏差が残ります。これを**オフセット**といいます。

I 動作（積分動作）

I 動作の役割は、P 動作で残った**定常偏差**（オフセット）をなくす目的で用います。

D 動作（微分動作）

D 動作の役割は、制御の**応答を早くする目的**で用います。

POINT

- ▶オン・オフ動作 といえば サイクリングを生じる
- ▶ PID 制御 といえば 比例＋積分＋微分動作
- ▶ P 動作 といえば サイクリングのない滑らかな制御、定常偏差が残る
- ▶ I 動作 といえば 定常偏差をなくす役割
- ▶ D 動作 といえば 制御を早くする

練習問題 ＞01

PID制御

次の文章は、フィードバック制御における三つの基本的な制御動作に関する記述である。空白箇所に適する語句は。

目標値と制御量の差である偏差に［（ア）］して操作量を変化させる制御動作を［（ア）］動作という。この動作の場合、制御動作が働いて目標値と制御量の偏差が小さくなると操作量も小さくなるため、制御量を目標値に完全一致させることができず、［（イ）］が生じる欠点がある。
一方、偏差の［（ウ）］値に応じて操作量を変化させる制御動作を［（ウ）］動作という。この動作は偏差の起こり始めに大きな操作量を与える動作をするので、偏差を早く減衰させる効果があるが、制御のタイミング（位相）によっては偏差を増幅し不安定になることがある。
また、偏差の［（エ）］値に応じて操作量を変化させる制御動作を［（エ）］動作という。この動作は偏差が零になるまで制御動作が行われるので、［（イ）］をなくすことができる。

解答　（ア）比例　（イ）定常偏差　（ウ）微分　（エ）積分

制御系の基本構成

図は、制御系の基本的構成を示す、制御対象の出力信号である［（ア）］が検出部によって検出される。その検出部の出力が比較器で［（イ）］と比較され、その差が調節部に加えられる。その調節部の出力によって操作部で［（ウ）］が決定され、制御対象に加えられる。このような制御方式を［（エ）］制御と呼ぶ。
上記の記述中の空白箇所（ア）、（イ）、（ウ）及び（エ）に適する語句は。

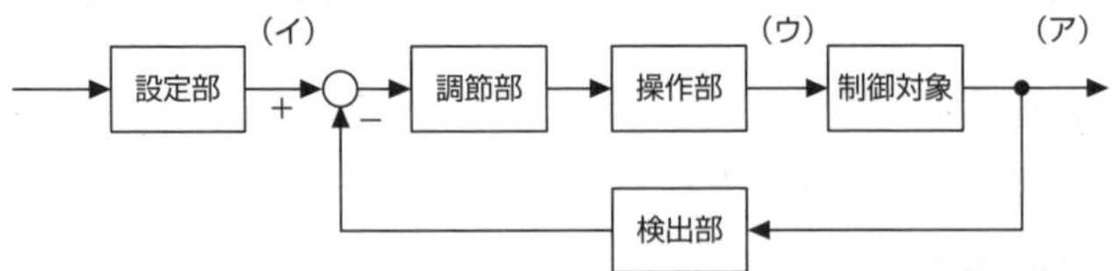

解説

フィードバック制御系の基本構成図は、描けるようにしておきましょう。

解答　（ア）制御量　（イ）基準入力　（ウ）操作量　（エ）フィードバック

10-3 周波数伝達関数と伝達関数 といえば 出力信号と入力信号の比

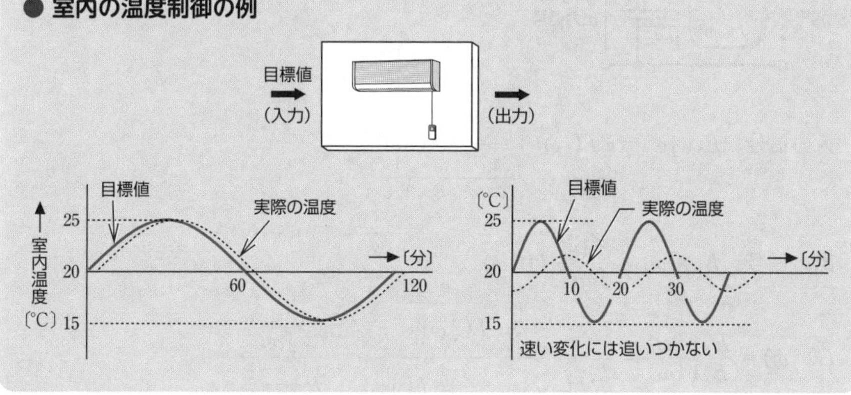

周波数伝達関数の意味

周波数伝達関数は、制御系や制御要素の周波数特性を表します。上図のように、入力（目標値）を正弦波状に変化した場合、出力（制御量）も正弦波状に変化します。このとき、出力の波形は制御系や制御要素の性質で違ってきます。性質を数式で表した特性式が、周波数伝達関数です。

制御系、制御要素の性質

室内の温度制御で、上の左図のように目標値をゆっくりと変化すれば、実際の温度は目標値に追従します。右図のように変化を速くしたときは、変化の振幅が小さくなり、位相のずれが大きくなることが想像できます。このような性質を数式で表すと便利です。

制御系または要素の入力信号と出力信号は、正弦波で変化します。正弦波を複素表示（ベクトル表示）して出力信号と入力信号の比を求めたものが**周波数伝達関数**です。

POINT

▶周波数伝達関数 といえば 出力信号と入力信号の比

周波数伝達関数 $G(j\omega)=\dfrac{E_o(j\omega)}{E_i(j\omega)}=\dfrac{出力信号}{入力信号}$

※自動制御理論で扱う信号は、$j\omega$ の関数であることがわかるように、変数の後ろに$(j\omega)$を付ける

周波数伝達関数の計算 1

図10-3-1 の回路の周波数伝達関数$G(j\omega)$を求めます。なお、自動制御に使われる要素は電気回路の特性と同じ性質を持つので、特性計算には電気回路が使われます。

図10-3-1 R-C 回路

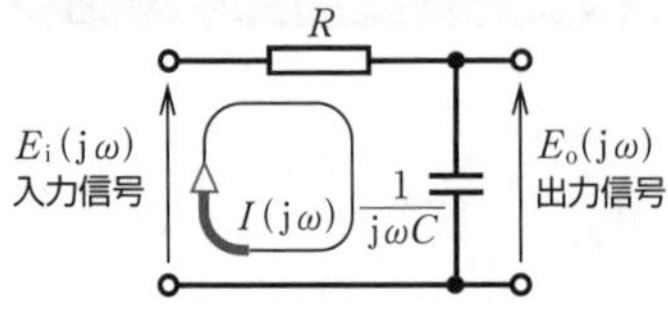

$$\text{入力信号}\quad E_i(j\omega)=\underbrace{RI(j\omega)}_{\text{抵抗の電圧}}+\underbrace{\frac{1}{j\omega C}I(j\omega)}_{\text{コンデンサの電圧}}$$

$$\text{出力信号}\quad E_o(j\omega)=\frac{1}{j\omega C}I(j\omega)$$

$$G(j\omega)=\frac{E_o(j\omega)}{E_i(j\omega)}=\frac{\frac{1}{j\omega C}I(j\omega)}{RI(j\omega)+\frac{1}{j\omega C}I(j\omega)}=\frac{\frac{1}{j\omega C}}{R+\frac{1}{j\omega C}}$$

$$=\frac{1}{1+j\omega CR}$$ 上式の分母、分子に $j\omega C$ を掛けて

$$=\frac{1}{1+j\omega T}$$ $CR=T$（時定数）として

このように、分母が $j\omega$ の一次式になっているものを**一次遅れの周波数伝達関数**といいます。

周波数伝達関数の計算 2

図10-3-2 の回路の周波数伝達関数$G(j\omega)$を求めます。

図10-3-2 L-R 回路

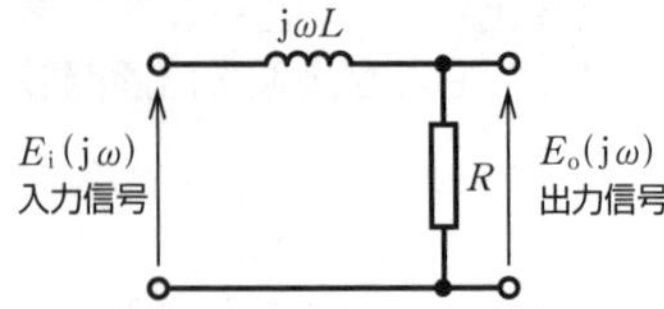

$$G(j\omega)=\frac{\text{出力側から見たインピーダンス}}{\text{入力側から見たインピーダンス}}$$ としても求められます。

$$G(\mathrm{j}\omega)=\frac{R}{R+\mathrm{j}\omega L}$$

$$=\frac{1}{1+\mathrm{j}\omega\frac{L}{R}}$$ 分母、分子をRで割ると

$$=\frac{1}{1+\mathrm{j}\omega T}$$ $\frac{L}{R}=T$（時定数）として

このように、R-C回路とL-R回路の$G(\mathrm{j}\omega)$は同じ形をしているので、同じ特性式、すなわち同じ性質を持つことがわかります。

POINT

▶一次遅れの周波数伝達関数 といえば 分母が$\mathrm{j}\omega$の一次式

$$G(\mathrm{j}\omega)=\frac{1}{1+\mathrm{j}\omega T}$$

周波数伝達関数とゲイン

周波数伝達関数が、一次遅れのときのゲインを計算してみます。

周波数伝達関数が$G(\mathrm{j}\omega)=\frac{1}{1+\mathrm{j}\omega T}$のとき、$G(\mathrm{j}\omega)$の絶対値（大きさ）を$|G(\mathrm{j}\omega)|$、位相角を$\angle G(\mathrm{j}\omega)$とすると、

$$|G(\mathrm{j}\omega)|=\left|\frac{1}{1+\mathrm{j}\omega T}\right|=\frac{1}{\sqrt{1+(\omega T)^2}}$$

$$\angle G(\mathrm{j}\omega)=-\tan^{-1}(\omega T)$$

となり、$G(\mathrm{j}\omega)$の絶対値は、入力信号と出力信号の大きさの比、すなわち振幅比を表すので、$|G(\mathrm{j}\omega)|$は周波数伝達関数の**ゲイン**または**利得**（りとく）といいます。$\angle G(\mathrm{j}\omega)$は、入力信号と出力信号の位相差を表しています。

また、ゲインをデシベルで表す方法があり、これを**デシベル表示のゲイン**といいます。これはゲインの常用対数をとり、20倍して求めます。例として$G(\mathrm{j}\omega)$のデシベル表示のゲインg〔dB〕を求めると、次のようになります。

$$g=20\log_{10}|G(\mathrm{j}\omega)|=20\log_{10}\left|\frac{1}{1+\mathrm{j}\omega T}\right|\text{〔dB〕}$$

$$=20\log_{10}\frac{1}{\sqrt{1+(\omega T)^2}}=20\log_{10}\{1+(\omega T)^2\}^{-\frac{1}{2}}$$

$$=-\frac{1}{2}\times 20\log_{10}\{1+(\omega T)^2\}$$

$$=-10\log_{10}\{1+(\omega T)^2\}\text{〔dB〕}$$

伝達関数

伝達関数 $G(s)$は、周波数伝達関数$G(j\omega)$の、$j\omega$の代わりにsを置き換えたものと同じです。$G(s)$は、急変する信号を扱うときに用います。

図10-3-3 L–R回路

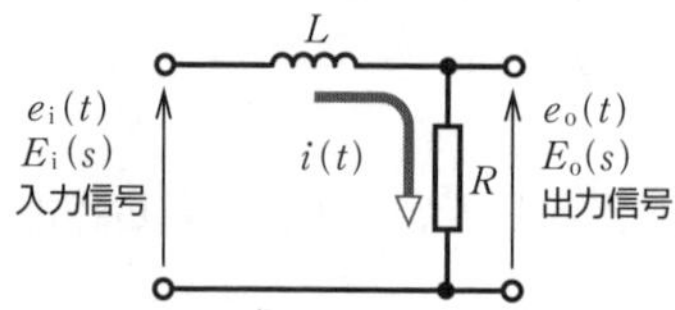

図10-3-3のL-R回路の伝達関数$G(s)$を求めてみます。はじめに、回路方程式（微分方程式）をつくります。

入力信号　$e_i(t) = L\dfrac{di(t)}{dt} + Ri(t)$

出力信号　$e_o(t) = Ri(t)$

両式をラプラス変換（小文字→大文字、$(t) \to (s)$、$\dfrac{d}{dt} \to s$に置き換える）します。

入力信号は、$E_i(s) = Ls\,I(s) + RI(s)$
出力信号は、$E_o(s) = RI(s)$

$$G(s) = \frac{E_o(s)}{E_i(s)} = \frac{RI(s)}{Ls\,I(s) + RI(s)} = \frac{R}{R+Ls} = \frac{1}{1+s\dfrac{L}{R}} = \frac{1}{1+s\mathrm{T}}$$

$\dfrac{L}{R} = T$（時定数）として

POINT

▶伝達関数 といえば 出力信号と入力信号のラプラス変換式の比

伝達関数　$G(s) = \dfrac{E_o(s)}{E_i(s)} = \dfrac{出力信号}{入力信号}$

※周波数伝達関数の$j\omega$をsに置き換えても同じ

10-4 フィードバック結合 といえば Gを$1+GH$で割る

自動制御系の記号

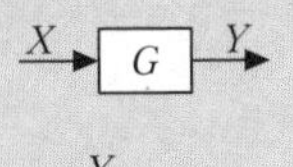

$\frac{Y}{X} = G$

(a) 要素のブロック

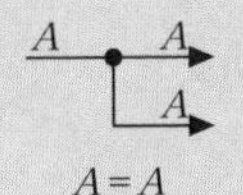

$C = A - B$

(b) 加え合わせ点

$A = A$

(c) 引き出し点

※ここでは、各変数に付ける(s)を省略します

自動制御系の結合

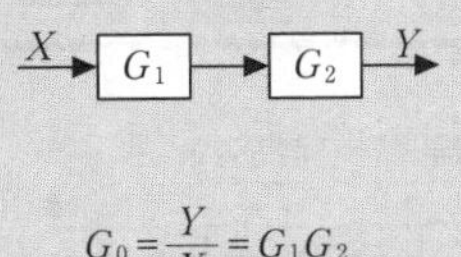

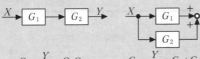

$G_0 = \frac{Y}{X} = G_1 G_2$

(d) 直列結合

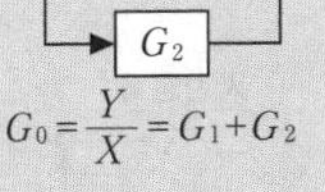

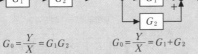

$G_0 = \frac{Y}{X} = G_1 + G_2$

(e) 並列結合

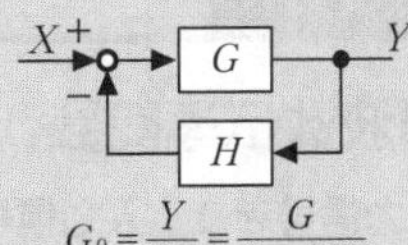

$G_0 = \frac{Y}{X} = \frac{G}{1+GH}$

(f) フィードバック結合

ブロック線図の記号と合成伝達関数

自動制御系は、上図のように (a) **要素のブロック**、(b) **加え合わせ点**、(c) **引き出し点**の3つの記号で表します。また、(d) 直列結合、(e) 並列結合、(f) フィードバック結合があります。

各結合の合成伝達関数 G_0 を示すと、次のようになります。

POINT

- ▶直列結合 といえば 積　$G_0 = G_1 G_2$
- ▶並列結合 といえば 和　$G_0 = G_1 + G_2$
- ▶フィードバック結合 といえば Gを$(1 + GH)$で割る $G_0 = \frac{G}{1+GH}$

フィードバック結合の合成伝達関数 G_0 の求め方

$(X-YH)$ を G 倍したものが出力 Y に等しくなるので、

$$Y = G(X-YH)$$
$$Y = GX-YGH$$

したがって、$Y(1 + GH) = GX$ より、

$$G_0 = \frac{Y}{X} = \frac{G}{1+GH}$$

図10-4-1 フィードバック結合

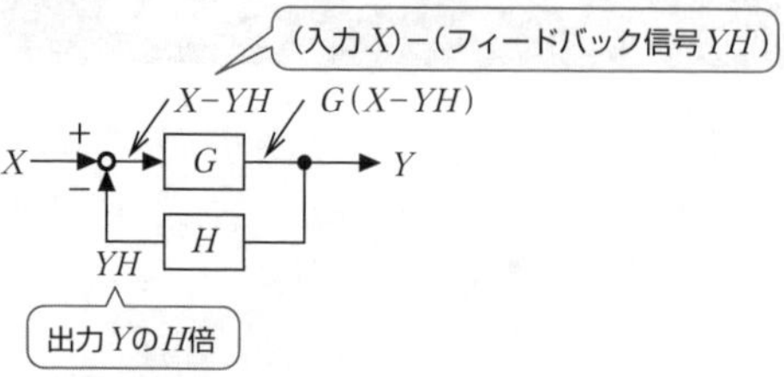

練習問題 > 01

一巡周波数伝達関数

図は、出力信号を Y、入力信号を X とするフィードバック制御系のブロック図である。

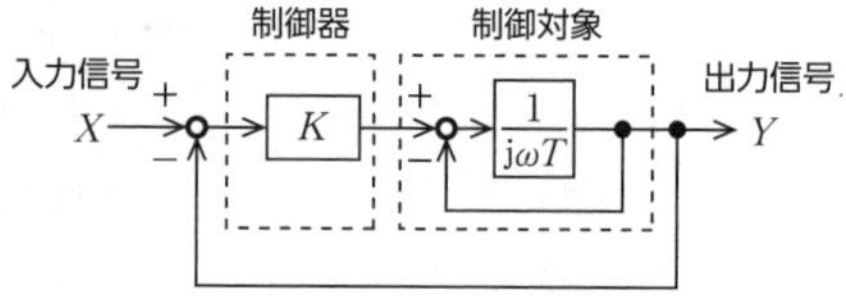

(a) 図において、$K = 5$、$T = 0.1$ s として、入力信号からフィードバック信号までの一巡周波数伝達関数（開ループ周波数伝達関数）$G(\mathrm{j}\omega)$ は。

(b) (a) で求めた一巡周波数伝達関数において、ω を変化したときのベクトル軌跡はどのような曲線を描くか。

解き方

(a)

一巡周波数伝達関数（開ループ周波数伝達関数）は、右図のように、入力信号を X、出力信号を Z としたときの関数です。直結フィードバック結合となっている制御対象部の周波数伝達関数 $G_1(\mathrm{j}\omega)$ は、

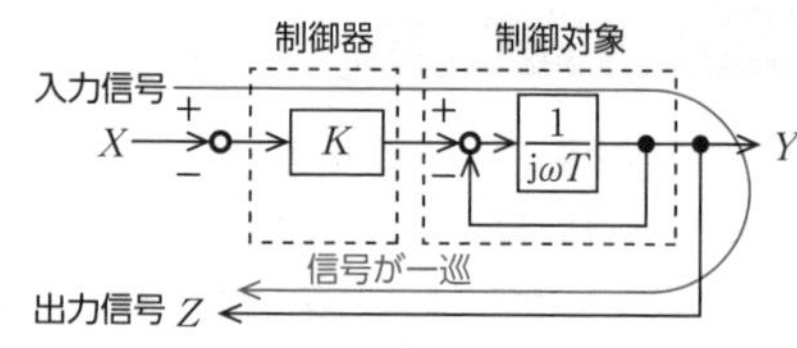

$$G_1(\mathrm{j}\omega) = \frac{B}{A} = \frac{1}{1 + \mathrm{j}\omega T}$$

一巡周波数伝達関数 $G(\mathrm{j}\omega)$ は、制御器と制御対象の周波数伝達関数の積となるので、

$$G(\mathrm{j}\omega) = \frac{Z}{X} = K\boxed{\frac{1}{1 + \mathrm{j}\omega T}}$$

制御対象の伝達関数

制御対象部の合成伝達関数の求め方

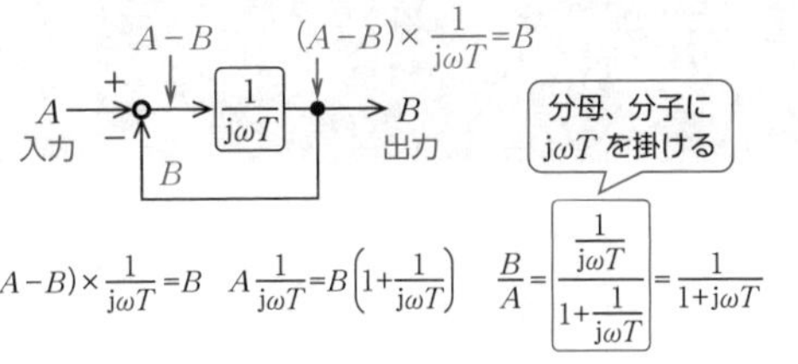

制御対象部の入力信号をA出力信号をBとして計算

$K=5$、$T=0.1$ s を代入し、

$$G(j\omega)=\frac{5}{1+j\omega 0.1}$$

(b)

$G(j\omega)$ のベクトル軌跡は、右図のように半円になります。

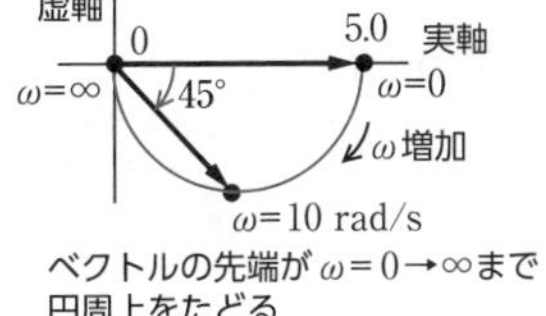

ベクトルの先端が $\omega=0\to\infty$ まで円周上をたどる

$G(j\omega)$ の絶対値を 3 ポイント計算すると、

$\omega=0$ のとき
$$|G(j\omega)|=\left|\frac{5}{1+j0}\right|=5$$

$\omega=10$ のとき
$$|G(j\omega)|=\left|\frac{5}{1+j1}\right|=\frac{5}{\sqrt{2}}$$

$\omega=\infty$ のとき
$$|G(j\omega)|=\left|\frac{5}{1+j\infty}\right|=0$$

$\angle G(j\omega)=-\tan^{-1}\omega T$ で位相（偏角）は負の値をとるので、
ベクトル軌跡は、第 4 象限の半円となります。

解説

一巡周波数伝達関数：入力信号を正弦波状に変化したとき、制御系を通してフィードバック信号がどのように変化するかを数式で表し、出力信号と入力信号の比を数式で表現したものです。

ベクトル軌跡：入力信号の ω を 0 から∞まで変化させたとき $G(j\omega)$ のベクトルの先端が描く軌跡のことです。

解答　(a) $G(j\omega)=\frac{5}{1+j\omega 0.1}$　(b) 第 4 象限の半円

10-5 制御系の安定判別法といえば ナイキスト線図、ボード線図

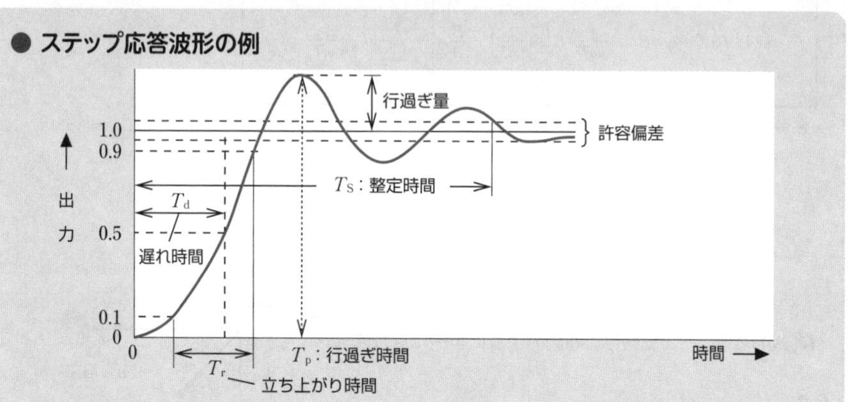

制御系のステップ応答と特性評価

上図は、フィードバック制御系のステップ応答波形※1 の例です。

この波形において、偏差の最大値と目標値との差、またはこれをパーセントで表したものを**行過ぎ量**、最大値まで変化するのに要する時間 T_p を**行過ぎ時間**、許容偏差内に入るまでの時間 T_S を**整定時間**といいます。これらの値は、小さいほど制御特性がよいといえます。また、振動は速やかに減少するほど安定であるといえます。

ステップ応答が最終値（定常値）の 10 % から 90 % になるまでの時間 T_r を**立ち上がり時間**、定常値の 50 % に達するまでの時間 T_d を**遅れ時間**（遅延時間）といいます。

制御系の特性を評価するものとして、**過渡特性**と**定常特性**が用いられます。過渡特性は、急変する信号が加わったとき、定常状態になるまでの特性です。定常特性は、過渡的な変化がなくなり、一定値になった後の特性で制御量の目標値との定常偏差で評価します。

制御系の安定判別法

図10-5-1 のようにフィードバック信号の位相が 180° 遅れたとき、加え合わせ点で入力信号にフィードバック信号が加算され、制御系は不安定になります。

※1 **ステップ応答**：入力信号をステップ状（階段状）に変化したときの応答（出力波形）をいいます。

図10-5-1 制御系の不安定とは

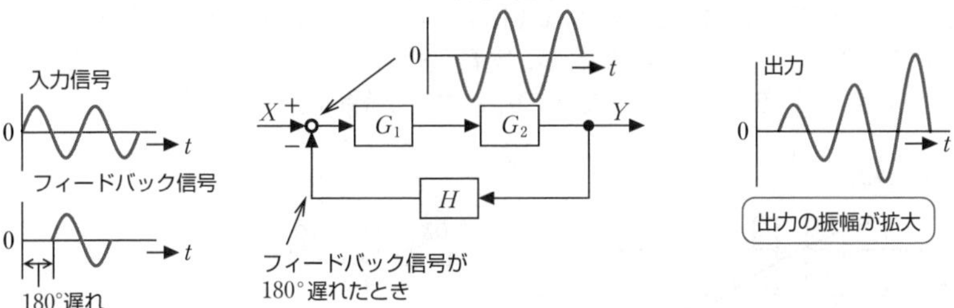

制御系を一巡する関数（図10-5-1の場合、G_1G_2H）を**一巡周波数伝達関数**（いちじゅんしゅうはすうでんたつかんすう）といいます。制御系が安定か不安定かは、一巡周波数伝達関数の位相が180°遅れたとき、このゲインが1より小さければ安定、1より大きければ不安定です。また、ゲインを g〔dB〕（デシベル）で表したとき、$g < 0$ dBのとき安定、$g > 0$ dBのとき不安定となります。いずれも、フィードバック信号の位相が180°遅れたとき、これが入力信号よりも大きくなったとき不安定になります。

ナイキスト線図による安定判別法

一巡周波数伝達関数のベクトル軌跡を、**ナイキスト線図**といいます。**ベクトル軌跡**とは、$G(j\omega)$の式で $\omega=0\sim\infty$（無限大）まで変化したとき、ベクトルの先端を連ねて描く図形のことで、これを用いると数式の特性がよくわかります。

図10-5-2 ナイキスト線図

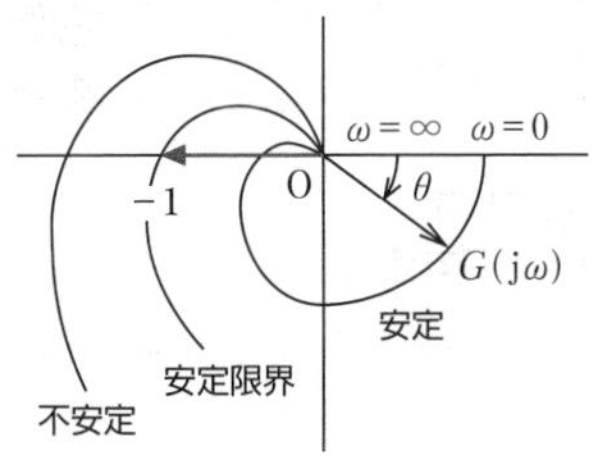

ナイキスト線図において、位相が−180°のとき（ベクトルが左を向いたとき）、大きさが1より大きいか小さいかで判別できます。

- $|G(j\omega)| < 1$ のとき安定
- $|G(j\omega)| > 1$ のとき不安定、$|G(j\omega)| = 1$ のとき安定限界（不安定に含める）

ボード線図による安定判別法

一巡周波数伝達関数 $G(j\omega)$ において、デシベル表示のゲイン g〔dB〕と位相 θ〔°〕は、

$$g = 20\log_{10}|G(\mathrm{j}\omega)|\,〔\mathrm{dB}〕、\theta = \angle G(\mathrm{j}\omega)$$

ω を変化したときの g〔dB〕と $\theta = \angle G(\mathrm{j}\omega)$ を計算し、片対数グラフ用紙を用いて、横軸（対数目盛）に ω〔rad/s〕をとり、縦軸（平等目盛）にデシベル表示のゲイン g〔dB〕と位相 θ〔°〕をグラフにしたものを、**ボード線図**といいます。

図10-5-3 ボード線図

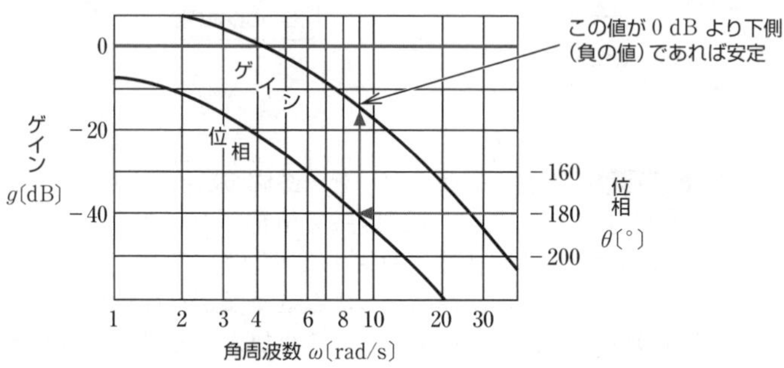

一巡周波数伝達関数 $G(\mathrm{j}\omega)$ のボード線図において、位相が −180° のときの g〔dB〕の値を見ることで、安定、不安定の判別を行います。

- $g < 0\,\mathrm{dB}$ のとき安定
- $g > 0\,\mathrm{dB}$ のとき不安定、$g = 0\,\mathrm{dB}$ のとき安定限界（不安定に含める）

POINT

▶安定判別 といえば 一巡周波数伝達関数が −180° のときのゲインで判別

ナイキスト線図から	ボード線図から
$\lvert G(\mathrm{j}\omega)\rvert < 1$ のとき安定	$g < 0\,\mathrm{dB}$ のとき安定
$\lvert G(\mathrm{j}\omega)\rvert > 1$ のとき不安定	$g > 0\,\mathrm{dB}$ のとき不安定

例題

｜重要度★★｜令和 5 年度上期｜機械｜問 13｜

図 1 に示す R-L 回路において、端子 a、a′間に単位階段状のステップ電圧 $v(t)$〔V〕を加えたとき、抵抗 R〔Ω〕に流れる電流を $i(t)$〔A〕とすると、$i(t)$ は図 2 のようになった。この回路の R〔Ω〕、L〔H〕の値及び入力を a、a′間の電圧とし、出力を R〔Ω〕に流れる電流としたときの周波数伝達関数 $G(\mathrm{j}\omega)$ の式として、正しいものを次の (1) ～ (5) のうちから一つ選べ。

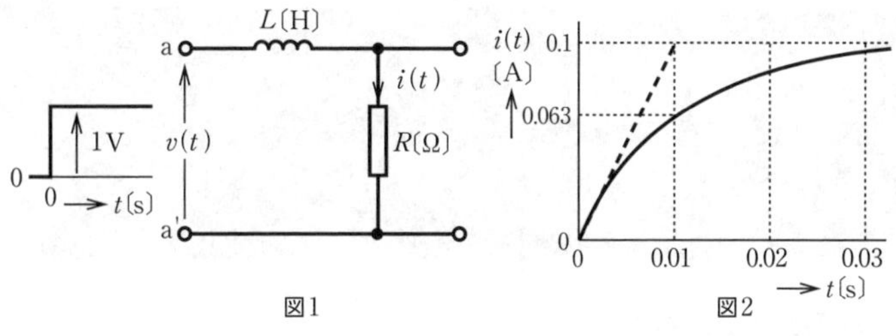

図1　　　　図2

	R〔Ω〕	L〔H〕	$G(\mathrm{j}\omega)$
(1)	10	0.1	$\dfrac{0.1}{1+\mathrm{j}0.01\omega}$
(2)	10	1	$\dfrac{0.1}{1+\mathrm{j}0.1\omega}$
(3)	100	0.01	$\dfrac{1}{10+\mathrm{j}0.01\omega}$
(4)	10	0.1	$\dfrac{1}{10+\mathrm{j}0.01\omega}$
(5)	100	0.01	$\dfrac{1}{100+\mathrm{j}0.01\omega}$

解き方

解答 (1)

R-L 直列回路において $v(t) = 1\,\mathrm{V}$ の電圧を加え電流が徐々に増加した後の最終値は、0.1 A より、

$$R = \frac{v(t)}{i(t)} = \frac{1}{0.1} = 10\,\Omega$$

時定数 T は、図から $T = 0.01\,\mathrm{s}$

$$T = \frac{L}{R} \rightarrow L = RT = 10 \times 0.01 = 0.1\,\mathrm{H}$$

L-R 回路の時定数

電流の最終値

接線、T は時定数

入力信号 $v(t) \rightarrow V(\mathrm{j}\omega)$、
出力信号 $i(t) \rightarrow I(\mathrm{j}\omega)$とすると、

$$G(\mathrm{j}\omega) = \frac{I(\mathrm{j}\omega)}{V(\mathrm{j}\omega)} = \frac{I(\mathrm{j}\omega)}{(R+\mathrm{j}\omega L)I(\mathrm{j}\omega)} = \frac{1}{R+\mathrm{j}\omega L} = \frac{\frac{1}{R}}{1+\mathrm{j}\omega\frac{L}{R}}$$

$$= \frac{\frac{1}{R}}{1+\mathrm{j}\omega T} = \frac{0.1}{1+\mathrm{j}0.01\omega}$$

参考

時定数とは、接線が最終値と交差する時間または、$i(t)$ が最終値の 63 %になる時間で、変化の速さを表す定数です。なお、ステップ応答は、本来ラプラス変換による解法を用いますが、本問は正弦波信号の応答である周波数伝達関数 $G(\mathrm{j}\omega)$ を求める問題になっています。

11-1 基本論理回路といえばAND、OR、NOT、NAND、NOR

2値信号による制御

シーケンス制御やデジタル制御は、2 **値信号**で制御を行います。2 値信号は、スイッチやリレー接点の「入」「切」、デジタル IC を用いた制御では「H」「L」（電圧の High と Low）などで、この 2 つの状態を数字の「1」と「0」に対応させたりします（デジタル IC では 5 V の電源が使われることが多く、「H」は 5 V、「L」は 0 V で論理を考えます）。

2 値信号を用いて制御を行うことを論理操作といい、論理素子（リレー、スイッチ、デジタル IC など）で構成した回路を**論理回路**といいます。これを数学的に扱うものを論理代数（ブール代数）、論理回路を数式で表したものを**論理式**といいます。

状態表示記号

入力または出力端子に付いている○印を、状態表示記号といいます。○のない端子は「H」信号、○印の付いている端子は「L」信号で考えると、回路図がわかりやすくなります。

図11-1-1
状態表示記号の例

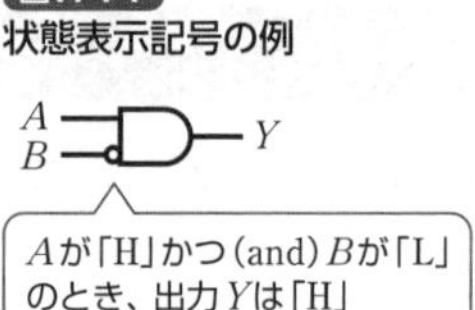

基本論理回路

基本論理演算は、AND（アンド）、OR（オア）、NOT（ノット）、NAND（ナンド）、NOR（ノア）の各演算があります。

AND 回路（論理積回路、直列接続回路）

図11-1-2のような、入力 A and（と） B が「1」であれば出力 Y が「1」の回路を AND 回路といい、次のように表します。

$$A \cdot B = Y$$ A and B イコール Y

図11-1-2 AND 回路

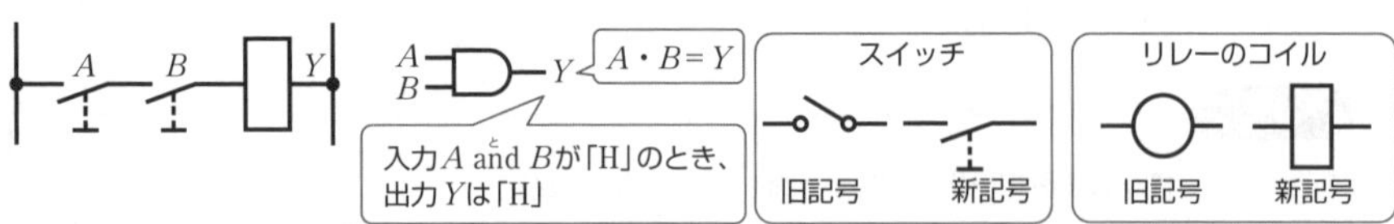

OR 回路（論理和回路、並列接続回路）

図11-1-3 のような、入力 A or（または）B が「1」であれば出力 Y が「1」の回路を、**OR 回路**といい、次のように表します。

$$A + B = Y$$

A or B イコール Y

図11-1-3 OR 回路

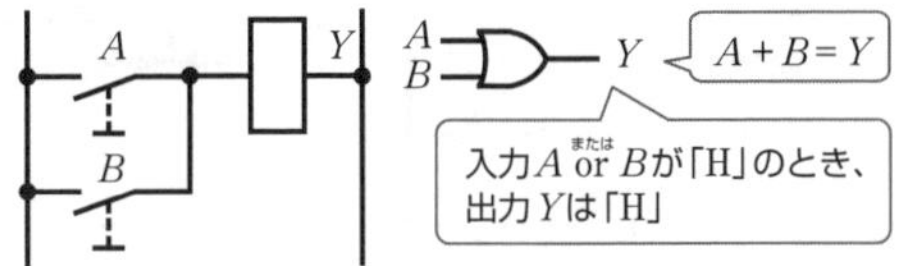

NOT 回路（論理否定回路、b 接点回路）

図11-1-4 のような、入力 A が「1」であれば出力 Y が「0」、入力 A が「0」であれば出力 Y が「1」の回路を、**NOT 回路**といい、次のように表します。

$$\overline{A} = Y$$

A バーイコール Y

NOT 回路は、**インバータ**と呼びます。

図11-1-4 NOT 回路

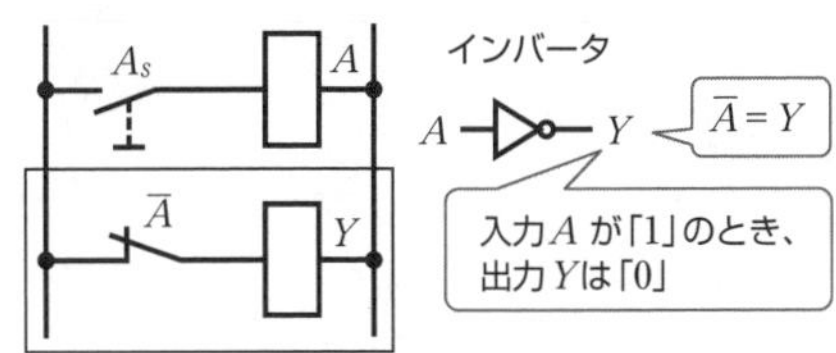

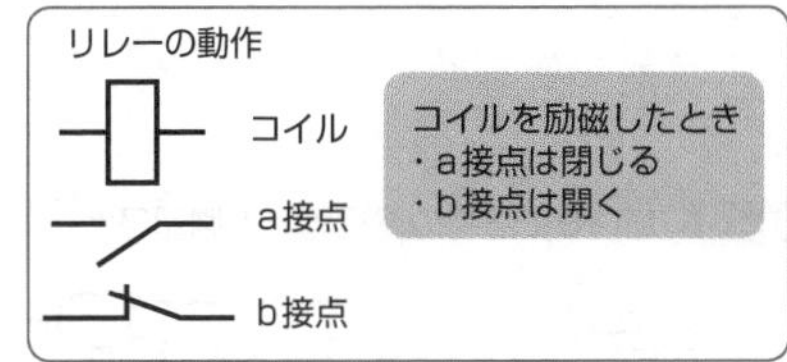

NAND 回路、NOR 回路

AND 回路の出力を否定したものを NAND 回路、OR 回路の出力を否定したものを NOR 回路といい、図11-1-5、図11-1-6 のような記号を用います。

図11-1-5 NAND 回路

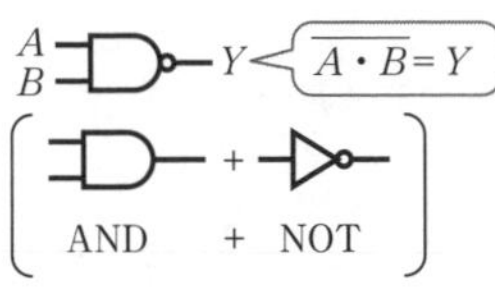

図11-1-6 NOR 回路

A
B
Y
$\overline{A + B} = Y$
OR + NOT

AND 回路、OR 回路の基本法則

図11-1-7の(a)は AND 回路、(b)は OR 回路の基本法則です。これは、回路図と対応させて覚えると、理解しやすくなります。

図11-1-7 AND 回路、OR 回路の基本法則

$A \cdot 0 = 0$

$A \cdot 1 = A$

$A \cdot A = A$

$A \cdot \overline{A} = 0$

(a) ANDに関する基本法則

$A + 0 = A$

$A + 1 = 1$

$A + A = A$

$A + \overline{A} = 1$

(b) ORに関する基本法則

Ex-OR(エクスクルーシブ オア)回路(排他的論理和回路)

図11-1-8の(a)の真理値表(後述)のように、入力AとBが等しいときは「0」を、異なるとき(不一致)は「1」を出力する回路を、Ex-OR 回路(排他的論理和回路、不一致回路)といいます。論理式は、次のようになります。

$$Y = A \cdot \overline{B} + \overline{A} \cdot B$$

図11-1-8 Ex-OR 回路の真理値表と図記号

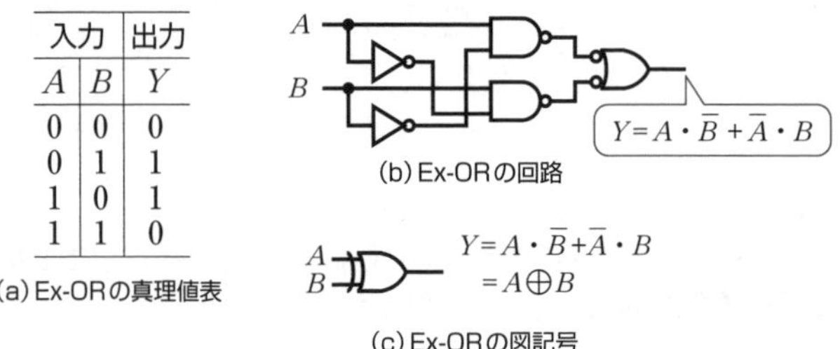

入力		出力
A	B	Y
0	0	0
0	1	1
1	0	1
1	1	0

(a) Ex-ORの真理値表

(b) Ex-ORの回路

(c) Ex-ORの図記号

POINT

▶**論理回路** といえば AND、OR、NOT、NAND、NOR

AND	$Y = A \cdot B$
OR	$Y = A + B$
NOT	$Y = \overline{A}$
NAND	$Y = \overline{A \cdot B}$
NOR	$Y = \overline{A + B}$

▶ Ex-OR といえば **不一致回路**

$$Y = A \cdot \overline{B} + \overline{A} \cdot B = A \oplus B$$

よく用いられる法則、定理

関数全体を否定したものは、各変数を**個々に否定**し、(・)と(+)を入れ替えたものに等しくなります。これを、**ド・モルガンの定理**といいます。

ド・モルガンの定理
$$\begin{cases} \overline{A \cdot B} = \overline{A} + \overline{B} \\ \overline{A + B} = \overline{A} \cdot \overline{B} \end{cases}$$

ド・モルガンの定理を回路図に当てはめると、次のようになります。出力に○のある回路（関数全体を否定したもの）は、入力側を○で否定し（各変数を別々に否定し）、AND と OR の図記号を入れ替えたもの（“・” と “+” を入れ替えたもの）に等しくなります。

図11-1-9 ド・モルガンの定理と回路図

$\overline{A \cdot B} = \overline{A} + \overline{B}$

どちらもNAND回路
（右図はOR記号を使ったNAND回路）

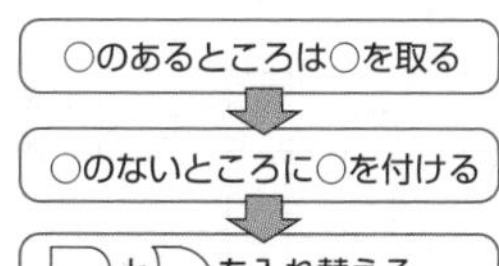
○のあるところは○を取る
○のないところに○を付ける
と　を入れ替える
AND　OR

ド・モルガンの定理の他にも、分配の法則や吸収の法則がよく使われます

分配の法則
$$\begin{cases} A \cdot (B + C) = A \cdot B + A \cdot C \\ A + B \cdot C = (A + B) \cdot (A + C) \end{cases}$$
上式の・と+を入れ替えたものです

吸収の法則
$$\begin{cases} A + A \cdot B = A \\ A \cdot (A + B) = A \end{cases}$$
変数 B が吸収されます

POINT

▶ド・モルガンの定理 といえば AND と OR の記号の入れ替えと○の付け替えを行う

$\overline{A \cdot B} = \overline{A} + \overline{B}$　（NAND記号）⇔等しい⇔（入力に○を付けたOR記号）

$\overline{A + B} = \overline{A} \cdot \overline{B}$　（NOR記号）⇔等しい⇔（入力に○を付けたAND記号）

論理回路の図記号と真理値表

真理値表（しんりちひょう）は、入力と出力の動作を表にまとめた動作表です。2 入力の場合、組み合わせとしては $2^2 = 4$ 通りの動作があります。

図11-1-10 論理回路と真理値表

AND回路

入力		出力
A	*B*	*Y*
0	0	0
0	1	0
1	0	0
1	1	1

入力*A*かつ*B*が1のときだけ出力*Y*が1となります

（入力*A*または*B*が0のとき出力*Y*が0となります）

OR回路

入力		出力
A	*B*	*Y*
0	0	0
0	1	1
1	0	1
1	1	1

入力*A*または*B*が1のとき出力*Y*が1となります

（入力*A*かつ*B*が0のとき出力*Y*が0となります）

NOT回路

（インバータ）

入力	出力
A	*Y*
0	1
1	0

入力*A*が1であれば出力*Y*は0、入力*A*が0であれば出力*Y*は1となります

NAND回路
(NOT＋AND)

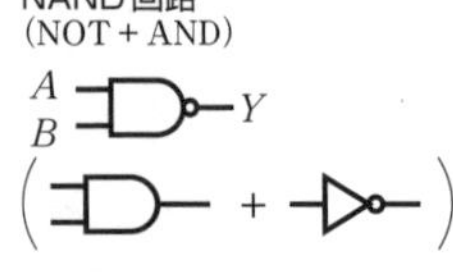

入力		出力
A	*B*	*Y*
0	0	1
0	1	1
1	0	1
1	1	0

入力*A*かつ*B*が1のときだけ出力*Y*が0となります

（入力*A*または*B*が0のとき出力*Y*が1となります）

NOR回路
(NOT＋OR)

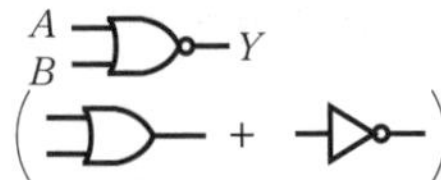

入力		出力
A	*B*	*Y*
0	0	1
0	1	0
1	0	0
1	1	0

入力*A*または*B*が1のとき出力*Y*が0となります

（入力*A*かつ*B*が0のとき出力*Y*が1となります）

練習問題 〉01

論理式

図の論理回路において、入力 A、B、C に対する出力は。また、入力を $A=$ "0"、$B=$ "1"、$C=$ "1" としたときの値は。

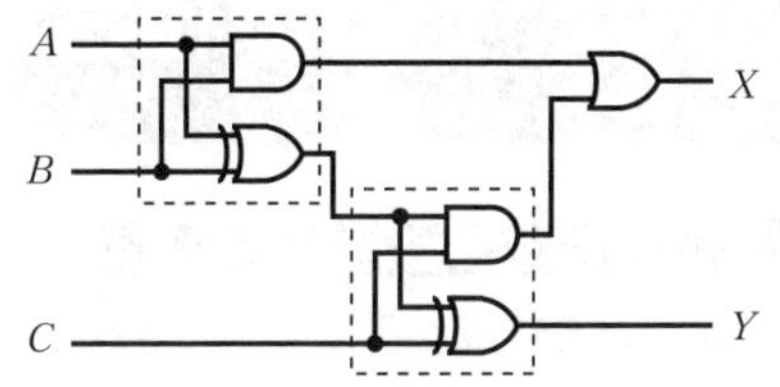

解き方

①回路各部の論理式を図に記入します。

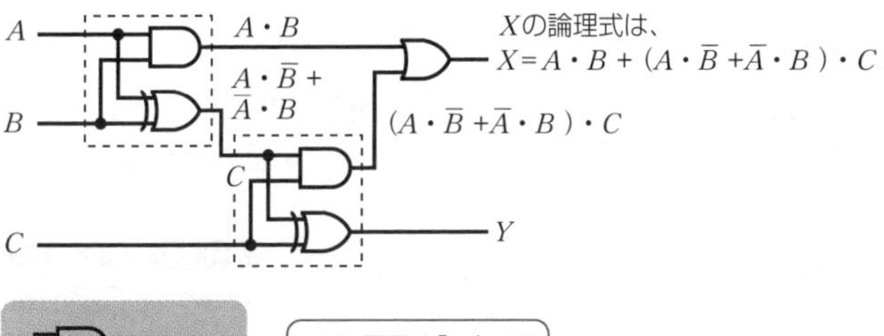

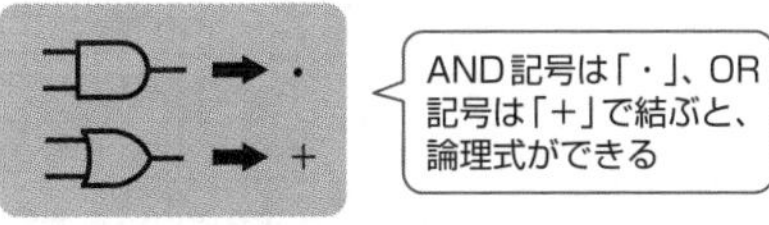

・
+
AND記号は「・」、OR記号は「+」で結ぶと、論理式ができる

② $A=$ "0"、$B=$ "1"、$C=$ "1" としたときの回路各部の出力を求めると図のようになり、

$Y=0$

となります。

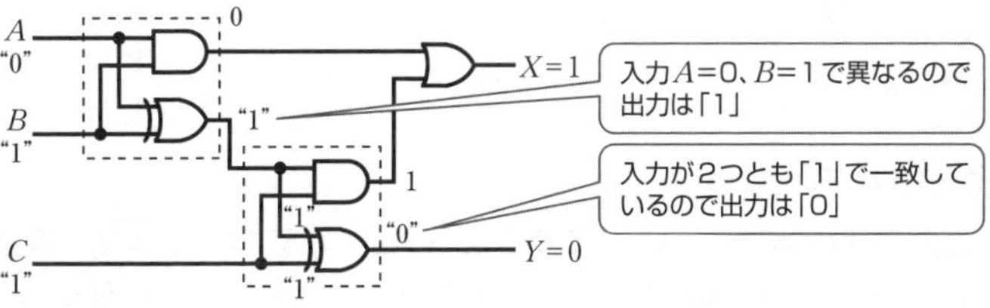

解説

ANDは「・」、ORは「+」、Ex-ORは不一致で「1」、一致で「0」で考えます。

解答 $\begin{cases} X = A \cdot B + (A \cdot \overline{B} + \overline{A} \cdot B) \cdot C \\ Y = 0 \end{cases}$

11-2 組合せ回路 といえば 2^n 通りの組合せ

論理回路を設計する手順

論理回路を作成するには、①真理値表をつくる⇒②論理式をつくる⇒③論理式の簡単化を行う⇒④回路図をつくる、という手順になります。

ここでは、3名のうち2名以上がスイッチを入れたらランプを点灯する回路を考えます。

手順① 真理値表をつくる

3名なので、3変数（ここでは A、B、C）の真理値表をつくります。$n = 3$ なので、入力スイッチ「入」「切」の組み合わせは、$2^n = 2^3 = 8$ **通り**あります。

● ［入力］側の記入方法

・A：8通りのうち、半分の4個を0、4個を1とする。
・B：A の半分ずつを0と1とする。
・C：B の半分ずつを0と1とする。

スイッチ［入（ON）］［切（OFF）］の状態
- 0：スイッチ OFF
- 1：スイッチ ON

● ［出力］側の記入方法

・出力 Y は、2人以上のスイッチが ON で、1
（2つ以上の変数の値が1のとき、出力 Y は1）

表11-2-1 3変数の真理値表

	入力			出力	
	A	B	C	Y	
8通り	0	0	0	0	
	0	0	1	0	
	0	1	0	0	
	0	1	1	1	a
	1	0	0	0	
	1	0	1	1	b
	1	1	0	1	c
	1	1	1	1	d

手順② 論理式をつくる

真理値表で、出力が1の数だけ、3変数の積項 $A \cdot B \cdot C$ をつくります。表11-2-1より、$Y = 1$ が4個（a、b、c、d）あるので、4項目からなる論理式となります。

$$Y = A \cdot B \cdot C + A \cdot B \cdot C + A \cdot B \cdot C + A \cdot B \cdot C$$

各項目の、変数が0のところは“－”（バー）を付けます。例えばa項は、$A = 0$、$B = 1$、$C = 1$ なので、A に“－”を付けます。同様に、b項は、$B = 0$ より B に“－”を、c項は、$C = 0$ より C に“－”を付けます。したがって、

$$Y = \underbrace{\overline{A} \cdot B \cdot C}_{a} + \underbrace{A \cdot \overline{B} \cdot C}_{b} + \underbrace{A \cdot B \cdot \overline{C}}_{c} + \underbrace{A \cdot B \cdot C}_{d}$$

これで論理式の完成です。

手順❸ 論理式の簡単化を行う

簡単化の方法は、論理公式を利用する方法と、**カルノー図**による方法があります。公式を利用するには公式を暗記しなくてはなりませんが、カルノー図を用いると、公式がわからなくても容易に簡単化ができます。

ここではカルノー図による簡単化を行うことにします。カルノー図は真理値表を変形したものです。

● 3変数のカルノー図をつくる

図11-2-1 で、カルノー図の具体的な書き方を、順を追って説明します。

図11-2-1 カルノー図の書き方

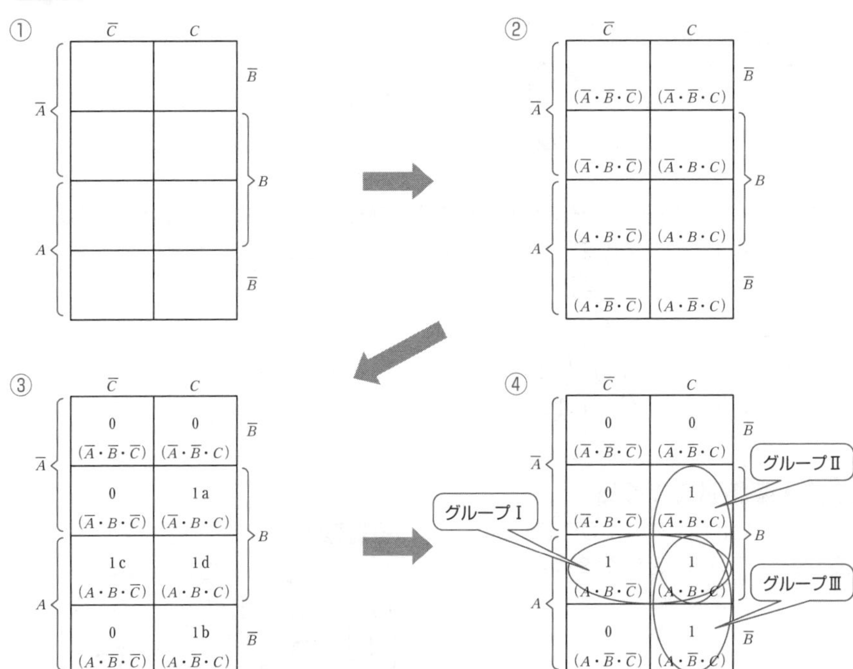

①3変数なので $2^3 = 8$ 個のマスをつくり、マスの脇に各変数を割り当てます。

②縦横の3変数の積の組み合わせが8通りできるようにします。

③各変数の積項に相当する箇所に、「1」または「0」を入れます。例えば、真理値表で $A = 0$、$B = 0$、$C = 0$ のとき、$Y = 0$ なので、$\overline{A}\cdot\overline{B}\cdot\overline{C}$ のマスには「0」を入れます。同様に、$A = 0$、$B = 1$、$C = 1$ のとき、$Y = 1$ なので、$\overline{A}\cdot B\cdot C$ のマスには「1」を入れます。手順②の論理式の積項が4つ（a、b、c、d）あるので、マス目に1が4個入ります。マス目にもa、b、c、dを記入すると、よりわかりやすくなります。

④カルノー図において、2個（または4個）ずつ隣り合っている「1」をグループ化

します。このとき、下記に注意します。

- 「1」は2個以上のグループで囲んでもよい。
- 隣とは、図の上下または左右をいう。また、端どうしは互いに隣として扱う。

●各グループの論理式を読み取る

図11-2-2 カルノー図から論理式を読み取る

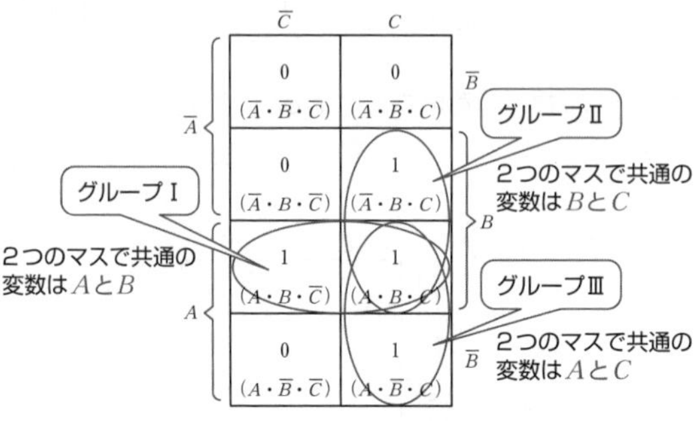

各グループ内の論理式を読み取り、論理和で結びます。グループ内の論理式の読み方は、グループのマスの中で、共通となる変数のみを取り出します。この場合、次のようになり、簡単化した式ができます。

$$\left.\begin{array}{lcl} \text{グループⅠ} & \rightarrow & A\cdot B \\ \text{グループⅡ} & \rightarrow & B\cdot C \\ \text{グループⅢ} & \rightarrow & C\cdot A \end{array}\right\} Y = A\cdot B + B\cdot C + C\cdot A$$

手順④ 回路図をつくる

「・」はAND、「+」はORで結ぶと、図11-2-3のような回路ができます。

図11-2-3 回路図

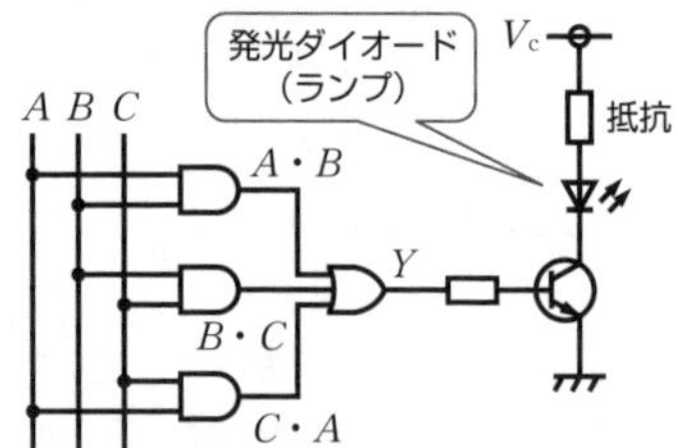

POINT

- ▶論理回路の設計手順 といえば 真理値表、論理式、簡単化、回路図の順
- ▶組み合わせの数 といえば 2^n 通り(n は変数の数)
- ▶論理式の簡単化 といえば カルノー図の利用

練習問題 〉01

論理式

次の真理値表の出力信号 X の論理式は。

入力			出力
A	B	C	X
0	0	0	0
0	0	1	1
0	1	0	0
0	1	1	1
1	0	0	0
1	0	1	1
1	1	0	1
1	1	1	1

解き方

カルノー図を用いた解法を用います。

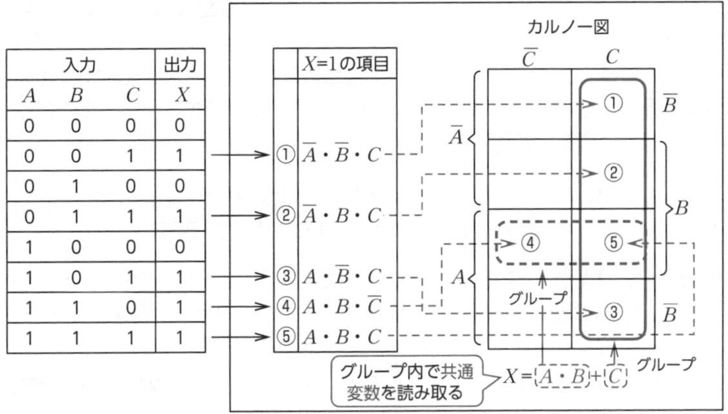

出力 X が1の論理式からカルノー図に該当番号を記入し、論理式を読み取ります。

別解

論理式による解法もあります。

$$X=①+②+③+④+⑤$$
$$=\overline{A}\cdot\overline{B}\cdot C+\overline{A}\cdot B\cdot C+A\cdot\overline{B}\cdot C+A\cdot B\cdot\overline{C}+\boxed{A\cdot B\cdot C}$$
$$=C\cdot(\overline{A}\cdot\overline{B}+\overline{A}\cdot B+A\cdot\overline{B}+A\cdot B)+A\cdot B\cdot\overline{C}$$
$$=C\cdot\{\overline{A}\cdot\underbrace{(\overline{B}+B)}_{1}+A\cdot\underbrace{(\overline{B}+B)}_{1}\}+A\cdot B\cdot\overline{C}+\boxed{A\cdot B\cdot C}$$
$$=C\cdot\underbrace{(\overline{A}+A)}_{1}+A\cdot B\cdot\underbrace{(\overline{C}+C)}_{1}$$
$$=A\cdot B+C$$

同一積項は簡単化のため加えてもよい

ORに関する基本法則による

解答 $X=A\cdot B+C$

11-3 フリップフロップといえば 反転動作の記憶素子

● RS-FF の図記号

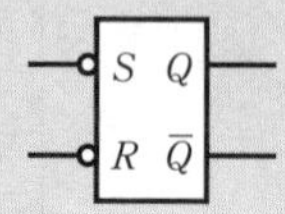

RS-FF

RS-FF（リセットセットフリップフロップ）は、図11-3-1のように、NAND 回路 2 個の出力を互いにたすきがけにして入力に接続した回路です。S と R の 2 つの入力があり、出力は Q と $\overline{Q}$ があります。図11-3-2のように、AND 記号を用いた回路を OR 記号の回路に書き直すと、動作がわかりやすくなります（次ページコラム参照）。

RS-FF を、真理値表（表11-3-1）を用いて考えます。

$S = 0$、$R = 1$ のとき $Q = 1$ で、Q が 1 に**セット**されます。
$S = 1$、$R = 0$ のとき $\overline{Q} = 1$ で、Q が 0 に**リセット**されます。

$S = 1$、$R = 1$ のとき、すなわちセットまたはリセットの状態から $S = R = 1$ に変化したとき、出力は変化せず保持されます。これを、出力は**保持（ホールド）**されるといいます。

$S = 0$、$R = 0$ のとき、$Q = \overline{Q} = 1$ となってしまい、Q と $\overline{Q}$ の関係を満足しないので、**禁止**（$S = 0$、かつ $R = 0$ にしてはいけない）です。

また、図11-3-2のように入力端子に○があるとき、入力は「L レベルで能動（L 信号で動作する）」といいます。すなわち、セット入力端子 S が L すなわち「0」のとき、Q 出力が 1 にセットされ、リセット入力端子 R が L すなわち「0」のとき、Q 出力が 0 にリセットされます。

図11-3-1 RS-FF 回路

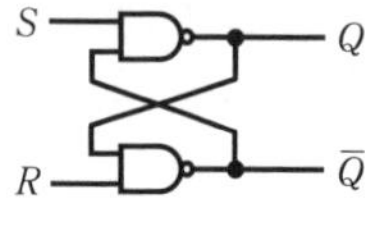

図11-3-2 OR 記号で RS-FF 回路を表す

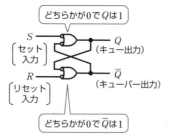

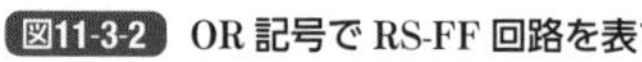

表11-3-1 RS-FF の真理値表

入力		出力		
S	R	Q	$\overline{Q}$	
0	0	1	1	禁止
0	1	1	0	セット
1	0	0	1	リセット
1	1	保持		ホールド

回路の読み方

○がないときは「1」で、○があるときは「0」で読むと、回路が読みやすくなります。また、図の2つの論理回路は、同じ意味になります。

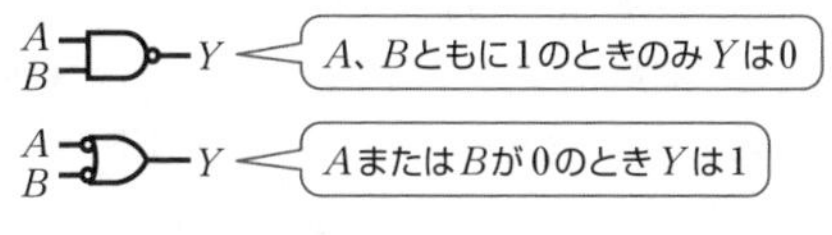

同期式FF

同期式FF（フリップフロップ）は、入力状態が変化しても出力は変化せず、クロックパルスが与えられたときに出力が変化するもので、クロック信号に同期して動作します。

同期式はエッジ動作

同期式FFは、図11-3-3のように CK（クロック）入力端子（同期入力端子）があります。

(a)は**ポジティブエッジトリガ形**で、CK 入力の立ち上がりで動作します。

(b)は**ネガティブエッジトリガ形**で、CK 入力の立ち下がりで動作します。

図11-3-3 同期式FFの入力端子

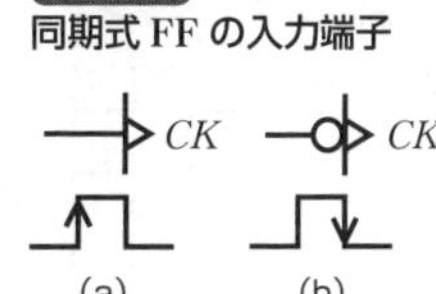

JK–FF

代表的な同期式FFであるJK–FFについて説明します。図11-3-4のJK-FFは、2つのデータ入力 J、K とクロック入力 CK があり、出力は Q、$\overline{Q}$ があります。CK 入力端子に↓（**立ち下げエッジ**）を検知したとき動作します。真理値表の $J = K = 1$ のとき**反転**（トグル）となっているのは、CK 端子に↓（**立ち下げエッジ**）を検知するごとに、Q 出力が**反転**（1のときは0、0のときは1に変化）することを表しています。

図11-3-4 JK–FFの図記号

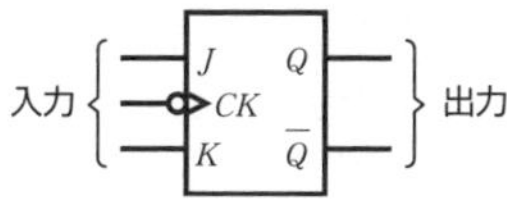

表11-3-2 JK-FFの真理値表

入力			出力		
J	K	CK	Q	$\overline{Q}$	
0	0	↓	保持		ホールド
0	1	↓	0	1	リセット
1	0	↓	1	0	セット
1	1	↓	反転		

カウンタ

JK-FF を用いて、数を数える働きをする**カウンタ**を構成することができます。

すべての J、K 入力を「H」（+ 5 V に接続）にし、CK 入力にカウントパルスを加えると、入力に↓（立ち下げエッジ）を検知するごとに Q 出力が反転します。

Q_1 は Q_0 の、Q_2 は Q_1 の↓（立ち下げエッジ）で反転します。

$Q_2Q_1Q_0$ 出力は、2 進数の $(000)_2$〜$(111)_2$ をカウントする 8 **進カウンタ**となります（進数については次節参照）。

図11-3-5 JK-KK を用いたカウンタ

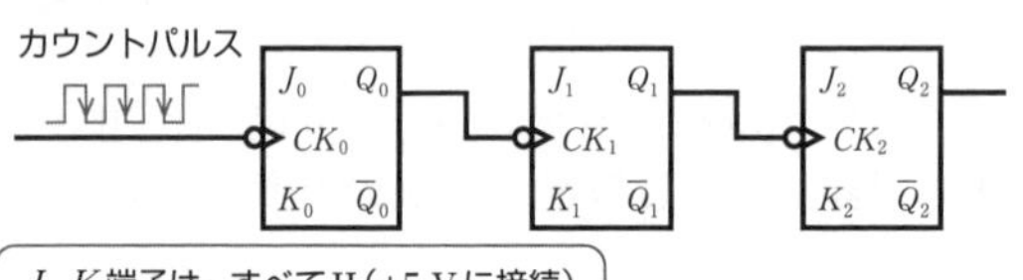

J、K 端子は、すべて H（+5 V に接続）
※この図では省略している

図11-3-6 8進カウンタ

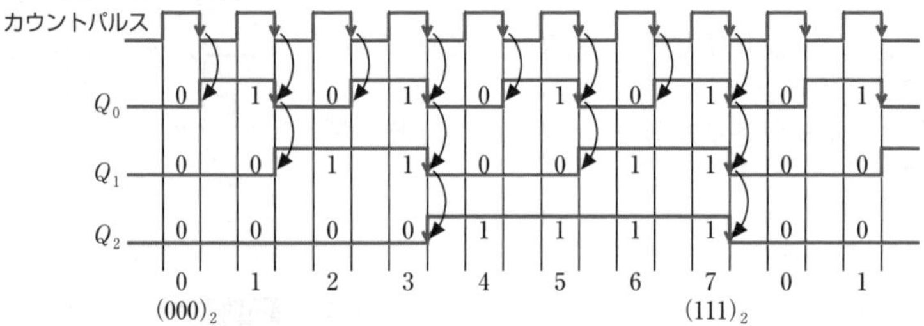

POINT

▶ RS-FF といえば
- S = 0、R = 1 で Q 出力が 1 にセット
- S = 1、R = 0 で Q 出力が 0 にリセット

▶ JK-FF といえば
- J = 1、K = 0 のとき↓で Q 出力が 1 にセット
- J = 0、K = 1 のとき↓で Q 出力が 0 にリセット
- J = 1、K = 1 のとき↓で Q 出力が反転

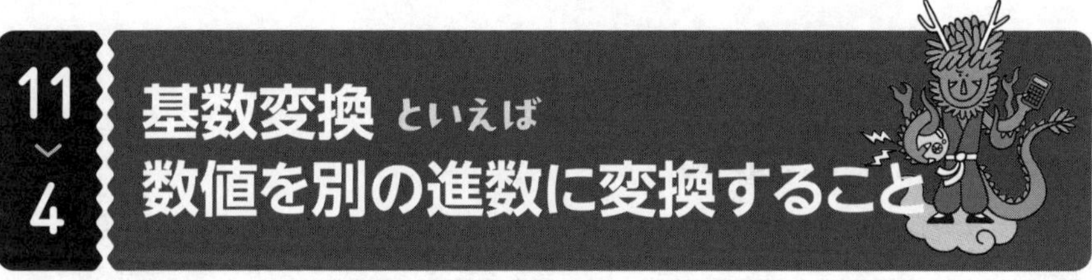

11
4
基数変換 といえば
数値を別の進数に変換すること

数の表し方

日常使用する数は 10 進数ですが、デジタル回路では、「0」と「1」の 2 つの状態を扱う 2 **進数**や、8 進数、16 進数、BCD コードなどを用います。

基数変換

数や数値を表現するときに、基本となる数を**基数**（きすう）といいます。10 進数は「0」～「9」の数字で表し、10 倍ごとにけたが上がります。10 進数の基数は 10 で、2 進数、8 進数、16 進数の基数はそれぞれ 2、8、16 です。2 進数を 10 進数に変換するなど、ある進数の数値を別の進数の数値に変換することを、**基数変換**（きすうへんかん）といいます。

また、ただ数字が並んでいる状態では、それが 2 進数の数値なのか 10 進数なのかがわからないので、基数を用いて次のように表現します。

$(1101)_2$　2 進数の 1101　　　$(123)_{10}$　10 進数の 123

基数と重み

例えば、10 進数の $(123)_{10}$ は、次のように表すことができます。

$$1 \times 10^2 + 2 \times 10^1 + 3 \times 10^0$$

ここで、10^2、10^1、10^0 を**重み**といい、10 を**基数**といいます。

同様に 2 進数の $(101)_2$ を表すと、

$$1 \times 2^2 + 0 \times 2^1 + 1 \times 2^0$$

となり、重みは 2^2、2^1、2^0、基数は 2 です。

2進数の重み	…	2^5	2^4	2^3	2^2	2^1	2^0
2進数の重み（計算値）	…	32	16	8	4	2	1

1 から左へ順に 2 倍していった数

1
2
3
4
5
6
7
8
9
10
11
論理回路とデジタル回路

2進数→10進数変換の例

2進数の（1 1001）$_2$ を10進数に変換します。

図11-4-1 2進数→10進数への基数変換

<例>2進数の（1 1001）$_2$ を10進数に変換

2進数	1	1	0	0	1	
2進数の重み（計算値）	16	8	4	2	1	
10進数	1×16＋	1×8＋	0×4＋	0×2＋	1×1	＝25

2進数の1の重みを足す

（1 1001）$_2$＝（25）$_{10}$

したがって、(1 1001)$_2$ ＝ (25)$_{10}$ です。

10進数→2進数変換の例

10進数の(44)$_{10}$ を2進数に変換します。

図11-4-2 10進数→2進数への基数変換

<例> 10進数の（44）$_{10}$ を2進数に変換

	①	②	③	④		
10進数	44		12	4		
2進数の重み（計算値）	32	16	8	4	2	1
重みを引いた残り	12		4	0		
（重みを引けた？）	○	×	○	○	×	×
2進数	1	0	1	1	0	0

⑤

① 44から重みの「32」を引くと12が残ります。32は引くことのできる重みの最大値。
② 12から「16」は引けないので、そのままにします。
③ 12から「8」を引くと4が残ります。
④ 4から「4」を引くと0なので、引き算は終わります。
⑤引けた重みのけたは1、引けない重みのけたは0にします。

（44）$_{10}$ ＝（10 1100）$_2$

したがって、(44)$_{10}$ ＝ (10 1100)$_2$ となります。

8進数

8進数は、「0」～「7」までの8種類の数字を用いて数を表現する方法です。

8進数の(0)$_8$～(7)$_8$ は、2進数の(000)$_2$～(111)$_2$ でも表すことができます。

8進数を2進数に変換するには、8進数の各けたを**3けたの2進数**で置き換えます。2進数を8進数に変換するには、**3ビットずつ区切り**、8進数で読み取ります。

図11-4-3 8進数の基数変換

<例>8進数の$(357)_8$を2進数に変換

8進数	3	5	7
2進数	011	101	111

①8進数の各けたの数字を
②3けたの2進数として並べる

$(357)_8 = (11\ 101\ 111)_2$

一番左の0は省略する

<例>2進数の$(11\ 101\ 111)_2$を8進数に変換

2進数	11	101	111
8進数	3	5	7

①2進数を3ビットずつ区切る
②8進数で読む

$(11\ 101\ 111)_2 = (357)_8$

16進数

16進数は、「0」から「9」までの10種類の数字と、「A」から「F」までの6種類の文字を数字として用います。「A」が10進数でいう「10」、「F」が「15」に対応します。

										10	11	12	13	14	15
0	1	2	3	4	5	6	7	8	9	A	B	C	D	E	F

16進数の$(0)_{16}$～$(F)_{16}$は、2進数の$(0000)_2$～$(1111)_2$で表すことができます。

16進数を2進数に変換するには、16進数の各けたを**4けたの2進数**で置き換えます。

2進数を16進数に変換するには、**4けたずつ区切り**、16進数で読み取ります（次ページの図11-4-4参照）。

図11-4-4 16進数の基数変換

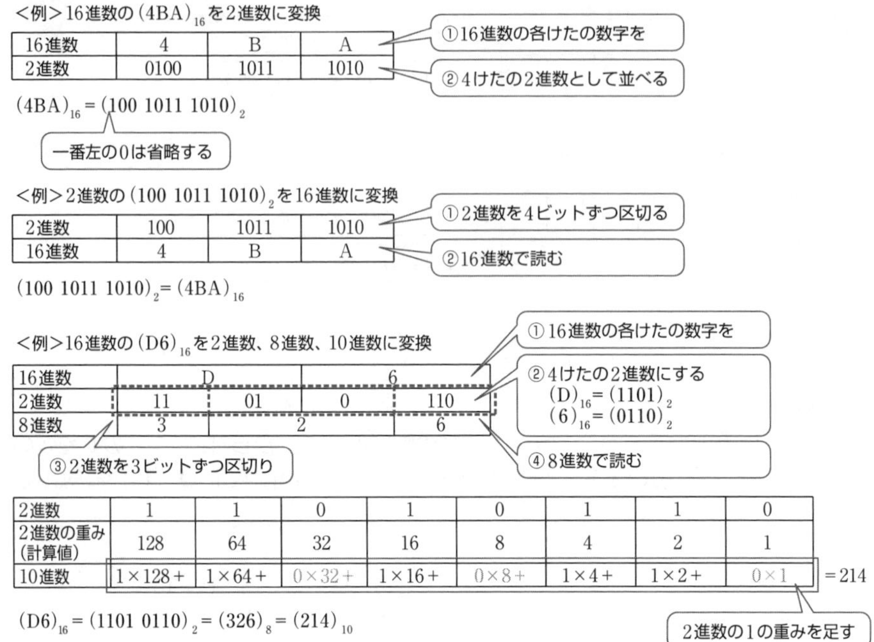

<例>16進数の$(4BA)_{16}$を2進数に変換

16進数	4	B	A
2進数	0100	1011	1010

①16進数の各けたの数字を
②4けたの2進数として並べる

$(4BA)_{16} = (100\ 1011\ 1010)_2$

一番左の0は省略する

<例>2進数の$(100\ 1011\ 1010)_2$を16進数に変換

2進数	100	1011	1010
16進数	4	B	A

①2進数を4ビットずつ区切る
②16進数で読む

$(100\ 1011\ 1010)_2 = (4BA)_{16}$

<例>16進数の$(D6)_{16}$を2進数、8進数、10進数に変換

16進数	D		6	
2進数	11	01	0	110
8進数	3	2		6

①16進数の各けたの数字を
②4けたの2進数にする
$(D)_{16} = (1101)_2$
$(6)_{16} = (0110)_2$
③2進数を3ビットずつ区切り
④8進数で読む

2進数	1	1	0	1	0	1	1	0
2進数の重み（計算値）	128	64	32	16	8	4	2	1
10進数	1×128＋	1×64＋	0×32＋	1×16＋	0×8＋	1×4＋	1×2＋	0×1

＝214

$(D6)_{16} = (1101\ 0110)_2 = (326)_8 = (214)_{10}$

2進数の1の重みを足す

2進化10進数（BCDコード）

2進数表現を10進数表現に近づけたのが、BCDコードです。10進数の各けたを4けたの2進数で表したものです。

図11-4-5 10進数→BCDコードへの基数変換

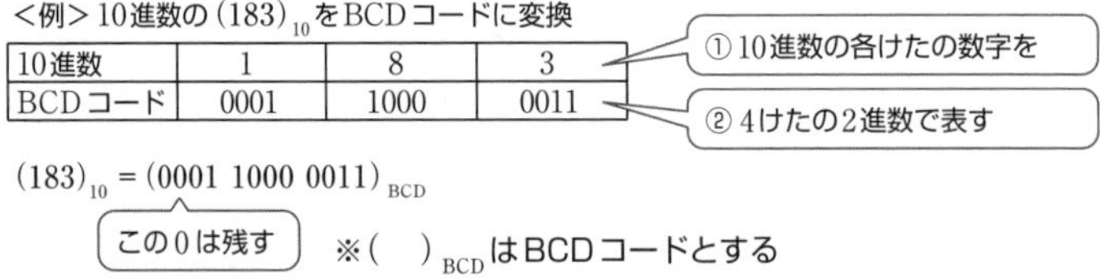

<例>10進数の$(183)_{10}$をBCDコードに変換

10進数	1	8	3
BCDコード	0001	1000	0011

①10進数の各けたの数字を
②4けたの2進数で表す

$(183)_{10} = (0001\ 1000\ 0011)_{BCD}$

この0は残す
※(　)$_{BCD}$はBCDコードとする

POINT

- ▶ 2進→10進 といえば 1、2、4、8、…（重み）を加算
- ▶ 2進→8進 といえば 2進を3けたずつ区切る
- ▶ 2進→16進 といえば 2進を4けたずつ区切る
- ▶ BCDコード といえば 10進1けたを4けたの2進で表す

練習問題 › 01

次の（ ① ）～（ ⑤ ）の空白箇所の数は。

(1) 2 進数の$(1101)_2$ を 10 進数に変換すると（ ① $)_{10}$ になる。
(2) 10 進数の$(23)_{10}$ を 2 進数に変換すると（ ② $)_2$ になる。
(3) 10 進数の$(23)_{10}$ を 2 進化 10 進数に変換すると（ ③ $)_{BCD}$ になる。
(4) 2 進数の$(1101)_2$ を 16 進数に変換すると（ ④ $)_{16}$ になる。
(5) 16 進数の$(C3)_{16}$ を 10 進数に変換すると（ ⑤ $)_{10}$ になる。

解き方

① 2進数 → 10進数

2進数	1	1	0	1
2進数の重み（計算値）	8	4	2	1
10進数	1×8＋	1×4＋	0×2＋	1×1

8＋4＋1＝13
2進数の1の下の重みを足す

$(1101)_2 = (13)_{10}$

② 10進数 → 2進数

10進数	23		7	3	1
2進数の重み（計算値）	16	8	4	2	1
重みを引いた残り	7		3	1	0
2進数	1	0	1	1	1

23から2進数の重みを引き、引けたら1引けなければ0とする

$(23)_{10} = (10111)_2$

③ 10進数 → 2進化10進数

10進数	2	3
BCDコード	0010	0011

$(23)_{10} = (0010\ 0011)_{BCD}$

④ 2進数 → 16進数

2進数	1	1	0	1
2進数の重み（計算値）	8	4	2	1
10進数	1×8＋	1×4＋	0×2＋	1×1

8＋4＋1＝13

$(1101)_2 = (13)_{10} = (D)_{16}$

⑤ 16進数 → 10進数

16進数	C	3
2進数（4けた）	1100	0011

128＋64＋2＋1＝195

2進数	1	1	0	0	0	0	1	1
2進数の重み（計算値）	128	64	32	16	8	4	2	1
10進数	1×128＋	1×64＋	0×32＋	0×16＋	0×8＋	0×4＋	1×2＋	1＋1

$(C3)_{16} = (195)_{10}$

解答 ① 13　② 10 111　③ 00 100 011　④ D　⑤ 195

解説

2 進、10 進、16 進、BCD コードの各基数変換はよく出題されるので、基本をおさえておきましょう。

例題 1

｜重要度★★｜令和元年度｜機械｜問 18｜

論理関数について、次の (a) 及び (b) の問に答えよ。

(a) 論理式 $X\cdot Y\cdot Z+X\cdot\overline{Y}\cdot\overline{Z}+\overline{X}\cdot Y\cdot Z+X\cdot\overline{Y}\cdot Z$ を積和形式で簡略化したものとして、正しいものを次の (1) ～ (5) のうちから一つ選べ。

(1) $X\cdot Y+X\cdot Z$　(2) $X\cdot\overline{Y}+Y\cdot Z$　(3) $\overline{X}\cdot Y+X\cdot Z$
(4) $X\cdot Y+\overline{Y}\cdot Z$　(5) $X\cdot Y+\overline{X}\cdot Z$

(b) 論理式 $(X+Y+Z)\cdot(X+Y+\overline{Z})\cdot(X+\overline{Y}+Z)$ を和積方式で簡略化したものとして、正しいものを次の (1) ～ (5) のうちから一つ選べ。

(1) $(X+Y)\cdot(X+Z)$　(2) $(X+\overline{Y})\cdot(X+Z)$　(3) $(X+Y\cdot(Y+\overline{Z})$
(4) $(X+\overline{Y})\cdot(Y+Z)$　(5) $(X+Z)\cdot(Y+\overline{Z})$

解き方

解答 (a) (2)　(b) (1)

(a)

$$\boxed{X\cdot Y\cdot Z}_{①}+\boxed{X\cdot\overline{Y}\cdot\overline{Z}}_{②}+\boxed{\overline{X}\cdot Y\cdot Z}_{③}+\boxed{X\cdot\overline{Y}\cdot Z}_{④}$$

$$=X\cdot\overline{Y}(\boxed{Z+\overline{Z}})+Y\cdot Z(\boxed{X+\overline{X}})$$

②+④　$\boxed{Z+\overline{Z}}=1$　①+③　$\boxed{X+\overline{X}}=1$

※共通変数でくくる積

$$=X\cdot\overline{Y}+Y\cdot Z$$

グループⅠ+グループⅡ $=\boxed{X\cdot\overline{Y}}+\boxed{Y\cdot Z}$
グループⅠ内の共通変数 → $X\cdot\overline{Y}$
グループⅡ内の共通変数 → $Y\cdot Z$

(a)の別解

カルノー図を利用する方法

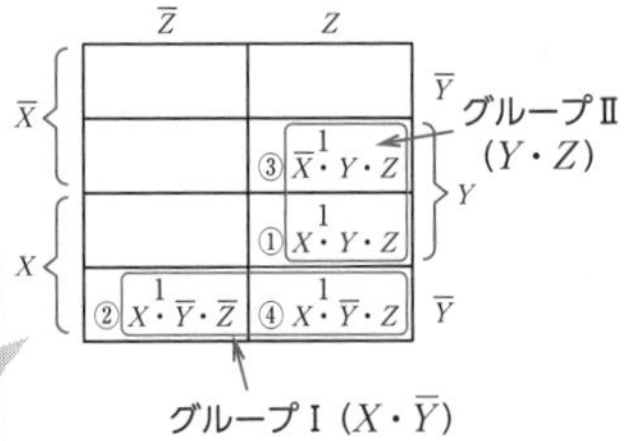

	$\overline{Z}$	Z	
$\overline{X}$			$\overline{Y}$
$\overline{X}$		③ 1 $\overline{X}\cdot Y\cdot Z$	Y
X		① 1 $X\cdot Y\cdot Z$	Y
X	② 1 $X\cdot\overline{Y}\cdot\overline{Z}$	④ 1 $X\cdot\overline{Y}\cdot Z$	$\overline{Y}$

グループⅡ $(Y\cdot Z)$
グループⅠ $(X\cdot\overline{Y})$

(b)

$$(X+Y+Z)\cdot(X+Y+\overline{Z})\cdot(X+\overline{Y}+Z)$$

$$=\overline{\overline{(X+Y+Z)\cdot(X+Y+\overline{Z})\cdot(X+\overline{Y}+Z)}}$$

← 関数全体を否定
ド・モルガンの定理　} + ←→ ・ 入れ替える

$$=\overline{\overline{X}\cdot\overline{Y}\cdot\overline{Z}+\overline{X}\cdot\overline{Y}\cdot Z+\overline{X}\cdot Y\cdot\overline{Z}}$$

← 個々に否定

$$=\overline{\overline{X}\cdot\overline{Y}(\boxed{\overline{Z}+Z})+\overline{X}\cdot\overline{Z}(\boxed{Y+\overline{Y}})}$$

$\boxed{\overline{Z}+Z}=1$　$\boxed{Y+\overline{Y}}=1$

← 共通変数でくくる　[積項は重複して使用できる $\overline{X}\cdot\overline{Y}\cdot\overline{Z}$ を2回使用]

$$=\overline{\overline{X}\cdot\overline{Y}+\overline{X}\cdot\overline{Z}}$$

← 関数全体を否定
ド・モルガンの定理　} + ──→ ・

$$=\boxed{\overline{\overline{X}\cdot\overline{Y}}}\cdot\boxed{\overline{\overline{X}\cdot\overline{Z}}}$$

← 個々に否定
□を1つの変数と考える
ド・モルガンの定理

$$=(\overline{\overline{X}}+\overline{\overline{Y}})\cdot(\overline{\overline{X}}+\overline{\overline{Z}})$$

$$=(X+Y)\cdot(X+Z)$$

解説

積和形式：積項（掛け算の形）の項目を加算する形式の論理式をいいます。

和積形式：和項（足し算の形）の項目を掛け算する形式の論理式をいいます。

ド・モルガンの定理：ある論理関数全体を否定したものは、元の関数の各変数を個々に否定し、論理和（+）と論理積（・）の記号を入れ替えたものに等しい、とする定理です。

例　$\overline{A+B}=\overline{A}\cdot\overline{B}$　　$\overline{A\cdot B}=\overline{A}+\overline{B}$

第3部

電力

1-1 水力発電所の発電方式といえば 水路式、ダム式、揚水式など

水力発電の仕組み

水力発電は、高い位置にある河川や貯水池の水を低い位置にある水車に導き、水車で発電機を回転することによって電力を発生します。すなわち、水の持つ**位置エネルギー**を水車によって**機械エネルギー**に変え、発電機により**電気エネルギー**に変換するのが水力発電です。

落差のつくり方の分類

河川の水を発電のために利用するには、河川をせき止めて、発電に適合するように落差をつくります。落差のつくり方で発電方式を分けると、**水路式**、**ダム式**、**ダム水路式**、**流域変更式**などがあります。

水路式発電所

自然の河川こう配を利用します。川の上流に**取水ダム**をつくり、取水口から水を取り入れ、緩やかなこう配の**水路**をつくり、河川の下流との間の**落差**を利用して、発電する方式です。

図1-1-1 水路式発電所

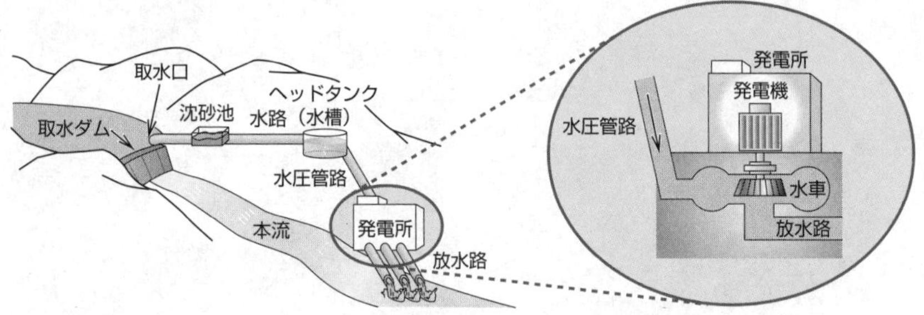

ダム式発電所

河川を横切って**ダム**を築き、水をせき止めて人造湖をつくり、その**落差**を利用して発電する方式です。流量のコントロールにより農業用水、工業用水、飲料水など、**多目的**に利用できます。

ダム式発電所は工期が長く、建設費用が高くなります。

図1-1-2　ダム式発電所

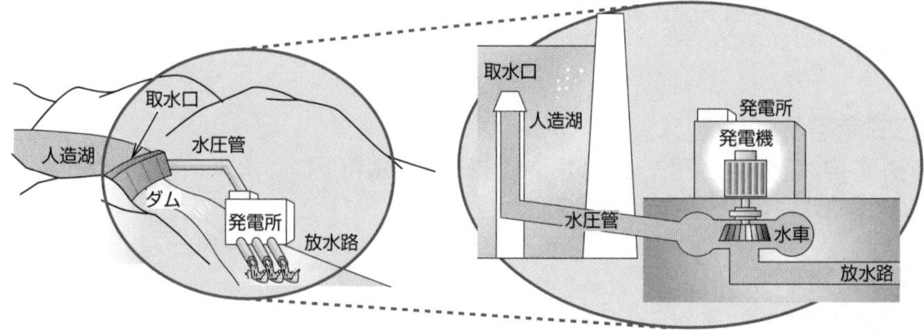

ダム水路式発電所

ダムにより上流と下流の間に落差をつくり、取水した水をゆるやかなこう配の圧力水路で発電所近くまで導水し、河川との間にさらに落差を加えるもので、**ダム**と**水路**を利用します。高い落差で大容量の発電ができます。ダム水路式発電所は工期が長く、建設費用が高くなります。

図1-1-3　ダム水路式発電所

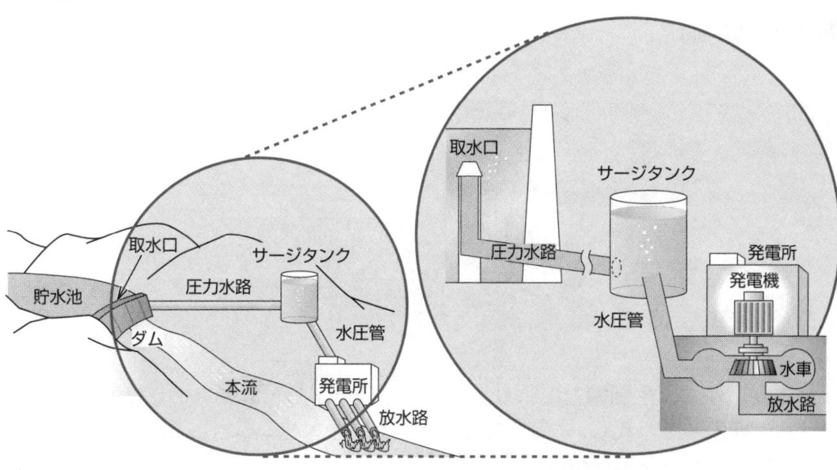

流域変更式発電所

流域変更式発電所は、他の河川の流域に放流して落差を得る方式です。他の河川に水を導いた方が落差をとりやすい場合、水を他の流域に導いて貯水したり、下流の落差を有効に利用するときなどに用いられます。

水の利用方法別による発電方式

水の使い方で発電方式を分類すると、流込式、調整池式、貯水池式、及び揚水式があります。

流込式発電所

河川の自然流量を利用する発電所を、**流込式発電所**（ながれこみしきはつでんしょ）といいます。調整池や貯水池のない水路式発電所で用いられます。

調整池式発電所

水路の途中または取水口の前に調整池を設け、河川からの取水量と発電に必要な水量との差を調整池に蓄えたり放出したりすることによって負荷の変動に応じる発電所を、**調整池式発電所**（ちょうせいちしきはつでんしょ）といいます。この発電所は、1日あるいは数日間の発電の調整を行います。

貯水池式発電所

調整池より大きな貯水池に水をため、自然流量の少ない季節（水の不足した時期）の発電に貯水を利用する発電所を**貯水池式発電所**（ちょすいちしきはつでんしょ）といいます。

揚水式発電所

図1-1-4 揚水式発電所

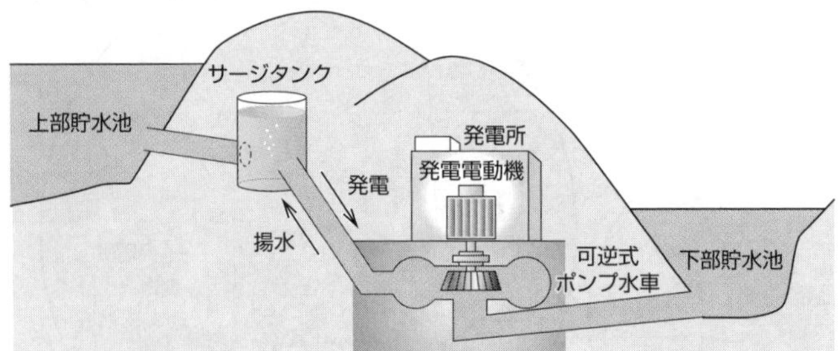

揚水式発電所（ようすいしきはつでんしょ）は、**余剰電力**により上部貯水池に**揚水**（ようすい）し、必要なときに**発電する**ものです。一種の蓄電方式で、余剰電力を用い、上部貯水池に揚水してエネルギーを貯蔵するもので、**ピーク負荷時に発電**します。

POINT

- ▶**落差のつくり方** といえば 水路式、ダム式、ダム水路式、流域変更式
- ▶**水の利用方法** といえば 流込式、調整池式、貯水池式、揚水式

1-2 水頭 といえば 位置水頭、圧力水頭、速度水頭

● 流水が持つエネルギーと水頭

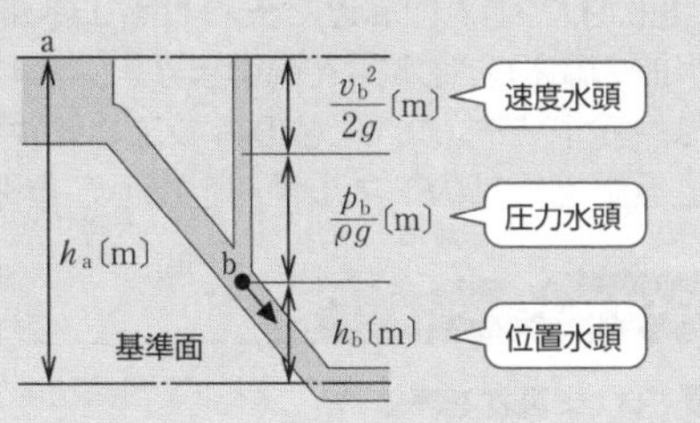

流水が持つエネルギー

流水は、**位置**エネルギー、**運動**エネルギー、**圧力**によるエネルギーを持っています。上図のように、基準面より h_a〔m〕の高さにある m〔kg〕の水は、mgh_a〔J〕の位置エネルギーを持っています（静止状態の水が持つエネルギー。g = 9.8 m/s^2）。この水が水管を下降するとき、基準面より高さ h_b〔m〕の点における流水の持つエネルギーは、次の 3 つの形態で表すことができます。

位置エネルギー　mgh_b〔J〕

運動エネルギー　$\frac{1}{2}mv_b^2$〔J〕

圧力エネルギー　$m\frac{p_b}{\rho}$〔J〕

m：水の質量〔kg〕
g：重力加速度。g = 9.8 m/s^2
h_b：b 点の基準面からの高さ〔m〕
v_b：b 点における流速〔m/s〕
p_b：b 点における圧力〔Pa〕※1
ρ：水の密度 ≒1 000 kg/m^3

ベルヌーイの定理

水管を流れる水が持つ**エネルギーの総和**は、最初に持っていたエネルギー mgh_a〔J〕（静止状態の水が持つエネルギー）に等しく、高さや流速が変化しても一定となります。これを、**ベルヌーイの定理**といいます。

POINT

▶流水が持つエネルギー といえば 位置、運動、圧力の各エネルギーの総和は等しい

ベルヌーイの定理　$mgh_a = mgh_b + \frac{1}{2}mv_b^2 + m\frac{p_b}{\rho}$〔J〕

※1　Pa：面積 1 m^{2}当たりに 1N の力が働くときの圧力を 1Pa（パスカル）といいます。1Pa = 1N/m^2

上式の両辺を mg〔N〕で割ると、水頭（すいとう）になります。水頭は高さの単位で表します。

水頭 $$h_a = h_b + \frac{v_b^2}{2g} + \frac{p_b}{\rho g} \text{〔m〕}$$

位置水頭　速度水頭　圧力水頭

右辺の各項目は、それぞれ**位置水頭**、**速度水頭**、**圧力水頭**といいます。実際は、管の摩擦、曲がり、出入口などで失われるエネルギーとして各種の損失水頭があり、すべての水頭の総和を**全水頭**といいます。

水頭はヘッドともいい、水の持つエネルギーを水柱の高さに置き換えたもので、水の**単位重量当たりのエネルギー**ということもできます。

POINT

▶水頭 といえば 高さを表す

位置水頭 といえば 高さ h

速度水頭 $\frac{v^2}{2g}$ といえば 速度の 2 乗に比例

圧力水頭 $\frac{p}{\rho g}$ といえば 圧力に比例

位置水頭＋速度水頭＋圧力水頭＋損失水頭＝一定　水頭の総和（全水頭）は一定

練習問題 01

ベルヌーイの定理

基準面より h_a〔m〕の高さにある水について、高さが h_b〔m〕における速度が v_b〔m/s〕、圧力が p_b〔Pa〕、単位体積当たりの密度 ρ〔kg/m³〕、重力加速度 g〔m/s²〕としたとき、ベルヌーイの定理を適用するときの式は。

解き方

$$h_a = \boxed{h_b + \frac{v_b^2}{2g} + \frac{p_b}{\rho g}}$$

高さ h_a における水頭　高さ h_b における流水が持つ水頭の総和

位置水頭 ＋ 速度水頭 ＋ 圧力水頭 ＝ 一定

3 種類の水頭は水圧管の場所に応じて変化しますが、総和は一定になります。

解答　$h_a = h_b + \frac{v_b^2}{2g} + \frac{p_b}{\rho g}$

1〜3 水力発電所の理論水力 といえば 流量と有効落差に比例

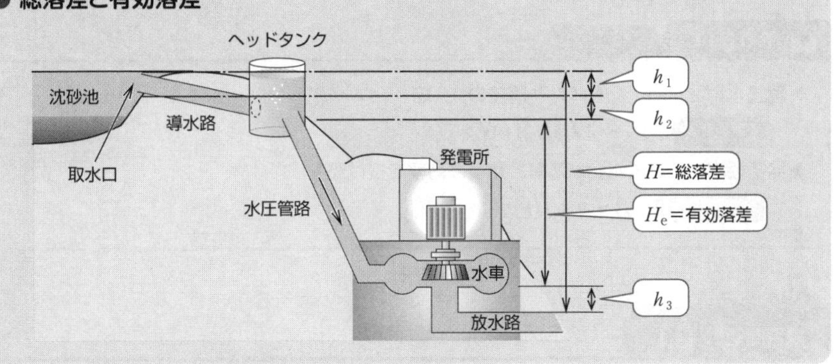

総落差と有効落差

水力発電所では、上図のように、取水口→導水路→ヘッドタンク（水槽）→水圧管路→水車→放水路の順で水が流れます。取水口から放水路までの水位の差 H〔m〕を**総落差**といいます。実際には、導水路、水圧管路などに流水の摩擦によるエネルギーの損失があり、これを水頭で表して**損失水頭**（そんしつすいとう）といいます。総落差から損失水頭を差し引き、実際に水車に有効に働く落差を**有効落差**といいます。有効落差 H_e〔m〕は、導水路、水圧管路、放水路における損失水頭をそれぞれ h_1、h_2、h_3〔m〕とすれば、

有効落差 $H_e = H - (h_1 + h_2 + h_3)$〔m〕 ◀ 総落差－損失水頭

水力発電所の出力

水力発電所において、有効落差 H_e〔m〕（水車に有効に作用する水頭）、流量 Q〔m^3/s〕（1 秒間に水車を通過する水量）としたとき、H_e〔m〕と Q〔m^3/s〕の積は、1 秒間に水車に与えられるエネルギー $1\,000QH_e$〔kgf・m/s〕となります。

1 kgf・m/s は、9.8 W に相当するので、水車に与えられる動力 P_0〔kW〕は次式となり、これを**理論水力**といいます。

理論水力 $P_0 = 9.8QH_e$〔kW〕

水車には摩擦などの損失があるので、水車効率を η_t とすれば、水車の出力 P_t〔kW〕は、

$$P_t = 9.8QH_e\eta_t\,〔\mathrm{kW}〕$$

発電機は水車と直結されているので、水車の出力は発電機の入力となり、発電機の効率をη_gとすれば、発電機出力P〔kW〕は、

$$P = 9.8QH_e\eta_t\eta_g\,〔\mathrm{kW}〕$$

有効落差をH_e〔m〕、流量をQ〔$\mathrm{m^3/s}$〕とすると、発電所の理論水力と発電機出力は、次式で求められます。

POINT

▶**理論水力** といえば 流量×有効落差の 9.8 倍

理論水力 $P_0 = 9.8QH_e$〔kW〕

▶**発電機出力** といえば 水車効率と発電機効率を掛ける

発電機出力 $P = 9.8QH_e\eta_t\eta_g$〔kW〕

Q：流量〔$\mathrm{m^3/s}$〕
H_e：有効落差〔m〕
η_t：水車効率
η_g：発電機効率

練習問題 > 01

発電機容量

有効落差 H = 120 m、最大使用水量 Q = 20 $\mathrm{m^3/s}$ の水力発電所に 2 台の水車発電機を設置する。発電機 1 台当たりの容量 S〔MV・A〕は。ただし、水車・発電機の総合効率 η = 0.86、発電機の負荷力率 $\cos\theta$ = 0.95 とする。

解き方

発電機 1 台当たりの容量 S は、

$$S = \frac{1}{2} \times \boxed{9.8QH\eta} \times \frac{1}{\cos\theta}$$

発電機 2 台分の出力〔kW〕

$$= \frac{1}{2} \times 9.8 \times 20 \times 120 \times 0.86 \times \frac{1}{0.95}$$

$$\fallingdotseq 10\,600\ \mathrm{kV \cdot A} = 10.6\ \mathrm{MV \cdot A}$$

解説

発電機出力は、流量と有効落差の積に、水車・発電機の総合効率を掛けます。容量は、力率で割ります。

解答 S = 10.6 MV・A

1-4 年平均河川流量 といえば 1秒間の流出水量

降水量と年平均流量

水力発電のエネルギー源は、水の流量と落差によります。落差はほぼ一定ですが、流量は季節により、または年により変化するので、発電所で利用できる水量をあらかじめ把握するために、年間の平均流量などを求める必要があります。

河川の流水は、河川の流域に降る雨や雪が流れ込んだものです。この量は降水量、または雨量といい、降水量を1年間積算した値を年降水量といいます。

降水量のうち、大部分は地表水となって河川に流れ出します。降水量と河川の流量には一定の関係があり、河川への流出量と降水量との比を**流出係数**といいます。

ある河川の流域面積を A〔km²〕、年降水量を p〔mm〕とすると、その流域の降水による年間の全水量は、

$$Ap \times 10^3 \text{〔m}^3\text{〕}$$

（$A \times 10^6$〔m²〕$\times p \times 10^{-3}$〔m〕）

1年間の流出水量 V〔m³〕は、流出係数 k を掛けて、

$$V = kAp \times 10^3 \text{〔m}^3\text{〕}$$

よって、年間の平均流量 Q〔m³/s〕は、次式で表されます。

POINT

▶年平均流量 Q といえば 1年間の流出水量 ÷1年間の秒数

年平均流量 $$Q = \frac{kAp \times 10^3}{365 \times 24 \times 60 \times 60} \text{〔m}^3\text{/s〕}$$

A：流域面積〔km²〕
p：年降水量〔mm〕
k：流出係数

単位をメートル〔m〕にすれば、$\times 10^3$ は不要

$$Q = \frac{kAp}{1\text{年間の秒数}} \text{〔m}^3\text{/s〕}$$

A：流域面積〔m²〕
p：年降水量〔m〕
k：流出係数

▶流出係数 k といえば 流出量と降水量の比

流出係数 $$k = \frac{\text{河川への流出量}}{\text{降水量}}$$

流量の測定

河川流量の測定方法には、流速計法やピトー管法が用いられます。

流速計法

流速計は、回転羽根があり、水中に入れると流速に比例して回転するもので、一定時間の回転回数から流速を計測し、流速と流水断面積の積から流量を求めます。

ピトー管法

ピトー管は、流体の**流れの速さを測定**する計測器です。図1-4-1において、直角に立てた細管 a の h_1 は圧力水頭、流水に向かって開口のある細管 b の h_2 は圧力水頭と速度水頭の和になります。両水面の差（$h = h_2 - h_1$）は、速度水頭に比例するので、

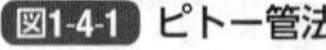
図1-4-1 ピトー管法

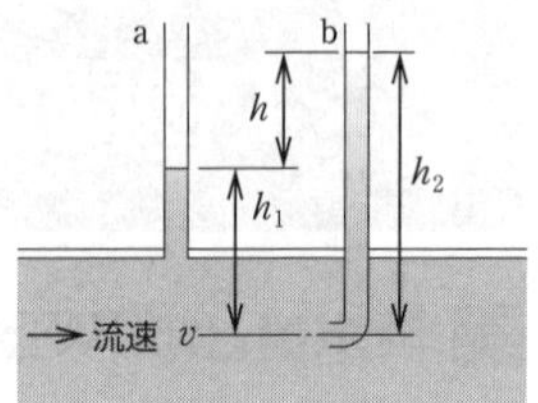

$$h \propto \frac{v^2}{2g} \qquad v = k\sqrt{2gh}\,〔\mathrm{m/s}〕$$

k は比例定数

管内の流速を求め、流速と断面積から流量がわかります。

POINT

▶**流量の測定法** といえば 流速計法、ピトー管法など

練習問題 > 01

年平均流量

流域面積 A = 250 km²、年降水量 p = 1 500 mm、流出係数 k = 70 %、の水力地点において、有効落差 H = 40 m として、流込式発電所の出力 P〔kW〕は。ただし、水車と発電機の総合効率は η = 90 % とし、流量は年間で平均しているものとする。

解き方

年間の流出水量 V〔m³〕は、

$$V = kAp = 0.7 \times 250 \times 10^6 \times 1\,500 \times 10^{-3} = 262.5 \times 10^6\,〔\mathrm{m^3}〕$$

流量 Q〔m³/s〕は、

$$Q = \frac{262.5 \times 10^6}{365 \times 24 \times 3\,600} \fallingdotseq 8.32\ \mathrm{m^3/s}$$

1 年間の秒数

発電所の出力 P は、

$$P = 9.8QH\eta = 9.8 \times 8.32 \times 40 \times 0.9 \fallingdotseq 2\,940\ \mathrm{kW}$$

参考

流出水量 V = 流出係数 k × 流域面積 A × 年降水量 p

$250\ \mathrm{km^2} \rightarrow 250\ (\mathrm{km})^2 = 250 \times (10^3\ \mathrm{m})^2 = 250 \times 10^6\,〔\mathrm{m^2}〕$

$1\,500\ \mathrm{mm} = 1\,500 \times 10^{-3}\,〔\mathrm{m}〕$

解答 $P = 2\,940\ \mathrm{kW}$

1-5 水力設備 といえば ダム、水槽、水圧管路、入口弁

● ダムの種類

（出典）東京電力株式会社

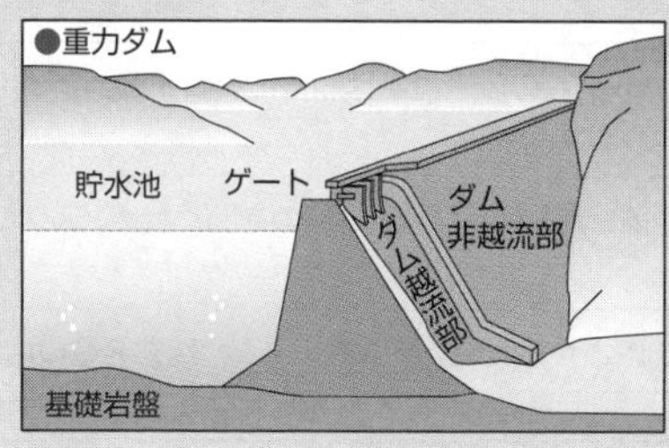

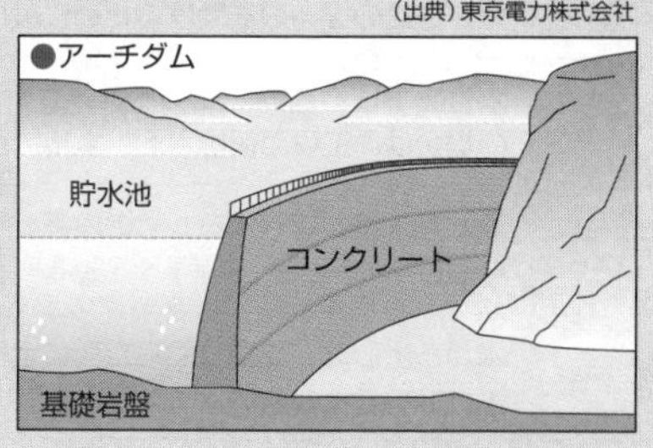

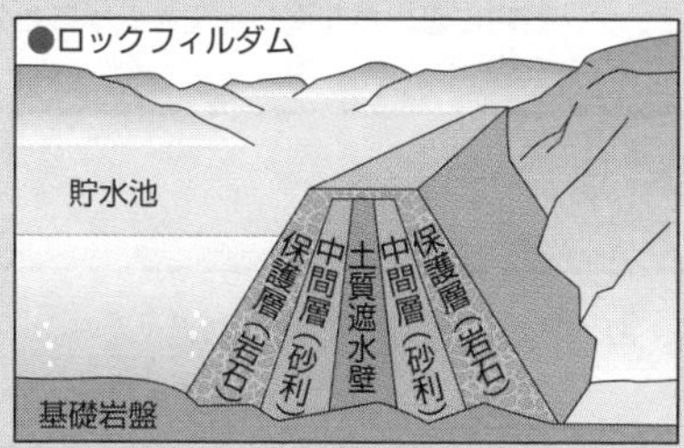

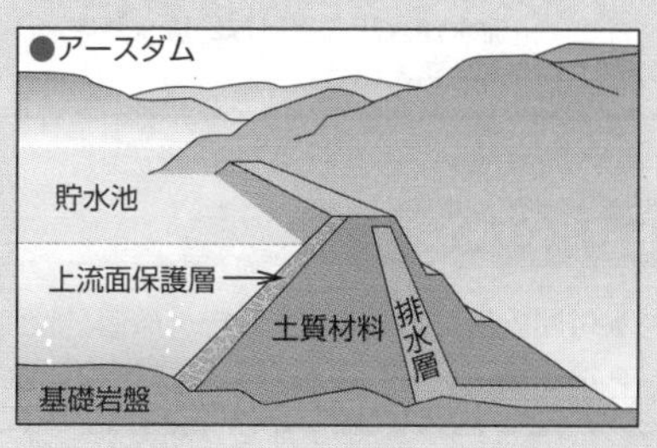

ダムの種類

水力発電所の水力設備には発電用ダム、水槽、水圧管路、入口弁などがあります。発電用ダムは、表1-5-1のような種類があります。

表1-5-1 ダムの種類

名称	内容
重力ダム	コンクリートを主材料とし、自重を大きくすることで水圧に耐えられるようにしたダム
アーチダム	コンクリートで築造し、谷間の堅固なところを利用して、アーチ作用により水圧に耐えるようにしたダム。水圧を両岸の岩盤で支持する
ロックフィルダム	岩石を積み上げたダム。岩石がとれる場所で採用される
アースダム	土壌（土砂、砂利、粘土など）を主材料としたダム

POINT

▶コンクリートダム といえば 重力ダム、アーチダム
▶フィルダム といえば ロックフィルダム、アースダム

ダムの付属設備

ダムの付属設備としては、表1-5-2のようなものがあります。

表1-5-2 ダムの付属設備

名称	内容
余水吐き（よすいはき）	余分な水を放流するもので、コンクリートダムでは堤体（ていたい）に設けることが多い。フィルダムの場合は、水路かトンネルを設けている。
魚道	魚がさかのぼるのを助けるために設ける設備。
放流設備	水位を下げる目的でつくられ、コンクリートダムの放流設備は堤体に設置する。フィルダムの場合は、工事用仮排水トンネルに設けることが多い。
取水口（しゅすいこう）	流水を水路に導水するための設備。土砂や魚、流木などが流れ込むのを防ぐため、スクリーンを設ける。
沈砂池（ちんさち）	水から土砂などを取り除くために土砂を沈殿させる設備。ダム式、ダム水路式発電の場合は、設けないことが多い。
導水路（どうすいろ）	流水が水圧を受けない導水路を無圧水路といい、管内に流水が充満し水圧を受けるものを圧力水路という。

POINT

▶付属設備 といえば 余水吐き、魚道、放流設備、取水口、沈砂池、導水路など
▶導水路 といえば 無圧水路、圧力水路

水槽（すいそう）

水槽には表1-5-3のような種類のものがあります。

表1-5-3 水槽の種類

名称	内容
ヘッドタンク	無圧式の水路の末端と水圧管の間に設ける水槽。負荷の急変による流量の調節、流水中の土砂、浮遊物を取り除くなどの目的がある。
サージタンク（調圧水槽）	圧力水路と水圧管路の間に設けられ、負荷変動やバルブ（弁）の開閉時に生じる水圧の急激な変化、すなわち水撃（すいげき）を抑える働きをする。水撃をサージという。

POINT

▶水槽 といえば 無圧水路のヘッドタンク、圧力水路のサージタンク

水圧管路

水槽または貯水池から水車に圧力水を送水するための水路を**水圧管路**（すいあつかんろ）といいます。これは**水圧鉄管**（すいあつてっかん）という軟鋼（なんこう）製の管です。

水車入口弁

水車入口弁は、水車の入口、すなわち水圧管路の終端部に設け、事故時や点検時に流水を止める役割をします。

図1-5-1 水車入口弁

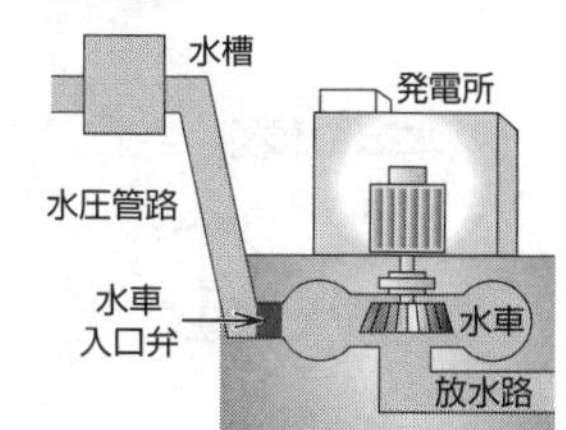

練習問題 > 01

発電所の仕組み

ダム水路式発電所は、ダムと水路の両方で落差を得て発電する方式であり、その構成は次のとおりである。(ア) ～ (エ) に記入する字句は。

取水口 → （ア） → （イ） → （ウ） → 水車 → （エ）

解答 (ア) 導水路 (イ) サージタンク (ウ) 水圧管路 (エ) 放水路

練習問題 > 02

ダムの種類

水力発電用のダムにはいろいろな種類があるが、我が国では、地震の多い関係もあって、従来は原理が簡単な（ア）ダムが一般に用いられた。しかし、地質や地形がよければ、（イ）ダムを用いて資材を節約し、建設費を安くすることができる。また、基礎岩盤として適当なものが見当たらないが、ダムに適する岩石が近くで得られるときには、（ウ）ダムがつくられる。
(ア) ～ (ウ) に記入する字句は。

解答 (ア) コンクリート重力 (イ) アーチ (ウ) ロックフィル

1〜6 水車といえば衝動はペルトン水車、反動はフランシス水車

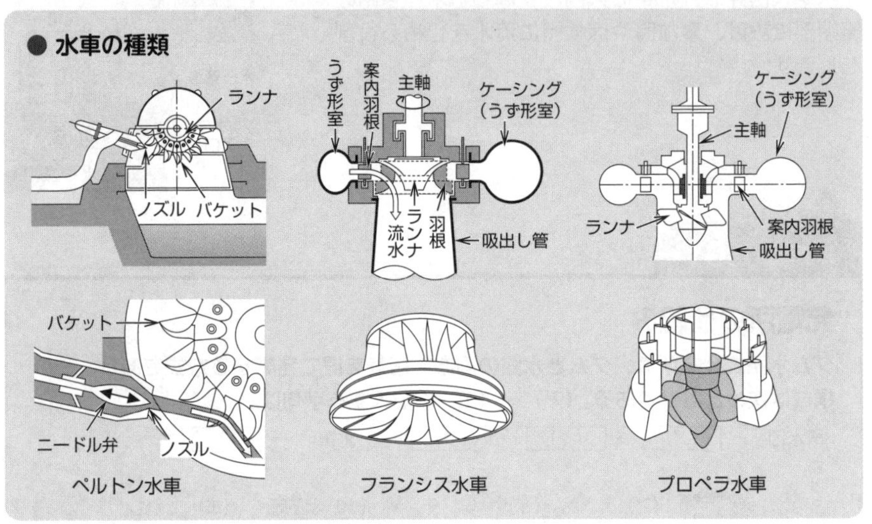

衝動水車と反動水車

水の持つエネルギーを機械エネルギーに変換するために水車が用いられます。水車の主軸は発電機の主軸に直結され、水車を回転すれば発電機が回転し、電力を発生します。

水車は、水の持つエネルギーを機械エネルギーに変える方法によって、**衝動水車**（しょうどうすいしゃ）と**反動水車**（はんどうすいしゃ）に大別されます。

衝動水車

衝動水車は、水の持つエネルギーを速度のエネルギーとしてランナに作用させる構造の水車です。ランナは回転羽根のことで動翼（どうよく）ともいいます。ノズルからの噴出水を水車のバケットに当てて回転させる水車です。**ペルトン水車**は衝動水車で、250〔m〕程度以上の高落差の発電所で用いられます。

反動水車

反動水車は水のエネルギーを圧力のエネルギーとして水車に作用させるもので、水が水車に流入するときの羽根を押す作用と、水車に満たされた水が放出される際に、回転羽根に作用する引っ張る力で回転するものです。

反動水車にはフランシス水車、プロペラ水車、斜流水車、などがあります。

図1-6-1 反動水車の種類

名称	説明
フランシス水車	らせん状に形成されているケーシング（うず形室）からガイドベーン（案内羽根）を通った流水が、ランナの外周部に半径方向から流入し、軸方向に流出する水車。水車は、高い圧力が加わっている取水口部分と、圧力の低い放水口部分との間に位置している。ランナ出口の圧力は低下し、ランナ出口から水面までの高さを有効落差に含めることができ、これを吸出し水頭（すいだしすいとう）という。
プロペラ水車	流水がランナの軸方向に通る水車。低落差の発電所で用いられる。落差や水量に応じてランナの羽根の角度を調節できるものを、カプラン水車という。
斜流水車（しゃりゅうすいしゃ）	水を水車軸に対し斜め方向より流入させる水車の総称。羽根の角度を調整できる可動羽根斜流水車（デリア水車）がある。

POINT

▶水車の種類 といえば ペルトン、フランシス、プロペラ、斜流水車など

- ペルトン水車（衝動水車）　高落差：250 m 以上
- フランシス水車（反動水車）　適用落差が広範囲：50～500 m
- プロペラ水車（反動水車）　低落差：5～80 m
- 斜流水車（反動水車）　中落差：40～200 m

吸出し管

吸出し管（すいだしかん）はドラフトチューブともいいます。反動水車のランナの出口から放水面までの落差を有効に利用するために設けられるもので、内部の水の重さが吸出し力として働きます。

水車の比速度

実物の水車を相似形で縮小したとき、単位落差（= 1 m）で単位出力（= 1 kW）を発生するために必要な回転速度を、**比速度**（ひそくど）といいます。

実物水車の定格回転速度を N〔min^{-1}〕、実物水車の有効落差を H〔m〕とすれば、比速度 N_s〔m・kW〕は、次式で計算できます。ただし、P〔kW〕は、実物水車のランナもしくはペルトン水車のノズル1個当たりの出力です。

比速度 $$N_s = N\frac{P^{\frac{1}{2}}}{H^{\frac{5}{4}}}\text{〔m・kW〕}$$ ※1

※1　m・kW：落差の単位が〔m〕、出力の単位が〔kW〕のときの値であることを示します。

キャビテーション

キャビテーションは、流水中の水車表面で圧力差により泡の発生と消滅が起きる物理現象です。空洞現象ともいいます。運転中の水車各部の流速や圧力が異なることで、部分的に圧力が低下し、流水中に微細な気泡が発生します。この気泡が流れて圧力が高くなったところで突然つぶれ、その瞬間に部分的に大きな衝撃を与え、ランナ表面が浸食されたり、効率の低下を起こしたりします。

これを防止するには、水車の比速度及び吸出し水頭をあまり大きくとらないように設計し、ステンレス鋼などの浸食に強い金属材料のランナを用います。

POINT

▶キャビテーションの障害 といえば ランナの浸食、効率の低下、振動、騒音など

キャビテーションの防止法 といえば

- 比速度を高くしすぎない
- 吸出し高さを低くする
- 軽負荷や過負荷運転を避ける
- ランナの表面を平滑に仕上げる
- 吸出し管上部に適当量の空気を注入し低圧部ができないようにする

水車の速度変動率と速度調定率

水車の出力が変動すると、回転速度、発電機の端子電圧及び水圧が変化します。

速度変動率

速度変動率は、水車の負荷が急に変化したときに生じる回転速度の変化量と定格回転速度 N_n〔min^{-1}〕の比を % で表したものです。負荷が変化する前の回転速度を N_1〔min^{-1}〕、変化した後の回転速度を N_2〔min^{-1}〕としたとき、速度変動率 δ_m〔%〕は、次式となります。水車は、一般に定格回転速度で運転されているので、$N_1 = N_n$ ですが、わずかに速度変動があるため、次式のように表します。一般に、全負荷遮断時の速度変動率は、30% 程度です。

POINT

▶速度変動率 といえば 負荷急変時の回転速度の変化量と定格回転速度との比

速度変動率 $$\delta_m = \frac{N_2 - N_1}{N_n} \times 100 \text{〔\%〕}$$

速度調定率

速度調定率は、一定出力で水車を運転中に発電機の出力を変化させたとき、回転速度の変化分と発電機出力の変化分の比を % で表したものです。

定格回転速度を N_n〔min^{-1}〕、定格出力を P_n〔kW〕として、回転速度 N_1〔min^{-1}〕、出力 P_1〔kW〕で運転中のとき、負荷が変化して回転速度が N_2〔min^{-1}〕、出力 P_2〔kW〕に変化したとき、速度調定率 α〔%〕は、次式となります。

POINT

▶速度調定率 といえば 出力変化時の回転速度の変化分と出力の変化分の比

$$\alpha = \frac{\dfrac{N_2 - N_1}{N_n}}{\dfrac{P_1 - P_2}{P_n}} \times 100〔\%〕 \qquad P_2 = 0、P_1 = P_n のとき、\alpha = \frac{N_2 - N_1}{N_n} \times 100〔\%〕$$

定格出力で運転中に出力が 0 になったときの速度調定率

練習問題 〉01

水車の比速度

水車の比速度に関する記述において、空白箇所に当てはまる語句は。

比速度とは、任意の水車の形（幾何学的形状）と運転状態（水車内の流れの状態）とを相似に保って［（ア）］を変えたとき、［（イ）］で単位出力（1 kW）を発生させる仮想水車の回転速度のことである。

水車では、ランナの形や特性を表すものとしてこの比速度が用いられ、水車の［（ウ）］ごとに適切な比速度の範囲が存在する。

水車の回転速度を N〔min^{-1}〕、有効落差を H〔m〕、ランナ 1 個当たり又はノズル 1 個当たりの出力を P〔kW〕とすれば、この水車の比速度 N_s は、次の式で表される。

$$N_s = N \cdot \frac{P^{\frac{1}{2}}}{H^{\frac{5}{4}}}$$

通常、ベルトン水車の比速度は、フランシス水車の比速度より［（エ）］。

比速度の大きな水車を大きな落差で使用し、吸出し管を用いると、放水速度が大きくなって、［（オ）］が生じやすくなる。そのため、各水車には、その比速度に適した有効落差が決められている。

解説

比速度の範囲は、ペルトン水車 10～25、フランシス水車 50～350 となります。またキャビテーションとは、流水中の水車表面で圧力差により泡の発生と消滅が起きる物理現象で、空洞現象ともいいます。

解答 （ア）大きさ （イ）単位落差（1 m）（ウ）種類 （エ）小さい （オ）キャビテーション

1〜7 揚水発電 といえば 余剰電力の利用

揚水発電、揚水電力

揚水発電は、軽負荷時の**余剰電力を利用し**、下部貯水池からポンプにより揚水して上部貯水池に貯水し、重負荷（ピーク負荷）時に上部貯水池の水により**発電**する方式です。

揚水時の電動機所要動力 P_m〔kW〕は、全揚程（実揚程）を H〔m〕、流量を Q〔m^3/s〕、ポンプ及び電動機の効率を η_p、η_m としたとき、次式となります。

POINT

▶揚水電力 といえば 理論値をポンプと電動機の効率で割る

$$P_m = \frac{9.8QH}{\eta_p \eta_m}\text{〔kW〕}$$

P_m：揚水電力〔kW〕、Q：流量〔m^3/s〕、H：全揚程〔m〕
η_p：ポンプ効率、η_m：電動機効率

揚水発電所の総合効率

揚水発電所の総合効率 η は、発電出力電力量 W_g〔kW・h〕と揚水入力電力量 W_m〔kW・h〕の比です。総落差を H_0〔m〕、発電時及び揚水時の損失落差を H_ℓ〔m〕とすれば、次式で表されます。総合効率は 65〜75% くらいです。

POINT

▶揚水発電所の総合効率 といえば ポンプ、電動機、水車、発電機各効率の積に比例

$$\eta = \frac{W_g}{W_m} \times 100 = \frac{H_0 - H_\ell}{H_0 + H_\ell}\eta_p \eta_m \eta_t \eta_g \times 100\text{〔\%〕}$$

W_g：発電出力電力量〔kW・h〕
W_m：揚水入力電力量〔kW・h〕
H_0：総落差〔m〕、H_ℓ：損失落差〔m〕
η_p：ポンプ効率、η_m：電動機効率
η_t：水車効率、η_g：発電機効率

例題 1

｜重要度★★★｜令和 4 年度上期｜電力｜問 15｜

揚水発電所について、次の (a) 及び (b) の問に答えよ。
ただし、水の密度を 1 000 kg/m^3、重力加速度を 9.8 m/s^2 とする。

(a) 揚程 450 m、ポンプ効率 90 %、電動機効率 98 % の揚水発電所がある。揚水により揚程及び効率は変わらないものとして、下池から 1 800 000 m^3 の水を揚水するのに電動機が要する電力量の値〔MW・h〕として、最も近いものを次の (1) ～ (5) のうちから一つ選べ。

(1) 1 500　(2) 1 750　(3) 2 000　(4) 2 250　(5) 2 500

(b) この揚水発電所において、発電電動機が電動機入力 300 MW で揚水運転しているときの流量の値〔m^3/s〕として、最も近いものを次の (1) ～ (5) のうちから一つ選べ。

(1) 50.0　(2) 55.0　(3) 60.0　(4) 65.0　(5) 70.0

解き方

解答 (a) － (5)、(b) － (3)

(a) 揚水時の電動機所要動力 P_m は、

$$P_m = \frac{9.8QH}{\eta_p \eta_m} \text{〔kW〕} \cdots (1)$$

Q：流量〔m^3/s〕、H：揚程〔m〕、
η_p：ポンプ効率、η_m：電動機効率

下池から揚水するのに電動機が要する電力量（P_m〔kW〕× T〔h（時）〕）は、

$$P_m \times T = \frac{9.8QH}{\eta_p \eta_m} \times T \text{〔kW・h〕} \cdots (2)$$

式 (1) の両辺に電動機の運転時間 T を掛ける

下池の水を流量 Q〔m^3/s〕で T〔h（時）〕＝ 3 600T〔s（秒）〕の間揚水することから
流量〔m^3/s〕×運転時間〔s〕＝揚水量〔m^3〕より、

$$Q \times 3\,600\,T = 1\,800\,000 \text{〔m}^3\text{〕}$$

$$QT = \frac{1\,800\,000}{3\,600} = 500$$

式 (2) に数値を代入し電力量を求めると、

$$P_m \times T = \frac{9.8 \times H}{\eta_p \eta_m} \times QT = \frac{9.8 \times 450}{0.9 \times 0.98} \times 500$$

$$= 2\,500 \times 10^3 \text{〔kW・h〕}$$

$$= 2\,500 \text{〔MW・h〕}$$

(b) 電動機入力 300 MW で揚水運転しているときの流量 Q を求めます。

$$300 \times 10^3 = \frac{9.8 \times Q \times 450}{0.9 \times 0.98}$$

式 (1) に数値を代入する

$$Q = \frac{300 \times 10^3 \times 0.9 \times 0.98}{9.8 \times 450} = 60.0 \text{ m}^3/\text{s}$$

例題 2

|重要度★★|令和 4 年度下期|電力|問 1 改|

水力発電所に関する記述として、誤っているものを (1) ～ (5) から選べ。

(1) 水管を流れる水の物理的性質を示す式であるベルヌーイの定理は、エネルギー保存の法則に基づく定理である。

(2) 水力発電所は、短時間で起動・停止ができる、耐用年数が長い、エネルギー変換効率が高いなどの特徴がある。

(3) 水力発電は昭和 30 年代前半まで我が国の発電の主力であったが、近年の発電電力量の比率は 20 %程度である。

(4) 河川の 1 日の流量を、年間を通して流量の多いものから順番に配列して描いた流況曲線は、発電電力量の計画において重要な情報となる。

(5) 総落差から損失水頭を差し引いたものを一般に有効落差という。有効落差に相当する位置エネルギーが水車に動力として供給される。

解説

解答 (3)

(1) ベルヌーイの定理：水管を流れる水が持つエネルギーの総和（位置 + 運動 + 圧力）は、静止状態の水が持つエネルギーに等しく、水管のどの位置でも一定となります。

(2) 水力発電所：電力需要のピーク負荷時に運転でき、エネルギー変換効率が高いです。

(3) 我が国の水力発電の発電電力量の比率が 20 %程度は 1970 年代であって以後減少が続き、近年は 8 %前後です。→ (3) は誤りです。

(4) 流況曲線：図は、横軸に日数を、縦軸に毎日の平均流量をとり、流量の大きい日数から順次配列して描いた曲線の例で流況曲線といいます。これは、発電電力量の計画において重要な情報となります。

(5) 有効落差：総落差から損失落差（損失水頭）を差し引いた、水車に有効に働く落差を有効落差といいます。

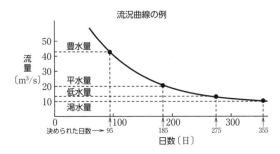

流況曲線の例

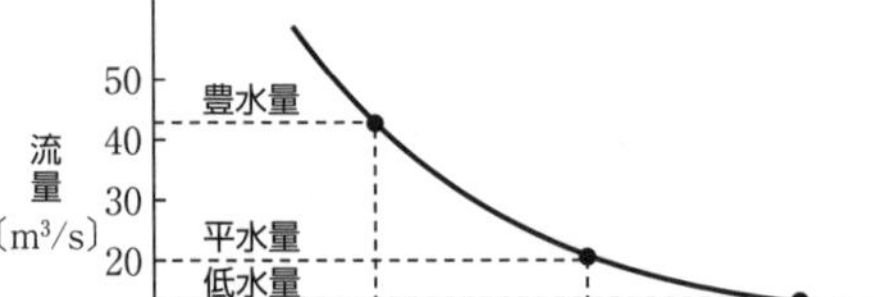

2-1 汽力発電といえば ランキンサイクル、再生、再熱、再熱再生サイクル

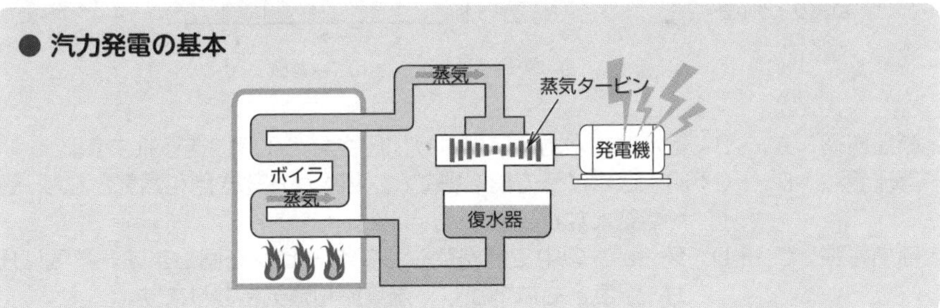

汽力発電

石油、石炭、天然ガスなどの燃料を使って電力を発生する**火力発電**には、**汽力発電**、**内燃力発電**、**ガスタービン発電**などがあります。

汽力発電は、燃料の持つエネルギーを、ボイラ※1で蒸気の**熱エネルギー**に変え、蒸気タービン※2で**機械エネルギー**に変換し、発電機を回して**電気エネルギー**を発生します。

熱サイクル

図2-1-1 熱サイクル

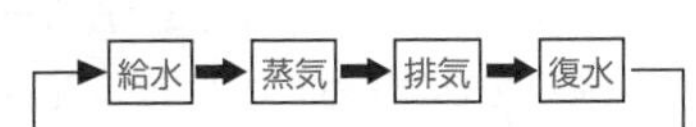

汽力発電所では、燃料を燃焼し、その熱エネルギーで給水を加熱し、蒸気を発生させます。蒸気はタービンで仕事を行った後、タービンから排気され、復水器に入り、冷却されて水に戻されます（これを、復水といいます）。給水は再び加熱し蒸気となります。この連続した流れを、**熱サイクル**といいます。

ランキンサイクル

次の**断熱変化**※3と**等圧変化**※4からなる最も基本的な熱サイクルを、**ランキンサイクル**といいます。図2-1-2はランキンサイクルを表しています。

※1　**ボイラ**：燃料を燃焼させて得た熱を水に伝え、高温・高圧の蒸気を得る熱源機器。
※2　**タービン**：蒸気の圧力や運動エネルギーを回転運動のエネルギーに変え、機械的エネルギーへ変換する装置。
※3　**断熱変化**：外部からの熱の出入りを遮断し膨張または圧縮変化するときの状態をいいます。
※4　**等圧変化**：圧力を一定として受熱、放熱をする状態をいいます。

図2-1-2 ランキンサイクル

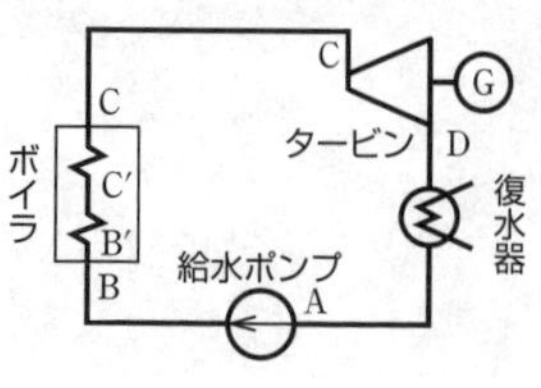

(a) 熱サイクル図

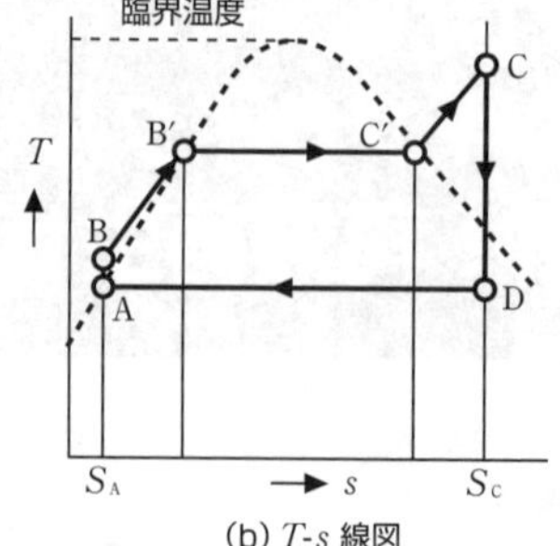

(b) T-s 線図

- **断熱圧縮**　A →B：給水は給水ポンプにより加圧されボイラに送られます。
- **等圧受熱**　B →C：給水はボイラで熱を得て、飽和水から乾き飽和蒸気となり、**過熱蒸気**となります
- **断熱膨張**　C →D：タービンの中で**断熱膨張**してタービンを回します。蒸気は圧力、温度ともに下がり、湿り飽和蒸気となります。
- **等圧放熱**　D →A：タービンから排出された湿り飽和蒸気は**復水器**に入り、放熱して水に戻ります。

コラム

水蒸気の特性

水を熱すると、水温は上がって沸点に達します。沸点に達した水をさらに熱しても温度は上昇せず、熱量は水を蒸発させるために消費されます。沸点は圧力によって変わり、圧力が増すと沸点も高くなります。この沸点をその圧力に対する**飽和温度**、飽和温度にある水を**飽和水**といい、飽和温度にある蒸気は**飽和蒸気**といいます。飽和蒸気中に水分が含まれるものを**湿り飽和蒸気**、水分を含まない蒸気を**乾き飽和蒸気**といいます。

飽和蒸気を加熱すると**乾燥飽和蒸気**となり、さらに加熱すると、加えた熱量に比例して温度が上昇します。これを**過熱蒸気**といいます。

再生サイクル

図2-1-3 のように、蒸気タービンの途中から**蒸気の一部を抽気**して**給水加熱器**で給水を加熱することで熱効率を高める熱サイクルを、**再生サイクル**といいます。

膨張過程の途中の蒸気の一部をボイラ給水に混入し、**抽出蒸気**の持つ熱量を回収するので、復水器中で失われる熱量が減少します。

図2-1-3 再生サイクル

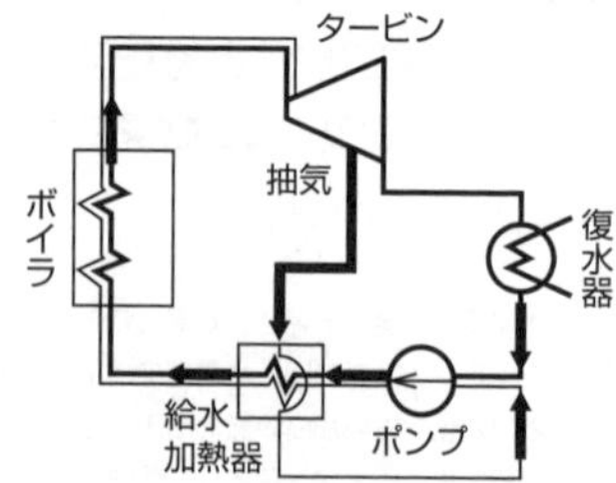

再熱サイクル

蒸気タービンを高圧と低圧に分け、高圧タービンの排気を**再熱器**で再び過熱し、高温蒸気として低圧タービンに用いる熱サイクルを、**再熱サイクル**といいます。

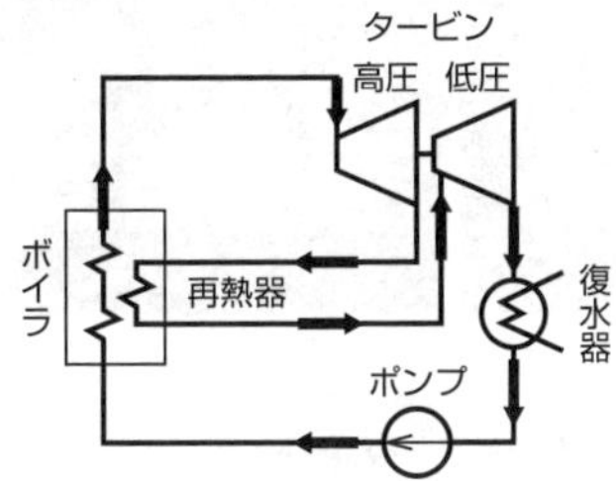

図2-1-4 再熱サイクル

タービンに用いられる蒸気は、過熱蒸気です。これがタービンで膨張すると飽和蒸気に近づき、さらに膨張すると湿り蒸気になります。湿り蒸気はタービン中で摩擦損失を増し、羽根を痛めてしまいます。湿り蒸気をボイラに戻し、**再熱**して低圧タービンで膨張させると熱効率が向上し、水滴によるタービンの損傷を防止できます。

再熱再生サイクル

再生サイクルと再熱サイクルを組み合わせたもので、再熱サイクルの熱力学的な利点と再生サイクルの損失軽減の両方の長所を生かしたものが、**再熱再生サイクル**です。

POINT

- ▶ランキンサイクル といえば 断熱圧縮、等圧受熱、断熱膨張、等圧放熱
- ▶再生サイクル といえば 抽気蒸気で給水を加熱
- ▶再熱サイクル といえば 高圧タービンの排気を再熱し、低圧タービンに用いる

練習問題 〉01

汽力発電所の熱サイクル

汽力発電所の熱サイクルの基本となるのは（ア）サイクルであるが、実際には高圧タービンから出た蒸気を再びボイラで過熱して温度を高める（イ）サイクル及びタービンの途中から蒸気を取り出して給水を加熱する（ウ）サイクル並びにこれらを組み合わせた（エ）サイクルが用いられている。

上記の記述中の空白箇所に記入する用語は。

解説

汽力発電所の基本サイクルはランキンサイクルです。高圧タービンの排気蒸気をボイラで再熱して利用するのは再熱サイクル、給水を加熱するのは再生サイクル、両者を組み合わせた方式を再熱再生サイクルといいます。

解答 （ア）ランキン　（イ）再熱　（ウ）再生　（エ）再熱再生

2-2 ボイラといえば自然循環、強制循環、貫流ボイラ

● ボイラの種類

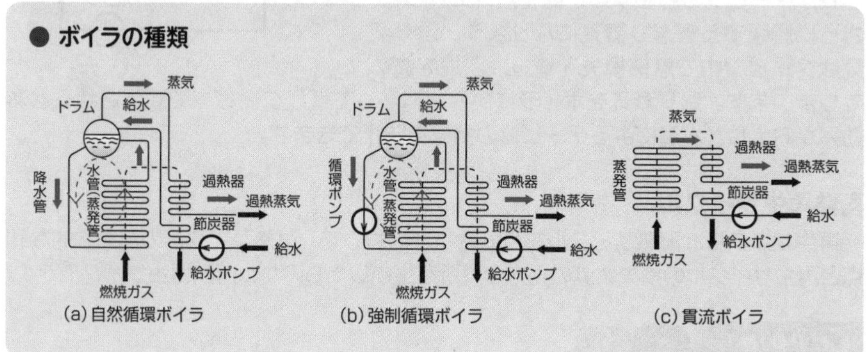

ボイラとボイラ設備

ボイラとは、燃料を燃焼させて得た熱を水に伝え、高温高圧の蒸気に変える熱源機器で、汽缶や缶という呼び方もあります。汽力発電で採用されるボイラは水管式ボイラです。ボイラ水の循環方式から分類すると、**自然循環ボイラ**、**強制循環ボイラ**、**貫流ボイラ**に分けられます。

自然循環ボイラ

蒸発管と降水管中の水の比重差によって、ボイラ水が循環するものを**自然循環ボイラ**といいます。高圧になると蒸気と水の比重差が減少し、ボイラ水の循環が悪くなるので、背の高いボイラ構造とし、降水管を炉外に設けるものが多いです。

強制循環ボイラ

ボイラ水の循環経路である降水管の途中に**循環ポンプ**を設置し、強制的に水を循環させるボイラを、**強制循環ボイラ**といいます。自然循環ボイラと比較して次のような特徴があります。

・急速始動が可能となる。
・ドラム径が小さくなる。
・循環ポンプ用の所内動力が多くなる。
・ボイラ容積を小さくできる。
・水管径を小さくでき、重量が軽くなる。

貫流ボイラ

給水ポンプで圧力をかけて給水し、蒸発管、過熱管を通る間に熱吸収を行って直接過熱蒸気を発生するボイラを、**貫流ボイラ**といいます。次のような特徴があります。

- ドラムや大型管が不要になり、小口径の水管となり軽量化される。
- ボイラの保有水量が少なく、始動停止が容易で、負荷の応答性がよい。
- 給水処理を十分行う必要がある。
- 軽負荷時の蒸気バイパス装置が必要となる。
- 高精度の自動制御装置が必要となる。

ボイラ設備

ボイラには、表2-2-1のような設備が装備されています。

表2-2-1 ボイラ設備

名称	内容
火炉(かろ)	燃料を燃焼させる設備で、最小の過剰空気で燃料を完全燃焼させるようにする。
蒸発部	水を加熱する部分で、水管とドラムからなり、ドラムから蒸気を取り出す（貫流ボイラにはドラムはない）。
過熱器	ドラムまたは蒸発管から出た蒸気を過熱し、過熱蒸気とする部分。
再熱器	タービンで膨張して飽和蒸気に近づいた蒸気を再び過熱し、過熱蒸気として低圧タービンに送る。再熱サイクルのための過熱蒸気をつくる部分。
給水加熱器	タービンで膨張した蒸気の一部を復水器に送る前に抽気して、ボイラ給水を加熱する部分。再生サイクルを行う場合に設ける。
節炭器(せつたんき)	煙道内にあり、ボイラ排ガスの熱で給水を加熱する部分。廃熱の一部を回収するために設けられる。
空気予熱器	煙道に出る排ガスを利用して火炉に供給する空気を加熱する部分。廃熱の一部を回収するとともに、炉の温度を高くするために設ける。
通風装置	燃焼に必要な通風力を与える部分で、煙突、送風機がある。
集じん装置	すす、粉じんなどの浮遊粒子に電荷を与え、電界を加えて有害物質などを捕集し取り除く設備。

POINT

▶自然循環ボイラ といえば 蒸発管と降水管中の水の比重差によってボイラ水が循環
▶強制循環ボイラ といえば 循環ポンプでボイラ水を循環
▶貫流ボイラ といえば 給水ポンプで圧力をかけて給水

2-3 蒸気タービンといえば 衝動タービン、反動タービン

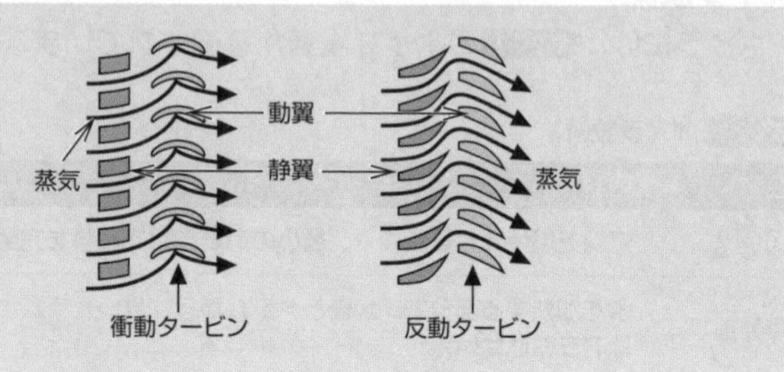

蒸気タービンの分類と装置

蒸気タービンを蒸気の作用で分類すると、**衝動タービン**と**反動タービン**、熱サイクルにより分類すると、代表的なものには**復水タービン**、**背圧タービン**、**混圧タービン**などがあります。

表2-3-1 蒸気タービンの蒸気の作用による分類

名称	内容
衝動タービン	ノズルから出る蒸気の圧力を速度に変換し、衝動力で動翼（どうよく）（回転羽根）を回転させるもの
反動タービン	静翼（せいよく）（固定羽根）と動翼を交互に配置し、過熱蒸気がタービン羽根を通過するときの反動力によって動翼を回転させる。蒸気が動翼を押す作用と蒸気が動翼を通過後に引く作用により回転する

表2-3-2 タービンの熱サイクルによる分類

名称	内容
復水タービン	タービンの排気蒸気を復水器で水に戻すタービン。発電用として多く用いられる
再生タービン	タービンの中間段から抽気を行い、ボイラ給水を加熱するタービン
再熱タービン	高圧タービンで膨張した蒸気を取り出し、ボイラに戻して再熱器で再加熱し、低圧段のタービンで膨張させるもの
背圧（はいあつ）タービン	タービンで使用した蒸気を工場用などに利用するタービン。背圧タービンで工場用蒸気が 2 種類以上必要な場合に、タービンの中間段からも蒸気を抽気するものを抽気背圧タービンという。
混圧タービン	圧力の異なった蒸気を同一タービンに入れて仕事をさせるようにしたタービン

ターニング装置

ターニング装置はターニングギヤともいい、蒸気タービンの停止直後や始動前に毎分数回転の低速度で**回転**させる装置で、回転軸に取り付けてモータで駆動します。室内の温度分布を均一にし、自重による軸の曲がりを防止します。

復水器

復水器とは、蒸気タービンで仕事をした蒸気を排気口で冷却凝縮するとともに、**復水**として回収する装置です。タービン排気を密閉した復水器に導き、冷却水で冷却すれば、蒸気は凝縮して体積を著しく減少します。体積の減少により高真空が得られ、蒸気を低圧まで膨張させることができ、熱効率を向上することができます。

図2-3-1 復水器の基本構造

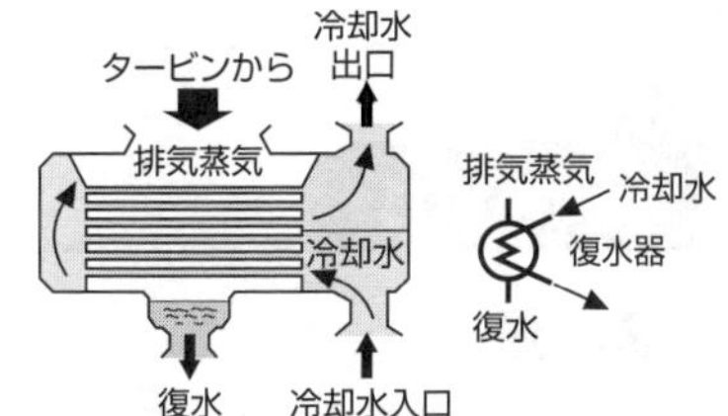

タービン発電機

蒸気タービンで駆動される発電機を**タービン発電機**といいます。蒸気タービンは高速度の方が効率がよいので、発電機も高速機となっています（通常、50 Hz 用は 3 000 min^{-1}、60 Hz 用は 3 600 min^{-1}）。発電機は円筒形回転子の**回転界磁形**（円筒形の電磁石を回転する形式）です。

タービン発電機の冷却方式

冷却方式には、冷却媒体によって分類すると**空気**冷却方式、**水素**冷却方式、**液体**（水や油）冷却方式があります。また、冷却構造で分類すると、間接冷却（普通冷却）方式と直接冷却（内部冷却）方式（導体内部に冷却媒体を流して冷却する方式）に分けられます。

大容量機では直接冷却方式が採用され、冷却媒体には固定子巻線に**水素ガス**、水、油などを用い、回転子巻線の冷却媒体には**水素ガス**が用いられます。

水素ガス冷却方式には、次のような特徴があります。

- 水素ガスの比重は空気の 0.07 倍と小さいので、空気の場合と比較し風損が約 1/10 倍に減少し、発電機の効率が 1〜2 % 程度向上します。
- 空気と比べて比熱が **14.3 倍**で、熱伝達率が大きく、**冷却効果**が優れています。
- コロナ（高電圧により起こる持続的な放電）の発生開始電圧が高いので、**コロナ**が発生しにくく、絶縁物の損傷が少ないために寿命が長くなります。
- 運転時に生じる**騒音**が小さいです。
- 水素ガスに空気が混入すると、引火、爆発の危険があるので、密封耐爆構造とし、油膜を利用した軸受密封油装置を設けます。

POINT

▶（熱サイクルによる）タービンの分類 といえば
復水、再生、再熱、背圧、抽気背圧、混圧など

▶復水器 といえば 排気蒸気を冷却凝縮し水に戻す装置

▶水素ガス冷却 といえば 風損が 1/10 倍、冷却効果に優れコロナが発生しにくい

練習問題 〉01

復水器

汽力発電所の復水器は、タービンの［（ア）］を冷却し水に戻して復水を回収する装置である。内部の［（イ）］を保持することで、タービンの入口蒸気と出口蒸気の［（ウ）］を大きくし、タービンの［（エ）］を高めている。

上記の記述中の空白箇所（ア）、（イ）、（ウ）及び（エ）に記入する字句は。

解説

復水器はタービンの排気蒸気を冷却水により水に戻すもので、蒸気の体積が急に減少することから内部の圧力が低下し、高真空が得られます。これを真空度といいます。真空度を高く保持すればタービンの入口と出口の圧力差が大きくなり、タービンの効率は高くなります。

解答 （ア）排気蒸気　（イ）真空度　（ウ）圧力差　（エ）効率

練習問題 〉02

タービンの種類

生産工場における自家用汽力発電所において
（ア）低圧多量の工場用蒸気を必要とする場合
（イ）2 種類又は 3 種類の圧力の異なる工場用蒸気を必要とする場合
（ウ）工場用蒸気を必要とせず、電力のみを必要とする場合
のそれぞれに適したタービンの名称は。

解説

抽気背圧タービンは、圧力の異なる蒸気を必要とする場合に適しています。

解答 （ア）背圧タービン　（イ）抽気背圧タービン　（ウ）復水タービン

2〜4 熱効率計算 といえば ボイラ、熱サイクル、タービン、タービン室効率

● **熱効率計算**

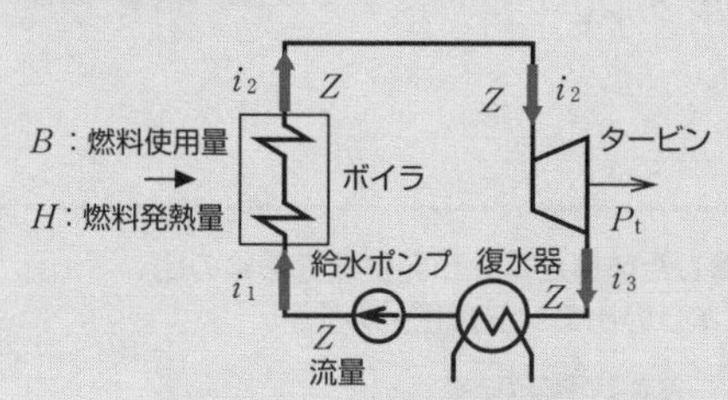

Z：給水及び蒸気の流量〔kg/h〕
B：燃料使用量〔kg/h〕、H：燃料発熱量〔kJ/kg〕
i_1：ボイラ給水の比エンタルピー〔kJ/kg〕
i_2：ボイラ出口蒸気の比エンタルピー〔kJ/kg〕
i_3：タービン排気の比エンタルピー〔kJ/kg〕
P_t：タービン出力〔kW〕

※エンタルピー：蒸気及び水の保有する全熱量を「エンタルピー」といい、単位質量当たりのエンタルピーを「比エンタルピー」という
※燃料の単位：石炭の場合は〔kg〕、重油の場合は〔kg〕または〔L〕（リットル）が使われる

汽力発電所の熱効率計算

汽力発電所では、各種の効率を求め、全体の効率を計算します。ここでは、ボイラ効率、熱サイクル効率、タービン効率、タービン室効率の計算について考えます。

ボイラ効率

ボイラ効率とは、ボイラで発生した蒸気の熱量とボイラで使用した燃料の保有熱量の比をいいます。なお、本節では効率を小数扱いとし、× 100 %を省略しています。

$$\eta_b = \frac{\text{ボイラで発生した蒸気の熱量}\left[\frac{\text{kJ}}{\text{h}}\right]}{\text{ボイラで使用した燃料の保有熱量}\left[\frac{\text{kJ}}{\text{h}}\right]}$$

POINT

▶ボイラ効率 η_b といえば 蒸気の熱量と燃料の保有熱量の比

ボイラ効率 $$\eta_b = \frac{Z(i_2 - i_1)}{B \cdot H}$$

Z：給水及び蒸気の流量〔kg/h〕、
$(i_2 - i_1)$：蒸気の得た比エンタルピー〔kJ/kg〕、
B：燃料使用量〔kg/h〕、H：燃料発熱量〔kJ/kg〕

※分子：蒸気の熱量＝給水及び蒸気の流量 $\left[\frac{\text{kg}}{\text{h}}\right]$ ×蒸気の得た比エンタルピー $\left[\frac{\text{kJ}}{\text{kg}}\right]$ ⇒単位は $\left[\frac{\text{kJ}}{\text{h}}\right]$

※分母：燃料の保有熱量＝燃料使用量 $\left[\frac{\text{kg}}{\text{h}}\right]$ ×燃料発熱量 $\left[\frac{\text{kJ}}{\text{kg}}\right]$ ⇒単位は $\left[\frac{\text{kJ}}{\text{h}}\right]$

※燃料の量の単位は、石炭は〔kg〕、重油は〔kg〕または〔L〕（リットル）が使われます。

熱サイクル効率

熱サイクル効率とは、タービンで消費した熱量とボイラでの発生蒸気熱量の比をいいます。タービンとボイラの比エンタルピーの比になります。

$$\eta_c = \frac{\text{タービンで消費した熱量}\left[\frac{\text{kJ}}{\text{h}}\right]}{\text{ボイラでの発生蒸気熱量}\left[\frac{\text{kJ}}{\text{h}}\right]}$$

$$\eta_c = \frac{\text{タービンで使用した蒸気の比エンタルピー}\left[\frac{\text{kJ}}{\text{kg}}\right]}{\text{ボイラで発生した蒸気の比エンタルピー}\left[\frac{\text{kJ}}{\text{kg}}\right]}$$

POINT

▶熱サイクル効率 η_c といえば タービンで消費した熱量とボイラ発生蒸気熱量の比（タービンとボイラの比エンタルピーの比）

熱サイクル効率

$$\eta_c = \frac{Z(i_2 - i_3)}{Z(i_2 - i_1)} = \frac{i_2 - i_3}{i_2 - i_1}$$

Z：給水及び蒸気の流量〔kg/h〕
i：比エンタルピー（保有熱量）〔kJ/kg〕
i_1：ボイラ給水の比エンタルピー〔kJ/kg〕
i_2：ボイラ出口蒸気の比エンタルピー〔kJ/kg〕
i_3：タービン排気の比エンタルピー〔kJ/kg〕

タービン効率（タービン単体の効率）

タービン効率とは、タービンの機械出力熱量換算値とタービンで使用した熱量の比になります。タービン出力と入力熱量の比です。

$$\eta_t = \frac{\text{タービンの機械出力熱量換算値}\left[\frac{\text{kJ}}{\text{s}}\right]}{\text{タービンで使用した熱量}\left[\frac{\text{kJ}}{\text{s}}\right]}$$

POINT

▶タービン効率 η_t といえば タービン出力の熱量換算値とタービンで使用した熱量の比（タービン出力と入力熱量の比）

タービン効率

$$\eta_t = \frac{P_t}{\frac{Z}{3\,600}(i_2 - i_3)}$$

P_t：タービン出力の熱量換算値〔kJ/s〕
Z：蒸気の流量〔kg/h〕
i_2：タービン入口蒸気の比エンタルピー〔kJ/kg〕
i_3：タービン排気の比エンタルピー〔kJ/kg〕

※蒸気の流量 Z〔kg/h〕は1時間当たりの流量なので、これを3 600（1時間の秒数）で割ると1秒間の流量になり、分母・分子ともに単位は〔kJ/s〕になります。

※分子：$[\text{W}] = \left[\frac{\text{J}}{\text{s}}\right]$ ⇒ 単位は $[\text{kW}] = \left[\frac{\text{kJ}}{\text{s}}\right]$　※分母：$\frac{Z}{3\,600}\left[\frac{\text{kg}}{\text{s}}\right] \times (i_2 - i_3)\left[\frac{\text{kJ}}{\text{kg}}\right]$ ⇒ 単位は $\left[\frac{\text{kJ}}{\text{s}}\right]$

タービン室効率（復水器を含む効率）

タービン室効率とは、タービンの機械出力熱量換算値とボイラでの発生蒸気熱量の比になります。タービン出力とボイラ熱量の比です。

$$\eta_T = \frac{\text{タービンの機械出力熱量換算値}\left[\frac{\text{kJ}}{\text{s}}\right]}{\text{ボイラでの発生蒸気熱量}\left[\frac{\text{kJ}}{\text{s}}\right]}$$

※ボイラでの発生蒸気熱量＝タービンと復水器（タービン室）に供給される熱量

▶タービン室効率 η_T といえば タービンの機械出力とボイラの発生蒸気熱量の比（タービン出力とボイラ熱量の比）

タービン室効率

$$\eta_T = \frac{P_t}{\frac{Z}{3\,600}(i_2 - i_1)} = \eta_c \eta_t$$

P_t：タービン出力の熱量換算値〔kJ/s〕
Z：蒸気の流量〔kg/h〕
i_2：ボイラ出口蒸気の比エンタルピー〔kJ/kg〕
i_1：ボイラ給水の比エンタルピー〔kJ/kg〕
η_c：熱サイクル効率、η_t：タービン効率

※蒸気の流量 Z〔kg/h〕は1時間当たりの流量なので、これを3 600（1時間の秒数）で割ると1秒間の流量になり、分母・分子ともに単位は〔kJ/s〕になります。
※タービン室：（タービン＋復水器）

練習問題 01

ボイラ効率

ボイラ入口の給水の比エンタルピー i_1 = 900 kJ/kg、ボイラ出口の比エンタルピー i_2 = 4 000 kJ/kg、蒸気及び給水量 Z = 2 200 t/h（トン毎時）、燃料消費量 B = 168 kL/h（キロリットル毎時）、燃料発熱量 H = 46 000 kJ/L（キロジュール毎リットル）の汽力発電所のボイラ効率 η_b〔%〕の値は。

解き方

ボイラ効率 η_b は、

$$\eta_b = \frac{Z(i_2 - i_1)}{BH}\left[= \frac{\text{蒸気が得た全熱量}}{\text{燃料の全消費熱量}}\right]$$

$$= \frac{2\,200 \times 10^3 \left[\frac{\text{kg}}{\text{h}}\right] \times (4\,000 - 900)\left[\frac{\text{kJ}}{\text{kg}}\right]}{168 \times 10^3 \left[\frac{\text{L}}{\text{h}}\right] \times 46\,000 \left[\frac{\text{kJ}}{\text{L}}\right]}$$

$$\fallingdotseq 0.883 \rightarrow 88\ \%$$

※1 t（トン）＝1 000 kg

Z：流量〔kg/h〕、
$(i_2 - i_1)$：蒸気1 kgが得た熱量〔kJ/kg〕
B：燃料消費量〔L/h〕、
H：燃料1 Lの発熱量〔kJ/L〕

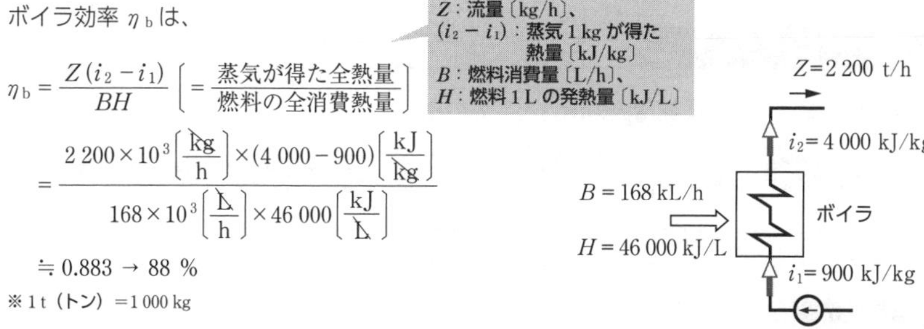

解答 η_b = 88 %

2～5 効率 といえば 出力と入力の比、燃焼 といえば CO_2 の発生

● 汽力発電所の熱勘定図

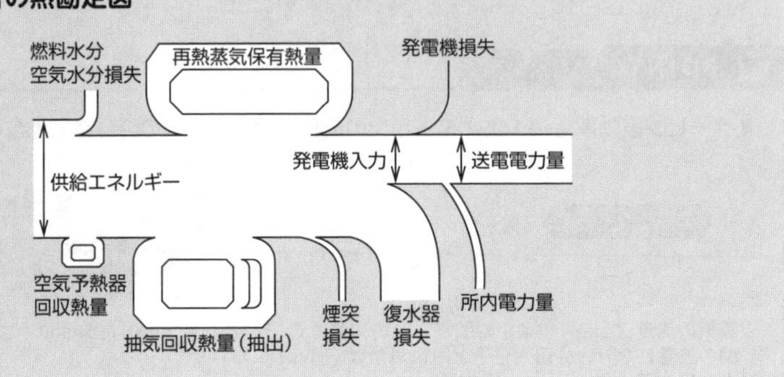

汽力発電所の効率

ここでは、発電機の効率と発電機を含めた熱効率を考えます。

なお、本節では効率を小数扱いとし、× 100 %を省略しています。

発電機効率

発電機の出力電力とタービン出力（＝発電機の入力電力）の比を、発電機効率といいます。発電機出力電力の熱量換算値とタービン出力の比になります。

$$\eta_g = \frac{\text{発電機の出力電力〔kW〕}}{\text{タービン出力（発電機の入力電力）〔kW〕}}$$

発電端熱効率

発電機出力を熱量換算した値と燃料の保有熱量の比を、発電端熱効率といいます。燃料の持つエネルギーで、どれだけの割合で電力を生み出すかを表します。

$$\eta_P = \frac{発電機出力〔kW〕（すなわち\left[k\frac{J}{s}\right]）}{ボイラで使用した燃料の保有熱量\left[k\frac{J}{s}\right]}$$

POINT

▶**発電端熱効率** η_P **といえば** **発電機出力とボイラで使用した燃料の保有熱量の比**

発電端熱効率

$$\eta_P = \frac{P_g}{\frac{B}{3\,600}H} = \eta_b \eta_c \eta_t \eta_g = \eta_b \eta_T \eta_g$$

P_g：発電機出力〔kW〕（〔kJ/s〕）
B：燃料使用量〔kg/h〕
H：燃料発熱量〔kJ/kg〕
η_b：ボイラ効率、η_c：熱サイクル効率
η_t：タービン効率、η_g：発電機効率
η_T：タービン室効率

※燃料使用量 B〔kg/h〕は1時間当たりの使用量なので、これを3 600（1時間の秒数）で割ると、1秒間の使用量になり、分母・分子ともに単位は〔kJ/s〕になります。
※燃料の量の単位は、石炭の場合は〔kg〕、重油の場合は〔kg〕または〔L〕（リットル）が使われます。

所内比率

発電所内で使用する電力は、発電機出力から供給されます。発電機出力に対する所内電力の割合を、**所内比率**といい、L で表します。

$$L = \frac{所内電力P_s〔kW〕}{発電機出力P_g〔kW〕}$$

POINT

▶**所内比率** L **といえば所内電力と発電機出力の比**

所内比率

$$L = \frac{P_s}{P_g} = \frac{P_g - P_L}{P_g} = 1 - \frac{P_L}{P_g}$$

P_s：所内電力〔kW〕
P_g：発電機出力〔kW〕
P_L：送電端電力〔kW〕

送電端熱効率

発電所から実際に送電される電力を、**送電端電力**といいます。**送電端熱効率**は、次式で表されます。

POINT

▶**送電端熱効率** η_L **といえば** **発電端熱効率の（1 −所内比率）倍**

送電端熱効率

$$\eta_L = \eta_P(1 - L)$$

η_P：発電端熱効率、L：所内比率

1
2
3
4
5
6
火力発電

熱消費率、燃料消費率

1 kW・h の電力量を発電するのに必要な熱消費量〔kJ/(kW・h)〕を、**熱消費率**といいます。また、1 kW・h の電力量を発電するのに必要な燃料の量〔kg/(kW・h)〕を、**燃料消費率**といいます。

POINT

▶熱消費率 J といえば 1〔kW・h〕を発電するのに要する熱量

熱消費率 $$J=\frac{B\cdot H}{P_g}=\frac{3\,600}{\eta_P}\text{〔kJ/(kW・h)〕}\quad \left(\text{単位：}\frac{\left[\frac{kg}{h}\right]\left[\frac{kJ}{kg}\right]}{\text{〔kW〕}}=\left[\frac{kJ}{kW\cdot h}\right]\right)$$

（発電端熱効率 η_P の逆数 × 3 600）

▶燃料消費率 F といえば 1〔kW・h〕を発電するのに要する燃料の量

燃料消費率 $$F=\frac{B}{P_g}=\frac{3\,600}{H\cdot\eta_P}\text{〔kg/(kW・h)〕}\quad \left(\text{単位：}\frac{\left[\frac{kg}{h}\right]}{\text{〔kW〕}}=\left[\frac{kg}{kW\cdot h}\right]\right)$$

P_g：発電機出力〔kW〕、B：燃料使用量〔kg/h〕、H：燃料発熱量〔kJ/kg〕、η_P：発電端熱効率

燃焼による炭酸ガス発生量

火力発電では、燃料の燃焼による二酸化炭素（CO_2）の発生を伴います。
ここで、燃料の燃焼による炭酸ガス（CO_2）の発生量を求めます。
燃料に含まれる炭素量（C）と空気中の酸素量（O_2）の酸化の反応式から

	炭素	+	酸素	→	二酸化炭素
	C	+	O_2	→	CO_2
原子量	12	+	16 × 2	=	44

〔C（炭素）の原子量は、12
O（酸素）の原子量は、16〕

炭素 12 kg が燃焼すると 44 kg の二酸化炭素を発生します。
求める発生炭酸ガス量（CO_2〔kg〕）は、次式で表されます。

$$(CO_2\text{量})=\frac{44}{12}\times(\text{C量})\text{〔kg〕}$$

12 kg の炭素が燃焼すると 44 kg の二酸化炭素になります。

POINT

▶燃料中の炭素 12 kg の燃焼により 44 kg の二酸化炭素（CO_2）が発生する

練習問題 ＞ 01

タービン効率

汽力発電設備の発電機出力 $P_G = 19$ MW で運転している。このとき、蒸気タービン入口の蒸気の比エンタルピー$i_2 = 3\,550$ kJ/kg、復水器入口の蒸気の比エンタルピー$i_3 = 2\,500$ kJ/kg、使用蒸気量 $Z = 80$ t/h であった。発電機効率 $\eta_G = 95\%$ とすると、タービン効率 η_t〔%〕の値は。

解き方

発電機出力 P_G ＝発電機入力 P_t ×発電機の効率 η_G なので、
タービン出力 P_t は次の式になります。

$$P_t = \frac{P_G}{\eta_G} = \frac{19}{0.95} = 20\ \text{MW} = 20 \times 10^3 \text{〔kW〕}$$

P_t：発電機入力〔kW〕＝タービン出力〔kW〕

〔kJ/s〕

したがって、タービン効率 η_t は、タービンの出力と入力の比より

$$\eta_t = \frac{\boxed{P_t}}{\boxed{\frac{Z}{3\,600}(i_2 - i_3)}}$$

タービン出力

タービン入力

$$= \frac{20 \times 10^3 \left[\frac{\text{kJ}}{\text{s}}\right]}{\frac{80 \times 10^3}{3\,600}\left[\frac{\text{kg}}{\text{s}}\right] \times (3\,550 - 2\,500)\left[\frac{\text{kJ}}{\text{kg}}\right]}$$

$$\fallingdotseq 0.857 \rightarrow 86\ \%$$

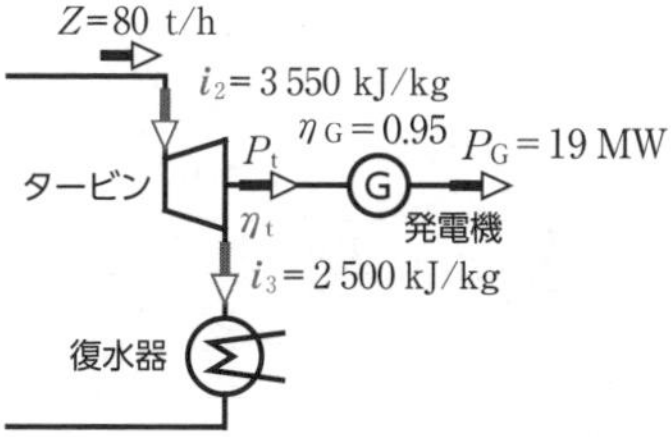

Z=80 t/h
i_2= 3 550 kJ/kg
η_G = 0.95
P_G = 19 MW
タービン
P_t
G
η_t
発電機
i_3 = 2 500 kJ/kg
復水器

参考

Z：蒸気の流量〔kg/h〕(1 時間の流量)

$\frac{Z}{3\,600}$：1 秒間の蒸気の流量〔kg/s〕

$(i_2 - i_3)$：タービンで蒸気 1 kg が動力に変換した熱量〔kJ/kg〕

解答 $\eta_t = 86$ %

練習問題 ＞ 02

発電端効率と二酸化炭素の発生量

石炭火力発電所が定格出力 $P_G = 600$ MW で運転している。
石炭消費量 $B = 150$ t/h、石炭発熱量 $H = 34\,300$ kJ/kg で一定である。
ただし、石炭の化学成分は重量比で炭素が 70 %、水素が 5 %、残りは燃焼に影響しないものとする。
(a) 発電端熱効率 η_p は。
(b) 1 日に発生する二酸化炭素の重量 M_{CO_2} は。

解き方

(a)

発電端熱効率 η_p は、発電機出力 P_G と燃焼燃料が 1 秒間に発生する熱量の比となります。

P_G：発電機出力〔kW〕＝〔kJ/s〕

B：1 時間の石炭消費量〔kg/h〕

H：石炭 1 kg の発熱量〔kJ/kg〕

$\dfrac{B}{3\,600}$：1 秒間の石炭消費量〔kg/s〕

なので、

$$\eta_p = \frac{P_G}{\dfrac{B}{3\,600}H} = \frac{600 \times 10^3 \left[\dfrac{\text{kJ}}{\text{s}}\right]}{\dfrac{150 \times 10^3}{3\,600}\left[\dfrac{\text{kg}}{\text{s}}\right] \times 34\,300 \left[\dfrac{\text{kJ}}{\text{kg}}\right]} \fallingdotseq 0.420 \rightarrow 42.0\,\%$$

(b)

1 日の石炭消費量 $M_{石炭}$ は、

$$M_{石炭} = 24\,B = 24 \times 150 = 3\,600\ \text{t}$$

1 時間で 150 t（トン）消費するので、1 日で 24 倍

炭素の重量 $M_{炭素}$ は、

$$M_{炭素} = 0.7\,M_{石炭} = 0.7 \times 3\,600 = 2\,520\ \text{t}$$

炭素の重量は、石炭の 70 %

二酸化炭素の重量 M_{CO_2} は、

$$M_{CO_2} = \frac{44}{12} \times M_{炭素} = \frac{44}{12} \times 2\,520 = 9\,240\ \text{t} \rightarrow 約 9.2 \times 10^3\ \text{t}$$

炭素 12 kg が燃焼すると 44 kg の二酸化炭素を発生する
（CO_2 量は、C 量の 44/12 倍になる）

解答　(a) $\eta_p = 42.0$ %　(b) $M_{CO_2} = 9.2 \times 10^3$ t

3-1 原子力発電質量欠損 といえば 質量 m と光速 c の2乗に比例

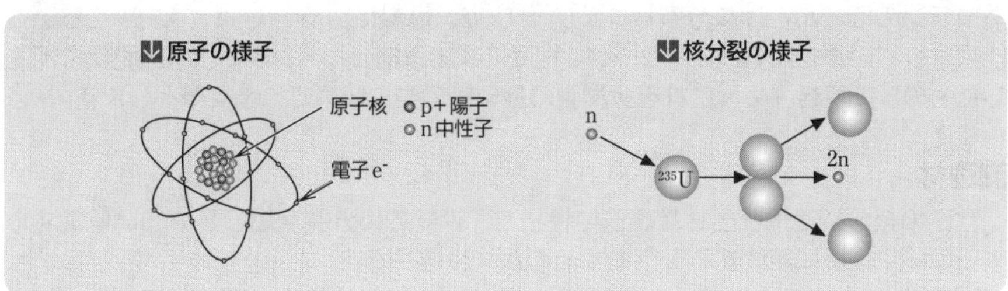

核分裂エネルギー

原子力発電は、原子の核分裂反応を原子炉で制御し、発生した熱エネルギーを利用して蒸気を発生させタービンを回転して発電します。

質量欠損

物質は核分裂反応を起こすと、反応後の質量がわずかに小さくなります。この質量差を**質量欠損**といいます。質量欠損と同等なエネルギー（放出エネルギー）を求める式は、アインシュタインの式によります。

▶質量欠損エネルギーE といえば mc^2

質量欠損エネルギー　$E = mc^2$〔J〕　m：質量欠損〔kg〕、$c = 3 \times 10^8$：光速〔m/s〕

核分裂連鎖反応と臨界

核分裂エネルギーを発電に利用するには、核分裂反応が連続する必要があります。この連続する反応を、**核分裂連鎖反応**（かくぶんれつれんさはんのう）といいます。核分裂連鎖反応が持続して進むことを、**臨界**（りんかい）といいます。

原子炉の構成

原子炉は、**原子燃料**、**減速材**、**冷却材**、**制御材**、**反射材**、**構造材**、**遮へい材**などで構成されます。

原子燃料

原子燃料には、^{235}U（**ウラン** 235）、^{239}Pu（プルトニウム 239）などがあります。天然ウランのほとんどは核分裂しにくい ^{238}U で、燃料になる ^{235}U は、0.7％くらいしか含まれていません。^{235}U を 2〜4％程度にまで濃縮し、ペレット状（円筒状に加工したもの）に焼き固め、これを金属製の長い管の中に収めて、**燃料棒**とします。

減速材

^{235}U の核分裂で飛び出した高速**中性子**を、連続的に分裂を起こしやすい低エネルギーの**熱中性子**に減速する役割をするのが、**減速材**です。

減速材には、軽水※1、重水※1、黒鉛、ベリリウムなどがあり、軽水炉では**軽水**が減速材として使用されます。

冷却材

冷却材は、原子炉内で発生した熱を外部に取り出す液体で、軽水、重水、二酸化炭素（炭酸ガス）、ヘリウム、液体ナトリウム（液体金属）などがあり、軽水炉では**軽水**が冷却材として使用されます。

制御材（制御棒）

炉内で核分裂を制御して出力を調整する制御棒を、**制御材**といいます。制御棒は中性子を吸収しやすいカドミウム、ほう素、ハフニウムなどでつくられます。

反射材（反射体）

反射材は中性子を反射し、**中性子**が原子炉の外へ漏れるのを防ぎます。

構造材

構造材は、燃料棒、減速材、制御棒、冷却材などからなる原子炉の**炉心**を支持する材料で、アルミニウム、ステンレス鋼、ジルコニウム合金などがあります。

遮へい材（遮へい壁）

炉内で発生した熱を遮へいするのと、**放射線**を外部に出さないようにするものです。鉄、コンクリート、軽水、鉛などが用いられます。

※1　**重水と軽水**：重水とは質量数の大きい水分子を多く含み、通常の水より比重の大きい水のことで、自然界ではほとんど存在しません。重水に対し普通の水を軽水といいます。

▶**原子炉** といえば 原子燃料、減速材、冷却材、制御材、反射材、構造材、遮へい材

表3-1-1 原子炉の基本構成

名称	主な材料	役割
原子燃料	ウラン 235、プルトニウム 239	——
減速材	軽水、重水、黒鉛、ベリリウム	高速中性子を熱中性子に減速する。
冷却材	軽水、重水、液体ナトリウム	熱エネルギーを外部へ取り出す。
制御材（制御棒）	カドミウム、ほう素、ハフニウム	中性子が核燃料に衝突する割合を制御する。
反射材（反射体）	軽水、重水、黒鉛、ベリリウム	中性子が炉の外に漏れるのを防ぐ。
構造材	アルミニウム、ステンレス鋼	炉心を支持する材料。
遮へい材（遮へい壁）	鉄、コンクリート、軽水、鉛	有害な放射線を外に出さないようにする。

練習問題 〉01

核分裂エネルギー

1 kg のウラン燃料に 3.5 % 含まれるウラン 235 が核分裂し 0.09 % の質量欠損が生じたときに発生するエネルギー E_u〔J〕は。また、E_u と同量のエネルギーを重油の燃焼で得る場合に必要な重油の量 M_o〔kL〕は。ただし、重油の発熱量は、H = 40 000 kJ/L とする。

解き方

質量欠損エネルギーの公式 $E_u = mc^2$〔J〕において、
質量欠損の m は、

$$m = 1 \times \frac{3.5}{100} \times \frac{0.09}{100} = 0.315 \times 10^{-4} \text{〔kg〕}$$

m：質量欠損〔kg〕

発生するエネルギー E_u は、

$$E_u = 0.315 \times 10^{-4} \times (3 \times 10^8)^2$$
$$= 2.835 \times 10^{12} \text{〔J〕} \fallingdotseq 2.8 \times 10^{12} \text{〔J〕}$$

c：光速 $c = 3 \times 10^8$〔m/s〕

E_u と重油の燃焼で得るエネルギーに等しいとして

$$2.835 \times 10^{12} = M_o \text{〔L〕} \times H \text{〔J/L〕}$$
$$= M_o \times 40\,000 \times \boxed{10^3} \text{〔J〕}$$

重油の燃焼で得るエネルギーは、
重油量〔L〕×重油の発熱量〔J/L〕

k（キロ）

重油の量 M_o は、

$$M_o = \frac{2.835 \times 10^{12}}{4 \times 10^7}$$
$$\fallingdotseq 0.709 \times 10^5 \text{〔L〕} \fallingdotseq 71 \text{ kL}$$

解答 $E_u = 2.8 \times 10^{12}$〔J〕　$M_o = 71$ kL

3-2 原子炉 といえば 沸騰水型と加圧水型

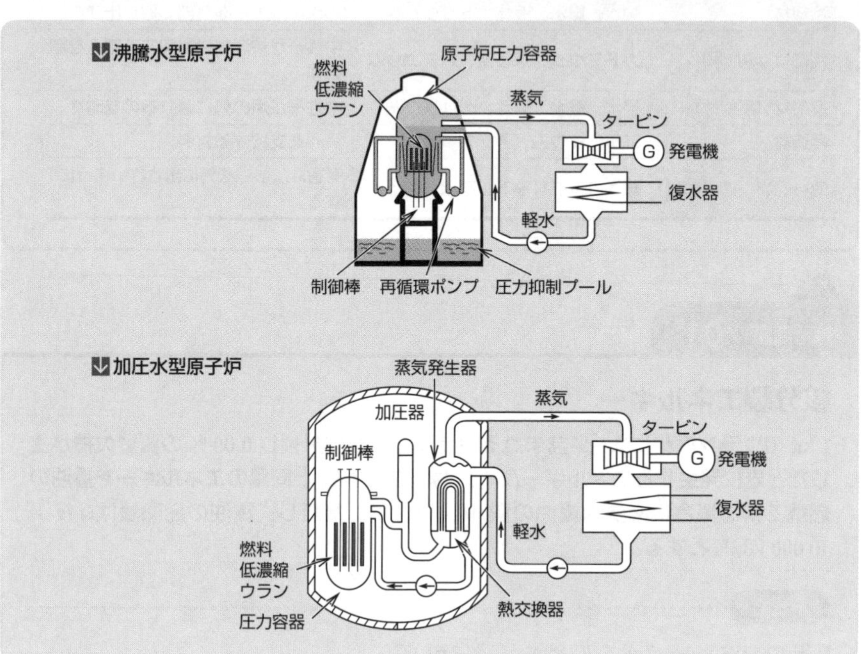

沸騰水型原子炉と加圧水型原子炉

冷却材、減速材に軽水を用いるものを軽水炉といい、**軽水炉**には**沸騰水型原子炉**（ふっとうすいがたげんしろ）と**加圧水型原子炉**（かあつすいがたげんしろ）があります。両形式ともに、燃料には**低濃縮ウラン**を用います。

沸騰水型は、原子炉内で炉水を再循環しながら直接蒸気を発生させ、発生した蒸気を湿分分離して、直接タービンへ送り込みます。

加圧水型は、炉水を加圧することにより沸騰させないで熱水に保ちつつ、ポンプにより循環させて蒸気発生器に導き、熱交換により二次系の水を過熱し発生した蒸気を湿分分離して、タービンに送り込むものです。

POINT

- ▶軽水炉 といえば 冷却材・減速材に軽水を使用
- ▶沸騰水型原子炉 といえば 直接蒸気を発生
- ▶加圧水型原子炉 といえば 炉内を加圧し、熱交換器で二次ループに熱を移動

3-3 特殊な発電 といえば ガスタービン、ディーゼル、コンバインドサイクル発電

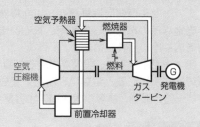

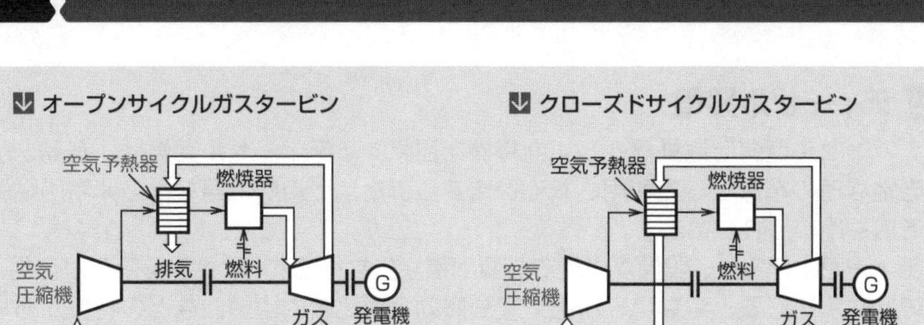

ガスタービン発電

ガスタービン発電は原動機としてガスタービンを使用する発電方式です。原理は、空気を圧縮機で圧縮し、これを加熱した**高温**、**高圧の**気体がタービンで膨張する過程においてタービンを駆動します。**圧縮**、**加熱**、**膨張**、**放熱**の 4 過程からなります。

空気圧縮機、燃焼器、ガスタービン、及び発電機で構成されます。

上図左のように排気を大気中に放出する**オープンサイクルガスタービン**（開放サイクル）と、上図右のように流体を循環して使用する**クローズドサイクルガスタービン**（密閉サイクル）があります。

ガスタービン発電の特徴をまとめると、次のようになります。

- 構造が簡単で**始動**、**停止**が容易、負荷変動に対する追従性がよい。
- 多量の冷却水を必要としない。
- 建設費が安く、立地に制約を受けない。
- ガス温度が高いので、高温に耐える高価な材料が必要。
- 空気圧縮に要する動力が大きく、**熱効率**があまりよくない（20～30 %）。
- 大量の空気を高速で吸入し、排出するので、**騒音**が大きい。

POINT

▶オープンサイクルガスタービン といえば
　タービンの排気は空気予熱器に送られ、圧縮空気を予熱して外部に放出

▶クローズドサイクルガスタービン といえば
　排気を外部に放出しないで冷却器で冷却し、空気圧縮機に送り込む

ディーゼル発電

ディーゼル機関を原動機として発電機を運転する**ディーゼル発電**は、離島、山間へき地などの電源として利用されています。また、ビルや工場などの非常用電源として広く用いられています。

ディーゼル発電は、設備が単純で設置面積が少なくてすむ、**始動**、**停止**が容易、多量の**冷却水**を必要としない、小出力でも熱効率が比較的よい、などの特長があります。一方、**振動**、**騒音**が大きい、大容量発電に適さない、などの短所もあります。

POINT

▶ディーゼル発電 といえば 始動、停止が容易だが、振動、騒音が大きい

コンバインドサイクル発電

図3-1-1 コンバインドサイクル発電の例

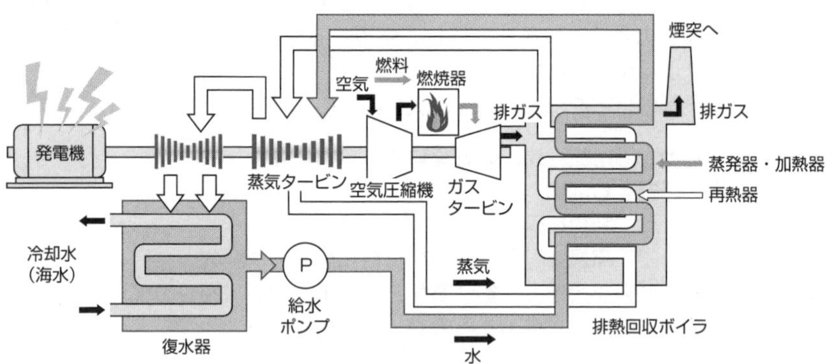

コンバインドサイクル発電は複合サイクル発電ともいい、**ガスタービン**と**蒸気タービン**を組み合わせた発電方式です。

燃焼器に圧縮空気と燃料を供給し、圧縮空気中で燃料を燃焼して高温・高圧の燃焼ガスを発生させ、ガスの圧力でガスタービンを回転し、発電を行います。ガスター

ビンから排出される高温ガスを**排熱回収ボイラ**で回収し、高温・高圧の蒸気を発生させ、蒸気タービンによる発電を行います。発電効率をより高めた改良型コンバインドサイクル発電では、60％以上の熱効率を達成しています。

コンバインドサイクル発電の特長をまとめると、次のようになります。

・始動時間が短く、負荷変動に対する追従性がよい（負荷変動に応じて発電量が変化する）。
・ガスタービンと蒸気タービンを用い、2重に発電を行うため、**熱効率**が高い。
・**冷却水量**、**温排水量**が少ない。熱効率が上昇する分、廃棄される熱エネルギーも少ない。

▶コンバインドサイクル発電 といえば
　ガスタービンと蒸気タービンの複合サイクル発電、熱効率がとても高い

練習問題 〉01

コンバインドサイクル発電

ガスタービン発電と汽力発電を組み合わせたコンバインドサイクル発電方式を、同一出力の汽力発電方式と比較した記述として、誤っているものは。

(1) 熱効率が高い。
(2) 起動・停止時間が短い。
(3) 復水器の冷却水量が少ない。
(4) 最大出力が外気温度の影響を受けやすい。
(5) 大型所内補機が多く所内率が大きい。

解説

コンバインドサイクル発電方式の特徴は次の通りです。
・廃棄される熱エネルギーが少なく熱効率が高い。
・起動・停止時間が短く、負荷変動に対する追従性がよい。
・蒸気タービンが小さい分、復水器の冷却水量が少ない。
・空気密度が外気温度により変化することで影響を受ける。
・大型補機が少なく、所内率は小さい。
　→ (5)「補機が多く所内率が大きい」の記述は、誤りです。

※所内率（所内比率）：発電所内の機器で使用する消費電力と発電機出力の割合

解答　(5)

3〜4 コジェネレーション といえば 電気と熱の利用、地熱発電 といえば 噴出蒸気の利用

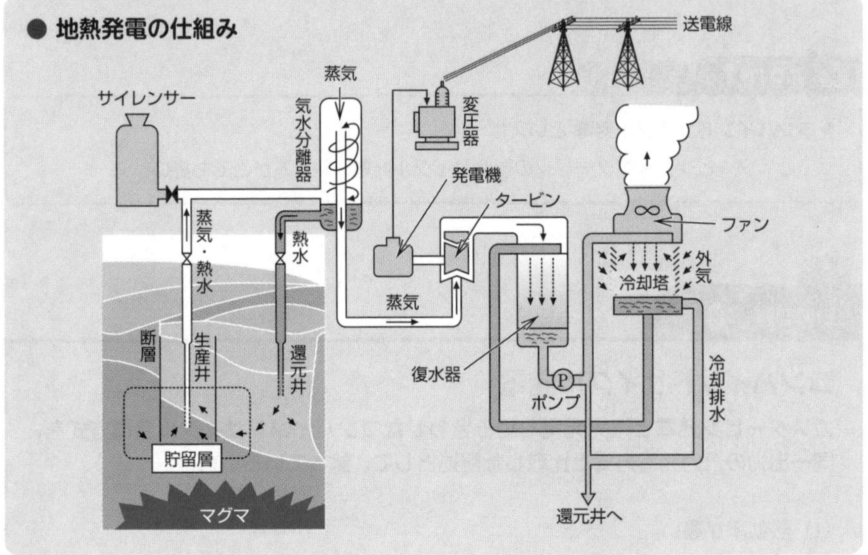

コジェネレーション発電

コジェネレーション発電は、複数のエネルギー（電気、熱など）を利用するもので、発電で発生した廃熱を活用する自家発電システムです。発電で発生した熱を給湯や暖房などに利用すれば、システム全体の熱効率が向上します。熱効率は 80 %以上を可能にし、石油や天然ガスなどの一次エネルギーの消費を抑えることができます。

POINT

▶コジェネレーション発電 といえば 自家発電の廃熱を利用、熱効率の向上を図る

地熱発電

地熱発電は、火山地帯などの地下の地熱貯蔵層から噴出する蒸気を利用する発電方式で、次の 3 つの方式があります。

①**天然蒸気**をそのまま、または不純物を除去したのち、**直接タービンを駆動**する方式。
②熱水混じりの液体から**蒸気を分離し**、直接タービンを駆動する方式。
③天然蒸気または熱水を**熱源**とし、熱交換器で水を蒸発させ、これをタービンに送り発電する方式。

また、地熱発電には次にあげるような特徴があります。

- 自然エネルギーの利用で、経済的に有利。
- 燃料が不要で、政情の影響を受けない。
- 地域が限定され、噴出井の深度、経年変化の影響を受け、常時一定の出力を維持できない。
- 蒸気中にガスや不純物を含むので、防食対策やスケール（湯あか）対策が必要。

▶地熱発電 といえば 噴出蒸気を利用する方式、熱源として利用する方式がある

練習問題 > 01

地熱発電

地熱発電についての次の記述のうち、誤っているのはどれか。

(1) 地下から出る熱水混じりの蒸気を気水分離器で分離し、タービンに送気して発電する方式が一般的である。
(2) 地下から出る熱水を熱源としてフロン等を熱交換器で蒸発させ、これをタービンに送気して発電する方式もある。
(3) 蒸気が過熱状態か、湿り度が極めて低い場合は、直接タービンに送気する方式は採用できない。
(4) 地下から蒸気と一緒に出る熱水を有効利用するため、フラッシュタンクで減圧蒸発させ、蒸気を取り出してタービンに送り、出力を増加させる方式もある。
(5) 一般に蒸気には硫化水素を含むので、防食対策が必要である。

解説

蒸気が過熱状態か、湿り度が極めて低いなど蒸気の条件がよい場合は、蒸気を直接タービンに送って使用します。したがって、(3) は誤りです。

 (3)

3-5 他の発電方式 といえば 太陽光、風力、燃料電池、バイオマス

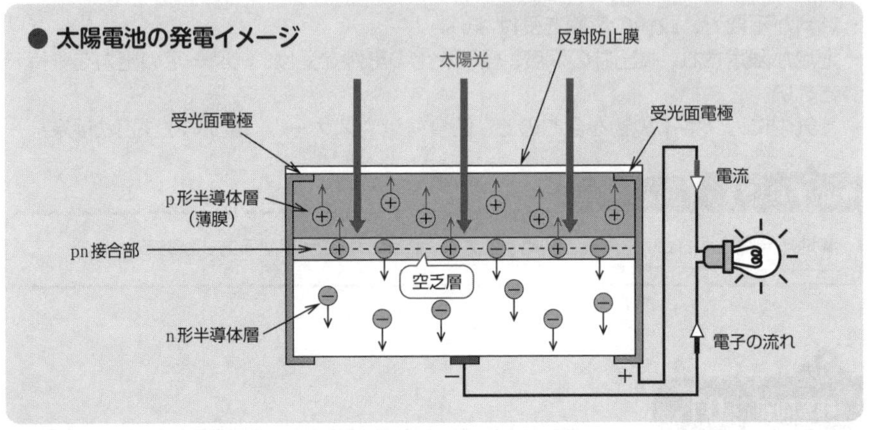

1. 太陽光発電（太陽電池発電）

発電の原理

太陽光発電は太陽電池によって光のエネルギーを電気エネルギーに変換するもので、太陽電池は、**p 形**半導体と **n 形**半導体を接合したものです。

太陽光が接合部に入射すると負の電荷を持つ電子と正の電荷を持つ正孔が発生し、接合部の電界によって電子は n 形半導体に、正孔は p 形半導体に集まります。

p 形半導体はプラス、**n 形半導体**はマイナスに帯電し、これが負荷を通して電流を流し電力が得られます。

図3-5-1 太陽電池の原理

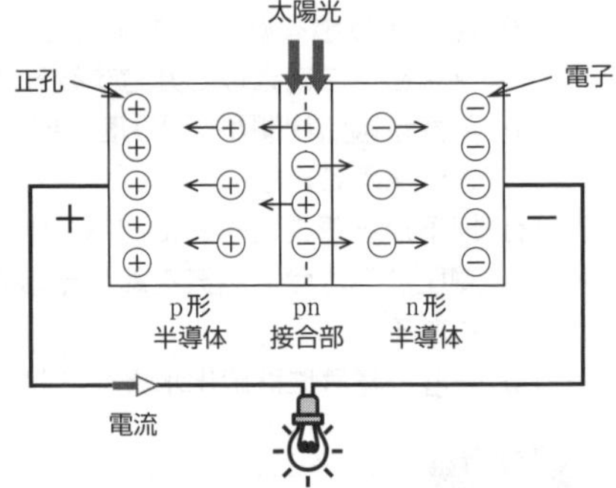

単体をセルとして数枚から数十枚を集めガラスで覆いパッケージを作り、これをモジュールと呼びます。

太陽エネルギーは、夏季晴天時で最大 1 m^2 当たり 1 kW 程度とされており、太陽電池の変換効率を 20 %とすると、200 W の直流電力が得られます。

太陽電池の種類と特徴

①単結晶シリコン太陽電池

1つの**シリコン結晶**から切り出したウェハー（半導体製造に使われる薄い基板）を使用し、わずかな不純物を混ぜて、p形半導体とn形半導体を接合したもので、効率は約15〜20％と高いが、コストが高くなります。

②多結晶型シリコン太陽電池

多くの**結晶が混在**し、効率は単結晶より低い（10〜15％程度）が、比較的安く製造できます。

③アモルファス太陽電池

非結晶型ともいわれ、結晶を含まずガラスやステンレス等の表面に薄くシリコンを蒸着したもので、結晶系に比べ非常に薄くでき、シリコンが節約できます。効率は結晶系に比べて悪く約6〜9％程度で日射により出力が極端に低下する欠点があります。

住宅用太陽電池発電システム

住宅用太陽電池発電システムは、屋根又はベランダに設置した太陽電池で発電した直流を**インバータ**で交流に変換し、まず家庭内の負荷へ電力を供給します。

余剰電力が生じれば、系統を連系した電力会社へ売電用メータを通じ逆送し、**ピーク電力の軽減**に役立て、不足のときは買電用メータを通じ電力会社からの電力を使用するシステムです。

2. 風力発電

発電の原理

風が持つエネルギーを風車で回転運動に変換し、風車の回転エネルギーを発電機により電気エネルギーに変換します。

風が持つ運動エネルギーP〔J/s〕は、風速をv〔m/s〕、1秒間に通過する空気の質量をm〔kg/s〕とすると、

$$P = \frac{1}{2}mv^2 \text{〔J/s〕}$$

空気密度をρ〔kg/m^3〕、風車の受風面積をA〔m^2〕とすると

$$m = \rho A v \text{〔kg/s〕}$$

風車の出力P_o〔W〕は、風車の効率をη_tとすると、

$$P_o = \frac{1}{2}(\rho A v)v^2\eta_t = \frac{1}{2}\rho A v^3\eta_t \text{〔W〕}$$ となります。

風車から得られるエネルギーは、**受風面積**A〔m^2〕に比例し、**風速**v〔m/s〕の3乗に比例します。

なお、風力発電において発電を開始するときの風速をカットイン風速、強風時に安全のため発電を停止する風速をカットアウト風速と呼んでいます。

風力発電の特徴

風力発電は、次のような特徴があります。

①燃料費が不要でクリーンな発電方式であるが、設備費が高く発電コストも高い。
②エネルギー密度が低く、出力の変動が大きい。
③風力エネルギーの間欠性から単体では利用されず、他の発電装置や蓄電池との併用が必要とされる。
④風切り音や低周波騒音の対策が必要。

風力発電で用いる発電機

- 永久磁石発電機
- 同期発電機
- 誘導発電機

大型の風力発電機には、同期発電機や誘導発電機が使用されます。

3. 燃料電池発電

燃料電池は、燃料として**水素**（H_2）を用い電解質の働きにより空気中の**酸素**（O_2）と反応させ**電子**（e^-）を外部回路に取り出す装置です。

燃料電池には電解質の違いによって、固体高分子形（高分子膜）、リン酸形（リン酸水溶液）、固体酸化物形（セラミックス）、溶融炭酸塩形などがあります。

図3-5-2 燃料電池の原理

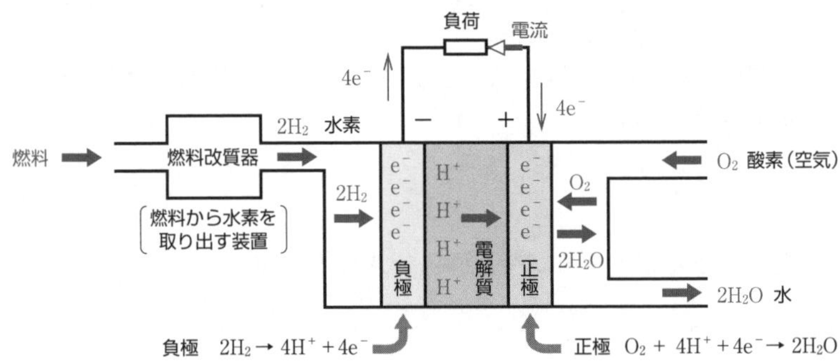

発電の原理

燃料として送られた**水素**（$2H_2$）は、負極で**電子**（$4e^-$）を切り離して**水素イオン**（$4H^+$）になります。電解質は水素イオン（$4H^+$）しか通さない性質があるため電子（$4e^-$）は外部回路に出ていきます。

電解質の中を通過した**水素イオン**（$4H^+$）は、反対側の電極に送られた**酸素**（O_2）と外部回路を通して戻る**電子**（$4e^-$）と反応して**水**（$2H_2O$）になります。

1 セルの電圧約 0.7 V で、セルを積み重ねてセルスタックがつくられます。

4. バイオマス発電

バイオマスとは、**生物**（bio）資源の総称で、**廃棄物系**バイオマス、**未利用**バイオマス、**資源作物**（オイルなどの製造を目的に栽培される植物）などがあります。

廃棄物系資源として古紙、食品廃棄物、建築や製材工場の廃材、家畜排泄物、下水汚泥などがあり、未利用資源は稲わら、もみ殻、林地残材などがあり、資源作物はトウモロコシなどがあります。

発電の原理

バイオマス発電は、図3-5-3のように資源を「直接燃焼」したり「ガス化」するなどして発電します。

図3-5-3 バイオマス発電の原理

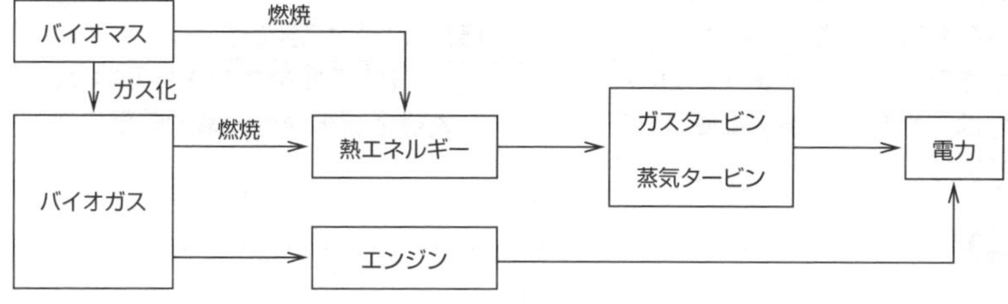

バイオマス発電の特徴

①地球温暖化対策：バイオマス燃料に吸収されている二酸化炭素量と発電時の二酸化炭素量が同じならば、環境負荷を小さくすることができる。

②循環型社会を構築：未活用の廃棄物を燃料とするバイオマス発電は、廃棄物の再利用や減少につながり、循環型社会構築に大きく寄与する。

③農産漁村の活性化：家畜排泄物、稲わら、林地残材など、国内の農産漁村に存在するバイオマス資源を活用することにより、農産漁村の自然循環機能を維持増進し、その持続的発展を図ることが可能となる。

バイオマス発電の問題点

①発電事業として成立させるためのエネルギー源やエネルギー作物等の量的確保

②生物資源や食料をエネルギーとして消費することによる価格への影響

POINT

▶太陽電池：p 形半導体はプラス、n 形半導体はマイナスに帯電し電流を流す
▶単結晶シリコン、多結晶シリコン、アモルファスシリコンがある
▶風車のエネルギー：受風面積に比例、風速の 3 乗に比例
▶燃料電池：燃料の水素を酸素と反応させ外部回路に電子を取り出す

負極　$2H_2 \rightarrow 4H^+ + 4e^-$　　正極　$O_2 + 4H^+ + 4e^- \rightarrow 2H_2O$

▶バイオマス発電：バイオ資源を燃焼またはガス化によりエネルギー化して発電する

練習問題 〉01

太陽光発電

次の文章は、太陽光発電に関する記述である、空白箇所の字句は。

地球に降り注ぐ太陽光エネルギーは、1 m² 当たり 1 秒間に約［（ア）］kJ に相当する。
太陽電池の基本単位はセルと呼ばれ、［（イ）］V 程度の直流電圧が発生するため、これを直列に接続して電圧を高めている。
太陽電池を系統に接続する際は、［（ウ）］により交流の電力に変換する。
一部の地域では太陽光発電の普及によって［（エ）］に電力の余剰が発生しており、余剰電力は揚水発電の揚水に使われているほか、大容量蓄電池への電力貯蔵に活用されている。

解説

・太陽光のエネルギーは、1 kW/m²（kW ＝ kJ/s）程度です。
・太陽電池セルの電圧は、0.5～1 V 程度の直流電圧です。
・系統に接続する際は、パワーコンディショナーにより交流に変換します。
・余剰電力は、揚水や、蓄電池への電力の貯蔵に活用されています。

参考

パワーコンディショナーは、インバータ（直流→交流変換装置）、系統連系保護装置（異常が発生した場合に系統から切り離すまたは停止させる）、高調波フィルタ（高調波の抑制）により構成されています。

解答　（ア）1　（イ）1　（ウ）パワーコンディショナー　（エ）日中

例題 1

|重要度★★|令和４年度下期|電力|問５|

各種発電に関する記述として、誤っているものを次の（1）～（5）のうちから一つ選べ。

(1) 太陽光発電は、太陽電池によって直流の電力を発生させる。需要地点で発電が可能、発生電力の変動が大きい、などの特徴がある。
(2) 地熱発電は、地下から取り出した蒸気又は熱水の気化で発生させた蒸気によってタービンを回転させる発電方式である。発電に適した地熱資源を見つけるために、適地調査に多額の費用と長い期間がかかる。
(3) バイオマス発電は、植物などの有機物から得られる燃料を利用した発電方式である。さとうきびから得られるエタノールや、家畜の糞から得られるメタンガスなどが燃料として用いられている。
(4) 風力発電は、風のエネルギーによって風車で発電機を駆動し発電を行う。プロペラ型風車は羽根の角度により回転速度の制御が可能である。設定値を超える強風時には羽根の面を風向きに平行になるように制御し、ブレーキ装置によって風車を停止させる。
(5) 燃料電池発電は、水素と酸素との化学反応を利用して直流の電力を発生させる。発電に伴って発生する熱を給湯などに利用できるが、発電時の振動や騒音が大きい。

解説

解答（5）

太陽光発電：単結晶シリコン太陽電池、多結晶シリコン太陽電池、アモルファス太陽電池などがあります。
地熱発電における熱源の利用法：不純物を除去した天然蒸気を利用する、熱水から分離した蒸気を利用する、熱源により熱交換器で蒸気を発生させる、などがあります。
バイオマス発電：廃棄物系資源（食品廃棄物、家畜排泄物など）、未利用資源（稲わら、もみ殻）、資源作物（トウモロコシ）などを利用します。
風力発電：風車から得られるエネルギーは、受風面積に比例し、風速の３乗に比例します。
燃料電池発電：水素と酸素の化学反応により直流電力を発生させます。発生する熱を給湯などに利用でき、発電時の振動や騒音は少ないという特徴があります。したがって、「発電時の振動や騒音が大きい」という（5）の記述は誤っています。

4-1 変電所の分類 といえば 送電用、配電用など、設備 といえば 変圧器、開閉設備など

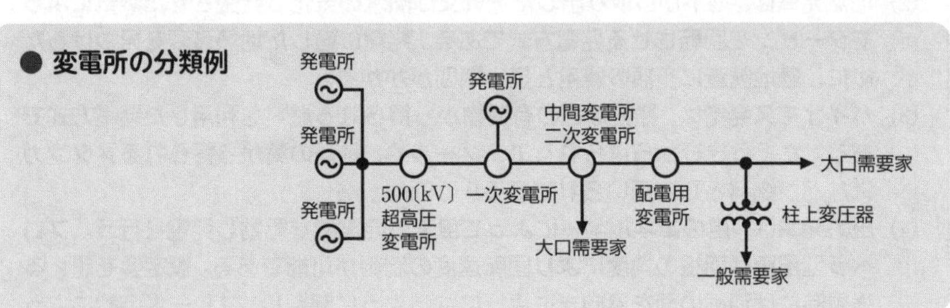

変電所の役割と分類

変電所は、発電所から送られる電気の電圧の変成、電力潮流の調整、無効電力の配分や制御、並びに送電線や配電線、変電所の保護などを行います。

変電所とは、**構外**から伝送される電気を構内に施設した変圧器、整流器その他の機械器具により変成し、**変成した電気**をさらに**構外**に伝送するところをいいます。構内とは、さくやへいなどによって区切られ、ある程度以上の大きさを有する場所で、施設関係者以外の者が自由に出入りできないところです。

変電所の用途による分類

変電所を用途によって分類すると、表4-1-1のようなものがあります。

表4-1-1 変電所の用途による分類

名称	内容
送電用変電所	特別高圧で受電し、他の特別高圧に変成して送電する変電所。昇圧用変電所、降圧用変電所がある。昇圧用設備は、発電所に併設される変電所などがある。
配電用変電所	特別高圧で受電し、高圧に下げて配電する変電所。
周波数変換所	50 Hz と 60 Hz の異なる電力系統を連系する変電所。佐久間周波数変換所、新信濃周波数変換所、東清水周波数変換所がある。
直流送電用変電所	直流送電を行う場合に設置される変電所。交流と直流の変換が行われる。 ・北本連系(きたほんれんけい)（北海道・本州間連系）：本州（上北変換所）～北海道（函館変換所）間を結ぶ、日本初の本格的な直流送電 ・紀伊水道直流連系：本州（紀北変換所）～四国（阿南変換所）間を結ぶ直流送電

変電所の送電系統上による分類

送電系統において最も高い電圧から降圧する変電所を**一次変電所**、次に高い電圧から降圧する変電所を**二次変電所**、一次変電所と**配電用変電所**の中間の電圧変成を行う変電所を**中間変電所**と呼んでいます。

POINT

▶変電所の用途別分類 といえば 送電用、配電用、周波数変換所、直流送電用など

▶系統上の分類 といえば 一次変電所、二次変電所、中間変電所、配電用変電所など

変電所の設備

変電所の主な設備をあげると、主変圧器、母線と開閉設備、計器用変成器、避雷器、調相設備、その他の設備などがあります。

表4-1-2 変電所の設備

名称	内容
主変圧器	変電所の中心となる設備。巻線方式に、二巻線、三巻線、単巻線があり、一般的に送電用変電所では三巻線、配電用変電所では二巻線が多く使用される。また、500 kV 変電所から配電用変電所まで電圧調整ができるように、負荷時タップ切換装置付変圧器が広く用いられている。
母線	断路器と遮断器を介して電力の集中と配分をするために設けられる。
開閉設備	遮断器は、電力の送電、停止、切換に使用され、送配電線や機器の故障時に、回路を自動遮断する役割を持つ。断路器は、送配電線、変圧器、遮断器の保守、点検時に回路から切り離したり、母線のループ切換用として使用される。
計器用変成器	変電所の高い電圧や大きな電流を測定するのに計器用変圧器、計器用変流器が用いられる。
避雷器	送電系統に発生する雷サージ（異常電圧）や開閉サージで、主変圧器や機器が絶縁破壊しないように、サージを一定値以内に抑制し機器を保護する装置
調相設備	重負荷時には進み電流、軽負荷時には遅れ電流を流して電圧調整を行うとともに、電力損失を減らす役割を果たす。調相設備には、静止器である電力用コンデンサと分路リアクトル、回転機の調相機がある。また、サイリスタなどの半導体スイッチング素子により制御される静止形無効電力補償装置は、進相、遅相無効電力の連続的な調整を行うもの。
その他の設備	制御装置、中性点接地装置、所内電源、蓄電池設備、照明設備、圧縮空気系機器、がいし洗浄装置、限流リアクトル、など。

POINT

▶変電所設備 といえば 主変圧器、母線と開閉設備、計器用変成器、避雷器、調相設備、他

4-2 変圧器の結線 といえば Y 結線とΔ結線、経済的運転 といえば 並行運転

● いろいろな変圧器

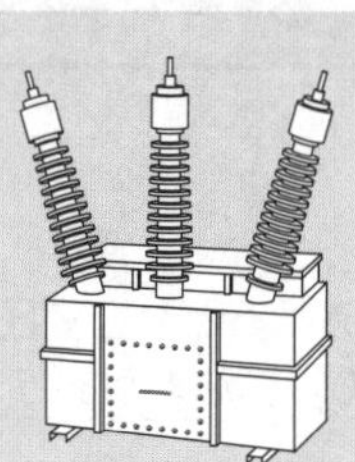

変圧器の三相結線

変圧器の結線方式には次のようなものがあります。それぞれの特徴を覚えておきましょう。

Y-Y-Δ結線の特徴

・ Y-Y 結線にΔ結線の三次巻線（後述）を設けたもので、変電所用の変圧器として幅広く使われます。
・ 一次、二次ともに中性点接地系統に用い、異常電圧を低減できます。
・ 一次、二次の位相変位を生じません。

<三次巻線（Δ結線）の役割>
・ 第三高調波を循環させ**波形ひずみ**を少なくします。
・ **調相設備**や**所内負荷**などの低電圧を供給します。

Y-Δ（Δ-Y）結線の特徴

・ Δ結線側が**非接地系統**の場合に用います。
・ Δ-Y 結線（発電機側がΔ結線）は、発電所の昇圧用変圧器として使われます。
・ 一次、二次間に 30° の位相差を生じます。

Δ－Δ結線の特徴

・ 一次、二次の位相変位を生じません。
・ 第三高調波を循環させ**波形ひずみ**を少なくします。
・ 3 台の変圧器でΔ結線運転を行っているとき、1 台に故障が生じても V-V 結線として運転できます。

- 中性点の接地ができないので、異常電圧を発生しやすくなります。
- 地絡保護を行うのに、接地用変圧器が必要になります。
- 主として 77 kV 以下の回路で使用されます。

V-V 結線の特徴

- 6.6 kV 用の**配電用変圧器**に利用されます。
- 変圧器の**利用率**が悪くなります。V 結線変圧器の利用率は 86.6 % です。

POINT

- ▶ Y（スター）結線 といえば 中性点の接地ができる
- ▶ Δ（デルタ）結線 といえば 波形ひずみの軽減作用、非接地系統で使われる
- ▶ 三次巻線（Δ結線）といえば 調相設備や所内負荷用に多く利用される
- ▶ V 結線 といえば 配電用変圧器に多く利用される

変圧器での電圧調整

配電用変電所では、負荷時タップ切換変圧器により配電線路の電圧を調整します。高圧配電線路では、柱上（ちゅうじょう）変圧器のタップ切換による調整や配電用自動電圧調整器を用います。

負荷時タップ切換変圧器

負荷時タップ切換変圧器は、電力系統の適正な電圧調整を行います。この装置は直列巻線を持つ変圧器（単巻変圧器）と負荷時タップ切換装置を組み合わせたものと、変圧器（2 巻線の絶縁変圧器）の一次側に負荷時タップ切換装置を組み込んだ**負荷時タップ切換変圧器**があり、電圧調整は電動操作で自動的に行われます。

配電用自動電圧調整器

柱上変圧器のタップ切換で対応できない電圧降下に対しては、高圧配電線の電圧を補償するために配電用自動電圧調整器（SVR：ステップボルテージレギュレータ）を設けます。

図4-2-1 SVR

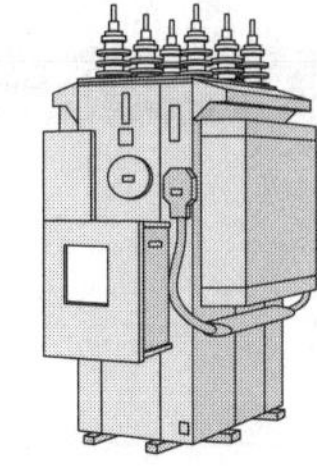

POINT

- ▶ 電圧調整 といえば 負荷時タップ切換変圧器、SVR などがある

変圧器の並行運転

負荷が増加した場合や変圧器群の経済的な運転を行う場合、変圧器の並行運転を行います。

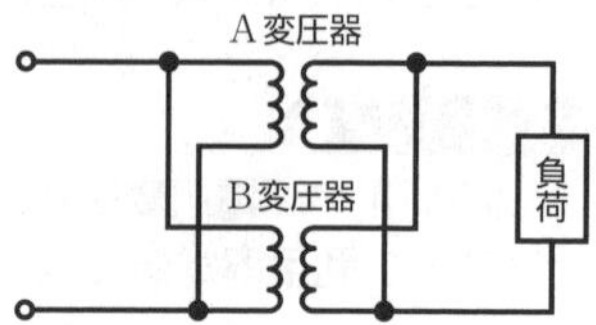

図4-2-2 変圧器の並行運転

並行運転の利点

変圧器の並行運転は、負荷の変動に応じて運転台数を変えることで、運転効率の向上が可能になります。また、負荷の増加に対応しやすいなどの利点があります。

POINT

▶**並行運転の条件** といえば

①変圧器の極性が一致し、巻数比と定格電圧が等しい

②変圧器の百分率インピーダンスが等しい　※百分率 = パーセント

③変圧器の巻線抵抗と漏れリアクタンスの比が等しい

④三相変圧器の場合は、相回転が一致し、位相変位（角変位）が等しい

変圧器の負荷分担

各変圧器がその容量に比例した電流を分担し、循環電流が流れないようにする必要があります。

・変圧器の分担容量の計算

A、B各変圧器の分担容量をS_A'、S_B'（並行運転時の負荷容量 $S_L = S_A' + S_B'$）として、基準容量に換算した百分率インピーダンスを$\%z_A'$、$\%z_B'$とすると、次式となります。

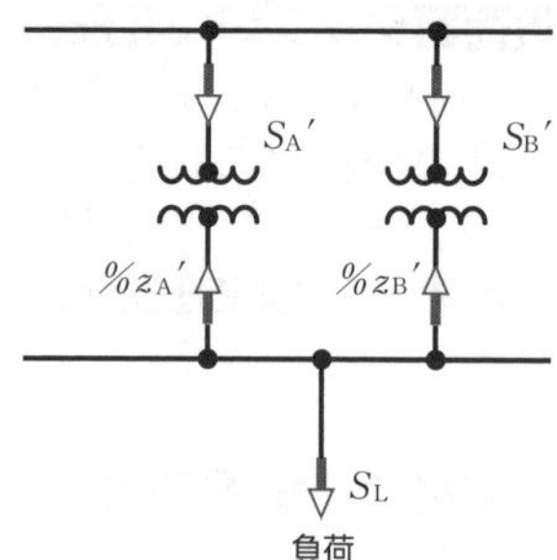

図4-2-3 変圧器の分担容量の計算

POINT

$$S_A' = S_L \frac{\%z_B'}{\%z_A' + \%z_B'} \text{〔V·A〕}$$

$$S_B' = S_L \frac{\%z_A'}{\%z_A' + \%z_B'} \text{〔V·A〕}$$

S_A'：A変圧器の分担容量〔V・A〕
S_B'：B変圧器の分担容量〔V・A〕
S_L：並行運転時の負荷容量〔V・A〕
$\%z_{A'}$、$\%z_{B'}$：A、B変圧器の基準容量に換算した百分率インピーダンス

練習問題 › 01

変圧器の並行運転

下表のA、B変圧器2台を並行運転し、$S_L = 6\,000$ kV・A の負荷に電力を供給する場合、過負荷となる変圧器の過負荷運転状態〔%〕は。

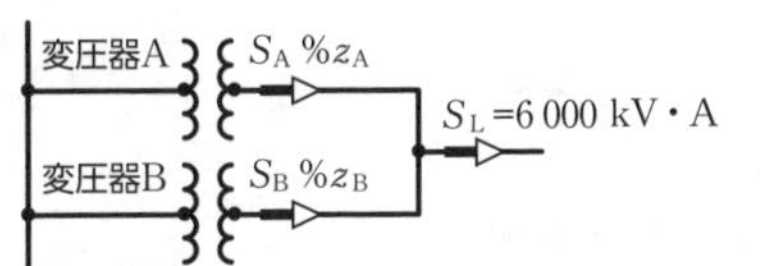

	定格容量	%インピーダンス
変圧器A	$S_A = 5\,000$ kV・A	$\%z_A = 9.0$ %
変圧器B	$S_B = 1\,500$ kV・A	$\%z_B = 7.5$ %

※%インピーダンス＝百分率インピーダンス

解き方

基準容量を1 500 kV・Aに換算した$\%z'$を求めます。

$$\%z_A' = 9.0 \times \frac{1\,500}{5\,000} = 2.7\ \%$$

5 000 kV・Aの変圧器に1 500 kV・Aの負荷をかけると2.7 %の電圧降下となる

$$\%z_B' = 7.5\ \%$$

定格容量1 500 kV・Aの負荷をかけると7.5 %の電圧降下がある

変圧器Bの分担負荷S_B'は、

$$S_B' = S_L \frac{\%z_A'}{\%z_A' + \%z_B'} = 6\,000 \times \frac{2.7}{2.7 + 7.5}$$

相手の$\%z'$

$$\fallingdotseq 1\,588\ \text{kV・A}$$

$\%z'$の和

過負荷運転状態〔%〕は。

$$\frac{S_B'}{S_B} = \frac{1\,588}{1\,500} \fallingdotseq 1.059 \rightarrow 105.9\ \%$$

参考

変圧器Aの分担負荷S_A'は、

$$S_A' = S_L \frac{\%z_B'}{\%z_A' + \%z_B'} = 6\,000 \times \frac{7.5}{2.7 + 7.5}$$

$$\fallingdotseq 4\,412\ \text{kV・A}$$

$S_L = S_A' + S_B' = 4\,412 + 1\,588 = 6\,000$ kV・A

並行運転の条件は$\%z$が等しいことが原則ですが、問題のように異なる場合は、$\%z$の小さい変圧器Bが過負荷となります。

基準容量を5 000 kV・Aとした場合

$$\%z_A' = 9.0\ \%$$

$$\%z_B' = 7.5 \times \frac{5\,000}{1\,500} = 25\ \%$$

$$S_B' = S_L \frac{\%z_A'}{\%z_A' + \%z_B'} = 6\,000 \times \frac{9.0}{9.0 + 25} \fallingdotseq 1\,588\ \text{kV・A}$$

解答 過負荷となる変圧器はB、過負荷運転状態は105.9 %

4-3 開閉設備といえば遮断器、断路器、負荷開閉器、GIS

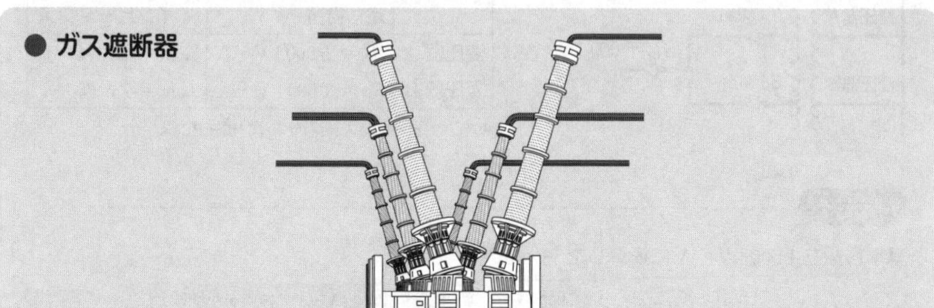

開閉設備の種類と役割

開閉設備は、遮断器、断路器、負荷開閉器の総称で、変電所に引き込まれる送電線、配電線や変電所内の変圧器、母線などを回路から切り離すために使われます。開閉設備の役割をまとめると、次のようになります。

- 負荷の**開閉**を行います。
- 過電流、事故電流を**遮断**します。
- 電力系統の開閉により合理的運用を行います。

遮断器

遮断器によって電流の流れを切ることを**遮断**（しゃだん）といい、遮断するために電極を開放する動作を**引き外し**（ひきはずし）といいます。電力回路では流れる電流も大きく、電流を遮断しようと開閉器を開放しても、電極間にアーク放電が発生し、遮断できずに開閉器自体を損傷してしまいます。発生したアーク放電を迅速に消滅させることが遮断器の役割で、アーク放電を消滅することを**消弧**（しょうこ）といいます。

遮断器は、アークを消弧する方式により、表4-3-1のように分類されます。

表4-3-1 遮断器の種類

名称	内容
油遮断器（OCB）	タンク形油遮断器は、絶縁油で満たした容器内に開閉器接点をおいた油遮断器。小油量形油遮断器は、油量が少なくてすむように改良した油遮断器
磁気遮断器（MBB）	電流を遮断するときに発生するアーク放電による電流を、遮断電流によってつくられる電磁力によって吸引し、アークシュート内に押し込めて遮断する遮断器

名称	内容
空気遮断器（ABB）	開閉器接点を開放すると同時に、超高速の空気流を吹き付けてアーク放電を強力に冷却し消弧する遮断器。動作時に大きな騒音を発すること、据え付け面積が大きくなることが欠点。
ガス遮断器（GCB）	電流を遮断する際に、開閉器の電極間に発生するアーク放電に対し、六ふっ化硫黄（SF_6）ガスを吹き付けることで消滅（消弧）させる遮断器。六ふっ化硫黄ガスは絶縁性が高く、不活性であり、熱伝導性も高いことから、アーク放電によって過熱した電極を速やかに冷却することができる。
真空遮断器（VCB）	高真空の容器に電極を収めた構造で、高真空の優れた絶縁耐力と、アークの消弧能力を利用して電流の遮断を行う。遮断性能に優れ、小形、軽量で火災の危険もなく、規定遮断回数までは点検の必要がなく、動作時の騒音が小さいなどの多くの長所がある。

断路器

断路器は、**電流が流れない状態**で開閉をするスイッチです。接続変更、機器の点検、修理のときに、電源から切り離す役割をします。操作方法は、手動のものと圧縮空気や電動機により遠方で操作できるものがあります。

負荷開閉器

負荷開閉器は、**負荷電流の開閉**に用いられ、短絡電流の遮断能力はありません。すなわち、定格電流までの電流を開閉する能力を持つものです。負荷開閉器は、電力用コンデンサや分路リアクトルの開閉用としても用いられます。

また遮断容量の大きな電力ヒューズと組み合わせて、事故電流を**ヒューズ**で遮断するものもあります。

ガス絶縁開閉装置（GIS）

ガス絶縁開閉装置とは、断路器、遮断器、母線電線路、避雷器、計器用変成器、作業用接地装置などを **SF_6（六ふっ化硫黄）**ガスを充填した容器内に収めた**縮小形開閉設備**です。変電所等の大幅な縮小化ができ、密閉機器でガス容器内部はメンテナンスの必要がなく、保守の省力化につながります。

POINT

▶遮断器 といえば 事故電流の開閉ができる

OCB、MBB、ABB、GCB、VCB など

▶断路器 といえば 電流の開閉はできない

▶負荷開閉器 といえば 負荷電流の開閉ができる

▶ガス絶縁開閉装置（GIS）といえば SF_6 縮小形開閉設備

4-4 遮断器の容量 といえば 定格遮断容量と短絡容量

● 電力系統の S 点で短絡

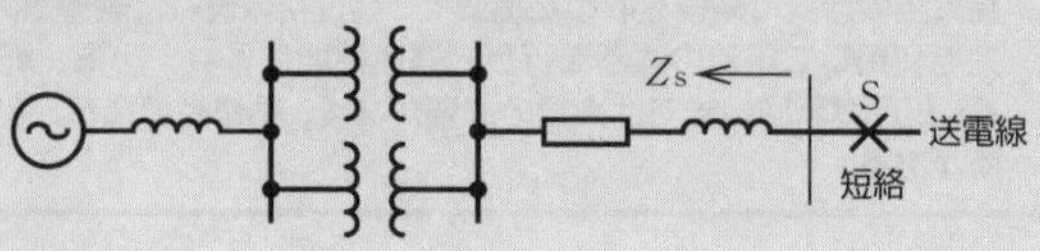

定格遮断容量

遮断器の性能を表すものに、遮断電流と遮断容量があります。

定格電圧で遮断できる電流を**定格遮断電流**といいます。また、遮断器で開閉できる最大の容量を**定格遮断容量**といい、これより大きな負荷は開閉できません。

定格遮断容量 $= \sqrt{3}$ ×定格電圧×定格遮断電流〔V・A〕

遮断器の定格電圧は公称電圧の 1.2／1.1 倍で、
公称電圧が 6.6 kV の場合は、6.6 ×(1.2／1.1) = 7.2 kV

また、電力系統の三相短絡電流から、**短絡容量**が決まります。

短絡容量 $= \sqrt{3}$ ×系統の線間電圧×三相短絡電流〔V・A〕

遮断器の遮断容量は、短絡容量よりも大きい必要があります。

POINT

▶遮断容量 といえば 短絡容量よりも大きい

定格遮断容量 $= \sqrt{3}$ ×定格電圧×定格遮断電流〔V・A〕
短絡容量 $= \sqrt{3}$ ×系統の線間電圧×三相短絡電流〔V・A〕

短絡電流

冒頭の図のように、変電所を含めた電力系統で、送電線の S 点で三相短絡故障が発生した場合の三相短絡電流 I_S〔A〕は、線路の故障発生直前の線間電圧を V〔V〕、故障点から見た電源側のインピーダンスを Z〔Ω〕とすれば、テブナンの定理により、

$$I_S = \frac{\frac{V}{\sqrt{3}}}{Z} = \frac{V}{\sqrt{3}\,Z}〔A〕$$

よって、$\frac{1}{I_S} = \frac{\sqrt{3}\,Z}{V}$ …… (1)

パーセントインピーダンス（インピーダンスの電圧が定格電圧の何%かという比率）は、

$$\%z = \frac{IZ}{\frac{V}{\sqrt{3}}} \times 100 = \frac{\sqrt{3}\,IZ}{V} \times 100〔\%〕 \quad \cdots\cdots \ (2)$$

(1)式と(2)式より、下記が成り立ちます。

POINT

▶ %z といえば 定格電流と短絡電流の比の 100 倍

パーセントインピーダンス $\%z = \frac{I}{I_S} \times 100〔\%〕$ （I：定格電流〔A〕、I_S：短絡電流〔A〕）

▶短絡電流 といえば 定格電流を小数で表した % z で割る

短絡電流 $I_S = \frac{I}{\frac{\%z}{100}} = \frac{I}{\%z} \times 100〔A〕$ （%z：パーセントインピーダンス〔%〕 I：定格電流〔A〕）

ここで、短絡電流 I_S〔A〕を表す式に$\sqrt{3}\,V$〔V〕を掛けると、

$$\sqrt{3}\,VI_S = \frac{\sqrt{3}\,VI}{\%z} \times 100〔V・A〕$$

この式の左辺は系統全体の短絡容量を、右辺の分子は系統全体の容量を表しています。よって次式が成り立ちます。基準容量は系統全体の代表値で、計算しやすい値に仮定した大きさです。

POINT

▶短絡容量 といえば 全体の容量を小数で表した %z で割る

短絡容量 $S_S = \frac{\text{系統の定格容量}}{\frac{\%z}{100}} = \frac{\text{系統の定格容量}}{\%z} \times 100〔V・A〕$

$= \frac{\text{基準容量}}{\text{基準容量に換算した合成}\%z} \times 100〔V・A〕$

第1部 理論 第2部 機械 第3部 電力 第4部 法規 第5部 電験三種に必要な数学

コラム

公称電圧

公称電圧は、電線路を代表する線間電圧をいいます。

表4-4-1 電線路の公称電圧

送電線路の公称電圧 kV	11、22、33、(66、77)、110、(154、187)、(220、275)、500、1000 ※( )は、一地域においていずれかの電圧のみを採用
配電線路の公称電圧 V	低圧配電線路：100、200、100/200、415、240/415 高圧配電線路：3300、6600（現在の標準的な配電方式の電圧） 特別高圧配電線路：11000、22000、33000

また、電気設備技術基準による電圧の区分は、次のようになります。

表4-4-2 電気設備技術基準による電圧の区分

電圧の区分	交流	直流
低圧	600 V 以下	750 V 以下
高圧	600 V を超え 7 kV 以下	750 V を超え 7 kV 以下
特別高圧	7 kV を超えるもの	7 kV を超えるもの

練習問題 〉01

遮断容量

ある発電所で合成パーセントインピーダンスが 0.4 %（10 000 kV・A 基準）の箇所に施設する遮断器に必要な遮断容量の最小値 S_s は。

解き方

遮断容量は、施設場所での短絡容量 S_s 以上のものを採用します。

$$短絡容量S_s = \frac{基準容量}{基準容量に換算した合成\%z} \times 100〔V・A〕$$

$$= \frac{10\,000}{0.4} \times 100 = 2.5 \times 10^6 \text{ kV・A}$$

$$= 2.5 \times 10^3 \text{ MV・A}$$

解説

遮断器の遮断容量は、短絡容量よりも大きなものを選定します。実際に用いる遮断器の遮断容量は、計算値よりも大きなものを使用します。

解答 $S_s = 2.5 \times 10^3$ MV・A

4〜5 保護継電器といえば 比率差動、過電流、地絡、距離、ブッフホルツ継電器など

● 比率差動継電器の例

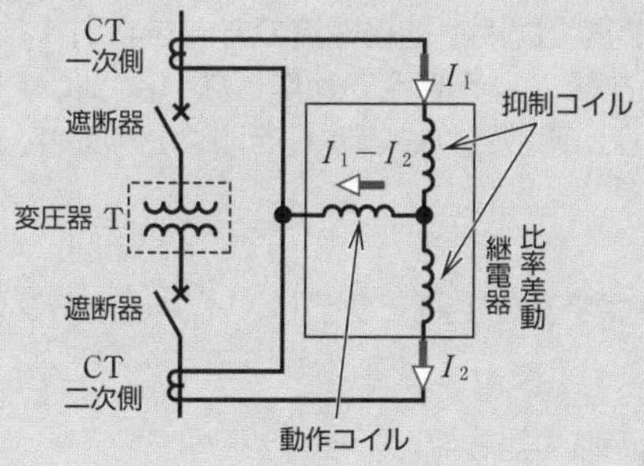

各種保護継電器

保護継電器は、発電所や変電所、送電線路や配電線路及び負荷設備に発生した短絡故障や地絡故障、過負荷などを計器用変成器を介して検出し、故障による影響を最小限に抑えるために故障区間あるいは故障機器を選択し、速やかに電力系統より切り離すために遮断器へ制御信号を送り、遮断器を動作させる役割を持ちます。

保護継電器は、保護するべき対象となる区間や機器により、使用する保護継電器の種類は数多くあります。

比率差動継電器

比率差動継電器（ひりつさどうけいでんき）は、変圧器巻線の短絡など、変圧器の**内部故障**を検出する継電器です。

上図のように、変圧器の一次側及び二次側の変流器の電流を比較して、その差から動作します。正常のときは動作コイルの電流が0になるようにしておき、変圧器の内部故障により一次と二次の電流比が変わると、動作コイルに電流が流れ、継電器が動作します。

1
2
3
4
5
6
変電所

過電流継電器

過電流継電器は、変圧器や機器の**過負荷電流**や**短絡電流**を変流器で検出し設定値を超したときに遮断器を動作させます。

地絡過電流継電器、地絡方向継電器

地絡過電流継電器は、零相変流器（地絡電流を検出する変流器）により配電線や機器の**地絡電流**（零相電流）を検出し、地絡電流が設定値を超したときに遮断器を動作させます。

地絡方向継電器は、地絡したときに発生する**電圧**（零相電圧）と地絡**電流**（零相電流）を別々に変成器で検出し、その大きさと位相差が設定範囲のとき動作し、遮断器を働かせます。地絡方向継電器は、地絡電流の方向を判別する機能を有し、他の需要設備など、構外の地絡故障による電流で動作しないようにするもので、いわゆる不必要動作（これを、もらい事故といいます）を防ぐものです。

距離継電器

距離継電器は、故障点までの距離を検出し、**インピーダンス**が設定値以下のとき動作する継電器です。

ブッフホルツ継電器

変圧器の故障により、部分的に急激に過熱されることで、絶縁油から油の分解ガス、蒸気などが発生します。このときの**圧力の変化**を検出し動作する継電器が**ブッフホルツ継電器**で、変圧器タンクとコンサベータ※1の連絡管の途中に設けます。

POINT

- ▶比率差動継電器 といえば 変圧器の内部故障（巻線の短絡）で動作する継電器
- ▶過電流継電器 といえば 過負荷や短絡のとき動作する継電器
- ▶地絡過電流継電器 といえば 地絡電流が設定値を超すと動作する継電器
- ▶地絡方向継電器 といえば 地絡電流の大きさと方向から事故回線のみを選択し動作する継電器
- ▶距離継電器 といえば インピーダンスが設定値以下で動作する継電器
- ▶ブッフホルツ継電器 といえば 圧力の変化で変圧器の故障を判別する継電器

※1　コンサベータ：油入変圧器本体の外に設けたタンクで、絶縁油の劣化を防止するためのもの。絶縁油の膨張、収縮による油面の上下がコンサベータ内部だけで行われる仕組みになっています。コンサベータ内に窒素を封入し、絶縁油を大気と遮断します。

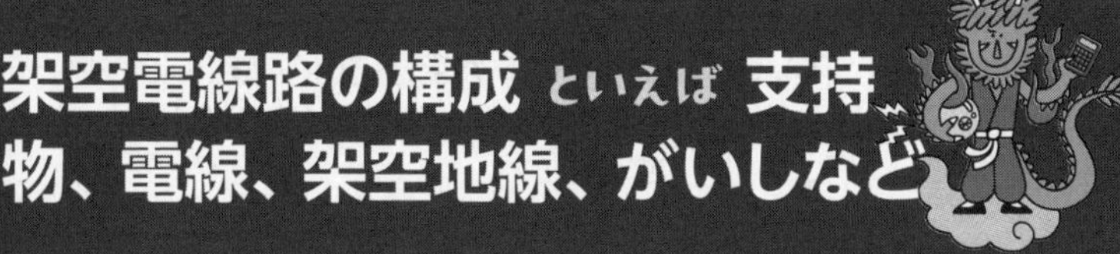

5-1 架空電線路の構成 といえば 支持物、電線、架空地線、がいしなど

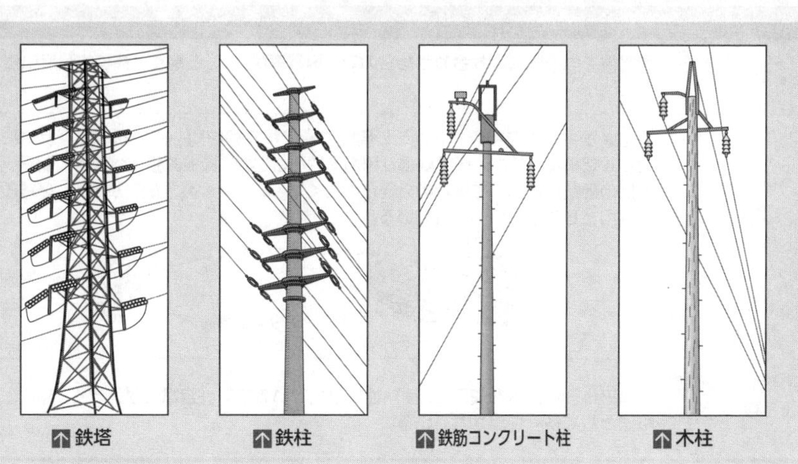

鉄塔　鉄柱　鉄筋コンクリート柱　木柱

電路と電線路、送電線路と配電線路

通常の使用状態で電気が通じているところを**電路**といいます。また、発電所、変電所、開閉所及び電気使用場所相互間の電線並びにこれを支持または保護する工作物を**電線路**といいます。

発電所、変電所、開閉所などを結ぶ大電力を送る電線路を**送電線路**（500 kV～22 kV）といい、変電所から電気を使用する需要家までの電線路を**配電線路**（6 kV の高圧配電線路、200/100 V の低圧配電線路）といいます。

架空電線路、地中電線路

電路を構造的に見た場合、**架空電線路**と**地中電線路**があります。架空電線路は電線と支持物とからなり、地中電線路は電力ケーブルを埋設して電力を送ります。

架空電線路の支持物としては**鉄塔**、**鉄柱**、**鉄筋コンクリート柱**、**木柱**などが使用されます。また、架空送電線路に使用する電線は、次のような条件を満たす必要があります。

- 導電率が大きいこと
- 機械的強度が大きいこと
- 耐久性があること
- 安価であること
- 架線が容易であること

電線の種類

電線には、銅線とアルミ線があります。架空送電用の電線には、裸より線が多く使用されます。耐熱性をよくしたり引張り強さを大きくするために、合金線も用いられます。

表5-1-1 電線の種類

名称	材料・特徴など
硬銅より線	硬銅線を同心円により合わせたもので、導電率が 97 %と高く、機械的強度に優れている。
鋼心アルミより線（ACSR）	亜鉛メッキ鋼線を中心とし、その周囲に硬アルミ線を同心円に各層交互反対により合わせた構造を持つ。硬銅線より導電率は小さいが、機械的強度が大きく軽量。同一抵抗の硬銅線と比べて電線の外径が大きくなり、コロナ臨界電圧が高く、高電圧の送電線用として多く用いられている。 硬アルミ線 亜鉛メッキ鋼線
鋼心耐熱アルミ合金より線（TACSR）	耐熱アルミ合金線を使用し、耐熱性に優れているので許容電流が大きく、超高圧の送電線として多く採用されている。

多導体送電線と特徴

送電線で一線分の導体として 2〜8 本を並列にしたものを**多導体**といい、超高圧送電線路のほとんどに使用されています。

図5-1-1 多導体

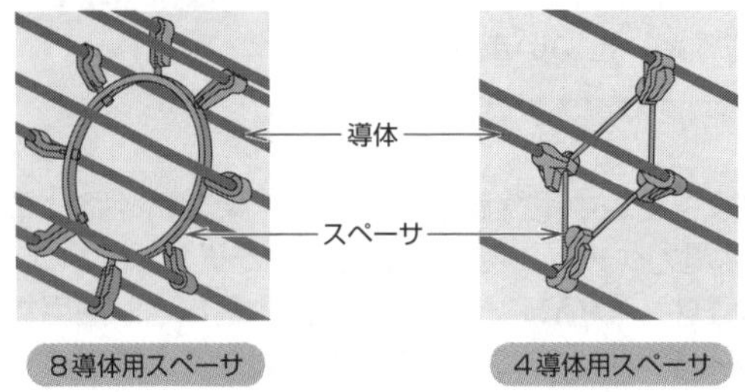

- 表皮効果が少なく電流容量が大きくなり、**送電容量**が増加する。
- 電線のインダクタンスが減少する。
- コロナ放電開始電圧が高くなり、**コロナ損失**の軽減、**電波障害**の防止ができる。
- 静電容量は増加する。

架空地線

送電線の頂部に張る**架空地線**（「かくうちせん」または「がくうちせん」）は、雷に対する電線への直撃を防止したり、通信線に対する電磁誘導の遮へい線の役割があります。

また、架空地線の中に、通信用の光ファイバを内蔵させたものも使われています。

図5-1-2 架空地線

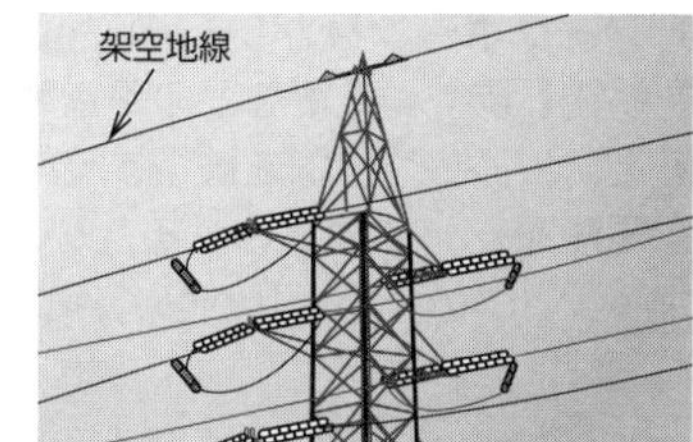

電線の着雪と着氷の影響

電線への着雪や着氷が原因で、**スリートジャンプ**や**ギャロッピング**といった跳ね上がり現象や振動を生じることがあります。これは、送電線の相間短絡事故や支持物の破損事故の原因になります。

表5-1-2 電線への着雪や着氷で起こる現象

名称	内容
スリートジャンプ	電線に付着した氷雪が、気温や風などの気象条件の変化により一斉に脱落して、電線がはね上がる現象のこと
ギャロッピング	送電線に雪や氷が付着した状態で強風が吹き寄せたとき、送電線が複雑に激しく振動する現象のこと。着雪・着氷と風による送電線の振動現象

POINT

▶**着雪、着氷による現象** といえば スリートジャンプ、ギャロッピング**現象**

がいし

がいしは、電線とその支持物である鉄塔や電柱を絶縁するために用いるものです。表5-1-3のような種類があります。

表5-1-3 がいしの種類

名称	内容
懸垂（けんすい）がいし	笠状の磁器絶縁層の両側に連結用金具を接着したがいし。複数個を連結して送電線の絶縁支持に使用される。磁器の傘下面部はひだ状になっており、雨水が伝わるのを防止する。
長幹（ちょうかん）がいし	笠付磁器棒の両端に連結用金具を接着したがいし。単独または数本連結して送電線の絶縁支持に使用される。
ラインポストがいし（LPがいし）	磁器棒の片方に電線支持用の電線クランプ、もう片方に固定用金具が取り付けられており、鉄塔や腕金に固定できるようになっている。

アークホーン

アークホーンはがいしの沿面フラッシュオーバーを防止します。雷撃などの異常電圧により直接放電すると、がいしや電線を破損するおそれがあります。異常電圧を安全に放電させるために設けられた金具で、ホーン（つの）の形状が多く用いられます。

図5-1-3 アークホーン

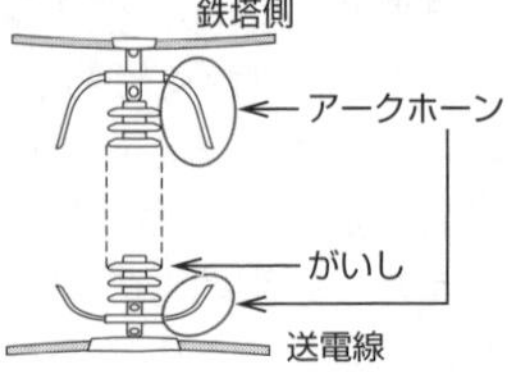

架空送電線のねん架

架空送電線路の電線の**インダクタンス**及び**静電容量**が同じ大きさになるようにするため、図5-1-4のように全区間を3**等分**し、各相に属する電線の位置が一巡するように電線の位置を入れ換えることを、**ねん架**といいます。

図5-1-4 電線のねん架

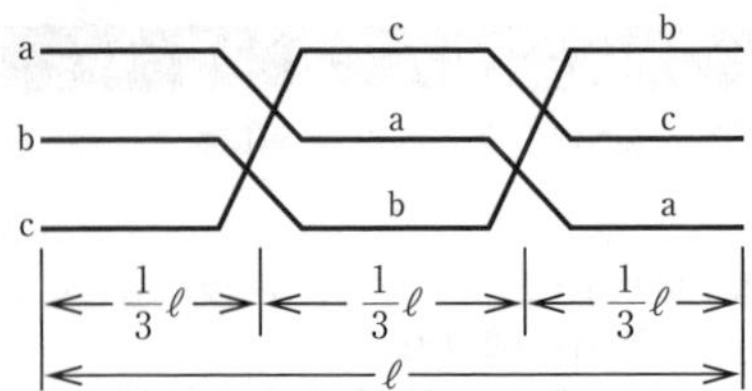

電圧や電流を**平衡**させて送電線路の中性点に現れる**残留電圧**を減少させ、付近の通信線に対する**誘導障害**を軽減させる効果があります。

POINT

▶ねん架 といえば 電線の位置を入れ換え電気的不平衡を防ぐ

電線振動の原因と防止法

電線振動が起きやすいのは**微風振動**で、電線に生じる振動と送電線の固有周波数が一致すると振動が持続し、電線の支持点付近で金属疲労が起き、断線することがあります。

微風振動の特徴は、軽量の電線（ACSRなど）に起きやすく、径間が長く電線の張力が大きいほど起こりやすくなります。また、懸垂箇所で被害が発生しやすく、平たん地で起きやすいという特徴があります。

電線の素線切れの防止と電線振動を防止するには、表5-1-4のような方法があります。

表5-1-4 素線切れの防止と電線振動の防止法

名称	内容
アーマロッド	懸垂クランプ内の電線に巻き付けて、電線の振動による応力の軽減により、素線切れを防止する。
ストックブリッジダンパ	電線の振動エネルギーを吸収して振動を防止する。
トーショナルダンパ	なす形のおもりを互いに反対方向に取り付けたもので、電線の上下振動をねじり振動に変えて振動エネルギーを吸収する。

フェランチ効果

地中送電線のように対地間の**静電容量**が大きい場合、**受電端電圧** V_r〔V〕が送電端電圧 V_s〔V〕よりも上昇することがあり、この現象を**フェランチ効果**といいます。

図5-1-5のような等価的な回路で、図5-1-6の V_r を基準としたベクトル図をつくると、I_c〔A〕は V_r よりも 90° 進み位相で、上向きです。抵抗電圧 $I_c r$〔V〕は、I_c と同位相なので、上向きです。リアクタンス電圧 $I_c x$〔V〕は、I_c よりも 90° 進み位相なので、左向きです。V_r と $I_c r$、$I_c x$ のベクトル和、すなわち送電端電圧 V_s は、受電端電圧 V_r よりも小さくなります。

図5-1-5 等価回路

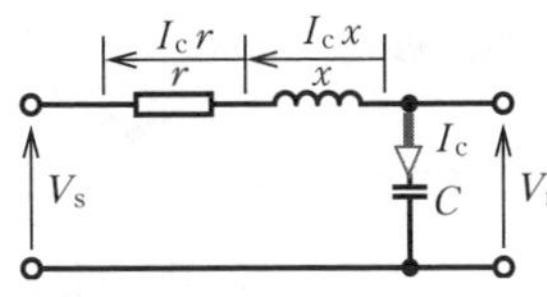

図5-1-6 ベクトル図

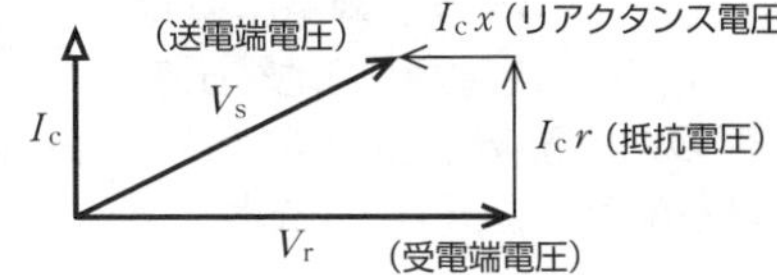

POINT

▶フェランチ効果 といえば 受電端電圧が上昇する現象

コロナの発生と対策

送電電圧が高いとき、電線表面から青白い光を発したりジーという音を発したりすることがあります。これを**コロナ放電**といいます。コロナ放電は、送電線の近くで**電波障害**を生じる、**コロナ損**を生じ送電効率を低下させる、電線の振動や導体の腐食など、多くのコロナ障害を生じます。

コロナの発生を防ぐには、電線の外径が大きい**鋼心アルミより線**を用い、**多導体**を用います。

5-2 送電線による障害 といえば 電磁誘導と静電誘導

電磁誘導、静電誘導の障害と対策

送電線が通信線に接近しているときは、通信線に電圧または電流を誘起して誘導障害を与えるおそれがあります。

誘導障害には、電磁誘導障害と静電誘導障害があります。

電磁誘導障害は、電力線と通信線の相互インダクタンスによって生じ、**静電誘導障害**は、相互静電容量と空間電位によって生じます。

電磁誘導障害

送電線に地絡事故が発生すると対地を帰路として流れる**地絡電流** I_g による交番磁束が通信線に起電力を誘導し**電磁誘導障害**が発生します。

図5-2-1 電磁誘導障害

静電誘導障害

送電線と通信線の相互の静電結合によって通信線に誘導電圧を生じ、障害となる現象を**静電誘導障害**といいます。静電誘導電圧の大きさ E_c〔V〕は、送電線の対地電圧を E〔V〕、通信線の対地静電容量を C_0〔F〕、両者の相互静電容量を C_m〔F〕とすると

$$E_c = \frac{C_m}{C_m + C_0} E〔V〕$$

となります。

図5-2-2 静電誘導障害

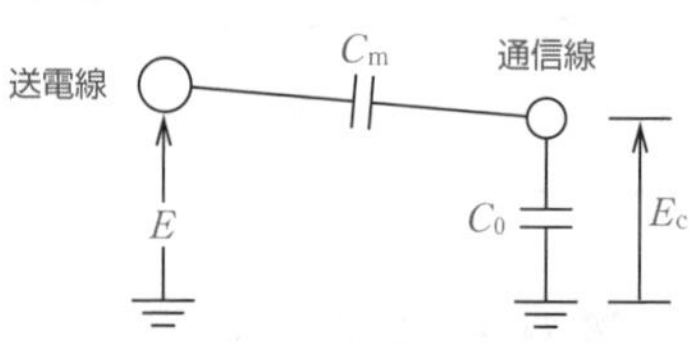

誘導障害対策

電磁誘導と静電誘導の対策を次に示します。

- 電力線と通信線の**離隔距離**を大きくする。
- 電力線と通信線の間に**遮へい線**を設ける。
- 通信線に遮へい層がある**ケーブル**を採用する。
- 送電線を**ねん架**し常時の誘導を軽減させる。
- **架空地線**の条数を多くする。架空地線に導電率のよい電線を使用する。
- 電力線の**地絡電流**を小さくし、地絡継続時間を短くする（高抵抗接地方式の採用、故障箇所を高速度で遮断する）。

5-3 異常電圧の発生 といえば 雷と線路の開閉、塩害対策 といえば がいしの増加と洗浄

外部要因による異常電圧

送電線路には、使用電圧の数倍の高電圧が発生することがあり、これを**異常電圧**といいます。外部要因によるものとして、雷による**誘導雷**と**直撃雷**があります。

誘導雷

雷雲が電線路の上空に近づくと雷雲の電荷と反対の極性の電荷が線路上に誘導されます。雷雲の電荷が他のものに放電（落雷）すると、線路上の電荷が移動し大きな波高値の電圧進行波を生じ、異常電圧として線路上を左右に伝わります。

直撃雷

直撃雷による異常電圧を直撃雷電圧といいます。鉄塔や架空地線へ落雷したとき、電位の上昇により**逆フラッシュオーバ**（鉄塔側から導体へ放電すること）を起こすことがあります。

内部要因による異常電圧

内部要因による異常電圧として、線路の**開閉時**、及び**アーク地絡時**に生じる異常電圧があります。

開閉サージ（開閉時の異常電圧）

無負荷送電線路の充電電流を遮断するとき、接点間のアークが切れるとき線路上に電荷が残り、接点間の絶縁耐力が不十分であると、極間の電位差により放電することがあり、これを再点弧といいます。**再点弧**が発生すると、遮断器の接点間に異常電圧が発生します。

アーク地絡による異常電圧

雷電圧により**フラッシュオーバ**（電線路から鉄塔側に放電すること）したとき、または線路に鳥獣や導体が触れて地絡が発生しアークが消えたり再点弧を繰り返すとき、地絡点の電流は充電電流なので、無負荷送電線の充電電流を遮断したときと同じように異常電圧が発生し、絶縁破壊を起こすおそれがあります。

防護施設

異常電圧が発生すると、電線路と機器の絶縁破壊から地絡故障につながります。異常電圧から電線路及び機器を保護するための防護施設（耐雷設備）には、**架空地線**、**埋設地線**、**避雷器**、**アークホーン**などがあります。

架空地線

送電線の上方に架設し、鉄塔ごとに接地します。架空地線には、鋼より線、鋼心アルミより線、硬銅より線などが用いられます。

・誘導雷に対する効果

静電誘導作用による電荷は、架空地線により低減されます。

・直撃雷に対する効果

直撃雷の大部分は架空地線及び鉄塔に作用し大地に放流し、電線を保護します。

図5-3-1の θ を**遮へい角**といい、θ が小さいほど送電線への直撃雷の防止効果が大きく、遮へい角が 45° で遮へい効果は 90 % 程度です。

図5-3-1 架空地線の遮へい角

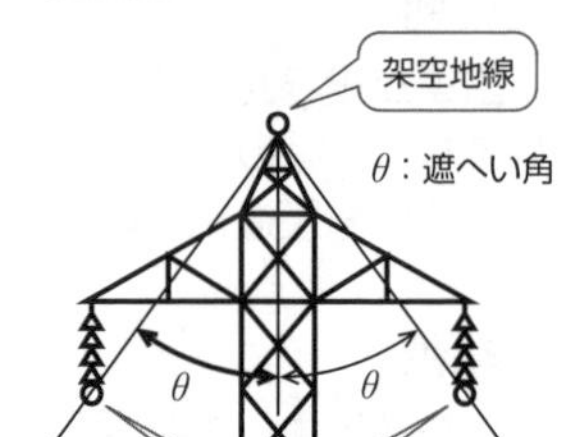

・その他の効果

架空地線と送電線は電磁的に結合しており送電線の異常電圧進行波の波高値を減少させます。また、地絡したとき、地絡電流の一部は架空地線を通り誘導障害を軽減させる作用があります。

埋設地線

地表面下 30〜50 cm のところに亜鉛メッキ鋼より線を地表面に沿って埋設し、その一端を鉄塔脚部に接続するものを**埋設地線（カウンターポイズ）**といいます。

送電線路の塔脚の接地抵抗を低くすることは、直撃雷による逆フラッシュオーバを防止し、誘導雷の波高値を低減する効果を有し、送電線路の耐雷設計として重要な要素となります。山地などの接地抵抗は非常に高いことが多いので埋設地線により、接地抵抗を小さくします。

避雷器

保護する機器の直前に設置し、線路から襲来する衝撃性の過電圧を大地に放流して、その端子電圧を機器の絶縁強度以下に低減し続流を遮断する装置です。

アークホーン

電路におけるフラッシュオーバ及び逆フラッシュオーバは、がいしの所で発生し、アークによりがいしが熱破壊することがあります。これが断線、相間短絡、永久地絡につながることがあり、これを防ぐために、がいしの放電開始電圧の 70 %位で放電する**アークホーン**をがいしの両端に取り付けます。アークホーンの役割は、各がいしに加わる電圧を均等化し、アークをがいしから遠ざけます。

▶異常電圧の種類 といえば 誘導雷、直撃雷、開閉サージ、アーク地絡に起因
▶異常電圧の防護施設 といえば 架空地線、埋設地線、避雷器、アークホーンなど

塩害と防止対策

架空電線路では、台風や季節風による塩分などの付着による漏れ電流の増加やフラッシュオーバの発生により、送配電不能となることがあります。これらを一般に塩害といいます。

塩害の防止対策

・がいしの連結個数を増加する。
・長幹がいし、縁面距離を長くしたスモッグ（耐霧）がいしを用いる。
・活線洗浄や停電洗浄によって、がいしを洗浄する。
・はっ水性のあるシリコンコンパウンドを塗布し、塩分の付着を防ぐ。

POINT

▶塩害対策 といえば がいし連結個数の増加。特殊がいしの使用。がいしの洗浄。シリコンコンパウンドの塗布

5-4 直流送電 といえば 長距離送電と50/60 Hz の連系

直流送電と特徴

直流は、効率のよい電圧の変換が困難であり、高電圧を扱うのも難しいことから一般には交流が用いられていますが、長距離の送電では直流の方が有利となります。

直流送電の用途

電気エネルギー利用の初期には、直流が需要家に供給されましたが、高電圧で大電力の発生が困難で、経済的に電圧を変えられない、負荷側の電動機は交流の方が有利であった等の理由により交流送電が普及しました。しかし、直流送電は交流送電にない利点があり、次のような用途で採用されています。

・**海底ケーブル送電**（交流送電は、充電電流が大きくなる）。
・50 Hz と 60 Hz の異なる**周波数間の連系**。
・**非同期系統の連系**。

直流送電の適用例

・北海道 - 本州間直流連系（北本連系）

本州（上北変換所）～北海道（函館変換所）間を結ぶ日本初の本格的直流送電です。直流線路の電気方式は、図5-4-1のような**双極導体帰路方式**で構成されています。

他に**紀伊水道直流連系**、**佐久間周波数変換所**、**新信濃周波数変換所**、**東清水周波数変換所**、**南福光**（みなみふくみつ）**変電所・連系所**で直流送電または変換所、連系所が運用されています。

図5-4-1 双極導体帰路方式

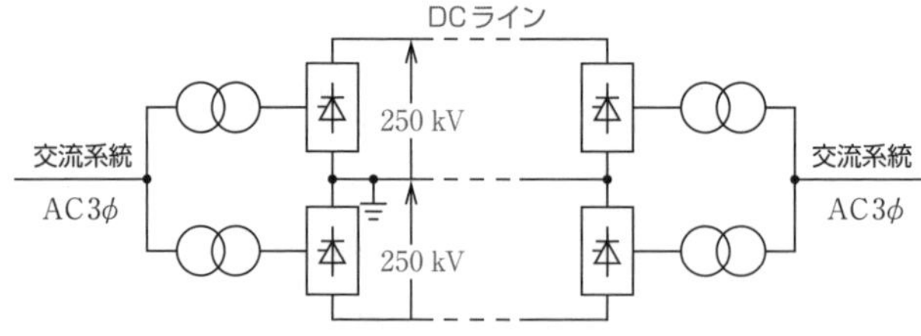

直流送電の長所

直流送電は、次のような長所があります。

POINT

- ▶最大電圧が小さく絶縁が容易で、コロナ損が少ない
- ▶充電電流が流れないので誘電損（絶縁物で生じる損失）が発生しない
- ▶異なる周波数系統の連系ができる
- ▶表皮効果を生じないため導体利用率がよく、電圧降下・電力損失が小さい
- ▶電線路のリアクタンスによる電圧降下や、静電容量によるフェランチ効果（電圧上昇）がない
- ▶送電効率が高く、送電容量を大きくできる

直流送電の短所

直流送電は、次のような短所があります。

POINT

- ▶高電圧、大容量の直流遮断は困難
- ▶変換装置が必要
- ▶高調波障害対策が必要となる
- ▶受電端に無効電力を供給する調相設備が必要となる
- ▶交流送電に比べて初期投資が高価となる

5-5 ケーブルといえばCV、故障点探査法といえばマーレーループ法

ケーブルの種類と布設方法及び静電容量と故障点の測定

地中電線路では、CV ケーブルや OF ケーブルなどが採用されています。本節では、高圧ケーブルの基本構造、地中ケーブルの布設方法、静電容量、損失及び故障点の測定について学びます。

ケーブルの種類

地中電線路で用いる代表的な電力ケーブルとして、**CV ケーブル**と **OF ケーブル**があります。

・CV ケーブル

CV ケーブルは、耐熱性に優れたポリエチレン樹脂で絶縁し、外装をビニルで保護した電線で、絶縁物の**比誘電率が小さい**ので充電電流や誘電体損失が小さく、最高許容温度が 90℃と高いので**許容電流**が大きくなります。OF ケーブルに代わって 66〜275 kV、500 kV 級の新設ケーブルにも採用されています。

図5-5-1 CV ケーブルの例

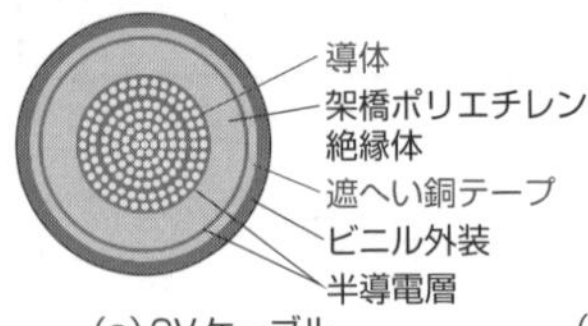

(a) CVケーブル

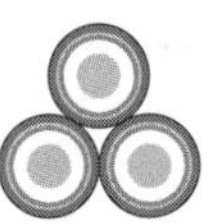
(b) CVTケーブル

(c) 3心共通シース形

図5-5-2 OF ケーブルの例

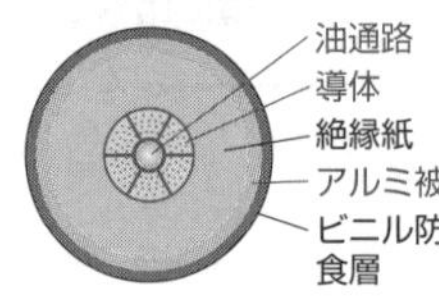

(d) OFケーブル

ケーブルのうち、各線心にビニルシースを施した単心ケーブル 3 条をより合わせた構造の **CVT ケーブル**（トリプレックス形 CV ケーブル）は、3 心共通シース形に比べ放熱がよく、許容電流が 10 % 程度大きくなります。また、重量が軽く曲げやすく端末処理が容易で作業性がよいなどの利点があります。

・OF ケーブル

OF ケーブルは、図5-5-2のように油通路を設け、粘度の低い絶縁油を常時大気圧以上の圧力で油通路に充満させたもので、耐電圧特性を向上させ、絶縁体内の空隙（ボイド）の発生を防ぎ劣化を防止するようにしたケーブルです。このケーブルは給油設備を必要とし、保守、点検に多くの手間を要します。これは、66〜500 kV まで広範囲の高電圧ケーブルとして用いられています。

ケーブルの布設方法

地中電線路の布設方法には、**直接埋設式**、**管路式**、**暗きょ式**が一般に用いられています。

・直接埋設式

直設埋設式は直埋式ともいい、ケーブルを保護するため土管またはコンクリートトラフなどに収めて砂を詰めてふたをかぶせて埋設する方法です。

図5-5-3のように地表面から 1.2 m 以上の深さに、車両その他の重量物の圧力を受けるおそれのない場合は 0.6 m 以上の深さに埋設します。

図5-5-3 直接埋設式

地表面
土冠 1.2 m
トラフ
ケーブル
砂を詰める

・管路式

管路式は、鉄筋コンクリート管（ヒューム管）又は鋼管を地中管路として、所定の長さごとにマンホールを設けケーブルを引き入れます。

図5-5-4 管路式

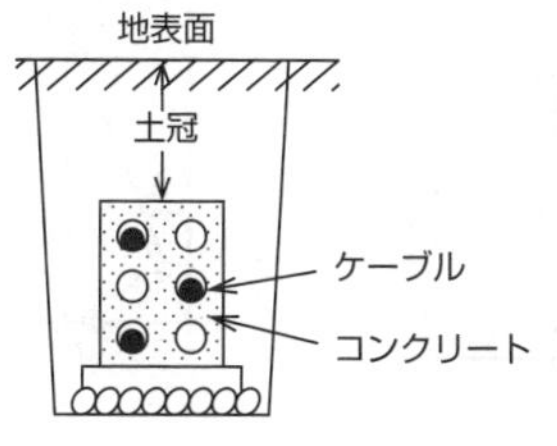

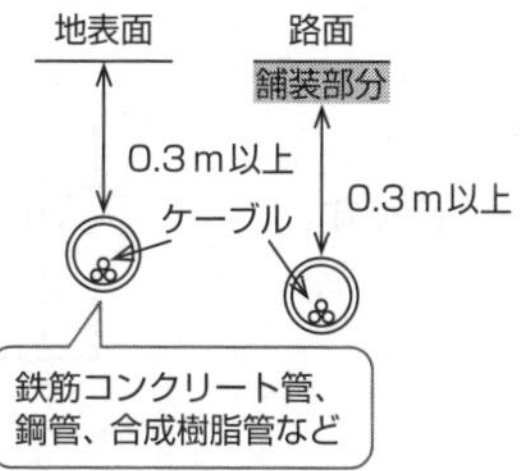

図5-5-5 暗きょ式

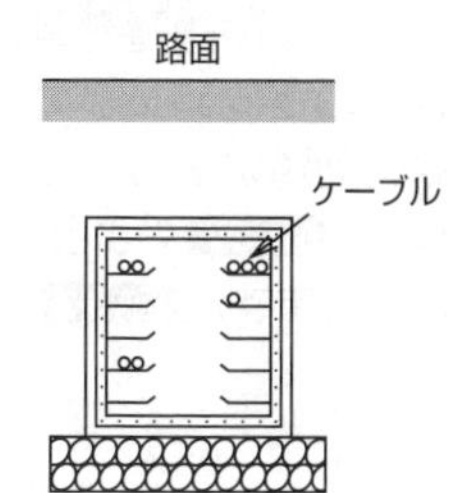

・暗きょ式

暗きょ式は、**洞道式**と**共同溝式**があります。洞道式は、発電所の構内などケーブル条数の多い箇所で用い、共同溝式は道路下の共同地下溝に電力ケーブル、通信ケーブル、などを布設するものです。

ケーブルの作用静電容量

3 心ケーブルで各導体間の静電容量を C_m〔F〕、各導体と対地間静電容量を C_0〔F〕とすると図5-5-6のようになります。

C_m を Δ-Y 変換したとき中性点に対する静電容量は $3C_m$ となるので、導体 1 条当たりの対地に対する静電容量 C〔F〕は、$3C_m$ と C_0 が並列となるので、

$$C = 3C_m + C_0 \text{〔F〕}$$

となり、この C を**作用静電容量**といいます。

ケーブルの**充電電流** I_C は、

図5-5-6
3心ケーブルの静電容量

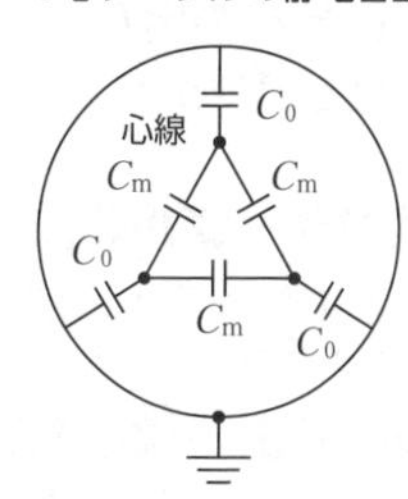

$$I_C = \omega C \frac{V}{\sqrt{3}} = 2\pi f C \frac{V}{\sqrt{3}} \text{〔A〕}$$

ケーブルの充電容量 Q_C は、

$$Q_C = \sqrt{3}\ VI_C = \omega CV^2 = 2\pi fCV^2 \text{〔var〕}$$

となります。

ケーブルの損失

・電力ケーブルの損失

電力ケーブルの損失には、**抵抗損**、**誘電損**（誘電体中の損失）、**シース損**（導体周りの磁束による金属シース内の渦電流損とシースを回路とする電流による損失）があります。

・誘電損の計算

ケーブルに交流電圧 V〔V〕を加えたとき、ケーブルの静電容量により充電電流 I_C が流れるのと同時に誘電体損などによるわずかな有効電流 I_r が流れ全体の電流は I〔A〕となり、図5-5-7のようなベクトル図で表すことができます。図5-5-7において、

図5-5-7 誘電正接

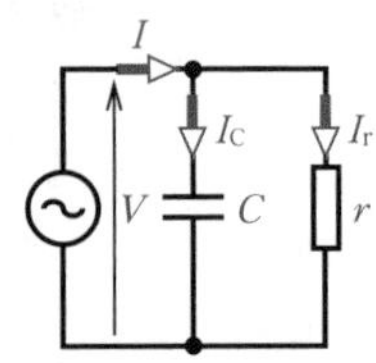

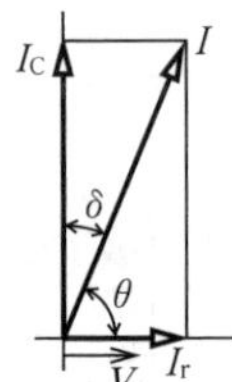

$$\frac{I_r}{I_C} = \tan\delta$$

から電流の有効分 I_r は

$I_r = I_C \tan\delta$　となります。

誘電損 P〔W〕は、

$$P = VI_r = VI_C \tan\delta \text{〔W〕}$$

ここで、$I_C = \omega CV = 2\pi fCV$ から、

誘電体損は、$P = 2\pi fCV^2 \tan\delta$〔W〕となります。

I_r と I_C の比 $I_r / I_C = \tan\delta$ を**誘電正接**と呼び、δ を損失角といいます。また、誘電正接をタンジェントデルタまたはタンデルタと呼びます。

地中ケーブルの故障点の探査法

地中ケーブルの故障のうち、電気事故としては、ケーブルの絶縁破壊による地絡、短絡、断線事故などがあります。故障の探査方法には、**マーレーループ法**、**パルスレーダ法**、**静電容量測定法**などがあります。

・マーレーループ法

ホイートストンブリッジの原理を利用したもので、故障点までの抵抗から故障点までの距離を求める方法です。

図5-5-8 マーレーループ法による故障点の探査法

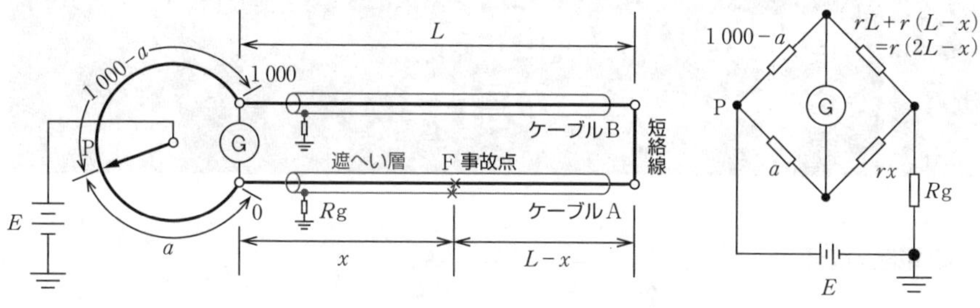

図5-5-8のように事故を起こしたケーブルAと、健全なケーブルBの導体同士を短絡線で接続します。ケーブル線路長をL〔m〕、故障点までの距離をx〔m〕、ブリッジの全目盛を1 000、ブリッジが平衡したときの目盛の読みをa、導体の抵抗をr〔Ω/m〕とすると、図5-5-8のブリッジの平衡条件より対辺抵抗値の積が等しいとしてxを求めます。

$$(1\,000 - a)\,rx = ar\,(2L - x)$$

$$1\,000x - ax = 2aL - ax$$

$$x = \frac{2aL}{1\,000} = \frac{aL}{500}\ \text{〔m〕}$$

となり導体の抵抗に関係なく故障点までの距離を測定できます。

・パルス法（パルスレーダ法）

図5-5-9 パルス法

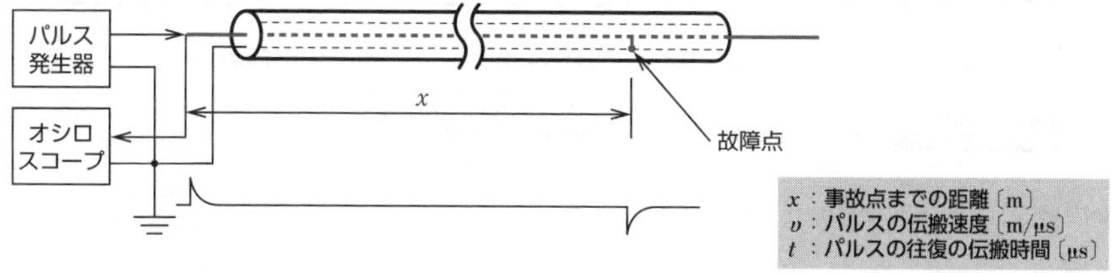

図5-5-9のように一定間隔でパルス信号を送り、パルス信号が事故点で反射し往復する時間t〔μs〕を測定することで事故点までの距離x〔m〕を求めます。

$$x = \frac{vt}{2}\ \text{〔m〕}$$

・静電容量測定法

断線事故の場合に利用するもので、事故相の静電容量C_xと健全相の静電容量Cの比から事故点までの距離を求めます。

$$x = L\frac{C_x}{C}\ \text{〔m〕}$$

L：健全相のケーブルの長さ〔m〕

5〜6 電線路の機械的特性 といえば たるみと実長の計算

● 電線のたるみ

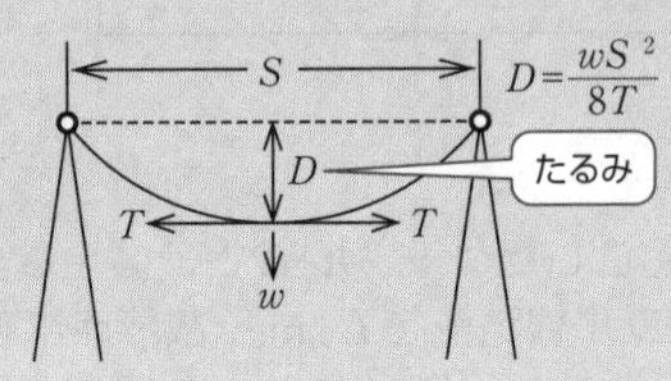

電線のたるみと実長

夏季に電線を強く張ってたるみを小さくすると冬季に電線が縮み、張力が増加して断線の危険があります。逆に、冬季に電線を緩く張ってたるみを大きくすると、夏季に電線が伸びて地上に接近し、危険が生じます。

架空電線路の設計では、温度変化を考慮して電線の支持点間で適切な**たるみ**を計算する必要があります。また、電線の**実長**は径間よりも少し長くなります。

支持点が水平の場合、たるみ D〔m〕と実長 L〔m〕は次式となります。

POINT

▶電線のたるみ といえば 単位荷重に比例、径間の2乗に比例、張力に反比例

電線のたるみ $D=\frac{wS^2}{8T}$〔m〕 ◀ w：電線1〔m〕当たりの荷重〔N/m〕、S：径間〔m〕、T：水平張力〔N〕

▶実長 といえば 径間よりわずかに長くなる

電線の実長 $L=S+\frac{8D^2}{3S}$〔m〕 ◀ D：たるみ〔m〕、S：径間〔m〕

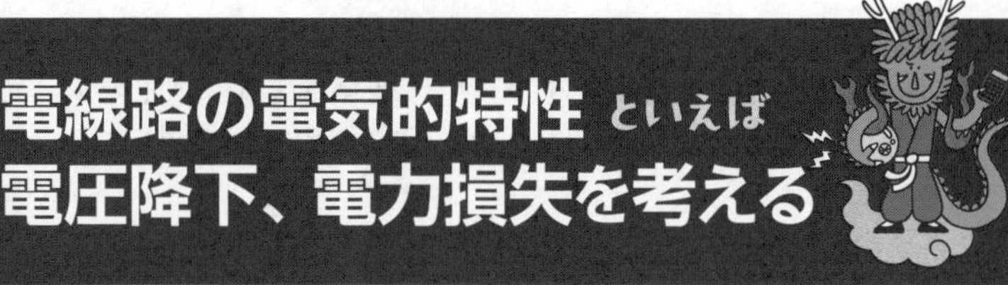

5〜7
電線路の電気的特性といえば
電圧降下、電力損失を考える

短距離送電線路

交流の配電線及びこう長 10 km 以下の短距離送電線では、電線の**抵抗 R** と**リアクタンス X** を考え、電圧降下などの計算を行います（X は誘導リアクタンスですが、ここでは「誘導」という言葉は省略します）。

単相交流回路

図5-7-1 のような単相交流回路で、V_s〔V〕を送電端電圧、V_r〔V〕を受電端電圧、R〔Ω〕を電線２本分の抵抗、X〔Ω〕を電線２本分のリアクタンス、負荷の力率を $\cos\theta$ としたとき、ベクトル図は、図5-7-2 のようになります。この 図5-7-2 から、電圧降下 $\varDelta V$ と送電端電圧 V_s〔V〕（斜辺の長さ）は次式のような近似式が成り立ちます。

図5-7-1 単相交流回路

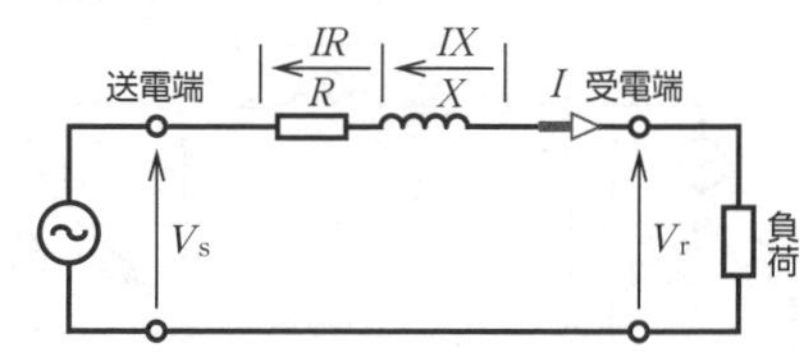

図5-7-2 電圧降下のベクトル図

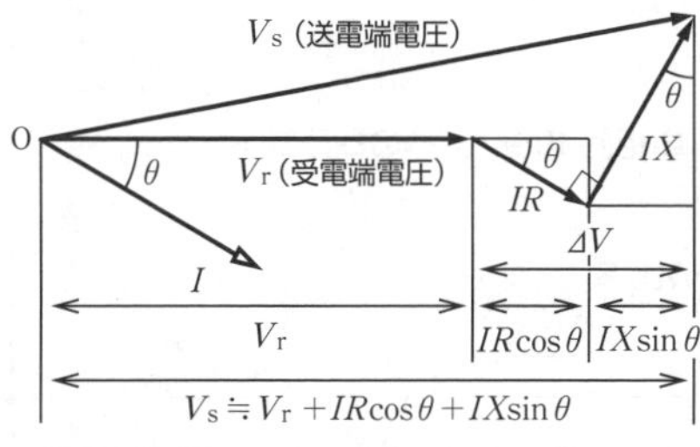

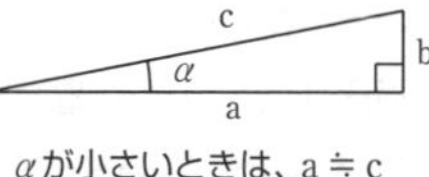

α が小さいときは、a ≒ c

POINT

▶**電圧降下** $\varDelta V$ といえば 抵抗電圧×**力率と**リアクタンス電圧×**無効率**

$$\varDelta V = IR\cos\theta + IX\sin\theta = I(R\cos\theta + X\sin\theta)〔V〕$$

▶**送電端電圧** V_s といえば **受電端電圧**＋電圧降下

$$V_s \fallingdotseq V_r + I(R\cos\theta + X\sin\theta)〔V〕$$

三相交流回路

三相の場合、送電端の線間電圧を V_s〔V〕、受電端の線間電圧を V_r〔V〕、1 線の抵抗を R〔Ω〕、リアクタンスを X〔Ω〕、負荷の力率を $\cos\theta$ とすれば、

$$\frac{V_s}{\sqrt{3}} \fallingdotseq \frac{V_r}{\sqrt{3}} + I(R\cos\theta + X\sin\theta)〔V〕$$

両辺に $\sqrt{3}$ を掛けると、

$$V_s \fallingdotseq V_r + \sqrt{3}\, I(R\cos\theta + X\sin\theta)〔V〕$$

また、電圧降下 $(V_s - V_r)$ と受電端電圧 V_r〔V〕の比をパーセントで表したものを、**電圧降下率**といいます。

図5-7-3 三相交流回路

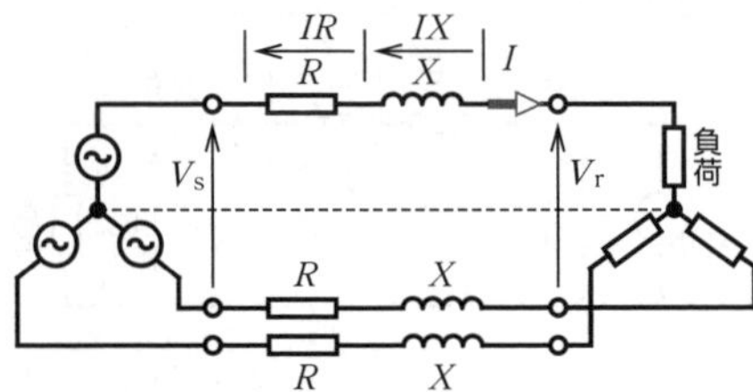

POINT

▶三相回路の電圧降下 ⊿V といえば 単相回路の $\sqrt{3}$ 倍

$$\Delta V = \sqrt{3}\, I(R\cos\theta + X\sin\theta)〔V〕$$

▶三相回路の送電端電圧 V_s といえば 受電端電圧＋単相回路の $\sqrt{3}$ 倍の電圧降下

$$V_s \fallingdotseq V_r + \sqrt{3}\, I(R\cos\theta + X\sin\theta)〔V〕$$

▶電圧降下率 ε といえば 電圧降下の受電端電圧との比率

$$\varepsilon = \frac{V_s - V_r}{V_r} \times 100\ \%$$

練習問題 〉01

電圧降下、降下率

図の三相3線式配電線路において、線路の電圧降下率 $\varepsilon = 5.0\,\%$ となる負荷電力 P〔kW〕は。

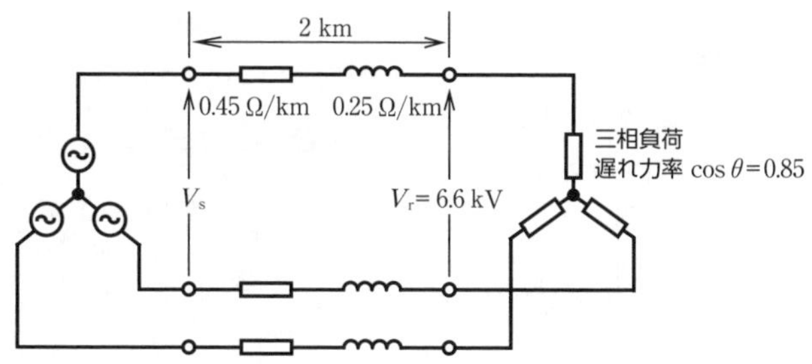

解き方

電圧降下率の公式は次の通りです。

$$\text{電圧降下率}\,\varepsilon = \frac{V_s - V_r}{V_r} = \frac{\Delta V}{V_r} \rightarrow \Delta V = \varepsilon V_r$$

電圧降下率 $\varepsilon = 5.0\,\%$ より、

電圧降下 $\Delta V = \varepsilon V_r = 0.05 \times 6\,600 = 330\ \text{V}$

$r = 0.45 \times 2 = 0.90\ \Omega$、$x = 0.25 \times 2 = 0.50\ \Omega$

電圧降下 ΔV より I を求めます。

$$\Delta V = \sqrt{3}\,I(r\cos\theta + x\sin\theta)\,\text{〔V〕}$$

$\sin\theta = \sqrt{1 - \cos^2\theta}$ より、

$$330 = \sqrt{3}\,I\left(0.90 \times 0.85 + 0.50 \times \sqrt{1 - 0.85^2}\right)$$

$$330 \fallingdotseq \sqrt{3}\,I(0.90 \times 0.85 + 0.50 \times 0.527)$$

$$I = \frac{330}{\sqrt{3} \times 1.029} \fallingdotseq 185\ \text{A}$$

負荷電力 P は、

$$P = \sqrt{3}\,V_r I\cos\theta$$

$$= \sqrt{3} \times 6600 \times 185 \times 0.85$$

$$\fallingdotseq 1\,798\ \text{kW} \rightarrow 1\,800\ \text{kW}$$

解答　$P = 1\,800\ \text{kW}$

解説

三相3線式配電線路の電圧降下の公式である $\Delta V = \sqrt{3}\,I\,(r\cos\theta + x\sin\theta)$〔V〕に数値を代入すれば、$I$〔A〕が求められます。$\Delta V$ は、6 600 の 5 % → 330、$r = 0.45 \times 2$、$x = 0.25 \times 2$、$\cos\theta = 0.85$、$\sin\theta = \sqrt{1 - 0.85^2}$。

5-8 受電設備の力率改善 といえば 力率を100％に近づける

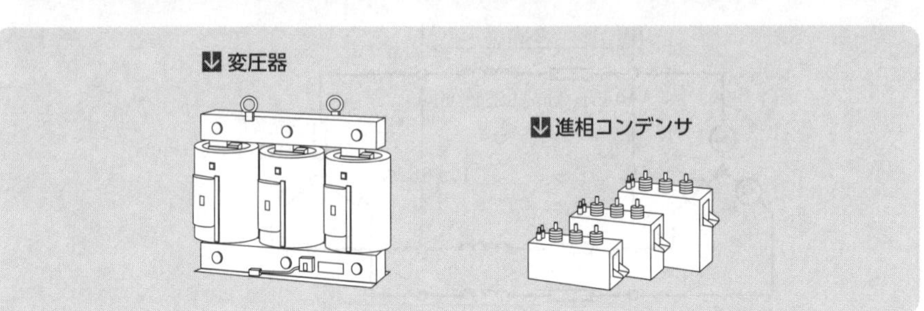

力率改善の効果

一般に、電気設備は電動機や蛍光灯など遅れ力率の負荷（電流の位相が電圧の位相よりも遅れる負荷）が多いので、遅れ無効電力が大きくなります。そこで、負荷に並列に電力用コンデンサ（進み無効電力）を接続して、力率改善を行います。

力率改善とは、$\cos\theta$ を1.0に、すなわち**力率**を100％に近づけることをいいます。

POINT

▶力率改善 といえば 電流、損失、電圧降下の減少効果

- 線路電流を減少させ送電線、配電線、変電所など電源側の設備容量を減少できる
- 送電損失が減少する
- 電圧降下が小さくなる
- 設備容量を変えずに負荷電力の増加ができる

力率改善に関する計算

力率に関する計算のときは、図5-8-1のような電力の直角三角形（電力のベクトル図）をつくります。

図5-8-1 電力の直角三角形

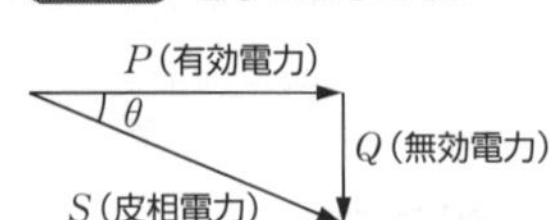

5〜9 短絡電流の計算 といえば 定格電流$\div\left(\frac{\%z}{100}\right)$、地絡電流の計算 といえば テブナンの定理

三相短絡電流の計算

短絡電流や地絡電流の計算など、電気事故が発生したときを想定した計算ができるようにしておく必要があります。短絡電流の大きさで遮断器や開閉器の容量が決められます。三相短絡時の短絡電流 I_s〔A〕は、

$$I_s = \frac{\frac{V_n}{\sqrt{3}}}{Z_s}〔A〕$$

V_n：定格電圧〔V〕、Z_s：短絡点から見た系統の合成インピーダンス〔Ω〕

ここで、$\%z = \frac{Z_s I_n}{\frac{V_n}{\sqrt{3}}} \times 100〔\%〕$ より、$\frac{I_n}{\frac{\%z}{100}} = \frac{\frac{V_n}{\sqrt{3}}}{Z_s} = I_s$ なので、

$$I_s = \frac{I_n}{\frac{\%z}{100}} = \frac{I_n}{\%z} \times 100〔A〕$$

I_n：系統定格電流〔A〕、$\%z$：パーセントインピーダンス

POINT

▶短絡電流 I_s といえば（定格電流）$\div\left(\frac{\%z}{100}\right)$

短絡電流　$I_s = \frac{I_n}{\frac{\%z}{100}}$〔A〕

▶パーセントインピーダンス といえば 定格電流と短絡電流の比率

パーセントインピーダンス　$\%z = \frac{I_n}{I_s} \times 100〔\%〕$

I_n：系統の定格電流〔A〕
I_s：短絡電流〔A〕

1線地絡電流

図5-9-1 (a)のように電線路の1線が点Pで地絡したときの地絡電流 $\dot{I}_g$〔A〕は、テブナンの定理を用いて求めます。図5-9-1 の(b)及び(c)のように、地絡点Pの地絡発生前の対地電圧は、$\dot{E}$〔V〕です（$\dot{Z}$がないときのP点と対地電圧）。$\dot{Z}$がないときの点Pと対地間から回路内を見た合成インピーダンス $\dot{Z}_0$ は、同図(b)の $\dot{E}$ を除いた回路である同図(d)で求めます。

図5-9-1 地絡電流と回路図

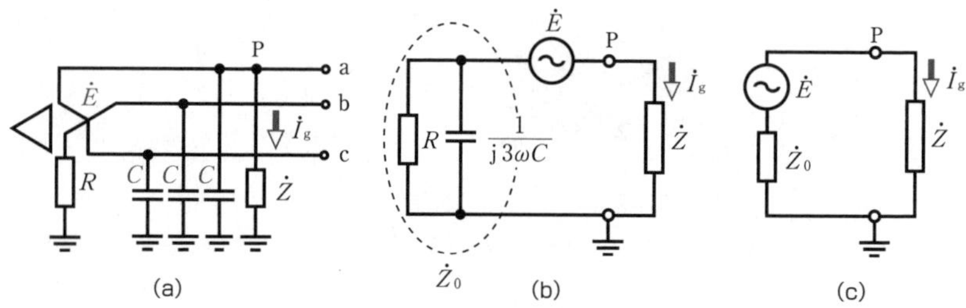

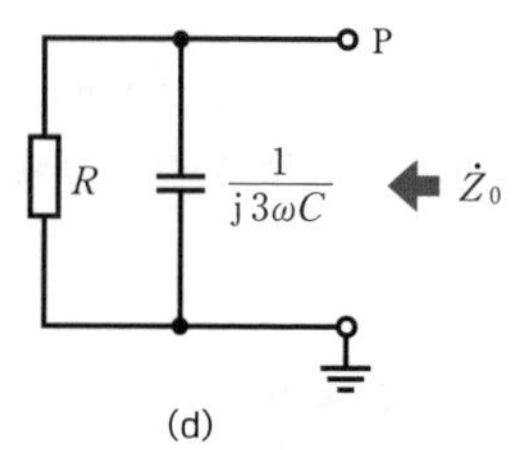

注）図(a)のようにa相が地絡したとき、地絡電流は、抵抗Rと3線の静電容量Cを通して流れます。Cを通して流れる地絡電流は、すべて同位相になります。したがって、地絡電流に対して、変圧器は短絡されているのと同じになり、各相のCと抵抗Rは、並列接続されていることになります。

R〔Ω〕と $\dfrac{1}{\mathrm{j}3\omega C}$〔Ω〕の並列合成インピーダンス $\dot{Z}_0$〔Ω〕は、和分の積より、

$$\dot{Z}_0 = \frac{R\dfrac{1}{\mathrm{j}3\omega C}}{R+\dfrac{1}{\mathrm{j}3\omega C}} = \frac{\dfrac{R}{\mathrm{j}3\omega C}}{\dfrac{1+\mathrm{j}3\omega CR}{\mathrm{j}3\omega C}} = \frac{R}{1+\mathrm{j}3\omega CR}\text{〔Ω〕}$$

地絡電流 $\dot{I}_g$〔A〕は、テブナンの定理と図(c)の回路から、

$$\dot{I}_g = \frac{\dot{E}}{\dot{Z}+\dfrac{R}{1+\mathrm{j}3\omega CR}}\text{〔A〕}$$

POINT

▶地絡電流の計算 といえば テブナンの定理を用いる

地絡電流 $I_g = \dfrac{\dot{E}}{\dot{Z}+\dot{Z}_0} = \dfrac{\text{地絡発生前の対地電圧}}{\text{地絡インピーダンス＋電源側のインピーダンス}}$〔A〕

練習問題 〉01

短絡電流

図の配電系統において、(a)、(b) の問に答えよ。

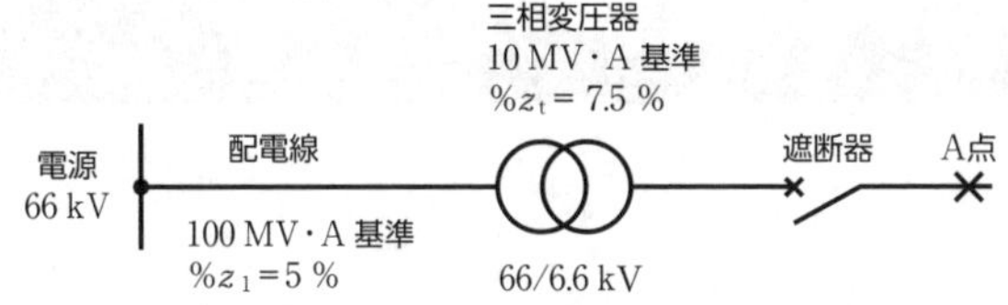

(a) 基準容量を 10 MV・A として、変圧器二次側から電源側をみた百分率インピーダンス %z の値は。

(1) 2.5 (2) 5.0 (3) 7.0 (4) 8.0 (5) 12.5

(b) 図の A 点で三相短絡事故が発生したとき、事故電流を遮断できる遮断器の定格遮断電流の最小値 I_{sn}〔kA〕は。

(1) 8 (2) 12.5 (3) 16 (4) 20 (5) 25

解き方

(a)

配電線の 100 MV・A 基準の %z_1 を 10 MV・A 基準としたときの %z_1' は、

$$\%z_1' = 5 \times \frac{10}{100} = 0.5\ \%$$

変圧器二次側から電源側をみた百分率インピーダンス %z の値は、

$$\%z = \%z_1' + \%z_t = 0.5 + 7.5 = 8.0\ \%$$

(b)

基準容量（10 MV・A）のとき、A 点における基準電流（定格二次電流）I_n は、

$$I_n = \frac{10 \times 10^6}{\sqrt{3} \times 6.6 \times 10^3} \fallingdotseq 875\ \text{A}$$

A 点における三相短絡電流 I_s は、

$$I_s = \frac{I_n}{\frac{\%z}{100}} = \frac{875}{0.08} \fallingdotseq 10.9\ \text{kA}$$

遮断器の定格遮断電流の最小値 I_{sn}〔kA〕は、I_s の直近上位の値を選択して、$I_{sn} = 12.5$ kA

解説

配電線の %z_1 = 5 % は、10 MV・A 基準に変換すると %z_1' = 0.5 %（負荷を 1/10 倍にすれば、電圧降下も 1/10 倍）になります。変圧器二次側から電源側を見た %z は、変圧器と配電線の基準容量をそろえて合成します。短絡電流 I_s は、基準電流（定格電流）÷（%z/100）で求めます。

解答 (a) (4) (b) (2)

5-10 配電線路の構成といえば 高圧、20 kV 級配電と特別高圧受電方式など

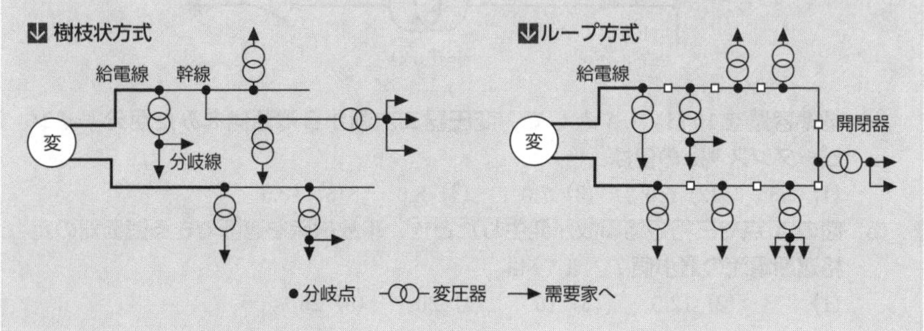

高圧配電線路の方式

高圧配電線路の方式の代表的なものに樹枝状方式、ループ方式があります。

表5-10-1 高圧配電線路の方式

名称	内容
樹枝状方式（じゅしじょうほうしき）	負荷の分布に応じて樹枝状に分岐していく方式で、放射状方式ともいう。線路の延長が容易で設備費が安いという利点があるが、他の方式よりも電力損失、電圧変動が大きくなる
ループ方式（環状方式）	ループ状になっている形式で、電力損失、電圧降下が少なく、故障時には故障部分以外の電力の供給が可能。都市など、負荷密度の大きい地域に適している

20 kV 級（22 kV または 33 kV）配電方式

電力需要の増大に対応するために、20 kV 級の架空配電方式、地中配電方式があります。

表5-10-2 20 kV 級配電方式

種類	内容
20 kV 級直接供給方式	大口需要家に対して直接 20 kV 級配電線で供給する方式
20 kV 級 / 低圧・直接てい降供給方式	20 kV 級配電線より配電用変圧器を介して直接低圧に電圧を下げて、一般低圧需要家に供給する方式。22 kV（33 kV）→ 100、200、240/415 V
20 kV 級 /6.6 kV 配電塔供給方式	20 kV 級配電線より配電塔を介して 6.6 kV の高圧に降圧し、需要家に供給する方式

特別高圧受電方式

特別高圧受電方式には、一回線受電方式、本線予備線受電方式、ループ受電方式、スポットネットワーク受電方式があります。

表5-10-3 特別高圧受電方式

名称	内容
一回線受電方式	需要家までが 1 回線で接続され、シンプルで経済的な方式
本線予備線受電方式	給電線を 2 回線布設し、1 回線を常用、一方を予備とする配電方式。本線故障時に本線側を開いて予備線側を入れることにより、短時間の停電で受電が再開可能
ループ受電方式	常時 2 回線で受電するため、片側の 1 回線が故障してもその回線を遮断することにより、もう一方の回線から受電を継続できる
スポットネットワーク受電方式※1	22～33 kV 変電所から 2～4 回線（標準 3 回線）の配電線で受電し、変圧器の二次側を並列にする方式。高層ビルや大工場の大容量負荷に用いる <スポットネットワーク受電方式の特徴> ・一次側配電線または変圧器の 1 回線が故障しても、他の回線で無停電で負荷に電力を供給できる ・電圧降下、電力損失が少ない。電動機の始動によるフリッカ（電圧降下の変動であり、蛍光灯などがちらつく）の影響が少ない。負荷を増加しやすい ・保護装置が複雑で建設費が高い

他の配電方式

他にも表5-10-4のような配電方式があります。

表5-10-4 その他の配電方式

名称	内容
低圧バンキング方式	高圧配電線路に接続された 2 台以上の変圧器の二次側を並列に接続し、負荷の融通を図る方式
レギュラーネットワーク方式※1	複数の特別高圧または高圧給電線に接続された変圧器を、ネットワークプロテクタを通して網目状の低圧幹線で並列運転させる配電方式。100/200 V の需要家に供給する方式で、故障が発生したとき故障回線を切り離して無停電で電力を供給できる。
400 V 級配電方式	図のような三相 4 線式で構成され、電動機負荷の大きなビルディングや工場などの需要家で採用されている。動力は 415 V 三相 3 線式、蛍光灯や水銀灯などは単相 240 V、コンセントや白熱電灯は 100 V に降圧する。 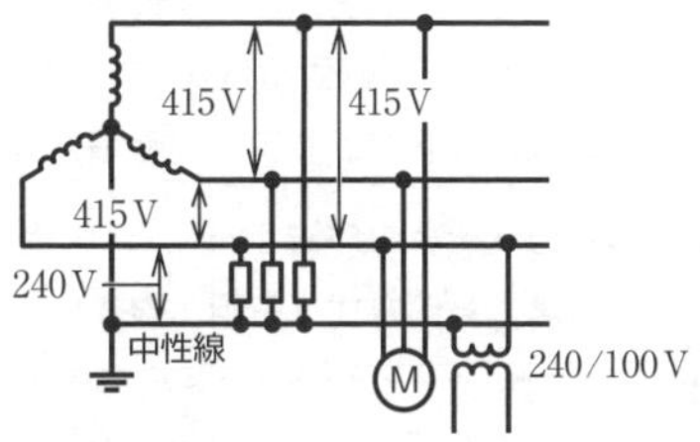 415 V / 415 V / 415 V / 240 V / 中性線 / M / 240/100 V

※1 スポットネットワーク方式とレギュラーネットワーク方式：スポットネットワーク方式は大口需要家一カ所だけに対し、レギュラーネットワーク方式は高密度負荷地域の商店街、繁華街といった地域の一般需要家を対象としています。

低圧配電線路の電気方式

図5-10-1は、低圧配電線に採用されている電気方式です。電灯負荷の電気方式は、同図(a)100 V **単相2線式**、(b)100/200 V **単相3線式**があります。動力負荷は、200 V三相3線式（図(c) Δ結線または図(d)V結線）で電力を供給します。電灯(100/200 V）と動力（三相200 V）の需要が混在する地域では、同図(e)の**電灯動力共用方式**が採用されます。この方式（同図(e)）は、電灯と動力を4線で配電できるので、三相4線式（V結線）といいます。

図5-10-1 低圧配電線路の電気方式

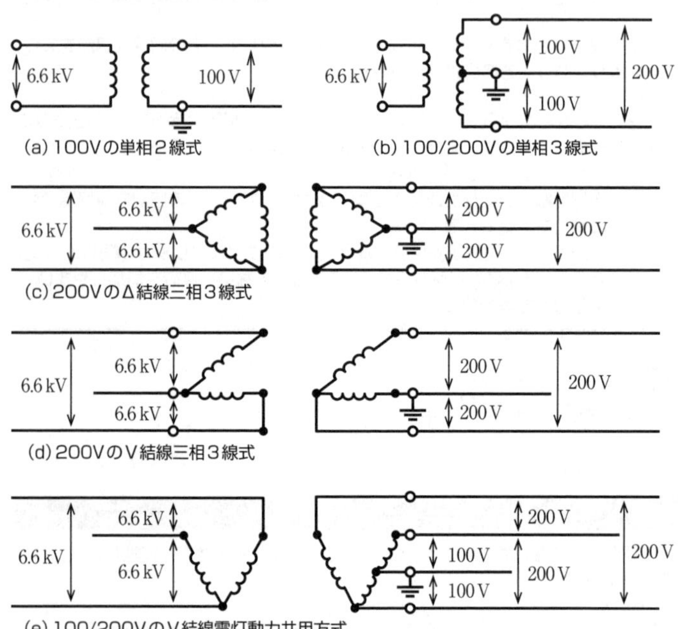

POINT

- ▶**配電方式** といえば 樹枝状方式、ループ方式、20 kV 級配電方式、低圧バンキング方式、レギュラーネットワーク方式、400 V 級配電方式など
- ▶**特別高圧受電方式** といえば 一回線受電方式、本線予備線受電方式、ループ受電方式、スポットネットワーク受電方式
- ▶**低圧配電線路の電気方式** といえば 単相2線式、単相3線式、三相3線式、電灯動力共用方式（三相4線式）

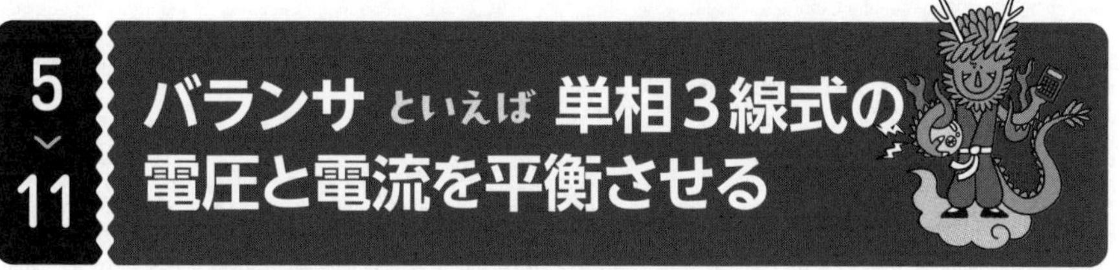

5-11 バランサ といえば 単相3線式の電圧と電流を平衡させる

単相3線式配電線路とバランサの役割

バランサは、単相3線式配電線路において線電流と負荷電圧の不平衡を解消するものです。

単相3線式配電線路の特徴

図5-11-1のような単相3線式配電線路は、単相2線式配電線路と比較して次のような特徴があります。

- 電線の太さが同じとき**電圧降下**、**電力損失**が小さく平衡負荷とすればともに1/4倍です。
- 負荷の容量が同じとき、所用電線量が少なく経済的です。
- 100 V負荷、200 V負荷の使用ができます。
- 中性線が断線したとき、容量の小さい方の負荷（抵抗が大きい方の負荷）に大きな電圧が加わり、故障の原因となります。

図5-11-1 単相3線式配電線路

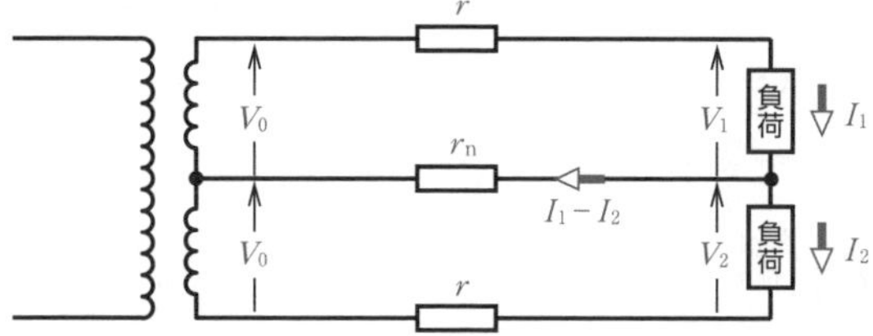

負荷の電圧

図5-11-1において、負荷電流を I_1 及び I_2、上下電線の抵抗を r、中性線の抵抗を r_n としたとき、負荷の電圧は次式のようになります。ただし、負荷は抵抗負荷とします。

[$I_1 > I_2$ の場合]

$V_1 = V_0 - rI_1 - r_n(I_1 - I_2)$〔V〕 中性線の電圧降下

負荷電流が大きい方は、減算

$V_2 = V_0 - rI_2 + r_n(I_1 - I_2)$〔V〕

負荷電流が小さい方は、加算

この式で、$I_1 = I_2$のときは、$V_1 = V_2$となりますが、$I_1 \neq I_2$のときは、$V_1 \neq V_2$となって負荷の電圧が不平衡になります。

バランサ

バランサは、単巻変圧器で、単相3線式配電線路の末端または途中に取り付けます。負荷電流をI_1、I_2としたとき、バランサに流れる電流は図5-11-2のようになります。このとき、バランサは中性線に流れる電流を0とする働きをします。

$$I_1 - I_2 - 2I = 0 \text{より}$$

$$I = \frac{I_1 - I_2}{2} \text{〔A〕となります。}$$

図5-11-2 単相3線式のバランサの電流（負荷は抵抗）

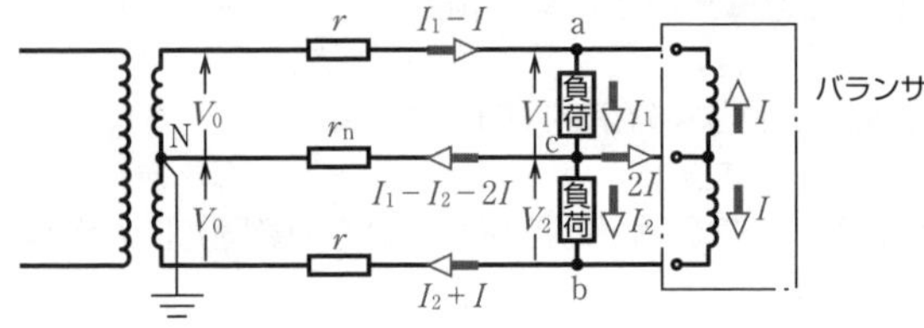

よって、上側電線の電流は、

$$I_1 - I = I_1 - \frac{I_1 - I_2}{2} = \frac{I_1 + I_2}{2} \text{〔A〕}$$

下側電線の電流は、

$$I_2 + I = I_2 + \frac{I_1 - I_2}{2} = \frac{I_1 + I_2}{2} \text{〔A〕}$$

となり、両外線の電流は等しく電圧降下も等しくなります。したがって、負荷の電圧は、$V_1 = V_2$となります。これをバランサには**均圧作用**があるといいます。

POINT

- ▶**バランサの役割** といえば・**負荷の電圧を等しくする**
  - ・**両外線の電流を等しくする**
  - ・**中性線の電流を0にする**
- ▶**バランサの電流** といえば $\boldsymbol{I = \frac{I_1 - I_2}{2}}$ **〔A〕**

例題 1

｜重要度★★★｜令和５年度上期｜電力｜問 17｜

三相 3 線式高圧配電線の電圧降下について、次の（a）及び（b）の問に答えよ。図のように、送電端 S 点から三相 3 線式高圧配電線で A 点、B 点及び C 点の負荷に電力を供給している。S 点の線間電圧は 6 600 V であり、配電線 1 線当たりの抵抗及びリアクタンスはそれぞれ 0.3 Ω/km とする。

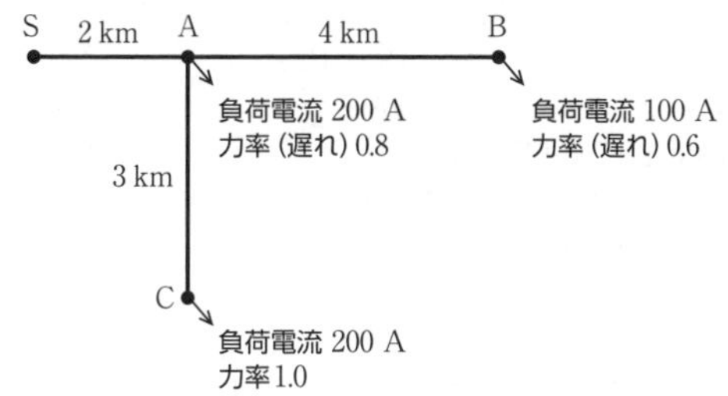

（a）S-A 間を流れる電流の値〔A〕として、最も近いものを次の（1）～（5）のうちから一つ選べ。

（1）405　（2）420　（3）435　（4）450　（5）465

（b）A-B における電圧降下率の値〔%〕として、最も近いものを次の（1）～（5）のうちから一つ選べ。

（1）4.9　（2）5.1　（3）5.3　（4）5.5　（5）5.7

解き方

解答（a）－（5）、（b）－（2）

（a）

A、B、C 点の負荷電流及び S-A 間の電流の三角形は、下図のようになります。

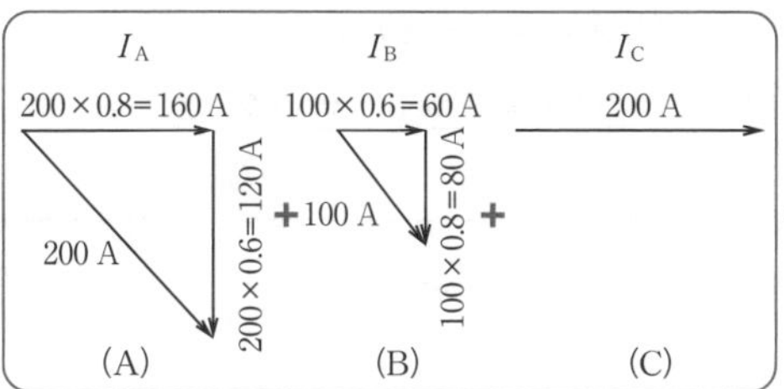

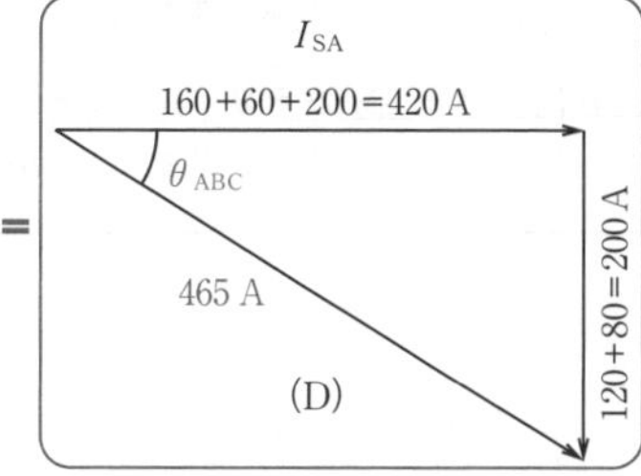

力率が $\cos\theta = 0.8$ のとき無効率 $\sin\theta = 0.6$

$\sin\theta = \sqrt{1 - \cos\theta^2} = \sqrt{1 - 0.8^2} = \sqrt{0.36} = 0.6$

力率が $\cos\theta = 0.6$ のとき無効率 $\sin\theta = 0.8$

1
2
3
4
5
6
送電、配電

図（D）により、

$$I_{SA有効分} = 160 + 60 + 200 = 420\ \text{A}$$
$$I_{SA無効分} = 120 + 80 = 200\ \text{A}$$
$$I_{SA} = \sqrt{420^2 + 200^2} \fallingdotseq 465\ \text{A}$$

(b)

A-B 間の電流 I_{AB} は、B 点の負荷電流に等しく 100 A

A-B 間の抵抗とリアクタンス $r = x = 4 \times 0.3 = 1.2\ \Omega$

電圧降下の公式　$\varDelta V = \sqrt{3}\, I(r\cos\theta + x\sin\theta)$〔V〕

したがって、A-B 間の電圧降下 $\varDelta V_{AB}$ は、

$$\varDelta V_{AB} = \sqrt{3} \times 100 \times (1.2 \times 0.6 + 1.2 \times 0.8) \fallingdotseq 291\ \text{V}$$

3 負荷の合成負荷力率は、図（D）より、

$$\cos\theta_{ABC} = \frac{420}{465} \fallingdotseq 0.903$$

S-A 間の電流 I_{SA} は、図（D）により 465 A

S-A 間の抵抗とリアクタンス $r = x = 2 \times 0.3 = 0.6\ \Omega$

$\sin\theta_{ABC} = \sqrt{1 - (\cos\theta_{ABC})^2} = \sqrt{1 - 0.903^2} \fallingdotseq 0.430$

したがって、S-A 間の電圧降下 $\varDelta V_{SA}$ は、

$$\varDelta V_{SA} = \sqrt{3} \times 465 \times (0.6 \times 0.903 + 0.6 \times 0.430)$$
$$\fallingdotseq 644\ \text{V}$$

B 点の電圧 V_B は、S 点の電圧 V_S より $\varDelta V_{SA}$ と $\varDelta V_{AB}$ を減じます。

$$V_B = V_S - (\varDelta V_{SA} + \varDelta V_{AB})$$
$$= 6\,600 - (644 + 291) = 5\,665\ \text{V}$$

A-B 間の電圧降下率 ε は、

$$\varepsilon = \frac{\varDelta V_{AB}}{V_B} = \frac{291}{5\,665} \fallingdotseq 0.0514 \rightarrow 5.1\ \%$$

解説

負荷電流と力率から A、B、C 点の電流の直角三角形を作るとわかりやすくなります。

有効電流 ＝ 負荷電流×力率（$\cos\theta$）　（電流の三角形の右向きの矢）
無効電流 ＝ 負荷電流×無効率（$\sin\theta$）　（電流の三角形の下向きの矢）

A-B における電圧降下率を算出するにるには、A-B 間の電圧降下 $\varDelta V_{AB}$〔V〕と B 点の電圧 V_B〔V〕を求め、さらにその比を求めます。

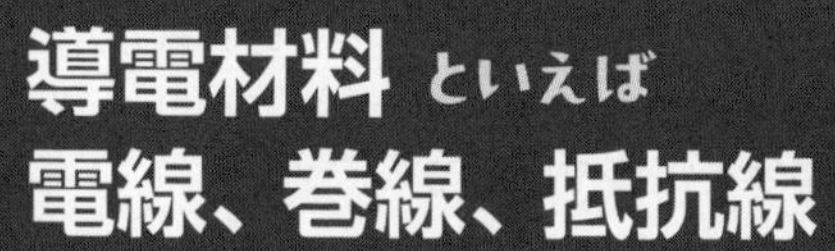

6-1 導電材料といえば 電線、巻線、抵抗線

電線の例　巻線の例　抵抗線の利用例

導電材料

導電材料には電線材料と抵抗線材料があります。電線材料の必要条件としては、導電率が大きい、引張り強さが大きい、加工が容易、接続が容易、耐食性に優れているなどがあげられます。

また、主要な金属を導電率の大きい順に並べると、以下のようになります。

主要金属の導電率

銀（Ag）→ 銅（Cu）→ 金（Au）→ アルミニウム（Al）
→ 亜鉛（Zn）→ ニッケル（Ni）→ 鉄（Fe）→ 水銀（Hg）

電線材料

電線の主な材料には、表6-1-1のようなものが使用されています。

表6-1-1 電線の材料

名称	内容
電気銅	電気分解によって精錬したもので、純度が高い（純度 99.9 %以上）
硬銅線（こうどうせん）	銅を引き伸ばしたもので、硬くて抵抗率はやや大きい。送電線や配電線、開閉器、回転機の整流子片などに用いられる（パーセント導電率 96～98 %）
軟銅線（なんどうせん）	硬銅を焼きなましすると軟らかくなり、抵抗率が少し減少、すなわち導電率が少し大きくなる。電気機器の巻線、電線やコードなどに用いられる（パーセント導電率 98～100 %）
アルミニウム線	送電線や変電所の母線などに利用されている。アルミニウムのパーセント導電率は約 61 %

電気機器の巻線

電気機器に用いる電線を巻線（まきせん）またはマグネットワイヤといい、丸線と平角線があります。

巻線は軟銅線の表面に絶縁被覆を施したもので、絶縁被覆の種類により、**ホルマール線**、**ポリエステル線**、ポリエステルイミド線など、多種類の巻線が用いられます。

ガラス巻線は、ガラスを細い繊維状にした糸を、軟銅線の表面に一重または二重に横巻きし、耐熱性の絶縁塗料を塗って焼き付けたものです。

抵抗線材料

計測用標準抵抗器の材料には**マンガニン線**（Cu-Mn 合金）、すべり抵抗器には**コンスタンタン線**（Cu-Ni 合金）、発熱用抵抗材料に**ニクロム線**（Ni-Cr 合金）、**鉄クロム線**、大電流用に鋳鉄グリッド抵抗が用いられます。

POINT

- ▶**電線** といえば 硬銅線と軟銅線及びアルミニウム線
- ▶**巻線** といえば ホルマール線、ポリエステル線、ガラス巻線など
- ▶**抵抗線** といえば マンガニン線、コンスタンタン線、ニクロム線、鉄クロム線など

練習問題 〉01

送電線路の導体

送電線路に用いられる導体に関する記述として、誤っているものは。

(1) 導体の導電率は、20 ℃での標準軟銅の導電率を 100 % として比較した百分率で表される。

(2) 導体としては、導電率や引張強さが大きく、質量や線熱膨張率が小さいことが求められる。

(3) 導体の導電率は、不純物成分が少ないほど大きくなる。また、単金属と比較して、合金の方が導電率は小さくなるが、引張強さは大きくなる。

(4) 地中送電ケーブルの銅導体には、軟銅より線が用いられ、架空送電線の銅導体には硬銅より線が用いられている。一般に導電率は、軟銅よりも硬銅の方が大きい。

(5) 鋼心アルミより線は、中心に亜鉛メッキ鋼より線を配置し、その周囲に硬アルミより線を配置した構造を有している。この構造は、アルミ導体を使用する方が、銅導体を使用するよりも断面積が大きくなるものの軽量にできる利点と、必要な引張強さを鋼心で補強し得る利点を活用している。

解説

(4) が誤りです。導電率は、硬銅よりも軟銅の方が大きいです。

解答 (4)

6-2 磁性材料 といえば 電磁鋼板、鉄、永久磁石材料

● 磁性材料の例

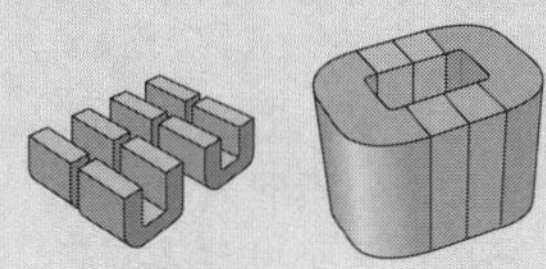

ヒステリシス特性

磁性体の磁界を強くするときと弱くするときでは、磁化の特性は異なったルートをたどり、図6-2-1のようなループを描きます。これを、**ヒステリシス特性**、または**ヒステリシス曲線**といいます。

① O → a：磁界の強さ H を大きくしていくと、磁束密度 B が増加します。
② a → b：H を減少していくとき、$H = 0$ としても B は 0 にならず、B_r だけ残ります。この B_r を**残留磁気**といいます。
③ b → c：磁界を反対向きに増加し、磁界が $-H_c$ のとき B は 0 になります。この H_c を**保磁力**といいます。
④ c → d：さらに H を－方向に増すと、c → d になります。
⑤ d → e → f → a：磁界 H を＋方向に変化すると、図のように変化します。

変圧器のように、交流電流を流すときは、交流の一周期で一回のヒステリシス曲線を巡ることになります。また、鉄心は図6-2-2のように磁束密度 B が飽和しない範囲で用います。

図6-2-1 ヒステリシス曲線

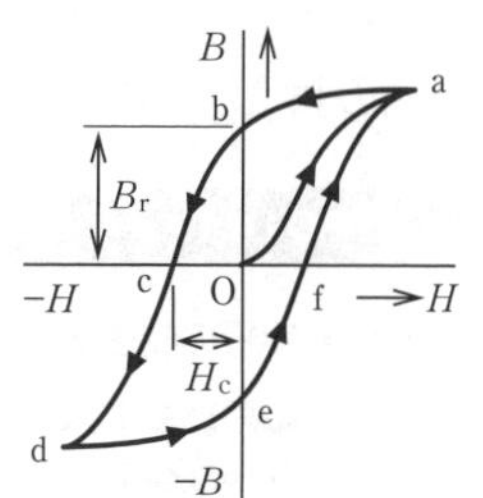

B_r：残留磁気、H_c：保磁力

図6-2-2 変圧器鉄心のヒステリシス曲線の例

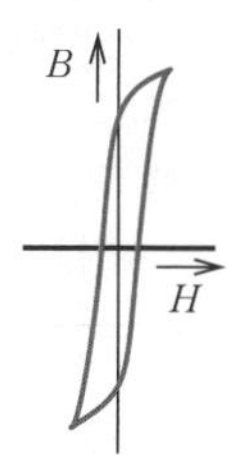

機器に用いる鉄心

電気機器に用いる鉄心材料には、電磁鋼板、アモルファス鉄心材料、鉄（鋳鋼）などがあります。

電磁鋼板

変圧器や電動機、発電機などの電気機器に用いる鉄心には、電磁鋼板が用いられます。**電磁鋼板**（でんじこうはん）は**けい素鋼板**ともいいます。鉄にけい素を入れた薄い板で、両面が絶縁コーティングされています。

板を薄くし両面を絶縁コーティングしているのは渦電流を少なくするためで、鉄にけい素を入れて抵抗率を大きくしています。さらにヒステリシス損を少なくするために鉄の純度を高くしたり、圧延（あつえん）方法を工夫したりしています。

図6-2-3 は電磁鋼板のヒステリシス特性の例です。機器用の鉄心は、ヒステリシス特性が縦方向に長いほど磁束密度を大きくでき、細いものほどヒステリシスの面積が小さく、鉄損が少なくなります。

図6-2-3
電磁鋼板のヒステリシス特性例
（飽和領域は使用しない）

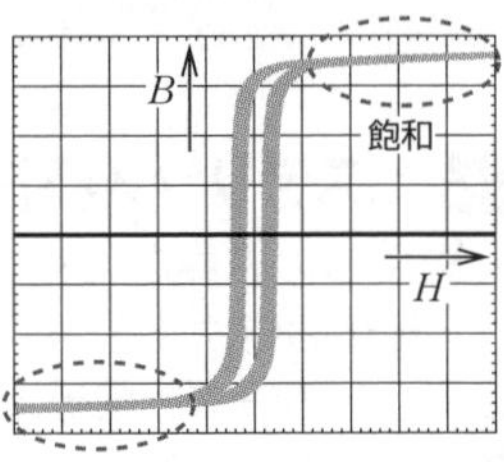

POINT

▶電磁鋼板の特性 といえば 磁束を通しやすく、損失が小さいことが必要

- 磁束密度を大きくできること。磁束を多く通すことができること
- 鉄損が少ないこと。渦電流損とヒステリシス損が小さいこと

アモルファス鉄心材料

一般の金属のような規則正しい配列をなさない金属であるアモルファス鉄心材料は、結晶構造をなさないため、電磁鋼板に比べ磁化されやすく、ヒステリシス損が小さくなります。低保持力、高電気抵抗、高硬度、高耐食性などの特徴があり、鉄損が小さくなることから、低損失の変圧器で用いられています。

鉄

鉄は、磁性材料として優れた性質があり、**直流機**の磁路用として用いられます。図6-2-4 のように、直流機の継鉄（外枠）は鋳鋼（ちゅうこう）を用い、磁極の鉄心は**軟鋼板**（なんこうはん）（鉄に微量の炭素を含有させ、機械的な強さを増したもの）が用いられます。

図6-2-4 直流機の鉄心

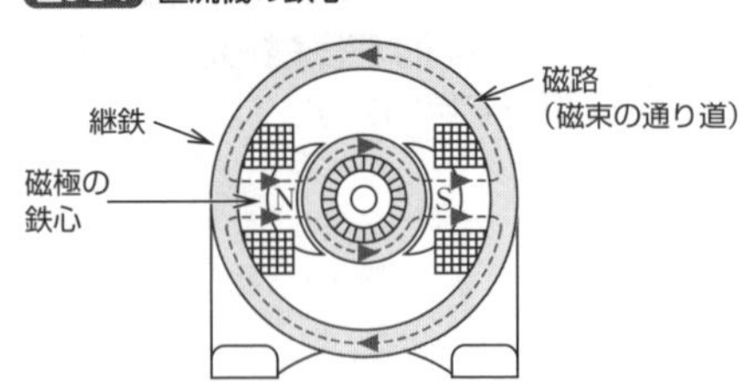

永久磁石材料

永久磁石には**フェライト**磁石、**アルニコ**磁石、**希土類**磁石などがあり、**残留磁気** B_r と**保磁力** H_c の値が大きいほど、磁気エネルギーが大きくなります。

図6-2-5
永久磁石のヒステリシス特性例

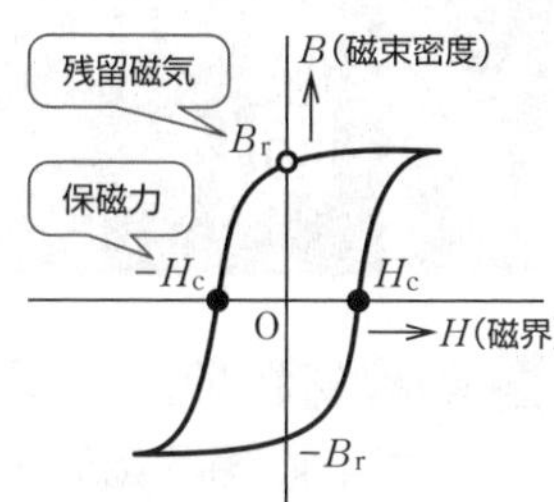

表6-2-1 永久磁石の種類

名称	特徴
フェライト磁石	酸化鉄を主原料にして焼き固めてつくる。保磁力が高く、価格が安いため、広く使われている。
アルニコ磁石（Al-Ni-Co）	「アルニコ」という名称は各元素記号を並べたもの。金属磁石で残留磁気が高いので、長さ方向に着磁して用いる。
希土類（きどるい）磁石	希土類元素を用いてつくられる永久磁石。レアアース磁石ともいう。ネオジウム磁石、サマリウム磁石、コバルト磁石などがあり、$B_r \times H_c$ が大きいので電気機器の小形化が図れる。

練習問題 ＞ 01

アモルファス鉄心材料

アモルファス鉄心材料を使用した柱上変圧器の特徴に関する記述として、誤っているものは。

(1) けい素鋼帯を使用した同容量の変圧器に比べて、鉄損が大幅に少ない。
(2) アモルファス鉄心材料は結晶構造である。
(3) アモルファス鉄心材料は高硬度で、加工性があまりよくない。
(4) アモルファス鉄心材料は比較的高価である。
(5) けい素鋼帯を使用した同容量の変圧器に比べて、磁束密度が高くできないので、大形になる。

解説

(2) が誤りです。アモルファスは、非結晶構造（結晶構造を持たない）という意味です。「鉄損が大幅に少ない」が最も有益な特徴です。けい素鋼帯を使用したものと比較すれば磁束密度が高くできないので、鉄心断面積またはコイルの巻数が増加します。

解答 (2)

6-3 絶縁材料 といえば 固体、液体、気体

絶縁材料の耐熱クラス

絶縁材料は、**絶縁抵抗**や**絶縁耐力**が大きく、**誘電損**、**比誘電率**が小さいことが必要です。

耐熱クラスとは、日本工業規格（JIS）において、絶縁材料を耐熱温度別に分類したもので、「クラス 105（A）」「クラス 130（B）」のように表示します。

表6-3-1 絶縁材料と耐熱クラス

指定文字[注1]	耐熱クラス〔℃〕	絶縁材料の種類[注2]
Y	90	プレスボード、紙などで絶縁。ワニス処理をしないもの
A	105	Y 種の材料でワニス処理を施したもの
E	120	プレスボードなどで絶縁し、樹脂系のワニス処理をしたもの。ポリエステル、マイラフィルムなどの絶縁材料を使用したもの。ポリエステル銅線など
B	130	マイカ、ガラス繊維などを接着材料とともに仕上げた絶縁。樹脂系の耐熱ワニス処理をしたもの、ポリエステル銅線、二重ガラス巻銅線など
F	155	B 種のような主要材料を用い、シリコンアルキド樹脂などの接着材料を用いた絶縁
H	180	B 種のような主要材料を用い、けい素樹脂などの耐熱性接着材料とともに用いた絶縁
N	200	マイカ、磁器などの絶縁、またはガラスセメントのような無機質接着材料を用いて仕上げた絶縁
R	220	
-	250	

注 1）必要がある場合、指定文字は、例えば、クラス 180(H)のように括弧を付けて表示する。250 を超える耐熱クラスは、25 ずつの区切りで増加し、それに応じて指定する（JIS C 400 3：2010）。
注 2）巻線は、各温度に耐える絶縁処理をした巻線を用いる。

POINT

▶絶縁材料の耐熱クラス といえば Y-A-E-B-F-H-N-R の指定文字で区分する

Y を除き E-F-H はアルファベット順。さらに細分化のために A-B が、JIS の改定により N-R が加わった形

液体絶縁材料、気体絶縁材料

液体絶縁材料は、原油から精製され、**絶縁油**として変圧器やコンデンサなどに用いられます。**気体絶縁材料**には、六ふっ化硫黄（SF_6）、窒素、水素などがあります。**六ふっ化硫黄**は、アークの消弧能力に優れているため、遮断器や開閉器、乾式変圧器などに用いられています。**窒素**は、変圧器に詰めて絶縁油の酸化を防いでいます。**水素**は、比熱が大きく、タービンの絶縁と冷却に用いられます。

▶液体絶縁材料 といえば 絶縁油

▶気体絶縁材料 といえば SF_6、窒素、水素

練習問題 〉01

絶縁油

次の文章は、絶縁油の性質に関する記述である。空欄の語句は。

絶縁油は変圧器や OF ケーブルなどに使用されており、一般に絶縁破壊電圧は同じ圧力の空気と比べて高く、誘電正接が［（ア）］絶縁油を用いることで絶縁油中の［（イ）］を抑えることができる。電力用機器の絶縁油として古くから［（ウ）］が一般的に用いられてきたが、より優れた低損失性や信頼性が求められる場合には［（エ）］が採用されている。

解説

鉱油は原油を精製したものです。コンデンサ油は、損失低減、小形化、信頼性向上などの高性能化に伴い、合成油が使用されます。

絶縁油に電極を設け、電圧を加えたときの電流 I は充電電流 I_C と電圧と同相の電流 I_R で表すことができます。このとき、I_R と I_C の比 $I_R/I_C = \tan\delta$ を誘電正接といいます。$\tan\delta$ が小さい絶縁油を用いることで絶縁油中の発熱を抑えることができます。

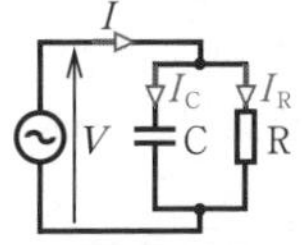

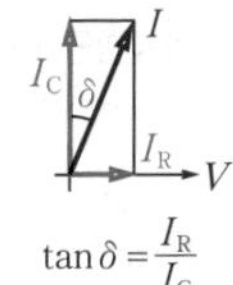

解答 （ア）小さい　（イ）発熱　（ウ）鉱油　（エ）合成油

コラム

低圧機器の接地抵抗値

機器の金属製外箱を接地しても漏電したときは危険です。図のような回路で、B 種接地工事の接地抵抗値を R_B を 100 Ω とします。

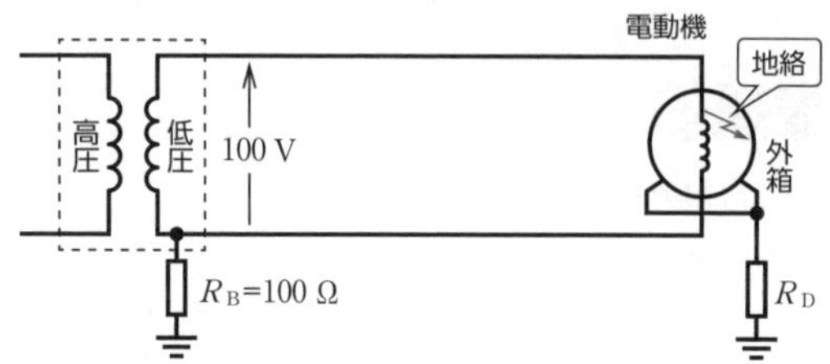

図の回路で、電動機に完全地絡事故が発生した場合、電動機の金属製外箱の対地電圧を 25 V 以下としたいとします。このための、金属製外箱に施す D 種接地工事の接地抵抗値 R_D〔Ω〕の上限値を考えてみましょう。

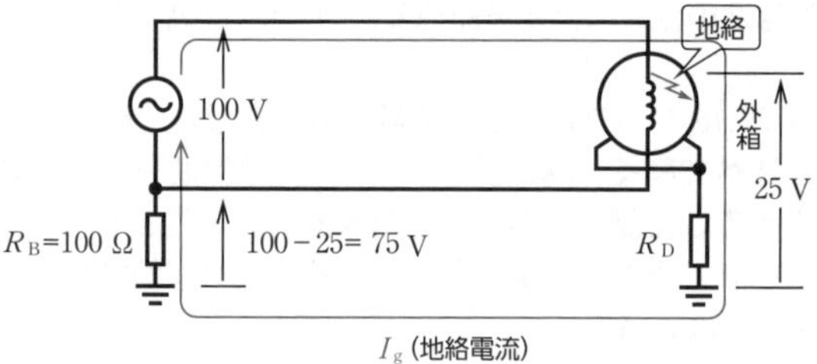

完全地絡が発生したときの電動機の金属製外箱の対地電圧 V_D を 25 V とすると、
R_B の電圧 V_B は、$V_B = 100 - 25 = 75$ V
このとき地絡電流を I_g とすると、I_g は、

$$I_g = \frac{V_B}{R_B} = \frac{75}{100} = 0.75 \text{ A}$$

電動機の金属製外箱の対地電圧を 25 V 以下にするための D 種接地工事の接地抵抗値 R_D の上限値は、

$$R_D = \frac{V_D}{I_g} = \frac{25}{0.75} \fallingdotseq 33 \ \Omega$$

となります。なお、漏電した場合は、金属製外箱に接地を施しても外箱に電位を生じます。

第4部

法規

1-1 電気事業法 といえば 電気工作物の工事、維持、運用の規制による安全確保の法律

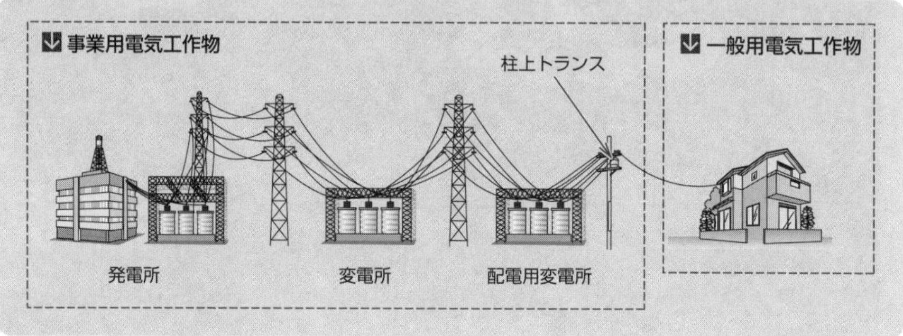

電気関係の法令

電気に関わる関係法規において、発電・蓄電・変電・送配電、需要設備を扱うなどの電気関係の仕事に携わる技術者、技能者が学習しておくべき法律として、「電気事業に関するもの」「電気施設の保安に関するもの」があります。これらは電気事業法を中心として、電気工事士法、電気工事業法、電気用品安全法により規制が行われています。

電気工作物による危険や障害を防止するために、電気事業法では、電気工作物は技術基準に適合するものでなければならないとしています。

「電気設備の技術基準」は、基本的な電気保安の内容を定めており、具体的な数値等は「技術基準の解釈」として示しています。また「解釈」による技術的内容の規制により、電気保安を確保しています。

表1-1-1 電気関係法令

電気事業法	事業規制と保安規制（電気事業に関するもの及び電気施設の保安に関するもの）
電気工事士法	工事規制（電気工事士資格、電気工事士の作業や義務に関するもの）
電気工事業法	業務規制（電気工事業者の登録や通知及び業務に関するもの）[注]
電気用品安全法	用品規制（製造事業者や輸入事業者の規制、器具や材料に関するもの）
電気設備の技術基準とその解釈	電気事業法に基づいて定めた電気工作物の維持基準、検査基準の基本で、解釈により内容を具体的に示している。

注）正式名称「電気工事業の業務の適正化に関する法律」

電気事業の種類

電気事業は、電気事業法により定義され、小売電気事業、一般送配電事業、送電事業、配電事業、特定送配電事業、発電事業及び特定卸供給事業をいいます。

1）小売電気事業

「**小売供給**を行う事業」。つまり電気を調達し、需要家に販売する事業

・電気の需要に応ずる供給力を確保する義務、供給契約書面の交付義務が課される。

2）一般送配電事業

「自らが維持し、及び運用する送電用及び配電用の電気工作物によりその供給地域において**託送供給**及び**電力量調整供給**を行う事業」

（託送：既存の送配電網を利用して電力の供給を行うこと）

・発電事業者から託送された電気を小売電気事業者に届ける事業者

・発電事業と小売電気事業をすることができる。

3）送電事業

「自らが維持し、及び運用する送電用の電気工作物により一般送配電事業者又は配電事業者に**振替供給**を行う事業」

4）配電事業

「自らが維持し、及び運用する配電用の電気工作物によりその供給区域において**託送供給**及び**電力量調整供給**を行う事業」

5）特定送配電事業

「自らが維持し、及び運用する送電用及び配電用の電気工作物により小売電気事業、一般送配電事業若しくは配電事業の用に供するための電気に係る**託送供給**を行う事業」

6）発電事業

「自らが維持し、及び運用する発電等用電気工作物を用いて、小売電気事業、一般送配電事業、配電事業又は特定送配電事業の用に供するための電気を**発電**し、又は**放電**する事業」

7）特定卸供給事業

「特定卸供給※1 を行う事業」

POINT

▶**電気事業** といえば **小売電気事業、一般送配電事業、送電事業、配電事業、特定送配電事業、発電事業、特定卸供給事業をいう。**

※1　**特定卸供給**：電気の供給能力を有する者から集約した電気を、小売電気事業、一般送配電事業、配電事業又は特定送配電事業の用に供するための電気として供給すること。

電気工作物の区分

電気工作物とは、**発電**、**蓄電**、**変電**、**送電**、**配電**又は電気の使用のために設置する機械、器具、ダム、水路、貯水池、電線路その他の工作物をいいます（船舶、車両、航空機に設置されるものなどは除きます）。

電気工作物の区分は、**一般用**電気工作物と**事業用**電気工作物があります。事業用電気工作物には**電気事業の用に供する**電気工作物と**自家用**電気工作物があり、保安上は、ほぼ同じ規制を受けます。

図1-1-1 電気工作物の区分

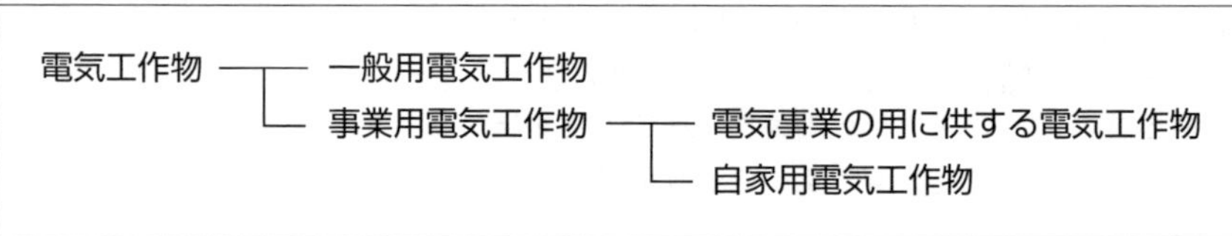

一般用電気工作物

「一般用電気工作物」とは、一般住宅・商店等、小規模の需要設備で、次の電気工作物をいいます。

①**低圧**（600 V**以下**）で受電し、同一構内で使用する電気工作物
②構内に設置する小規模事業用電気工作物を除く**小規模発電設備**であって、次に掲げる出力であること。
1. **太陽電池**発電設備であって出力 10 kW未満のもの（10 kW以上 50 kW未満は、小規模事業用電気工作物）。
2. **風力**発電設備であって出力 0 kW未満のもの（20 kW未満は、小規模事業用電気工作物）。
3. 次のいずれかに該当する**水力**発電設備であって、出力 20 kW未満のもの。
・ 最大使用水量が毎秒 1 m^3 未満のもの（ダムを伴うものを除く）。
・ 特定の施設内（農業用用排水施設、導水施設、浄水施設、送水施設、終末処理場等）に設置されるもの。
4. 内燃力を原動力とする**火力**発電設備であって出力 10 kW未満のもの。
5. 次のいずれかに該当する**燃料電池発電設備**であって、出力 10 kW未満のもの。
・ 固体高分子型又は固体酸化物型の燃料電池発電設備であって、燃料・改質系統設備の最高使用圧力が 0.1 MPa（液体燃料を通ずる部分にあっては、1.0 MPa）未満のもの。
・ 道路運送車両法に規定する自動車に設置される燃料電池発電設備。
6. スターリングエンジンで発生させた運動エネルギーを原動力とする発電設備であって、出力 10 kW未満のもの。

小規模発電設備

「小規模発電設備」とは、次の低圧の発電用の電気工作物です。出力の合計が50 kW以上となるものは除かれます。

1. **太陽電池**発電設備であって出力50 kW未満のもの。
2. **風力**発電設備であって出力20 kW未満のもの。
3. **水力**発電設備、4. **火力**発電設備、5. **燃料電池**発電設備、6. **スターリングエンジン**による発電設備。
   3〜6は、上記一般用電気工作物の3〜6と同じです。

事業用電気工作物

「事業用電気工作物」とは、一般用電気工作物以外の電気工作物で、①**電気事業の用に供する**電気工作物と②**自家用**電気工作物があります。

①電気事業の用に供する電気工作物

「電気事業の用に供する電気工作物」とは、次に掲げる事業の用に供する電気工作物です。

- 一般送配電事業
- 送電事業
- 配電事業
- 特定送配電事業
- 発電事業であって、その事業の用に供する発電用の電気工作物が主務省令で定める要件に該当するもの。

②自家用電気工作物

「自家用電気工作物」とは、電気事業の用に供する電気工作物及び一般用電気工作物以外の電気工作物で、次のようなものがあります。

- 600ボルトを超える電圧で受電するもの（高圧又は特別高圧で受電する工場、ビルなど）。
- **構外**にわたる電線路を有するもの。
- **小規模発電設備**以外の発電設備を有するもの。
- 火薬類を製造する事業場、石炭鉱の電気工作物など。
- 発電事業用の電気工作物（一定規模以上を除く）。

小規模事業用電気工作物

「小規模事業用電気工作物」とは、事業用電気工作物のうち、小規模発電設備であって、次のいずれにも該当する電気工作物です。

- **太陽電池**発電設備であって出力10 kW以上50 kW未満若しくは**風力**発電設備であって0 kW以上20 kW未満であること。
- 低圧受電電線路以外の電線路によりその構内以外の場所にある電気工作物と電気的に接続されていないものであること。

小規模事業用電気工作物となることで、技術基準適合維持義務の対象となり、**基礎情報**の届出及び**使用前自己確認結果**の届出が義務となります。

POINT

▶一般用電気工作物 といえば 低圧で受電し同一構内で使用する電気工作物、
及び次の小規模発電設備を有する電気工作物
10 kW 未満の太陽電池発電設備
20 kW 未満の水力発電設備
10 kW 未満の内燃力発電設備、燃料電池発電設備（自動車に設置されるものを含む）
スターリングエンジンによる発電設備

▶自家用電気工作物 といえば 高圧、特別高圧で受電する電気工作物
小規模発電設備以外の発電設備を有するもの
構外にわたる電線路を有する電気工作物
火薬類を製造する事業場、石炭鉱の電気工作物
発電事業用の電気工作物（一定規模以上を除く）

電気事業法の目的と義務

電気事業法では、「電気事業の運営を適正かつ合理的ならしめることによって、電気の**使用者**の利益を保護し、及び電気事業の健全な発達を図るとともに、電気工作物の**工事**、**維持**及び**運用**を**規制**することによって、**公共**の安全を確保し、及び**環境**の保全を図ることを目的とする」と述べています。

また、電気工作物を設置する者は次のような義務を負っています。

事業用電気工作物の維持義務

事業用電気工作物を設置する者は、技術基準に適合するよう次の内容を維持しなければなりません。

①事業用電気工作物は**人体に**危害を及ぼし又は**物件**に損傷を与えない。
②他の電気的設備その他の物件の機能に**電気的**又は**磁気的**な障害を与えない。
③事業用電気工作物の損壊により一般電気事業者の**電気の供給**に著しい支障を及ぼさない。

一般用電気工作物の維持義務

一般用電気工作物（一般家庭などの電気設備）に関しては、その所有者が電気工作物を維持、管理することは困難ですので、**電線路維持運用者**が技術基準に適合しているかを調査する義務を、次のように規定しています。

①**一般用**電気工作物が経済産業省令で定める技術基準に適合しているかどうかを4**年**に1**回**以上調査を行う（登録点検業務受託法人が点検業務を受託している一般用電気工作物にあっては5年に1回以上）。

②調査の結果、技術基準に適合しないと認める場合は、遅滞なく、**所有者**又は**占有者**に通知する。
③電線路維持運用者は、**帳簿**を備え、調査及び通知に関する業務に関し経済産業省令で定める事項を記載し、保存する。
④電線路維持運用者は、経済産業大臣の登録を受けた者（**登録調査機関**）に、この調査業務を**委託**することができる。

電圧及び周波数の維持義務

一般送配電事業者は、その供給する電気の電圧の値をその電気を供給する場所において、表1-1-2の右欄の値に維持するように決められています。

表1-1-2 維持すべき電圧の値

標準電圧	維持すべき値
100 V	101 V の上下 6 V を超えない値
200 V	202 V の上下 20 V を超えない値

注）周波数の値は、標準周波数（50 Hz 又は 60 Hz）に維持。

経済産業大臣は、一般送配電事業者の供給する電気の**電圧**又は**周波数**の値が経済産業省令で定める値に維持されていないため電気の使用者の利益を阻害していると認めるときは、一般送配電事業者に対し、その値を維持するための電気工作物の**修理**又は**改造**、電気工作物の**運用**の方法の改善その他の必要な措置をとるべきことを命じることになっています。

POINT

▶電気事業者の義務 といえば
・事業用電気工作物により人体に危害を及ぼさない
・物件に損傷を与えない
・電気的・磁気的な障害を与えない
・電気の供給に支障を及ぼさない　など
▶一般用電気工作物の調査 といえば 4 年に 1 回以上実施する（電線路維持運用者）
受託電気工作物にあっては、5 年に 1 回以上実施する
▶電圧の維持 といえば 101 ± 6 V、202 ± 20 V に維持する

事業用電気工作物設置者の手続き義務

電気事業用電気工作物、自家用電気工作物設置者に必要な手続きには、次のようなものがあります。

主任技術者の選任と保安規程を定める

事業用電気工作物を設置する者は、事業用電気工作物の工事、**維持**及び**運用**に関する保安の監督をさせるため、主務省令で定めるところにより、主任技術者免状の

交付を受けている者のうちから、**主任技術者**を選任し**所轄産業保安監督部長**※2 に届出なければなりません。また保安を確保するため、**保安規程**を定め電気工作物の**使用開始前**に、所轄産業保安監督部長に届出ることを義務付けています。

保安規程に定めるべき事項

保安規程には、次の事項を定めなければなりません。

①事業用電気工作物の**工事**、**維持**及び**運用**に関する業務を管理する者の**職務**及び**組織**に関すること
②**保安教育**に関すること
③**巡視**、**点検**及び**検査**に関すること
④**運転**又は**操作**に関すること
⑤**記録**に関すること
⑥非常の場合にとるべき措置に関すること
⑦保安に関し必要な事項

POINT

▶**事業用電気工作物の設置者の義務** といえば 電気主任技術者**を選任し**保安規程**を定め届出る**

▶**保安規程に定める事項** といえば 職務・組織、保安教育、巡視・点検・検査、運転・操作、記録**に関すること**

自主保安体制

事業用電気工作物の設置者に、①電気工作物を**技術基準**に適合させる、②設備の規模に応じた資格を所持した**電気主任技術者**を選任する、③**保安規程**の制定、④**法定自主検査**の 4 項目を自主的に行わせることによって、電気工作物の保安の確保を図るようにしています。

電気主任技術者の職務と監督範囲

電気主任技術者の職務は、「電気工作物の工事、維持及び運用に関する保安の監督の職務を**誠実**に行わなければならない」としています。また、電気関係の従事者は「主任技術者がその保安のためにする**指示**に従わなければならない」としています。

電気主任技術者の免状には、**表1-1-3**のように、第一種、第二種、第三種の 3 種類があります。

※2　自家用電気工作物に係る手続は、自家用電気工作物の設置の場所を管轄する産業保安監督部（産業保安監督部長）に対して行いますが、設置の場所が 2 つ以上の産業保安監督部の管轄区域にある場合は、商務流通保安グループ（経済産業大臣）に対して行います。

表1-1-3 電気主任技術者の種類と監督範囲

主任技術者免状の種類	保安の監督をすることができる範囲[注]
第一種電気主任技術者免状	すべての事業用電気工作物の工事、維持及び運用
第二種電気主任技術者免状	電圧 17 万 V 未満の事業用電気工作物の工事、維持及び運用
第三種電気主任技術者免状	電圧 5 万 V 未満の事業用電気工作物（出力 5 000 kW 以上の発電所を除く）の工事、維持及び運用

注）水力設備、火力設備を除く。

電気主任技術者の選任方法

電気主任技術者を選任するには、次の方法があります。

従業員の中から選任

監督範囲に応じて電気主任技術者免状の交付を受けている者の中で、原則としてその事業場の**従業員**の中から選任します。

注）選任する事業場に常勤する派遣労働者を電気主任技術者として選任できます。

兼任する場合

特定の条件を満たし、電気主任技術者に 2 以上の自家用電気工作物の電気主任技術者を兼ねさせる（兼任させる）場合には、所轄産業保安監督部長の承認を受ける必要があります。

統括電気主任技術者制度

多くの自家用電気工作物に該当する事業場を有している場合、設備を統括して管理する統括事業所に「統括電気主任技術者」を選任すれば、各々の施設に電気主任技術者を選任しなくてもよいとする制度です。

許可を受けて選任する場合

500 kW 未満の自家用電気工作物にあっては、所轄産業保安監督部長の許可を受ければ、電気主任技術者の免状の交付を受けていない者でも、電気主任技術者として選任することができます。

保安管理業務の外部委託

従業員に適任者がいない場合には、**電気管理技術者**又は**電気保安法人**への委託（外部委託承認）をすることができます[※3]。この場合、電気管理技術者又は電気保安法人と保安業務に関する委託契約を締結し、所轄産業保安監督部長の承認を受ける必要があります。

※3　外部委託できる事業場：7 000 V 以下で受電する需要設備の事業場、出力 2000 kW 未満の発電所（原子力発電所を除く）の事業場、600 V 以下の配電線路を管理する事業場。

POINT

▶電気主任技術者 といえば 従業員の中から選任する
常勤の派遣労働者を選任できる
電気管理技術者、電気保安法人へ委託できる

自家用電気工作物の新設と変更の届出

自家用電気工作物（受電設備）を設置する場合、その受電設備の使用電圧が1万V以上のものについては、工事計画を経済産業大臣に、工事に着手する30日前までに事前届出の必要があります。また、受電設備の保安管理のための主任技術者の選任及び保安規程の届出が必要です。なお、7 000 V以下の自家用受電設備を設置する場合に必要なものは、受電電力に関係なく、電気主任技術者の選任と保安規程の届出のみです。表1-1-4は、需要設備に係る届出を要する工事です。

表1-1-4 届出を要する工事

工事の種類	事前届出を要するもの
新設工事	①受電電圧1万V以上の需要設備の設置 ②出力500 kW以上の燃料電池発電所の設置 ③出力2 000 kW以上の太陽電池発電所の設置 ④出力500 kW以上の風力発電所の設置
変更工事	①電圧1万V以上の需要設備に属する受電用遮断器の設置、取替え及び20%以上の遮断電流の変更を伴う改造 ②機器（計器用変成器を除く）電圧1万V以上で、容量1万kV・A以上又は出力1万kW以上の機器の設置、取替え及び20%以上の電圧または容量の変更

POINT

▶届出を要する工事 といえば 1万V以上の需要設備の新設と変更の工事、20%以上の遮断電流、電圧、容量の変更工事など

電気事故報告

電気工作物により電気事故が発生した場合、自家用電気工作物の設置者は電気関係報告規則に基づき、所轄の産業保安監督部長に報告しなければなりません。

表1-1-5 報告しなくてはならない主な電気事故

事故の種類	報告期限等		報告先
	速報	詳報	
①感電又は破損事故若しくは電気工作物の誤操作や操作しなかったことにより人が死傷した事故（死亡又は入院した場合に限る） ②電気火災事故（工作物にあっては半焼以上の場合に限る） ③破損事故又は電気工作物の誤操作若しくは操作しなかったことにより、公共の財産に被害を与え、公共施設の使用を不可能にした事故又は社会的に影響を及ぼした事故 ④主要電気工作物（需要設備においては電圧1万V以上の場合）の破損事故 ⑤電気事業者の電気工作物と電気的に接続されている電圧3千V以上の自家用電気工作物の破損事故又は誤操作若しくは操作しなかったことにより電気事業者に供給支障を発生させた事故（波及事故）	事故の発生を知った時から24時間以内に速やかに電話等で報告する	事故の発生を知った日から起算して30日以内に報告書を提出する	電気工作物の設置の場所を管轄する産業保安監督部長

▶**電気事故報告** といえば **速報24時間以内、詳報30日以内に報告する**

電気関連事故に関する用語

「電気火災事故」とは、**漏電**、**短絡**、**せん落**（アーク放電）その他の電気的要因により建造物、車両その他の工作物、山林等に火災が発生することをいいます。

「破損事故」とは、電気工作物の破損等で機能が低下又は喪失したことにより、直ちに、その運転が**停止**し、若しくはその運転を**停止**しなければならなくなること、若しくはその使用を中止することをいいます。

「供給支障事故」とは、破損事故又は電気工作物の**誤操作**若しくは電気工作物を**操作しないこと**により電気の使用者に対し、電気の供給が**停止**し、又は電気の使用を緊急に**制限**することをいいます。ただし、電路が自動的に**再閉路**されることにより電気の供給の停止が終了した場合を除きます。

練習問題 > 01

電気工作物の保安体系

次の図は、「電気事業法」に基づく電気工作物の保安体系に関する記述である。空白箇所（ア）～（エ）の字句は。

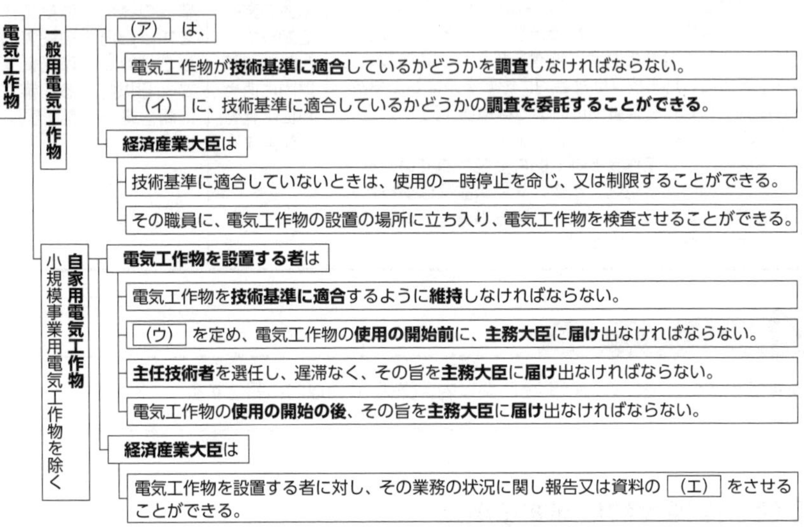

電気工作物
一般用電気工作物
（ア） は、
電気工作物が**技術基準に適合**しているかどうかを**調査**しなければならない。
（イ） に、技術基準に適合しているかどうかの**調査を委託することができる。**
経済産業大臣は
技術基準に適合していないときは、使用の一時停止を命じ、又は制限することができる。
その職員に、電気工作物の設置の場所に立ち入り、電気工作物を検査させることができる。
自家用電気工作物
小規模事業用電気工作物を除く
電気工作物を設置する者は
電気工作物を**技術基準に適合**するように**維持**しなければならない。
（ウ） を定め、電気工作物の**使用の開始前**に、**主務大臣**に**届け**出なければならない。
主任技術者を選任し、遅滞なく、その旨を**主務大臣**に**届け**出なければならない。
電気工作物の**使用の開始の後**、その旨を**主務大臣**に**届け**出なければならない。
経済産業大臣は
電気工作物を設置する者に対し、その業務の状況に関し報告又は資料の （エ） をさせることができる。

解説

電気工作物は、一般用電気工作物と事業用電気工作物に区分され、後者は電気事業の用に供する電気工作物と自家用電気工作物に分けられています。 一般送配電事業者などの（ア）電線路維持運用者は、一般用電気工作物が技術基準に適合しているかどうかの調査業務を（イ）登録調査機関に委託することができます。また事業用電気工作物を設置する者は、（ウ）保安規程を定め、主任技術者を選任し、主務大臣に届け出なければなりません。さらに、使用の開始の後、その旨を主務大臣に届け出なければなりません。なお経済産業大臣は、業務の状況に関し報告又は資料の（エ）提出をさせることができます。

参考

主務大臣≒経済産業大臣です。主務大臣は行政事務関連、経済産業大臣は行政、政策関連などを所管します。令和 4 年度の問題では、主務大臣を経済産業大臣として出題されています。

解答 （ア）電線路維持運用者　（イ）登録調査機関　（ウ）保安規程　（エ）提出

1-2 電気工事士法 といえば 欠陥工事による災害防止を目的とする法律

電気工事士の義務

第二種電気工事士の作業範囲は、一般用電気工作物等の電気工事で、次の義務があります。

- **電気設備技術基準**に適合した作業を行う。
- 作業に従事するときは、電気工事士**免状を携帯**する。
- 都道府県知事から工事内容に関して報告を求められた場合は、**報告**しなければならない。
- **電気用品安全法**の適用を受ける工事材料は、表示のあるものを使用しなければならない。

電気工事士免状の交付等

電気工事士免状の交付、再交付、書き換えに関しては、次のようになっています。

- 免状の**交付**、**再交付**及び**返納命令**は、**都道府県知事**が行う。
- 氏名を変更した場合は、交付を受けた都道府県知事に書き換えを申請する。

POINT

▶電気工事士の義務 といえば 電技に適合した作業、免状の携帯、電気用品を使用

電気工事士法

電気工事の欠陥による災害の発生を防止するために、**電気工事士法**によって一定範囲の電気工作物について電気工事の作業に従事する者の資格が定められています。

電気工事士の資格には、免状の種類により**第一種**電気工事士と**第二種**電気工事士があり、従事できる電気工作物の範囲が決められています。

表1-2-1 電気工事士が従事できる業務

第一種電気工事士が従事できる業務	第二種電気工事士が従事できる業務
自家用電気工作物で最大電力 500 kW 未満の需要設備の電気工事の作業（工場、ビル等の電気設備の工事）	一般用電気工作物等※1 の電気工事の作業（住宅、小規模な店舗等の電気設備の工事）

注）自家用 500 kW 未満の設備において「ネオン工事」と「非常用予備発電装置工事」については、特種電気工事資格者という認定証が必要。

※1 「一般用電気工作物等」とは、一般用電気工作物及び小規模事業用電気工作物をいう。

電気工事業法（電気工事業の業務の適正化に関する法律）

電気工事業法は、電気工事業の登録や業務の規制により、電気工作物の保安の確保を目的としています。

電気工事業の登録

一般用電気工作物等に係る電気工事業を営もうとする者は、2つ以上の都道府県の区域内に営業所を設置するときは**経済産業大臣**の、1つの都道府県の場合は**都道府県知事**の、**登録**を受ける必要があります。また、登録の有効期間は**5年**で、引き続き電気工事業を営もうとする者は、更新の登録を受けなければなりません。また、登録を受けた者を**登録電気工事業者**といいます。

電気工事業の通知

500 kW 未満の**自家用電気工作物**のみに係る電気工事業を営もうとする者は、その事業を開始しようとする日の**10日**前までに、2つ以上の都道府県の区域内に営業所を設置するときは**経済産業大臣**に、1つの都道府県の区域内のみの場合は**都道府県知事**に、その旨を**通知**しなければなりません。この電気工事業者は**通知電気工事業者**といいます。

主任電気工事士を置く

登録電気工事業者は、その営業所ごとに電気工事業の作業を管理させるため、第一種電気工事士又は第二種電気工事士免状の交付を受けた後電気工事に関し**3年以上**の実務経験を有する者を、**主任電気工事士**として置かなければなりません。

器具の備え付け

一般用電気工作物の電気工事を行う営業所は、次の器具を備える必要があります。

①**絶縁抵抗計**、②**接地抵抗計**、③**回路計**（抵抗、交流電圧を測定できるもの）

自家用電気工作物の電気工事を行う営業所は、次の器具を備える必要があります※2。

①絶縁抵抗計、②接地抵抗計、③回路計、④**低圧検電器**、⑤**高圧検電器**、
⑥**継電器試験装置**、⑦**絶縁耐力試験装置**

標識の掲示

営業所、施工場所ごとに次の事項を記載した標識を掲げる必要があります。

①氏名（又は名称）、法人にあっては代表者の氏名、②営業所の名称、
③電気工事の種類、④登録年月日、登録番号、⑤主任電気工事士の氏名

※2　**器具の備え付け**：⑥と⑦は必要なとき使用できる状態であれば、常時備えなくてもよいことになっています。

帳簿の備えと保存

電気工事ごとに次の事項を記載した帳簿を営業所ごとに備え、これを5**年間**保存しなければなりません。

①注文者の氏名又は名称、②電気工事の種類、③施工場所、④施工年月日、⑤主任電気工事士、⑥作業者の氏名、⑦配線図、⑧検査の結果

POINT

▶**第一種電気工事士** といえば 500 kW **未満の設備**、**第二種** といえば 一般用設備の工事

▶**電気工事業に必要な器具** といえば 絶縁抵抗計、接地抵抗計、回路計

※自家用の工事の場合は、他に検電器（低圧、高圧）、継電器試験装置、絶縁耐力試験装置が必要

練習問題 ＞01

電気工事業法

電気工事業の業務の適正化に関する法律（電気工事業法）に基づく記述として、誤っているものは。

(1) 電気工事業とは、電気事業法に規定する電気工事を行う事業であって、その事業を営もうとする者は、経済産業大臣の事業許可を受けなければならない。

(2) 登録電気工事業者の登録には有効期間がある。

(3) 電気工事業者は、その営業所ごとに、絶縁抵抗計その他の経済産業省令で定める器具を備えなければならない。

(4) 電気工事業者は、その営業所及び電気工事の施工場所ごとに、その見やすい場所に、氏名又は名称、登録番号その他の経済産業省令で定める事項を記載した標識を掲げなければならない。

(5) 電気工事業者は、その営業所ごとに帳簿を備え、その業務に関し経済産業省令で定める事項を記載し、これを保存しなければならない。

解説

(1) が誤りです。(電気工事業法の規定)「電気工事業」とは、電気工事士法に規定する電気工事を行う事業であって、その事業を営もうとする者は、二以上の都道府県の区域内に営業所を設置するときは、経済産業大臣の、一都道府県のみの場合は、都道府県知事の登録を受けなければなりません（自家用電気工作物のみの場合は、通知を行います）。

解答 (1)

1〜3 電気用品安全法 といえば ◇PSE と ○PSE による安全性確保の法律

特定電気用品の表示

特定電気用品以外の電気用品の表示

電気用品安全法、電気用品

電気用品安全法は、電気用品の**製造**、**販売**等を規制するとともに、電気用品の安全性の確保につき民間業者の自主的な活動を促進することにより、電気用品による危険及び障害※1の発生を防止することを目的としています。

電気用品とは

一般用電気工作物等の部分となり、又はこれに接続して用いられる機械、器具又は材料、及び**携帯発電機**であって、政令で定められたものをいいます。

特定電気用品とは

構造又は使用方法その他の使用状況から見て特に**危険**又は**障害**の発生するおそれが多い電気用品であって、政令で定めるものをいいます。

電気用品の表示、使用の制限

電気用品を製造又は輸入する場合において、その電気用品を販売するときまでに、検査機関による検査を受け、技術基準の適合証明が得られた場合は、表1-3-1のような表示をすることができます。

また、電気用品安全法による表示がない電気用品を使用することはできません。

電気用品安全法の目的は、粗悪な電気用品が出ないようにすることで、不良品を①製造又は輸入させない、②販売させない、③使用させない、の各段階で取締りを行うものです。

※1　**危険及び障害**：危険とは感電や火災、障害とは電波障害などです。

表1-3-1 電気用品の表示

特定電気用品の表示	特定電気用品以外の電気用品の表示
①届出事業者の名称 ②登録検査機関の名称 ③表示  又は〈PS〉E（上の表示が困難なもの）	①届出事業者の名称 ②表示  又は（PS）E（上の表示が困難なもの）

注1）PSE：Product（製品）、Safety（安全）、Electrical Appliances & Materials（電気の器具と材料）を意味している。
注2）登録検査機関の例：JET（財団法人電気安全環境研究所）、JQA（財団法人日本品質保証機構）、他。

電気用品の範囲

電気用品の範囲は、**一般用電気工作物等の部分**となり、又はこれに接続して用いられる機械、器具又は材料で、定格電圧 100 V 以上 300 V 以下、周波数 50 Hz 及び 60 Hz のもの、容量は比較的小さいもの、携帯発電機にあっては定格電圧 30 V 以上 300 V 以下のもの、リチウムイオン蓄電池などです。

特定電気用品及び特定電気用品以外の電気用品の具体例は、表1-3-2 を参照してください。

表1-3-2 特定電気用品の例

特定電気用品の例	
電線類	絶縁電線：100 mm^2 以下、ケーブル：22 mm^2 以下、コード
ヒューズ類	温度ヒューズ、その他のヒューズ：1 A 以上 200 A 以下（筒形、栓形ヒューズは除く）
配線器具類	点滅器、コンセント、配線用遮断器、漏電遮断器、差込接続器、電流制限器
小形単相変圧器類	変圧器：500 V・A 以下、安定器：500 W 以下
電熱器具類	電気便座、電気温水器：10 kW 以下
電動力応用機械器具類	ポンプ：1.5 kW 以下、ショウケース：300 W 以下
携帯発電機	30 V 以上 300 V 以下
特定電気用品の以外の電気用品の例	
電線管、フロアダクト、線ぴ、換気扇、電灯器具、ラジオ、テレビ、LED ランプ、LED 電灯器具、リチウムイオン蓄電池、他	

▶特定電気用品 といえば 電線 100 mm^2 以下、点滅器、コンセント、配線用遮断器、小形単相変圧器、携帯発電機など、危険又は障害の発生するおそれが多い電気用品

▶特定電気用品以外の電気用品 といえば 電線管類、電灯器具、電子応用機械器具、他

練習問題 〉01

電気用品

「電気用品安全法」に基づく記述において、空白箇所に当てはまる字句、数字又は記号は。

a. [(ア)]電気用品は、構造又は使用方法その他の使用状況から見て特に危険又は障害の発生するおそれが多い電気用品である。

b. 定格電圧が[(イ)]V以上 600 V 以下のコードは、導体の公称断面積及び線心の本数に関わらず、[(ア)]電気用品である。

c. 電気用品を製造し、又は[(ウ)]する場合においては、経済産業省令で定める技術基準に適合するようにしなければならない。

d. 電気工事士は、電気工作物の設置又は変更の工事に[(ア)]電気用品を使用する場合、[(エ)]又は[(オ)]の記号が表示されたものでなければ使用してはならない。

解説

「電気用品」とは、一般用電気工作物の部分となり、又はこれに接続して用いられる機械、器具又は材料であって政令で定めるもの、及び携帯発電機、蓄電池であって、政令で定めるものをいいます。「特定電気用品」とは、構造又は使用方法その他の使用状況から見て特に危険又は障害の発生するおそれが多い電気用品であって、政令で定めるものをいいます。定格電圧が 100 V 以上 600 V 以下の電線（①絶縁電線（100 mm^2 以下）、②ケーブル（22 mm^2 以下）、③コード（すべて）、④キャブタイヤケーブル（100 mm^2 以下））は、特定電気用品です。電気用品を製造し、又は輸入する場合においては、経済産業省令で定める技術基準に適合しなければなりません。電気工事士は、所定の表示のない電気用品を電気工作物の設置又は変更の工事に使用することはできません。

特定電気用品の表示	◇PSE（ひし形）又は〈PS〉E
特定電気用品以外の電気用品の表示	○PSE（丸形）又は（PS）E

解答 (ア) 特定　(イ) 100　(ウ) 輸入　(エ) ◇PSE（ひし形）　(オ) ＜PS＞E

2-1 電気設備技術基準・解釈 といえば「解釈」で技術的内容を示す

「電技」と「解釈」、用語の定義

電気設備の技術基準（以下「電技」）は、電気事業法に基づいて制定された省令で、**感電**、**火災**などの電気災害の防止、電気供給支障の防止等のために定めており、電気設備技術基準の解釈（以下「解釈」）は、技術的要件を満たすべき技術的内容を具体的に示したものです。

用語の定義

「電技」や「解釈」で用いられる用語の定義を理解することが重要です。ここでは、一般的な基本用語を学びます。

表2-1-1 「電技」や「解釈」で使用される用語

用語	定義
発電所	発電機、原動機、燃料電池、太陽電池その他の機械器具を施設して電気を発生させる所をいう。
変電所	構外から伝送される電気を構内に施設した変圧器、回転変流器、整流器その他の電気機械器具により変成する所であって、変成した電気をさらに構外に伝送するものをいう。
架空引込線	架空電線路の支持物から他の支持物を経ないで需要場所の取付点に至る架空電線をいう。
引込線	架空引込線及び需要場所の造営物の側面等に施設する電線であって当該需要場所の引込口に至るものをいう。

接近状態に関する用語

「解釈」では、架空電線が他の工作物と接近する場合に、接近する状態により、**第1次**接近状態と**第2次**接近状態に分けて規制しています。

第1次接近状態とは、架空電線が他の工作物と接近（併行する場合を含み、交差する場合及び同一支持物に施設される場合を除く。以下同じ）する場合において、当該架空電線が他の工作物の上方又は側方において、水平距

図2-1-1 第1次接近と第2次接近

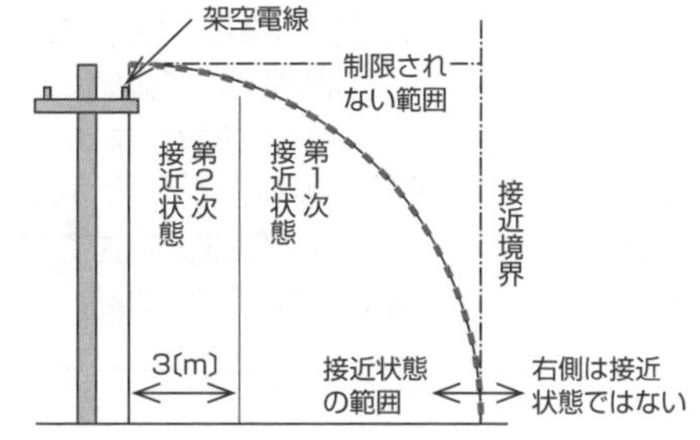

離で架空電線路の支持物の地表上の高さに相当する距離以内に施設されること（水平距離で 3 m 未満に施設されることを除く）により、架空電線路の電線の**切断**、支持物の**倒壊**等の際に、当該電線が他の工作物に**接触する**おそれがある状態をいいます。

第 2 次接近状態とは、架空電線が他の工作物と接近する場合において、当該架空電線が他の工作物の**上方**又は**側方**において、水平距離で 3 m 未満に施設される状態をいいます。

POINT

- ▶第 1 次接近状態 といえば 支持物の地表上の高さに相当する距離以内
- ▶第 2 次接近状態 といえば 3 m 未満

電圧の種別

「電技」では、電圧を表2-1-2のように**低圧**、**高圧**、**特別高圧**に区分しています。電気設備に対しては、この区分に応じた規制を行うことで安全の確保を図っています。

低圧は電気使用場所で使用する電圧であり、高圧は架空及び地中配電線路で使用する電圧、特別高圧は発変電所、送電線路で使用される電圧です。

表2-1-2 電圧の種別

電圧の区分	交流	直流
低圧	600 V 以下のもの	750 V 以下のもの
高圧	600 V を超え 7 000 V 以下のもの	750 V を超え 7 000 V 以下のもの
特別高圧	7 000 V を超えるもの	7 000 V を超えるもの

POINT

- ▶低圧 といえば 交流 600 V、直流 750 V 以下
- ▶高圧 といえば 7 000 V 以下、特別高圧は 7 000 V を超えるもの

電圧に関する用語

電圧については、「公称電圧」「使用電圧」「最大使用電圧」「対地電圧」などの用語が使用されます。**公称電圧**は、電線路を代表する線間電圧です。**使用電圧**は、線間電圧をいい、普通は公称電圧を指します。**最大使用電圧**は、2 つの意味で使われ、1 つは波高値（最大値）を表し、もう 1 つは、電路に想定される使用状態における最大線間電圧を表す場合で次の表2-1-3の式で求めた値を用います。**対地電圧**は、接地式電路においては、電路と大地の間の電圧、非接地式電路では線間電圧※1 をいいます。

※1　地絡電流、漏れ電流の計算では、線間電圧 $\div\sqrt{3}$。

▶最大使用電圧 といえば 公称電圧に係数を掛けた値

表2-1-3 最大使用電圧計算式

使用電圧の区分	公式
1 000 V 以下の電路	最大使用電圧＝公称電圧× 1.15
1 000 V を超え 500 000 V 未満の電路	最大使用電圧＝公称電圧× $\frac{1.15}{1.1}$

電路の絶縁

電路は、大地から絶縁しなければならないと規定しています。ただし危険のおそれがない場合や接地など、保安上必要な場合は除きます。

電気使用場所の低圧電路の絶縁抵抗

使用電圧が低圧の電路の電線相互間及び電路と大地との間の絶縁抵抗は、開閉器又は過電流遮断器で区切ることのできる電路ごとに（分岐回路ごとに）、表2-1-4の値以上あればよいことになっています。また、絶縁抵抗の測定が困難な場合には、漏えい電流が 1 mA 以下であればよいとされています。

表2-1-4 低圧電路の絶縁抵抗

電路の使用電圧の区分		絶縁抵抗値
300 V 以下	対地電圧が 150 V 以下の場合	0.1 MΩ 以上（単相 100/200 V 回路）
	その他の場合	0.2 MΩ 以上（三相 200 V 回路）
300 V を超えるもの		0.4 MΩ 以上（400 V 回路）

POINT

▶分岐回路の絶縁抵抗 といえば 単相 100/200 V 回路は 0.1 MΩ 以上
三相 200 V 回路は 0.2 MΩ 以上
400 V 回路は 0.4 MΩ 以上
漏えい電流が 1 mA 以下

低圧電線路の絶縁抵抗

電線と大地間及び電線の心線相互間の絶縁抵抗は、使用電圧に対する漏えい電流が、最大供給電流の 1/2 000 を超えないように保つように決められています。

▶低圧電線路の絶縁抵抗 といえば 漏えい電流が最大供給電流の $\frac{1}{2\,000}$ 以下

絶縁耐力試験

絶縁性能を絶縁耐力試験により確認する場合、表2-1-5の試験電圧を連続して10分間加えて耐えることが規定されています。試験電圧は、使用電圧が交流であれば交流、直流であれば直流によるのが原則ですが、高圧や特別高圧の電線路にケーブルを使用する場合は交流の試験電圧の2倍、交流の回転機の場合は1.6倍の直流電圧で試験をすることが認められています。

表2-1-5 電路、変圧器等の絶縁耐力試験電圧

	電路の種類	試験電圧（10分間加える）
電路	7 000 V以下	電圧の1.5倍
	7 000 V超過15 000 V以下（中性線多重接地式）	〃 0.92倍
	7 000 V超過60 000 V以下	〃 1.25倍（10 500 V未満は10 500 V）
	60 000 Vを超えるもの（中性点非接地式）	〃 1.25倍
	60 000 Vを超えるもの（中性点接地式）	〃 1.1倍（75 000 V未満は75 000 V）
回転機	7 000 V以下（回転変流器※2を除く）	電圧の1.5倍（500 V未満は500 V）
	7 000 Vを超えるもの（ 〃 ）	〃 1.25倍（10 500 V未満は10 500 V）
変圧器	7 000 V以下	電圧の1.5倍（500 V未満は500 V）
	7 000 V超過15 000 V以下（中性線多重接地式）	〃 0.92倍
	7 000 V超過60 000 V以下	〃 1.25倍（10 500 V未満は10 500 V）
	60 000 Vを超えるもの（中性点非接地式）	〃 1.25倍
	60 000 Vを超える星形で中性点接地式	〃 1.1倍（75 000 V未満は75 000 V）
	その他の巻線	〃 1.1倍（75 000 V未満は75 000 V）

注1）電圧は最大使用電圧とする。
注2）使用電圧が17万Vを超えるものは表から省略した。
注3）電路は心線相互間及び心線と大地間、回転機は巻線と大地間、変圧器は試験する巻線と他の巻線、試験する巻線と鉄心及び外箱との間の絶縁耐力とする。
注4）開閉器、遮断器などの器具の電圧に対する絶縁耐力試験電圧は電路に準じる。
注5）接地形計器用変圧器、避雷器若しくは電線にケーブルを使用する機械器具の絶縁耐力試験は表の試験電圧の2倍の直流電圧で10分間としてもよいことになっている。
注6）交流の回転機は表の試験電圧の1.6倍の直流電圧で10分間としてもよいことになっている。

※2 回転変流器：交流を直流に、又は直流を交流に変換する回転機（現在はあまり使われていません）。

燃料電池及び太陽電池モジュールの絶縁耐力

燃料電池及び太陽電池モジュールは、最大使用電圧の **1.5 倍**の直流電圧又は **1 倍**の交流電圧（500 V 未満となる場合は、500 V）を充電部分と大地との間に連続して **10 分間**加えて絶縁耐力試験をしたとき、これに耐えることが規定されています。

POINT

- ▶絶縁耐力試験 といえば 最大使用電圧の 1.5 倍を 10 分間加える（7 000 V 以下）
- ▶絶縁耐力試験 といえば 試験電圧の 2 倍の直流、回転機は 1.6 倍の直流で 10 分間でもよい
- ▶燃料電池、太陽電池の耐圧 といえば 1.5 倍の直流、1 倍の交流、最低 500 V、10 分間

練習問題 〉01

絶縁耐力試験

使用電圧 6 600 V の高圧ケーブルの絶縁耐力試験を実施する。次の（a）及び（b）の問に答えよ。

（a）高圧ケーブルの絶縁耐力試験を直流で行う場合の試験電圧と試験時間は。

（b）高圧ケーブルの絶縁耐力試験を、図のような試験回路で行う。この絶縁耐力試験に必要な皮相電力（試験容量）S_t〔kV・A〕は。

【高圧ケーブルの仕様】

ケーブルの種類：6 600 V トリプレックス形架橋ポリエチレン絶縁ビニルシースケーブル

公称断面積：100 mm²、ケーブルのこう長：220 m、1 線の対地静電容量：0.45 μF/km

【試験用変圧器の仕様】

定格入力電圧：AC 0 － 120 V、定格出力電圧：AC 0 － 12 000 V、入力電源周波数：50 Hz

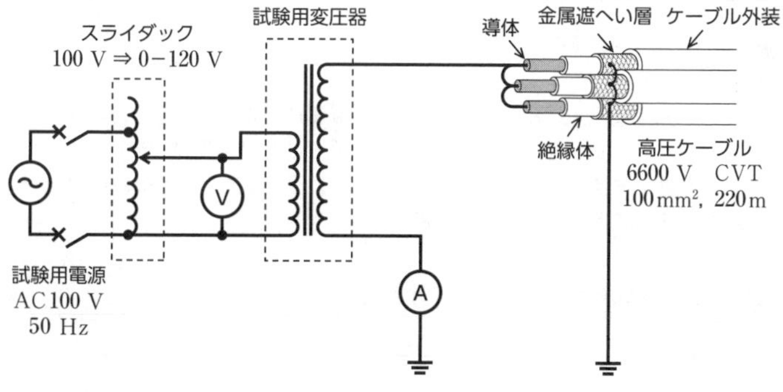

解き方

(a)

試験電圧を直流とする場合は、交流試験電圧の 2 倍とします。

交流の最大使用電圧 ＝ 公称電圧 × (1.15/1.1) ＝ 6 600 × $\dfrac{1.15}{1.1}$ ＝ 6 900 V

交流試験電圧 V_t は、最大使用電圧の 1.5 倍より、

直流の試験電圧 $V_{直流}$ は、

$V_{直流} = \boxed{6\,900 \times 1.5} \times \boxed{2} = 20\,700$ V

（6 900 × 1.5：交流試験電圧　2：交流試験電圧の 2 倍）

試験時間は、連続して 10 分間。

(b)

最大使用電圧 ＝ 6 600 × $\dfrac{1.15}{1.1}$ ＝ 6 900 V　より

交流試験電圧 V_t は、

$V_t = 6\,900 \times 1.5 = 10\,350$ V

（6 900：最大使用電圧）

3 線一括で試験電圧を印加するので C は 1 線の 3 倍となります。

したがってケーブルの対地静電容量 C は、

$C = 3 \times \boxed{0.45 \times 10^{-6}} \times 0.22 = 0.297 \times 10^{-6}$〔F〕

（3：3 心　0.45 × 10⁻⁶：〔F/km〕　0.22：〔km〕）

ケーブルに流れる充電電流 I_c は、

$I_c = \omega C V_t = 2\pi f C V_t$

$= 2 \times 3.14 \times 50 \times 0.297 \times 10^{-6} \times 10\,350$

$\fallingdotseq 0.965$ A

試験に必要な皮相電力（試験容量）S_t は、

$S_t = V_t \times I_c = 10\,350 \times 0.965$

$\fallingdotseq 9\,988$ V・A　→　10 kV・A

充電電流 I_c の計算式

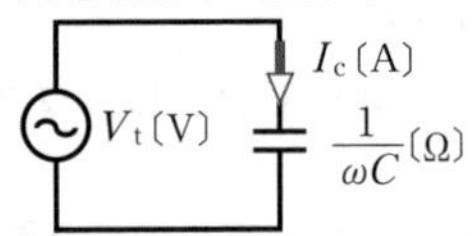

$$I_c = \frac{V_t}{\dfrac{1}{\omega C}} = \omega C V_t = 2\pi f C V_t$$

なお、試験容量が使用する試験用変圧器の容量よりも大きい場合は、試験回路に高圧補償リアクトルを接続し、試験容量を小さくします。

解説

絶縁耐力試験は、使用電圧が交流であれば交流の試験電圧を加え、直流であれば直流の試験電圧を加えますが、ケーブルを用いた電路や大形の機器では静電容量が大きく、試験電流も大きくなります。大容量の試験器が必要になることから、交流機器であっても試験電圧を高くして直流電圧で試験をすることが認められています。

解答　(a) 試験電圧：20 700 V　試験時間：連続して 10 分間　(b) S_t = 10 kV・A

練習問題 〉02

太陽電池モジュールの絶縁性能

次の文章は、「電気設備技術基準の解釈」に基づく太陽電池モジュールの絶縁性能に関する記述の一部である。空白箇所に当てはまる数字は。

太陽電池モジュールは、最大使用電圧の［（ア）］倍の直流電圧又は［（イ）］倍の交流電圧（［（ウ）］V 未満となる場合は、［（ウ）］V）を充電部分と大地との間に連続して［（エ）］分間加えたとき、これに耐える性能を有すること。

解説

1.5 倍の直流電圧は、1 倍の交流電圧（実効値）の波高値に近い値であることから、太陽電池モジュールの絶縁性能は、最大使用電圧の 1.5 倍の直流電圧又は 1 倍の交流電圧に耐える性能があればよいとしています。

解答　（ア）1.5　（イ）1　（ウ）500　（エ）10

接地工事の種類と抵抗値

異常時の電位上昇、高電圧の侵入等による**感電**、**火災**その他人体に危害を及ぼし、又は物件への損傷を与えるおそれがないよう、電気設備の必要な箇所には**接地**を施します。

接地工事の種類

接地工事には A 種、B 種、C 種、D 種の 4 種類があります。A 種、C 種、D 種接地工事は、電路に施設する機械器具の鉄台及び金属製外箱に施すもので、表2-1-6のように機械器具の電圧によって区分されています。

表2-1-6 接地工事の区分と種類

機械器具の電圧の区分	接地工事
300 V 以下の低圧用のもの	D 種接地工事
300 V を超える低圧用のもの	C 種接地工事
高圧用又は特別高圧用のもの	A 種接地工事

B 種接地工事は、高圧電路又は特別高圧電路と低圧電路とを結合する変圧器の**低圧側の中性点**、中性点に接地を施し難いときは**低圧側の 1 端子**、巻線との間に設けた金属製の**混触防止板**などに施すものです。

接地工事の接地抵抗値と接地線の太さ

表2-1-7は、接地工事の接地抵抗値と主な適用電気工作物及び接地線の太さを示しています。

表2-1-7 接地工事の抵抗値と適用電気工作物及び接地線の太さ

種別	接地抵抗値	接地工作物	接地線の太さ
A種接地	10 Ω 以下	・高圧・特別高圧の機器の鉄台、外箱 ・高圧電路の避雷器 ・特別高圧計器用変成器 2 次側電路 ・高圧ケーブルを収める管等 ・電線接続箱、金属被覆	2.6 mm 以上 (5.5 mm^2 以上) (避雷器を除く)
B種接地	$\frac{150}{I_1}$〔Ω〕以下 (I_1 は 1 線地絡電流。I_1 の値又は所要抵抗値を電力供給者と打ち合わせる)	・高圧・低圧結合変圧器の低圧側の中性点 (低圧側が 300 V 以下の場合で中性点接地が難しい場合は低圧側の一端子) ・高圧及び特高と低圧結合変圧器の巻線間の金属製混触防止板 ・特高・低圧結合変圧器の低圧側の中性点	2.6 mm 以上 (5.5 mm^2 以上)
C種接地	10 Ω 以下	・300 V 超過の機器の鉄台、外箱 ・300 V 超過の電線管、金属ダクト、バスダクト、ラック、メッセンジャーワイヤ、低圧配線と弱電流電線との間の金属製隔壁	1.6 mm 以上 (2 mm^2 以上)
D種接地	100 Ω 以下	・高圧計器用変成器の 2 次側電路 ・300 V 以下の機器の鉄台、外箱 ・地中電線を収める管等、電線接続箱、金属被覆 ・架空ケーブルのちょう架用金属線 ・300 V 以下の電線管、金属ダクト、バスダクト、ラック、フロアダクト、ライティングダクト、線ぴ ・X 線装置等	

注 1) B 種接地工事：高圧又は 35 000 V 以下の特高電路と低圧側との混触の場合、1 秒超過 2 秒以内に自動遮断のとき $300/I_1$〔Ω〕、1 秒以内のとき $600/I_1$〔Ω〕以下。

注 2) C 種及び D 種接地工事：地絡を生じた場合、0.5 秒以内で自動遮断のとき 500 Ω 以下。

POINT

▶**接地抵抗値** といえば

A 種 10 Ω 以下

C 種 10 Ω 以下
D 種 100 Ω 以下 } 地絡時に 0.5 秒以内で遮断のとき 500 Ω 以下

B 種 $\frac{150}{1線地絡電流}$〔Ω〕以下

混触時自動遮断のとき $\frac{300}{1線地絡電流}$〔Ω〕以下又は $\frac{600}{1線地絡電流}$〔Ω〕以下

(1 秒超 2 秒以内の遮断)　(1 秒以内の遮断)

接地線を人が触れるおそれがある場所に施設する場合

A 種又は B 種接地工事において、接地極及び接地線を人が触れるおそれがある場所に施設する場合は、接地線が損傷を受けたり、大地に危険な電位の傾きが生じないように、次のように施設する必要があります。

①接地極は、地下 75 cm 以上の深さに埋設します。

②接地線を、鉄柱その他の金属体に沿って施設する場合は、接地極を鉄柱の底面から 30 cm 以上の深さに埋設する。又は、接地極を地中でその金属体から 1 m 以上離して埋設します。

③接地線の地下 75 cm から地表上 2 m までの部分は、**合成樹脂管**又はこれと同等以上の絶縁効力及び強さのあるもので覆うことになっています。

図2-1-2
人が触れるおそれのある場所の A 種又は B 種接地工事

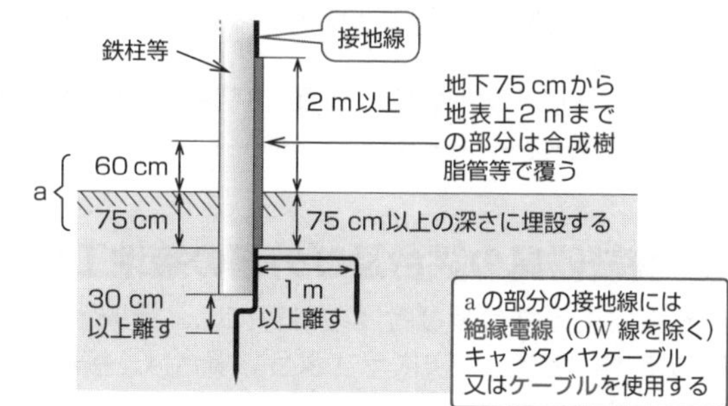

④接地線には、**絶縁電線**（屋外用ビニル絶縁電線を除く）又は通信用ケーブル以外の**ケーブル**を使用すること。ただし、接地線を鉄柱その他の金属体に沿って施設する場合以外には、接地線の地表上 60 cm を超える部分については、この限りではありません。

POINT

▶人が触れるおそれのある場所の接地工事 といえば

・75 cm 以上の深さに埋設し金属体からは 1 m 以上離す、
又は鉄柱の底面から 30 cm 以上の深さに埋設する

・地表上 2 m～地下 75 cm を合成樹脂管等で覆う

接地工事の特例

接地工事の省略

C 種又は D 種接地工事を施さなければならない金属体を建物の鉄骨、鉄筋などと電気的に接続すること等により、金属体と大地との間の接地抵抗が C 種接地工事では 10 Ω 以下、D 種接地工事では 100 Ω 以下である場合は、当該接地工事を省略することができます。

建物の鉄骨等の接地極

大地との電気抵抗値が 2 Ω 以下の建物の鉄骨その他の金属体は、これを非接地式高圧電路に施設する機械器具の鉄台若しくは金属製外箱に施す A 種接地工事、又は非接地式高圧電路と低圧電路を結合する変圧器に施す B 種接地工事の接地極に使用することができます。

POINT

▶接地工事の特例 といえば

- 鉄骨、鉄筋と接続し 10 Ω 以下は C 種、100 Ω 以下は D 種接地工事とすることができる
- 2 Ω 以下の金属体は、A 種、B 種接地工事の接地極に使用できる

機械器具の鉄台及び外箱の接地工事の省略

機械器具の鉄台及び金属製外箱には、機械器具の使用電圧に応じて、接地工事を施します。ただし、次に示すような場合は、**接地工事の省略**が認められています。

①交流の対地電圧が **150 V 以下**又は直流の使用電圧が 300 V 以下の機械器具を、**乾燥した場所**に施設する場合。
②低圧用の機械器具を乾燥した**木製の床**その他これに類する**絶縁性**のものの上で取り扱うように施設する場合。
③電気用品安全法の適用を受ける **2 重絶縁**の構造の機械器具を施設する場合。
④低圧用の機械器具に電気を供給する電路の電源側に**絶縁変圧器**（2 次側線間電圧が 300 V 以下であって、容量が 3 kVA 以下のものに限る）を施設し、かつ、当該絶縁変圧器の負荷側の電路を接地しない場合。
⑤**水気のある場所以外**の場所に施設する低圧用の機械器具に電気を供給する電路に、電気用品安全法の通用を受ける漏電遮断器（定格感度電流が 15 mA 以下、動作時間が 0.1 秒以下の電流動作型のものに限る）を施設する場合。
⑥金属製外箱等の周囲に適当な**絶縁台**を設ける場合。
⑦外箱のない計器用変成器がゴム、合成樹脂その他の絶縁物で被覆したものである場合。
⑧低圧用若しくは高圧用の機械器具を、木柱その他これに類する絶縁性のものの上であって、**人が触れるおそれがない高さ**に施設する場合。

POINT

▶接地工事が省略できる機器と条件 といえば

- 乾燥した場所（150 V 以下）に施設する機械器具
- 乾燥した木製など絶縁性の床の上で扱う低圧の機械器具
- 2 重絶縁の構造の機械器具
- 絶縁変圧器を使用
- 水気のある場所以外で高感度の漏電遮断器を使用
- 人が触れるおそれがない高さに施設する機械器具

高圧又は特別高圧と低圧との混触による危険防止施設

高圧電路又は特別高圧電路と低圧電路とを結合する変圧器には、次のいずれかの箇所に **B 種接地工事**を施す必要があります。

①低圧側の**中性点**

②低圧電路の使用電圧が 300 V 以下の場合において、接地工事を低圧側の中性点に施し難いときは、**低圧側の 1 端子**

③低圧電路が非接地である場合においては、高圧巻線又は特別高圧巻線と低圧巻線との間に設けた金属製の**混触防止板**

図2-1-3 混触防止板の接地

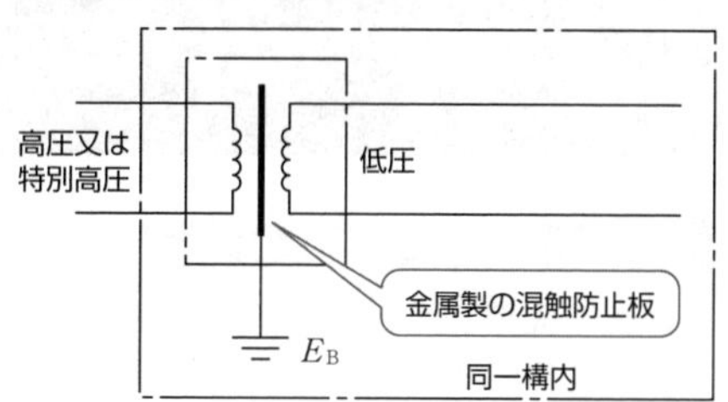

混触防止板により接地工事を施した変圧器に接続する低圧線を屋外に施設する場合は、次の各号により施設すること。

- 低圧電線は、1 構内だけに施設すること。
- 低圧架空電線路又は低圧屋上電線路の電線は、ケーブルであること。
- 低圧架空電線と高圧又は特別高圧の架空電線とは、同一支持物に施設しないこと。ただし、高圧又は特別高圧の架空電線がケーブルである場合は、この限りでない。

POINT

▶ B 種接地工事を施す場所

変圧器低圧側の中性点、低圧側の 1 端子、金属製の混触防止板

計器用変成器二次側の接地

高圧計器用変成器の二次側電路は、**D 種接地工事**を、特別高圧計器用変成器の二次側電路には、**A 種接地工事**を施さなければならないと定められています。高圧の場合でも D 種接地工事としているのは、計器用変成器の二次側電路は一般の配電盤のように操作員以外の者が立ち入らない場所に施設されることによっています。

POINT

▶計器用変成器の二次側の接地工事

高圧計器用変成器の二次側電路は、D 種接地工事
特別高圧計器用変成器の二次側電路は、A 種接地工事

2-2 電気機械器具、発電所などの保安原則 といえば 危険のない場所に施設する

高圧の機械器具の施設

高圧の機械器具（これに附属する高圧電線であってケーブル以外のものを含む）は、次のいずれかにより施設することが求められています。

ただし、発電所又は変電所、開閉所若しくはこれらに準ずる場所に施設する場合は除きます。

①屋内であって、**取扱者以外の者**が出入りできないように措置した場所に施設すること。

②次により施設すること。

ただし、工場等の構内においては、ロ及びハの規定によらないことができる。

イ　人が触れるおそれがないように、機械器具の周囲に適当な**さく**、**へい**等を設けること。

ロ　イの規定により施設するさく、へい等の高さと、当該さく、へい等から機械器具の充電部分までの距離との和を**5 m 以上**とすること。

ハ　危険である旨の**表示**をすること。

図2-2-1
高圧機械器具を地上に施設する場合

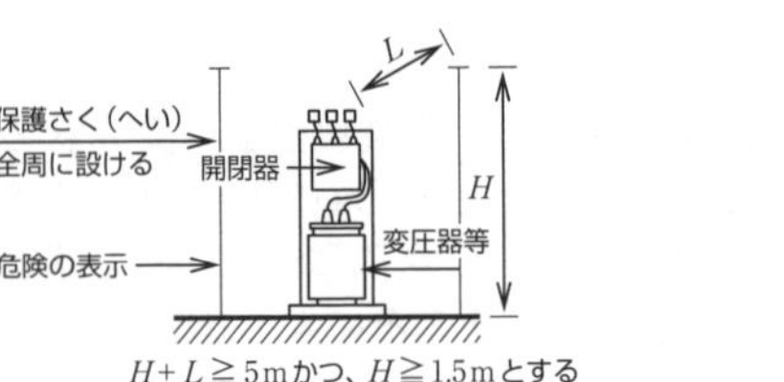

図2-2-2
高圧機械器具を柱上などに施設する場合

図2-2-3
高圧機械器具を金属製の箱に施設する場合

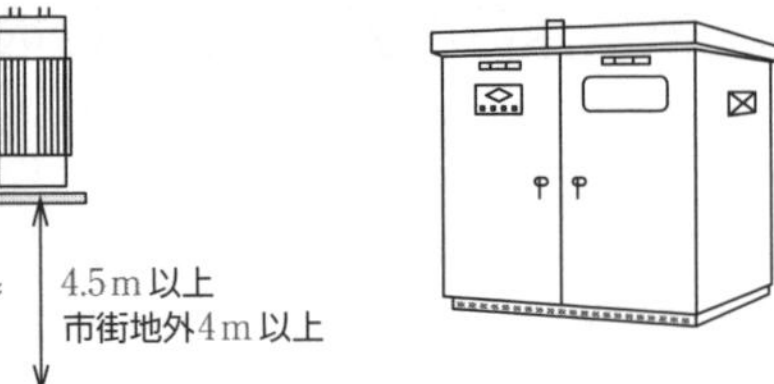

③機械器具に附属する高圧電線にケーブル又は引下げ用高圧絶縁電線を使用し、機械器具を人が触れるおそれがないように地表上4.5 m（市街地外においては4 m）以上の高さに施設すること。

④機械器具を**コンクリート製の箱**又はD種接地工事を施した**金属製の箱**に収め、かつ、充電部分が露出しないように施設すること。

⑤充電部分が露出しない機械器具を、次のいずれかにより施設すること。
　イ　**簡易接触防護措置**を施すこと。
　ロ　温度上昇により、又は故障の際に、その近傍の大地との間に生じる電位差により、人若しくは家畜又は他の工作物に危険のおそれがないように施設すること。

特別高圧の機械器具の施設

特別高圧の機械器具の施設の規制としては、機械器具を地表上**5 m 以上**の高さに施設し、さくの高さと、当該さくから機械器具の充電部分までの距離との和を表2-2-1に規定する値以上とすることが決められています。

表2-2-1　充電部分までの距離

使用電圧の区分	さくの高さとさくから充電部分までの距離との和又は地表上の高さ
35 000 V 以下	5 m
35 000 V を超え 160 000 V 以下	6 m
160 000 V 超過	$(6 + c)$〔m〕

（備考）c は、使用電圧と 160 000 V の差を 10 000 V で除した値（小数点以下を切り上げる。）に 0.12 を乗じたもの

POINT

▶高圧の機械器具の施設
- 取扱者以外の者が出入りできないように措置をした場所に施設する
- さく、へい等を設ける
- 電部分までの距離との和を 5 m 以上とする
- 危険である旨の表示をする
- 地表上 4.5 m（市街地外においては 4 m）以上の高さに施設する
- コンクリート製の箱又は D 種接地工事を施した金属製の箱に収め、充電部分が露出しないように施設する
- 簡易接触防護措置を施す
- 特別高圧の機械器具は、地表上 5 m 以上の高さに施設する

アークを生じる器具の施設

高圧用又は特別高圧用の開閉器、遮断器又は避雷器その他これらに類する器具（「開閉器等」という）であって、動作時にアークを生じるものは、次の各号のいずれかにより施設します。

①耐火性のもので**アーク**を生じる部分を囲むことにより、木製の壁又は天井その他の可燃性のものから**隔離する**こと。
②木製の壁又は天井その他の可燃性のものとの離隔距離を表2-2-2に規定する値以上とすること。

表2-2-2 開閉器等との離隔距離

開閉器等の使用電圧の区分		離隔距離
高圧		1 m
特別高圧	35 000 V 以下	2 m（動作時に生じるアークの方向及び長さを火災が発生するおそれがないように制限した場合にあっては、1 m）
	35 000 V 超過	2 m

POINT

▶アークを生じる器具は、耐火性のもので囲み、可燃性のものから隔離する
▶高圧の開閉器等と可燃性のものとの離隔距離は、1 m 以上
▶特別高圧の開閉器等と可燃性のものとの離隔距離は、2 m 以上

発電所等への取扱者以外の者の立入の防止

高圧又は特別高圧の機械器具及び母線等を屋外に施設する発電所又は変電所、開閉所若しくはこれらに準ずる場所（「発電所等」という）は、次により構内に**取扱者以外の者**が立ち入らないような措置を講じることとしています。

①さく、へい等を設けること。
②出入口に**立入を禁止する**旨を表示すること。
③出入口に**施錠装置**を施設して施錠する等、取扱者以外の者の出入りを制限する措置を講じること。

POINT

▶発電所等への取扱者以外の者の立入の防止措置は、
・さく、へい等を設ける
・さく、へいの高さと特別高圧の機械器具等の充電部分までの距離との和は、35 000 V 以下の場合は、5 m 以上

避雷器の施設

高圧避雷器は、雷サージ※1、開閉サージなどの過電圧の侵入による受電設備機器の破損を防止するために設置します。

避雷器の施設箇所と接地工事

高圧及び特別高圧の電路中、次の箇所には避雷器を施設します。

※1 サージ：異常に高い電圧が瞬間的に発生する現象のこと。

①発電所又は変電所若しくはこれに準ずる場所の架空電線の**引込口**及び**引出口**
②架空電線路に接続する配電用変圧器の**高圧側**及び**特別高圧側**
③高圧架空電線路から供給を受ける受電電力の容量が **500 kW** 以上の**需要場所の引込口**
④特別高圧架空電線路から供給を受ける需要場所の引込口

また、高圧及び特別高圧の電路に施設する避雷器には、**A 種**接地工事を施します。

架空地線の施設

架空地線は、架空電線路を雷から保護するために、架空電線路の上方に並行して施設する**接地線**です。高圧架空電線路に使用する架空地線は、直径 4 mm 以上の裸硬銅線又は引張強さ 5.26 kN 以上のものとします。

POINT

▶**避雷器の施設箇所** といえば **架空電線の**引込口**と**引出口、**配電用変圧器の**高圧側**及び**特別高圧側、500 kW **以上の需要場所の**引込口

▶**避雷器の接地** といえば A 種**接地工事**

▶**架空地線** といえば **電線路を**雷**から保護する**接地線、4 mm **以上の**裸硬銅線（**高圧架空電線路**）

変電所等からの電磁誘導作用による人の健康影響の防止

変電所又は開閉所（「変電所等」という）から発生する磁界は、磁束密度の測定値が、商用周波数において 200 μT（マイクロテスラ）以下であること。ただし、田畑、山林その他の人の往来が少ない場所において、人体に危害を及ぼすおそれがないように施設する場合は、この限りではありません。

測定に当たっては、測定地点の地表、路面又は床（「地表等」という）から 0.5 m、1 m 及び 1.5 m の高さで測定し、3 点の**平均値**を測定値とします。

架空電線路からの静電誘導作用又は電磁誘導作用による感電の防止

特別高圧の架空電線路は、通常の使用状態において、静電誘導作用により人による感知のおそれがないよう、地表上 1 m における電界強度が 3 kV/m 以下になるように施設しなければなりません。

POINT

▶**電磁誘導作用又は静電誘導作用による人への影響防止の規定** といえば
変電所等からの磁界は、磁束密度**の測定値が** 200 μT **以下**
特高の架空電線路からの電界は、電界強度**が** 3 kV/m **以下**

2-3 架空電線路の支持物といえば木柱、鉄柱、鉄筋コンクリート柱など

架空電線路の支持物

電線路の定義

電技において、「電線路」とは、発電所、変電所、開閉所及びこれらに類する場所並びに電気使用場所相互間の電線並びにこれを支持し、又は保蔵する工作物注) をいうと定義しています。主な電線路として、架空電線路、屋側電線路、屋上電線路、地中電線路などがあります。

注）電線を支持するのに要する腕木、がいし、支線など及びケーブルの布設に要する暗きょ、地中箱、接続箱など

支持物の種類

支持物の種類には、木柱、鉄柱、鉄筋コンクリート柱及び鉄塔があり、安全性の差による規制があります。

- **A 種鉄筋コンクリート柱**：基礎の強度計算を行わず、根入れの深さを 表2-3-1 に示す値以上とするものと規定されています。
- **A 種鉄柱**：基礎の強度計算は行わず、根入れの深さを 表2-3-2 に示す値以上とするものと規定されています。

- B 種鉄筋コンクリート柱：A 種鉄筋コンクリート柱以外の鉄筋コンクリート柱
- B 種鉄柱：A 種鉄柱以外のもの

表2-3-1 A 種鉄筋コンクリート柱の根入れ深さ

設計荷重	全長	根入れ深さ
6.87 kN 以下	15 m 以下	全長の 1/6
	15 m を超え 16 m 以下	2.5 m
	16 m を超え 20 m 以下	2.8 m
6.87 kN を超え 9.81 kN 以下	14 m 以上 15 m 以下	全長の 1/6 に 0.3 m を加えた値
	15 m を超え 20 m 以下	2.8 m

表2-3-2 A 種鉄柱の根入れ深さ

設計荷重	全長	根入れ深さ
6.87 kN 以下	15 m 以下	全長の 1/6
	15 m を超え 16 m 以下	2.5 m

POINT

▶ A 種鉄筋コンクリート柱と A 種鉄柱は、強度計算を行わずに使用できる。

根入れ深さ：15 m 以下は、全長の 1/6、15 m を超え 20 m 以下は、2.5 m

A 種以外を B 種という

支持物の強度

支持物の強度の算定は、風圧荷重のほか、電線の強度やがいし装置の重量などの事項が規定されています。

風圧荷重

支持物に加わる荷重のうち、風圧荷重について、甲種、乙種、丙種及び着雪時の4種類を、地域によりその適用範囲を定めています。

・**甲種風圧荷重**：10分間平均で風速40 m/s **の風**があるものと仮定した場合に生じる風圧荷重で、**高温季**について適用します。

低温季において最大風圧を生じる地方にあっては**低温季**についても適用します。

甲種風圧荷重は、支持物、電線その他の架渉線、がいし装置及び腕金類について、構成材の垂直投影面積1 m^2 **にかかる圧力**（風圧荷重〔Pa〕）を定めています。

甲種風圧の適用地域の配電線では、電線については980 Pa（100 kg/m^2）の風圧がかかるものとして支持物の強度を計算します。

・**乙種風圧荷重**：電線その他の架渉線の周囲に厚さ6 mm、比重0.9の氷雪が付着した状態に対し、甲種風圧荷重の**0.5 倍**を基礎として計算したもので、氷雪の多い地方において**低温季**について適用します。
・**丙種風圧荷重**：甲種風圧荷重の0.5倍を基礎として計算したもので、氷雪の多くない地方において低温季について適用します。
・**着雪時風圧荷重**：架渉線の周囲に比重0.6の雪が同心円状に付着した状態に対し、甲種風圧荷重の0.3倍を基礎として計算したもので、降雪の多い地域の河川等を横断する鉄塔に用います。

風圧荷重の適用

風圧荷重の計算を適用する地方は、表2-3-3のように適用します。

表2-3-3 風圧荷重の適用

地方の別		風圧	
		高温季	低温季
氷雪の多い地方以外の地方		甲種	丙種
氷雪の多い地方	下記以外の地方	甲種	乙種
	冬季に最大風圧を生ずる地方	甲種	甲種及び乙種の大きい方を適用

なお、人家が多く連なっている場所に施設される架空電線路の構成材のうち、低圧又は高圧の架空電線路の支持物及び架渉線、使用電圧35 000 V以下の特別高圧架空電線路の支持物に施設する低・高圧の架空電線などには、甲種又は乙種風圧荷重に代えて丙種風圧荷重を適用することができます。これは、人家の連なる場所では風速が一般に減衰することが知られているからです。

POINT

▶風圧荷重は、甲種、乙種、丙種

甲種風圧荷重：電線については 980 Pa の風圧
（10 分間平均で風速 40 m/s の風を想定、高温季に適用）

乙種風圧荷重：甲種風圧荷重の 0.5 倍 = 490 Pa の風圧
（厚さ 6 mm の氷雪の付着を想定、氷雪の多い地方で低温季に適用）

丙種風圧荷重：甲種風圧荷重の 0.5 倍 = 490 Pa の風圧
（氷雪の多くない地方において低温季に適用）

支線の施設

支線による強度の補強

鉄塔以外の支持物は、支線により支持物の強度の一部を分担させることができます。

この場合、支持物自体の強度は、風圧荷重の 1/2 以上の荷重に耐えうる強度を有していなければならないことを定めており、支線で分担できる荷重の限度が規制されています。

木柱、A 種鉄柱、A 種鉄筋コンクリート柱は、風圧荷重に耐えるだけで、支持物の強度には架渉線の不平均張力が見込まれていないので、高圧架空電線路において次のような不平均張力のかかる部分は、その**不平均張力に耐える**ための支線を施設します。

①電線路の直線部分（水平 5° 以下を含む）で径間差の大きい箇所。図2-3-1 の（a）。
径間差により生ずる不平均張力による水平力に耐える支線を、電線路の方向にその両側に設ける。

②電線路の水平角度 5° **を超える**箇所。図2-3-1 の（b）。
想定最大張力の水平横分力に耐える支線を設ける。

③電線路中、全架渉線を**引き留める**箇所。図2-3-1 の（c）。
想定最大張力に等しい不平均張力による水平力に耐える支線を、電線路に平行な方向に設ける。

図2-3-1 架空電線路の支持物における支線の施設

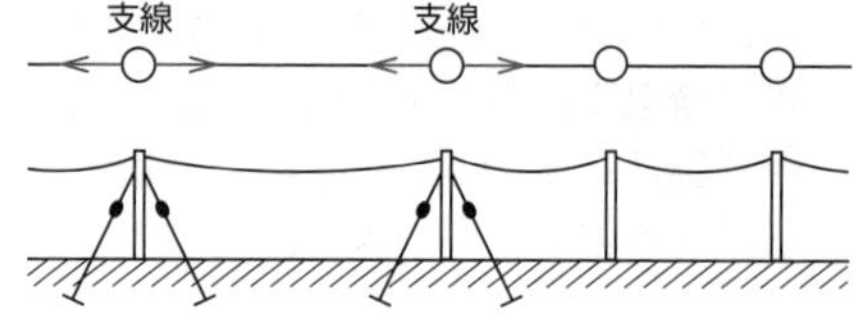

(a) 径間差の大きい直線箇所

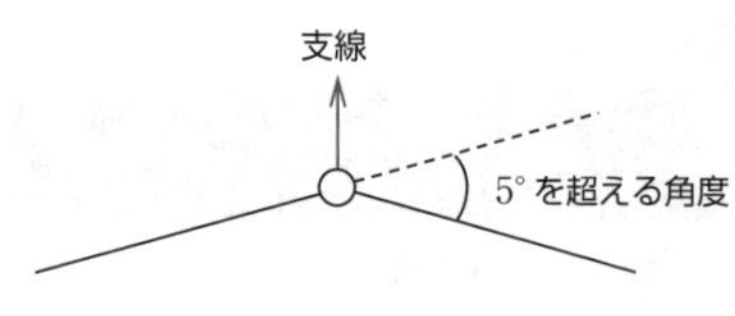

(b) 角度箇所

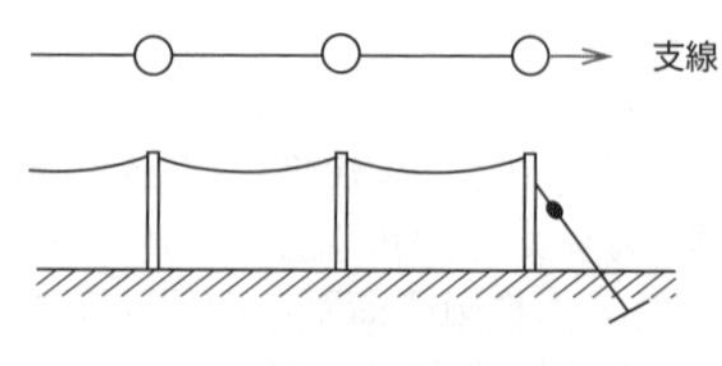

(c) 引き留める箇所

支線の施設方法及び支柱による代用

架空電線路の支持物において施設する支線は、次によることと定めています。

①支線の引張強さは、10.7 kN（図2-3-1の支線にあっては、6.46 kN）以上であること。
②支線の安全率は、2.5（図2-3-1の支線にあっては、1.5以上）であること。
③支線に**より線**を使用する場合は次によること。
- 素線を3**条以上**より合わせたものであること。
- 素線は、直径が2 mm **以上**、かつ、引張強さが0.69 kN/mm^{2}以上の金属線であること。
- 支線を木柱に施設する場合を除き、地中の部分及び地表上30 cmまでの地際部分には耐食性のあるもの又は亜鉛めっきを施した**鉄棒**を使用し、これを容易に腐食し難い**根かせ**に堅ろうに取り付けること（図2-3-2の左）。
- 支線の根かせは、支線の引張荷重に十分耐えるように施設すること。

④道路を横断して施設する支線の高さは、路面上5 m **以上**とすること。ただし、技術上やむを得ない場合で、かつ、交通に支障を及ぼすおそれがないときは、4.5 m **以上**、歩行の用にのみ供する部分においては2.5 m **以上**とすることができる（図2-3-2の右）。
⑤低圧又は高圧の架空電線路の支持物に施設する支線であって、電線と接触するおそれがあるものには、その上部に**がいし**を挿入すること、ただし、低圧架空電線路の支持物に施設する支線を水田その他の湿地以外の場所に施設する場合は、この限りでない。
⑥架空電線路の支持物に施設する支線は、これと同等以上の効力のある支柱で代えることができる。

図2-3-2 架渉線を引き留める支線

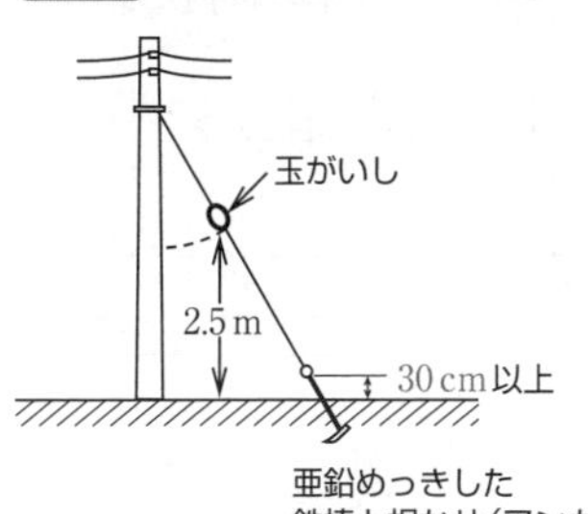

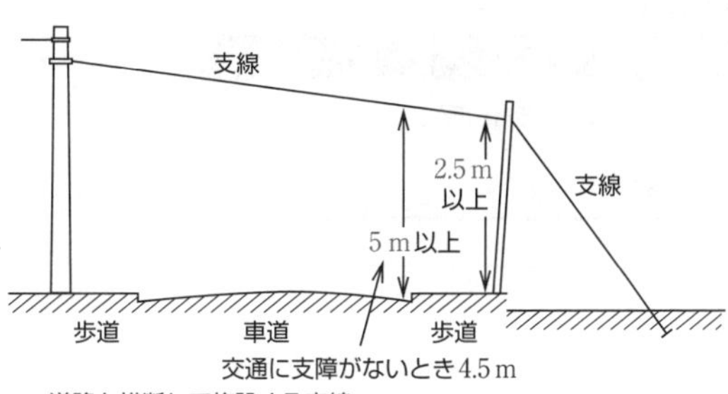

道路を横断して施設する支線

径間の制限

高・低圧架空電線路の径間は、表2-3-4の値以下にします。

表2-3-4 高・低圧架空電線路の径間

支持物の種類 ＼ 電圧・工事種別	低圧		高圧		
	一般	保安工事	一般	保安工事	長径間工事
木柱、A 種鉄柱、A 種鉄筋コンクリート柱	制限なし	100 m	150 m	100 m	300 m
B 種鉄柱、B 種鉄筋コンクリート柱		150 m	250 m	150 m	500 m
鉄塔		400 m	600 m	400 m	制限なし

▶架空電線路の径間

保安工事：安全に対する規制を一般の場合より強化する工事

高圧架空電線路の径間は、150 m、保安工事 100 m 以下（A 種支持物）
250 m、保安工事 150 m 以下（B 種支持物）

架空電線路の弛度（たるみ）

径間を S〔m〕、電線の水平張力（許容引張荷重）を T〔N〕、電線 1 m 当たりの合成荷重を W〔N/m〕としたとき、電線の弛度 D〔m〕は、次式となります。

$$D = \frac{WS^2}{8T} \text{〔m〕}$$

このとき、電線の引張強さに対する安全率 R が規定された値以上となる弛度により施設します。

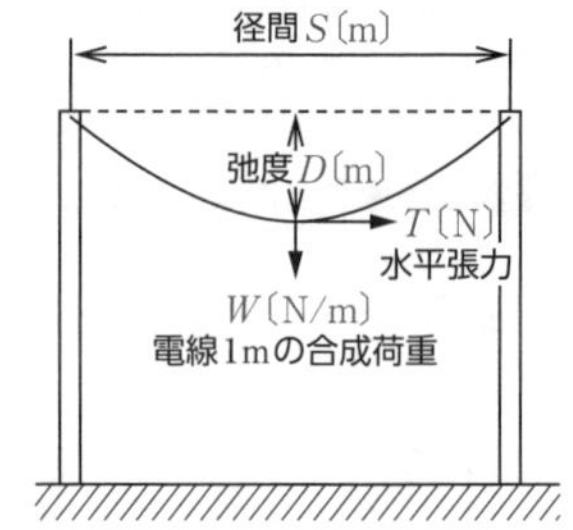

表2-3-5 架空電線の安全率

電線の種類	安全率 R
硬銅線又は耐熱銅合金線	2.2
その他	2.5

練習問題 01

高圧架空電線において、電線に硬銅線を使用して架設する場合、電線の設計に伴う許容引張荷重と弛度について、問に答えよ。ただし、径間 S〔m〕、電線の引張強さ T'〔N〕、電線の重量による垂直荷重と風圧による水平荷重の合成荷重が W〔N/m〕とする。

(a) 電線の引張強さ T' に対する安全率が、R 以上となるような弛度に施設しなければならない。この場合 R の値は。

(b) 弛度の計算において、最小の弛度を求める場合の許容引張荷重 T〔N〕は。

解き方

(a) 硬銅線を使用するので、安全率 $R = 2.2$ 以上となる弛度で施設します。

(b) 許容引張荷重 T は、

$$T = \frac{T'}{R}\ \text{〔N〕}$$

電線が耐えうる荷重

$$\text{許容引張荷重} = \frac{\text{電線の引張強さ}}{\text{安全率}}\ \text{〔N〕}$$

解説

(a) 電線に硬銅線を使用して架設する場合、表2-3-5 より安全率を 2.2 以上（実際の荷重は、電線が耐えうる荷重の 1/2.2 以下とする）とします。

(b) 許容引張荷重は、安全を考慮して、電線が耐えうる荷重よりも小さな値（1/ 安全率）になるようにします。

解答 (a) $R = 2.2$ (b) $T = \frac{T'}{R}$〔N〕

2-4 架空電線路、架空引込線 といえば 交通に支障なく安全性を確保

架空電線路の施設

架空電線路は電圧の区分に応じて、低圧架空電線路、高圧架空電線路、特別高圧架空電線路があります。ここでは、主に低圧と高圧の架空電線路の規定を述べます。

低高圧架空電線路に使用する電線

低圧架空電線路又は高圧架空電線路に使用する電線は、使用電圧の区分に応じ電線の種類が表2-4-1のように決められ、ケーブルを除く電線の太さ又は引張強さが表2-4-2に規定する値以上であることが決められています。

表2-4-1 電線の種類

使用電圧の区分		電線の種類
低圧	300 V 以下	絶縁電線、多心型電線又はケーブル
	300 V 超過	引込用ビニル絶縁電線以外の絶縁電線又はケーブル
高圧		高圧絶縁電線、特別高圧絶縁電線又はケーブル

表2-4-2 電線の太さ又は引張強さ

使用電圧の区分	施設場所	電線の種類		電線の太さ又は引張強さ
300 V 以下	すべて	絶縁電線	硬銅線	直径 2.6 mm
			その他	引張強さ 2.3 kN
300 V 超過	市街地	硬銅線		直径 5 mm
		その他		引張強さ 8.01 kN
	市街地外	硬銅線		直径 4 mm
		その他		引張強さ 5.26 kN

低高圧架空電線路の架空ケーブルによる施設

低圧架空電線又は高圧架空電線にケーブルを使用する場合は、次の方法により施設します。

①ケーブルをハンガーによりちょう架用線に支持する方法（ハンガーの間隔は 50 cm 以下）であること

②ケーブルをちょう架用線に接触させ、その上に容易に腐食し難い金属テープ等を 20 cm 以下の間隔でらせん状に巻き付ける方法

③ちょう架用線をケーブルの外装に堅ろうに取り付けて施設する方法
④ちょう架用線とケーブルをより合わせて施設する方法
⑤ちょう架用線の規定等
- ちょう架用線は、引張強さ 5.93 kN 以上のもの又は断面積 22 mm^2 以上の亜鉛めっき鉄より線（メッセンジャーワイヤ）であること
- ちょう架用線及びケーブルの被覆に使用する金属体には、**D 種接地工事**を施すこと
- 高圧架空電線のちょう架用線の安全率は 2.5 以上

低高圧架空電線の高さ

低圧架空電線又は高圧架空電線の高さは、表2-4-3 に規定する値以上であることが必要です。

表2-4-3 架空電線の高さ

区分		高さ
道路を横断する場合（車両の往来がまれであるもの及び歩行の用にのみ供される部分を除く）		路面上 6 m
鉄道又は軌道を横断する場合		レール面上 5.5 m
低圧架空電線を横断歩道橋の上に施設する場合		横断歩道橋の路面上 3 m
高圧架空電線を横断歩道橋の上に施設する場合		横断歩道橋の路面上 3.5 m
上記以外	屋外照明用であって、対地電圧 150 V 以下のものを交通に支障のないように施設する場合	地表上 4 m
	低圧架空電線を道路以外の場所に施設する場合	地表上 4 m
	その他の場合	地表上 5 m

POINT

▶架空電線路の絶縁電線の太さ といえば 2.6 mm 以上（300 V 以下）
5 mm 以上（300 V 超過、市街地）
4 mm 以上（300 V 超過、市街地外）
▶ケーブルのちょう架 といえば
ハンガーの間隔は 50 cm 以下、金属テープは 20 cm 以下で巻き付ける
▶ちょう架用線 といえば 22 mm^2 以上の亜鉛めっき鉄より線、D 種接地、安全率 2.5 以上
▶架空電線の高さ といえば 道路横断は 6 m、他は 5 m、低圧電線で道路以外は 4 m 以上

低高圧架空電線と建造物との接近

低圧架空電線又は高圧架空電線が、建造物と**接近状態**に施設される場合において、電線と建造物の造営材との離隔距離は、表2-4-4に規定する値以上であることが必要です。**建造物の下方**に接近して施設される場合は、表2-4-5に規定する値以上とし、危険のおそれがないように施設します。また、アンテナと接近状態に施設される場合は、表2-4-6に規定する値以上とします。

表2-4-4 建造物と接近状態に施設される場合

架空電線の種類	区分	離隔距離
ケーブル	上部造営材の上方	1 m
	その他	0.4 m
高圧絶縁電線又は特別高圧絶縁電線を使用する、低圧架空電線	上部造営材の上方	1 m
	その他	0.4 m
その他	上部造営材の上方	2 m
	人が建造物の外へ手を伸ばす又は身を乗り出すことなどができない部分	0.8 m
	その他	1.2 m注

注）手を伸ばす又は身を乗り出す可能性がある部分は 1.2 m

表2-4-5 建造物の下方に接近して施設される場合

使用電圧区分	電線の種類	離隔距離
低圧	高圧絶縁電線注、特別高圧絶縁電線又はケーブル	0.3 m
	その他	0.6 m
高圧	ケーブル	0.4 m
	その他	0.8 m

注）低圧の配線に高圧絶縁電線を使用する場合

表2-4-6 アンテナと接近状態に施設される場合

架空電線の種類	電線の種類	離隔距離
低圧架空電線	高圧絶縁電線注、特別高圧絶縁電線又はケーブル	0.3 m
	その他	0.6 m
高圧架空電線	ケーブル	0.4 m
	その他	0.8 m

注）低圧架空電線に高圧絶縁電線を使用する場合

低高圧架空電線と植物との接近

低圧架空電線又は高圧架空電線は、平時吹いている風等により、植物に接触しないように施設することが必要です。

POINT

▶低高圧架空電線路と建造物等との離隔距離 といえば

- 造営材の上方、ケーブル 1 m 以上、絶縁電線 2 m 以上
- その他（上方以外）
  ケーブル 0.4 m 以上
  絶縁電線 0.8 m 以上（手を伸ばす、身を乗り出すことができない部分）
  1.2 m 以上（窓やベランダなど、手を伸ばしたり身を乗り出すことができる部分）
- 造営材の下方、ケーブル 0.4 m 以上、絶縁電線 0.8 m 以上
- アンテナとの離隔距離は、ケーブル 0.4 m 以上、絶縁電線 0.8 m 以上

▶低高圧架空電線と植物との離隔距離 といえば 平時吹いている風等により接触しない

山間部等、植物と接触を避けられない場合は、次によります。

- 規定の性能を有する**防護具に収めて施設する**。
- JIS で定めた摩耗検知層、摩耗層などを有した**トリワイヤ**（tree wire）を使用する。
- **ケーブル用防護具**（高圧架空ケーブル工事による場合）を使用する。

架空引込線の施設

架空引込線は、高圧架空引込線及び低圧架空引込線について、電線の高さや建造物との離隔距離等が規定されています。

高圧架空引込線の施設

高圧架空引込線は、高圧絶縁電線による場合と高圧ケーブルによる場合があり、高圧架空引込線の**電線の高さ**は、表2-4-7に規定する値以上であることが必要です。

表2-4-7 高圧架空引込線の電線の高さ

区分	高さ
道路を横断する場合	路面上 6 m
鉄道又は軌道を横断する場合	レール面上 5.5 m
高圧架空電線を横断歩道橋の上に施設する場合	横断歩道橋の路面上 3.5 m

高圧架空引込線の**電線の高さ**は、表2-4-7以外においては、地表上 **3.5 m** 以上とすることができます。電線がケーブル以外のものであるときは、その電線の下方に**危険である旨**の表示をすることが必要です。

図2-4-1 高圧架空引込線

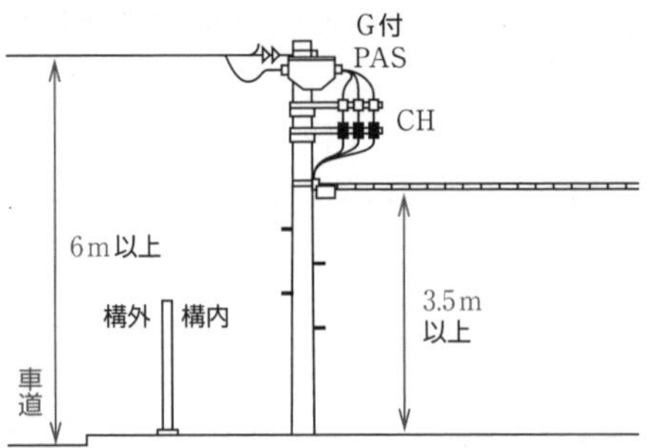

高圧架空引込線が建造物と接近する場合、電線との離隔距離は、表2-4-8に規定する値以上であることが必要です。

表2-4-8 建造物と接近する場合の電線との離隔距離

架空電線の種類	区分	離隔距離
高圧ケーブル	上部造営材の上方	1 m
	その他	0.4 m
高圧絶縁電線	上部造営材の上方	2 m
	人が建造物の外へ手を伸ばす又は身を乗り出すことなどができない部分	0.8 m
	その他	1.2 m

低圧架空引込線の施設

低圧架空引込線の電線の高さは、表2-4-9に規定する値以上であることが必要です。

表2-4-9 低圧架空引込線の電線の高さ

区分		高さ
道路（歩行の用にのみ供される部分を除く）を横断する場合	技術上やむを得ない場合において交通に支障のないとき	路面上 3 m
	その他の場合	路面上 5 m
鉄道又は軌道を横断する場合		レール面上 5.5 m
横断歩道橋の上に施設する場合		横断歩道橋の路面上 3 m
上記以外の場合（道路横断、鉄道横断、横断歩道橋上以外）	技術上やむを得ない場合において交通に支障のないとき	地表上 2.5 m
	その他の場合	地表上 4 m

図2-4-2 低圧架空引込線の高さ

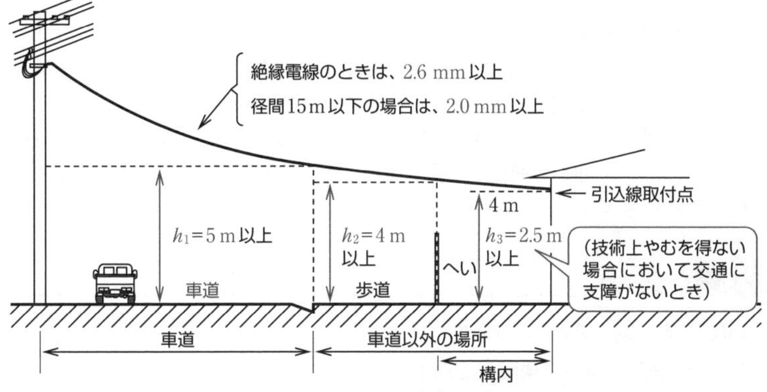

低圧架空引込線の高さ	技術上やむを得ない場合において交通に支障がないとき
h_1 路面上 5 m 以上	h_1 路面上 3 m 以上
h_2 路面上 4 m 以上	h_2 路面上 2.5 m 以上
h_3 路面上 4 m 以上	h_3 路面上 2.5 m 以上

POINT

▶高圧架空引込線の電線の高さ といえば

- 道路横断 6 m 以上、レール面上 5.5 m 以上、横断歩道橋の路面上 3.5 m 以上
- 上記以外 3.5 m 以上、ケーブル以外のとき下方に危険である旨の表示をする

▶高圧架空引込線が建造物と接近する場合の離隔距離 といえば

- 高圧ケーブルの場合：造営材の上方 1 m、上方以外 0.4 m 以上
- 高圧絶縁電線の場合：造営材の上方 2 m、上方以外 1.2 m 以上
  手を伸ばす又は身を乗り出すことができない部分は 0.8 m

▶低圧架空引込線の電線の高さ といえば

- 道路横断 5 m 以上、3 m 以上（技術上やむを得ない場合において交通に支障のないとき）
  （注）架空電線の高さは 6 m、引込線の高さは 5 m 以上
- レール面上 5.5 m 以上、横断歩道橋の路面上 3 m 以上
- 上記以外の場合 4 m 以上、2.5 m 以上（技術上やむを得ない場合において交通に支障のないとき）

高圧屋側電線路の施設

高圧屋側電線路は、次のように施設します。

①展開した場所（見える場所）に施設します。
②電線は、**ケーブル**を使用します。
③ケーブルには、**接触防護措置**を施します。
④ケーブルを造営材の側面又は下面に沿って取り付ける場合は、ケーブルの支持点間の距離を **2 m**（垂直に取り付ける場合は **6 m**）以下とします。
⑤管、ケーブルを収める防護装置の金属部分、金属製の接続箱及びケーブルの被覆に使用する金属体には、大地との間に **A 種**接地工事（接触防護措置を施す場合は、**D 種**接地工事）を施します。

POINT

▶高圧引込線の屋側部分などの施設 といえば

・ケーブル支持点間距離 2 m、垂直 6 m 以下
・A 種接地工事（ケーブルの被覆、金属製の接続箱、防護装置、金属管）、D 種接地工事（接触防護措置を施す場合）

併架と共架の工事方法

同一支持物に他の架空電線を架線することを**併架**（へいか）といい、同一支持物に架空弱電流電線等を架線することを**共架**（きょうか）といいます。

低圧架空電線と高圧架空電線の併架

低圧架空電線と高圧架空電線の併架については、①低圧架空電線を高圧架空電線の**下**とし、②別の**腕金**類に施設し、③離隔距離は **0.5 m** 以上、④高圧架空電線にケーブルを使用した場合の離隔距離は **0.3 m** 以上と規定しています。

低、高圧架空電線と架空弱電流電線等の共架

低、高圧架空電線と架空弱電流電線等の共架については、①架空電線を架空弱電流電線の**上**とし、②別の**腕金**類に施設し、③離隔距離は、低圧にあっては **0.75 m** 以上、高圧にあっては、**1.5 m** 以上、高圧架空電線がケーブルの場合は **0.5 m** 以上と規定しています。

POINT

▶低圧と高圧架空電線の併架 といえば 低圧が下、0.5 m、
高圧線がケーブルの場合は 0.3 m 以上

▶架空弱電流電線との共架 といえば
低圧電線と 0.75 m、高圧電線と 1.5 m、高圧線がケーブルの場合は 0.5 m 以上

※低圧架空電線と高圧架空電線とを同一支持物に施設する場合は、併架
※低圧又は高圧架空電線と架空弱電流電線とを同一支持物に施設する場合は、共架

練習問題 > 01

高圧屋側電線路の施設

高圧屋側電線路の施設に関する記述として、誤っているものは。

(1) 展開した場所に施設した。

(2) 電線はケーブルとした。

(3) 屋外であることから、ケーブルを地表上 2.3 m の高さに施設した。

(4) ケーブルを造営材の側面に沿って垂直に取付、支持点間の距離を 6 m とした。

(5) ケーブルを収める防護装置の金属製部分に A 種接地工事を施した。

解説

解答 (3) は誤りです。接触防護措置を施す必要があり、屋外にあっては地表上 2.5 m 以上の高さとしています（接触防護措置：屋内 2.3 m 以上、屋外 2.5 m 以上、簡易接触防護措置：屋内 1.8 m 以上、屋外 2 m 以上）。

解答 (3)

練習問題 > 02

併架

低圧架空電線と高圧架空電線とを同一支持物に併架する場合、空白箇所の字句、数字は。

a) 次により施設すること。

①低圧架空電線を高圧架空電線の［（ア）］に施設すること。

②低圧架空電線と高圧架空電線は、別個の［（イ）］に施設すること。

③低圧架空電線と高圧架空電線との離隔距離は、［（ウ）］ m 以上であること。ただし、かど柱、分岐柱等で混触のおそれがないように施設する場合は、この限りでない。

b) 高圧架空電線にケーブルを使用するとともに、高圧架空電線と低圧架空電線との離隔距離を［（エ）］ m 以上とすること。

解説

低圧架空電線と高圧架空電線を併架する場合、「低圧電線が下」「別個の腕金類に施設」「離隔距離は 0.5 m 以上」「高圧架空電線がケーブルの場合の離隔距離は 0.3 m 以上」である必要があります。

解答 （ア）下　（イ）腕金類　（ウ）0.5　（エ）0.3

2-5 地中電線路 といえば 管路式、暗きょ式、直接埋設式がある

地中電線路の施設

地中電線路は、電線を地中に施設する電線路をいい、地中電線路にはケーブルを使用することが規定されています。

施設方法

地中電線路は、電線に**ケーブル**を使用し、かつ、**管路式**、**暗きょ式**又は**直接埋設式**により施設します。

①地中電線路を**管路式**により施設する場合は、次によります（図2-5-1の (a)）。

- 電線を収める管は、これに加わる車両その他の重量物の**圧力に耐えるもの**を使用します。
- 高圧又は特別高圧の地中電線路には、次により**表示**を施します。ただし、需要場所に施設する高圧地中電線路であって、その長さが 15 m 以下のものにあっては表示を省略できます。

〔表示〕ケーブル標識シートによる表示（図2-5-2参照）

物件の**名称**、**管理者名**及び**電圧**（需要場所に施設する場合にあっては、物件の名称及び管理者名を除く）をおおむね 2 m の間隔で表示します。

②地中電線路を**暗きょ式**により施設する場合は、次によります（図2-5-1の (b)）。

- 暗きょは、車両その他の重量物の圧力に耐えるものを使用し、地中電線に**耐燃措置**を施すか、暗きょ内に**自動消火設備**を施設します。また、共同溝方式は暗きょ式に含めます。

③地中電線路を**直接埋設式**により施設する場合は、次によります（図2-5-1の (c)）。

- 地中電線路の埋設深さは、車両その他の重量物の圧力を受けるおそれがある場所においては 1.2 m 以上、その他の場所においては 0.6 m 以上とします。

図2-5-1 地中電線路の施工方法

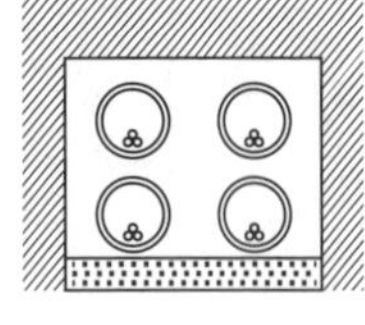

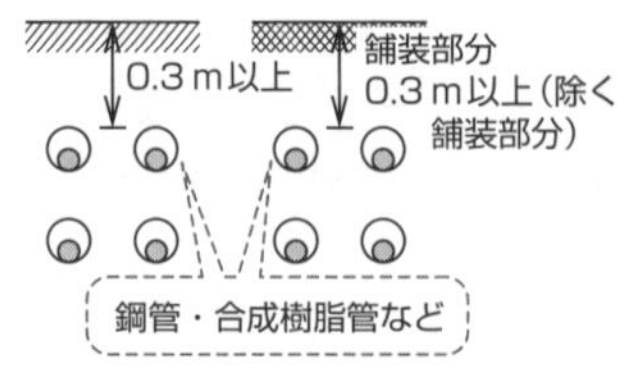

(a) 管路式

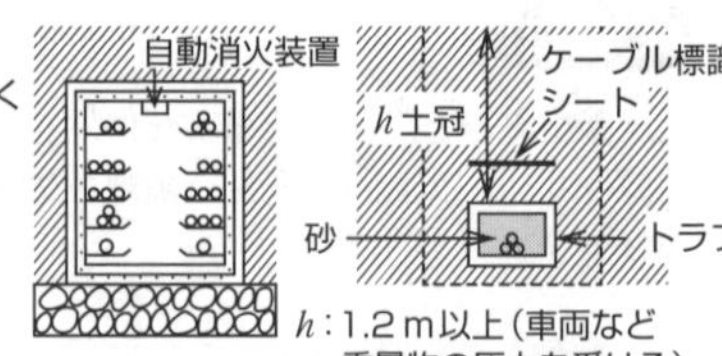

(b) 暗きょ式　(c) 直接埋設式

・ 地中電線を**トラフ**その他の防護物に収めて施設します。
・ 低圧又は高圧の地中電線を、車両その他の重量物の圧力を受けるおそれがない場所に施設する場合は、地中電線の上部を堅ろうな板又はといで覆ってもよい。
・ 高圧又は特別高圧の地中電線路を直接埋設式により施設する場合は、管路式による場合と同様に**表示**を施します。

ケーブル埋設箇所の表示

地中引込線を管路式又は直接埋設式により需要場所に施設する場合は、ケーブル埋設箇所の表示を行う必要があります。ただし、地中引込線の長さが 15 m 以下のものにあっては、表示を省略できます。

①電圧を概ね 2 m の間隔で表示した耐久性のある**ケーブル標識シート**をケーブルの直上の地中に連続して埋設します。
②ケーブル埋設位置が容易に判明するように、ケーブル直上の地表面に耐久性のある**標識**（**標柱**又は**標石**）を必要な地点に設置します。

図2-5-2 ケーブル埋設箇所の表示

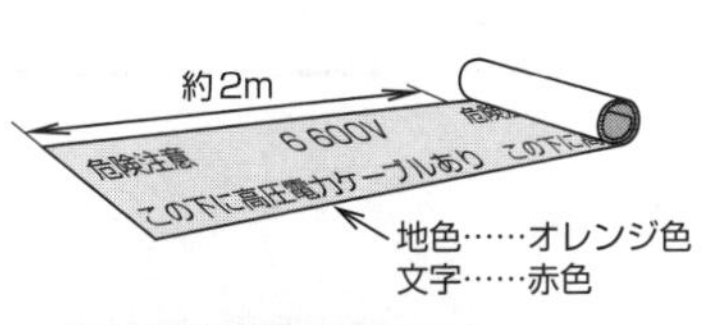

ケーブル標識シートの例

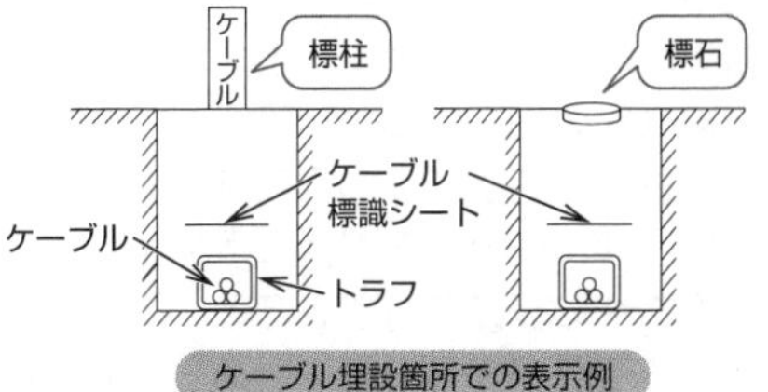

ケーブル埋設箇所での表示例

▶**地中電線路及び引込線の施設** といえば
・**管路式** 0.3 m **以上**
・**直接埋設式** 1.2 m **（重量物の圧力あり）、**0.6 m **以上**

▶**ケーブル埋設箇所の表示** といえば ケーブル標識シート**の埋設、**標識**（標柱、標石）の設置**

地中箱の施設

地中電線路に使用する地中箱（マンホール、ハンドホール）は、次のようにします。

・ 地中箱は、車両その他の重量物の**圧力に耐える**堅ろうな構造にします。
・ 爆発性又は燃焼性のガスが侵入するおそれのある場所に設ける地中箱でその大きさが $1\ \mathrm{m^3}$ 以上のものには、**通風装置**その他ガスを放散させるための装置を設けます。
・ 地中箱のふたは、**取扱者**以外の者が容易にあけることができないように施設します。

地中電線と弱電流電線、管などとの接近又は交さ

地中電線路と地中弱電流電線、管との接近又は交さについて、地中電線が故障し、アーク放電により地中弱電流電線に影響を与えることがないように、最低離隔距離を表2-5-1のように定めています。

地中電線相互の接近又は交さにおいて、地中線の事故によるアーク放電によって他の地中電線に損傷を与えないように、最低離隔距離を表2-5-2のように定めています。

表2-5-1 地中電線と他の埋設物との接近

埋設物の種類＼電圧種別		地中電線路		
		低圧	高圧	特別高圧
他の埋設物	弱電流電線	0.3 m	0.3 m	0.6 m
	可燃性又は有毒性の液体を内包する管	—	—	1 m
	上記以外の管	—	—	0.3 m

表2-5-2 地中電線と他の地中電線との接近

地中電線路の種類＼電圧種別		地中電線路		
		低圧	高圧	特別高圧
接近する地中電線路の種類	低圧	—	0.15 m	0.3 m
	高圧	0.15 m	—	0.3 m
	特別高圧	0.3 m	0.3 m	

また、次のいずれかによってもよいとしています。

- 地中電線相互の間に堅ろうな耐火性の隔壁を設けること。
- **いずれか**の地中電線が、次のいずれかに該当するものである場合は、地中電線相互の離隔距離が、0 m 以上であること。
  ①不燃性の被覆を有すること。
  ②堅ろうな不燃性の管に収められていること。
- **それぞれ**の地中電線が、次のいずれかに該当するものである場合は、地中電線相互の離隔距離が、0 m 以上であること。
  ①自消性のある難燃性の被覆を有すること。
  ②堅ろうな自消性のある難燃性の管に収められていること。

地中電線の被覆金属体の接地

管、暗きょその他の地中電線路を収める防護装置の金属製部分、金属製の電線接続箱及び地中電線の被覆に使用する金属体には、**D 種接地工事**を施します。ただし、これらのものに防食措置を施した部分については、この限りでないと定めています。

POINT

- ▶地中箱は、重量物の圧力に耐える、通風装置やガスを放散する装置を設ける
- ▶ふたは、取扱者以外はあけることができないように施設する
- ▶地中電線路と接近又は交さ
  地中電線路（低圧・高圧）と弱電流電線は、0.3 m 以上離す
- ▶地中電線路（低圧・高圧）相互の接近又は交さは、0.15 m 以上離す
- ▶地中電線路の被覆金属体は、D 種接地工事を施す

練習問題 > 01

地中電線と他の地中電線等との接近又は交差

下記は、「電技解釈」の一部である。空白箇所の数字、字句は。

地中電線相互が接近又は交差する場合、次のいずれかによること。

a) 地中電線相互の離隔距離が、次に規定する値以上であること。
　①低圧地中電線と高圧地中電線との離隔距離は、［（ア）］m
　②低圧又は高圧の地中電線と特別高圧地中電線との離隔距離は、［（イ）］m

b) 地中電線相互の間に堅ろうな［（ウ）］の隔壁を設けること。

c) ［（エ）］の地中電線が、次のいずれかに該当するものである場合は、地中電線相互の離隔距離が、0 m 以上であること。
　①不燃性の被覆を有すること。
　②堅ろうな不燃性の管に収められていること。

d) ［（オ）］の地中電線が、次のいずれかに該当するものである場合は、地中電線相互の離隔距離が、0 m 以上であること。
　①自消性のある難燃性の被覆を有すること。
　②堅ろうな自消性のある難燃性の管に収められていること。

解答　（ア）0.15　（イ）0.3　（ウ）耐火性　（エ）いずれか　（オ）それぞれ

解説

- 低圧地中電線と高圧地中電線との離隔距離は 0.15 m 以上です。
- 低圧若しくは高圧の地中電線と特別高圧地中電線との離隔距離は 0.3 m 以上必要です。
- 地中電線相互の間に堅ろうな耐火性の隔壁を設ける必要があります。
- いずれかが不燃性の被覆であるか不燃性の管に収められている場合、離隔距離は 0 m 以上必要です。
- それぞれが難燃性の被覆であるか難燃性の管に収められている場合、離隔距離は 0 m 以上必要です。

参考

「難燃性」とは、炎を当てても燃え広がらない性質、「自消性のある」とは、炎を除くと自然に消える性質です。
「不燃性」とは、炎を当てても燃えない性質、「耐火性」とは、炎により加熱された状態で変形又は破壊しない性質です。

2-6 電路の保護装置といえば 過電流遮断器、地絡遮断装置

電路の保護装置の施設

過電流遮断器

過電流遮断器とは、電路に過電流を生じたときに自動的に電路を遮断する装置をいい、過電流とは、短絡電流と過負荷電流とを意味しています。

高圧及び特別高圧の電路においては、**高圧ヒューズ**及び**継電器によって動作する遮断器**であり、低圧電路においては**ヒューズ**及び**配線用遮断器**などをいいます。

高圧又は特別高圧の電路に施設する過電流遮断器の性能

高圧又は特別高圧の電路に施設する過電流遮断器は、次の各号に適合するものであること。

- 電路に**短絡**を生じたときに作動するものにあっては、これを施設する箇所を通過する**短絡**電流を遮断する能力を有すること。
- その作動に伴いその**開閉**状態を表示する装置を有すること、ただし、その**開閉**状態を容易に確認できるものは、この限りでない。
- 過電流遮断器として高圧電路に施設する**包装ヒューズ**（ヒューズ以外の過電流遮断器と組み合わせて1の過電流遮断器として使用するものを除く）は、次の各号のいずれかのものであること。
  - 定格電流の**1.3倍**の電流に耐え、かつ、2倍の電流で120分以内に溶断するもの（コンデンサ用は除く）であること。
  - JIS適合する**高圧限流ヒューズ**であること。
  - 過電流遮断器として高圧電路に施設する**非包装ヒューズ**は、定格電流の1.25倍の電流に耐え、かつ、2**倍**の電流で2**分**以内に溶断するものであること。

POINT

▶高圧電路に施設するヒューズの溶断時間

包装ヒューズ	1.3倍の電流に耐え、2倍の電流で120分以内に溶断
非包装ヒューズ	1.25倍の電流に耐え、2倍の電流で2分以内に溶断

過電流遮断器の設置箇所

・高圧又は特別高圧電路

高圧及び特別高圧の電路や機械器具については、電路の短絡などによって電線や機械器具に損傷を与えて火災を招く原因ともなるので、機械器具及び電線を保護する必要のある箇所には**過電流遮断器**を設置します。

・低圧配線

幹線、**分岐回路**などには、過電流遮断器の設置を義務付けています。

・過電流遮断器の設置を禁止している箇所

接地線、多線式電路の**中性線**、B 種接地工事を施した低圧電線路の**接地側電線**は、過電流遮断器の設置を禁止しています。ただし、過電流遮断器が動作した場合において、各極が同時に遮断されるときは除きます。

POINT

▶過電流遮断器の設置を禁止している箇所
　接地線、中性線、接地工事を施した低圧電線路の接地側電線

地絡遮断装置

地絡遮断装置（電路に地絡を生じたとき自動的に電路を遮断する装置）は、次のような箇所に施設します。

高圧又は特別高圧の電路

・**発電所**又は**変電所**若しくはこれに準ずる場所の引出口
・他のものから供給を受ける**受電点**
・配電用変圧器の**負荷側**の電路

低圧電路

・金属製外箱を有する使用電圧 60 V を超える低圧の機械器具に接続する電路
・特別高圧又は高圧電路と変圧器により結合される 300 V を超える低圧電路
・対地電圧 150 V を超える住宅の低圧電路（住宅の三相 200 V の電路）

地絡遮断装置の施設を省略できる電路

使用電圧が 60 V を超える低圧の金属製外箱を有する機械器具に電気を供給する電路には、漏電遮断器を施設します。ただし、次の場合は省略できます。

①機械器具に簡易接触防護措置を施す場合
②発電所、変電所などに施設した機械器具
③**乾燥した場所**に施設した機械器具
④対地電圧が 150 V 以下で**水気のある場所以外の場所**の機械器具
⑤機械器具に施された接地抵抗値が 3 Ω 以下の場合

⑥電気用品安全法の適用を受ける二重絶縁構造の機械器具
⑦絶縁変圧器を施設し機械器具側の電路を非接地とする場合
⑧ゴム、合成樹脂などで被覆してある場合
⑨対地から絶縁することができないもの
⑩器具内に漏電遮断器を取り付けた場合
⑪60 V 以下の機器の電路

▶地絡遮断装置の設置場所

- 発電所や変電所の引出口、受電点、配電用変圧器の負荷側、
- 60 V を超える機械器具
- 三相 200 V の電路、他

▶地絡遮断装置を省略できる電路

- 乾燥した場所の機械器具、接地抵抗が 3 Ω 以下、二重絶縁の機器、他

サイバーセキュリティの確保

「事業用電気工作物（小規模事業用電気工作物を除く）」の運転を管理する電子計算機は、当該電気工作物が人体に危害を及ぼし、又は物件に損傷を与えるおそれ及び一般送配電事業又は配電事業に係る電気の供給に著しい支障を及ぼすおそれがないよう、サイバーセキュリティ※1 を確保しなければなりません。

練習問題 ＞01

過電流からの保護対策

［（ア）］の必要な箇所には、過電流による［（イ）］から電線及び電気機械器具を保護し、かつ、［（ウ）］の発生を防止できるよう、過電流遮断器を施設しなければならない。空白箇所の字句は。

解説

過電流遮断器は、電路に過電流（短絡電流や過負荷電流）が生じたときに自動的に電路を遮断する装置です。高圧及び特別高圧の電路では各種遮断器や高圧ヒューズなどがあり、低圧電路では配線用遮断器や低圧ヒューズなどがあります。

解答　（ア）電路　（イ）加熱焼損　（ウ）火災

※1　サイバーセキュリティ：コンピュータシステムやそのソフトウェア、ネットワーク、データなどを、外部からの攻撃や脅威から保護すること。

2-7 電気使用場所の施設 といえば 幹線、分岐回路と保護装置、接地工事など

低圧電路中の過電流遮断器の施設

低圧電路中の過電流遮断器にはヒューズ、配線用遮断器などがあり、電路内に生じた過負荷や短絡事故のとき動作して、電路の保護と事故の波及拡大を防止するために設けます。

低圧ヒューズの適合条件

低圧ヒューズの適合条件は、①定格電流の 1.1 倍の電流に**耐えること**、②表2-7-1の左欄の定格電流の区分に応じ、定格電流の 1.6 倍及び 2 倍の電流を通じた場合において、右欄の時間内に溶断すること、が必要です。

表2-7-1 低圧電路に使用するヒューズの溶断時間

定格電流の区分	時間	
	定格電流の1.6倍の電流を通じた場合	定格電流の2倍の電流を通じた場合
30 A 以下	60 分	2 分
30 A を超え 60 A 以下	60 分	4 分
60 A を超え 100 A 以下	120 分	6 分

配線用遮断器の適合条件

配線用遮断器の適合条件は、①定格電流の 1 倍の電流で**自動的に動作しないこと**、②表2-7-2の左欄の定格電流の区分に応じ、定格電流の 1.25 倍及び 2 倍の電流を通じた場合において、右欄の時間内に自動的に動作すること、が必要です。

表2-7-2 低圧電路に使用する配線用遮断器の動作時間

定格電流の区分	時間	
	定格電流の1.25倍の電流を通じた場合	定格電流の2倍の電流を通じた場合
30 A 以下	60 分	2 分
30 A を超え 50 A 以下	60 分	4 分
50 A を超え 100 A 以下	120 分	6 分

POINT

▶ヒューズといえば 1.1 倍に耐え、1.6 倍で 60 分以内に溶断、
2 倍で 2 分以内に溶断（30 A 以下）

▶配線用遮断器といえば 1 倍に耐え、1.25 倍で 60 分以内に遮断、
2 倍で 2 分以内に遮断（30 A 以下）

幹線の電線の太さ、許容電流 I の計算

低圧屋内幹線は、次のように施設します。

①低圧屋内幹線は、損傷を受けるおそれがない場所に施設します。
②電線は、使用機械器具の定格電流の合計以上の**許容電流**のあるものを使用します。

また、電動機等の定格電流の合計を I_M〔A〕、ヒータなど他の電気機械器具の定格電流の合計を I_H〔A〕としたとき、幹線の許容電流 I〔A〕は次のように求めます。

●幹線に用いる電線の許容電流の求め方

① $I_M \leqq I_H$ の場合
(電動機等の定格電流の合計が他の電気機械器具の定格電流の合計以下の場合)：
幹線の許容電流　$I = I_M + I_H$〔A〕

② $I_M > I_H$ の場合
(電動機等の定格電流の合計が他の電気機械器具の定格電流の合計よりも大きい場合)：
(i) 電動機等の定格電流の合計 I_M が 50 A 以下の場合：
幹線の許容電流　$I \geqq 1.25 \times I_M + I_H$〔A〕
(ii) 電動機等の定格電流の合計 I_M が 50 A を超える場合：
幹線の許容電流　$I \geqq 1.1 \times I_M + I_H$〔A〕

注）需要率、力率等が明らかな場合は、これらによって修正した負荷電流値以上の許容電流のある電線を使用することができます。

図2-7-1 幹線の許容電流

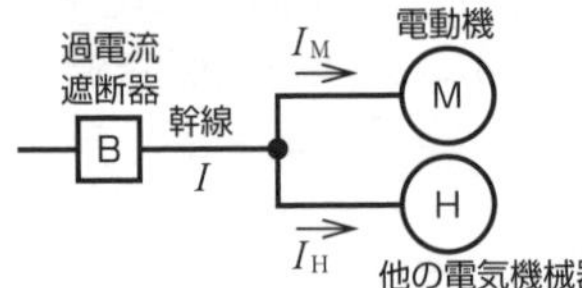

上記の②の場合

$$\begin{cases} I_M \leqq 50 : I \geqq 1.25 \times I_M + I_H \text{〔A〕} \\ I_M > 50 : I \geqq 1.1 \times I_M + I_H \text{〔A〕} \end{cases}$$

幹線を保護する過電流遮断器の定格値 I_B の計算

低圧屋内幹線の電源側電路には、幹線を保護する過電流遮断器を施設します。電動機等の定格電流の合計を I_M〔A〕、ヒータなど他の電気機械器具の定格電流の合計を I_H〔A〕としたとき、過電流遮断器の定格値 I_B〔A〕は、次のように求めます。

●過電流遮断器の定格値の求め方

①電動機等が接続されない場合：過電流遮断器の定格値　I_B ≦幹線の許容電流〔A〕

②電動機等が接続されている場合：過電流遮断器の定格値　$I_B \leqq 3 \times I_M + I_H$〔A〕

注）I_B の値が幹線の許容電流を 2.5 倍した値を超える場合は、その許容電流を 2.5 倍した値以下のものを使用します。

図2-7-2 過電流遮断器の定格値の求め方

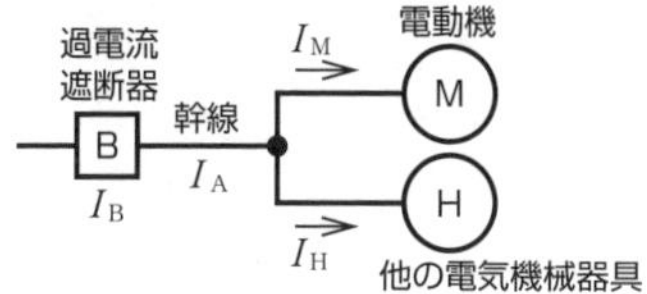

$I_B \leqq 3\times I_M + I_H$〔A〕
$I_B \leqq 2.5\times I_A$〔A〕
} 比較して小さい方とする

Ⓜがなければ $I_B \leqq I_A$

POINT

▶幹線の太さ（許容電流）の下限 といえば

- 電動機電流の合計 I_M が 50 A 以下のときは、I_M を 1.25 倍し他の電流の合計 I_H を加える
- 電動機電流の合計 I_M が 50 A を超えたら、I_M を 1.1 倍し他の電流の合計 I_H を加える

過電流遮断器の定格 といえば 電動機電流の合計 I_M を 3 倍 し他の電流の合計 I_H を加えた値で決める

分岐回路の種類とコンセントの配線

分岐回路の過電流遮断器の定格、コンセントの定格、電線の太さの組合せは次のように規定されています。

表2-7-3 分岐回路の種類と過電流遮断器・コンセントの定格電流及び電線の最小太さ

分岐回路の種類	過電流遮断器の定格電流	コンセントの定格電流	軟銅線（電線）の太さ（最小太さ）	（左と同等の太さ）
15 A 分岐回路	15 A	15 A 以下	直径 1.6 mm	断面積 2 mm²
20 A 分岐回路	20 A	20 A	直径 2.0 mm	断面積 3.5 mm²
30 A 分岐回路	30 A	20〜30 A	直径 2.6 mm	断面積 5.5 mm²
40 A 分岐回路	40 A	30〜40 A	直径 3.2 mm	断面積 8 mm²
50 A 分岐回路	50 A	40〜50 A	―	断面積 14 mm²
20 A 配線用遮断器分岐回路	20 A	20 A 以下	直径 1.6 mm	断面積 2 mm²

分岐回路の過電流遮断器の施設

分岐回路には、分岐点から原則として 3 m 以内に開閉器及び過電流遮断器を施設しなければなりません。ただし、分岐回路の許容電流が過電流遮断器の定格電流の 55 %以上の場合は、8 m を超えて（長さの制限はなし）施設できます。また 35 %以上の場合は、8 m 以内に施設します。

幹線から分岐するときの過電流遮断器の位置（距離を決める）は、図2-7-3のようになります。

図2-7-3 幹線から分岐するときの過電流遮断器の設置位置

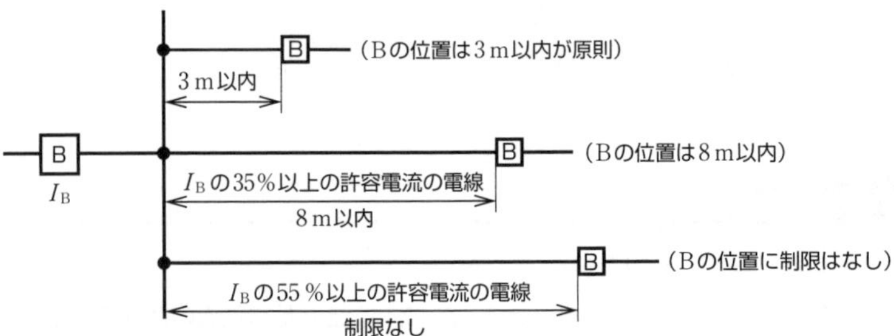

POINT

▶分岐回路の過電流遮断器の位置 といえば

- 分岐した電線の許容電流が過電流遮断器の定格電流 I_B の 55 %以上あれば、Ⓑの位置は制限なし
- 35 %以上 55 %未満では 8 m 以内、35 %未満では 3 m 以内

低圧屋内電路の引込口、引出口の開閉器

低圧屋内電路には、引込口に近い箇所であって、容易に開閉することができる箇所に開閉器を施設しなければなりません。ただし、図2-7-4のように長さが 15 m 以下で、他の屋内電路（母屋など）で 15 A 以下の過電流遮断器又は 15 A を超え 20 A 以下の配線用遮断器に接続し、保護されている屋内電路（小屋など）の場合は省略できます。また、屋外灯の場合は、長さが 8 m 以下の場合、引出口の開閉器は省略できます。

図2-7-4 低圧屋内電路における開閉器の省略

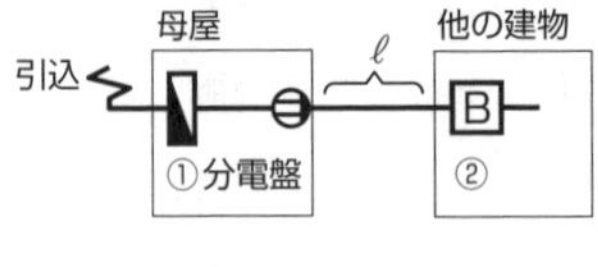

ℓが15 m以下のとき
②は省略できる

①に15 A又は20 Aの配線用遮断器がある場合

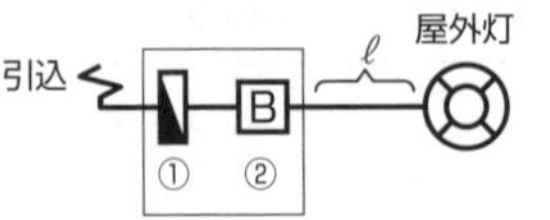

ℓが8 m以下のとき
②は省略できる

①に15 A又は20 Aの配線用遮断器がある場合

▶開閉器の省略 といえば 長さ 15 m 以下の引込口、8 m 以下の屋外灯引出口

電動機の過負荷保護装置の施設

屋内に施設する電動機には、電動機が焼損するおそれがある過電流を生じた場合に自動的にこれを阻止し、又はこれを警報する装置を設けなければなりません。

過負荷保護装置を省略できる条件

①**0.2 kW** 以下の電動機の場合
②運転中常時**取扱者**が監視できる場合
③過電流の生じるおそれがない場合
④電動機が単相のものであって、その電源側電路に施設する過電流遮断器の定格電流が 15 A（配線用遮断器にあっては 20 A）以下の場合

▶電動機の過負荷保護装置を省略できる条件 といえば
20 A 以下の配線用遮断器で保護されている場合、0.2 kW 以下の電動機、他

屋内電路に対する対地電圧の制限

住宅の屋内電路の対地電圧は **150 V** 以下と制限されていますが、**2 kW** 以上の電気機械器具を施設する場合は対地電圧を **300 V** 以下にできます（**三相 200 V の機器も可能**）。その場合は専用の開閉器、過電流遮断器、漏電遮断器を施設し、**屋内配線**と**直接接続**する必要があります（コンセントは使用できません）。

▶対地電圧の制限 といえば 住宅 150 V 以下、2 kW 以上の電気機械器具は 300 V 以下

電線の接続法

電線の接続について次のように定められています。

①電線の電気抵抗を増加させないこと。
②電線の引張強さを20 %以上減少させないこと。
③接続は、接続器具（スリーブ、電線コネクタなど）を用いるか直接接続してろう付け（半田付け）する。
④接続部は接続器を使用する場合を除き、もとの絶縁物と同等以上の絶縁効力のあるもので被覆する。
⑤コード相互、キャブタイヤケーブル相互の接続は、コード接続器、接続箱を用いる。
⑥導体にアルミニウムを使用する電線と銅を使用する電線とを接続するなど、電気化学的性質の異なる導体を接続する場合には、接続部分に電気的腐食が生じないようにする。

POINT

▶**電線の接続法** といえば
抵抗を増加させない、強度を20 %以上減少させない、接続器具を用いるかろう付け

低圧屋内配線工事の種類

低圧屋内配線工事として、ケーブル工事、金属管工事、合成樹脂管工事、金属可とう電線管工事、金属線ぴ工事、フロアダクト工事、金属ダクト工事、バスダクト工事、ライティングダクト工事、がいし引き工事などがあります。

ケーブル工事

ケーブル工事はケーブル又はキャブタイヤケーブルを使用し、電線を造営材に直接取り付けることができ、工事が簡単にできます。

支持点間距離は、2 m以下（造営材の下面又は側面に沿って取り付ける場合）、6 m以下（接触防護措置を施した場所において垂直に取り付ける場合）、キャブタイヤケーブルの場合は1 m以下です。また、曲げ半径はケーブル外径の**6倍**以上です。

重量物の圧力又は機械的衝撃を受けるおそれがある箇所に施設するケーブルには、防護装置を設けます。

金属管工事

金属管工事は、金属管を造営材に直接取り付けるか、コンクリートに埋め込んで管内に電線を通して施設するものです。

使用電線にはより線を用います、銅線の場合3.2 mm以下であれば単線も使用できます。管の曲げ半径は管内径の**6倍**以上で、管の支持点間距離は2 m以下とすることが望ましいです（内線規定）。

金属管には、D種接地工事（300 V以下）、C種接地工事（300 V超過の場合）を施します。

次の場合は、接地工事を省略してもよいことになっています。

①管の長さが4 m以下のものを乾燥した場所に施設する場合
②対地電圧が150 V以下で、管の長さが8 m以下のものに簡易接触防護措置を施すとき、又は乾燥した場所に施設する場合

金属管工事は、すべての場所での施工ができます。ただし、木造の屋側（おくそく）電線路は、禁止されています。

合成樹脂管工事

合成樹脂管工事では、管の曲げ半径は管内径の**6倍**以上で、管の支持点間距離は1.5 m以下です。合成樹脂製電線管は、硬質ビニル管、PF管、CD管があります。PF管（プラスチックフレキシブル管）、CD管（コンバインドダクト管）は曲げが自由な可とう管です。

PF管は、自己消火性（耐熱性）のポリエチレンを用いたもので、露出工事、コンクリート埋め込み工事のいずれでも使用できます。**CD管**はオレンジ色をしており、原則としてコンクリートに直接埋め込んだり、地中配線のケーブルの保護用などに使用されます。

合成樹脂管工事（CD管は除く）は、すべての場所での施工ができます。ただし、爆燃性粉じんや可燃性ガスのある場所では施工できません。

金属可とう電線管工事

金属可とう電線管工事には、二種金属製可とう電線管（プリカチューブ）と、一種金属製可とう電線管（フレキシブルコンジット）があり、可とう性があります。

プリカチューブは、金属管工事と同じ場所に施工できます。フレキシブルコンジットは、300 V以下の乾燥した展開場所、点検できる隠ぺい場所に施工できます。

原則として**D種**接地工事（300 V以下）、**C種**接地工事（300 V超過の場合）を施します。

次の場合は、接地工事を省略又は緩和できます。

①管の長さが4 m以下の場合D種接地工事を省略可能
②接触防護措置を施す場合は、C種をD種に緩和可能

金属線ぴ工事

300 V以下の展開、乾燥した場所、又は点検できる隠ぺい、乾燥した場所に施工できます。

金属線ぴには、**D種**接地工事を施します。接地工事の省略規定は金属管工事に準じます。

各種ダクト工事

ダクト工事には、金属ダクト工事、バスダクト工事、フロアダクト工事、ライティングダクト工事などがあります。

金属ダクト工事は、太い電線を多数集中して施設する場合、配線をダクトに収めて施設する工事方法です。

バスダクト工事は、金属製のダクトの中に銅帯やアルミ帯の導体を絶縁物で固定し、大電流を流すことができるようにしたものです。

フロアダクト工事は、コンクリート建物の床下にダクトを施設し、床面に受け口を設けて配線する方法です。受け口にコンセントなどを取り付けて、床から電源をとることができるようにするものです。

ライティングダクト工事は、照明器具などを、専用プラグを介してダクトのどこからでも自由に接続できるようにしたものです。開口部は下に向けて施設し、終端は閉そくします。また、造営材を貫通して施設することはできません。

表2-7-4は、ダクト工事の支持点間の距離と接地工事についての表です。

表2-7-4 ダクト工事の施設

工事の種類	支持点間の距離	接地工事
金属ダクト工事	3 m 以下 (垂直取付は 6 m 以下)	D 種（300 V 以下)、C 種（300 V 超) 接触防護措置を施す場合（C 種を D 種に緩和できる)
バスダクト工事	3 m 以下 (垂直取付は 6 m 以下)	D 種（300 V 以下)、C 種（300 V 超) 接触防護措置を施す場合（C 種を D 種に緩和できる)
ライティングダクト工事	2 m 以下	D 種 (150 V 以下、4 m 以下の場合 D 種を省略できる)
フロアダクト工事	—	D 種

がいし引き工事

がいしで電線を支持して配線するものです。展開した場所、点検できる隠ぺい場所（点検できる場所のみ）で施工できます。

表2-7-5 がいし引き工事の施設

	300 V 以下	300 V を超える場合
電線相互の間隔	6 cm 以上	6 cm 以上
電線と造営材との距離	2.5 cm 以上	4.5 cm 以上（乾燥した場所：2.5 cm 以上)
電線支持点間の距離	2 m 以下	2 m 以下

支持点間の距離と曲げ半径

表2-7-6は、屋内配線工事の支持点間距離と曲げ半径などで、覚える内容を表にしたものです。

表2-7-6 支持点間距離と曲げ半径など

	支持点間距離	曲げ半径	その他特記事項
ケーブル工事	水平 2 m 以下 垂直 6 m 以下	ケーブル外径の 6 倍以上	キャブタイヤケーブルの場合、支持点間距離は 1 m 以下
金属管工事	2 m 以下	管内径の 6 倍以上	−
合成樹脂管工事	1.5 m 以下	管内径の 6 倍以上	合成樹脂管の接続、差込深さ（管の外径の 1.2 倍、接着ありでは 0.8 倍以上）
がいし引き工事	2 m 以下	−	電線相互間：6 cm、造営材との距離：2.5 cm 以上
ダクト工事	水平 3 m 以下 垂直 6 m 以下	−	−
ライティングダクト工事	2 m 以下	−	−
金属可とう電線管工事	水平 1 m 以下 垂直 2 m 以下	管内径の 6 倍以上	ボックスとの接続箇所 0.3 m
金属線ぴ工事	1.5 m 以下	−	幅が 5 cm 以下、線ぴ内で電線の接続はしない

POINT

- ▶接地工事の省略 といえば 150 V 以下の乾燥した場所、木製の床上の機器、4 m 以下の金属管、又は 8 m 以下の金属管（150 V 以下）
- ▶工事方法の制限 といえば ケーブル、金属管、合成樹脂管工事はすべての場所（一部除く）
- ▶支持点間距離 といえば ケーブル水平 2 m 垂直 6 m、金属管 2 m、合成樹脂管 1.5 m

引込口、小勢力回路、ショウウィンドーの配線

引込口配線は、一般にケーブル工事、合成樹脂管工事が行われます。小勢力回路の配線は、細い線を用い、ショウウィンドーの配線はビニルコードなどが用いられます。

低圧引込口配線工事

電気事業者の配電線の取付点から引込口開閉器までの配線を、**引込口配線**といいます。

道路を横断する場合は、路面上 5 m（技術上やむを得ない場合、交通に支障がないときは、3 m）以上必要です。

引込線の取付点の高さは 4 m 以上で、技術上やむを得ない場合で、交通に支障がないときは、2.5 m 以上にできます。

引込口配線の工事方法は、①**ケーブル工事**、②**合成樹脂管工事**、③がいし引き工事（展開した場所に限る）、④金属管工事（木造以外の造営物に限る）、によって行います。

小勢力回路の配線工事

対地電圧 300 V 以下の電源と絶縁変圧器で結合され、ベルやチャイム、リモコン回路などを動作させるための最大電圧 60 V 以下の電路を、**小勢力回路**といいます。電線を造営材に取り付けて施設する場合、ケーブル又は 0.8 mm 以上の軟銅線又はこれと同等以上のコード又はキャブタイヤケーブル等を使用します。

ショウウィンドー又はショウケース内の配線工事

ショウウィンドー、ショウケース内の配線は、美観上からコード配線工事が認められています。電圧は 300 V 以下、電線は 0.75 mm^2 以上のコード又はキャブタイヤケーブルを使用し、支持点間距離は 1 m 以下とします。

POINT

- ▶**引込線の取付点の高さ** といえば 2.5 m **以上（原則** 4 m **以上）**
- ▶**木造の屋側配線** といえば **ケーブル工事、合成樹脂管工事、がいし引き工事**
- ▶**小勢力回路** といえば **ケーブル又は** 0.8 mm **以上の軟銅線**
- ▶**ショウウィンドー配線** といえば 0.75 mm^2 **以上、支持点間距離は** 1 m **以下**

電気工事士でなくても作業ができる軽微な工事

低圧用の接続器、開閉器、電気機器などへのコード、キャブタイヤケーブルの接続、ねじ止めなど、簡単で技能がいらず、日常よく行われる作業である軽微な工事については、電気工事から除外されており、電気工事士でなくてもこれらの工事に係る作業ができることになっています。

①電圧 600 V 以下で使用する差込接続器、ねじ込み接続器、ソケット、ローゼットその他の接続器又は電圧 600 V 以下で使用するナイフスイッチ、カットアウトスイッチ、スナップスイッチその他の開閉器に**コード**又は**キャブタイヤケーブルを接続**する工事。
②電圧 600 V 以下で使用する電気機器（配線器具を除く。以下同）又は電圧 600 V 以下で使用する**蓄電池の端子**に電線（コード、キャブタイヤケーブル及びケーブルを含む）を**ねじ止め**する工事。
③電圧 600 V 以下で使用する**電力量計**若しくは**電流制限器**又は**ヒューズ**を取り付け、又は取り外す工事。

④電鈴、インターホン、火災感知器、豆電球その他これらに類する施設に使用する**小型変圧器**（二次電圧が 36 V 以下のものに限る）**の二次側の配線**工事
⑤電線を支持する**柱**、**腕木**その他これらに類する工作物を設置し、又は変更する工事
⑥地中電線用の**暗渠**（あんきょ）又は**管**を設置し、又は変更する工事
⑦ 600 V 以下の電気機器の**接地線の取付**作業

POINT

▶**軽微な工事** といえば コードの接続、電線のねじ止め、地中の管、接地線の取付**など**

コラム

配線工事の場所

本節に出てきた工事の場所は、具体的にはそれぞれ次のようなものです。

・**展開した場所**
配線が簡単に見られる場所
・**点検できる隠ぺい場所**
点検口のある天井裏、押入れなど（点検可能な場所）
・**点検できない隠ぺい場所**
コンクリート、壁の中、天井のふところ
・**湿気の多い場所**
浴室、床下
・**水気のある場所**
土間、洗車場
・**接触防護措置**
次のいずれかに適合するように施設すること
イ）設備を、屋内にあっては床上 2.3 m 以上、屋外にあっては地表上 2.5 m 以上の高さに、かつ、人が通る場所から手を伸ばしても触れることのない範囲に施設すること。
ロ）設備に人が接近又は接触しないよう、さく、へい等を設け、又は設備を金属管に収める等の防護措置を施すこと。
・**簡易接触防護措置**
次のいずれかに適合するように施設すること
イ）設備を、屋内にあっては床上 1.8 m 以上、屋外にあっては地表上 2 m 以上の高さに、かつ、人が通る場所から容易に触れることのない範囲に施設すること。
ロ）設備に人が接近又は接触しないよう、さく、へい等を設け、又は設備を金属管に収める等の防護措置を施すこと。

2-8 分散型電源の系統連系といえば小規模な発電システムとの並列運転

太陽電池発電設備などの分散型電源が一般送配電事業者や配電事業者の電力系統と連系する設備に係る主な用語は、次のように定義されています。

分散型電源の系統連系設備に係る主な用語

一　発電設備等：発電設備又は電力貯蔵装置であって、常用電源の停電時又は電圧低下発生時にのみ使用する非常用予備電源以外のもの。

二　分散型電源：電気事業を営む者以外の者が設置する発電設備等であって、一般送配電事業者若しくは配電事業者が運用する電力系統又は地域独立系統に連系するもの

三　解列：電力系統から切り離すこと。

四　逆潮流：分散型電源設置者の構内から、一般送配電事業者が運用する電力系統側へ向かう有効電力の流れ。

五　単独運転：分散型電源を連系している電力系統が事故等によって系統電源と切り離された状態において、当該分散型電源が発電を継続し、線路負荷に有効電力を供給している状態。

六　逆充電：分散型電源を連系している電力系統が事故等によって系統電源と切り離された状態において、分散型電源のみが、連系している電力系統を加圧し、かつ、当該電力系統へ有効電力を供給していない状態。

七　自立運転：分散型電源が、連系している電力系統から解列された状態において、当該分散型電源設置者の構内負荷にのみ電力を供給している状態。

直流流出防止変圧器の施設

逆変換装置を用いて分散型電源を電力系統に連系する場合は、逆変換装置から直流が電力系統へ流出することを防止するために、受電点と逆変換装置との間に**変圧器**（単巻変圧器を除く）を施設する必要があります。ただし、次の各号に適合する場合は、この限りではありません。

一　逆変換装置の交流出力側で直流を検出し、かつ、直流検出時に交流出力を**停止**する機能を有すること。

二　次のいずれかに適合すること。

　イ　逆変換装置の直流側電路が**非接地**であること。

　ロ　逆変換装置に**高周波変圧器**※1を用いていること。

※1　変圧器は、高い周波数で動作させた方が損失が少なく小型にできることからパワーコンディショナーで採用されています。

低圧連系時の施設要件

・単相 3 線式の低圧の電力系統に分散型電源を連系する場合において、**負荷**の不平衡により中性線に大電流が生じるおそれがあるときは、分散型電源を施設した構内の電路であって、負荷及び分散型電源の並列点よりも**系統側**に、3 極に過電流引き外し素子を有する遮断器を施設すること。
・低圧の電力系統に逆変換装置を用いずに分散型電源を連系する場合は、**逆潮流**を生じさせないこと。

高圧連系時の施設要件

高圧の電力系統に分散型電源を連系する場合は、分散型電源を連系する配電用変電所の**配電用変圧器**において、逆向きの潮流を生じさせないようにする必要があります。ただし、当該配電用変電所に保護装置を施設する等の方法により分散型電源と電力系統との協調をとることができる場合は、この限りではありません。

練習問題 〉01

次の文章は、「電気設備技術基準の解釈」における分散型電源の低圧連系時及び高圧連系時の施設要件に関する記述である。空白箇所の用語は。

a) 単相 3 線式の低圧の電力系統に分散型電源を連系する場合において、［（ア）］の不平衡により中性線に最大電流が生じるおそれがあるときは、分散型電源を施設した構内の電路であって、負荷及び分散型電源の並列点よりも［（イ）］に、3 極に過電流引き外し素子を有する遮断器を施設すること。
b) 低圧の電力系統に逆変換装置を用いずに分散型電源を連系する場合は、［（ウ）］を生じさせないこと。ただし、逆変換装置を用いて分散型電源を連系する場合と同等の単独運転検出及び解列ができる場合は、この限りではない。
c) 高圧の電力系統に分散型電源を連系する場合は、分散型電源を連系する配電用変電所の［（エ）］において、逆向きの潮流を生じさせないこと。ただし、当該配電用変電所に保護装置を施設する等の方法により分散型電源と電力系統との協調をとることができる場合は、この限りではない。

解説

a) 単相 3 線式の電力系統と連系する場合、負荷の不平衡により中性線に過電流を生じても電路を保護できるように、3 極に過電流引き外し素子を有する遮断器を系統側に施設します。
b) 低圧の電力系統に逆変換装置を用いず連系する場合は、逆潮流を生じさせないようにします。
c) 高圧の電力系統に連系する場合は、配電用変圧器の保護協調ができないので、逆向きの潮流を生じさせないようにします。

解答 （ア）負荷　（イ）系統側　（ウ）逆潮流　（エ）配電用変圧器

2-9 高圧受電設備 といえば CB形とPF・S形がある

高圧受電設備（CB形）の単線結線図

高圧受電設備は、三相の高圧配電線路（6 600 V）から受電し、低圧の負荷設備で使用する電圧（三相 210 V や単相 210/105 V）に変成する設備です。

受電設備全体の構成や機器の接続を表すために、単線結線図が多く用いられます。表2-9-1は、高圧受電設備（CB形）の構成機器、図2-9-1は単線結線図の例です。

表2-9-1 高圧受電設備（CB形）の構成機器

	機器	文字記号	役割
①	地絡方向継電装置付高圧交流負荷開閉器	DGR付PAS	需要家の高圧電路に地絡電流が流れたとき、地絡電流の方向を判別し自動的に電路を開放する、点検時に電路を開放する
②	ケーブルヘッド	CH	高圧ケーブルと高圧絶縁電線の接続処理部
③	電力需給用計器用変成器	VCT	高圧母線の電圧・電流を低圧・小電流に変成し電力量計で計測するための変成器
④	電力量計	WHM	使用した有効電力量・無効電力量を計測し表示する
⑤	断路器	DS	無負荷状態で電路の開閉を行う、点検時に電路を開放する
⑥	高圧交流遮断器	CB	過電流・短絡電流を遮断、事故時に電路を遮断、負荷電流の開閉をする。一般にVCB（真空遮断器）が用いられる
⑦	計器用変圧器	VT	高圧を低圧に変成する、一次定格電圧は 6.6 kV、二次定格電圧は 110 V
⑧	避雷器	LA	雷や開閉サージによる異常電圧を大地に放電し機器を保護する
⑨	変流器	CT	高圧の電流を低圧電流計で計測するための変成器、二次定格電流は 5 A
⑩	過電流継電器	OCR	過電流・短絡電流を検出したとき動作し遮断器をトリップさせる
⑪	高圧交流負荷開閉器	LBS	負荷電流の開閉、高圧限流ヒューズと組み合わせて遮断装置とする
⑫	高圧カットアウト	PC	無負荷状態で電路の開閉を行う、高圧ヒューズで過負荷・短絡時は遮断
⑬	直列リアクトル	SR	高調波電流の抑制、コンデンサ投入時の突入電流を抑制する効果もある
⑭	高圧進相コンデンサ	SC	高圧電路の力率を改善する
⑮	三相変圧器	3ϕT	高電圧を三相 3 線式 210 V の使用電圧に変圧する
⑯	単相変圧器	1ϕT	高電圧を単相 3 線式 105 V/210 V の使用電圧に変圧する
⑰	電圧計切替スイッチ	VS	1 台の電圧計で三相の線間電圧を測定できるようにした切替スイッチ
⑱	電圧計	VM	VT の二次電圧を測定し、一次電圧に換算した高電圧の値を指示する
⑲	電流計切替スイッチ	AS	1 台の電流計で三相の線電流を測定できるようにした切替スイッチ
⑳	電流計	AM	CT の二次電流を測定し、一次電流に換算した電流の値を指示する

図2-9-1 CB形の単線結線図

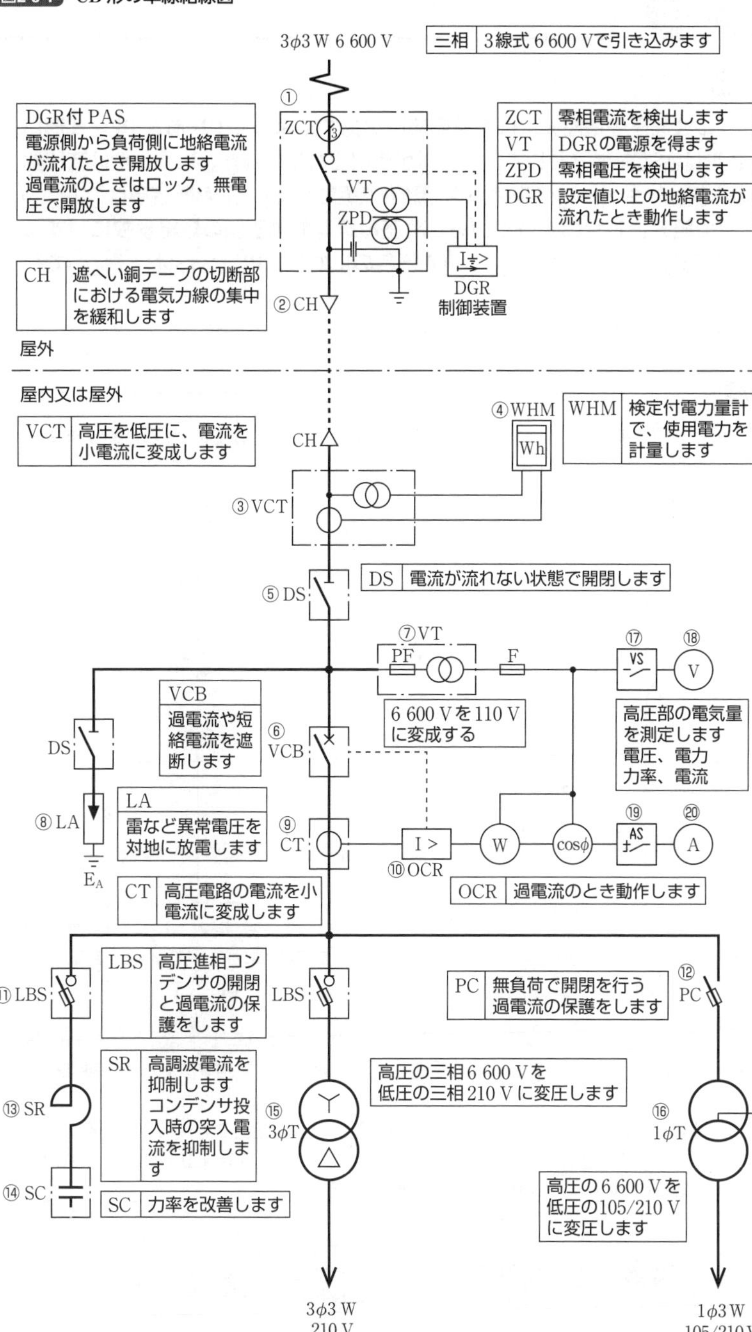

練習問題 〉01

受電設備

キュービクル式高圧受電設備には主遮断装置の形式によってCB形とPF・S形がある。CB形は主遮断装置として（ア）が使用されているが、PF・S形は変圧器設備容量の小さなキュービクルの設備簡素化の目的から、主遮断装置は（イ）と（ウ）の組み合わせによっている。高圧母線等の高圧側の短絡事故に対する保護は、CB形では（ア）と（エ）で行うのに対し、PF・S形は（イ）で行う仕組みとなっている。
上記の記述中の空白箇所に当てはまる用語は。

解説

キュービクル式高圧受電設備には主遮断装置の形式によってCB形とPF・S形があります。

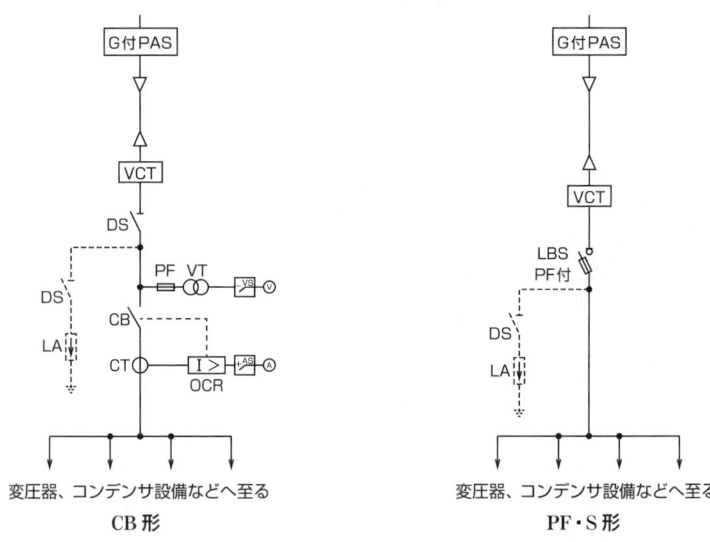

CB形　　**PF・S形**

① CB形　CB形は主遮断装置として高圧交流遮断器を用い、CT（高圧計器用変流器）、OCR（過電流継電器）、CB（高圧交流遮断器）の組合せにより過負荷、短絡事故などの保護を行います。

② PF・S形　PF・S形は、高圧限流ヒューズ付高圧交流負荷開閉器で過負荷、短絡事故に対する保護を行います。この方式は、PF付LBSがCB形におけるDS、CB、OCR、CTの役割をなしており設備の小型化、単純化、経済化を図ることができます。

解答　（ア）高圧交流遮断器　（イ）高圧限流ヒューズ
（ウ）高圧交流負荷開閉器　（エ）過電流継電器

練習問題 > 02

停電作業の手順

次の文章は、高圧受電設備において全停電作業を実施するときの操作手順の一例について、一部を述べたものである。

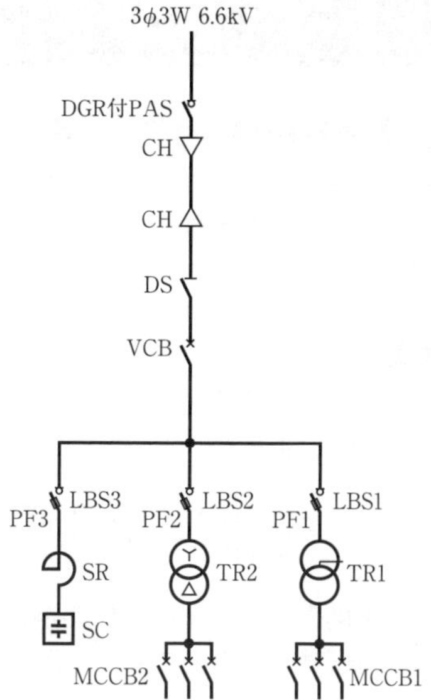

a) （ア） をすべて開放する。
b) （イ） を開放する。
c) 地絡方向継電装置付高圧交流負荷開閉器（DGR 付 PAS）を開放する。
d) （ウ） を開放する。
e) 断路器（DS）の電源側及び負荷側を検電して無電圧を確認する。
f) 高圧電路に接地金具等を接続して残留電荷を放電させた後、誤通電、他の電路との混触又は他の電路からの誘導による感電の危険を防止するため、断路器（DS）の （エ） に短絡接地器具を取り付けて接地する。
g) 断路器（DS）、開閉器等にはそれぞれ操作後速やかに、操作禁止、投入禁止、通電禁止等の通電を禁止する表示をする。

上記の記述中の空白箇所当てはまる字句は。

解説

高圧受電設備の全停電作業を実施するときの操作手順は次の通りです。
①配線用遮断器（MCCB）を開放→②真空遮断器（VCB）を開放→③地絡方向継電装置付高圧交流負荷開閉器（DGR 付 PAS）を開放→④断路器（DS）を開放→⑤検電して無電圧を確認→⑥残留電荷を放電し断路器（DS）の電源側に短絡接地器具を取り付けて接地する→⑦断路器（DS）、開閉器等に操作禁止、投入禁止、通電禁止などの表示をする
断路器（DS）は、電流を開閉する能力がないことから、電流が流れていない状態（真空遮断器（VCB）が開放の状態）で操作を行わなければなりません。また、受電設備を点検時に誤送電してしまった場合に、短絡接地器具は作業者の感電を防止します。

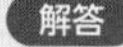

（ア）配線用遮断器（MCCB）　（イ）真空遮断器（VCB）
（ウ）断路器（DS）　（エ）電源側

3-1 需要率、負荷率、不等率といえば最大負荷を算定する係数

負荷の特性を示す係数

電気の需要設備は、住宅、工場、商店など需要家の種類や業種、規模などによって負荷の使われ方が異なります。このような負荷の最大需要電力を算定する係数として、需要率、負荷率、不等率が用いられます。

需要率

需要家の最大需要電力と負荷設備電力の合計との比をパーセントで表し、これを**需要率**といいます。

$$需要率 = \frac{最大需要電力〔kW〕}{負荷設備電力の合計〔kW〕} \times 100〔\%〕$$

負荷設備のすべてが同時に使用されることはないので、最大需要電力は、負荷設備電力の合計よりも小さくなります。

負荷率

電力の消費は、時間や季節により変化します。ある期間中の平均需要電力と最大需要電力の比をパーセントで表し、これを**負荷率**といいます。

$$負荷率 = \frac{ある期間中の平均需要電力〔kW〕}{ある期間中の最大需要電力〔kW〕} \times 100〔\%〕$$

これは、電力設備のある期間中の使用状況を表すもので、期間の取り方により、日負荷率、月負荷率、年負荷率があります。

不等率

いくつかある需要家の個々の負荷の最大需要電力の和と合成最大需要電力の比を、**不等率**といいます。

$$不等率 = \frac{個々の負荷の最大需要電力の和〔kW〕}{合成最大需要電力〔kW〕}$$

図3-1-1 の例では、A、B、C 各需要家において、最大需要電力が同時に発生することはなく、最大電力の発生する時刻に差があるので、A、B、C 全体の合成最大需要電力は、個々の負荷の最大需要電力の和よりも小さくなります。不等率は 1.1～1.6 程度

図3-1-1 不等率

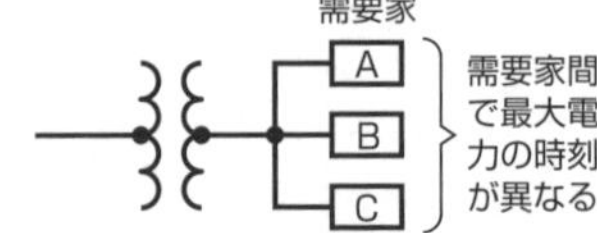

です。最大需要電力の発生時刻が分散していると、不等率が大きくなります。

なお、以下では「最大需要電力」「平均需要電力」の“需要”を省略して表記しています。

▶需要率 といえば 最大電力と設備電力の合計との割合

$$需要率 = \frac{最大電力}{設備電力の合計} \times 100〔\%〕$$

▶負荷率 といえば 平均電力と最大電力との割合

$$負荷率 = \frac{平均電力}{最大電力} \times 100〔\%〕$$

▶不等率 といえば 個々の和（個々の最大電力の和）と合成（最大電力）の比

$$不等率 = \frac{個々の最大電力の和}{最大電力}$$

練習問題 > 01

需要率、負荷率、不等率

ある変電所から需要家 A～C に電力を供給している。表は、ある 1 日（0～24 時）の需要率、負荷率及び需要家 A～C の不等率を示している。次の (a)、(b) の問に答えよ。

需要家	設備容量［kW］	需要率［%］	負荷率［%］	不等率
A	800	55	50	1.25
B	500	60	70	
C	600	70	60	

(a) 3 需要家 A～C の 1 日の需要電力量を合計した総需要電力量は。
(b) 変電所から見た総合負荷率は。

解き方

(a)

$需要率 = \frac{最大需要電力}{設備電力} \rightarrow 最大需要電力 = 設備電力 \times 需要率$ より、

A～C の最大需要電力は、

A　$800 \times 0.55 = 440$ kW

B　$500 \times 0.60 = 300$ kW

C　$600 \times 0.70 = 420$ kW

※問いの設備容量は、単位が kW なので設備電力とした。

$$負荷率 = \frac{平均需要電力}{最大需要電力} \rightarrow 平均需要電力 = 最大需要電力 \times 負荷率$$ より、

A～Cの平均需要電力は、

A　440 × 0.50 = 220 kW

B　300 × 0.70 = 210 kW

C　420 × 0.60 = 252 kW

A～Cの平均需要電力の合計は

220 + 210 + 252 = 682 kW

A～Cの1日の総需要電力量は

682 × 24 = 16368 kW・h

約 16370 kW・h

(b)

$$不等率 = \frac{個々の最大需要電力の和}{合成最大需要電力}$$

$$\rightarrow 合成最大需要電力 = \frac{個々の最大需要電力の和}{不等率}$$ より、

合成最大需要電力は、

$$\frac{440 + 300 + 420}{1.25} = 928 \text{ kW}$$

$$総合負荷率 = \frac{平均需要電力の合計}{合成最大需要電力}$$ より、

変電所から見た総合負荷率は、

$$総合負荷率 = \frac{682}{928} \times 100 \fallingdotseq 73\ \%$$

解説

設備容量（設備電力kW）に需用率を掛けると、最大需要電力が求められます。また、最大需要電力に負荷率を掛けると、平均需用電力が求められます。
なお、1日の電力量は、平均需用電力の24倍です。設備に需用率を掛けて最大電力、最大に負荷率を掛けて平均電力、1日の電力量は平均の24倍のように短い文章にすると覚えやすくなります。

解答　(a) 16370 kW・h　　(b) 73 %

3-2 地絡電流 といえば 単相交流回路の電流となる

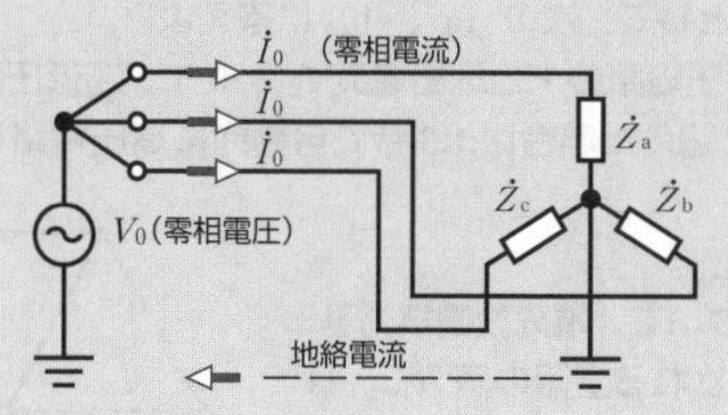

地絡電流、B 種接地工事の抵抗値

地絡電流は零相(ぜろそう)電流ともいい、各相とも同一の大きさ、同一の位相で、単相交流電流の成分です。零相電圧は、地絡したときに生じる単相交流電圧の成分です。

B 種接地工事の接地抵抗値 R_B は、1 線地絡電流を I_g とすると、次のように決められています。

$$R_B = \frac{150}{I_g} \text{〔Ω〕以下}$$

高低圧が混触の場合で 1 秒を超え 2 秒以内に高圧電路を自動遮断のとき：

$$R_B = \frac{300}{I_g} \text{〔Ω〕以下}$$

高低圧が混触の場合で 1 秒以内に高圧電路を自動遮断のとき：$R_B = \frac{600}{I_g}$〔Ω〕以下

これは、高圧電路と低圧側との混触により、低圧電路の電圧が 150 V 以上に上昇しないように決められています。また、自動遮断装置を設けたときは、2 秒以内で 300 V、1 秒以内で 600 V に緩和されています。

POINT

▶地絡電流 といえば 零相電流のことで単相交流電流の成分

▶ B 種接地の抵抗値 といえば 150÷1 線地絡電流、2 秒遮断で 300、1 秒遮断で 600 に緩和

練習問題 ＞01

B 種接地抵抗、漏えい電流

図は三相 3 線式高圧電路に変圧器で結合された変圧器低圧側電路を示したものである。

B 種接地工事の接地抵抗を R_B、対地静電容量 $C = 0.1\ \mu F$、線間電圧 $V = 200\ V$、周波数 $f = 50\ Hz$、として、次の (a)、(b) に答えよ。

ただし、変圧器の高圧電路の 1 線地絡電流 $I_g = 5\ A$、高低圧混触時に低圧電路の対地電圧が 150 V を超えた場合は 1.3 秒で自動的に高圧電路を遮断する装置が設けられている。

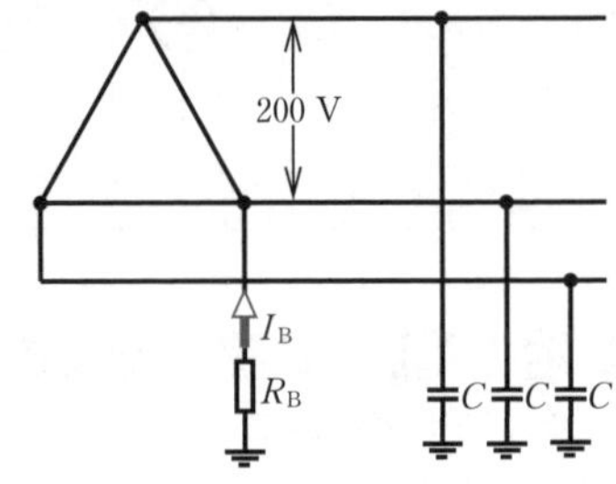

(a) R_B の抵抗値について「電気設備技術基準の解釈」で許容される上限の値 R_{Bmax} は。

(b) $R_B = 10\ \Omega$ としたとき、R_B に流れる電流 I_B は。

解き方

(a)

混触時に 2 秒以内で高圧電路を遮断する装置がある場合、B 種接地抵抗値は 300 ÷ 1 線地絡電流なので、R_B の許容される上限の値 R_{Bmax} は、1 線地絡電流 $I_g = 5\ A$ により

$$R_{Bmax} = \frac{300}{I_g} = \frac{300}{5} = 60\ \Omega$$

(b)

R_B を除きテブナンの等価回路にする

3 線は短絡し 1 導体と考える

回路から外す

a

b

C C C

R_B

図 a

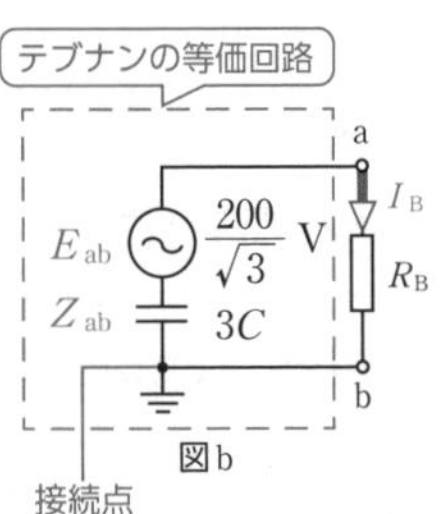

図 b

図 a の地絡前の a-b 間の電圧 E_{ab} は、$E_{ab} = \dfrac{200}{\sqrt{3}}$ V　(C は Y 結線)

Z_{ab} は、$Z_{ab} = \dfrac{1}{3\omega C}$〔Ω〕

$\dfrac{1}{3\omega C} \gg R_B$〔Ω〕より R_B を無視すると I_B は、

$$I_B = \frac{E_{ab}}{Z_{ab}} = \frac{\frac{200}{\sqrt{3}}}{\frac{1}{3\omega C}} = 3\omega C \frac{200}{\sqrt{3}}$$

$$= 3 \times 2 \times \pi \times 50 \times 0.1 \times 10^{-6} \times \frac{200}{\sqrt{3}}$$

$$\fallingdotseq 10.9 \times 10^{-3}\,\mathrm{A} \to 11\,\mathrm{mA}$$

解答 (a) $R_{Bmax} = 60\,\Omega$　(b) $I_B = 11\,\mathrm{mA}$

参考

デブナンの定理を利用することで、次のような手順で（b）の解答を求めることができます。

- 電流を求める抵抗 R_B を回路から外す。
- a-b 間の電圧 E_{ab} を求める。
- a-b 間のインピーダンス Z_{ab} を求める。(3 線を短絡して考えると 3 つの C は並列接続)
- テブナンの等価回路により I_B を求める。

C は Y 結線になっているので、E_{ab} は $200/\sqrt{3}$〔V〕

$$I_B = \frac{E_{ab}}{\sqrt{\boxed{R_B^2} + \left(\frac{1}{3\omega C}\right)^2}} \fallingdotseq \frac{\frac{200}{\sqrt{3}}}{\frac{1}{3\omega C}} \quad \left(\frac{1}{3\omega C} \gg R_B\right)$$

小さいので無視できる

3-3 力率改善 といえば 電力の三角形をつくる

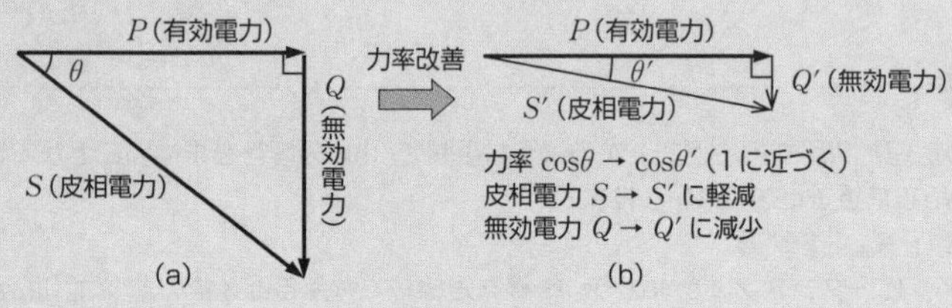

力率改善とは

電動機や蛍光灯などの需要設備は、電流位相が電圧位相よりも遅れます。このように、電流位相が遅れる負荷を、**遅れ力率の負荷**といいます。

遅れ力率の負荷を電力の三角形で表すと、上図(a)のように電力の直角三角形で表すことができます。電気エネルギーとして利用されるのが**有効電力** P であり、**皮相電力** S は見かけ上の大きさで、**無効電力** Q はエネルギーにならない成分です。

負荷に並列に**コンデンサ**を接続すると、コンデンサに流れる進みの電流により**無効電力**を減少させることができ、**力率**の値（$\cos\theta$）を1に近づけることができます。これを、**力率改善**といいます。

力率改善を行うことで、上図(b)のように、有効電力 P が同じでも、皮相電力を小さくでき、配電線の有効利用と電力損失の軽減ができます。

POINT

- ▶力率 といえば 有効電力と皮相電力の比をいう
- ▶力率改善 といえば 力率を1に近づけることをいう
- ▶力率改善の効果 といえば 損失の減少、設備の有効利用ができる

練習問題 > 01

力率改善

三相 3 線式 6 600 V の高圧電路に 300 kW、遅れ力率 0.6 の三相負荷が接続されている。この負荷の力率改善を行う。進相コンデンサ設備は図に示すように直列リアクトル付三相コンデンサとし、直列リアクトル SR のリアクタンス X_L〔Ω〕は、三相コンデンサ SC のリアクタンス X_C〔Ω〕の 6 % とする、次の (a)、(b) の問に答えよ。

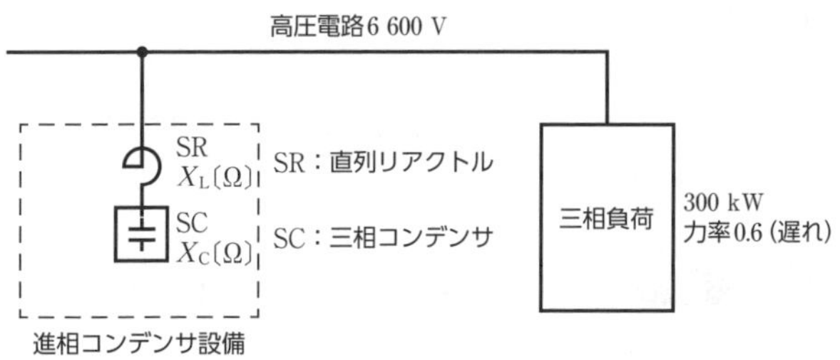

(a) 進相コンデンサ設備を高圧電路に接続したとき、三相コンデンサ SC の端子電圧の値 V_C〔V〕は、

(b) 進相コンデンサ設備を負荷と並列に接続し、力率を遅れ 0.6 から遅れ 0.8 に改善した。このとき、この設備の三相コンデンサ SC の容量 Q_C〔kvar〕は。

解き方

(a)

コンデンサとリアクトルの一相分を取り出すと、下図のようになります。

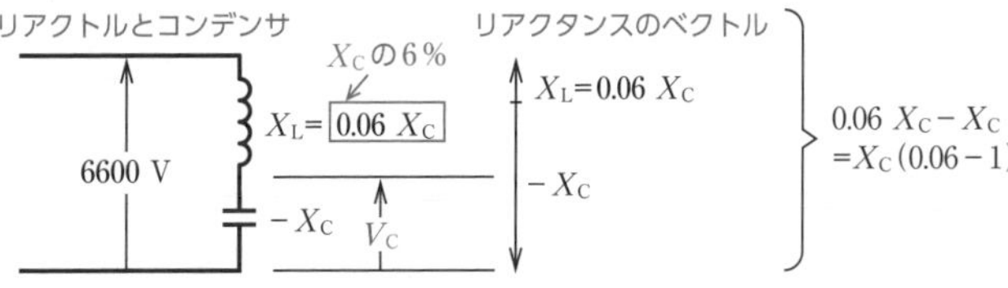

リアクタンスの比は、電圧の比に等しいので、

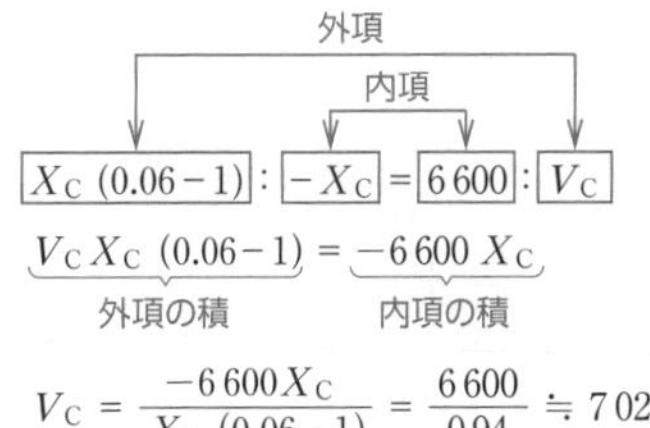

$$V_C = \frac{-6\,600 X_C}{X_C\ (0.06-1)} = \frac{6\,600}{0.94} \fallingdotseq 7\,021\ \text{V}$$

(b)

力率を遅れ0.6から遅れ0.8に改善するには、図の三角形から、175 kV・Aのコンデンサ容量が必要です。ただしSRが挿入されるためSCの容量Q_Cは電圧と同様に大きくなります。

電力の三角形

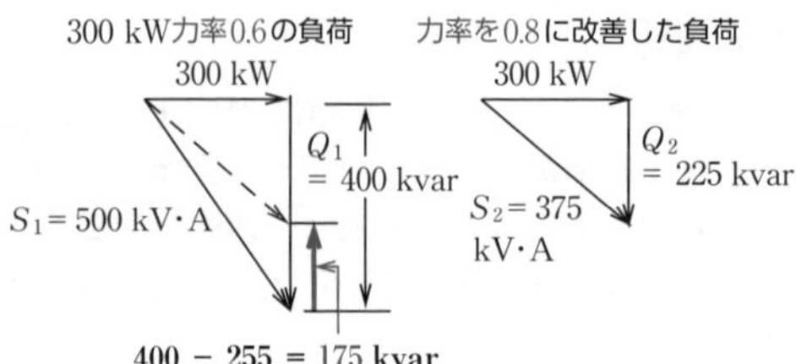

400 − 255 = 175 kvar

$$Q_C = \frac{175}{1-0.06} = \frac{175}{0.94} \fallingdotseq 186 \text{ kvar}$$

SR：Series reactor（直列リアクトル）
SC：Static capacitor（進相コンデンサ）

$S_1 = \dfrac{300}{0.6} = 500$ kV・A　　$S_2 = \dfrac{300}{0.8} = 375$ kV・A

$Q_1 = 500 \times 0.8 = 400$ kvar　　$Q_2 = 375 \times 0.6 = 225$ kvar

$\cos\theta = 0.6$ のとき $\sin\theta = 0.8$ $\cos\theta = 0.8$ のとき $\sin\theta = 0.6$

暗記

解答　(a)　$V_C = 7021$ V　　(b)　$Q_C = 186$ kvar

参考

SRとSCのリアクタンスを複素表示すると、$jX_L - jX_C = jX_C\ (0.06 - 1)$

3-4 支線に関する計算 といえば 安全率は2.5又は1.5以上

支線の役割

支線は、鉄柱、鉄筋コンクリート柱、木柱等の強度を分担します。支線には次のような条件が必要です。

①支線の安全率は 2.5（引き留め箇所に使用する場合は 1.5）以上であること
②支線をより線とした場合は、素線 3 **条**以上（3 本以上）をより合わせたものであること
③素線の直径が 2 mm 以上及び引張強さ 0.69 kN/mm² 以上の金属線を用いること

支線が支える力

電線の張力を T_1、支線の張力（支線の引張荷重）を T_0 とすると、支持物の根本を支点とするモーメント（力×支点からの長さ）は等しいので、

$$T_1 H_1 = T_2 H_2$$

$$\cos\theta = \frac{T_2}{T_0} \text{より、} T_2 = T_0 \cos\theta$$

$$T_1 H_1 = T_2 H_2 = T_0 \cos\theta\, H_2$$

よって、**支線の張力** T_0〔kN〕（キロニュートン）は、次のようになります。

図3-4-1 電線と張力と支線の張力

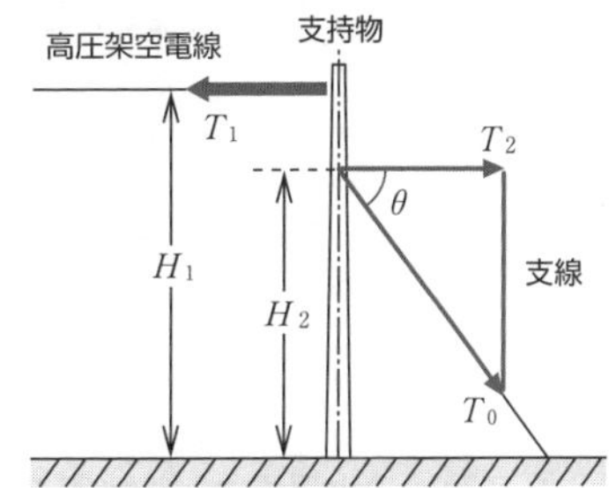

POINT

▶支線の張力 といえば 支持物の根本を支点とするモーメントから求める

支線の張力　$T_0 = \dfrac{T_1 H_1}{H_2 \cos\theta}$〔kN〕　$H_1 = H_2$ のとき　$T_0 = \dfrac{T_1}{\cos\theta}$〔kN〕

T_1：電線の張力〔kN〕、H_1：電線の取付高さ、H_2：支線の取付高さ

支線条数

支線に加わる張力 T_0 に安全率を掛けた大きさを、支線1条当たりの引張荷重で割った値が、支線の必要条数 n になります。条とは本数です。小数以下は、切り上げて整数とします。

支線条数 $$n = \frac{T_0 \times 安全率}{1条当たりの引張荷重}〔条〕$$

練習問題 〉01

支線

図のように既設の高圧架空電線路から、高圧架空電線を高低差なく径間 30 m 延長することにした。次の（a）及び（b）の問に答えよ。

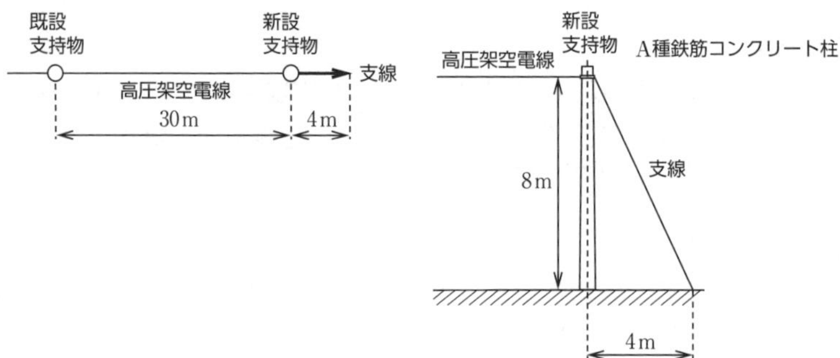

（a）電線の水平張力が 15 kN である。支線に生じる引張荷重 T_0〔kN〕は。

（b）支線の安全率を 1.5 とした場合、支線の最少素線条数 n は。
ただし、支線の素線には、直径 2.9 mm の亜鉛めっき鋼より線（引張強さ 1.23 kN/mm²）を使用し、素線のより合わせによる引張荷重の減少係数は無視するものとする。

解き方

(a)

図の三角形から

$$\cos\theta = \frac{15}{T_0} = \frac{4}{\sqrt{8^2+4^2}}$$ ← 支線の長さ

支線に生じる引張荷重 T_0 は、

$$T_0 = 15 \times \frac{\sqrt{8^2+4^2}}{4} \fallingdotseq 33.5\ \text{kN} \rightarrow 34\ \text{kN}$$

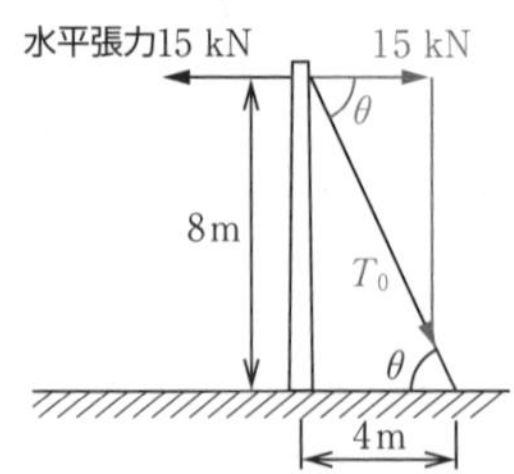

(b)

素線 1 条の引張強さ $F_{1条}$は、

$$F_{1条} = \boxed{1.23} \times \boxed{\pi \times \left(\frac{2.9}{2}\right)^2} \fallingdotseq 8.12\ \mathrm{kN}$$

$\left[\frac{\mathrm{kN}}{\mathrm{mm}^2}\right]$　〔mm^2〕（素線の断面積）

素線条数 n は、

安全率

$$n = \frac{\boxed{1.5}\,T_0}{F_{1条}} = \frac{1.5 \times 33.5}{8.12}$$

$\fallingdotseq 6.19 \rightarrow 7$条（小数点以下は切り上げる）

解説

水平張力 15 kN と支線の引張荷重 T_0〔kN〕の関係を表す力釣り合いの三角形から

$$\cos\theta = \frac{底辺}{斜辺} = \frac{15}{T_0} \quad また \quad \cos\theta = \frac{4}{支線の長さ} = \frac{4}{\sqrt{8^2+4^2}} \quad より$$

$\dfrac{15}{T_0} = \dfrac{4}{\sqrt{8^2+4^2}}$ として T_0 が求められます。

素線条数 n は、支線に生じる引張荷重の安全率倍の荷重に耐える条数とします。

解答　(a) $T_0 = 34\ \mathrm{kN}$　(b) $n = 7$ 条

3-5 変圧器の全日効率 といえば 1日の電力量の効率

全日効率とは

変圧器の負荷電流は時間とともに変化し、**銅損**も変化します。一次側は常時電圧が加わっているので、負荷の大小に関係なく、**鉄損**が生じています。このことから、変圧器の効率のよい利用のされ方を表すために**全日効率**が使われます。

全日効率は、1日を通しての効率で、次式で表されます。

POINT

▶全日効率 といえば 1日の電力量の効率

全日効率 $$\eta_d = \frac{W}{W + W_i + W_c} \times 100〔\%〕$$

W：1日の全出力電力量
W_i：1日の鉄損電力量
W_c：1日の銅損電力量

鉄損電力量 W_i は、鉄損 P_i に1日の時間すなわち24を掛けます。

鉄損電力量 $$W_i = P_i \times 24〔\mathrm{W \cdot h}〕$$ 鉄損×1日の時間

銅損電力量 W_c は、全負荷銅損を P_c としたとき、$1/n$ 負荷で T 時間使用した場合は、

銅損電力量 $$W_c = \left(\frac{1}{n}\right)^2 P_c T〔\mathrm{W \cdot h}〕$$

練習問題 > 01

変圧器の損失

定格容量 500 kV・A、無負荷損 500 W、負荷損（定格電流通電時）6 700 W の変圧器を更新する。更新後の変圧器はトップランナー制度に適合した変圧器で、変圧器の容量、電圧及び周波数仕様は従来器と同じであるが、無負荷損は 150 W、省エネ基準達成率は 140 % である。このとき、次の (a) 及び (b) の問に答えよ。ただし、省エネ基準達成率は次式で与えられるものとする。

$$省エネ基準達成率(\%) = \frac{基準エネルギー消費効率}{W_i + W_{C40}} \times 100$$

ここで、基準エネルギー消費効率[注)]は 1250 W とし、W_i は無負荷損〔W〕、W_{C40} は負荷率 40% 時の負荷損〔W〕とする。

注）基準エネルギー消費効率とは判断の基準となる全損失をいう。

(a) 更新後の変圧器の負荷損（定格電流通電時）の値 W_{Cn2} は。

(b) 変圧器の出力電圧が定格状態で、300 kW 遅れ力率 0.8 の負荷が接続されているときの更新前後の変圧器の損失を考えてみる。この状態での更新前の変圧器の全損失を W_1、更新後の変圧器の全損失を W_2 とすると、W_2 の W_1 に対する比率〔%〕は。

解き方

(a) 更新後の負荷率 40 % 時の負荷損 W_{C40} を求めます。

$$\text{省エネ基準達成率}(\%) = \frac{\text{基準エネルギー消費効率}}{W_i + W_{C40}} \times 100$$

$$\boxed{140\ \%} = \frac{1\,250}{150 + W_{C40}} \times 100$$

$$150 + W_{C40} = \frac{1\,250}{140} \times 100$$

W_{C40} は

$$W_{C40} = \frac{1\,250}{140} \times 100 - 150 \fallingdotseq 743\ \text{W}$$

更新後の変圧器の負荷損（定格電流通電時）の値を W_{Cn2} とすると

$\boxed{743} = 0.40^2\ W_{Cn2}$ から（負荷損は、負荷率の 2 乗に比例）

負荷率 40 % 時の負荷損

$$W_{Cn2} = \frac{743}{0.40^2} \fallingdotseq 4\,640\ \text{W}$$

(b) 300 kW 遅れ力率 0.8 のときの負荷率は、

$$\text{負荷率} = \frac{\frac{300}{0.8}}{\boxed{500}} = 0.75$$

定格容量

300 kW 遅れ力率 0.8 のときの変圧器の全損失 W_1 及び W_2 は、

$W_1 = 500 + 0.75^2 \times 6\,700 \fallingdotseq 4\,270\ \text{W}$　更新前の損失

$W_2 = 150 + 0.75^2 \times \boxed{4\,640} = 2\,760\ \text{W}$　更新後の損失

（無負荷損 + 75 %負荷時の負荷損）

更新後の負荷損

W_2 の W_1 に対する比率は、

$$\frac{W_2}{W_1} = \frac{2\,760}{4\,270} \fallingdotseq 0.65 \rightarrow 65\ \%$$

※トップランナー制度とは、最も省エネ性能の高い製品を基準として機器の省エネ化を推進する制度です。また基準値をクリアした変圧器を「トップランナー制度に適合した変圧器」といいます。

解答　(a) $W_{Cn2} = 4\,640\ \text{W}$　(b) 65 %

3-6 調整池式水力発電所の運用 といえば 余剰分の利用

調整池式水力発電所の仕組み

調整池式水力発電所は、流量調整ができる**調整池**を持ち、軽負荷時に河川流量の**余剰分**を貯水し、重負荷時に放出して発電の調整を行います。

図3-6-1 流量と調整池容量の関係

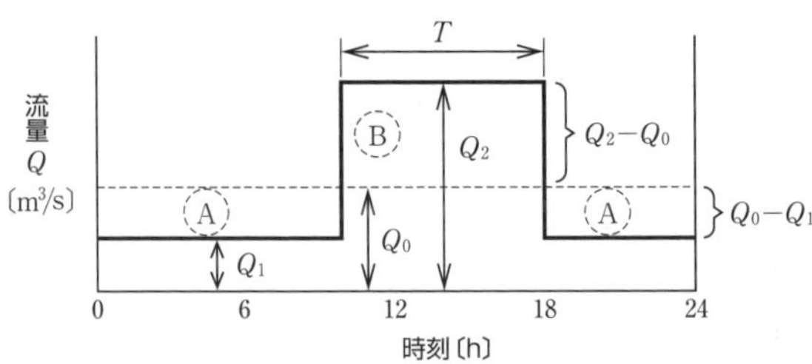

河川流量を Q_0〔m^3/s〕、オフピーク負荷時（軽負荷時）の使用水量を Q_1〔m^3/s〕、ピーク負荷時の使用水量を Q_2〔m^3/s〕としたとき、負荷変化に応じる調整池容量 V〔m^3〕は、次式となります。

POINT

▶**調整池容量** といえば **軽負荷時の余剰分**

調整池容量

$$V = \underbrace{(Q_0 - Q_1)(24 - T) \times 3\,600}_{\text{図の(A)の面積（余剰分の貯水）}} = \underbrace{(Q_2 - Q_0)T \times 3\,600}_{\text{図の(B)の面積（重負荷時の放出）}}\text{〔m}^3\text{〕}$$

練習問題 > 01

調整池式水力発電所

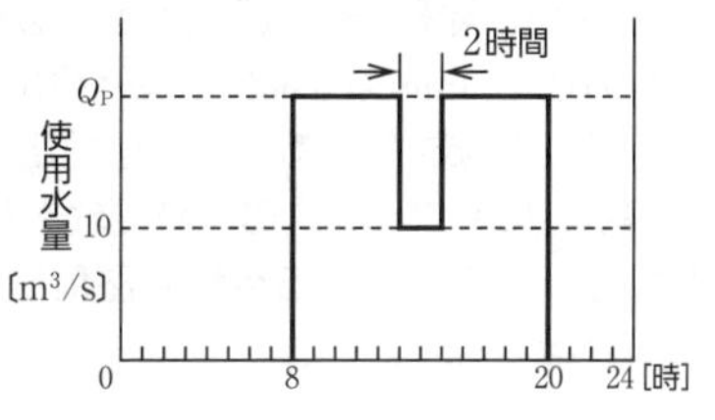

有効落差 $H = 80$ m の調整池式水力発電所がある。調整池に取水する自然流量は $10\ \mathrm{m^3/s}$ 一定とし、図のように 1 日のうち 12 時間は発電せずに自然流量の全量を貯水する。残り 12 時間のうち 2 時間は自然流量と同じ $10\ \mathrm{m^3/s}$ の使用水量で発電を行い、他の 10 時間は自然流量より多い Q_p〔$\mathrm{m^3/s}$〕の使用水量で発電して貯水分全量を使い切るものとする。このとき、次の (a) 及び (b) の問に答えよ。

(a) 運用に最低限必要な有効貯水量 V〔$\mathrm{m^3}$〕は。

(b) 使用水量 Q_p〔$\mathrm{m^3/s}$〕で運転しているときの発電機出力 P_g〔kW〕は。
ただし、水車効率 $\eta_t = 90\%$、発電機効率 $\eta_g = 95\%$ とする。

解き方

(a)

有効貯水量 V〔$\mathrm{m^3}$〕は、図の①、②の面積に当たります。

$$V = \boxed{10} \times \boxed{(8+4) \times 3\,600} = 432\,000 = 432 \times 10^3\ \mathrm{m^3}$$

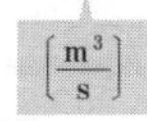

〔s〕

(b)

$$\boxed{432\,000} = \boxed{(Q_p - 10) \times 5 \times 3\,600 \times 2}$$

①+②　③+④

$$432\,000 = (Q_p - 10) \times 36\,000$$

$$Q_p - 10 = 12$$

使用水量 Q_p は、

$$Q_p = 22\ \mathrm{m^3/s}$$

使用水量 Q_p で運転しているときの発電機出力 P_g は、

$$P_g = 9.8 Q_p H \eta_t \eta_g$$
$$= 9.8 \times 22 \times 80 \times 0.9 \times 0.95\ \text{〔kW〕}$$
$$\fallingdotseq 14\,700\ \mathrm{kW}$$

解答　(a) $V = 432 \times 10^3\ \mathrm{m^3}$　(b) $P_g = 14\,700\ \mathrm{kW}$

参考

図の①、②で貯水した水は、水量 Q_p で発電するときに使用するので、図の①+②=③+④が成り立ちます。

例題 1

｜重要度★★★｜令和５年度上期｜法規｜問 13｜

人家が多く連なっている場所以外の場所であって、氷雪の多い地方のうち、海岸地その他の低温季に最大風圧を生じる地方に設置されている公称断面積 60 mm^2、仕上り外径 15 mm の 6 600 V 屋外用ポリエチレン絶縁電線（6 600 V OE）を使用した高圧架空電線路がある。この電線路の電線の風圧荷重について「電気設備技術基準の解釈」に基づき、次の（a）及び（b）の問に答えよ。
ただし、電線に対する甲種風圧荷重は 980 Pa、乙種風圧荷重の計算で用いる氷雪の厚さは 6 mm とする。

(a) 低温季において電線 1 条、長さ 1 m 当たりに加わる風圧荷重の値〔N〕として、最も近いものを次の（1）～（5）のうちから一つ選べ。

(1) 10.3　　(2) 13.2　　(3) 14.7　　(4) 20.6　　(5) 26.5

(b) 低温季に適用される風圧荷重が乙種風圧荷重となる電線の仕上り外径の値〔mm〕として、最も大きいものを次の（1）～（5）のうちから一つ選べ。

(1) 10　　(2) 12　　(3) 15　　(4) 18　　(5) 21

解き方

解答（a）－（3）、(b)－（2）

(a)
図 1 のように、甲種風圧荷重 W_1 は、

$$W_1 = 980 \times \boxed{15 \times 10^{-3}} \times \boxed{1.0} = 14.7\ \text{N}$$

15 mm　1 m

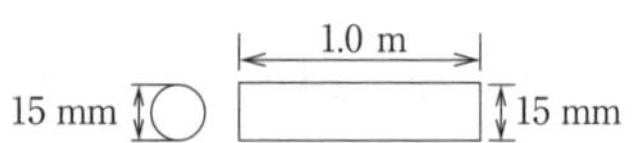

甲種風圧荷重＝980〔N/m^2〕×電線 1 m の垂直投影面積〔m^2〕

図1

図 2 のように、乙種風圧荷重 W_2 は、

$$W_2 = 0.5 \times 980 \times 27 \times 10^{-3} \times 1.0 \fallingdotseq 13.2\ \text{N}$$

$$W_1 > W_2$$

大きい方を採用して 14.7 N

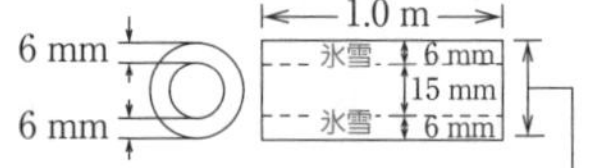

15＋6×2＝27 mm

乙種風圧荷重
＝$\boxed{0.5 \times 980〔\text{N/m}^2〕}$
甲種の0.5倍
×（電線の仕上がり外径＋6 mm×2）×10^{-3}×1.0〔m^2〕

図2

(b)
甲種風圧荷重≦乙種風圧荷重となる電線の仕上がり外径を x〔mm〕とします。

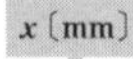

厚さ 6 mm の氷雪が付着

$$980 \times \boxed{x \times 10^{-3}} \times 1.0 \leqq 0.5 \times 980 \times (x + \boxed{6 \times 2}) \times 10^{-3} \times 1.0$$

$$x \leqq 0.5x + 6$$

$$0.5x \leqq 6$$

$$x \leqq 12$$

風圧荷重が乙種風圧荷重となる最も大きいものは、仕上がり外径が 12 mm となります。

参考

氷雪の多い地方のうち、低温季に最大風圧を生じる地方で低温季に適用される風圧荷重は、甲種及び乙種の大きい方を適用します。

例題 2

| 重要度★★ | 令和 4 年度上期 | 法規 | 問 11 |

定格容量 50 kV・A、一次電圧 6 600 V、二次電圧 210/105 V の単相変圧器の二次側に接続した単相 3 線式架空電線路がある。この低圧電線路に最大供給電流が流れたときの絶縁性能が「電気設備技術基準」に適合することを確認するため、低圧電線の 3 線を一括して大地との間に使用電圧（105 V）を加える絶縁性能試験を実施した。
次の（a）及び（b）の問に答えよ。

(a) この試験で許容される漏えい電流の最大値〔A〕として、最も近いものを次の（1）～（5）のうちから一つ選べ。

(1) 0.11 (2) 0.238 (3) 0.357 (4) 0.460 (5) 0.714

(b) 二次側電線路と大地との間で許容される絶縁抵抗値は。1 線当たりの最小値〔Ω〕として、最も近いものを次の（1）～（5）のうちから一つ選べ。

(1) 295 (2) 442 (3) 883 (4) 1 765 (5) 3 530

解き方

解答（a）－（3）、（b）－（3）

(a)

単相変圧器の定格容量を S_n、二次電圧を V_2 としたとき、単相 3 線式架空電線路の最大供給電流 I_n は、

定格二次電流

$$I_n = \frac{S_n}{V_2} = \frac{50 \times 10^3}{210} \fallingdotseq 238\ \mathrm{A}$$

電線と大地間及び線心相互間の絶縁抵抗は、使用電圧に対する漏えい電流が最大供給電流の 1/2000 を超えないようにしなければならないため、1 線の漏えい電流 $I_{1線}$ は、

$$I_{1線} = \frac{238}{2\,000} = 0.119\ \mathrm{A}$$

3 線を一括したときの漏えい電流 $I_{3線}$ は、

$$I_{3線} = 3 \times I_{1線} = 3 \times 0.119 = 0.357\ \mathrm{A}$$

(b)
対地との間に V_t = 105 V を加えて絶縁性能試験を実施したとき、大地との間で許容される 1 線当たりの絶縁抵抗値の最小値 R は、

$$R = \frac{V_t}{I_{1線}} = \frac{105}{0.119} \fallingdotseq 882\ \Omega$$

(3) の 883 Ω が最も近い値となります。

参考

最大供給電流＝変圧器の定格二次電流となります。

例題 3

｜重要度★★★｜平成 28 年度｜法規｜問 13　改｜

図は、線間電圧 V〔V〕、周波数 f〔Hz〕の中性点非接地方式の三相 3 線式高圧配電線路及びある需要設備の高圧地絡保護システムを簡易に示した単線図である。高圧配電線路一相の全対地静電容量を C_1〔F〕、需要設備一相の全対地静電容量を C_2〔F〕とするとき、次の(a)及び(b)に答えよ。
ただし、図示されていない負荷、線路定数及び配電用変電所の制限抵抗は無視するものとする。

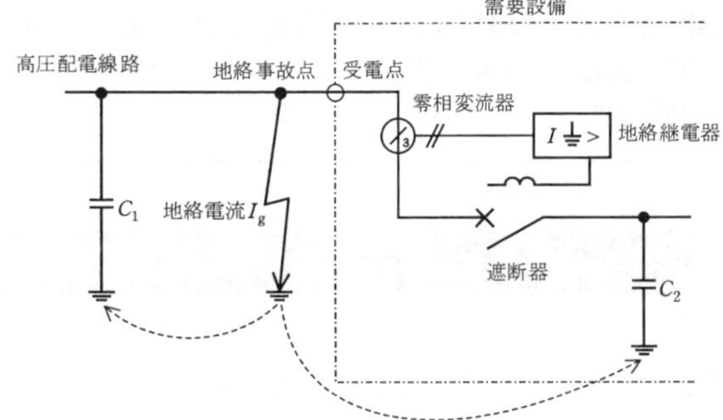

(a) 図の配電線路において、遮断器が「入」の状態で地絡事故点に一線完全地絡事故が発生し地絡電流 I_g〔A〕が流れた。このとき I_g の大きさを表す式として正しいものは次のうちどれか。

(1) $\dfrac{2}{\sqrt{3}} V\pi f\sqrt{(C_1^2+C_2^2)}$　　(2) $2\sqrt{3}\ V\pi f\sqrt{(C_1^2+C_2^2)}$

(3) $2\sqrt{3}\ V\pi f(C_1+C_2)$　　(4) $2\sqrt{3}\ V\pi f\sqrt{C_1 C_2}$

(b) I_g のうち需要設備の零相変流器で検出される電流の値〔mA〕として、最も近いものを次の (1) ～ (5) のうちから一つ選べ。ただし、$V = 6\,600$ V、$f = 60$Hz、$C_1 = 2.3\mu$F、$C_2 = 0.02\mu$F とする。

(1) 54　　(2) 86　　(3) 124　　(4) 152　　(5) 256

解き方

解答 (a) － (3)、(b) － (2)

(a)

テブナンの定理により、I_g を求めます。

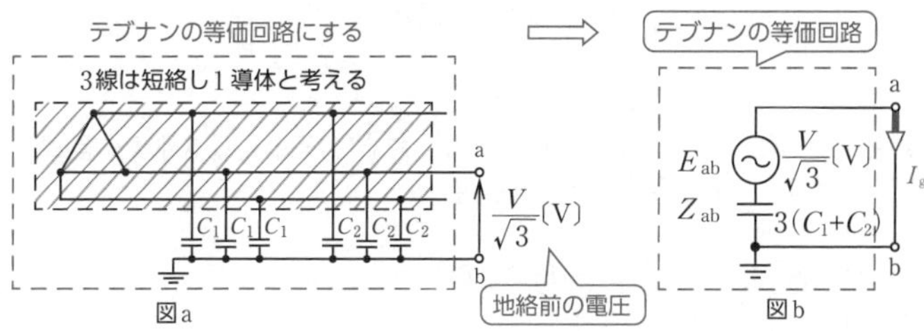

図a　図b

$$E_{ab} = \frac{V}{\sqrt{3}}〔V〕 \qquad Z_{ab} = \frac{1}{3\omega(C_1 + C_2)} = \frac{1}{3 \times 2\pi f(C_1 + C_2)}〔\Omega〕$$

$$I_g = \frac{E_{ab}}{Z_{ab}} = \frac{V}{\sqrt{3}} \times 3 \times 2\pi f(C_1 + C_2) = 2\sqrt{3}\, V\pi f(C_1 + C_2)〔A〕$$

(b)

$3C_2$ に流れる電流を求めます。(a)の結果の式で、C_1 を除いて C_2 のみの式で計算します。

$$I_{g2} = 2\sqrt{3}\, V\pi f C_2 = 2\sqrt{3} \times 6\,600 \times 3.14 \times 60 \times 0.02 \times 10^{-6} \fallingdotseq 86.1 \times 10^{-3}〔A〕 \rightarrow 86\text{ mA}$$

解説

中性点非接地方式の三相3線式高圧配電線路の対地電圧は、$V/\sqrt{3}$〔V〕です。

地絡電流を計算するとき、3線の静電容量は並列接続となります。

I_g は、対地電圧 $V/\sqrt{3}$〔V〕を対地静電容量の合成リアクタンス $1/3\omega(C_1 + C_2)$〔Ω〕で割ります。

需要設備の零相変流器で検出される電流は、$3C_2$ に流れる電流です。

コラム

使用できる電卓について

電気主任技術者試験においては、四則演算、開平計算（$\sqrt{\ }$）を行うための電卓を使用することができます。ただし、関数電卓や数式が記憶できる電卓は使用できません。
使用できる電卓は、関数電卓とは操作が異なります。試験に使用する電卓を準備し、操作に慣れておきましょう。

〔計算例〕

$\dfrac{105-102}{5.1}$　105 [－] 102 [÷] 5.1 [＝] 0.5882…

÷を押すと前の計算が行われる（関数電卓と異なる）

$\dfrac{1.8}{3.14\times0.8^2}$　1.8 [÷] 3.14 [÷] 0.8 [÷] 0.8 [＝] 0.8957…

$30\times\dfrac{15}{60+15}$　30 [×] 15 [＝] [450]（メモ）　60 [＋] 15 [＝] [75]（メモ）（分子と分母を別々に計算）
450 [÷] 75 [＝] 6（分子÷分母）

$\dfrac{180}{1+\dfrac{180}{60}}$　180 [÷] 60 [＋] 1 [＝] [4]（メモ）（分母の計算）
180 [÷] 4 [＝] 45（分子÷分母）

$\dfrac{3}{\sqrt{10}}$　3 [÷] 10 [$\sqrt{\ }$] [＝] 0.9486…

$\sqrt{10^2+(32-8)^2}$　10 [×] 10 [＝] [100]（メモ）　32 [－] 8 [＝] [24]（メモ）　24 [×] 24 [＝] [576]（メモ）
100 [＋] 576 [＝] [676]（メモ）（$\sqrt{\ }$内の計算）、676 [$\sqrt{\ }$] [＝] 26

$\dfrac{1}{2\times3.14\times\sqrt{100\times10^{-3}\times100\times10^{-6}}}$

$\sqrt{\ }$の中は手計算

$\sqrt{100\times10^{-3}\times100\times10^{-6}}$
$=\sqrt{0.1}\times\sqrt{10^{-4}}$
$=\sqrt{0.1}\times10^{-2}$
$=\dfrac{\sqrt{0.1}}{100}$

→ 0.1 [$\sqrt{\ }$] [÷] 100 ＝ [0.003162 …]（メモ）（$\sqrt{\ }$の計算）
2 [×] 3.14 [×] 0.003162 ＝ [0.01985 …]（メモ）（分母の計算）
1 [÷] 0.01985 [＝] 50.37…

第5部

電験三種に必要な数学

1-1 数学記号

よく使う数学記号

ここでは、電気工学を学習するのに必要な数学を学びます。数学を苦手とする場合は、どうしても電気になじめないという傾向がありますが、電気を学ぶ上で必要な数学、すなわち電験に合格できるための数学を学べば十分です。

数学の計算を行う場合、記号を用いて言葉を省き、計算の意味がわかるようにしたものを用います。

表1-1-1 数学の計算で必要な主な記号

記号	読み[注]	表示	意味
+	プラス	$a + b$	a に b を加える
−	マイナス	$a - b$	a から b を引く
× または・	掛ける	$a \times b$、$a \cdot b$	a に b を掛ける
		ab	文字式のときは記号を省略してよい
÷ または ／	割る	$a \div b$、a/b	a を b で割る
=	イコール	$a = b$	a と b は等しい
≠	ノットイコール	$a \neq b$	a と b は等しくない
>	大なり	$a > b$	a は b より大きい
<	小なり	$a < b$	a は b より小さい
≧	大なりイコール	$a \geqq b$	a は b より大きいか等しい
≦	小なりイコール	$a \leqq b$	a は b より小さいか等しい
≫	大なり大なり	$a \gg b$	a は b より極めて大きい
≪	小なり小なり	$a \ll b$	a は b より極めて小さい
≒	ニアリーイコール	$a \fallingdotseq b$	a は b にほぼ等しい
∝	比例する	$a \propto b$	a は b に比例する
：	対（たい）	$a : b$	a 対 b
∠	角	$\angle \theta$	角シータ
%	パーセント	x〔%〕	x パーセント
√	ルート	$\sqrt{x}$	ルート x

注）読み方はいろいろあるので、ここでは一例を示した。

1-2 分数の計算

分数の足し算、引き算

問題を解くのに、分数計算はとても重要です。通分や割り算を間違えないように、確実にできるようにする必要があります。

分母が等しい分数の足し算、引き算

分母が等しい分数の足し算は、分母はそのままにして、分子の足し算を行います。引き算は、分母はそのままにして、分子の引き算を行います。

足し算 $\frac{b}{ⓐ}+\frac{c}{ⓐ}=\frac{b+c}{ⓐ}$　　引き算 $\frac{b}{ⓐ}-\frac{c}{ⓐ}=\frac{b-c}{ⓐ}$

分母が異なる分数の足し算、引き算

分母が異なる分数の足し算、引き算を行うには、まず分母を等しくしてから計算を行います。分母を等しくすることを**通分**（つうぶん）するといいます。

足し算 $\frac{b}{\boxed{a}}+\frac{d}{\triangle c}=\frac{bc}{ac}+\frac{ad}{ac}=\frac{bc+ad}{ac}$

引き算 $\frac{b}{\boxed{a}}-\frac{d}{\triangle c}=\frac{bc}{ac}-\frac{ad}{ac}=\frac{bc-ad}{ac}$

通分は、「分母どうしを掛けて、分子はたすき掛け」と覚えましょう。

$$\frac{b}{a}\times\frac{d}{c}=\frac{bc+ad}{ac}$$

分子は分母をたすき掛けしたものを計算

分母どうしを掛ける

[計算例]

$$\frac{2}{3}+\frac{4}{5}=\frac{2\times5+3\times4}{3\times5}=\frac{22}{15}\qquad\frac{2}{3}-\frac{1}{5}=\frac{2\times5-3\times1}{3\times5}=\frac{7}{15}$$

分数の掛け算、割り算

分数の掛け算は、分子は分子どうしの積を求め、分母は分母どうしの積を求めます。

掛け算 $\frac{b}{a}\times\frac{d}{c}=\frac{bd}{ac}$

分子どうしで掛ける

分母どうしで掛ける

分数の割り算は、**割る方の分数の逆数**を掛けます。つまり、割る方の分母と分子を入れ換えて（逆数を作って）掛けます。

割り算 $\frac{b}{a} \div \boxed{\frac{d}{c}} = \frac{b}{a} \times \boxed{\frac{c}{d}} = \frac{bc}{ad}$

割る方の数　割る方の逆数を掛ける

または、分数の割り算を次のように分数形式で表して計算すると、わかりやすくなります。

$$\left\{\frac{\frac{b}{a}}{\frac{d}{c}}\right\} = \frac{bc}{ad}$$

外側の積　内側の積

［計算例］

$\frac{1}{2} \times \frac{5}{3} = \frac{1 \times 5}{2 \times 3} = \frac{5}{6}$　　$\frac{1}{2} \div \boxed{\frac{5}{3}} = \frac{1}{2} \times \boxed{\frac{3}{5}} = \frac{3}{10}$

割る方の逆数を掛ける

練習問題 〉01

図において、$R_1 = 4\,\Omega$、$R_2 = 12\,\Omega$ としたときの a-b 間の合成抵抗 R_0 は。

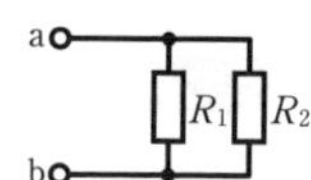

解き方

2 個の抵抗の並列合成抵抗は、**和分の積**の公式により。

$$R_0 = \frac{積}{和} = \frac{R_1 R_2}{R_1 + R_2} = \frac{4 \times 12}{4 + 12} = \frac{48}{16} = 3\,\Omega$$

簡易計算

公式の分母と分子を R_1 で割って計算すると、

$$R_0 = \frac{R_2}{1 + \frac{R_2}{R_1}} = \frac{12}{1+3} = 3\,\Omega \left[\frac{大きい方の抵抗値}{1 + 抵抗の比}\right]$$

のように 2 抵抗値の比 $\frac{R_2}{R_1}$ が簡単に求められるときは、便利な公式です。

この問題では、抵抗値の比が $\frac{12}{4} = 3$ です。大きい方の値 12 を (1 + 3) で割れば R_0 が求められます。

解答　$R_0 = 3\,\Omega$

1〜3 比例、反比例、指数計算

電気工学における比例、反比例

抵抗の電圧は、電流に比例します。変圧器の一次電圧と二次電圧は比例します。同期電動機の回転速度は、周波数に比例し、極数に反比例します。

このように、比例と反比例の関係は、多くの計算で必要になります。

比例

$V = RI$のとき、VはIに比例するといい、Rを比例定数といいます。

比例式

AとBの比がCとDの比に等しいとき、次のような比例式で表します。

矢印の掛け算から（たすき掛け）、$AD = BC$の関係があります。

比例式 $\dfrac{A}{B} = \dfrac{C}{D}$ ◀ A対BイコールC対D

これは、内項の積は外項の積に等しい、というのと同じ意味です。

$$\underbrace{A : \overbrace{B = C}^{\text{内項}} : D}_{\text{外項}} \Rightarrow \overset{\text{内項の積}}{BC} = \overset{\text{外項の積}}{AD}$$

A対BイコールC対D

比例配分

ある量Aを2つの量x、yにその比が$a : b$になるように配分することを、比例配分といいます。

比例配分の公式 $x = A\dfrac{a}{a+b}$　$y = A\dfrac{b}{a+b}$

練習問題 〉01

2個の抵抗$R_1 = 35\,\Omega$、$R_2 = 65\,\Omega$を直列にして、これに$V = 200\,\text{V}$を加えたとき、各抵抗の両端の電圧V_1、V_2〔V〕は。

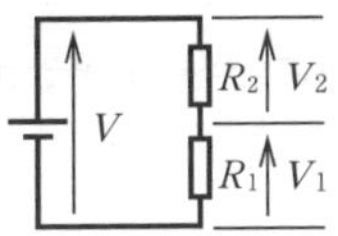

解き方

分圧の公式（比例配分の公式）に数値を代入して求めます。

全電圧　求める側の抵抗値

$$V_1 = \boxed{V}\frac{\boxed{R_1}}{\boxed{R_1 + R_2}} = 200 \times \frac{35}{35 + 65} = 70\ \mathrm{V}$$

2 抵抗の和

$$V_2 = V\frac{R_2}{R_1 + R_2} = 200 \times \frac{65}{35 + 65} = 130\ \mathrm{V}$$

解答　$V_1 = 70\ \mathrm{V}$、$V_2 = 130\ \mathrm{V}$

反比例

$I = \dfrac{V}{R}$ のとき、I は V に比例し、R に**反比例**するといいます。

2 抵抗の並列回路で、全体の電流を I〔A〕としたとき、抵抗 R_1、R_2 の分路電流を I_1、I_2〔A〕としたとき、電流は抵抗に反比例して流れます。

各電流は、次のような分流の公式で求められます。

図1-3-1 分路電流

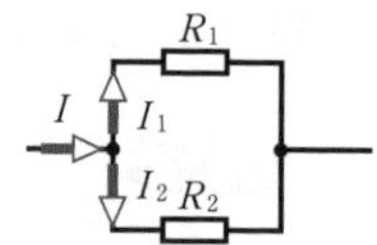

全体の電流　反対側の分路抵抗値

$$I_1 = \boxed{I}\frac{\boxed{R_2}}{\boxed{R_1 + R_2}}$$

2 抵抗の和

$$I_2 = I\frac{R_1}{R_1 + R_2}$$

これを**逆比例配分**の公式ともいいます。

練習問題 > 02

$R_1 = 45\ \Omega$、$R_2 = 15\ \Omega$ の抵抗が並列に接続されている回路で、全体の電流が $I = 18\ \mathrm{A}$ のとき、各抵抗の電流 I_1、I_2〔A〕は。

解き方

分流の公式（逆比例配分の公式）に数値を代入して求めます。

全体の電流　反対側の分路抵抗値

$$I_1 = \boxed{18} \times \frac{\boxed{15}}{\boxed{45+15}} = 4.5\ \text{A}、I_2 = 18 \times \frac{45}{45+15} = 13.5\ \text{A}$$

2抵抗の和

解答　$I_1 = 4.5$ A、$I_2 = 13.5$ A

指数の計算

同じ数を何回も掛ける場合、指数を用います。例えば、$a \times a \times a$ は a^3（「a の3乗（じょう）」と読む）と書き、右肩の数字が掛けた個数です。a^m（a の m 乗）は、a を m 個掛けるという意味で、a を底（てい）、m を乗数（じょうすう）または**指数**といいます。

$a^2 \times a^3 = (a \times a) \times (a \times a \times a) = a^5 = a^{2+3}$ のように、掛け算は指数の足し算になります。また、$(a^3)^2 = (a \times a \times a) \times (a \times a \times a) = a^6 = a^{3 \times 2}$ の場合は、指数の掛け算になります。

さらに、$1000 = 10 \times 10 \times 10 = 10^3$ のように、指数を用いることで、数字を簡潔にわかりやすく表すことができます。

指数計算の公式

指数計算の公式には、次のものがあります。

$$a^m a^n = a^{m+n}$$

$$a^{-m} = \frac{1}{a^m}$$

$$(a^m)^n = a^{mn}$$

$$\frac{a^m}{a^n} = a^{m-n}$$

$$(ab)^m = a^m b^m$$

$$\left(\frac{a}{b}\right)^m = \frac{a^m}{b^m}$$

$$a^0 = 1$$

$$a^1 = a$$

[計算例]

$$a^2 a^3 = \underbrace{(a \times a)}_{a\text{が2個}} \times \underbrace{(a \times a \times a)}_{a\text{が3個}} = a^{2+3} = a^5$$

$$a^2 a^{-3} = a^{2-3} = a^{-1}$$

$$(a^2)^{-3} = a^{2 \times (-3)} = a^{-6}$$

練習問題 03

図において、抵抗 R が 2.2 kΩ、電流 I が 1.5 mA のとき、加えた電圧 V〔V〕は。

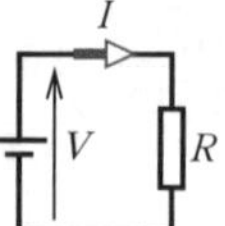

解き方

$V = RI$

$= 2.2 \times \underset{\text{k（キロ）}}{\underline{10^3}} \times 1.5 \times \underset{\text{m（ミリ）}}{\underline{10^{-3}}}$

$= 2.2 \times 1.5 \times 10^{3-3}$

$= 3.3 \times 10^0 = 3.3\ \text{V}$

解答　$V = 3.3\ \text{V}$

練習問題 04

直径 D = 1.60 mm、長さ ℓ = 1.00 km の銅線の抵抗 R〔Ω〕は。ただし、銅線の抵抗率を $\rho = 1.79 \times 10^{-8}$ Ω・m とする。

解き方

銅線の断面積を A〔m²〕とすると、抵抗 R〔Ω〕は次式となります。

$$R = \rho \frac{\ell}{A} \text{〔Ω〕}$$

問題文の数値を代入すると、

$$R = 1.79 \times 10^{-8} \times \frac{1.00 \times 10^3}{\pi \times \left(\dfrac{1.60}{2} \times 10^{-3}\right)^2}$$

断面積：$A = \pi\left(\dfrac{直径}{2}\right)^2 = \pi \times (半径)^2$

$$= 1.79 \times \frac{1.00}{\pi \times \left(\dfrac{1.60}{2}\right)^2} \times \frac{10^{-8+3}}{(10^{-3})^2}$$

$\fallingdotseq 0.890 \times 10^{-8+3+6}$

$= 0.890 \times 10$

$= 8.90\ \Omega$

解答　$R = 8.90\ \Omega$

円、球、三角形の面積などの公式

円、球、三角形の面積の計算は、電線の断面積を求めたり、電界や磁界を考えたり、照明計算を行うときなど、いろいろな所で必要になります。

表1-3-1 覚えておくべき円、球、三角形の面積などの公式

① 円の円周は、$\ell = 2\pi r = \pi d$

② 円の面積は、$S = \pi r^2 = \dfrac{\pi d^2}{4}$

③ 球の表面積は、$S = 4\pi r^2$

④ 円の直径に対する円周角は直角となる。

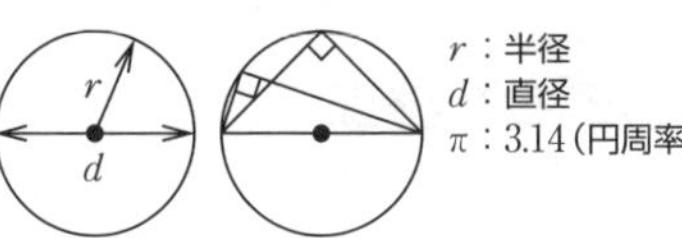

⑤ 三角形の内角の和は2直角（180°）

$\angle A + \angle B + \angle C = 180°$

⑥ 三角形の面積は、$S = \dfrac{1}{2}ah = \dfrac{1}{2}$ ×底辺×高さ

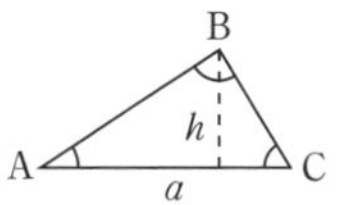

コラム

角度の表し方について

角度の単位には、度〔°〕とラジアン〔rad〕があります。

電気工学でよく用いられる角度の〔°〕と〔rad〕の対応表

〔°〕	0°	30°	45°	60°	90°	120°	180°	240°	360°
〔rad〕	0	$\frac{\pi}{6}$	$\frac{\pi}{4}$	$\frac{\pi}{3}$	$\frac{\pi}{2}$	$\frac{2\pi}{3}$	π	$\frac{4\pi}{3}$	2π

※単位の〔rad〕は省略することが多い

〔°〕は、円周を360等分し、中心から見た円弧の開きの大きさを角度としたものです。一方〔rad〕は、単位円（半径1 mの円）の弧の長さを角度としたものです。一般には〔°〕が用いられますが、数学では〔rad〕が必須になります。

〔°〕⇔〔rad〕変換の方法

〔°〕から〔rad〕に変換するには、角度に$\dfrac{\pi}{180}$を掛けます。

例）$45° \times \dfrac{\pi}{180} = \dfrac{\pi}{4}$〔rad〕

〔rad〕から〔°〕に変換するには、radに$\dfrac{180}{\pi}$を掛けます。

例）$\dfrac{\pi}{6}$〔rad〕$\times \dfrac{180}{\pi} = 30°$

2-1 方程式の解き方

等式と方程式

$x + 2 = 5$、$x^2 - 3 = 6$ のように、＝（イコール）で結んだ式を**等式**(とうしき)といいます。

等式のうち、未知数（上式の x）が特定の数のときだけ成立する式を、方程式といいます。未知数 x の値を求めるには、左辺が未知数のみの式に変形します。そのためには、次の方法があります。

移項

左辺の項を右辺に移す（または右辺の項を左辺に移す）ことを**移項**するといいます。移項するときは、符号を変えます。

$x + 2 = 5$ ➡ 両辺から 2 を引くと、$x = 5 - 2 = 3$

移項（符号を変えて右辺へ）

$x = 5 - 2$　　左辺の＋ 2 を符号を変えて右辺へ移項する

$x^2 - 3 = 6$ ➡ 両辺に 3 を足すと、$x^2 = 9$

移項（符号を変えて右辺へ）

$x^2 = 6 + 3$　　左辺の－ 3 を符号を変えて右辺へ移項する

両辺を係数で割る、または両辺に係数を掛ける

「ax」のように未知数に係数が付いている場合は次のようにして「a」を取り、左辺を「x」だけの形にします。

$5x = 8$ ➡ 両辺を 5 で割ると、$x = \frac{8}{5} = 1.6$

$\frac{x}{4} = 6$ ➡ 両辺に 4 を掛けると、$x = 6 \times 4 = 24$

一次方程式の解き方

未知数が2つの場合、その未知数の値を求めるには2つの方程式が必要です。未知数が3つの場合は、3つの方程式が必要となります。

方程式から未知数を求めることを、方程式を解くといいます。未知数が2つある方程式を解くには、2つの独立した方程式により解くことができ、解き方には**加減法、代入法、行列式法**などがあります。ここでは各方法により、次の連立方程式を解いてみます。

$$6x + y = 15 \quad \cdots\cdots \ (1)$$
$$3x + 2y = 12 \quad \cdots\cdots \ (2)$$

加減法による解き方

「(1)式×2－(2)式」を求めます。

$$\begin{array}{rl} & 12x+2y=30 \\ -) & 3x+2y=12 \\ \hline & 9x \qquad =18 \end{array}$$

(1)式×2

$$x = \frac{18}{9} = 2$$

$x = 2$ を(1)式に代入すると、$6 \times 2 + y = 15$ より、

$$y = 15 - 12 = 3$$

代入法による解き方

(1)式より、$y = 15 - 6x$ …… (3)

この(3)式を(2)式に代入して、

$$3x + 2(15 - 6x) = 12$$
$$3x - 12x = 12 - 30$$
$$-9x = -18 \text{ より、}$$
$$x = 2$$

(1)式に $x = 2$ を代入して、

$$y = 3$$

行列式法による解き方

行列式法は、変数 x と y の係数及び定数項の値を用いて、機械的な計算により求める方法です。次は、その計算例です。

x の係数
y の係数
定数項

$$\begin{cases} \boxed{6}x+\boxed{1}y=\boxed{15} \\ \boxed{3}x+\boxed{2}y=\boxed{12} \end{cases}$$

x を求めるときは、x の係数と定数項の値を入れ換える
y の係数はそのまま
x と y の係数を並べる

$$x=\frac{\begin{vmatrix} 15 & 1 \\ 12 & 2 \end{vmatrix}}{\begin{vmatrix} 6 & 1 \\ 3 & 2 \end{vmatrix}}=\frac{15\times2-12\times1}{6\times2-3\times1}=\frac{30-12}{12-3}=\frac{18}{9}=2$$

x の係数はそのまま
y を求めるときは、y の係数と定数項の値を入れ換える

$$y=\frac{\begin{vmatrix} 6 & 15 \\ 3 & 12 \end{vmatrix}}{\begin{vmatrix} 6 & 1 \\ 3 & 2 \end{vmatrix}}=\frac{6\times12-3\times15}{6\times2-3\times1}=\frac{72-45}{12-3}=\frac{27}{9}=3$$

行列式の計算は、右下がりの積は＋、右上がりの積は－を付けて代数和を求めます。

$$\begin{vmatrix} 6 & 1 \\ 3 & 2 \end{vmatrix}=6\times2-3\times1$$

↘は＋、↗は－

二次方程式の解き方

二次方程式の一般式は、$ax^2+bx+c=0$ の形で表されます。この式の未知数 x の値を解または根(こん)といい、x を求めることを二次方程式を解くといいます。

二次方程式を解くと、解は 2 つになります。

因数分解によって解く方法

ある式をいくつかの積の形に表したときの各要素を因数といい、式を因数に分けることを**因数分解**といいます。因数分解するには、①共通因数でくくる、②たすき掛けを用いる、③公式の形に変形する、といった方法をとりますが、基本は慣れることで、数学的な勘により幾通りかの組み合わせを考えることで解くことができます。

例として、$x^2 + x - 6 = 0$ の解を求めてみます。まず、左辺を因数分解します。

①二次方程式（x^2 の式）は 2 項の積（2 つの因数）に分解できるので、

（　　）（　　）

のように 2 つのかっこを書きます。

②次に、下のようにかっこ内に x を記入します。

$(x\quad)(x\quad)$

③ 2 項のたすきがけの計算を行います。

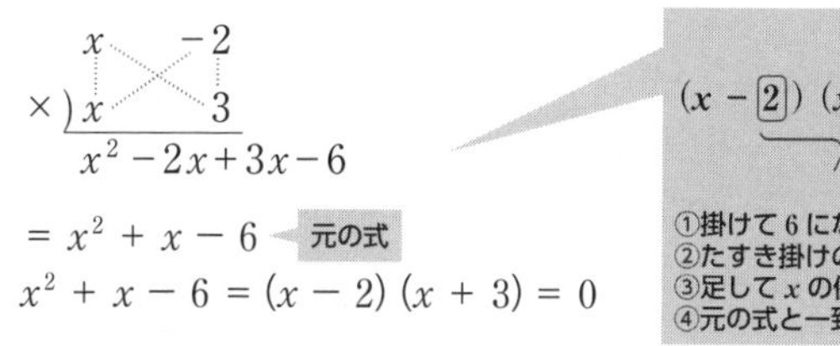

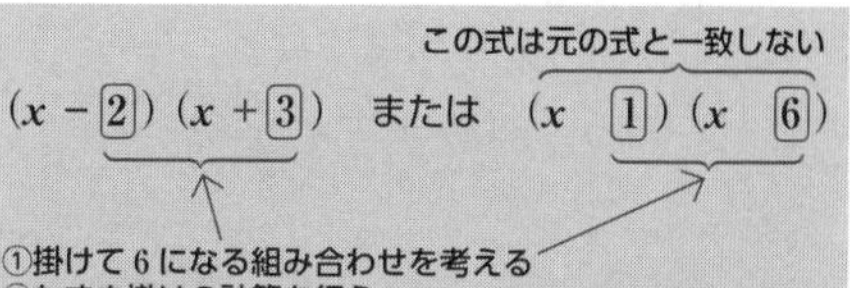

この式は元の式と一致しない
(x − 2) (x + 3)　または　(x 1) (x 6)
①掛けて 6 になる組み合わせを考える
②たすき掛けの計算を行う
③足して x の係数 1 と一致するように符号を考える
④元の式と一致すれば因数分解終了

この式が成り立つには、$(x - 2) = 0$、または $(x + 3) = 0$ から、$x = 2$ または $x = -3$ となります。

解の公式を用いて解く方法

$ax^2 + bx + c = 0$ の解は、次の**解の公式（根の公式）**により求めることができます。

$$x = \frac{-b \pm \sqrt{b^2 - 4ac}}{2a}$$

例として $x^2 + x - 6 = 0$ の解を求めます。

x^2 の係数　x の係数　定数項

公式に当てはめて、$a = 1$、$b = 1$、$c = -6$ より、

$$x = \frac{-1 \pm \sqrt{1^2 - 4 \times 1 \times (-6)}}{2 \times 1} = \frac{-1 \pm \sqrt{25}}{2} = \frac{-1 \pm 5}{2}$$

$$x = \frac{-1 + 5}{2} = 2、または、x = \frac{-1 - 5}{2} = -3$$

2-2 三角関数

三角関数（三角比）

ここで取り上げる**三角関数**は、交流回路の計算で最も重要な項目です。インピーダンス、電圧、電流の関係や、電力の三角形、力率の計算など、三角形の利用法を習得することが大切です。

三角比は、直角三角形の辺の比で定義され、角度θ（シータ）の関数なので、三角関数といいます。図2-2-1の直角三角形において、斜辺と底辺のなす角をθとしたとき、次のように表します。

（サイン）　$\sin\theta = \dfrac{b}{c} = \dfrac{\text{対辺}}{\text{斜辺}}$

（コサイン）　$\cos\theta = \dfrac{a}{c} = \dfrac{\text{底辺}}{\text{斜辺}}$

（タンジェント）　$\tan\theta = \dfrac{b}{a} = \dfrac{\text{対辺}}{\text{底辺}}$

図2-2-1 直角三角形

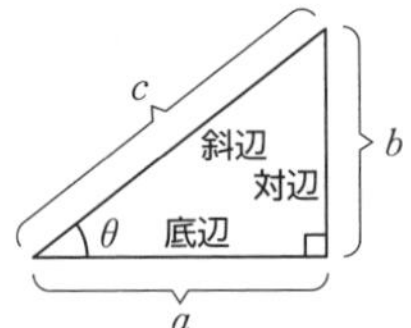

sin は $\mathcal{S}$in、cos は $\mathcal{C}$os、tan は $\mathcal{T}$anのようにすれば、覚えやすくなります。

三平方の定理

図2-2-1の直角三角形において、

斜辺の 2 乗は他の辺の 2 乗の和に等しい：$c^2 = a^2 + b^2$

の関係を**三平方の定理**、またはピタゴラスの定理といいます。

両辺をc^2で割ると、　$1 = \dfrac{a^2}{c^2} + \dfrac{b^2}{c^2}$

$\dfrac{a}{c} = \cos\theta$、$\dfrac{b}{c} = \sin\theta$　より、

$$\sin^2\theta + \cos^2\theta = 1$$

ここで、「$(\sin\theta)^2$」は「$\sin^2\theta$」と表します。

特定三角形の辺の比

次の特定三角形の辺の比は、覚えておくことが大切です。交流回路、三相交流回路の計算や、ベクトル図などでは頻繁に使います。

表2-2-1 覚えておくべき特定三角形と辺の比

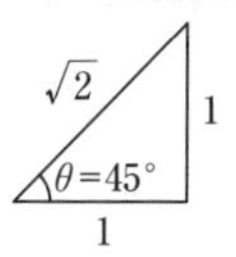

直角二等辺三角形
2辺の長さは同じ
辺の長さの比　$1:1:\sqrt{2}$（イチイチルート2）

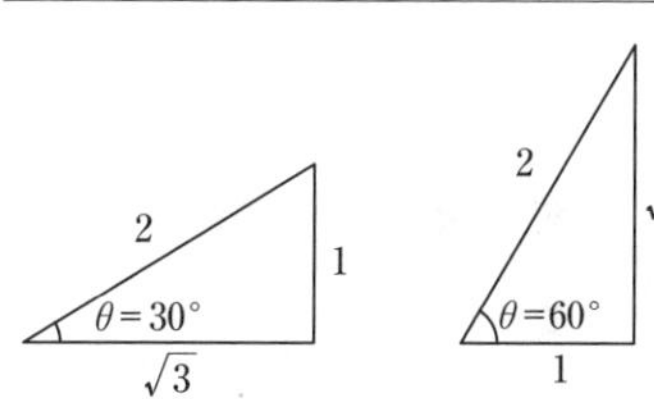

30°と60°の直角三角形
一番短い辺の2倍が斜辺の長さに等しい
辺の長さの比　$1:2:\sqrt{3}$（イチニルート3）

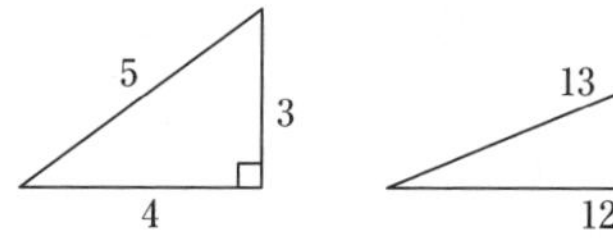

3辺の比が整数となる直角三角形
辺の長さの比　$3:4:5$
辺の長さの比　$5:12:13$

逆三角関数

三角比を表す式から、次のように角度 θ を求める式としたものを、逆三角関数といいます。

$\sin\theta = a$ のとき　$\theta = \sin^{-1}a$（アークサイン a）
$\cos\theta = a$ のとき　$\theta = \cos^{-1}a$（アークコサイン a）
$\tan\theta = a$ のとき　$\theta = \tan^{-1}a$（アークタンジェント a）

[計算例]

$\sin\theta = 0.5$ のとき　$\theta = \sin^{-1}0.5 = 30°$
$\tan\theta = 1$ のとき　$\theta = \tan^{-1}1 = 45°$

3-1 複素数

虚数単位と複素数、ベクトル

2乗して−1になる数を考え、jで表します（一般にはiで表しますが、電気回路では電流をiで表すので、jを用います）。

$$\mathrm{j}^2 = -1、\mathrm{j} = \sqrt{-1}$$

a、bを実数とするとき、$a + \mathrm{j}b$の形で表されるaを**実部**（または**実数部**）、bを**虚部**（または**虚数部**）といいます。交流回路では、$\dot{A} = a + \mathrm{j}b$のように、ベクトル$\dot{A}$と**複素数**$a + \mathrm{j}b$は同じものとして扱います（ベクトルについては後述の「3-3 ベクトル」参照）。

図3-1-1のように、複素平面（横軸を実数、縦軸を虚数として表す）の原点Oを始点としたベクトル（矢の線）を数式で表す方法に、次のような式が用いられます。

図3-1-1 ベクトルの表し方

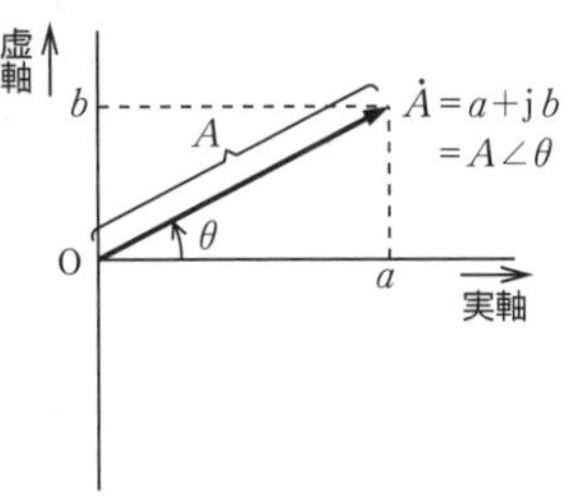

$\dot{A} = a + \mathrm{j}b$ …… 直角座標表示（**直交形式**）
$\dot{A} = A \angle \theta$ …… 極座標表示（**極形式**）

共役複素数

図3-1-2のように、実軸に対し線対称となるものを、互いに**共役**であるといいます。

$\dot{A} = a + \mathrm{j}b$ と $\overline{A} = a - \mathrm{j}b$

虚数項の符号が異なるものどうしは共役複素数

$\dot{A} = A \angle \theta$ と $\overline{A} = A \angle (-\theta)$

位相角（偏角）の符号が異なるものどうしは共役複素数

図3-1-2 共役複素数

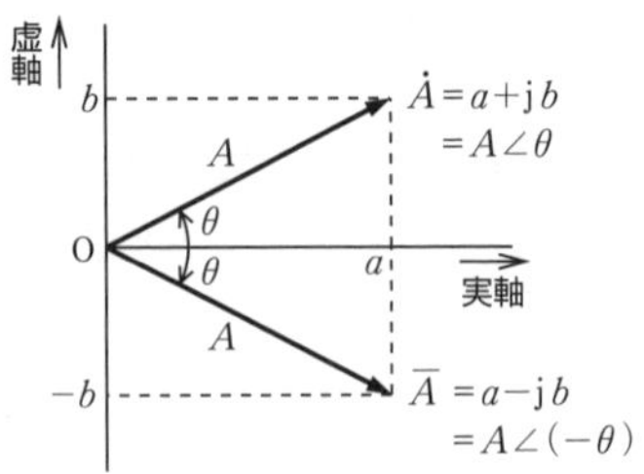

共役複素数は文字の上に“－（バー）”を付けて表します※1。

※1 **共役複素数の表し方**：共役複素数は、$\overline{\dot{A}}$のように「Aドットバー」ですが、$\overline{A}$のように「Aバー」を使うこともあります（印刷の都合でドットを省略することが多い）。

ベクトルの和と差（足し算と引き算）、積と商（掛け算と割り算）

ベクトルとベクトルを複素数で表した式の間には、次の関係があります。

$\dot{A}_1 = a_1 + \mathrm{j}b_1$、$\dot{A}_2 = a_2 + \mathrm{j}b_2$のとき、

$$\dot{A}_1 + \dot{A}_2 = (a_1 + a_2) + \mathrm{j}(b_1 + b_2)$$

複素数で表したベクトルの和は、実部は実部どうしの和、虚部は虚部どうしの和に等しい

$$\dot{A}_1 - \dot{A}_2 = (a_1 - a_2) + \mathrm{j}(b_1 - b_2)$$

複素数で表したベクトルの差は、実部は実部どうしの差、虚部は虚部どうしの差に等しい

$\dot{A}_1 = A_1 \angle \theta_1$、$\dot{A}_2 = A_2 \angle \theta_2$のとき、

$$\dot{A}_1 \dot{A}_2 = A_1 A_2 \angle(\theta_1 + \theta_2)$$

絶対値（大きさ）は絶対値どうしの積(掛け算)、偏角（位相）は和(足し算)で求める

$$\frac{\dot{A}_1}{\dot{A}_2} = \frac{A_1}{A_2} \angle(\theta_1 - \theta_2)$$

絶対値（大きさ）は絶対値どうしの商(割り算)、偏角（位相）は差(引き算)で求める

j とベクトルの回転

ベクトルに j を掛けると、右の関係が成り立ちます。

図3-1-3 j とベクトルの回転

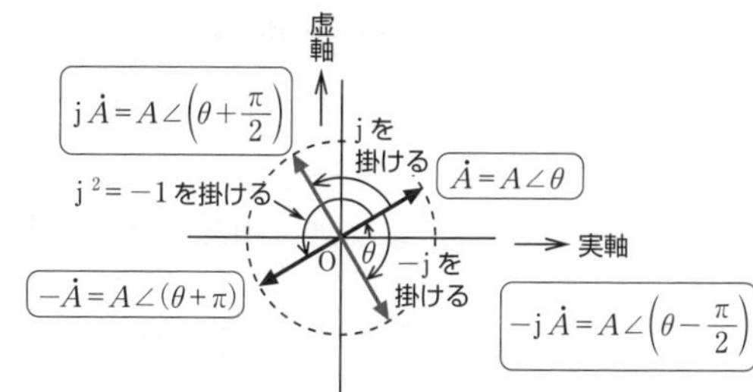

$\mathrm{j}\dot{A}$ と $-\mathrm{j}\dot{A}$

ベクトル $\dot{A} = A \angle \theta$ に $\mathrm{j} = 1\angle\frac{\pi}{2}$ を掛けると、その絶対値を変えないで偏角を $\frac{\pi}{2}$〔rad〕（90°）進ませます（反時計回り方向に回転させる）。

$$\mathrm{j}\dot{A} = \dot{A}\mathrm{j} = (A\angle\theta)\left(1\angle\frac{\pi}{2}\right) = A\angle\left(\theta + \frac{\pi}{2}\right)$$

ベクトル $\dot{A} = A \angle \theta$ に $-\mathrm{j} = 1\angle\left(-\frac{\pi}{2}\right)$ を掛けると、その絶対値を変えないで偏角を $\frac{\pi}{2}$〔rad〕（90°）戻します（時計回り方向に回転させる）。

$$-\mathrm{j}\dot{A} = \dot{A}(-\mathrm{j}) = (A\angle\theta)\left\{1\angle\left(-\frac{\pi}{2}\right)\right\} = A\angle\left(\theta - \frac{\pi}{2}\right)$$

練習問題 〉01

図の回路において、$\dot{I}_1$、$\dot{I}_2$、$\dot{I}_3$、$\dot{I}$〔A〕及び回路全体の合成インピーダンス$\dot{Z}$〔Ω〕は。

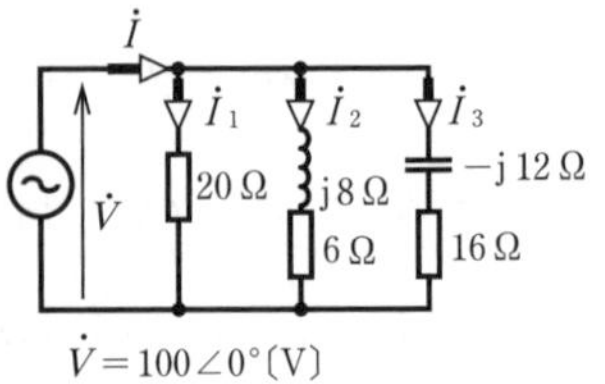

解き方

<直交形式による計算>

$$\dot{I}_1=\frac{100}{20}=5\,\mathrm{A}$$

分母と分子に分母の共役複素数を掛けると、分母の虚数項が無くなる

$$\dot{I}_2=\frac{100}{6+\mathrm{j}\,8}=\frac{100}{6+\mathrm{j}\,8}\times\boxed{\frac{6-\mathrm{j}\,8}{6-\mathrm{j}\,8}}=\frac{\cancel{100}(6-\mathrm{j}\,8)}{\boxed{6^2+8^2}}=6-\mathrm{j}\,8\,\mathrm{A}$$

$=\cancel{100}$

$$\dot{I}_3=\frac{100}{16-\mathrm{j}\,12}=\frac{100}{16-\mathrm{j}\,12}\times\boxed{\frac{16+\mathrm{j}\,12}{16+\mathrm{j}\,12}}=\frac{\cancel{100}\times 4(4+\mathrm{j}\,3)}{\boxed{16^2+12^2}}=4+\mathrm{j}\,3\,\mathrm{A}$$

分母の共役複素数を掛ける

$=\cancel{400}$

$$\dot{I}=\dot{I}_1+\dot{I}_2+\dot{I}_3=5+(6-\mathrm{j}\,8)+(4+\mathrm{j}\,3)=15-\mathrm{j}\,5\,\mathrm{A}$$

2

$$\dot{Z}=\frac{\dot{V}}{\dot{I}}=\frac{100}{15-\mathrm{j}\,5}=\frac{100}{15-\mathrm{j}\,5}\times\boxed{\frac{15+\mathrm{j}\,5}{15+\mathrm{j}\,5}}=\frac{\cancel{100}\times 5(3+\mathrm{j})}{\boxed{15^2+5^2}}=2(3+\mathrm{j})=6+\mathrm{j}\,2\,\Omega$$

分母の共役複素数を掛ける　　$=\cancel{250}$

解答 $\dot{I}_1=5\,\mathrm{A}$、$\dot{I}_2=6-\mathrm{j}\,8\,\mathrm{A}$、$\dot{I}_3=4+\mathrm{j}\,3\,\mathrm{A}$、$\dot{I}$〔A〕$=15-\mathrm{j}\,5\,\mathrm{A}$、$\dot{Z}=6+\mathrm{j}\,2\,\Omega$

3-2 対数

常用対数

対数計算は、増幅回路の利得の計算や自動制御のデシベル表示のゲインの計算などでよく用います。

「$a^x = y$」を「$\log_a y = x$（ログaのy）」と書いたとき、xを指数、yを真数（しんすう）、aを底（てい）といいます。$a^x = y$を指数表示、$\log_a y = x$を**対数表示**といいます。

例えば、$10^x = y$において、10を底とする対数をとると、次のようになります。

$$\log_{10} y = x$$

このように、底を10にとったものを**常用対数**といいます。なお、以降、本節では常用対数のみを取り上げます。

常用対数の公式

常用対数の公式には、次のようなものがあります。

$$\log_{10} xy = \log_{10} x + \log_{10} y$$

$$\log_{10}\left(\frac{x}{y}\right) = \log_{10} x - \log_{10} y$$

$$\log_{10} x^n = n\log_{10} x、\log_{10} \sqrt[n]{x} = \log_{10} x^{\frac{1}{n}} = \frac{1}{n}\log_{10} x$$

$$\log_{10} 1 = 0、\log_{10} 10 = 1、\log_{10} 100 = \log_{10} 10^2 = 2\log_{10} 10 = 2$$

練習問題 〉01

$\log_{10} 2 = 0.301$、$\log_{10} 3 = 0.477$としたとき、次の値は。
$\log_{10} 5$　$\log_{10} 8$　$\log_{10} 1.2$

解き方

$$\log_{10} 5 = \log_{10} \frac{10}{2} = \log_{10} 10 - \log_{10} 2 = 1 - 0.301 = 0.699$$

$$\log_{10} 8 = \log_{10} 2^3 = 3 \times \log_{10} 2 = 3 \times 0.301 = 0.903$$

$$\log_{10} 1.2 = \log_{10} \frac{2^2 \times 3}{10} = 2 \times \log_{10} 2 + \log_{10} 3 - \log_{10} 10$$
$$= 2 \times 0.301 + 0.477 - 1 = 0.079$$

解答 $\log_{10} 5 = 0.699$、$\log_{10} 8 = 0.903$、$\log_{10} 1.2 = 0.079$

デシベル

デシベルは増幅度の単位としてよく用いられます。増幅度とは出力を入力で割った値、すなわち倍率を表します。増幅度は、ゲインまたは利得ともいいます。ここでは、デシベルで表した増幅度（ゲイン）を利得ということにします。

電力増幅度 $\dfrac{P_2}{P_1}$ の利得を G_p〔dB（デシベル）〕とすると、

$$\text{電力利得}G_p = 10\log_{10}\frac{P_2}{P_1}\text{〔dB〕}$$

$P_1 = \dfrac{{V_1}^2}{R}$、$P_2 = \dfrac{{V_2}^2}{R}$ として電圧利得 G_v〔dB〕を求めると、

$$\text{電圧利得}G_v = 10\log_{10}\frac{{V_2}^2/R}{{V_1}^2/R} = 10\log_{10}\left(\frac{V_2}{V_1}\right)^2$$

$$= 20\log_{10}\frac{V_2}{V_1}\text{〔dB〕}$$

[電力利得の計算例]

1 mW を基準としたとき、1 W の電力をデシベルで表すと、

$$G_p = 10\log_{10}\frac{1\text{ W}}{1\text{ mW}} = 10\log_{10}\frac{1}{1\times10^{-3}} = 10\log_{10}10^3 = 30\log_{10}10 = 30\text{ dB}$$

[電圧利得の計算例]

1 μV を基準としたとき、1 V をデシベルで表すと、

$$G_v = 20\log_{10}\frac{1}{1\times10^{-6}} = 20\log_{10}10^6 = 120\text{ dB}$$

3-3 ベクトル

ベクトル量の基本

ベクトルの計算は、三角関数の計算、複素数の計算と密接な関連があります。また、正弦波交流はベクトルで表すと取り扱いが簡単になります。ベクトルは、電気回路を理解するのにとても役に立つものです。

①ベクトルは、大きさと方向をもった量です。
②ベクトル量は、直線の長さで大きさを、矢印で方向を表します。
③大きさが A のベクトルは、$\dot{A}$（A ドット）または $\vec{A}$（ベクトル A）のように表します（電気工学では $\dot{A}$ を主に用います）。
④ベクトルの大きさを絶対値といいます。絶対値は｜$\dot{A}$｜または｜$\vec{A}$｜と表しますが、交流回路では A のように、文字の上にドット（・）や（→）などの記号の無いものを絶対値とします。

電気工学で扱う力（クーロン力、電磁力など）や磁界の強さ等は大きさと方向を、交流回路の電圧や電流などは大きさと位相を、同時に考える必要があります。このような量を**ベクトル量**といいます。また、長さ、面積、質量などのように大きさ（または量）だけで表せる量を**スカラ量**といいます。

ベクトルを図にしたものをベクトル図といい、直線の長さが大きさを表し、矢印の向きが方向を示します。

ベクトルの方向、基準線

ベクトルの方向は、右方向に水平線を引き、これを基準線にとります。

図3-3-1 は、電圧、電流のベクトル図の例です。線分の長さは、**絶対値（実効値）**を、方向は基準の方向（基準線）からの**位相の差**を表し、$\dot{V}$ は θ（シータ）だけ位相が進んでおり、$\dot{I}$ は ϕ（ファイ）だけ位相が遅れていることを表します。すなわち、進みは反時計方向に、遅れは時計方向の回転方向をとります。

図3-3-1 電圧、電流のベクトル図

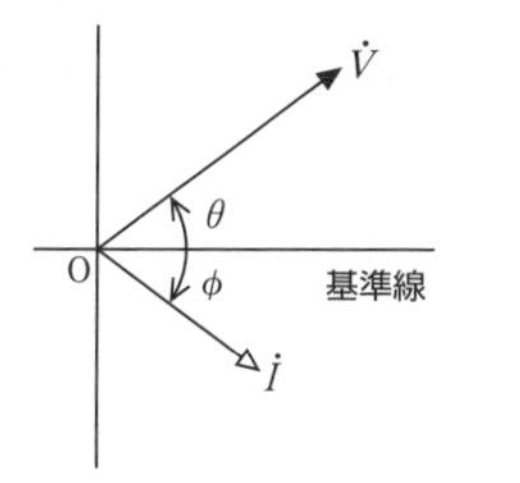

ベクトルの計算

ベクトルは、ベクトル図で足し算や引き算を表すことができます。

図3-3-2 ベクトルの計算

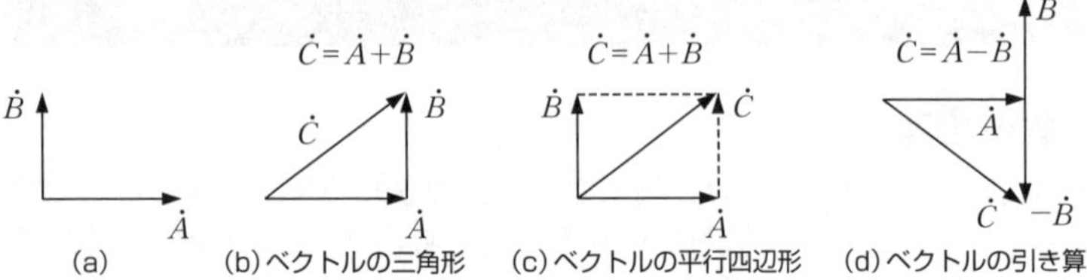

①図3-3-2の(a)の A ベクトルと B ベクトルを加える場合、ベクトルの三角形（同図(b)）、またはベクトルの平行四辺形（同図(c)）から求めます。
②ベクトルの引き算は、引く方のベクトルの方向を反対にして加えます（同図(d)）。

ベクトル図の作図例

図3-3-3は短距離送電線路または配電線路の単相等価回路を表しています。

R、X は負荷の抵抗とリアクタンス、r、x は線路の抵抗とリアクタンス、$\dot{I}$ は負荷電流、$\dot{V}_s$ は送電端電圧、$\dot{V}_r$ は受電端電圧を示しています。この回路のベクトル図を作図してみます。

図3-3-3 単相等価回路

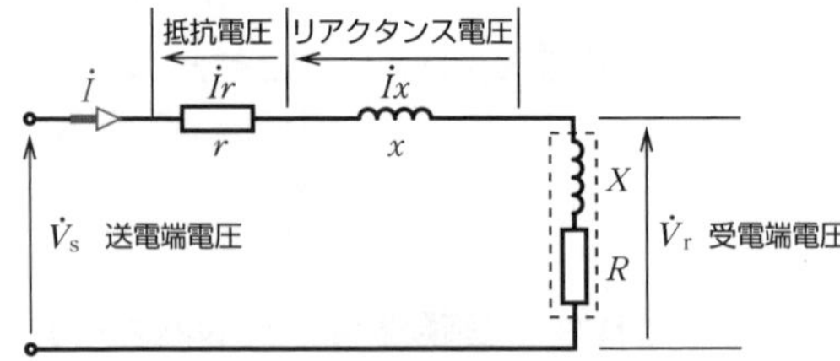

＜受電端電圧 $\dot{V}_{\mathrm{r}}$ を基準ベクトルとした場合（図3-3-4の(a)）＞

①受電端電圧 $\dot{V}_{\mathrm{r}}$ を基準方向（右向き）にとる。

②負荷電流 $\dot{I}$ を引く（負荷の力率角 θ だけ時計方向に回転させる）。

③抵抗の電圧降下 $\dot{I}r$ を引く（抵抗の電圧は電流と同相なので、$\dot{V}_{\mathrm{r}}$ の先端から $\dot{I}$ に平行にとる）。

④リアクタンスの電圧降下 $\dot{I}x$ を引く（リアクタンスの電圧は電流よりも 90° 進み位相なので、電流の方向よりも 90° 進ませる。$\dot{I}r$ と直角になる）。

⑤送電端電圧 $\dot{V}_{\mathrm{s}}$ を引く（$\dot{V}_{\mathrm{s}} = \dot{V}_{\mathrm{r}} + \dot{I}r + \dot{I}x$、送電端電圧は、受電端電圧と抵抗電圧、リアクタンス電圧のベクトル和となります）。

＜ $\dot{I}$ を基準ベクトルとした場合（図3-3-4の(b)）＞

① $\dot{I}$ を基準方向（右向き）にとる。

② $\dot{I}R$ を $\dot{I}$ と平行に引く（受電端の抵抗の電圧は、電流と同相）。

③ $\dot{I}X$ を上方向に引く（受電端のリアクタンス成分の電圧は、90° 進み位相）。

④ $\dot{V}_{\mathrm{r}} = \dot{I}R + \dot{I}X$（受電端の電圧）。

⑤ $\dot{I}r$ を右方向に引く（電流と同相）。

⑥ $\dot{I}x$ を上方向に引く（電流より 90° 進み位相）。

⑦送電端電圧 $\dot{V}_{\mathrm{s}}$ を引く（全電圧のベクトル和）。

なお、変圧器の電圧降下でも同様のベクトル図を描きます。

図3-3-4 電線路のベクトル図

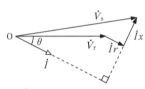

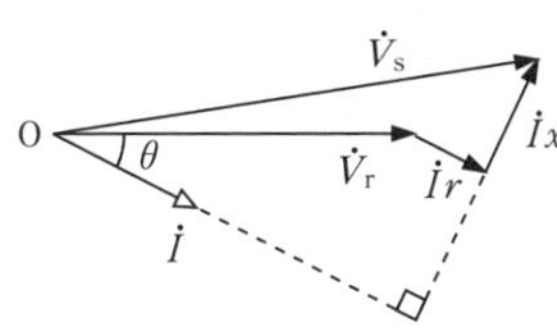

(a) $\dot{V}_{\mathrm{r}}$ を基準ベクトルとした場合

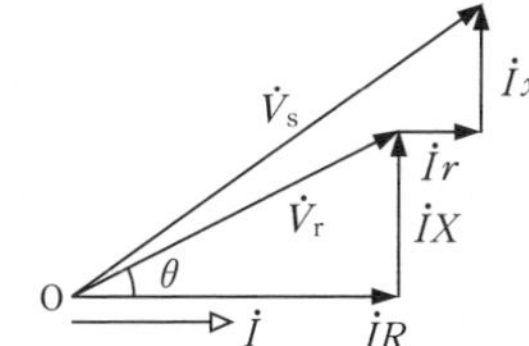

(b) $\dot{I}$ を基準ベクトルとした場合

索引

お

か

き

く

け

こ

さ

し

す

せ

そ

た

ち

な

に

ね

は

ま

み

む

め

も

ゆ

よ

ら

り

る

れ

ろ

わ

著者プロフィール

早川 義晴（はやかわ よしはる）

東京電機大学電子工学科卒業。日本電子専門学校電気工学科教員・講師を経て、現在多方面で技術指導を担当。著書：『電気教科書 電験三種 出るとこだけ！専門用語・公式・法規の要点整理』『電気教科書 第一種電気工事士［筆記試験］テキスト＆問題集』『電気教科書 第二種電気工事士［学科試験］はじめての人でも受かる！テキスト＆問題集』（翔泳社）、『電験三種 やさしく学ぶ理論』（オーム社）、『電験三種 やさしく学ぶ電力』（オーム社／共著）、『（専修学校教科書シリーズ 1）電気回路（1）直流・交流回路編』（コロナ社／共著）、『（専修学校教科書シリーズ 8）自動制御』（コロナ社／共著）。

装丁デザイン：植竹 裕（UeDesign）
本文デザイン：阿保 裕美（株式会社トップスタジオ デザイン室）
カバー・本文イラスト：カワチ・レン
DTP：株式会社シンクス

電気教科書
電験三種合格ガイド
第4版

2011年　2月　24日　初　版　第１刷発行
2024年　7月　18日　第4版　第１刷発行

著　者　早川 義晴
発行人　佐々木 幹夫
発行所　株式会社 翔泳社（https://www.shoeisha.co.jp）
印　刷　昭和情報プロセス 株式会社
製　本　株式会社 国宝社

© 2024 Yoshiharu Hayakawa

＊ 本書は著作権法上の保護を受けています。本書の一部または全部について（ソフトウェアおよびプログラムを含む）、株式会社 翔泳社から文書による許諾を得ずに、いかなる方法においても無断で複写、複製することは禁じられています。
＊ 本書へのお問い合わせについては、iiページに記載の内容をお読みください。
＊ 落丁・乱丁はお取り替えいたします。03-5362-3705 までご連絡ください。

ISBN978-4-7981-8588-0　　Printed in Japan